中国林业生物灾害防治战略

STRATEGIES FOR THE PREVETION AND CONTROL OF FORESTRY BIO-DISASTER IN CHINA

国家林业局森林病虫害防治总站 编著

中国林业出版社

图书在版编目(CIP)数据

中国林业生物灾害防治战略/国家林业局森林病虫害防治总站编著.
—北京：中国林业出版社，2009.5
ISBN 978-7-5038-5578-8

Ⅰ. 中…　Ⅱ. 国…　Ⅲ. 森林-病虫害防治方法-中国　Ⅳ. S763

中国版本图书馆 CIP 数据核字(2009)第 047144 号

出版发行　中国林业出版社(100009　北京市西城区德内大街刘海胡同 7 号)
E-mail：cfphz@public.bta.net.cn　电话：(010)83225764
网　址：http://www.cfph.com.cn
经　　销　新华书店北京发行所
印　　刷　沈阳天择彩色广告印刷有限公司
版　　次　2009 年 7 月第 1 版
印　　次　2009 年 7 月第 1 次
开　　本　880mm×1230mm　1/16
印　　张　28.5
字　　数　600 千字
定　　价　198.00 元

《中国林业生物灾害防治战略》
编委会

序

林业生物灾害是我国重大自然灾害之一。虽然它不像火灾、水灾、地震等灾害那样来得惨烈，难以给人造成强烈的感官和心理冲击，但同样能对森林生态系统和人们身体健康造成极大危害，被称为“不冒烟的森林火灾”。据统计，我国林业有害生物达8 000余种，造成严重危害的近300种，年均发生面积1 000多万公顷，直接经济损失和生态价值损失高达880亿元。林业生物灾害已对我国森林资源造成了严重危害，严重制约着现代林业科学发展，严重威胁着国家的生态安全。

党的十七大做出了深入贯彻落实科学发展观、建设生态文明的重大战略决策，明确要求到2020年使我国成为生态环境良好的国家。刚刚闭幕的中央林业工作会议明确指出，在贯彻可持续发展战略中林业具有重要地位，在生态建设中林业具有首要地位，在西部大开发中林业具有基础地位，在应对气候变化中林业具有特殊地位，并明确要求，实现科学发展必须把发展林业作为重大举措，建设生态文明必须把发展林业作为首要任务，应对气候变化必须把发展林业作为战略选择，解决“三农”问题必须把发展林业作为重要途径。林业有害生物灾害不仅给国家森林资源造成了巨大损失，而且对我国实现科学发展、建设生态文明、应对气候变化、解决“三农”问题带来了严重影响。尤其是实行集体林权制度改革，使亿万农民获得了重要的生产资料和发家致富的平台。如果林业生物灾害严重发生，不仅将给广大林农造成巨大的经济损失，而且还将严重挫伤农民造林营林的积极性，进而影响全国林业改革发展大局。同时，加强林业生物灾害防控工作，还有利于维护公共卫生安全，保障人民群众身体健康，有利于防范生物灾害对经济的影响，维护国家利益，有利于履行国际公约，提升国家形象。加强林业生物灾害防治工作，已经成为维护国家森林资源安全、保障生态文明建设大局、促进经济社会科学发展的迫切需要。

为从战略高度全面谋划林业生物灾害防治大计，2007年以来，国家林业局森林病虫害防治总站组织国内外相关领域知名专家，对我国林业生物灾害防治工作进行了系统研究，形成了《中国林业生物灾害防治战略》。该书以科学发展观为指导，坚持前瞻性、科学性、系统性和实践性原则，全面回顾了古今中外林业生物灾害防治的发展历程，客观分析了我国林业生物灾害防治工作的现状和问题，并紧扣发展现代林业、建设生态文明、推动科学发展这一主题，研究提出了新时期林业生物灾害防治工作的战略思想、防治目标、主要任务、建设重点和具体措施，全面描绘了我国林业生物灾害防治工作的发展蓝图。

《中国林业生物灾害防治战略》作为《中国可持续发展林业战略研究》在林业生物灾害防治领域的延伸与续篇，不仅充分吸纳了林业战略研究的成果，也充分体现了与时俱进的创新精神。在研究过程中，通过建立开放与协作的研究机制，充分发扬民主，广泛征求意见，研究成果具有充足的理论依据和充分的实践基础，是一次承前启后、理论与实践紧密结合的有益尝试，是各方面专家集体智慧的结晶，具有较高的理论水平和实践价值。希望各级林业部门特别是林业生物灾害防治工作者，认真贯彻落实中央林业工作会议精神，充分吸收运用这份研究成果，切实做好林业生物灾害防治工作，有效遏制我国林业生物灾害严重发生的势头，为保护森林资源、维护生态安全、促进现代林业科学发展做出新的更大贡献。

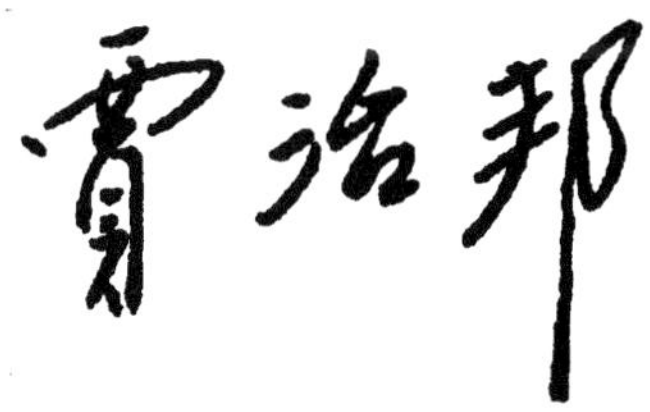

2009 年 7 月于北京

前　　言

灾害是指危害人类生命财产和生存条件的各类事件的统称。灾害按照起因可分为自然灾害和人为灾害两大类，由人力不能或难以支配和操纵的各种自然物质和自然力聚集、暴发引起的灾害称为自然灾害；由人类在经济建设、社会活动和日常生活中各种不合理行为或有意破坏行为所引起的灾害称为人为灾害。

林业生物灾害属自然灾害范畴，是指森林、林木及林产品遭受微生物、动物、植物侵害而使其经济、生态及社会功能受到损害的事件，包括由非生物因子引发的林木生理性灾害。林业生物灾害也具有人为灾害特征，如因人为造成有害生物传播所导致的生物灾害等。引起林业生物灾害的有害生物是生态系统固有成分，生态系统在未受干扰的情况下，可利用其丰富的生物多样性，通过自身调节功能有效控制有害生物的发生发展，避免有害生物种群密度过度增大而形成灾害，即使偶有灾害发生，生态系统也能通过自身调节从干扰中自然恢复，一般不会因有害生物而使生态系统破坏至无法自然恢复的程度。但随着人类工业化进程的推进、人口的持续增长和经贸往来的日益频繁，地球生态环境发生了巨大变化，加之不合理的森林经营方式，生态系统被严重破碎化、人工化，生物多样性降低、稳定性减弱，控制和制约有害生物的能力下降或丧失，导致有害生物繁殖失控，频频暴发成灾，林业生物灾害的严重发生又导致森林生态系统和生物多样性遭到进一步破坏，这成为当前我国林业生物灾害发生面积居高不下，外来有害生物入侵危害日趋加剧，灾害损失逐年加大的根本原因。

面对我国林业生物灾害发生的严峻形势和防治工作存在的诸多问题，我们必须以科学发展观为指导，从战略的高度，全面系统地研究林业生物灾害防治工作，理清发展思路，提出符合时代要求的防治战略思想、战略目标、战略布局和战略措施，全面加强林业生物灾害防治工作。

——林业生物灾害日趋严重发生的形势需要新的战略思考。据统计，我国林业有害生物年均发生面积1 000多万公顷，致死树木4 000多万株，损失高达880亿元，已严重威胁着我国森林资源和国土生态安全，制约着生态建设步伐，成为我国林业发展、生态建设的大敌。这一严峻形势要求我们必须深入思考和研究林业生物灾害防治工作，分析林业生物灾害发生原因，规划林业生物灾害防治体系，确立林业生物灾害防治目标，研究和制订具有针对性的政策和措施，为保护林业建设成果，保障国土生态安全，促进现代林业又好又快发展。

——林业外来生物入侵日益加剧的现状需要研究新的防控对策。随着全球经济一体化进程的加快，林业外来有害生物入侵我国的种类不断增多，目前已入侵我国大陆并造成危害的林业外来有害生物中有9种是2000年以后入侵，年均入侵1种，总体呈现出入侵速度加快，危害日益加剧的形势。同时，全球经济一体化形势要求我国林业植物检疫工作必须越来越多地应对其他国家对我国林产品出口贸易在检疫方面设置的技术性贸易壁垒。解决林业外来生物入侵及全球经济一体化带来的新问题，就需要从国家利益的角度分析和研究防控和应对途径，从保护国土生态安全和促进经济发展的战略高度提出适合我国国情的对策和措施。

——全球气候变化对林业生物灾害的影响要求提出应对措施。全球气候变化在引起森林植被分布格局变化的同时，对林业生物灾害的发生也造成极大的影响。全球气候变暖导致我国林业有害生物分布区北移、发生期提前、世代增加、发生周期缩短、发生范围和危害程度加大，并诱发一些突发性林业生物灾害。暖冬、倒春寒等极端气候事件频发，造成我国北方杨树烂皮病多次暴发流行，2008年初雨雪冰冻灾害引发我国江西等省区蛀干害虫危害加重。应对气候变化对林业生物灾害的影响，研究和制订行之有效的战略对策，降低影响和损失，已成为林业生物灾害防治的一项极为重要而紧迫的工作。

——林业有害植物造成严重危害的新形势需要提出有效的防治对策。过去林业生物灾害防治工作重点关注森林病虫，未对林业有害植物引起足够重视。但近年来，林业有害植物在我国的发生种类不断增多、发生范围逐年扩大，危害程度日趋严重。据初步统计，目前入侵我国的林业有害植物种类达150多种，薇甘菊、紫茎泽兰、大米草、飞机草、金钟藤、加拿大一枝黄花、光梗蒺藜草等林业主要外来有害植物的发生面积达上万公顷，并对我国森林生态系统、湿地生态系统造成极大的破坏。林业有害植物在我国的严重危害，极大地威胁着我国生态系统的安全，全面系统地研究林业有害植物防治对策和措施，遏制有害植物的扩散危害已势在必行。

——林业生物灾害防治工作面临的新问题需要提出有效的解决办法。目前，林业生物灾害防治工作存在着现有法律法规不能适应新形势下依法防治的要求、基础设施建设滞后和防治能力不足不能适应林业生物灾害严重发生的形势、资金投入总量不足和结构不尽合理不能满足防治工作需求等诸多问题。此外，随着集体林权制度改革的深入开展，林业生物灾害防治工作也面临着解决林农抵抗生物灾害能力弱、防治成本高、经营风险大等多种难题。解决这些问题就需要我们必须全面深入研究林业生物灾害防治工作的新情况、新问题，寻求和建立破解问题和矛盾的新途径、新方法，保证生物灾害防治工作的有序、有效开展，确保集体林权制度改革和社会主义新农村建设目标的实现。

——社会对无公害防治的要求需要防治工作必须研究防治新思路和新方法。

近年来，食品安全、环境安全已成为社会广泛关注的热点问题。由于我国长期以来采取化学农药为主防治林业有害生物的方式，导致现有林分内的天敌数量减少，有害生物抗药性增强，林分抵御有害生物的能力降低，引发有害生物成灾严重。此外，使用化学农药防治也造成了我国林产品农药残留超标、环境污染等问题，极大地影响着我国林业产业的发展和人类的身心健康。因此必须改变现有防治手段，研究生物防治、无公害防治等防治新方法，提高防治成效，满足社会对无公害防治的要求，保障食品安全和生态环境安全。

《中国林业生物灾害防治战略》研究以科学发展观为指导，按照《中国可持续发展林业战略研究》思路，坚持前瞻性与全局性、科学性和系统性、实践性和可操作性的原则，从战略的高度对我国林业生物灾害防治工作进行了科学系统研究。研究过程中，国家林业局森林病虫害防治总站充分发挥全行业之力量，组建调查研究队伍，多方吸纳相关学科领域专家学者的意见，先后多次召开研讨会、座谈会，进行反复论证和编纂修改，集中集体智慧完成了本项研究任务。

《中国林业生物灾害防治战略》由“背景篇”、“战略篇”和“保障篇”3 篇 15 章构成。

“背景篇”共 4 章(第 1 章至第 4 章)，重点介绍国内外林业生物灾害发生和防治情况。

第 1 章我国林业生物灾害发生现状与趋势，在介绍与林业生物灾害发生密切相关的自然环境、社会经济和森林资源的基础上，分析了我国林业生物灾害发生现状、成因、趋势，并预测出我国林业生物灾害在未来一段时间仍将呈高发态势。

第 2 章我国林业生物灾害防治历程，通过阐述我国古代劳动人民在长期生产实践中所积累的农林生物灾害防治思想和宝贵经验，总结新中国成立以来的林业生物灾害防治工作，分析灾害防治理论的发展过程和防治实践情况，得出目前我国林业生物灾害防治已形成较为完整的理论体系和工作格局。

第 3 章国外林业生物灾害发生与防治，介绍国外林业生物灾害发生情况和林业发达国家在灾害防治方面的做法和经验，并与我国林业生物灾害防治相比较，得出我国林业生物灾害防治工作与林业发达国家总体上存在着一些差距，但在灾害防治的诸多领域居于世界前列。

第 4 章我国林业生物灾害防治管理工作的现状与问题，在客观总结和分析我国林业生物灾害防治管理工作的现状及存在的问题基础上，指出目前我国林业生物灾害防治工作存在着防治能力不强、法律支持不够、科技支撑不力、资金投入不足等问题。

“战略篇”共 7 章(第 5 章至第 11 章)，阐述我国林业生物灾害防治工作的战略构想和战略措施，并将科技防灾作为一项重要内容贯穿于各项战略措施之中。

第5章林业生物灾害防治战略总论，论述林业生物灾害防治工作的战略地位、战略思想，提出建立比较完善的林业生物灾害监测预警、检疫御灾、防治减灾体系，实现林业生物灾害防治的法制化、科学化、标准化、信息化及林业生物灾害的可持续控制的防治战略目标，确立了通过实施促进森林健康、强化体系建设、实行分类管理、推行工程防治战略，加强无公害防治，加大科技支撑等实现战略目标的途径。

第6章监测预警体系建设战略，分析我国预测预报工作的现状，提出监测预警体系的建设任务和建设重点，明确指出预警体系建设战略目标是建立较为完备、覆盖我国主要林区的地面踏查和空中遥感相结合的多层次、全方位、网格化监测预警体系，实现林业生物灾害监测数据立体采集、网络传输、智能分析，做到科学预测、准确预报、及时预警。此外还系统阐述了建设和完善生物灾害调查制度及生物灾害防治应对气候变化的战略措施。

第7章检疫预灾体系建设战略，针对当前林业植物检疫工作的现状及预警体系建设的任务和建设重点进行分析论述，指出我国林业植物检疫御灾体系建设目标是建立较为完善的国家、省、地、县四级林业植物检疫御灾体系，全面提高检疫检验和除害处理的能力，实现对危险性林业有害生物快速、准确的检验检疫和除害处理，规范和强化检疫行政执法工作，有效防止危险性有害生物的传播扩散。

第8章防治减灾体系建设战略，在分析防治减灾工作现状基础上，指出建设组织管理、防治作业、灾害救助、应急防控等防治系统的任务和重点建设内容，并提出我国林业生物灾害防治减灾体系建设目标是以完善功能、增强能力为重点，以提高管理水平为突破口，以健全法制为核心，以培育和规范市场为手段，通过加强防治减灾各系统建设，全面推进防治市场化进程，提升防治减灾能力，形成“功能齐备、配置合理、运转顺畅、协调高效”的防治减灾新格局。此外还就防治社会化、防治效果评估、保险政策等问题进行了分析和探讨。

第9章森林健康实施战略，通过介绍森林健康理论形成与实践，分析我国森林健康状况，阐述实施森林健康战略的重要意义，指出营造健康森林是防控林业生物灾害的治本之策，解决我国林业生物灾害严重发生问题必须从促进森林健康入手，并构建了基于林业生物灾害防治视角的森林健康评价指标体系、评价方法，提出促进森林健康的技术措施。

第10章林业生物灾害分类防治战略，从有害生物危险性、受灾林种和灾害发生区位三个方面分别提出我国林业生物灾害的分类防治策略。本章共分三节，第一节对我国主要林业有害生物进行危险等级划分，提出林业有害生物“分级管理、因害施策”策略；第二节在分析不同林种生物灾害发生特点的基础上，提出“分类管理、因林施策”策略；第三节从不同发生区位林业生物灾害防治特点出发，提出“分区管理、因地施策”策略。

第11章实施防治工程战略，通过介绍林业生物灾害防治工程管理方法，总结我国林业生物灾害防治工程实施情况和主要经验，提出需要重点实施的六项林业生物灾害防治工程。

“保障篇”共4章(第12章至第15章)，从组织、法律、科技、投入等方面提出确保战略有效实施的保障措施。

第12章组织保障，从加强组织机构建设、强化管理机制创新、突出人力资源培养等方面，提出推进林业生物灾害防治工作的组织保障措施。

第13章法律保障，在分析林业生物灾害防治法制建设的基础上，从提高立法水平、强化执法能力、加强执法监督等方面，提出推进林业生物灾害依法防治的措施。

第14章科技保障，在充分论述科技重要性的基础上，从加大林业生物灾害防治科研力度、加快科技成果转化、强化防治标准建设、开展国际交流合作等方面，提出推进林业生物灾害科学防控的措施。

第15章投入保障，通过分析林业生物灾害防治公共财政投入的必然性和建立多元化社会投入的必要性，提出了生态公益林生物灾害和重大危险性林业有害生物防治投入由各级公共财政负责，商品林中一般性林业生物灾害防治投入由经营者承担的防治投入基本原则，并从建立公共财政投入政策、林业生物灾害政策保险制度、灾害防治应急储备金制度及强化防治资金管理等方面，提出增强林业生物灾害防治资金使用效率的措施。

《中国林业生物灾害防治战略》得到中国科学院动物研究所和沈阳应用生态研究所、中国气象局、中国林业科学研究院、北京林业大学、南京林业大学、东北林业大学、西北农林科技大学、中国政法大学等有关单位专家学者的大力支持，并提出了许多宝贵意见和建议。在此，我们对为本项研究付出辛勤劳动的研究人员、专家学者表示衷心感谢！

马爱国

2009年3月于沈阳

目录

序

前　言

第一篇　背景篇

第二篇　战略篇

第三篇　保障篇

第一篇　背景篇

- 第 1 章　我国林业生物灾害发生现状与趋势
- 第 2 章　我国林业生物灾害防治历程
- 第 3 章　国外林业生物灾害发生与防治
- 第 4 章　我国林业生物灾害防治管理工作的现状与问题

第1章

我国林业生物灾害发生现状与趋势

林业生物灾害是由林业有害生物危害森林、林木及林产品而引发的自然灾害，它可以导致树势衰弱、森林健康水平和林地生产力水平下降，甚至造成林木死亡，严重影响森林的经济、生态和社会效益的正常发挥。我国是林业生物灾害较严重的国家之一，近年来，受异常天气增加、森林质量下降和贸易往来剧增等综合因素影响，林业生物灾害发生面积居高不下，全国年均发生1 000多万公顷。在未来一段时间内我国林业生物灾害仍将呈高发态势。

第一节　自然环境、社会经济与森林资源概况

林业生物灾害的发生与自然环境、资源状况和社会发展密切相关，是多种因素综合作用的结果。研究林业生物灾害，必须首先关注与其相关的自然环境、经济贸易与森林资源概况。

一、自然环境

自然环境对生物的生长发育和地理分布起着十分重要的作用。作为林业有害生物栖所的森林，其地理分布的宏观格局，受大气降水制约的水分条件、由大气温度作度量标准的热量条件以及地形地貌、地质土壤等诸多因素的综合影响。随着地理经纬度的不同，造成各地气候条件的变化，形成了森林的水平地带性分布和干湿度地带性分布；随着地形地貌、海拔高度的变化，使同一地区水热条件重新分配，形成了森林的垂直地带性分布。

（一）地势西高东低，地貌类型复杂多样

我国位于欧亚大陆的东南部，地势以青藏高原为最高点，呈阶梯状向太平洋倾斜。西高东低的地势，一方面有利于暖湿的海洋气流深入内陆，另一方面又使大河东流，有利于沟通海陆之间的联系。山地、平原、高原、盆地和丘陵等在地面上高低起伏、错落有致，其中以山地的走向最为明显。我国山地走向大致可分为东西向、南北向、东北—西南向、西北—东南向和弧形展布五大类。这些山脉相交织，构成网状地貌格局。除常

态地貌的山地、平原、丘陵、高原、盆地外，特殊地貌有冰川、冻土、风沙、黄土、喀斯特、火山、红层、海岸、河流等各种地貌。在各类地貌中，山地约占全国总面积的33%，丘陵约占10%，高原约占26%，平原约占12%，盆地约占19%。如此复杂的地貌类型，使得我国的自然景观更加多样，自然资源更加丰富多彩。

（二）气候类型多样，大陆性季风气候明显

我国幅员辽阔，地形复杂。受地理位置、下垫面及大气环流的影响，气候的基本特征是类型多样，季风盛行，大陆性强。各地气候虽然不同，但大陆性的季风气候是我国气候最突出的特征，也是我国气候的共同特征。其表现形式是无论近地面或高空，无论东部地区还是青藏高原都存在着季风现象。同时我国气候具有强烈的大陆性，全国除台湾、云南及西藏东南部外，大陆度均在 50 以上，属大陆性气候，几乎所有气候要素的日变化和年变化都体现了这个特点。气温与同纬度的其他地区相比，冬季偏冷，夏季偏热，气温年较差高于世界同纬度地区的平均值，内陆地区的气温日较差更大。按照温度的不同，我国的气候带由南向北可以划分为赤道带、热带、亚热带、暖温带、温带和寒温带共 6 个热量带。按水分条件，由东南向西北，又有湿润、半湿润、半干旱和干旱之别。我国的山多而高，气候的垂直分异更增加了气候类型的多样性和复杂性。随着从东向西干湿程度的变化，自然景观也随之由森林、森林草原而过渡为草原、半荒漠和荒漠。青藏高原更是复杂多样，从喜马拉雅南麓到高原腹地，犹如从热带到两极，热带、亚热带、温带、寒带气候均有之。气候的复杂多样，为多种动植物生长、生活提供了多样的生态环境，使得我国的生物资源格外丰富。

（三）植被类型丰富，分布错综复杂

我国植被类型繁多，森林植被有针叶林、落叶阔叶林、常绿阔叶林、热带季雨林以及它们之间的过渡类型；草原植被有草甸草原、干草原、荒漠草原；荒漠植被有小乔木荒漠、灌木荒漠、半灌木荒漠等；还有草甸植被、沼泽植被、盐生植被、沙生植被、珊瑚礁植被、高山垫状植被等。我国植物分布的复杂性表现在：一是许多植物具有广泛的分布区，如栎类，广泛分布于东北、华北和华中地区。二是在同一地区内植物种类多样，如南方的常绿阔叶林中，夹有针叶林树种。我国生物资源丰富，无论种类还是数量在世界上均处于领先地位。全国有高等植物约 32 800 种，仅次于巴西和马来西亚，居世界第 3 位。木本植物约 8 000 种，其中乔木约 2 000 种，分别占世界的 54% 和 24%。银杏、水杉、红豆杉等都是世界珍贵树种，古老孑遗植物如水杉、银杏、银杉、水松、珙桐、香果树等具有重要的科学价值。还有低等植物和微生物 5 000 多种，其中真菌、地衣 4 000 余种，细菌、放线菌 1 000 多种。脊椎动物 4 400 多种，占世界的 10% 以上。昆虫约 15 万种。

（四）森林生态系统胁迫因子多，易遭受各种灾害

我国是世界生态系统最为丰富的国家之一，共有森林生态系统 16 大类，草原生态系统 4 大类，荒漠生态系统 7 大类以及多种高山植被生态系统。森林生态系统作为陆地生态系统的主体，随着近年来生态建设的快速推进和国土绿化水平的不断提高，对抑制局域性生态环境恶化发挥了重要作用。但是，由于我国森林生态系统存在各种类型的胁迫因子，既有空气污染、风沙、干旱、洪涝、火灾以及雨雪冰冻灾害等自然胁迫因子，也有树种组成不合理、有害生物侵染以及营养失衡等系统内部的胁迫因子，尤其是人口压力的增加、工业污染物的大量排放、过度开采放牧以及贸易剧增等人为胁迫因子，使得林业生物灾害长期处于边治理、边危害的恶性循环之中。降低各种胁迫因子对森林生态系统的影响，减少由此产生的灾害损失，是林业生物灾害防治工作面临的艰巨任务。

二、社会经济

林业生物灾害除了与自然环境有直接关系之外，人类的一些经济活动对其发生发展也具有重要影响，随着经济发展速度的加快，特别是经贸往来的日益频繁，这种影响会表现得更加突出。

(一)经济贸易持续发展，贸易总量日趋增大

1978 年改革开放以来，我国经济得到前所未有的快速增长，已成为世界上最具发展潜力的经济大国之一。进入 21 世纪后，我国经济继续保持稳步高速增长，对外贸易快速上升。据《中华人民共和国 2008 年国民经济和社会发展统计公报》，2008 年中国对外贸易继续保持较快发展，全年规模以上港口完成货物吞吐量 58.7 亿吨，比上年增长 11.5%，其中外贸货物吞吐量 19.2 亿吨，增长 7.0%。港口集装箱吞吐量 12 835 万标准箱，增长 12.2%。货物运输总量 249.0 亿吨，货物运输周转量 105 512.9 亿吨/千米。

与我国贸易总量日益增加相对应的是，木制品进出口贸易也在高速增长。据《2008 中国林业发展报告》，2007 年，全国木材产品市场总供给量为38 273.80万立方米，比 2006 年增长 13.54%；2007 年木材产品消耗总量为38 249.42万立方米，比 2006 年增长 13.37%。2007 年林产品进出口贸易总额为 642.91 亿美元，比 2006 年增长 21.06%。2007 年，我国进口原木 3 713.26 万立方米，比 2006 年增长 15.49%；进口锯材 655.78 万立方米，比 2006 年增长 6.58%，前 5 位进口贸易伙伴的市场份额分别为：马来西亚 12.88%、美国 12.39%、俄罗斯 11.72%、印度尼西亚 10.07%、泰国 8.14%。

(二)林业产业迅速发展，增长态势良好

在经济高速增长的同时，林业产业继续保持良好发展势头，总产值继续以两位数速度增长，各种林产品产量快速增加，产业结构进一步优化。2007 年，全年实现林业产业总产值 12 533.42 亿元(按现价计算)，比 2006 年增长 17.66%。木材产量增幅较大，产量达到 6 976.65 万立方米，同 2006 年比增长 5.52%；全年经济林产品总产量达到 1.09 亿吨；主要竹产品继续保持增长势头，竹材产量 13.98 亿根，同比增长 6.55%；花卉产业依然保持发展态势，产值达到 509.77 亿元，比 2006 年增长 21.16%。为了促进我国林业进一步适应市场经济的发展要求，我国实行了林业产权制度改革，随着林农自主承包经营制度的落实和造林营林积极性的提高，我国森林面积将会进一步增加，以木材加工、林果、林下产品为经营对象的林产业必将进一步发展，成为广大林农脱贫致富的重要途径。在此过程中，如何适应新形势，发挥林业生物灾害防治的保障作用，已成为林业生物灾害防治工作的新课题。

(三)不合理经营活动引发环境问题

人们在加速发展经济、追求美好生活的过程中，存在着一些严重不合理的经济活

动，而这些活动却成为导致生态环境恶化、林分质量下降、森林抵御灾害能力减弱、林业生物灾害发生严重的直接原因。这些活动包括：陡坡垦殖，导致耕地退化和水土流失；过度放牧，造成草地退化；乱挖滥采，使大面积荒漠植被遭到破坏，直接导致生态退化；乱砍滥伐，导致森林资源锐减、水土保持功能下降、林分卫生状况差、易遭受生物侵害；经营粗放，破坏生态环境，导致土地退化、生态系统失调和生物多样性降低。此外，在工业生产中，由于技术粗放，排放到大气、土壤和水体等环境的“三废”也极易造成环境污染，并通过酸雨、地表径流等造成林分质量下降，使林业生物灾害频发。

三、森林资源

进入新世纪以来，我国林业贯彻“生态建设、生态安全、生态文明”战略思想，坚持“严格保护、积极发展、科学经营、永续利用”的指导方针，积极实施以生态建设为主的林业发展战略，森林资源保护与发展取得了显著成就，森林面积、森林覆盖率、活立木蓄积量、森林蓄积量等稳步增加。然而，我国森林资源总量不足、分布不均、质量不高、结构不合理、经营水平低等问题仍然比较突出。这些问题的存在，对我国森林资源增长、促进区域经济发展、满足人们日益增长的木材及林产品需求，特别是对促进森林经济、生态和社会效益的发挥产生了不利影响。其中，林分质量不高、结构不合理、经营水平低等问题，直接导致林业生物灾害的严重发生。

（一）森林资源分布特点

1. 森林资源绝对量大，但森林覆盖率低，人均占有量小

第六次全国森林资源清查（1999～2003 年）结果显示，我国森林面积17 490.92万公顷，与第五次森林资源清查结果相比增加 1 596.83 万公顷；森林覆盖率为 18.21%，增长了1.66 个百分点；活立木总蓄积量136.18 亿立方米，净增7.98 亿立方米，年均增长1.62 亿立方米；森林蓄积量 124.56 亿立方米，净增 8.89 亿立方米，年均净增 1.78 亿立方米。据联合国粮农组织《世界森林状况 2003》分析，我国森林面积列世界第 5 位，森林蓄积列第 6 位，均居世界前列。我国森林资源在世界上占有重要地位，对于全球经济、生态和社会的可持续发展以及生物多样性保护发挥着越来越重要的作用。

然而，我国国土面积大，人口众多，对森林资源的需求与日俱增，森林资源总量不足的问题日益突出。突出表现为森林覆盖率低，人均占有量小。我国森林覆盖率 18.21%，相当于世界森林覆盖率 29.60% 的 61.52%，居世界第 130 位。人均森林面积 0.132 公顷，只相当于世界人均占有量0.6 公顷的22.00%，居世界第134 位；人均森林蓄积 9.421 立方米，只有世界人均占有量 64.627 立方米的 14.58%，居世界第 122 位。我国人均占有森林资源的数量远低于世界平均水平。据统计，我国土地总面积约占世界土地总面积的 7.2%，人口约占世界总人口的 22%，而森林面积只占世界森林面积的 4.5%，森林蓄积量仅占世界总量的 3.2%。由此可见，用占世界不足 5% 的森林资源，既要满足世界 22% 人口的生产、生活和国家经济建设的需要，又要维护世界 7% 土地的生态安全，显然是不足的。我国仍属于世界上森林资源贫乏的国家之一，森林资源的发展和保护责任重大，任务艰巨。

2. 森林类型多样，但地域分布不均衡

我国地域广阔，自然气候条件复杂，植物种类繁多，森林类型多样，具有明显的地带性分布特征。由北向南，森林主要类型依次为针叶林、针阔混交林、落叶阔叶林、常绿阔叶林、季雨林和雨林。

由于受人为活动和自然灾害等因素影响，我国森林资源的地理分布极不均衡。东部地区森林覆盖率高达34.27%，中部地区占27.12%，西部地区只有12.54%。在东北、西南边远省份及东南、华南丘陵山地森林资源分布多，而辽阔的西北地区、内蒙古中西部、西藏大部分地区以及人口稠密、经济发达的华北、中原及长江、黄河下游地区，森林资源分布较少。东北（黑龙江、吉林）、内蒙古、西南（云南、四川、西藏）和南方（广东、广西、湖南、江西、福建）的11省（自治区）土地面积不足国土面积的一半，森林面积却占全国的七成，森林蓄积量占到八成以上。而占国土面积32.19%的西北（陕西、甘肃、宁夏、青海、新疆）5省（自治区），其森林面积只占全国的一成，森林蓄积还不足一成，森林覆盖率仅为5.86%，森林资源稀少。

3. 森林质量有所提高，但总体水平仍然偏低

我国森林资源通过严格培育和积极保护，数量快速增加，质量、结构明显改善，功能和效益得到增强。第六次森林资源清查结果表明，我国森林每公顷蓄积量由降转升，同比增加了2.59立方米，达到84.73立方米/公顷，单位面积年均生长量增加到3.55立方米/公顷；林分密度稀疏化得到遏制，林分平均郁闭度有所上升，林分郁闭度0.2～0.4的面积比例下降1.61%，郁闭度0.6以上的面积比例增加了2.67%，每公顷株数增加了72株，达到884株/公顷；林龄结构有所改善，幼龄林面积比例下降了3.19%，中龄林和近熟林增加了2.99%；树种结构趋于多样化，阔叶林和针阔混交林面积比例增加了3%。

但是，我国森林单位蓄积量不高，森林质量总体上仍然偏低。我国森林每公顷蓄积量84.73立方米，比世界平均水平低约15立方米，居世界第84位。部分省（自治区、直辖市）如山西、山东、湖北、北京、浙江、河北和天津，每公顷不足40立方米。林分平均郁闭度偏低，全国只有0.54，处于中等郁闭状态，其中郁闭度0.2～0.4的林分面积占34.41%。全国有19个省（自治区、直辖市）的林分郁闭度不足平均水平，其中，上海、宁夏、新疆林分郁闭度仅为0.40。林分平均胸径较小，全国只有13.8厘米，高于平均水平的仅有新疆、甘肃、青海、天津、四川、吉林、云南、陕西8省（自治区、直辖市），其他省（自治区、直辖市）均不足全国平均水平。

4. 林种结构有较大改善，但呈低龄化趋势，可利用资源不足

第六次全国森林资源清查结果显示，防护林和特用林面积大幅度增加，其面积比例由第五次清查时的20%上升到第六次的41%，上升21%。用材林和薪炭林面积明显减少，面积比例由80%下降到59%。林种结构总体上趋于合理。特别是西部地区林种结构变化较大，防护林和特用林比例分别由第五次清查时的35.13%和5.32%上升到59.35%和6.93%，用材林由55.85%下降到31.20%；中部地区防护林和特用林比例分别由第五次清查时的6.15%和3.10%上升到25.93%和3.62%，用材林由87.96%下降到 68.87%；东部地区防护林和特用林比例分别由第五次清查时的 16.74% 和 1.46% 上升到 29.07% 和 2.45%，用材林由 77.18% 下降到 65.42%。

我国现有森林中，幼龄林、中龄林、近熟林、成过熟林各龄组面积比例分别为 33%、35%、14%、18%，蓄积比例分别为 11%、28%、18%、43%，中、幼龄林面积 68%。宁夏、贵州、安徽、湖北、江西、河南、山东、江苏、河北、浙江、辽宁、广东、北京、重庆等 14 省（自治区、直辖市）中，幼龄林面积比例在 80% 以上，林龄结构低龄化现象明显。按合理的林龄结构要求，我国森林的林龄结构还不够协调。在现有用材林中，成过熟林面积 1 013.84 万公顷，蓄积 15.85 亿立方米，仅占用材林面积、蓄积的 12.89% 和 28.75%。其中，可采资源面积只有 891.46 万公顷，蓄积 12.84 亿立方米，仅占林分面积和森林蓄积的 6.24% 和 10.61%，可采资源十分有限。这种状况，无疑增加了森林资源保护的难度。

5. 人工林面积大，树种结构单一，森林经营水平较低

随着国家对生态环境保护重视程度的提高，我国林业全面实施以生态建设为主的发展战略，造林绿化运动蓬勃开展，人工林建设取得了巨大成就，人工林面积居世界第一。除香港、澳门特别行政区和台湾省以外，我国人工林面积 5 325.73 万公顷，占有林地面积的 31.51%；人工林蓄积 150 452.56 万立方米，占森林蓄积的 12.44%。大部分人工林处于幼龄和中龄林阶段，中、幼龄林面积比例占 77.40%，单位面积蓄积 46.59 亿立方米/公顷，相当于林分平均水平的 55%，其中部分省（自治区）如山西、内蒙古、陕西、宁夏人工林每公顷蓄积量少于 30 立方米。全国人工林面积中，杉木、马尾松、杨树等 3 个树种所占比例达 59.41%，针叶林达到了 70.69%，人工林树种单一的问题比较突出。从各省（自治区、直辖市）情况看，湖南 72.65%、浙江 68.10%、贵州 67.77%、江西 60.63%、福建 55.19% 的人工林是杉木，广西 90.76%、安徽 67.78%、广东 64.14%、湖北 60.88% 的人工林是杉木和马尾松，海南 52.29% 的人工林是桉树，黑龙江 56.54%、吉林 51.43% 的人工林是落叶松，重庆 62.46% 的人工林是马尾松和杉木，青海 82.29%、新疆 75.15%、内蒙古 65.64%、江苏 57.25% 的人工林是杨树。单一化的树种结构，造成林业生物灾害频繁发生，地力严重衰退，生物多样性下降，加之我国人工林经营水平普遍较低，林分卫生状况不佳，使其抵抗林业生物灾害的能力不高。

（二）森林资源分布情况

林业有害生物作为森林生态系统的有机组成部分，在林分质量不高、灾害性天气频繁发生、经营活动不合理的情况下，已成为我国森林的重要致灾因素，并由此造成了严重的经济、生态和社会效益的损失。了解各地森林资源状况，采取针对性措施，提高林分质量，增强林分抵御林业生物灾害的能力，对于做好林业生物灾害防治工作、适应国家宏观林业发展战略要求，具有重要的现实意义。

东北地区：包括辽宁、吉林、黑龙江 3 省以及吉林、龙江、大兴安岭 3 个森工（林业）集团公司，是我国重点林区，跨越寒温带、温带、暖温带，属大陆性季风气候。分布落叶松林、红松林及云杉、冷杉和针阔混交林，有林地面积 2 891.08 万公顷，森林覆盖率 37.99%。该区是我国最主要的天然林区，天然林面积 2 392.63 万公顷。

华北地区：包括北京、天津、内蒙古、山西、河北省(自治区、直辖市)，跨越寒温带、温带、暖温带3个温度带以及湿润、半湿润、干旱和半干旱区，属大陆性季风气候。分布有松柏林、松栎林、云杉林、落叶阔叶林，有林地面积2 181.38万公顷，全区森林覆盖率17.22%。该区天然林资源比重较大，天然林面积1 625.35万公顷。

西北地区：包括陕西、甘肃、宁夏、青海、新疆5省(自治区)以及新疆生产建设兵团，是我国生态脆弱区。境内大部分为大陆性气候，寒暑变化剧烈。分布有暖温带落叶阔叶林、北亚热带常绿落叶阔叶混交林以及山地针叶林。有林地面积1 087.07万公顷，森林覆盖率仅为5.86%。

西南地区：包括重庆、四川、云南、贵州、西藏5省(自治区)。该区垂直高差大，气温差异显著，形成明显的垂直气候带与相应的森林植被带，森林类型多样，树种丰富，有林地面积4 184.21万公顷，森林覆盖率21.32%。

华南地区：包括广东、广西、海南、福建4省(直辖市)，地形复杂，气候炎热多雨，无真正的冬季，跨越南亚热带和热带气候区，分布有南亚热带常绿阔叶林、热带雨林和季雨林，有林地面积2 740.03万公顷，森林覆盖率48.02%。

华东地区：包括上海、江苏、浙江、山东4省(直辖市)。该区临近海岸地带，降水量丰富，而且四季分配比较均匀，森林类型多样，树种丰富，低山丘陵以常绿阔叶林为主，有林地面积837.86万公顷，森林覆盖率23.11%。该区人工林资源比重较大，人工林面积526.09万公顷。

华中地区：包括安徽、江西、河南、湖北、湖南5省。该区南北温差大，夏季炎热，冬季比较寒冷，降水量丰富，常年降水量比较稳定。广泛分布常绿阔叶林，并混生落叶阔叶树，马尾松、杉木、竹类分布面积也非常广，有林地面积2 890.30万公顷，森林覆盖率33.26%。人工林面积1 158.16万公顷。

第二节 灾害发生现状与原因

一、灾害发生现状与特点

我国是世界上森林资源较为缺乏的国家，林分相对单一，生物多样性程度较低，抵御林业生物灾害的能力比较薄弱。据统计，我国有林业有害生物8 000余种，能够造成一定危害的林业有害生物种类近300种，其中从国(境)外传入34种，本土260余种。“十五”期间，全国年均林业有害生物发生面积1 000多万公顷，直接经济损失和生态服务价值损失达880亿元，是世界上林业生物灾害损失最严重的国家之一。

(一)主要林业有害生物

1. 外来林业有害生物

截至2008年，境外传入并形成较大危害的林业有害生物共有34种。其中，1980年以前入侵国内的外来有害生物16种，包括苹果绵蚜、双钩异翅长蠹、美国白蛾、苹果蠹蛾、日本松干蚧、温室白粉虱、松针褐斑病、杨树花叶病毒、松疱锈病、落叶松枯梢病、紫茎泽兰、飞机草、加拿大一枝黄花、薇甘菊、大米草、水葫芦；1980 年后入侵 18 种，包括西花蓟马、刺桐姬小蜂、红火蚁、椰心叶甲、松材线虫、曲纹紫灰蝶、红脂大小蠹、松突圆蚧、美洲斑潜蝇、水椰八角铁甲、蔗扁蛾、湿地松粉蚧、红棕象甲、茶藨子透翅蛾、褐纹甘蔗象、刺槐叶瘿蚊、枣实蝇、桉树枝瘿姬小蜂。我国外来林业有害生物入境定居后不断扩展蔓延，主要种类危害猖獗(表 1-1）。

表 1-1　外来林业有害生物种类和分布

有害生物名称	国内分布
苹果绵蚜	山东、天津、河北、陕西、河南、辽宁、江苏、云南、西藏
双钩异翅长蠹	广东、海南
美国白蛾	山东、天津、河北、陕西、北京、辽宁
苹果蠹蛾	新疆、甘肃
日本松干蚧	上海、浙江、江苏、山东、辽宁
温室白粉虱	全国分布
松针褐斑病菌	安徽、江苏、浙江、福建、江西、广东、广西
杨树花叶病毒	北京、江苏、山东、河南、甘肃、四川、青海、陕西、湖南
松疱锈病菌	山西、内蒙古、辽宁、吉林、黑龙江、安徽、山东、河南、湖北、重庆、四川、云南、陕西、甘肃、新疆
落叶松枯梢病菌	河北、辽宁、吉林、黑龙江、山东、内蒙古、山西、陕西
紫茎泽兰	云南、贵州、四川、广西、重庆、西藏
飞机草	云南、贵州、四川、广西、重庆、西藏
加拿大一枝黄花	上海、浙江、江苏、安徽、江西、湖北、湖南、云南、河南
薇甘菊	广东、云南
大米草	辽宁、河北、天津、山东、江苏、上海、浙江、福建、广东、广西
水葫芦	广东、云南、江苏、浙江、福建、四川、湖南、湖北、河南
西花蓟马	北京、云南
刺桐姬小蜂	福建、广东
红火蚁	广东、广西、湖南
椰心叶甲	海南、广东、广西
松材线虫	江苏、安徽、山东、浙江、广东、湖北、湖南、江西、福建、广西、重庆、贵州
曲纹紫灰蝶	上海、浙江、福建、广东、广西、海南、重庆、四川
红脂大小蠹	山西、河北、河南、陕西
松突圆蚧	广东、广西、福建、江西
美洲斑潜蝇	除青海、西藏和黑龙江以外均有分布
水椰八角铁甲	广东、海南
蔗扁蛾	北京、广东、海南、福建、江苏、上海
湿地松粉蚧	广东、广西、福建
红棕象甲	海南、广西、广东、云南、西藏
茶藨子透翅蛾	新疆
褐纹甘蔗象	广东、广西

（续）

有害生物名称	国内分布
刺槐叶瘿蚊	河北、辽宁
枣实蝇	新疆
桉树枝瘿姬小蜂	广西、海南

2. 本土主要林业有害生物

我国本土主要林业有害生物260多种，其中发生面积超过6.67万公顷(100万亩)的37种。由于我国各省(自治区、直辖市)的地理、气候等条件不同，本土林业有害生物种类也不同。

(1)东北天然林和防护林有害生物发生区。本区位于我国东北部，包括黑龙江、吉林、辽宁和内蒙古东部的呼伦贝尔盟、兴安盟、通辽市和赤峰市等部分地区。本区森林面积约占全国的1/4，本区主要的森林植物种类有红松、落叶松、樟子松、云杉、冷杉和槭、桦、栎、杨、柳、榆、槐等落叶阔叶树种。分布的林业有害生物主要有落叶松毛虫、油松毛虫、赤松毛虫、松瘿小卷蛾、黄褐天幕毛虫、杨扇舟蛾、分月扇舟蛾、舞毒蛾、杨毒蛾、柳毒蛾、落叶松鞘蛾、松梢螟、白杨透翅蛾、落叶松球蚜、落叶松八齿小蠹、云杉八齿小蠹、青杨楔天牛、青杨脊虎天牛、栗山天牛、杨干象、落叶松枯梢病、落叶松早期落叶病、樟子松红斑病、五针松疱锈病、杨树烂皮病、杨树溃疡病、杨灰斑病、大林姬鼠、红背䶄、棕背䶄、东方田鼠。在东北天然林或天然次生林区，生物多样性保持相对较好，天敌种类多，经常保持有虫不成灾的状态。近年来，由于人为干预和气候异常等原因，落叶松毛虫、落叶松鞘蛾、黄褐天幕毛虫、舞毒蛾等食叶性害虫时而暴发成灾。

(2)华北平原生态林和用材林有害生物发生区。本区包括北京、天津、山东全部，河北、河南、山西大部和江苏、安徽淮北等地区。本区主要的森林植物种类有油松、赤松、侧柏、麻栎、栓皮栎、毛白杨、旱柳、榆等，分布的主要林业有害生物包括油松毛虫、赤松毛虫、杨扇舟蛾、杨小舟蛾、春尺蠖、舞毒蛾、白杨透翅蛾、杨干透翅蛾、落叶松叶蜂、光肩星天牛、桑天牛、青杨楔天牛、锈色粒肩天牛、双条杉天牛、红脂大小蠹、杨树溃疡病、杨树腐烂病、冠瘿病等。由于连年干旱等原因，本区食叶类害虫危害严重，造成严重灾害的种类有油松毛虫、落叶松叶蜂、杨扇舟蛾、春尺蠖、国槐尺蠖、舞毒蛾等。

(3)西北防护林有害生物发生区。本区位于我国西北部，包括新疆全部和内蒙古、宁夏、甘肃、陕西、青海、山西、河北省的部分地区。本区主要的森林植物有松、杉、柏、槭、桦、栎、杨、柳、榆等。主要有害生物有光肩星天牛、青杨楔天牛、华山松大小蠹、云杉大小蠹、云杉八齿小蠹、纵坑切梢小蠹、落叶松叶蜂、松阿扁叶蜂、油松毛虫、白杨透翅蛾、杨干透翅蛾、春尺蠖、柳毒蛾、沙棘木蠹蛾、沙柳木蠹蛾、核桃举肢蛾、杨树溃疡病、板栗疫病、高原鼢鼠、大沙鼠、达吾尔鼠兔等。在西北地区对杨树造成严重危害的蛀干性害虫主要有光肩星天牛、杨干透翅蛾等；以春尺蠖、杨毒蛾、杨蓝叶甲为主的杨树食叶性害虫在新疆危害严重；鼠(兔)害在新疆、青海、甘肃、陕西、内蒙古的发生面积均超过 6.67 万公顷，严重降低了造林成活率。

(4)中南、西南丘陵生态林和用材林有害生物发生区。本区位于秦岭以南，包括贵州、西藏全部，四川、重庆、云南大部和陕西、甘肃、河南、湖南、湖北省部分地区。本区植物群落组成复杂，物种丰富，主要有害生物种类有马尾松毛虫、云南松毛虫、思茅松毛虫、德昌松毛虫、文山松毛虫、蜀柏毒蛾、舞毒蛾、萧氏松茎象、云南木蠹象、华山松木蠹象、栗实象、松褐天牛、云斑天牛、粗鞘双条杉天牛、纵坑切梢小蠹、中华松梢蚧、黄脊竹蝗、板栗瘿蜂、马尾松赤枯病、云杉落针病、油桐枯萎病等。云南松毛虫在云南、贵州、四川局部地区危害严重，蜀柏毒蛾在四川、重庆经常成灾，松赤枯病和云杉落针病在四川危害明显加重。

(5)东南生态林和用材林有害生物发生区。本区位于我国东南部，包括江西、浙江、上海的全部和河南、安徽、江苏、湖北、湖南、福建、广东、广西的大部或部分地区。本区主要树种有马尾松、杉木、杨树、桉树、木麻黄、竹子等，主要林业有害生物有马尾松毛虫、松褐天牛、萧氏松茎象、松茸毒蛾、松梢螟、松梢枯病、马尾松赤枯病、双条杉天牛、杉木炭疽病、侧柏毒蛾、杨扇舟蛾、杨小舟蛾、油茶毒蛾、桃蛀螟、银杏大蚕蛾、桑天牛、云斑天牛、栗实象、铜绿金龟子、黑翅土白蚁、桉树焦枯病、木麻黄拟木蠹蛾、木麻黄毒蛾、木麻黄青枯病、油茶炭疽病、油茶软腐病、板栗疫病、板栗溃疡病、柑橘溃疡病、柑橘炭疽病、黄脊竹蝗、竹瘿广肩小蜂、竹卵圆蝽、板栗瘿蜂、毛竹枯梢病、毛竹丛枝病等。马尾松毛虫是该区危害最为严重的食叶性害虫，其分布范围广，危害面积大；萧氏松茎象属本区危害严重的种类，目前福建、湖南、广西、江西、广东均有分布；杨树病虫害在该区对发展杨树产业构成严重威胁；竹类病虫上升趋势明显，竹蝗在江西、湖南等省严重发生；此外，随着板栗、核桃、柑橘、油茶等在低山丘陵区栽培面积的扩大，经济林病虫害明显上升。

(二)主要林业生物灾害发生状况

我国林业生物灾害种类多，发生面积大，分布范围广，引起的灾害损失极为严重。据统计，目前我国林业有害生物 8 000 余种，其中害虫 5 000 多种，病原物近 3 000 种，害鼠(兔)160 种，有害植物 150 种。在能够造成一定危害的 300 种林业有害生物中，危害严重的约 150 种，其中，害虫 86 种、病原物 18 种、有害植物 37 种、害鼠(兔)12 种，见附件 1。松毛虫、杨树天牛等本土种类持续发生，舞毒蛾、春尺蠖等食叶害虫暴发成灾，栗山天牛、杨树病害等上升为主要灾害种类，荒漠林、经济林、竹林生物灾害发生严重，吉丁虫、木蠹蛾、白蚁等危害木材的有害生物种群密度增大，危害严重。

(三)我国林业生物灾害发生危害特点

1. 发生面积居高不下

自 20 世纪 50 年代以来，我国林业生物灾害发生面积呈逐年上升的态势。近年来，受气候变暖等综合因素影响，林业生物灾害发生面积居高不下，危害损失逐年上升(图 1-1)。据统计资料，林业有害生物发生面积从 1996 年的 700 万公顷上升到 2007 年的 1 200万公顷(图 1-2)，造成的直接经济损失从1996 年的 72 亿元上升到2007 年的 236 亿元(图 1-3)。

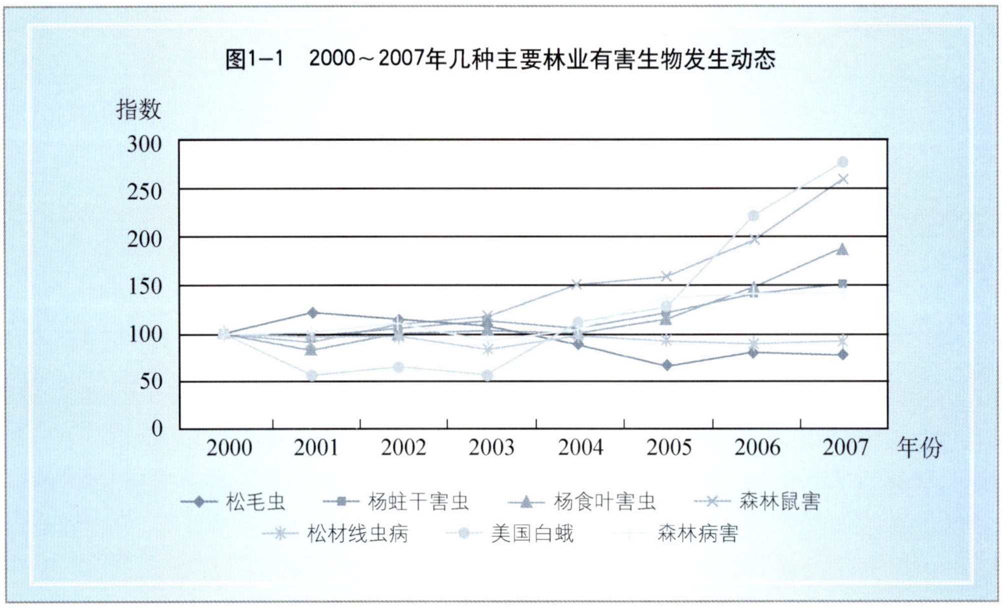
图1-1　2000～2007年几种主要林业有害生物发生动态
指数
300
250
200
150
100
50
0
2000
2001
2002
2003
2004
2005
2006
2007
年份
松毛虫
杨蛀干害虫
杨食叶害虫
森林鼠害
松材线虫病
美国白蛾
森林病害

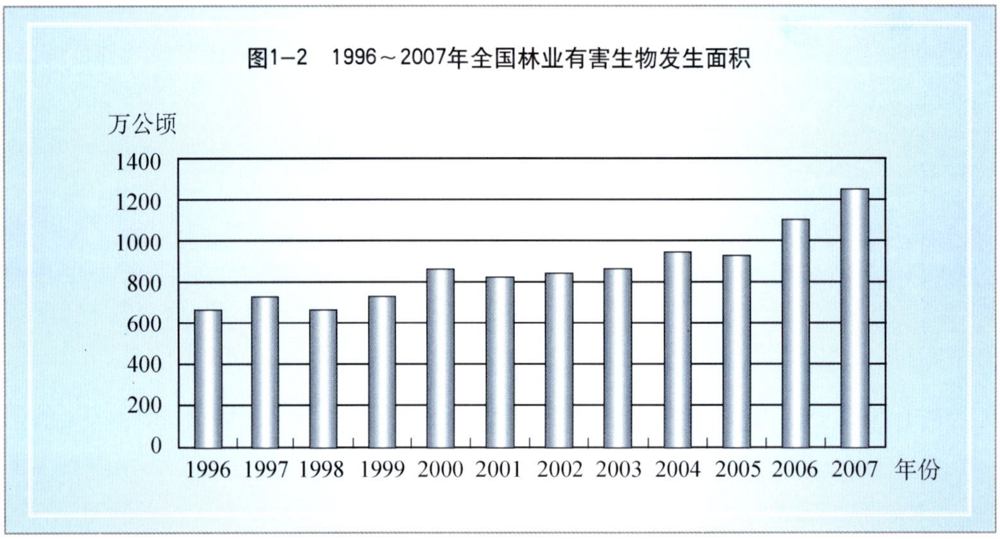
图1-2　1996～2007年全国林业有害生物发生面积
万公顷
1400
1200
1000
800
600
400
200
0
1996
1997
1998
1999
2000
2001
2002
2003
2004
2005
2006
2007
年份

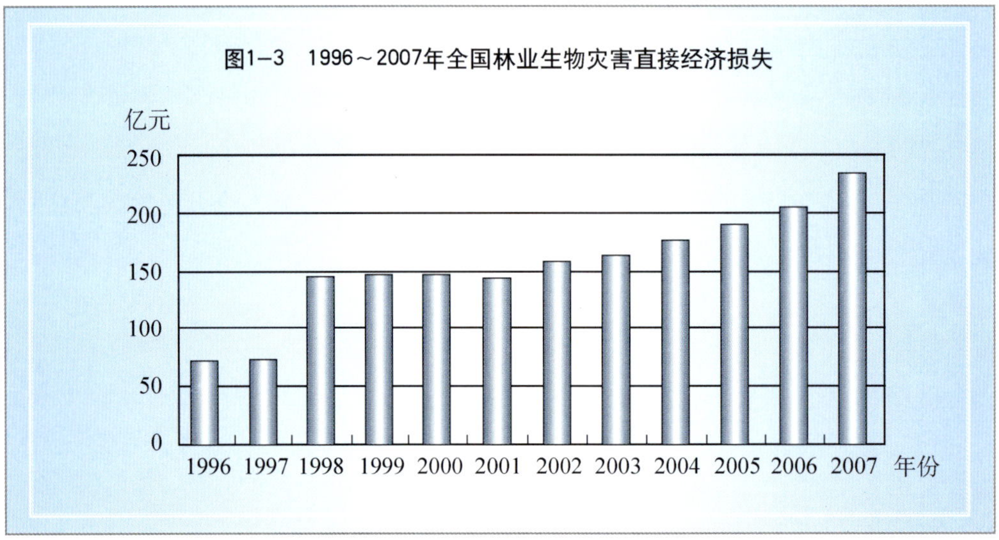
图1-3　1996～2007年全国林业生物灾害直接经济损失
亿元
250
200
150
100
50
0
1996
1997
1998
1999
2000
2001
2002
2003
2004
2005
2006
2007
年份

2. 外来林业有害生物入侵加剧

截至 2008 年，入侵我国并造成较大危害的外来林业有害生物已达 34 种，年均发生面积达 130 万公顷。几种主要外来有害生物造成的损失占林业生物灾害总损失的 30%。外来有害生物在我国呈入侵频次增加、种类增多、危害面积逐年扩大的趋势，对国土生态安全构成了严重威胁。松材线虫自 1982 年在我国南京发现以来，已扩展到江苏、浙江、安徽、福建、广东等 14 个省(自治区、直辖市)，对我国南方大面积松林构成严重威胁；美国白蛾已扩展到北京、天津、河北、辽宁、山东、陕西等省(直辖市)；椰心叶甲疫情在海南已扩至所有行政区；松突圆蚧在广东、福建等地严重发生，广西疫情加重，江西出现新疫情；日本松干蚧在吉林突破原有分布区；红脂大小蠹在北京、内蒙古发现新的疫点；紫茎泽兰在广西等省(自治区)严重侵占林地；薇甘菊在广东直接造成林木死亡；双钩异翅长蠹在海南、广东、广西、云南、贵州、上海的部分地区多点发生，对活立木和林木制品造成严重危害。主要外来有害生物发生分布及生态图见图 1-4 至图 1-16。

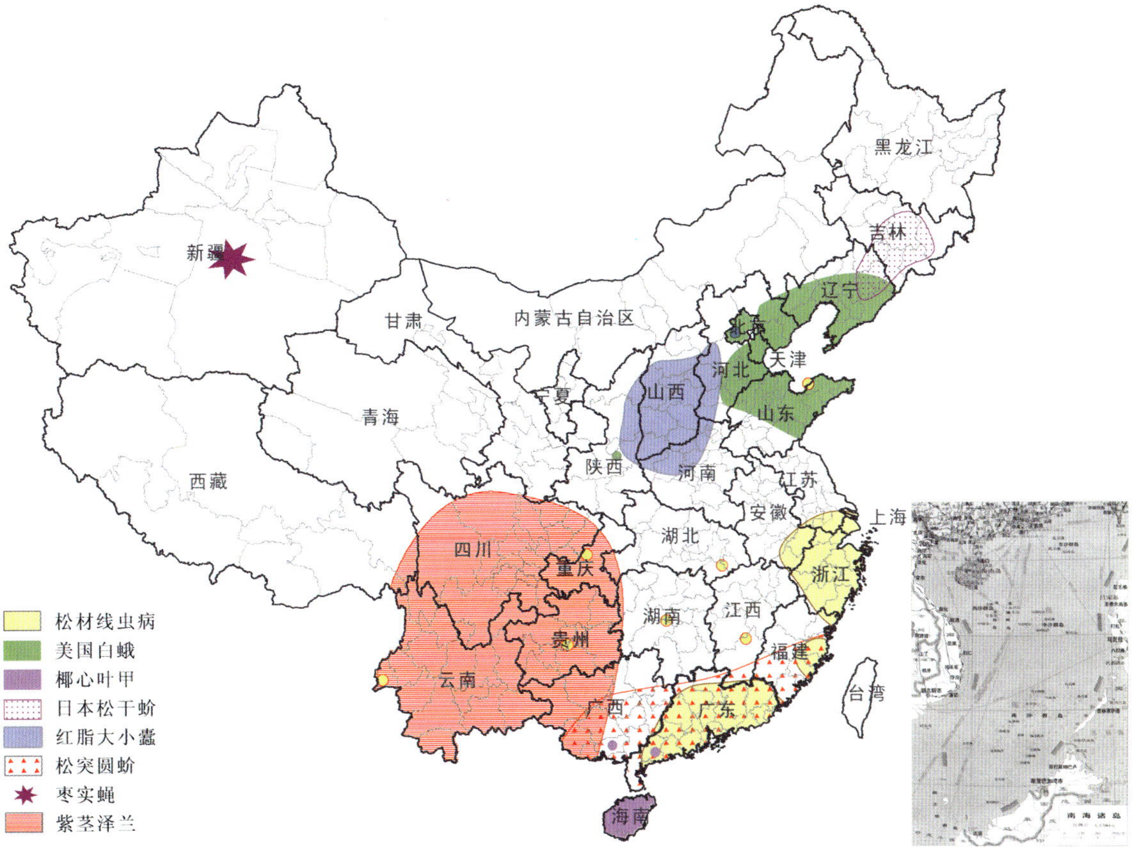

图 1-4　几种主要外来林业有害生物发生分布示意图(2007 年)

图 1-5　松材线虫病危害状

图 1-6　松褐天牛成虫

图 1-7　美国白蛾成虫

图 1-8　美国白蛾网幕

图 1-9　美国白蛾幼虫

图 1-10　美国白蛾蛹

图 1-11　红脂大小蠹危害状

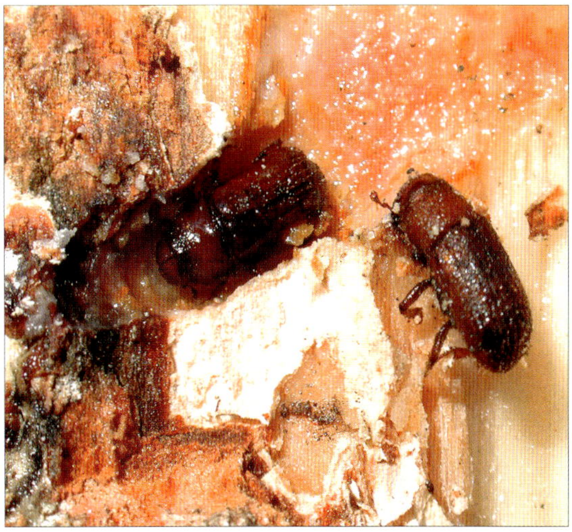

图 1-12　红脂大小蠹成虫

图 1-13　红脂大小蠹幼虫

图 1-14　椰心叶甲

图 1-15　薇甘菊(花)

图 1-16　薇甘菊

3. 本土重大有害生物发生危害依然严重

松毛虫、杨树蛀干害虫和森林鼠(兔)等本土重大有害生物曾于20世纪在我国造成过严重危害，目前发生危害依然严重。松毛虫一直是我国历史上第一大害虫，发生面积最高达到300多万公顷，占全国总发生面积的近1/2。20世纪80年代以后在一些地区得到了较好控制，但近年来灾情出现反弹，年均发生面积在140万公顷以上，很多地方仍周期性地暴发成灾，特别是在长江以南各省(自治区)，暴发频率很高。光肩星天牛等杨树蛀干害虫自90年代开始在陕西、甘肃、宁夏、内蒙古、山西等西部省(自治区)严重发生，对"三北"地区以农田防护林为主的杨、柳、榆、槐等阔叶树种造成极大危害，对举世瞩目的"三北"防护林工程造成巨大破坏。虽经大规模治理并取得一定成效，但发生面积至今未减，灾害损失依然严重。据统计，2005~2007年全国杨树蛀干害虫发生面积分别达71万、84万、89万公顷，死树情况仍有发生。以鼢鼠、野兔为主的鼠(兔)在"三北"地区新植林地危害猖獗，对未成林造林地林木构成严重威胁。"十五"期间，鼠(兔)害年均发生100万公顷，占全国林业生物灾害发生总面积的10%，2005~2007年发生危害面积分别达到134万、165万、220万公顷。陕西退耕还林地，因中华鼢鼠和甘肃鼢鼠的危害，林木死亡率高达90%以上。青海三江源地区，因鼢鼠危害造成大片黑土滩，严重破坏了当地植被，对长江、黄河源头地区生态安全构成了严重威胁。本土主要有害生物发生分布及生态图见图1-17至图1-23。

图1-17　几种重要本土林业有害生物发生分布示意图(2007年)

图 1-18　松毛虫成虫

图 1-19　松毛虫幼虫

图 1-20　光肩星天牛危害状

图 1-21　光肩星天牛成虫

图 1-22　斯氏鼢鼠

图 1-23　鼠害危害状

4. 突发性食叶害虫种类增多，次要害虫上升为主要害虫

春尺蠖、杨树舟蛾等杨树食叶害虫是常见的突发性害虫。近年来，随着大量营造杨树人工林，杨树食叶害虫发生普遍，其中以华北、黄淮、江淮危害最为严重。2005～2006年春尺蠖、杨树舟蛾等杨树食叶害虫连续多点暴发，致使江苏、湖北等地多处绿色通道景观被毁，江苏、安徽等省的杨树产业损失巨大。2005～2007年全国杨树食叶害虫发生面积分别为88万、114万、142万公顷，呈逐年上升趋势。随着气候变化和天然林卫生状况的改变，一些次要有害生物上升为主要危害种类，如栗山天牛、云杉八齿小蠹、切梢小蠹等历史上很少有严重成灾的种类，近年来相继暴发，危害严重。有关有害生物的发生分布及生态图见图1-24至图1-33。

图1-24　杨二尾舟蛾成虫

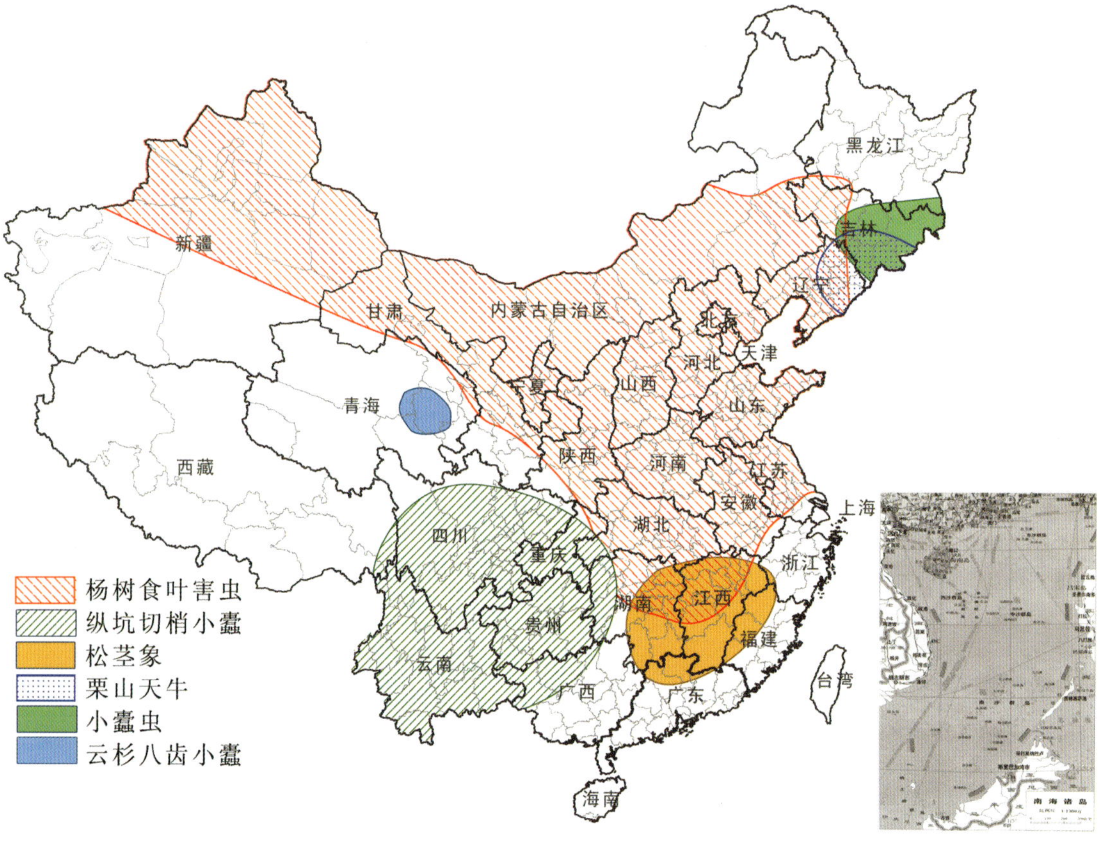

图1-25　杨树食叶害虫等有害生物发生分布示意图(2007年)

图1-26 杨二尾舟蛾幼虫

图1-27 春尺蠖危害状

图1-28 栗山天牛成虫

图1-29 栗山天牛幼虫

图1-30 落叶松八齿小蠹成虫

图1-31 落叶松八齿小蠹危害状

图 1-32　黄褐天幕毛虫成虫

图 1-33　黄褐天幕毛虫幼虫

5. 经济林、竹林有害生物危害种类增多，发生面积加大

改革开放以来，我国各种经济林面积不断增加。随着经济林、竹林面积的快速增加，经济林、竹林生物灾害的发生种类也不断增多，2000 年全国经济林、竹林生物灾害发生面积达 120 多万公顷。目前，造成较严重危害的经济林有害生物包括板栗疫病、苹果蠹蛾、冠瘿病、枣疯病、肉桂枯枝病、杏仁蜂、枣大球蚧、梨圆蚧、板栗剪枝象、栗实象、枣尺蠖、枣食心虫、核桃举肢蛾、油茶尺蠖等。危害竹林的常见害虫有竹螟、竹蝗、竹青虫、竹斑蛾、蚜虫、介壳虫、竹螨、金龟子、地老虎、蝼蛄、蟋蟀、刺蛾、笋夜蛾、笋泉蝇、笋象鼻虫等；常见病害主要有竹丛枝病、竹杆锈病和毛竹枯梢病等(图 1-34 至图 1-40)。

图 1-34　枣大球蚧

图 1-35　黄脊竹蝗成虫

图 1-36　黄脊竹蝗危害状

图 1-37 铜绿丽金龟

图 1-38 柑橘凤蝶幼虫

图 1-39 苹果蠹蛾危害状

图 1-40 苹果蠹蛾

6. 灌木林和荒漠植被有害生物危害日益突出

我国东北、西北和西南等地广泛分布，并具有重要生态价值的灌木林和荒漠植被遭受林业生物灾害的严重危害，给本来就很脆弱的生态系统带来了严重的生态灾难。近年来，灌木林和荒漠植被有害生物已被纳入全国林业生物灾害发生面积统计之中，受到高度重视。2003 年以来，年均发生面积达 200 万公顷以上。沙棘木蠹蛾、梭梭尺蠖、灰斑古毒蛾、大沙鼠等对东北、西北广大灌木林和荒漠植被的危害日益突出，并在局部地区多点暴发成灾，新疆塔里木盆地累计有 20 万公顷胡杨林毁于虫害。

二、灾害成因分析

昆虫、病原物和啮齿类动物取食或侵袭树木是一种自然现象，在稳定的生态条件下，它们不会对森林造成重大的经济损失，也不需要加以人为控制。当森林长期遭受各种人为因素（乱砍滥伐、营造大面积人工纯林、大量施用化学农药等）和自然因素（气候条件、林火）的严重干扰时，森林生态系统失去平衡，导致森林健康状况下降，为害虫、病原物和鼠类的过度繁衍创造了条件，当其种群和数量达到一定程度时，即由“无害”变为有害，成为引发林业生物灾害的重要因素。

（一）森林质量不高，抵御灾害能力较差

长期以来，由于天然林资源过度利用，形成大量的天然次生林、灌木林和人工林。现有森林中，幼龄林、中龄林、近熟林、成过熟林各龄组面积比例分别为33%、35%、14%、18%，蓄积比例分别为11%、28%、18%、43%。全国中幼龄林占森林面积的68%，其中宁夏等14省（自治区、直辖市）中幼龄林面积比例在80%以上，林龄结构低龄化现象明显。全国人工林面积中，杉木、马尾松、杨树等3个树种面积所占比例达59.41%，针叶林达到了70.69%，人工林树种单一的问题比较突出。例如：青海、新疆、内蒙古、江苏等省（自治区）人工林面积的60%以上是杨树，广西、安徽、广东、重庆、湖北等省（自治区、直辖市）人工林面积的60%以上是杉木和马尾松，湖南、浙江、贵州、江西和福建等省人工林面积的50%以上是杉木，黑龙江、吉林人工林面积的50%以上是落叶松，海南人工林面积的50%以上是桉树。由于这些林分树种单一，林龄偏小，结构简单，生物多样性程度低，地力衰退严重，抗逆性和抵御有害生物侵害的能力差，极易受到有害生物的侵袭和严重危害。

（二）气候异常，有害生物发生诱因增多

由有害生物引发的生物灾害问题在很大程度上是一个生态问题。近几十年来，从全球的大范围讲，由于森林面积锐减，全球气候变暖，森林生态环境原有的平衡被打破，林业有害生物特别是那些以环境逆境为诱因的有害生物发生日趋严重。据统计，近20年来，全球气温平均增高了0.6℃。暖冬、高温等异常气候和干旱、洪涝等灾害在我国频繁发生，导致森林健康水平下降和有害生物的发生加剧。如2006年是灾害性天气频发的年份，也是林业有害生物危害严重的年份。由于春季持续低温干旱，致使美国白蛾虫期发育不整，世代重叠严重，发生和危害重于常年；夏季的持续高温、干燥天气，又给杨树食叶害虫的大发生提供了适宜的生长、繁殖条件，种群数量在短期内剧增，导致迅速暴发成灾；而辽宁杨树烂皮病大发生则是当地2005年秋至2006年5月气候异常所致，由于暖秋造成林木生长期延长，木质化程度不够，紧接着又是冬季的突然降温且长期持续低温，使树干失水严重，入春后又出现自1923年以来最严重的“倒春寒”现象，土壤温度回升较迟，致使树干失水进一步加重，树势衰弱，从而引起了病害的发生和流行。

（三）经贸活动日趋频繁，有害生物入侵增加

随着全球贸易的发展、旅游业的兴起和运输业的发展，交通四通八达，物流与日俱增，林产品运输数量急剧上升，有害生物被有意无意地带到世界各地。由于有害生物检验和除害处理技术水平不高，加之检疫监管不力，导致了危险性林业有害生物的入侵和扩散蔓延。我国现在严重发生的一些检疫性林业有害生物，如松材线虫、松突圆蚧、美国白蛾等就是由于忽视了检疫，使这些病虫害通过木制包装箱、原木等的运输从国外传入。我国也曾因杨树蛀干害虫和松材线虫等检疫性林业有害生物问题，受到一些国家和地区的检疫限制而影响了出口贸易。我国公布的林业检疫性有害生物名单中，椰心叶甲、松突圆蚧、蔗扁蛾、红棕象甲、刺桐姬小蜂等也是在经贸活动中无意引入的。我国口岸检验检疫部门2002年截获各类有害生物1 310种22 448批次，2003年截获有害生

物 1 900 多种 48 139 批，且在逐年增加。国内松材线虫的跳跃式扩散和杨树天牛的远距离传播也都是由带疫木材及其制品的调运所致。

（四）社会认知程度不高，防治资金投入不足

森林不仅能提供给人类直接的物资需求和经济收益，更重要的是能为整个社会提供良好的生存环境。热爱森林，关心林业，理解保护森林就是保护生存环境、保护人类自己。但这种理念目前还没有得到全社会的普遍认知，人们对林业有害生物的危害性认识不足，林木经营者自觉防治和依法防治的主动性和积极性不高，群防群治的防治格局还未形成。在防治资金投入上，虽然中央财政安排了专项救灾补助经费，各级地方财政也增加了防治资金投入，林权单位和林农群众也通过投工投劳等形式对防治给予一定投入，但相对于我国 1.8 亿公顷的森林面积和年均1 000多万公顷的林业有害生物发生面积而言，目前有限的经费投入是远远不够的，况且林业有害生物发生地大多为山区或贫困地区，地方财政紧张，防治投入有限，延误了防治时机，导致了生物灾害的严重发生。

（五）防治基础薄弱，技术手段落后

目前，全国县级以下林业有害生物防治基础比较薄弱。在机构编制上，一些地方的防治编制被减少、机构被合并甚至被撤销，专业人员比例小，变动频繁，特别是一些西部经济欠发达地区力量更显薄弱。在器械设备上，全国各种型号的喷药机械仅有 7 万多台（套），而且很多设备老化陈旧，性能较差，每年用于飞机防虫作业的生产用机仅 400 余架次。由于缺乏资金投入，航空和航天监测技术、昆虫化学信息素和植物信息素监测技术尚未得到广泛的应用，监测多停留在地面人工调查阶段，不但费时费力，而且基础数据的准确性受到影响，致使预报准确率不高。在防治手段上也存在诸多技术瓶颈和许多不适应的问题，如对松材线虫病、钻蛀类害虫等缺乏有效的除治方法，很多单项防治技术由于缺乏组装，也难以达到理想防治效果，微生物杀虫剂生产工艺落后，效果很不稳定。

第三节　灾害发生趋势分析

基于对我国林业生物灾害发生现状、特点与成因系统总结，通过分析自然生态、气候变化、森林资源、经济贸易等相关因素对林业生物灾害发生的影响，对未来一段时间内我国林业生物灾害的发生趋势做出预测。

一、影响林业生物灾害发生的主要因素

（一）生态环境因素

生态环境恶化在短时间内难以得到根本性扭转，引发林业生物灾害高发的因素依然存在。据专家分析，在未来一段时期内，我国生态环境仍然呈局部改善、整体恶化的趋势，并具有区域性破坏、结构性解体和功能性紊乱的特征。因此，影响林业有害生物发生危害的重要条件——自然生态环境恶化的问题，在短时间（数年）内得到根本性好转

的可能性不大。究其原因，主要是长期以来由于我国人口的过度增长、政策的失误、历史生态债务过多过重等因素的存在，导致了生态环境的不断恶化。虽然近几十年来，我们也进行了生态环境的保护和建设，并取得了一定的进展和成绩，对抑制局域性生态环境恶化发挥了重要的作用，但是从整体分析，生态环境现状不容乐观，边治理边破坏，点上治理面上破坏，治理赶不上破坏的问题依然十分严重。随着人口的迅速增长、工农业的不断发展，人类不惜代价地砍伐森林和侵占林地，森林以惊人的速度减少，已严重危及人类的生存环境，同时也制约了经济的发展。全球环境问题如温室效应、生物多样性锐减、水土流失、沙漠化扩大、土地退化、水资源危机、大气污染、臭氧层破坏、噪声污染等都与陆地生态系统主体的森林资源遭受破坏有着直接或间接的关系。由此为诱导因素的生物灾害将不可避免地频繁发生。近年我国东北及北方大部城市阔叶树表现为烂皮病的大量死亡现象，东北地区樟子松表现为枯梢病的大量死亡现象，大连市黑松表现为枝枯病的大量死亡现象，其本质都是因生态环境整体恶化诱导所致。

（二）气候异变因素

气候变暖、极端天气事件增多，有利于多种生物灾害的发生。据专家预测，由于温室效应等原因，21 世纪上半叶全球气候呈变暖趋势，极端天气事件发生频率增多，这样的气候为多种生物灾害的大发生创造了条件。根据国家气象局的《气候变化国家评估报告》预估结果，未来 20 ~ 100 年中国地表气温升高明显，降水量也呈增加趋势。和全球一样，21 世纪中国地表气温将继续上升，其中北方增暖大于南方，冬、春季增暖大于夏、秋季。与气候平均值比较，2020 年中国年平均气温将增加 1. 3 ~ 2. 1℃，2030 年增加 1. 5 ~ 2. 8℃，2050 年增加 2. 3 ~ 3. 3℃。预计到 2020 年，全国平均年降水量将增加 2% ~3%，到 2050 年可能增加 5% ~7%。降水日数在北方显著增加，南方变化不大。降水变化时空变率较大，不同模式给出的结果差异明显。区域气候模式的预估结果表明，中国地区的日最高和最低气温都将升高，但最低气温的升高更为明显，日较差将进一步减小。未来南方的大雨日数将显著增加，暴雨天气可能会增多。未来中国的极端天气气候事件发生频率可能会发生变化。由于林木对气候变化的适应速度远远低于有害生物对气候变化的适应速度，因而会导致林业生物灾害的发生。长期高温、干燥的天气会影响树木的生长发育，使森林生态系统失去平衡，一些耐旱喜阳性的食叶害虫和蛀干害虫，以及次期害虫种群数量迅速增加，危害加重。我国的主要生态工程建设地区，特别是西部地区，大多气候干燥、土壤瘠薄、水肥条件差、森林生态环境恶劣、树木长势弱，极易受到有害生物的侵袭。

（三）林分自身健康因素

人工纯林面积大幅度增加，脆弱的森林生态系统不可能在短期内得到根本改善，寄主因素的变化有利于林业生物灾害的发生。随着造林绿化的发展，特别是六大林业重点工程的全面推进，我国人工林种植面积将不断增加，由此而导致林业有害生物的寄主因素发生变化，如可导致有害生物高发的幼林比例、纯林比例会相应增加。这无疑会助长有害生物的发生。2002 年全国造林面积首次迈上 667 万公顷（1 亿亩）台阶，2003 年全国完成营造林面积创造了历史最高水平，达 1 093 万公顷，之后几年我国造林绿化连续保持了稳定、快速增长。随着我国林业重点工程和西部大开发战略的实施，全国人工林的面积将急剧增加，大面积人工林带来的诸多人为因素所致的弊病，除上述外，还有很多因素，如不能做到适地适树、纯林面积过大、经营管理不善，以及天然林的乱砍滥伐等违背森林可持续经营的问题依然存在，且在短期内很难得到有效遏制。同时历史遗留下来的抚育间伐、卫生伐、纯林改造等任务也不可能在短期内完成。因此，问题会积累得越来越多，新老问题交织在一起，使森林生态系统脆弱的问题不可能在短期内解决。

(四)外来入侵胁迫因素

经济发展、贸易剧增，外来有害生物传入我国的风险进一步加大。未来一段时间是我国全面建设小康社会的关键时期，我国经济将保持平稳较快发展态势。根据全面建设小康社会的总体要求，“十一五”时期主要目标是国内生产总值年均增长 7.5%，实现人均国内生产总值比 2000 年翻一番。到 2010 年货物贸易、服务贸易进出口总额分别达到 2.3 万亿美元和 4 000 亿美元。党的“十七大”又进一步提出了实现人均国内生产总值 2020 年比 2000 年翻两番的发展目标。按照国外发展经验看，人均 GDP 从 1 000 美元到 3 000 美元既是发展的黄金期，也是各种矛盾的凸显期。2000 年我国人均 GDP 为 7 078 元，按当年汇率折算约为 856 美元，到 2020 年将达到 3 500 美元，正是这一关键时期。社会经济的持续较快发展，必然使国内外经济贸易活动更加频繁，交易额度大幅增加，引发林业生物灾害高发的风险在不断加大，特别是外来有害生物侵入的风险更为突出。因此，就林业生物灾害防治工作而言，也是矛盾凸显的关键时期。随着国际、国内经贸往来的迅速增加，有害生物随林产品进行远距离传播的机会大大增加，致使一些新的、毁灭性、检疫性有害生物从国外传入我国，并在国内传播、蔓延，造成严重危害的机会都有所增加。

二、林业生物灾害发生趋势

基于以上分析，从宏观层面预测，在未来一段时期内，我国林业生物灾害发生将呈加重趋势。以下从森林类型、主要造林树种、主要有害生物种类、不同地域等方面对具体发生趋势作初步分析。

1. 按与林业生物灾害发生较为密切的主要森林类型分析

人工林生物灾害将总体上升，严重威胁林木生长。高原鼢鼠、草兔等森林鼠(兔)害在西北等地对新植林地、退耕还林地和未成林地的苗木危害将有所扩大，棕背䶄等森林害鼠在东北等地对樟子松、落叶松的危害程度将有所增加；萧氏松茎象等松树钻蛀性害虫在南方等地对火炬松、湿地松幼树危害将进一步加重；春尺蠖、杨扇舟蛾等杨树食叶害虫在江淮、华北、西北等地发生面积将总体上升；光肩星天牛、桑天牛等杨树蛀干害虫在江淮、西北地区发生将总体平稳，青杨脊虎天牛等杨树蛀干害虫在东北发生面积将有所上升；杨树烂皮病、溃疡病等杨树病害在黄淮、辽东等地将大面积发生。竹林、经济林有害生物种类将有所增加，危害加重。黄脊竹蝗等竹类病虫在南方等地将继续形成较严重危害；经济林病虫种类在华北、西北、华中等地将有所增加；桉树病虫在华南地区种类增加，危害加重。

天然次生林、灌木林、荒漠植被生物灾害将进一步加重。切梢小蠹、云杉小蠹、华山松大小蠹等松树钻蛀性害虫在东北、西北、西南等地危害将进一步加重；栗山天牛在东北长白山林区将持续危害；沙棘木蠹蛾、春尺蠖等种类在“三北”地区对灌木林造成严重威胁；白蚁等种类在华北对天然次生林将继续危害；舞毒蛾、天幕毛虫、叶蜂等突发性有害生物在东北、华北、西北、西南等地将局部成灾严重；大沙鼠等森林害鼠（兔）在西北等地对荒漠植被的危害将有所扩大。

2. 按主要造林树种分析

松树病害将局部流行，松树钻蛀性害虫危害将有所增加。松材线虫等松树病害在南方将呈扩散态势；松突圆蚧、日本松干蚧在华南、东北地区将继续危害；萧氏松茎象等松树钻蛀性害虫在南方等地对火炬松、湿地松幼树危害将有所增加；切梢小蠹、云杉小蠹、华山松大小蠹等松树钻蛀性害虫在东北、西北、西南地区危害将进一步加重；松毛虫在全国大部将总体平稳，在江南等地将严重危害松林；蜀柏毒蛾在西南危害加重；松叶蜂等松树食叶害虫发生面积将有所上升。

杨树病虫将总体上升，严重影响林木生长。春尺蠖、杨扇舟蛾等杨树食叶害虫在江淮、华北、西北等地发生面积将总体上升；光肩星天牛、桑天牛等杨树蛀干害虫在江淮、西北地区发生将总体平稳，青杨脊虎天牛等杨树蛀干害虫在东北地区发生面积将有所上升；杨树烂皮病、溃疡病等杨树病害在黄淮、辽东等地将大面积发生。

3. 从主要有害生物种类看

松材线虫病在华东、华中、华南等地疫情将进一步加重，并将在西南地区扩散蔓延。美国白蛾在华北等地将呈蔓延态势，并将可能在华中地区出现新疫情。松突圆蚧、日本松干蚧等蚧类在华南、东北地区分布范围将继续扩大，危害将进一步加重。松毛虫在全国大部分地区发生平稳，在长江中下游、珠江流域的部分省区呈上升趋势，部分松林将受到严重危害。春尺蠖、杨扇舟蛾等杨树食叶害虫在江淮、华北、西北等地发生面积总体上升。光肩星天牛、桑天牛等杨树蛀干害虫发生趋于平稳。青杨脊虎天牛等杨树蛀干害虫在东北发生面积将有所上升。舞毒蛾、天幕毛虫、叶蜂等突发性有害生物在东北、华北、西北、西南等地将局部成灾。桉树病虫严重危害种类将有所增加，危害加剧。高原鼢鼠、草兔等森林害鼠（兔）在西北等地对新植林和未成林地林木的危害将进一步加重，棕背䶄等森林害鼠在东北等地对人工林危害程度也将加重。薇甘菊、金钟藤在华南地区，紫茎泽兰、飞机草在西南地区将进一步扩大分布范围，危害当地寄主植物。

4. 从不同地理区域预测

（1）华北地区：美国白蛾等外来有害生物将呈扩散态势；红脂大小蠹等松树钻蛀性害虫危害逐步减轻；春尺蠖、杨扇舟蛾等杨树食叶害虫发生面积将有所上升；松毛虫以及光肩星天牛、桑天牛等杨树蛀干害虫发生将总体平稳；叶蜂等突发性有害生物将局部成灾加重；白蚁等种类将继续危害天然次生林。

（2）东北地区：美国白蛾、日本松干蚧等外来有害生物将呈扩散态势；杨树烂皮病和青杨脊虎天牛等发生面积将有所上升；松毛虫、杨树食叶害虫发生将总体平稳；舞毒蛾、天幕毛虫等突发性有害生物将局部成灾严重；切梢小蠹、天牛等松树钻蛀性害虫危害将进一步加重；栗山天牛、沙棘木蠹蛾等种类将继续危害天然次生林、灌木林；棕背䶄等森林害鼠危害程度将有所增加。

(3)华东地区：松材线虫等外来有害生物将呈扩散态势；松褐天牛、萧氏松茎象等松树钻蛀性害虫危害将进一步加重；松毛虫、杨树蛀干害虫发生将总体平稳；杨树食叶害虫和病害发生面积将有所上升；突发性有害生物将局部成灾加重；竹林、经济林病虫危害将有所增加。

(4)华中地区：松材线虫等外来有害生物将呈扩散态势；松毛虫将成为常发性灾害；杨树食叶害虫、蛀干害虫和杨树病害发生面积将大幅上升；突发性有害生物将局部成灾加重；竹林、经济林病虫危害将有所增加。

(5)华南地区：松材线虫、松突圆蚧等外来有害生物将呈扩散态势；萧氏松茎象等松树钻蛀性害虫危害将进一步加重；松毛虫等食叶害虫发生将总体平稳；突发性有害生物将局部成灾严重；桉树病虫、经济林病虫种类将有所增加；薇甘菊、紫茎泽兰等森林有害植物发生面积将扩大。

(6)西南地区：松毛虫、蜀柏毒蛾等食叶害虫发生面积将有所上升；切梢小蠹等松树钻蛀性害虫危害将进一步加重；突发性有害生物将局部成灾严重；黄脊竹蝗等种类将继续危害竹林；松材线虫等外来有害生物将呈点状扩散态势；紫茎泽兰、飞机草等森林有害植物危害程度将有所增加。

(7)西北地区：高原鼢鼠、大沙鼠、草兔等森林害鼠(兔)危害程度将有所增加；春尺蠖、杨毒蛾等杨树食叶害虫发生面积将有所上升；光肩星天牛等杨树蛀干害虫发生将总体平稳；叶蜂等突发性有害生物将局部成灾加重；云杉小蠹、华山松大小蠹等种类将继续危害天然次生林。

第 1 章主要研究人员：

张旭东、赵铁良、董振辉、王玉玲、于治军、胡加付

梁承丰、任本权、潘彦平，孙玉剑提供本章照片

第2章

我国林业生物灾害防治历程

我国是以农业文明为主要特征的农业大国，在数千年的农业发展历程中，逐步形成了具有自己鲜明特色、简便实用、符合当时农业生产状况的病虫害防治方法，古代劳动人民在长期的生产实践中总结和积累了很多宝贵经验，其中的许多经验在当今林业生物灾害防治中仍然有着重要的参考价值。

第一节　新中国成立前的农林生物灾害防治

我国农林生物灾害防治的历史可以追溯到2 000多年以前。早在西汉时期的《尔雅·释虫》中就记载了11种危害苗木和树木的害虫，东汉时期的《说文解字》记载了危害苗木和树木的13种害虫，"蠹众而木折"的谚语在战国时期就在民间流传，东汉时期的王充在他的《论衡》一书中就有"虫之生也，必依温湿。温湿之气，常在春夏。秋冬之气，寒而干燥，虫未曾生"的论述，并针对蝗虫的防治提出掘沟之法。西晋嵇含在他的《南方草木状》中更是最早地提出了用黄猄蚁防治柑橘害虫的生物防治法。北魏时期的贾思勰在他的《齐民要术》中提出了"烤田"和浸渍防治害虫的方法。在唐咸通元年(860年)由段成式撰写的《酉阳杂俎》中，记述了树木害虫白蚁，宋代赵希鹄撰写的《调类篇》提出了白蚁的防治方法，唐代刘询撰写的《岭表录异》记述了白蚁的具体防治方法，唐宋两代对林木病虫害的防治有了较大的发展。到了元代，《农桑要旨》首次将桑树害虫分为虫和蠢两类，并提出了具体防治方法，同时对防治果树害虫也提出了治理措施。明清时期是古代林业生物灾害防治发展的鼎盛时期，在此期间有关文献激增，包括文字训诂、字典、类书、史志地志、笔记杂考等，而且出现了昆虫专著，仅涉及治蝗的书籍便有10余种，反映出明清时期对林业生物灾害的防治已经达到一定的技术水平。

一、早期的农林灾害防治思想

我国农业有着悠久的历史，历代人民在发展农业、与大自然作斗争的漫长过程中，逐渐加深了对作物病虫害的认识，积累了许多宝贵的防治经验，也形成了一些病虫害防治思想。传统农业灾害观是与传统农业生产水平相适应的、以对灾害表现形式及其发生演变规律进行初步概括归纳为特征的古代灾害思想。限于科技水平，早期人们在灾害认识上存在诸多片面及谬误之处，但这种认识已经脱离了原始农业时期对灾害只能进行简单观察描述的模糊认识阶段，开始对灾害问题从灾害成因、灾情特征、灾象表现、灾种关联、灾害后果、灾害分类等方面进行综合考察研究，形成了传统农业灾害观的总体框架。传统农业灾害观围绕着灾异天降而展开了针锋相对的斗争，并在斗争中不断发展。或以为灾害是具有意志的至高无上的上天所采用的对付人的手段，即唯心主义的灾害观；或以为灾害是无意志的自然物质运动的产物，即唯物主义的灾害观。传统农业灾害观还贯彻到当时人们的减灾防灾实践活动中，指导并影响着减灾的方式和成效，由此，传统农业灾害观又成为传统农业减灾思想发展的基础。在唯心主义灾害观中，又产生了两种截然不同的减灾思想：一种思想认为灾害的发生是上天对人的惩罚，因此灾害发生后首先就向上天祈祷，请求上天宽恕以求消弥灾害；如果祈祷不成，人们只能被动承受，采取任何的灾害抗救措施都是无济于事的；另一种思想则认为灾害的发生是上天对国家政治的监督和警告，灾害发生后统治者要检讨自己的不良行为，改善政治条件，以消除灾害影响。而唯物主义灾害观则坚持认为灾害是自然物质运动的产物，要积极防灾抗灾，只有这样才能减轻灾害损失。

(一)天人合一的哲学思想

“天人合一”是中国哲学史上一个非常重要的命题，基本代表着中国古代哲学处理天人关系问题的总体思路，是中国哲学对人与自然关系的总体认识。历史上的儒家、道家、墨家、杂家等都提出过“天人合一”观念，并且都有一个共同的思想内核，即天与人是和谐的整体，天地派生万物，其中也包括人，人和自然万物都是这个和谐大系统中的不同元素。因此，人类必须尊重自然万物，强调“天道”与“人力”的合一。在这里的“天道”指的是自然法则，“天人合一”指的是人的行为应该象天、则天、顺天、应天，把握自然规律，遵循自然法则，按自然规律办事。“天人合一”观念是中国古代农业灾害防治思想的突出特点之一，就是要“顺之以天理”，追求与天同源、同象，达到和谐统一的整体。我国先民非常注重生物与环境的合理循环，如在江南的“鱼米之乡”，以桑叶喂蚕，蚕粪喂鱼，养鱼的池水塘泥又可肥桑，“相继以生成，相资以利用”，形成人工的生物循环。庄子认为万物虽然各属不同种类，然而只是以不同形态流传后世，其中的生命本质如同“环”一样始终未变，没有端倪，且物物相关。如此天然循环就叫“天均”，又叫“天倪”，也是一种天然平衡，这与今天生态学中所述的“生物圈”特征不谋而合。可见庄子对生态安全伦理学的贡献，不仅在于肯定“万物相关”，而且也在于强调“万物相因”，互为循环，即一切万物不论表面如何贵贱不同，其实在本质上均能平等相通。这种体贴万物，调和万物的精神修养，也是现代林业生物灾害防治工作值得效法的精神典范。

(二)持续发展的生态意识

我们的祖先在与自然界的交往和斗争过程中，形成了大量朴素的生态学思想，其中《国语·郑语》中就提到“夫和实生物，同则不继。以他平他谓之和，故能丰长而物归之；若以同裨同，尽乃弃矣。故先王以土与金木水火杂以成百物。”用朴素的语言，不仅较完整地概括了生物与环境之间的物质循环过程，而且也十分准确地提出了“和”这一生态持续发展的内核。“和”是中国文化的一个重要特征，“和”的生态学意义就是维持生态平衡，在开发利用自然资源的同时，更要注意保护自然资源，反对无度滥用自然资源的行为。古人在利用自然资源进行农业生产时，还十分注意“天时”季节，“不务四时，则财不生”。所谓“时”，则指要尊重自然的季节规律，采取环境保护措施。《齐民要术》继承了前人“天、地、人”统一的思想体系，提出“顺天时，量地利，则用力少而成功多。任情返道，劳而无获”。由于人类对气候、农时、节气等属于“天”的环境因子还不能控制，故需“顺天时”，对地形、地貌、土壤等属“地”的环境因子可进行一定的调节和控制，故应“量地利”，但对环境的这种干预要符合自然规律和生产规律，才可以“用力少而成功多”，否则，如果人对自然的干预“任情返道”，违背自然规律和农业生产规律，其结果只能是“劳而无获”。可见，我国古代已将农业生产看作是一个农业生态系统，并明确提出环境因子、生物因子和人工调控的统一辩证关系。这表明古人已经认识到“万物各得其和以生，各得其养以成”，“得养则长，失养则消”的生态规律，并开始形成遵从自然规律，重视自然资源持续存在和永续利用的生态意识。

（三）融入自然的心态追求

中国文化的传统理念十分崇尚自然山水，并将这一理念上升到了哲学的高度。老子提出“法自然”的观点，认为“人法地，地法天，天法道，道法自然”。他不但肯定这四者紧紧联系在一起，成为一个巨大的生态系统，而且强调人生的最高目标，除了效法在地、上天与在道之外，同时也要“道法自然”。这种以“法自然”为最高效法对象的思想，正是今天尊重自然、保护自然的典范。老子还认为“道之美，德之贵，夫莫之命而常自然”。这就是说，“道”之所以受尊重，“德”之所以被珍重，就在于它不干涉，而让万物在自然状态中生长。受这种思想的影响，在农业生态安全建设当中，古人十分注意用自然的定律去顺应自然的生命，这样才不失万物生命的本然。唯有顺应它们本然的真性，不要“失去常性”，才能无忧无患，这也才是真正的生态安全建设之道。老子和庄子都反对人类盲目尊大，以己为中心，把大自然作为征服的对象，反对人类仅仅为了自己的需要违反自然规律，掠夺自然，危害环境。老子和庄子反复强调，天道自然而无为，人应遵循天然，是非曲直顺其自然，实践无为，才能“无为而不为”。老子和庄子的“无为”并非“无所作为”，而是意指不妄为，不乱为，或者“不做违反自然的事情”。

（四）因地制宜的经营法则

我国古代十分重视因地制宜地经营农业，这一思想是我国古代病虫害防治思想中的精华部分，继承和发展因地制宜的思想，至今仍具有十分重要的现实意义。因地制宜思想最初形成于秦汉时期，要“相高下，视肥硗，观地宜，明诏期，前后农夫，以时均修焉，使五谷桑麻，皆安其处”。这样，“桑麻植于野，五谷宜其地，国之富也”。只有“度地之宜”，合理地利用土地资源，农业生态才能安全，国家才能富足。管子详细地论述了如何“度地之宜”的问题。首先，根据地势高低和水泉深浅，把土地分为渎田（平原）、丘陵和山地三大类，并列述了各种土地和不同土壤适宜生长的不同谷物和草木，“天时有生也，地理有宜也”，这就是说农业生产与自然条件密切相关，人们种植作物要因地制宜。北魏时期贾思勰“地势有良薄，山泽有异宜，顺天时，量地利，则用力少而成功多，任情返道，劳而无获”的论述，说明因地制宜、发展农业生产的思想已十分明确。

(五)维护资源的利用主张

我国先民十分重视保护自然资源的再生能力，提倡因时利用资源，禁止在野生动物幼年期、繁殖期狩猎以及在野生植物幼年期、生长旺盛期采伐，使资源可持续利用，保持农业生态的可持续性。早在春秋战国时期，一些有识之士就针对黄河流域植被破坏，灾害频发的实际，发出了保护自然的呼吁，提出了合理利用和保护生物资源的主张。孟子甚至将山林生态的合理保护看作理想政治的标志之一，荀子也提出“圣王之制”的命题来强调人类的活动与保护自然之间的关系。这种反对竭泽而渔的朴素的辩证思想和对合理利用生物资源，维护农业生态安全的科学主张，标志着古人对合理利用和保护生物资源的认识已相当深刻。历史事实说明，在各种不利的条件下，人类要生存，农业生产就必须克服恶劣的自然条件带来的不良影响，增加农业抵御自然灾害的能力。古人很早就利用自然生态系统中多种生物之间形成的相互制约和依存关系防治病虫害。唐代刘询的《岭表录异》记载了以养鱼除水田杂草的方法。农学家氾胜之在其著作《氾胜之书》中指出，如果在保存麦种时放入艾草，艾草可挥发特殊气味，防止病虫发生。

二、早期农林生物灾害的防治方法

在漫长的农业生产实践中，我国古代先民探索和积累了很多行之有效的生物灾害防治方法，包括栽培措施法、物理防治法、化学防治法、人工防治法及生物防治法等，成为了我国农业文明的重要组成部分。

(一)栽培措施的防治方法

我国利用栽培措施防治病虫害可以追溯到 2 000 多年前，这些措施包括轮作和休闲、选用良种、精细整地、适宜的种植密度、田间卫生以及种子处理等。

1. 轮作和休闲

北魏大农学家贾思勰在《齐民要术》中首次提出轮作可以防治病虫害。“麻欲得良田，不用故墟。故墟亦良，有点叶夭折之患。”“麻”就是今天的大麻，它是古代重要的栽培作物；“故墟”就是重茬地；“点叶”、“夭折”是指植物病害。在这里贾思勰明确地指出大麻病害与重茬地的关系，要防止病害发生就不能在同一块土地上重复耕作，就应避免重茬。明代徐光启在他的《农政全书・种棉篇》中对稻棉轮作进行了精辟的阐述：“凡高仰田，可棉可稻者，种棉二年，翻稻一年，即草根溃烂，土气肥厚，虫螟不生。多不得过三年，过则生虫。三年而无力种稻者，收棉后，周田作岸，积水过冬，入春冻解，放水候干，耕锄如法，可种棉，虫亦不生。”采用稻棉轮作能有效地治理棉田病虫害，至今在国内棉产区还经常采用。徐光启提出的“水淹法”也是切实可行的防病虫措施之一，现代作物病虫害治理也常用到此法。由此可见，我国古代人民创造的一些病虫害治理措施至今仍具有很大影响。

2. 选用良种

选种、留种的一些原理和技术，在汉代《氾胜之书》中已有记载，并形成了“母强则子良、母弱则子病”的认识。贾思勰在《齐民要术》中论述了种子优劣与作物病虫害的密切关系，指出选用健壮植株所产生的种子供来年使用，可做到“万不失一”，保障来年丰收，并记载了一些耐旱、抗病虫的作物品种。元代的《王祯农书》也注意到选种、留种问题，明确提出如果播种低劣的种子，长出的苗会“疥而不肥”，苗会因病而生长衰弱。徐光启在《农政全书》中谈到棉苗立枯病发生的原因时，指出“种病如胎病”，阐明了种子带病对今后棉苗生长的影响，并提出“欲求不病，择种一矣”的防除棉苗立枯病的方法。

3. 种植地选择及精细整地

《齐民要术》中的“地势有良薄，山泽有异宜，量地利”的描述，强调了种植地的选择要遵循适地适种原则。唐代韩鄂在《四时纂要》一书中首次提出茶园地的选择与病虫害的关系：“宜山中带坡峻，若于平地即需两畔深开沟垄泄水，水浸根必死”，可见当时已注意到茶根系在过于潮湿的土壤中生长不良、易于死亡的现象。精细整地是中国农业的传统技术措施。战国时代的《吕氏春秋》中的《任地篇》就有“五耕五耨，必审其尽；其深殖之度，阴土必得，大草不生，又无螟蛾”的记述，指出精细整地和深耕可避免病虫害的发生。元代的《农桑辑要》中的《耕地篇》也有“耙功不到，土盆不实，下种后虽见苗，立根在盆上，根土不相着，不耐旱，有悬死、虫咬、干死诸病。耙功到则土细实，立根在细实土中，又碾过，根土相着，自然耐旱，不生诸病”的记载。这段文字描述了整地与幼苗病害的关系，其中，“悬死”、“干死”即现在所说的苗立枯病，而文中所提出的方法现今仍在沿用，可见当时对幼苗病害的发生与整地的关系已有较为细致的观察和独到的见地。

4. 种植密度

汉代的《氾胜之书》有“麦生黄色，伤于太稠，稠者锄而稀之”的论述。麦子呈“黄色”是一种病态，植株密度过大就会诱发这种病害，于是要“锄而稀之”，使之增强通透性，减轻病情。徐光启在《农政全书》中讨论过棉苗根病与种植密度的关系：“密则无处行根，根不远，不远亦不深，故雨灌其根，风寒中其根多立死”，其防治方法则是“稀”。

（二）物理的防治方法

关于病虫害的物理防治措施，古代人民在长期的生产实践活动中也总结出了许多方法，如温汤（或雪水）浸种、晒种、烤田、熏烟、伤口热力消毒等。

1. 温汤浸种

温汤浸种就是用热水处理种子，这种方法在2 000多年前就已被采用。西汉大农学家氾胜之就记载过多种处理种子的方法，《齐民要术》中也有许多记载，其中温汤浸种最为常用。方观承的《御题棉花图》中也有棉籽播种前用热水处理的记述，《豳风广义》及《农圃便览》中也提到棉籽的温汤浸种、雪水或冷热交替处理的方法。

2. 晒种

东汉时期的王充在其所著《论衡》中就曾谈到采用曝麦种来防除麦病虫害的方法，《齐民要术》有关晒种的记载则更多，其《种葵》篇记载道：“临种时，必燥曝葵籽。葵杆虽经岁不浥，然湿种者，疥而不肥也”。

3. 烤田

我国古代经常采用热力处理土壤，称之“烤田”，《齐民要术》中就有“二月冰解地干，烧而耕之”的描述，贾思勰主张在耕翻前用火烧去残桩，这是我国关于烤田的最早记载。以后各种农书均引述了这种方法。烤田防病虫害的作用，一方面可消灭表层土壤中的病原菌和越冬害虫，另一方面可改良土壤从而有利于作物生长。尽管当时人们尚未认识到这些，但此法的运用历史悠久确是事实。可以这样说，我们的祖先是热力灭菌法的最早发现者和应用者。

4. 伤口热力消毒

元代的《农桑辑要》记载了桑树插条在火上“烙过”或“微微烧过”伤口的消毒法，插条截断处烧过或烙过后，不但消灭了外表附着的病菌，同时炭化了的受伤组织就不易被病菌侵入了。

（三）化学的防治方法

在我国古代用于防治作物病虫害的药剂有含毒植物和无机物质两大类，民间应用最为普遍的是含毒植物。

1. 使用含毒植物防治病虫害

2 300 多年前，我国就已开始应用植物性杀虫剂防治作物病虫害。成书于公元前 3 世纪的《周礼》就有“以莽草熏之”、“以嘉草熏之”、“焚牡菊以灰洒之”的记载，用来驱除“蠹”、“蛊”和“水虫”之类的害虫。按《说文解字》的解释，“蠹”是“木中虫也”；“蛊”是“腹中虫也”，都是一些钻蛀性害虫。“莽草”即今毒八角，“嘉草”即今襄荷，“牡菊”即今野菊花。约公元 2 世纪，《神农本草经》记述了用藜芦、牛扁防治疥癣、牛虱和小虫，说明早在公元前杀虫植物就已应用于害虫防治。莽草治虫，在公元 2 世纪东汉郑玄为《周礼》所作的注中非常明确：“莽草，药物，杀虫者。熏之即死。”公元 659 年，唐代官编的世界第一部药典《新修本草》上，也有“煞虫鱼”的记载。明代李时珍的《本草纲目》也提及用莽草治虫。艾蒿被用来防治虫害可追溯至公元前 1 世纪，西汉的氾胜之在他的农业专著中曾介绍在储麦种时可“取干艾杂藏之：麦一石，艾一把，藏以瓦竹器”，以预防仓储害虫的危害。贾思勰认为氾氏这一储麦法可行，并在《齐民要术》中加以记载，2 000 多年来，艾蒿一直被视为驱虫药物在民间应用。

在除虫植物中，芫花、百部、巴豆、烟草、辣蓼、苦参等也是古籍中记述较多的几种杀虫植物。芫花是古代较为常用的杀虫植物，《神农本草经》、南宋的《种艺必用》、元代官颁农书《农桑辑要》及明朝《种树书》都记载可把芫花纳入蛀孔中防治树木蛀干害虫。百部是多年生草质藤本植物，根含植物碱，也是古人常用的一种杀虫植物。用百部叶防治果树的天牛等蛀干害虫最早见于《种艺必用》，之后在《种树书》、《本草纲目》和

《花镜》中都有记载。李时珍曾概括地指出："百部……主治……一切树木蛀虫，烬之即死，杀虱及蝇蠓。"在《蚕桑广说辑补》中对百部防治桑天牛介绍的很具体："以百部草切碎，纳小瓮中，用水浸烂，封固瓮口勿令走气，取其汁灌之，用熟桐油亦可，无不死者。"防治"白蚕"，即桑蟥效果也很好："用百部草汁亦可，虫食其叶则死。然宜于初生时即治"，这也充分体现了重在预防的思想。应用百部治虫的传统做法一直在浙江橘区、桑区沿用。除了防治天牛以外，据《农政全书》记载，百部尚可防治介壳虫和桑膏药病，这种防治方法是徐光启从黄省曾《蚕经》中引来："其为桑之害也，有桑牛……或以蒲母草，草之状也如竹叶。其桑叶之癞也，亦以草汁沃之。"蒲母草即百部的别名，桑叶癞是桑膏药病的俗称，历史上百部应用之广泛，由此可见一斑。

常见于山野间的巴豆，内含毒性蛋白巴豆毒素，可杀桑树软体害虫且兼抑病作用。沈秉成在《蚕桑辑要》中记载，用巴豆浸出液可防治尺蠖和桑毛虫，"喷之即除"。对"初生如白屑"的桑虫，"用巴豆细研，和豆油，用棕帚蘸油扫之，白虫自尽"。

苦参根内的生物碱具杀虫作用，历史上用来防治食叶害虫的记载可见于西晋杨泉之《物理论》所述："凡菜有虫，捣苦参根并石灰水泼之，即死。"作为日常菜蔬的蒜、葱、韭也被古人很早利用治虫防病。大约在12世纪时，一本有关兰花培育的古书《兰谱奥法》中就有大蒜可治蚜虫的记载，《种艺必用》也有"凡种好花木，其傍须种葱韭之类也"的说法。元代张福介绍了利用大蒜防治杨柳刺毛虫的办法："若生刺毛虫，于根下先种大蒜一枚。"大蒜生长繁衍于柳根周围，刺蛾老熟幼虫在树根附近化蛹时就会感到不适，收到驱避的功效。在生产中菜农们经常以黄瓜葱韭间作来减轻霜霉病的发生，利用挥发性分泌物的作用达到驱虫和局部土壤的消毒作用，这是祖先们的一项珍贵发现。

烟草茎用于治虫，古已有之。清道光年间的《潮阳县志》和《浏阳县志》都有插烟茎治螟的记载。《潮阳县志》记载："烟草杆及低叶，用插稻根，可杀害苗诸虫。"《浏阳县志》记载："道光年间，晚稻岁恒不收。有烟草茎截之泥者，则螟不生。"据《广蚕桑说》记述，烟筋所熬的汁防治桑蟥效果很好："用烟油，即烟筋所熬之汁，和水，以洗帚于叶上密密洒之；用百部草汁亦可，虫食其叶则死"。

古人也用茶叶来治虫。《种艺必用》记载，若发现"其形色如花条枝相似"的一种榴树蛀干害虫的时候，"可急嚼甜茶置于孔中，其虫立死"。

古人应用植物性药物作胃毒剂杀虫的做法十分聪明。《橘录》记载："木间时有蛀屑流出，则有虫蠹之，……仍以真杉木作钉，窒其处，不然则木受病"；《种艺必用》记载："果木树有蠹者，……以杉木作钉塞孔尤妙"；《种树书》载有："林檎蛀，……以百部杉木钉塞之"，这种做法是利用天牛幼虫习性而设计的，因为天牛的蛀孔一旦闭塞，幼虫则会在咬碎有毒木钉的过程中而死亡，从而达到防治害虫的目的。

《王祯农书》记载有应用桐油纸燃烧塞入树木蛀孔之内熏杀害虫的做法。明代徐光启也曾引用黄省曾所撰《养蚕经》用桐油防治桑天牛的一种方法："其为桑之害也，有桑牛。寻其穴，桐油抹之则死。"徐光启将这一做法进行了推广，并肯定地说："凡治树中蠹虫，……或用桐油纸油燃塞之，亦验。"桐油防治桑天牛的内容还可见于清代沈秉成的《蚕桑辑要》，《齐民四术》则介绍防治稻苞虫，每亩用2斤（1公顷用15千克）桐油，在无风的傍晚灌注，"则虫死堕水且资肥"。除了棉油桐油以外，还有采用麻油、苏子油、菜油治虫的史例。《大清户部条例》记载以麻油喷洒稻麦来驱蝗。另据《农桑要旨》记载："害桑蚕蠹不一，……或用苏子油于桑根周围涂扫振打、既下令不得复上，即蹉扑之。"清人包世臣也说将苏子油涂于桑根，可防桑虫。而在《桑谱》中，有用菜油防治桑蛀虫的记述："刮去蛀屑，用菜油以笔涂之，晕入其中，虫亦毙矣。"

此外，雷公藤、鱼藤、猕猴桃、皂荚、乌桕、螟栌(木瓜)、菖蒲、白芷、乌禾、安石榴、银杏、石楠等植物都具杀虫辟蠹之功效，可见古人所用杀虫植物颇为广泛。

2. 使用无机物质防治病虫害

使用无机物质防治害虫，是我国病虫害防治史上的一大发明。历史上所用无机化合物以石灰为最早，砒、砷、硫剂次之，铜剂的应用则较迟。蜃炭灰、蛎灰和草木灰等古人统称为"灰"，是一剂治虫良药。若以《周礼》所载推算，已有 2 300 多年的历史。《齐民要术》中记载的瓜笼法治虫，也有大约1 500年的应用历史。这种方法在以后的《种艺必用》、《农政全书》上也有类似记载。古人说，把灰撒于甜瓜根际，日后覆土，有"迥无虫"的效果。这可能是根际的灰对危害瓜秧的地下害虫有忌避作用，或者对抑制枯萎、根腐病菌较为有利。施石灰用于防治地下害虫，可见南宋陈旉的《农书》的记载，在播水稻种子前"撒石灰于渥泥之中，以去虫螟之害"。元代鲁明善说，种马铃薯时，"四畔用灰，则无虫伤"。至于治蝗蝻，徐光启在奏疏上所列的《除蝗疏》用的也是石灰："用杆草灰、石炭灰等分细末。筛罗禾谷之上，蝗即不食。"

砷，又称信石、砒霜或白砒，为较纯的亚砷酸，是一种剧毒的杀虫药剂。大约2 300年以前，先民们已开始用砷剂杀人体的虱子和其他虫蝎，在农业上则较早用来防治地下害虫。砷剂在水中溶解度较大，直接施用容易伤害植物体，古人出于经验，在应用时仅限于拌种、驱田鼠，应用持非常谨慎的态度。明代宋应星所著《天工开物》中的"燔石"篇是目前发现的应用砷防治农业害虫的最早记载，书中提出的使用方法主要有拌种、驱田鼠和蘸根，并不是直接用于植物体上杀虫，这是一种建立在实践基础上的审慎认识。在清代，砒又作为粟种处理药物拌种，以避免晚种之粟受地下害虫危害。新中国成立前，山西一带的农家仍然流传着'油汗(蚜虫)怕雪水、根虫怕砒霜"的谚语。

硫剂(硫化物)的应用以唐《新修本草》为据，也已相续近 1 400 年，而用其防治农作物虫害也有北宋文学家欧阳修所作《洛阳牡丹记》为佐证："花开渐小于旧者，盖有蠹虫损之。必寻其穴，以硫黄簪之。其旁又有小穴如针孔，乃虫所藏者，花工谓之气窗，以大针点硫黄末针之，虫乃死。虫死花复盛。此医花之法也。"欧阳修作此文时的年代为宋天圣九年(即 1031 年)，依此而推算，我国人民巧妙地利用硫剂防治作物害虫也是近1 000多年前的事了。

历史上应用硫黄末(单体硫元素)、雄黄末(四硫化四砷)等硫剂防治害虫的方法有三种：一是用于局部土壤的消毒。吴怿(1200 年前后)在述及茄的栽培技术时写道："种茄子时，初见根处劈开，掏硫黄一匕大，结子大如盏，味甘而益人。"使用硫黄末的记载还见之《种树书》和《便民图纂》。这些记载说明硫已在实践中显示了它的微量元素作用，而且可对局部土壤进行消毒。事实上，如茄绵疫病菌就在土壤中长期存活，土壤经过硫黄处理不仅改变酸度，还可能由于硫黄在土壤中经过氧化而产生具有很高杀菌能力的硫酸，从而达到局部土壤消毒杀菌的目的，古代这一防治方法与目前尚在应用的硫黄末防治马铃薯疮痂病似出于同一渊源。二是用作防治花木蛀食性害虫。《物类相感志》记载有："花木虫孔，以硫黄末塞之。"《调燮类编》记载有："树碴蛀孔，……或以硫黄灌入。"《便民图纂》记载："（橘）有虫，则凿开蛀处，以铁丝钩取。……取虫讫，以硫黄和土塞其窍。"《王祯农书》和《农政全书》都主张："凡树中蠹虫，以硫黄末研极细末，和河泥少许，令稠，遍塞蠹孔中。其孔多而细，即遍涂其干，虫即尽死矣。"三是用作熏蒸剂。硫黄在空气中燃烧可产生刺激性极强的二氧化硫气体，具强烈熏蒸作用。王祯、徐光启在介绍树木蛀食性害虫防治方法时，都指出："用硫黄、雄黄作烟熏之，即死。"

铜剂的应用可追溯到公元304年。晋葛洪《抱朴子》记载有："铜青涂木，入水不腐"。《植棉纂要》在介绍诱杀棉铃虫时说："于田间多立木桩，上系一碟，碟内置铜绿、锡醋等物药之"，铜绿即铜青。

药剂混用是病虫防治方法的一大进步，它有兼治多种病虫和增效的作用。对于这一优点，我国劳动人民早已注意到并付诸于实践。西晋杨泉《物理论》中即有捣苦参根加石灰水泼浇治菜虫的记载；元代官颁农书《农桑辑要》中记载有巴豆末和桐油的混用；明代马一龙《农说》中介绍的桐油、石灰混合液洒布叶上防治稻虫的经验等都是例证。虽然这些记载都没有明确说明会不会造成药害，但却给后人留下了农作物病虫害防治史上的珍贵一页。

（四）生物的防治方法

生物防治是我国劳动人民从生物界相互制约的现象中得到启示创造出来的一种防治方法，利用黄猄蚁防治柑橘害虫是世界上以虫治虫的最早先例。《诗经》中有"螟蛉有子，蜾蠃负之"的诗句，说明早在西周时代的人们对寄生蜂就已经有了朦胧的认识。及至春秋战国时期，人们对生物间相互制约的现象有了进一步的认识，如《庄子》中载有庄周游于雕陵之樊时，发现螳螂振臂捕蝉，喜鹊捕食螳螂的现象，并得出了"物固相累，二类相召"的结论，这些对生物间相互制约现象的观察和认识，都为病虫害的生物防治奠定了初步的生态学基础。清代利用黄猄蚁的防治范围扩大到柑、橘、柚、柠檬等柑橘类果树，特别是创造了在橘树间系竹索促使黄猄蚁传播的方法，比清代之前的各朝各代都进步了许多。吴应逵在《岭南荔枝谱》中有较为详细的记载："高州（今广东省高州县）西荔枝村兼种橘柚为业。其树连亘数亩，系竹索，引大蚁往来出入，借以除蠹。蚁即于叶间营果，多至什百，结如斗大。"陆世仪在《除蝗记》中生动详细地介绍了利用鸭子来捕食蝗蝻的办法，陈芳生的《捕蝗考》、俞森的《捕蝗集要》、陆曾禹的《捕蝗必览》、王勋的《扑蝻历效》、陈仅的《捕蝗汇编》、顾彦的《治蝗全书》、陈崇砒的《治蝗书》等都对防治蝗虫提出了生物防治的方法和技术。此外，在清末和民国初期之间还创造了利用痘毒治蝗的生物防治法。

黄猄蚁，又名黄柑蚁、红树蚁，是世界上最早用于生物防治的昆虫。美国哈佛大学威尔逊教授曾指出："在农业史上，黄猄蚁的应用是生物防治害虫最古老最著名的例子。"在历史上历代均有不少记载。在国外到了19世纪才有利用黄猄蚁防治害虫的正式记录。此外，我国民间长期流传利用红蚂蚁防治甘蔗条螟，利用大黑蚂蚁防治松毛虫的报道，都值得进行总结和研究。

（五）人工的防治方法

人工防治病虫害是最古老的防治病虫害的方法。至清代，挖掘虫卵、开沟陷杀、人工捕打、篝火诱杀等人工防治技术都有了进一步的发展。方以智在《物理小识》中介绍了在果树间挂竹灯架，以驱除青虫（蚜虫）的方法；在树木的虫孔处弹竹篾发声驱出蠹虫而捕杀的方法；顺风烧油篓熏烟以驱除松树害虫的方法；在林内树下擂鼓以震落害虫的方法等。李源在《捕蝗图册》中提出了利用昆虫喜光的特性来诱杀林木害虫的方法。陈淏子在《花镜》中指出："槐生虫，擂鼓于树下则尽落；芝麻梗挂树上，则无蓑衣虫。"人工除去病树、病枝是一项十分有效的病虫害治理措施，在我国几百年前便有记载。瘪桑是病毒引起的桑病，危害严重，明代的《沈氏农书》对桑萎缩病即有剪刀切口传染的精辟论述："设有瘪桑，即翻去之，不可爱惜，使其缠染，皆缘剪时刀上传过。凡桑一瘪，再无医法，断不可留者。"当时防治此病就采用及时除掉病树的措施防止蔓延，可见古人对防治桑萎缩病亦有比较深入的研究。《王祯农书》也提到过烧毁或深埋枯枝败叶防治病虫害的方法，这样做还能增加土壤肥力，是一项十分重要的人工防治病虫害的有效措施。

三、早期农林生物灾害防治思想与实践对我们的启示

追溯我国林业生物灾害防治的历史，相沿已逾 3 000 年。从中我们可以得到一些有益的启迪：首先，保护资源，维护自然平衡的防灾意识。先民们所应用的多种类的天然药物取之于自然，用之于自然，返还于自然，参与着大自然生态系统的循环，既达到了人们预期的防灾目的，又不产生破坏生态平衡的后果。其次，因地制宜，综合利用的经济意识。天然药物资源丰富，俯拾即得，就地采用，配制简便。古人所用的含毒植物既可治虫，又可肥田，也无污染环境的问题。第三，合理使用，避免副作用的安全意识。这些杀虫药物有的是人类的食物，有的虽然有毒但使用时都很谨慎，主要用在种子处理和土壤处理上，对作物很少产生伤害，对人类也安全。当人类进入了工业化时代，农药生产也进入了一个迅速发展的阶段。化学农药以高效、速效为其特点得到了广泛的应用。但近些年来出现的有害生物抗药性增强，环境污染等问题十分突出，严重威胁着人类自身的安全。古代传统的药物防治虽效力逊于高效的化学农药，但却无上述弊端。因此，我们应该博取古代传统自然农药的长处，学习和传承传统的经验和技术，让这份宝贵的古代遗产在现代林业建设中发挥出应有的作用。

第二节　新中国林业生物灾害防治理论与实践

一、"彻底消灭"理论占主导地位的时期（1949～1975 年）

新中国成立以来，随着农林生产的发展，在不同的发展时期，我国制定了相应的植物保护工作方针。1955 年以前，为了强调预防虫害的意义，当时提出"防重于治"的方针。1955 年以后，随着农药工业发展，DDT、六六六等农药在国内开始大量生产和使用，遂提出了"依靠互相合作，主要采用以农业技术和化学药剂相结合的综合防治办

法”。1958 年以后，又进一步提出了“有虫必治，土洋结合，全面消灭，重点肃清”的植保方针，以后又先后提出“治早、治小、治了”、“及时治、连续治、彻底治”及“预防为主、积极消灭”等防治方针，20 世纪70 年代中期以前，基本上是以化学防治为主。在这一时期，灾害防治的主要特征就是强调将害虫彻底消灭。但事实证明，单纯依靠化学农药消灭害虫的想法和目标既不切合实际也无法得到实现。

新中国成立初期，我国林业工作的重点集中在木材的采伐、运输和加工利用上，对营林工作特别是林业生物灾害防治关注的不多，发生病虫害时常常以卫生伐为主要措施。这一时期松毛虫、竹蝗等是主要的病虫种类，人工造林基本没有进行种苗检疫。由于 DDT、六六六等有机农药的兴起，化学农药特别是烟雾剂的使用非常普遍，化学农药防治是这一阶段林业生物灾害防治的主要方法。1957 年以后，病虫危害虽然逐渐显现出来，但尚未造成大的灾害。“十年动乱”结束以后，天然林和天然次生林已急剧锐减，早期种苗未经检疫的人工林也已由幼龄林相继进入中龄林阶段，林业生物灾害在大范围内呈现出暴发成灾之势。

1951 年，对外贸易部发布的《输入输出植物病虫害检验暂行办法》是我国有害生物防治最早的规范性文件。1954 年，对外贸易部发布《输入输出植物检疫暂行办法》及《输入输出植物应施检疫种类与检疫对象名单》，提出了包括美国白蛾、榆枯萎病菌、五针松疱锈病菌和核桃枯萎病菌等 30 种检疫对象名单。1957 年农业部发布了《国内植物检疫试行办法》，并附有《国内植物检疫对象和应受检疫的植物、植物产品名单》，国内的植物检疫工作从此逐步发展起来。1957 年林业部(现国家林业局)发布了《关于进一步做好防治森林虫害的指示》，森林病虫害防治工作得到重视。1963 年国务院公布了《森林保护条例》，要求各级林业行政部门在发生森林病虫害的重点地区建立森林病虫害防治站，负责防治技术的指导工作。在发生毁灭性病虫害的时候，当地县、乡人民委员会必须立即组织力量进行抢治，森林病虫害工作体系建设开始起步。1964 年林业部发布了《国内森林植物检疫暂行办法(草案)》，提出了 19 种国内森林植物检疫对象，确定了应施检疫的森林植物及其产品，国内森林植物检疫工作从此步入正轨。1964 年3 月，林业部在山东省济南市召开了第一次全国森林病虫害防治工作会议，同年林业部在黑龙江省嫩江县和江西省弋阳县分别筹建了林业部北方、南方森林植物检疫实验站，开始对国内森林植物检疫工作进行探索。

二、综合治理理论占主导地位的时期(1976～1995 年)

在有害生物防治的过程中，使用化学农药无疑是一种重要的手段。但是，化学农药却又是造成环境污染和危害人类健康的罪魁祸首。美国生物学家Rachel Carson 女士对化学农药危害生态平衡的影响进行了调查，于 1962 年发表了《寂静的春天》一书，列举了人类每年把数百万吨农药投入农业给环境造成了潜在危险的案例，率先对化学农药污染环境敲响了警钟。为了消除化学农药带来的副作用，1967 年联合国粮农组织和国际生物防治组织在罗马联合召开会议，首次提出有害生物综合防治(Intergrated Pest Control，IPC)的思想。进入 20 世纪 70 年代，该思想经不断补充完善成为有害生物综合治理(Intergrated Pest Management，IPM)策略。IPM 的提出是有害生物防治历史上的一次重大变革，其核心是从整个生态系统出发，通过利用多种技术的协调配合，控制有害生物的危害，而非单纯依靠化学农药。此后，有害生物综合治理策略在指导我国林业生物灾害的基础研究和生产防治方面发挥了极为重要的作用。在 1975 年召开的全国植物保护工作会议上提出了“预防为主，综合防治”的植物保护方针，这一方针也成为我国林业生物灾害防治工作的指导方针。1980 年全国植保工作会议又提出：“在一个地区，对一种作物的病虫草害防治应通盘考虑”；“因地因时因病虫制宜地协调运用农业的、化学的、生物的和物理的各种手段，经济有效地将病虫草控制在经济危害水平之下”。

针对 IPM 的某些局限和不足，此后又相继提出了一些不同的生物灾害防治策略和理论，从不同的角度丰富了 IPM 理论。有害生物生态管理(Ecological Pest Management, EPM)理论强调系统观点和生态学原则，运用任何适宜的措施调控害虫种群，不断改善农业生态系统功能，达到环境安全、经济高效、生态协调、持续发展的目的。EPM 是 20 世纪 80 年代中期在 IPM 基础上发展起来的一种有害生物控制策略，其内容与 IPM 基本类似，但它更强调与环境的关系，强调系统的健康和可持续发展。EPM 理论是对 IPM 的进一步发展，它与美国的“新林业”思想和德国的“近自然林业”理论有许多相似之处，都强调森林生态系统的管理和研究。1956 年德国科学家 Braun 曾提出过植物医学一词，但很长时间一直没被广泛采用。1971 年 Grossmann 重新提出了这一概念，并将植物医学的内容确定为病因、罹病植物和植物保护 3 个层次，以罹病植物为中心。1994 年我国昆虫学家管致和将植物医学定义为“保护植物健康，预防、缓解和治疗植物疾病的科学和技术”。植物医学这一策略与 IPM 有相同之处，但也有明显的区别。植物保护学一般是把保护植物的重点放在了控制病虫上面，往往忽视了植物保健、抗性和补偿能力的提高等，而植物医学包括植物预防、植病防治和植物保健 3 部分内容。植物医学的医治策略是以预防医学为基础，强化预防为主的方针，强调要发展植病诊断技术，积极采取高新技术和有效措施来控制疾病，同时，大力发展植物保健技术。在预防失败的情况下，通过可靠的诊断分析，采取措施进行医治。但病害被控制住后，植物医学的任务还应给植物以保健。

在“预防为主，综合治理”方针指导下，林业生物灾害防治工作提高到了一个新的水平，森防科研工作取得了大量的成果。人工合成了马尾松毛虫、白杨透翅蛾等昆虫性信息素，并应用于害虫监测中。研制的马尾松毛虫综合管理计算机系统、专家决策系统、优化管理系统以及“3S”技术在林业生物灾害监测和防治中的应用，将我国林业生物灾害防治工作的综合水平提高到国际先进行列。林业生物灾害区划及抗病树种和无性系的筛选获得成功，防治器械和技术得到改进，超低容量喷洒、飞机喷洒技术开始使用；利用赤眼蜂、肿腿蜂、花角蚜小蜂、微生物杀虫剂(白僵菌、苏云金杆菌和多角体病毒)、植物病原的拮抗菌及弱毒株系等生物手段防治林业有害生物均取得了历史性的突破。利用封山育林等营林措施防治林业有害生物也取得了良好效果，对保护环境、维护生态平衡和促进林业可持续发展做出了积极贡献。

“十年动乱”结束后，我国林业进入了“两危”时期，加之由于林业生产周期长而导致的森林生态功能反应具有一定滞后性，森林生态系统变得十分脆弱，导致一大批受灾种经过一定潜伏期之后相继大发生且很快蔓延，发展势头甚猛。随着林业改革的深入发展和一系列林业生态工程建设启动运行，采育关系发生了本质上的变化，强化了森林保护和森林病虫害防治工作，资金投入、基础设施和机构队伍建设等都有了很大的加强。

1979 年，林业部发布了《杨树苗木检疫暂行规定》，以杨树苗木检疫为突破口，推动了国内森林植物检疫工作的发展。1981 年国务院办公厅转发了农业部、林业部《关于加强对美国白蛾检疫和防治工作的报告》，林业部发布了《关于引进林木种子、苗木履行检疫审批手续的通知》，要求从 1981 年 10 月 1 日起，凡从国外引进林木种子、苗木必须按规定办理检疫审批手续。1983 年，国务院颁布了《植物检疫条例》，1984 年，林业部发布了《植物检疫条例实施细则》(林业部分)，并公布了 20 种国内森林植物检疫对象和应施检疫的森林植物、林产品名单。此后，又会同有关部门先后印发了《国内森林植物检疫收费办法》、《关于植物检疫人员制服供应办法》和《关于国内邮寄、托运植物和植物产品实施检疫的联合通知》等文件。林业部发布的《国内森林植物检疫技术规程》，是指导国内森林植物检疫工作的第一个行业规定，规定了林木种子、苗木、花卉及木材、竹材、其他林产品的产地和调运检疫程序和技术要求。

1986 年 6 月，林业部林政保护司在辽宁省兴城市召开了全国森林病虫害测报工作座谈会，这次会议明确提出了“三个一”的要求，即有一个测报网络，有一套测报办法，有一支测报队伍，标志着我国测报工作逐步开始规范化。同年在林业部森林植物检疫防治所设立林业部森林病虫害预测预报中心，以加强对测报工作的组织和技术管理。1987 年，林业部印发《森林病虫害预测预报管理办法》，这是指导我国林业生物灾害预测预报工作的第一个行业规范性文件，使测报工作开始步入规范化和制度化轨道。1986 年和 1987 年分别在合肥市和太原市举办了第一和第二期森林病虫害测报人员讲习班。1988 年，林业部发布了《关于建立森林病虫鼠害情况及联系报告制度的通知》，对报告时间和报告内容提出了明确要求。1989 年，林业部发布了《春尺蠖预测预报办法》，这是我国第一个部颁的森林病虫害预测预报办法，并于 1991 年颁布《森林病虫害防治统计报表》，规范了防治统计标准。

1989 年，国务院颁布的《森林病虫害防治条例》，用法律形式明确了我国林业生物灾害防治方针、原则、制度和措施等，标志着我国林业生物灾害防治工作开始走上了法制化轨道。

1990 年，林业部在沈阳召开了第二次全国森林病虫害防治工作会议，提出了以“一站三网”为内容的森防体系建设。1992 年，林业部下发《关于对森林病虫害防治工作实行目标管理的通知》，开始实行以发生率、防治率、监测覆盖率和种苗产地检疫率等“四率”指标为主要内容的目标管理。

三、可持续防治理论占主导地位的时期(1996 年至今)

1980 年，世界自然保护同盟首先提出可持续发展(Sustainable development)概念，这一思想很快为世界各国所接受。1992 年世界环发大会明确了人类社会可持续发展的战略，我国也于 1994 年发布了《中国 21 世纪议程》，1995 年第 13 届国际植物保护大会将主题确定为“可持续的植物保护造福于全人类”。由此，害虫的可持续控制策略(Sustainable Pest Management，SPM)成为林业生物灾害防治领域的主要指导理论。SPM 所寻求的是既能满足当前社会对有害生物控制的需求，又不对满足今后社会对有害生物控制需求能力构成危害，它是一种经济、社会、生态效益相互协调的有害生物控制策略，强调以生态系统为基础，通过对整个生态系统的维护与调控，增强系统结构和功能的稳定性，发挥生态系统对有害生物的制衡作用。IPM 是从生态的角度出发，而 SPM 是从生态系统的角度出发，因此，SPM 是在 IPM 基础上的一次飞跃。随着可持续理论的不断深入，人们越来越深刻地认识到可持续林业将是未来林业的发展方向，林业生物灾害防治也必将以可持续发展理论为指导，与可持续林业发展协调一致。

20 世纪 90 年代以来，我国林业生物灾害防治领域也先后提出了林业有害生物可持续控制策略和生态控制策略，强调发挥森林生态系统对生物灾害的自然调控功能，协调运用与环境和其他有益物种的生存和发展相和谐的措施，将有害生物控制在生态、社会和经济效益可接受的低密度，并在时空上达到可持续控制的效果。林业有害生物生态控制策略是利用寄主与有害生物、寄主与天敌、寄主与生态环境、有害生物与天敌、有害生物与环境间复杂的网络关系，来实现对有害生物的控制与管理，而不是直接采用广谱性化学物杀灭有害生物。生态控制实践的核心问题是通过生态化的方法，实现对林业生物灾害发生的生态环境及其相关生物的合理或最优利用和最适调控，以实现生态系统高生产力和生态化的目标。

在这一时期，我国有关林业生物灾害防治工作的法律、法规不断健全，森防体系不断完善，初步建立了国家、省、市、县四级林业有害生物测报网络、检疫网络和防治网络。从“九五”开始，我国将可持续森林经营和可持续森林减灾的思想引入到林业生物灾害的防治工作中。应用航天遥感和航空录像技术监测林业生物灾害在许多省区开始试用，松材线虫病的早期诊断方法和快速检疫技术也在推广应用，有效地控制了这些病虫害的发生。利用多种微生物控制松毛虫、舞毒蛾、美国白蛾、杨尺蠖等重大食叶害虫，利用天敌昆虫周氏啮小蜂控制美国白蛾取得了明显效果。选择天牛嗜食程度不同的树种进行多树种配置，防御防护林杨树天牛危害收到了良好的效果，利用天牛喜食的植物作诱饵诱杀天牛，也起到保护杨树速生丰产林的目的。松叶蜂、小蠹虫等综合控制技术，均是利用有害生物的发生特点，以不损害生态环境为原则，对有害生物的灾变过程进行控制，将病虫的管理纳入了森林生态系统的管理中。

1997 年，林业部下发《关于进一步加强森林病虫害防治工作的决定》，并在杭州召开了第三次全国森林病虫害防治工作会议，提出了健全森林病虫害防治体系，开展防治检疫标准站、国家级中心测报点建设，实施主要病虫害工程治理和实施森林病虫害防治目标管理的工作要求。同年，下发《关于对主要森林病虫害实行工程治理的通知》，开始对主要林业有害生物实施工程治理。1998 年以后，国家林业局先后启动了六大国家级治理工程，对主要林业生物灾害集成现有的各种技术、研究成果和管理方法实施工程治理，使一些重大林业生物灾害得到了一定控制；实施了国家级林业有害生物中心测报点建设项目，建立了 1 000 个国家级中心测报点，开展了标准站建设，推进了林业生物灾害监测预报、检疫御灾、防治减灾三大体系建设进程。

2000 年国家林业局下发《关于加强松材线虫病防治工作的通知》，2002 年国务院办公厅下发《关于进一步加强松材线虫病预防和除治工作的通知》，进一步加大了对松材线虫病的治理力度。2003 年在中国林业科学研究院成立了林业有害生物鉴定中心。2004 年森林病虫害防治总站建立起一套危险性林业有害生物评估办法和标准，先后对 64 种危险性林业有害生物进行初评估，对其中40 种进行了详评估，为检疫性有害生物名单的确定提供科学依据。2005 年国家林业局重新发布了《林业检疫性有害生物名单》（19 种），此后又先后补充了刺桐姬小蜂、枣实蝇为林业检疫性有害生物。2006 年对第三次全国林业有害生物普查结果进行评估后，将我国主要的林业有害生物划定了 4 个危险等级。

2001 年，国家林业局与美国农业部林务局合作开展了中美森林健康合作试验示范项目，并先后在江西省信丰县、云南省丽江县、贵州省麻江县、陕西省佛坪县、北京市八达岭林场、山东泰山、四川金堂、河北新乐和黑龙江塔河设立了 9 个森林健康经营试验示范点，森林健康理念正式被引入并进行较大范围的试验。国家林业局在《“十五”期间全国森林病虫害防治目标管理考核办法》中，将“四率”指标调整为成灾率、防治率、监测覆盖率和种苗产地检疫率。

2004 年，在南昌召开了全国林业有害生物防治工作会议，确立了“预防为主，科学防控，依法治理，促进健康”的防治方针，这次会议的主题是实行战略性转变，核心是加强预防体系建设。“四率”指标又调整为成灾率、无公害防治率、测报准确率和种苗产地检疫率。

2005 年，财政部、国家林业局印发了《关于林业有害生物防治补助费管理办法的通知》。

2005 年，国家林业局颁布《突发林业有害生物事件处置办法》和《重大外来有害生物灾害应急预案》。《重大外来有害生物灾害应急预案》经国务院审议确定为《国家突发公共事件总体应急预案》的部门预案。同时，各地制定的地方《突发公共事件总体应急预案》也将林业有害生物纳入总体预案。

2006 年，国家林业局森林病虫害防治总站与中国科学院动物所合作，开展了林业有害生物远程诊断系统试点工作，通过网络视频系统，将专家和基层森防人员紧密联系起来。

2007 年，国家林业局和中国气象局签署了《林业有害生物监测预报合作框架协议》，建立了跨行业林业有害生物监测预报公众服务平台，不定期在中央电视台播发林业有害生物预警信息。同年，在南京林业大学建立了全国危险性林业有害生物检验鉴定技术培训中心。

我国林业生物灾害防治工作从新中国成立起步，经过几十年的建设，特别是改革开放 30 年来的快速发展，取得了长足的进步。目前，已基本建立了国家、省、市、县四级林业生物灾害防治工作体系，初步形成了具有中国特色的林业生物灾害防治理论和管理制度，对有效控制林业生物灾害发挥了积极作用。

第 2 章主要研究人员：

赵　杰、杨静莉、王瑞红、黄北英

第3章

国外林业生物灾害发生与防治

林业生物灾害在世界范围内普遍存在。由于长期自然适应的结果，林业有害生物在其原发地只是生态系统中的有机组成部分，对寄主树种构不成严重危害，然而当它一旦传入新的区域并且定植下来，就会对新传入地的寄主树种带来毁灭性灾害，这种现象在全球贸易日趋频繁的现代社会，发生几率更大。因此，了解掌握国外林业有害生物信息，对于防范外来有害生物入侵具有重要的指导作用。同时，研究和分析发达国家林业生物灾害防治理论，学习和借鉴它们的防治技术及管理经验等，对于制定我国林业生物灾害防治对策将会大有裨益。

第一节　国外林业生物灾害发生现状

据联合国2007年全球森林状况报告，全球每年平均有1.04亿公顷的森林受到林火、有害生物(包括病虫害)以及干旱、风雪、冰雹和洪水等气候事件影响，其中受森林生物灾害和林火影响的面积较大，分别占65.3%和26.7%。受灾害影响森林面积的83.5%集中分布在美国(23.5%)、加拿大(15.6%)、印度(12.5%)、中国(7.6%)、俄罗斯(7.4%)、缅甸(6.2%)、乍得(5.9%)和芬兰(4.8%)。这些国家受灾害影响的森林面积占本国森林面积的比重分别为8.1%、5.3%、19.4%、4.5%、0.9%、18.8%、50.0%和22.1%。其中，受生物灾害影响森林面积较大的国家有美国(2 246.6万公顷)、加拿大(1 423.8万公顷)、印度(940万公顷)、中国(707.4万公顷)、俄罗斯(591万公顷)和蒙古(279.8万公顷)，这些国家生物灾害影响森林面积合计占全球的90.8%。

一、各洲发生概况

(一)亚洲

亚洲每年受森林害虫危害的森林面积达1 000万公顷以上，受森林病害危害的森林面积达900万公顷以上。光肩星天牛、落叶松毛虫的严重暴发引起了亚太地区各国及国际贸易伙伴的极大关注。桉树锈病(病原菌为番石榴柄锈菌 *Puccinia psidii*)对桉树人工林构成严重威胁。其他严重的林业有害生物包括银合欢异木虱 *Heteropsylla cubana*、赤衣病

菌 *Corticium salmonicolor* 和红柏蛾 *Hypsipyla robusta*，它们对木材构成严重危害，特别是家庭用的楝科木材，诸如香椿木 *Toona* spp. 、桃花心木 *Swietenia* spp. 和非洲桃花心木 *Khaya* spp. 。在中亚，顶枯病和衰退病对具有生产和保护功能的杜松和雪松造成侵害。在黎巴嫩，雪松网织锯蜂 *Cephalcia tannourinensis* 对黎巴嫩雪松 *Cedrus libani* 造成严重威胁。中亚地区的木本入侵物种也引起了一定的关注，如阿曼、苏丹和也门的牧豆树 *Prosopis* spp. 。

（二）非洲

随着全球贸易增多，由入侵昆虫、病菌和树种等引起的问题已经对非洲森林的生产力和活力产生了影响。森林害虫的传入影响了东非和南部非洲工业用松柏人工林达几十年。柏树蚜虫 *Cinara cupressivora* 对墨西哥柏 *Cupressus lusitanica* 和非洲圆柏 *Juniperus procera* 危害严重，估计造成的损失折价达数千万美元。由于云杉蓝树蜂 *Sirex noctilio* 传入南非，使南非的松树受害，并对当地工业造成了严重冲击。近年来，新传入非洲的林业有害生物包括埃塞俄比亚的桉树溃疡病菌 *Coniothyrium zuluens*，南非的桉树毒虫 *Thaumastocoris australicus* 和木蠹蛾 *Coryphodema tristis*，肯尼亚、乌干达和坦桑尼亚联合共和国的桉树枝瘿姬小蜂 *Leptocybe invasa*，以及马拉维的松木蚜虫 *Cinara pinivora*。

（三）南美洲

瘤额大小蠹 *Dendroctonus frontalis* 对松林持续造成严重危害，而且这种虫害也是美国南部和墨西哥部分地区最具毁灭性的松林虫害。该种害虫既侵害健康树木又侵害衰弱树木。云杉蓝树蜂 *Sirex noctilio* 现已蔓延到阿根廷、巴西和智利，对松树人工林的生长造成了严重影响。近年来，因盲目进口传入拉丁美洲的森林害虫包括桉象虫 *Gonipterus* spp. 和赤桉短粗后胫木虱 *Glycaspis brimblecombei*，这两种害虫都原发于澳大利亚。

（四）北美洲

在整个北美洲，虫害占各种森林灾害面积的比例最高，其次是病害。北美洲平均每年有 4 000 多万公顷森林遭受生物灾害或火灾的危害，占森林总面积的 6%。原发的森林害虫包括山松大小蠹 *Dendroctonus ponderosae* 和瘤额大小蠹。入侵的害虫包括光肩星天牛和花曲柳窄吉丁 *Agrilus planipennis*，特别是花曲柳窄吉丁在美国中部和加拿大蔓延，造成 2 000 多万株树木死亡。病害包括近年侵入美国加利福尼亚州的栎树猝死病菌 *Phytophthora ramorum* 和佛罗里达州的桉树锈病。加拿大近年暴发的山松大小蠹，危害面积已上升到 850 万公顷，致死树木 8 000 万株，成为继火灾之后的第二大主要自然灾害。

（五）欧洲

欧洲每年的林业生物灾害面积约占森林总面积的 2%，如果不包括俄罗斯，受灾比例则会增加到约 6%。松异带蛾 *Thaumetopoea pityocampa* 在欧洲的大部分地区特别是地中海地区发生较重。其他主要种类有板栗疫病 *Cryphonectria parasitica*、松针红斑病 *Mycosphaerella pini*、悬铃木干枯病 *Ceratocystis fimbriata*、铁杉叶锈病 *Melampsora medusae*、松和杉小蠹虫 *Ips* sp. 、大栗鳃金龟 *Melolontha hippocastani* 及果树病害等，其中以小蠹虫危害最大。同时，国际贸易加大了有害生物的侵入风险，例如，星天牛 *Anoplophora chinensis* 最早是在日本和朝鲜半岛发现的，2000 年，这种虫害在意大利的伦巴第也被发现，目前还不确定它对该区域造成的潜在危害。

（六）大洋洲

澳大利亚的林业有害生物种类不多，危害程度不重，主要病虫基本上都发生在人工林中。在澳大利亚桉树林和其他人工林中，以本土害虫为主，主要包括树蜂、叶甲、金龟子、潜叶蛾、木虱等。云杉蓝树蜂 *Sirex noctilio* 是澳大利亚辐射松人工林中危害最严重的蛀干害虫，该虫原产于欧洲，1952 年传入，目前，除西澳大利亚州和北部地区尚未发现外，其他地区都有不同程度的危害。金龟子常见的有 *Anoplognathus chloropygus* 和 *Anoplognathus porosus* 两种，是澳大利亚重要的苗圃害虫。叶甲的主要种类有 *Chrysophtharta* spp. 、*Paropsis* spp. 、*Paropsisterna* spp. ，是澳大利亚桉树人工林的常见种类。桉树蛀干害虫是发生在新南威尔士州桉树林中的主要害虫，有超过一半的 3 ~4 年生桉树幼林遭受蛀干害虫的严重侵害。并且蛀干害虫造成的外伤可为树干木腐菌的入侵提供条件，而真菌入侵造成的原木质量下降产生的损失，可能远大于害虫所造成的破坏。桉树木虱的主要种类有 *Cardiaspina* spp. 、*Creiis* spp. 、*Glycaspis* spp. ，主要危害桉树天然林，造成树叶脱落和树势衰弱，但是木虱的天敌很多，如寄生蜂、草蛉、瓢虫、蚂蚁等。病害主要包括桉树枯萎病、桉树叶斑病 *Mycosphaerella* sp. 、根腐病 *Phytophthora cinnamomi*、溃疡病 *Cryphonectria cubensis* 等。澳大利亚的外来有害生物主要有家白蚁 *Coptotermes formosanus*、亚洲天牛、木天牛 *Xylariopsis* sp. 、欧洲家天牛 *Hylotrupes* sp. 、南洋杉象甲、欧洲云杉小蠹、亚洲毒蛾、油杉毒蛾 *Lymantria servula*、樱桃白纹毒蛾等。

二、主要有害生物种类

国外林业有害生物种类较多，危害的寄主植物也比较多，其主要种类有：

（一）害虫

1. 鞘翅目害虫

小蠹虫是森林生态系统中危害性较大的森林害虫之一，它们分泌信息素的能力很强，营群居性生存方式，并且以种群方式侵入寄主树种，在寄主树种内部能维持其相对稳定的种群密度，从而大量地取食寄主植物的内部组织，吸取营养物质。小蠹虫与真菌的共生关系以及对寄主树种的专化性，使小蠹虫能够有效地抵御寄主树种的多元抗性。主要种类有落叶松八齿小蠹 *Ips subelongatus*、云杉八齿小蠹 *Ips typographus*、松十二齿小蠹 *Ips sexdentatus*、中穴星坑小蠹 *Pityogenes chalcographus*、山松大小蠹 *Dendroctonus ponderosae*、瘤额大小蠹 *Dendroctonus frontalis*、横坑切梢小蠹 *Tomicus minor*、纵坑切梢小蠹 *Tomicus piniperda* 等，其中危害严重的落叶松八齿小蠹分布于俄罗斯（欧洲部分的东北部、西伯利亚、布良斯克和远东）、蒙古（北部）、日本（北海道）、朝鲜和波兰。

大栗鳃金龟蒙古亚种 *Melolontha hippocastani mongolica*。分布于蒙古、前苏联，成虫主要危害云杉类、桦、杨等树木，幼虫主要在苗圃危害苗木。

椎天牛 *Spondylis buprestoides*。该虫是欧亚大陆普遍发生的种类，主要分布在英国北部、西伯利亚、朝鲜半岛、蒙古、日本、库页岛，危害针叶树，主要是欧洲赤松及其他松树，有时也危害云杉、冷杉等。

欧洲松树皮象 *Hylobius abietis*。主要分布于欧洲。

2. 鳞翅目害虫

美国白蛾 *Hyphantria cunea*。该虫是世界检疫性害虫。1922 年在加拿大首次发现，1940 年传入欧洲，1945 年传入日本，1958 年传入韩国，1961 年传入朝鲜。该虫食性杂，能危害 300 多种果树及林木。

松毛虫 *Dendrolimus* spp. 。松毛虫是森林害虫中发生量大、危害面广的主要种类之一，主要危害松属和落叶松属树种。截至 2007 年，全世界有记载的松毛虫多达 30 种，广泛分布于亚洲、前苏联等。

舞毒蛾 *Lymantria dispar*。又名秋千毛虫，是世界性的森林食叶害虫。据报道，该虫原来主要分布在欧亚大陆的北部地区，120 年前从欧洲传入美国东北部，目前分布于亚洲、欧洲及美洲。舞毒蛾根据其地理分布和生活特性被分为亚洲种群、欧洲种群及北美种群。绝大部分北美种群的舞毒蛾来自欧洲。欧洲和北美舞毒蛾的雌成虫没有飞翔能力，而亚洲舞毒蛾的雌成虫则可以飞翔，有趋光性。欧洲型舞毒蛾已蔓延至整个美国东北部，受危害的森林面积达 200 万公顷。亚洲型舞毒蛾也在近年传入北美，1991 年在加拿大温哥华港口附近首次被发现，随后在加拿大不列颠哥伦比亚省各地陆续被发现。该虫食性很广，寄主植物多达 500 多种，包括多种花卉。

松异带蛾 *Thaumetopoea pityocampa*。分布于阿尔巴尼亚、阿尔及利亚、奥地利、保加利亚、塞浦路斯、法国、希腊、匈牙利、以色列、意大利、黎巴嫩、利比亚、摩洛哥、葡萄牙、西班牙、瑞士、叙利亚、突尼斯、土耳其、前南斯拉夫等国，危害松属和雪松属树种，并偶尔危害欧洲落叶松。

模毒蛾 *Lymantria monacha*。分布于日本、前苏联、奥地利、德国、捷克、斯洛伐克、波兰、罗马尼亚等国，大多数针叶树和阔叶树都可能成为其寄主，如欧洲赤松、挪威云杉等。

秋尺蛾 *Operophtera brumata*。分布于日本、欧洲、加拿大。

3. 膜翅目害虫

云杉蓝树蜂 *Sirex noctilio*。分布于澳大利亚、英国、新西兰、北美，危害的寄主树种主要包括湿地松、辐射松、火炬松、扭叶松、冷杉、云杉和落叶松等。

（二）病害

松材线虫病 *Bursaphelenchus xylophilus*。该病已成为目前世界上最为严重的、最具潜在危险性的有害生物之一，许多国家都把它列为头号检疫性有害生物。它具有以下主要特点：寄主死亡速度快，一旦表现出症状，最快 40 多天即可枯死；寄主范围广，除危害松属植物外，还危害落叶松属、雪松属、云杉属及冷杉属的植物；适生区域宽，年平均气温高于 14℃的地区极易发生；传播途径多，蔓延迅速；防治难度大，目前，国内外尚无经济、有效的除治办法。分布于美国、加拿大、墨西哥、日本、韩国、葡萄牙。

榆荷兰病 *Ceratocystis ulmi*。又名榆枯萎病，主要由大棘小蠹和榆波纹棘胫小蠹等昆虫传播。分布于印度、伊朗、土耳其、欧洲、加拿大、美国，我国至今尚未发现此病。主要危害榆树 *Ulmus* spp. 。

板栗疫病 *Cryphonectria parasitica*。分布于日本、朝鲜、韩国、印度、土耳其、前苏联、匈牙利、前南斯拉夫、希腊、意大利、法国、瑞士、比利时、西班牙、葡萄牙、美国、加拿大。主要寄主树种包括欧洲板栗 *Castanea sativa*、美洲板栗 *Castanea dentata*、板栗 *Castanea mollissima*、日本板栗 *Castanea crenata*、锥栗 *Castanea henryi*、栎树 *Quercus acutissima*、栓皮栎 *Quercus variabillis*、欧洲栎 *Quercus robur*、无梗花栎 *Quercus pelroea*、漆树 *Rhus verniciflua*、山核桃 *Carya cathayensis*、常绿锥栗 *Castanopsis sempervirens*、欧洲山毛榉 *Fagus sylvatica* 等。

（三）有害植物

薇甘菊 *Mikania micrantha*。为多年生草质藤本，原产中、南美洲，是极具侵略性的野草，被“国际自然及自然资源保护联盟（IUCN）”列入全球 100 种最具危害力的物种，世界十大重要害草之一。美国将薇甘菊列入有害的野草名单，进出口均受法律管制。在澳大利亚，薇甘菊被列为第一类受管制野草，禁止引进，市民发现薇甘菊可向有关部门举报，并且要立即进行全地区性除治。1949 年印度尼西亚从巴拉圭引入薇甘菊作为橡胶园的土壤覆盖植物，1956 年用作垃圾填埋场的土壤覆盖植物，之后，薇甘菊很快传播到整个印度尼西亚，后来又扩散到整个东南亚、太平洋地区及印度、斯里兰卡和孟加拉国等国，现广泛分布于南亚、东南亚。薇甘菊生根后攀着大树向上迅速蔓延，位于下面的植物因长期缺少日照而枯萎。另外，它释放化学物质，抑制其他植物生长，造成物种单一，生物多样性遭到破坏。20 世纪 80 年代，薇甘菊从香港传入深圳等广东沿海各地，尤其是珠江三角洲地区，造成极大的危害。

飞机草 *Eupatorium odoratum*。原产于中美洲，现广泛分布于南美、非洲、亚洲热带地区。飞机草于 20 世纪 20 年代早期作为一种香料植物引到泰国栽培，当高度达 15 厘米或更高时，就能明显地影响其他草本植物的生长，产生的化学物质抑制邻近植物的生长。飞机草叶有毒，含香豆素，能使昆虫拒食，人接触后会引起皮肤红肿、起泡，误食嫩叶会引起头晕、呕吐，还能引起家畜和鱼类中毒。我国于 1934 年在云南南部发现该种植物，现分布于台湾、广东、香港、海南、广西、云南、贵州（西南部），并且还在继续扩散。

紫茎泽兰 *Eupatorium adenophorum*。原产墨西哥、牙买加一带，现已广泛分布到世界除南极洲外各大洲的 30 多个国家和地区。紫茎泽兰是一种生命力强、繁殖率高又难以清除的恶性杂草，它有明显的化感作用，可使周围植物的生长受到抑制，形成单优种群，造成重大危害。紫茎泽兰入侵农田、果园、经济林带等经济作物生长地 20 天后，土壤中的速效氮、速效磷、速效钾分别下降 56% ~95%，46% ~53%，6% ~33%，从而导致土壤肥力下降、土地退化，作物产量大幅度下降，可造成粮食减产 3% ~11%。紫茎泽兰的枝叶有毒，牲畜误食后会导致腹泻、脱毛等，鱼误食后也可致死，用来垫圈会引起牛、羊烂蹄；其花粉易引起动物哮喘；种子带刺的冠毛飞入人畜的眼中可能损伤角膜，严重时能引起失明；具叉的纤毛种子被吸入后可直接钻入气管和肺部，引起组织坏死或死亡。由于紫茎泽兰排斥其他植物而危及本地生物多样性，对种植业、畜牧业、林业造成不同程度的危害。

豚草（属）*Ambrosia* spp.。主要危害农作物。首先，与农作物争水、争肥、争阳光，使农作物干枯死亡，导致农作物减产。据资料表明，豚草吸肥能力和再生能力极强，其耗水量和吸收土壤营养分别是禾谷类作物的2倍和1.5倍。其次，向周围环境中释放酚酸类、聚乙炔、倍半萜内脂及w醇等化感物质，对禾本科、菊科等一年生草本植物的种子萌发、生长发育有抑制、排斥作用，从而促使自身加快蔓延生长。第三，豚草可感染甘蓝菌核病，并作为中间寄主感染甘蓝，同时还是一些大豆、蔬菜害虫的寄主。此外，它还可能混杂于牧场，掺杂在奶牛的饲料中，影响牛奶和奶制品的生产质量。豚草花粉引起人们患枯草热病，症状为咳嗽、流涕、哮喘、眼鼻奇痒，严重时会引起死亡。

加拿大一枝黄花 *Solidago canadensis*。又称为“黄莺花”、“麒麟草”、“幸福草”，为菊科一枝黄花属多年生草本植物。原产北美。由于加拿大一枝黄花的根部极其发达，很少有单株独自生长，基本上都以丛生为主，相连成片，与其他作物争光、争肥，从而形成很强的生长优势，排挤其他植物在该地区的生长，破坏当地的生物多样性。

第二节　林业发达国家的生物灾害防治

随着人类对灾害认识的深化和科技的进步，一些林业发达国家提出了林业生物灾害防治的新理论和新方法，并逐步丰富和完善，由此提高了防治管理水平，也促进了防治水平和效率的不断提高。

一、主要防治理论

（一）综合治理理论

1. 基本含义

害虫综合防治的概念最早于1959年提出，1972年将综合防治改为综合治理（Integrated Pest Management，IPM），其基本含义是：在“预防为主、综合治理”方针指导下，以营林技术措施为基础，充分利用生物间相互依存、相互制约的客观规律，因地、因时制宜，合理使用生物的、物理的、机械的、化学的防治方法，坚持安全、经济、有效、简易的原则，把害虫数量控制在经济阈值以下，以达到保护森林、增加生产的目的。

2. 指导思想

按照生态学的要求，以保护生态为目标，以营林措施为基础，综合应用各种手段控制害虫危害，把经济损失减少到最低。

3. 原则

——生态学原则。从生态学的观点出发，综合考虑生态平衡、社会安全、经济利益和防治效果，强调所采取的防治措施不要影响社会安全和破坏生态平衡。

——经济学原则。不要求彻底消灭害虫，只要求将害虫数量控制在经济允许水平之下。

——容忍哲学原则。允许一定数量的害虫存在。强调各种防治措施的协调，特别是强调天敌等自然控制因子的自然控制作用，力求少用或不用农药，以减少或避免环境污染。

4. 综合治理的局限性

——综合治理着重强调多种防治措施的综合应用，包括生物的、化学的及经营管理措施，对如何提高系统本身的自我调控能力强调不够，主要是考虑害虫发生时如何防治，而不是强调如何使其不发生或少发生。

——综合治理中的经济阈值是基于害虫发生危害引起经济损失时的虫口密度，没有考虑害虫的发生趋势，相当于火燃起来了才救火，而不是消灭每一个火星。

——综合治理所采取的各种措施，着重强调将虫口密度压低于经济允许水平以下，没有考虑这些措施的长期作用，没有把每一个措施都作为增加系统稳定性的一个因子，所以出现年年防治，年年有虫灾的现象。一些生物制剂或天敌被当成农药一样使用，对系统稳定性是有害的。

（二）生态控制理论

为了解决综合治理局限性带来的一系列问题，人类不断探索有害生物防治的新途径，将可持续发展的理论应用于指导防治实践。1992 年世界环境与发展大会后，有关学者提出了有害生物生态治理（Ecological Pest Management，EPM）的新概念。

1. 基本含义

EPM 在充分吸收 IPM 合理部分的基础上，更强调与环境的关系，强调系统的健康和可持续发展，强调维持系统的长期稳定性和提高系统的自我调控能力，在不断地收集有关信息，随时对系统进行监测、预测的基础上，以系统失去平衡时的虫口密度为阈值，于害虫暴发的初期虫口密度较低时采取措施，以生物防治措施为主进行防治。

2. 指导思想

从生态系统的整体功能出发，在充分了解生态系统结构与功能的基础上，加强生物防治、抗性品种栽培和害虫与天敌动态监测，综合使用包括害虫防治措施在内的各种生态调控手段，变对抗为利用，变控制为调节，化害为利，以充分发挥系统内各种生物资源的作用，尽可能地减少农药的使用。

3. 原则

——维持生态系统平衡的原则。在害虫发生初期采取措施，避免害虫的大发生。以保持整个系统稳定性为目标，不局限于某一种害虫。所有害虫都应处于被控制状态，否则必须采取措施而且不危害整个系统稳定性。当害虫的天敌不足以控制害虫时，通过人工饲养释放或助迁天敌来加以控制，但这些天敌应该作为增加系统自然控制力的一种手段，在害虫虫口密度还较低的上升阶段使用，而不是将天敌当成农药一样使用。

——不采用化学农药的原则。主要应用生物农药，如病毒、细菌、真菌、线虫等微生物农药和昆虫生长调节剂、植物性农药、信息素等新型农药。

由于 EPM 不采用昂贵的化学农药和大规模释放天敌，防治费用将比 IPM 更低。实施 EPM 必须对生态系统的动态及自然调控机制有深入的了解，就目前对生态系统的认识水平和技术水平，还不能完全实施 EPM，但这是发展方向。

（三）森林健康理论

进入 20 世纪以来，伴随人口增长和经济发展，自然资源被加速和过度开发，森林进一步减少和退化。随之出现的全球气候变暖、生物多样性减少、土壤侵蚀加剧、水旱灾害频繁等一系列生态危机，促使人们开始重新认识森林的作用，协调与森林的关系。20 世纪 70 年代末期，德国首先提出了森林健康的概念并开始了观测工作。受德国森林健康状态监测和评价工作影响，这项研究和实践迅速地扩大到整个欧洲。90 年代初，美国在“森林病虫害综合治理”基础上，进一步提出了森林健康的思想。近 10 年来，美国的森林病、虫、火等灾害的预防和保护实践正是在这一思想指导下而开展的。

1. 基本含义

森林健康是指森林生态系统具有稳定和谐的结构，较强的抗灾能力，并能为人类提供较多的生态服务功能和森林物质产品。其内涵就是通过对森林的科学营造和经营，实现森林生态系统的稳定性、生物多样性，增强森林自身抵抗各种自然灾害的能力，满足现在和将来人类所期望的多目标、多价值、多用途、多产品和多服务的需要。

2. 指导思想

把森林健康的思想贯穿到森林生态系统经营全过程，不仅仅是针对病虫等致灾因子，而是更多的注意森林本身，把培育健康的森林作为工作的主要目标。在森林经营管理的过程中，使一些生物的因素和非生物的因素不会威胁和影响到现在或将来森林经营管理的目标。健康的森林生态系统能够在维持其多样性和稳定性的同时，又能持续满足人类对森林的生态、社会和经济需求。它更加注重森林生态系统的结构和稳定性，从而达到保持森林健康的目的。

3. 原则

——坚持生态优先的原则，充分体现生态学的思想。

——坚持实现森林资源管理的多目标原则。不只是商业产品，还应包括森林的多种用途和价值，包括森林游憩、野生动物保护、木材资源、放牧和水源涵养等。

——坚持保护生物多样性的原则。在健康森林中并非就一定没有病虫害、没有枯立木、没有濒死木，而是它们一般均在一个较低的水平上存在，它们对于维护健康森林中的生物链和生物的多样性，保持森林结构的稳定是有益的。

——坚持发挥森林多效益的原则。森林健康的实质就是要使森林具有较好的自我调节并保持其系统稳定性的能力，从而使其最大、最充分地持续发挥其经济、生态和社会效益。

二、主要防治技术

目前，林业发达国家借助先进的科学技术和雄厚的经济实力，在林业生物灾害防治的各个方面应用了较多的先进技术与手段，非常值得我们借鉴。

(一) 监测预警技术

发达国家多采用现代化技术手段，采取地面、空中配合的立体监测方法，有效地监测林地有害生物的发生情况。

(1) 航天航空遥感监测。利用卫星影像图、地理信息系统、全球定位系统等手段进行林业有害生物的全面监测。特别是结合森林健康监测，对有害生物采用航空大面积的定期监测。除计算机和遥感技术、地理信息系统、全球定位系统（“3S”技术）等得到广泛使用外，利用数码相机或录像机进行航拍和电子勾绘技术也得到广泛应用。

（2）引诱剂监测。利用昆虫信息素制成引诱剂和多种诱捕器，对害虫能方便快速地进行发生动态监测。引诱剂合成技术、释放技术，数据的统计分析、预测模型等都达到了较高水平。

（3）专兼结合的地面调查。林务官和林区工作人员对林分中发生各种异常情况进行初步的调查上报，管理部门接到报告后，结合已经掌握的情况，对报告信息进行认真分析，对可疑区域派出专业人员进行现场详细调查，确认有害生物发生的种类、危害程度以及是否需要防治，对需要防治的提出切实可行的防治建议，并告知林木所有者。这种专兼结合方式获取的信息来源广、覆盖面大，有利于提高监测效率。

（二）检疫技术

（1）实行风险分析（PRA）。建立较完善的外来有害生物风险分析体系，广泛实行危险性有害生物的风险性评估，有针对性地开展检疫工作。

（2）实行全面检疫制度。许多发达国家不是明文规定“检疫性有害生物名单”，而是制定禁止或限制进口的植物名单，采取防止一切有害生物入境的检疫措施，不管国内是否有分布，都要实施检疫。

（3）建立外来有害生物的入侵反应机制。建立监测网络，及时发现疫情，将入侵的外来有害生物消灭在其未建立稳定的种群之前，为及早扑灭创造条件。

（三）防治技术

发达国家为保护生态环境，全面推行森林健康理念，实行综合防治方法，重视利用天敌、性引诱剂和生物农药等无公害防治技术，严格限制使用化学农药。

（1）生物防治。多采用病毒、BT、白僵菌等生物制剂。美国利用舞毒蛾病毒制剂，进行大面积飞机喷洒。如 2002 年舞毒蛾病毒和生化杀虫剂的复配制剂在 23 万公顷的林地开展航空喷洒，有效地抑制和减缓了舞毒蛾在西部 9 个州的扩散速度。

（2）引进天敌。天敌输引是美国等发达国家生物防治的一个重要组成部分。如美国从我国引进天敌小毛瓢虫，经饲养和林间释放，对铁杉球蚜取得了较好的控制效果。

澳大利亚为了防治危害辐射松 *Pinus radiata* 的云杉蓝树蜂 *Sirex noctilio*，从 1962 年开始，从北半球输入树蜂的寄生天敌进行防治，输引种类达 21 种，主要有：黑色枝跗瘿蜂 *Ibalia leucospoides*、诺氏马尾姬蜂 *Megarhyssa nortoni*、黑背皱背姬蜂 *Rhyssa persuasoria*、郝氏皱背姬蜂 *R. hoferi* 等。一些种类已经在澳大利亚成功定居，对云杉蓝树蜂起到了一定的控制作用。

20 世纪初，北美从欧洲输引寄生天敌防治松叶蜂 *Diprion* spp.。从英国引进叶蜂基凹姬蜂 *Mesoleius tenthredinis*，从欧洲输引基瘤角姬蜂 *Pleolophus basizonus* 防治松叶蜂，取得了一定的防治效果。

（3）信息素应用。信息素除用于有害生物监测外，也可用于一些害虫的大量诱杀；有些信息素通过干扰交配降低害虫种群数量。美国林务局的舞毒蛾控制项目有效地减缓了西南部地区的扩展速度，60% 是通过综合监测和利用了对环境友好的交配干扰技术实现的。欧洲在小蠹虫的防治上也广泛应用信息素。

(4)抗性育种。从20世纪50年代起，美国就一直进行抗性育种的研究，针对几种主要的有害生物开展了深入的研究，已取得一些可喜的进步。现已证明1 329株白松对疱锈病具有高度抗病能力，并建立10个抗病种子园，通过推广这一抗病品种，把白松从濒危的边缘挽救过来。

(5)化学药剂的合理使用。美国严格限制化学防治和化学药剂的使用，政府有明确的法律规定，公众有严格的监督，一般很少使用，特殊情况需要使用时要经过严格的审批。

(6)杀虫灯的利用。利用害虫的趋光性，选出适宜光谱制成高效诱虫灯辅以高压电网诱杀。

(7)辐照处理。应用γ射线或钴60射线等放射性辐照处理诱导雄性不育控制害虫。

(8)营林措施。为了预防林业生物灾害，发达国家非常重视营造混交林，而且更趋向于天然更新。

三、林业生物灾害防治管理

依法治理和规范管理是林业生物灾害防治的重要途径，林业发达国家在长期的防治实践中已经建立了比较完善的法律法规体系和比较规范的管理体系。

(一)发展历程

林业发达国家对林业生物灾害的管理策略发展大致可分为4个主要阶段，每一阶段的指导理论不同，提倡应用的防治技术也各不相同。初期防治阶段：19世纪后期至20世纪40年代，提出综合防治(Integrated Pest Control，IPC)理论，此阶段强调害虫的生物学、生态学习性的研究，倡导的防治技术主要是农业技术(灌溉、轮作、选用抗性品种等)+农药或引用天敌，配合人工捕捉等机械方法。化学防治阶段：40年代至70年代中期。1946年开始大面积使用DDT，相继大量使用“六六六”、氯丹、毒杀酚等一系列高效、持久的有机氯杀虫剂，这些农药在害虫防治上发挥了巨大作用。然而，虫害损失并未因大量使用农药而下降。1962年美国生物学家Carson出版《寂静的春天》，形象地称之为“农药合并症”。害虫综合管理阶段：70年代至90年代中期。60年代末开始人们提出很多害虫防治的新策略，主要包括害虫综合管理、全部种群管理、大面积种群管理等。森林保健与林业可持续发展阶段：90年代以来提出的主要策略有森林保健、害虫生态管理、害虫可持续控制等。

(二)法律法规

一些发达国家制定了《森林法》或《自然保护法》等法律，来规范林业的发展，同时针对植物保护或森林保护的法律法规体系也十分完善。

德国的法律系统完整，法理严密，可操作性强，素为世界法学界所公认。德国第一个《植物保护条例》产生于1937年。1968年的《植物保护法》是具有现代意义的植物保护法，标志着德国植物保护法律体系的完善，它把有关农药流通的内容，特别是农药强制性批准制度作为该法的重点内容。德国的植物保护法律体系有效地保护了植物、动物、人、环境，值得借鉴。除《植物保护法》外，还有几十个涉及多方面内容的法律法规，形成了十分完善的法律体系。

澳大利亚联邦政府及各州政府长期以来非常重视外来有害生物入侵的检疫工作，联邦政府早在 1908 年就制定了《检疫法》，1985 年又颁布了《检疫修正法》，各州政府也制定了相应的检疫法规。联邦政府在农渔林业部内设立检疫司，其职责是统一管理组织实施口岸进口检疫、出口检疫和动植物病虫鉴定。各州政府负责实施州内的检疫工作，主要职责是防止其他州的危险性有害生物入侵，阻止本州有害生物传出，做好本州有害生物监测与控制工作。注重检疫宣传是澳大利亚检疫工作的另一特点，无论是在国际航班或国内航班上，都能看到机舱内所播放的检疫宣传录像片，在机场、车站也有许多检疫宣传画，希望人们自觉遵守检疫规定，配合做好检疫工作。联邦政府和各州政府还编印检疫宣传图谱，广泛发放，普及检疫知识。

美国虽然没有颁布《森林法》，但是所有林业活动都通过法律手段来支持，以保护森林、发展林业，这也是美国森林经营管理中的显著特点。美国涉及林业的法律和条例有 100 多种，这些法律和条例都是针对不同时期的问题和特点，由国会通过、总统颁布，对指导森林经营活动起着重要作用。为了保证这些法规的实施，林务局官员在广泛听取方方面面的意见后，编制 10 年规划，每隔5 年修订一次。这些规划一经确定就不得任意变更，以维护法规的严肃性。各州也根据本州的情况编制自己的法案，以指导地方的林业事务。在林业生物灾害管理方面，美国国会通过了“植物检疫法”，随后又颁布了补充法令，各州政府也制定了相应的检疫法规。联邦政府在农业部设立了动植物检疫局，其职责是统一管理并组织实施口岸检疫、境内监测、有害生物防除和宣传教育。美国实行的是全面性检疫制度，没有明文规定的“检疫性有害生物名单”，但有禁止或限制进口的植物名单，采取防止一切有害生物入境的检疫措施，不管国内是否有分布，都要实施检疫。具体包括：从外国引入具有繁殖能力的种苗材料必须提前申报；新品种引种前，必须经过有关专家的风险性评估，以确定是否允许进口；可能携带有潜在危险性有害生物的植物及繁殖材料，必须经过隔离试种；禁止从疫情发生国引进寄主植物及产品；进口的种苗不能带土，不能携带有害生物，包装材料不能带木材及活虫等；带有有害生物的植物及产品必须经过严格的熏蒸消毒和加热等处理措施，并出具除害处理证明，经复检无有害生物后方允许入境。

日本早在 1897 年就制定了第一部《森林法》。此后，有关森林和林业管理的法律又制定了多部，按照时间顺序主要包括《国有林野法》(1899 年)、《公有林野官行造林法》(1920 年)、《森林火灾国营保险法》(1937 年)、《造林临时措施法》和《森林病虫害防治法》(1950 年)、《关于国有林野的管理经营的法律》(1951 年)、《保安林整备临时措施法》(1954 年)、《森林开发公团法》(1956 年)、《林业基本法》(1964 年)、《林业改善资金助成法》(1976 年)、《林业等振兴资金融通暂定措施法》(1979 年)、《关于运用绿色捐赠促进森林整备的法律》(1995 年)、《关于促进确保林业劳动力的法律》和《关于确保木材安定供给的法律》(1996 年)、《国有林野事业改革特别措施法》(1998 年)等多项法律。其中，《林业基本法》在 2001 年 7 月修订以后改称为《森林・林业基本法》，在森林与林业相关法律体系中居于中心地位。在这些法律中，对林业生物灾害防治都作了相应规定。

（三）组织管理

发达国家林业有害生物防治工作多实行“谁经营的森林，谁负责组织防治”。国有林由所在森林经营管理站负责病虫情调查，私有林和集体林由其经营者自己负责，森林经营管理站提供技术指导、病虫鉴定及趋势分析。

1. 德国

（1）机构。对森林资源的管理，德国已建立了一套完善的管理体系。德国的林业生物灾害管理机构主要设在各级森林管理机构中。从联邦到地方，森林管理机构由五级构成。各级森林管理机构均属垂直隶属关系，与地方政府行政隶属无关，从而避免森林管理体制中的地方政府干预。林业生物灾害管理机构隶属于林业机构。

联邦级：机构设置于联邦农业及消费者保护部，包括消费、食品、农业等 3 个部门，林业为农业部下属司。主要负责全国林业政策、法律、方针、计划的制定，林业执行情况的统计，各州林业与相关部门的协调，国际合作与交流等。

州级：设置于各州的农业部，其职责主要为监督全州森林经营管理的合法性，管理全州的国有森林，指导全州私有林和社团林的经营。

区域森林管理局：在州以下分区域设立森林管理局，主要职责为经营管理区域内的国有林，审批私有林经营的申报文件，为私有林主提供免费咨询。森林管理局内通常设立管理服务、森林企业、对外关系、援助等部门。

片区级森林管理科：在区级以下分片区设立森林管理科，主要职责相似于森林管理局。

森林管理小组：在科级以下设立森林管理小组，是管理区域上的细化。

（2）管理体制。德国林业生物灾害管理体制，按“社会市场经济”体制的要求，把市场经济行为的自由原则与社会平衡原则结合起来，以私有林为基础，实行分散决策、自主经营、自担风险的机制。

（3）管理职能。联邦粮食农林部负责林业的方针、政策、林业纲领性法律的制定和监督实施；负责联邦对林业的经济资助；规定种源和种苗的质量标准及其管理规范；协调各州林业部门的工作；协调林业与其他部门的关系；负责国际林业交往等。

各州林业机构负责制定和组织实施州的林业法律、法规以及林业的长远规划；协调与联邦政府、其他州和其他部门的行政、业务、经济往来；监督检查下属各机构工作，其中主要是直接监督国有林的经营管理。林业管理局执行本州的林业法律规定，监督管理基层林业局的工作并做好国有林产前、产中、产后的服务工作。除经营管理国有林外，还要对集体林和私有林的林权所有者，在林业政策、法规和业务上进行咨询、指导和行政管理。

在私有林比例较大的州，由农业协会下属的林业协会负责对私有林和社团林及其自愿组成的林业合作组织进行咨询和有关技术、资金、保险、信息、销售等方面的服务。

（4）管理方式。国有林由林业局、自然保护区统一管理，社区林和私有林的管理通常采取以下方式：一是委托林业局代管；二是由地方林协会代管；三是由私有林管理协会专门管理。

2. 美国

美国从联邦政府到地方有一套完整的林业管理体系，组织健全，体制稳定。统管全国林业事务的行政单位是联邦政府农业部林务局。林务局成立于 1905 年，20 世纪 90 年代中期，该系统有职员 3.2 万人，是农业部中最大的局。林务局下设行政处、科研处、国有林处、州有林和私有林处、规划和立法处、一个情报室。林务局的主要任务是负责全国的国有林管理、林业科学研究、政策法规制定、人员培训及使用、木材生产、指导州和私有林经营、行政管理等业务。国有林系统实行联邦林务局、大林区、林管区和营林区四级管理。林业生物灾害管理机构隶属于林业机构。

(1)机构。林务局是管理全国国有林的联邦政府部门。国有林处主要承担牧场、森林工程、游乐、航空与防火、林木、林地、水域和空气、土地规划、矿物和地质、野生动物和鱼类等方面的管理。林务局对森林资源的监测和管理主要通过制定、实施、评价和修订各级林业计划来实现，形成对国家林业的宏观调控与指导。林业计划可分为两级：一是国家级计划；二是地方级计划。国家级计划由 3 个方面构成，即每 10 年一次的国家森林资源评估报告，它提供了对 10 年内全国森林资源现状和变化情况的分析与评价；每 5 年修订一次的可更新资源规划，它是对资源利用目标、政策和预算等做出的明确说明；每年一度的联邦林务局年度报告，提供给国会审批年度预算。地方级计划包括国有林系统内详细的各级林业计划、州有林计划和科研计划等。联邦林务局在国有林系统内建立起三级计划过程，以实施国家级林业计划对国有林系统提出的任务与要求，即针对大林区的区域指南，针对林管区的林管区计划和针对营林区的营林区计划。

全国划分成 8 个大林区，每个林区设一个林业试验站或研究所，负责森林经营和科研管理工作。它们是：西南太平洋沿岸林牧试验站、西北太平洋沿岸林牧试验站、山际林业试验站、落基山林牧试验站、东南部林业试验站(原设在路易斯安娜州新奥尔良的南部林业试验站同该站合并)、东北部林业试验站、中北部林业试验站和林产品研究所。各大林区依据区域指南确定大林区内国有林的经营方向和管理目标，分析资源的产出和消耗水平等，主要起承上启下的宏观指导作用。

大林区下设林管区，全国共有 155 个林管区。林管区负责该区的森林经营管理工作，并承担下属营林区的相互协调、预算分配和提供技术服务。林管区计划将区域指南的宏观目标具体落实到特定的林管区，并确定林管区的土地利用方案和具体的经营措施，如选点、制定采伐进度计划等。一般说来，制定林管区计划是一项复杂的系统工程，需要公关和调研，以了解公众舆论和供需情况，还需要利用现代科学技术，设计、评价和优选管理方案。

林管区下设若干个营林区，营林区是林业系统最基层的单位，全国共有 600 多个。每个营林区有职工 10 ~ 100 人不等，经营面积 2 万 ~ 40 万公顷。主要任务是森林经营、林道建设、森林植被和动物栖息地的管理。营林区计划将林管区计划的经营措施分解成具体的、可操作的实施计划加以落实，是具有微观可操作性的计划。

美国各州的林业管理体制不完全相同，但均设有相应的机构。州林业机构主要对州有林和私有林进行管理。许多州成立了能代表各方利益的州林业委员会，决定本州林业规划及地方政策，州林务官员对州长和林业委员会负责。

(2)管理体制。美国用材林的所有权形式大体可分成两类：公有林和私有林。公有林包括联邦农业部林务局所管辖的国有林和其他联邦、州政府部门所管辖的森林，私有林中包括私营企业所管辖的森林及小私有林所有者的林地。公有林主要集中在西部地区，而东部地区则集中了大部分私有林。用材林中的73%由个人或私营企业经营，27%由联邦政府、州政府或其他公共单位管辖。

国有林是由联邦农业部林务局经营的森林，其总面积为3 440万公顷，占全国用材林总面积的17%，占立木蓄积总量的27%。

其他公有林由林务局以外的其他联邦或州政府部门经营的森林，这部分森林为1 885万公顷，占全国用材林总面积的10%左右，占立木蓄积总量的11%。

企业林是涉林企业为了保证木材原料的供应而拥有的林地，美国涉林企业大多数拥有自己的林地，且经营水平很高，基本实现了高度的集约化经营。20世纪90年代初期，全国企业所有林的面积为2 833万公顷，比1977年增加了2%。此类森林大多位于美国东部各州。虽然其面积只占全国用材林总面积的14%，但采伐量却达到全国总采伐量的1/3。立木蓄积量和针叶林蓄积量分别占全国的13%和16%。

小私有林包括私营个体和团体所有的森林，其面积占全国用材林总面积的59%，立木蓄积量占全国总量的50%。大部分所有者的林地面积规模较小，过于分散，财力有限，技术不足，难于进行集约化经营。1.165 5亿公顷的小私有林由600多万个个体所有者拥有，其中经营面积在40.5公顷以上的所有者只有60万个，但他们的经营总面积却达小私有林总面积的3/4左右，采伐量达80%。小私有林在美国林业中占有重要地位，私有林所有制长期稳定不变，并得到国家的法律保护、资助和扶持。

3. 日本

日本的林业生物灾害管理机构也设在林业管理机构内。根据《森林·林业基本法》的规定，在农林水产省内设置由外部专家学者组成的“林政审议会”，负责调查和审议与《森林·林业基本法》以及其他相关法律的实施有关的重要事项。政府部门中主管森林和林业事务的是农林水产省的林野厅。林野厅、粮食厅和水产厅3个厅都是农林水产省的“外厅”，大致相当于我国的副部级国家局。林野厅下设3个部，分别是林政部、森林整备部和国有林野部。林政部主管林业的企划、金融税制、林业结构调整和经营改善、木材的生产、流通和消费等；森林整备部主管森林的规划、山村的振兴、民有林的造林和林道建设、治山规划、山地灾害对策、林业技术的研究开发与普及等；国有林野部主管国有林的管理和经营。林野厅拥有庞大的地方分支机构，包括7个森林管理局、98个森林管理署、1 256个森林事务所和71个治山事业所。

都道府县一级地方政府中森林与林业主管部门的设置情况因森林与林业比重大小而异，森林面积大、林业比重相对较高的地方一般有单独的林政部，否则一般是设置农林水产部，对农、林、渔业一并管理。

第三节　国际林业生物灾害防治组织

林业生物灾害防治是全球面临的共同任务。良好的国际合作，对于促进各国防治工作的正常开展具有重要意义。目前，世界上建立了较多的国际合作组织，它们对于有效控制林业生物灾害的发生和传播蔓延发挥了重要作用。

一、联合国粮农组织(FAO)

(一)组成形式

联合国粮农组织(FAO)是根据 1943 年 5 月召开的联合国粮食及农业会议的决议，于 1945 年 10 月 16 日在加拿大魁北克正式成立，1946 年 12 月成为联合国的一个专门机构，现总部设在意大利罗马，林业部是其 8 个职能部门之一。

(二)宗旨

联合国粮农组织的宗旨是提高成员国国家人民的营养水平和生活标准，改善所有食品和农业产品的生产和分配，改进农村人口生活条件，由此对世界经济的增长和保证人类免于饥饿做出贡献。

(三)运行机制

FAO 下设全体成员大会、理事会和秘书处。全体成员大会是该组织的最高权力机构，每两年举行一次会议；理事会隶属于大会，由大会选出的主席和49 个理事国组成，它在大会休会期间执行大会赋予的权力，一般每两年至少开会 3 次。理事会下设计划、财政、章程法律、农业、林业、渔业、商品、粮食安全等 8 个职能委员会；秘书处是大会和理事会的执行机构，负责人是由大会选出的总干事。FAO 拥有 3 600 多名工作人员：大约 1 600 名专业人员和 2 000 名一般服务人员。除了在罗马的总部以外，目前还设有 5 个区域办事处，9 个分区域办事处，5 个联络处以及 74 个建制完善的驻国家办事处(不包括那些设在区域和分区域办事处内的办公室)。林业部分通过林业委员会、部长级林业会议、世界林业大会、联合国森林论坛等进行有关问题的磋商和协调。

(四)有关林业有害生物的主要行动

通过技术合作计划和实地走访，向一些国家提供了有关制定战略的援助和培训。最近的实例包括：中国板栗的有害生物综合防治与储藏(2000～2001 年)；保护森林，特别重视一种新的叶蜂，天目腮叶蜂对黎巴嫩雪松的侵害(2001～2002 年)；斯洛伐克共和国保护云杉林(2000～2002 年)；塞舌尔加强国家防治青龙木枯萎病和森林保护的能力(2001～2003 年)；中美洲为森林保护和管理制定区域战略(2002～2004 年)；前南斯拉夫马其顿共和国保护松林不受松蛾侵害的紧急措施(2002～2004 年)。

根据成员国的请求，与国际植物遗传资源研究所合作，编制了 3 本有关能够通过国际、国内种子和组织贸易传播的桉树、松树和金合欢树虫害信息的技术指南。

支持国际合作，发展森林虫害管理和信息网络。FAO 与各国专家合作，为全球病虫害蔓延及其对自然和人工林、森林以外树木和其他林地的影响信息系统收集数据。该系统旨在提高对世界性森林病虫害问题的严重性认识，为支持决策、森林管理规划和实地活动提供最新基本信息(如森林面积和产品大量减少，包括经济和环境损失及树种质量损失的估计)，其特别重点放在发展中国家、经济转型国家和迅速工业化国家。通过电子和印刷方式大力推广信息系统。

二、生物多样性公约(CBD)

(一)组成形式

生物多样性公约(Convention on Biological Diversity)是一项保护地球生物资源的国际性公约，于1992年6月1日由联合国环境规划署发起的政府间谈判委员会第七次会议在内罗毕通过，1992年6月5日，由签约国在巴西里约热内卢举行的联合国环境与发展大会上签署。公约于1993年12月29日正式生效。常设秘书处设在加拿大的蒙特利尔。联合国《生物多样性公约》缔约国大会是全球履行该公约的最高决策机构，一切有关履行《生物多样性公约》的重大决定都要经过缔约国大会的通过。

(二)宗旨

该公约是一项有法律约束力的公约，旨在保护濒临灭绝的植物和动物，最大限度地保护地球上多种多样的生物资源，以造福于当代和子孙后代。公约规定，发达国家将以赠送或转让的方式向发展中国家提供新的补充资金以补偿它们为保护生物资源而日益增加的费用，应以更实惠的方式向发展中国家转让技术，从而为保护世界上的生物资源提供便利；签约国应为本国境内的植物和野生动物编目造册，制定计划保护濒危的动植物；建立金融机构以帮助发展中国家实施清点和保护动植物的计划；使用另一个国家自然资源的国家要与那个国家分享研究成果、盈利和技术。

(三)运行机制

生物多样性公约的最高权力机构是缔约方大会(COP)，它由批准公约的各国政府(含地区经济一体化组织)组成，这个机构检查公约的进展，为成员国确定新的优先保护重点，制定工作计划。COP也可以修订公约，建立顾问专家组，检查成员国递交的进展报告并与其他组织和公约开展合作。COP可以从公约建立的其他机构获得专业知识和支持，如：科学、技术和工艺咨询附属机构(SBSTTA)。SBSTTA是由来自成员国相关领域的专家组成，它在向COP提供科学和技术问题建议方面起着关键作用。资料交换机制是基于因特网的促进科技合作和信息的网络。秘书处设在加拿大的蒙特利尔，与联合国环境规划署紧密联系，主要职能是组织会议、起草文献、协助成员国履行工作计划、与其他国际组织合作、收集和提供信息。此外，COP在其认为适当时可成立专门委员会或机制，COP于1996~1999年成立了生物安全工作组，并成立了土著知识和地方社区工作组。全球环境基金(Global Environment Facility，GEF)对发展中国家在开展与公约有关活动时可以从公约的财务机制中获得资助。由联合国环境规划署(UNEP)、联合国开发计划署(UNDP)和世界银行支持的GEF项目在4个对全球环境具有重大作用的领域促进国际合作并提供资助：生物多样性的丧失、气候改变、臭氧层耗竭和国际水资源的衰竭。到1999年末，GEF为120个国家的生物多样性项目提供了近10亿美元的资助。

(四)主要行动

条约号召缔约方“预防引入、防治或根除那些威胁到生态系统、生物栖息地，或其他物种的外来物种”。缔约方已经采用了 15 个系列指导性原则来引导政府和组织制定有效的策略，将外来入侵物种的扩散与影响减到最小。2006 年 3 月 20 ~ 31 日生物多样性公约第八次缔约方会议在巴西举行，会议重点关注在国际公约框架内应对入侵物种问题中存在的不足和矛盾。对入侵物种问题进行深入讨论已被列入 2008 年举行的第九次缔约方会议的议程。全球入侵物种计划(GISP)成立于 1997 年，旨在应对入侵物种在全球范围内造成的威胁，并为《生物多样性公约》的执行提供支持。为提高认识并提供政策建议，该项目撰写了《关于外来入侵物种的全球战略》报告，该报告阐述了 10 条应对入侵物种问题的战略措施。

2001 年，全球入侵物种项目建立了一个基于万维网站的全球入侵物种信息网络(www. gisinetwork. org)，通过该网，政府、非政府组织、教育机构及其他组织可共同努力，来提供越来越多的有关全球入侵物种数据和信息来源。另外，粮农组织及其成员国最近也建立了两个区域性网络：亚太森林入侵物种网(APFISN)(www. apfcweb. org/forestry/site/35067/en)和非洲森林入侵物种网(FISNA)。

三、世界自然保护联盟(IUCN)

(一)组成形式

世界自然保护联盟(IUCN)成立于 1948 年，总部设在瑞士，是世界上成立最早、规模最大的世界性自然保护组织。该联盟是政府及非政府机构都能参与合作的少数几个国际组织之一，共有国家的、政府机构的以及非政府组织(NGO)的会员 915 个，遍及 133 个国家。联盟的 6 个专家委员会及其他志愿者网络的各成员都以个人名义加入联盟，目前的总人数已超过 8 500 名。

(二)宗旨

IUCN 旨在利用科学途径促进自然资源的利用和保护，以便为人类目前和未来的利益服务；保护潜在的再生自然资源，维护生态平衡；保护未被特殊保护的土地或管辖的海域，使其自然资源得以保护；使其众多的动植物品种和数量得以保持在适当的数量范围内；保护幸存的、有代表性的或特殊性的动植物群体的土地和新鲜海域；制定特殊措施以保证植物和动物群体品种不受伤害或灭绝。

(三)运行机制

该联盟的各个项目由其使命及各成员的愿望和需要所推动。各个国家或者地区的成员定期聚会以便开展并促进这些项目的实施，联盟从不试图从外部横加干涉。相反，联盟与有关人员一同工作，帮助他们明白症结所在并找出解决办法。通常需要进行综合考虑，让涉及此事的所有风险承担人员加入讨论，进行多方探讨，不管这些人职务如何。联盟提供坚实的科学知识和雄厚的技术，并考虑政治及文化因素，包括调节冲突及与团体和机构合作的社交技巧。由 IUCN 全体成员参加的世界自然保护大会(World Conservation Congress)，每 3 年召开 1 次，是联盟的最高层管理机构。大会制定整个联盟的政策，通过联盟的工作计划，并选举联盟主席以及理事会成员。联盟成员的国家委员会、地区委员会、政府成员及非政府成员有915个，在得到理事会认可之后，这些成员可在某个国家或者地区成立委员会。这些国家及地区委员会在确定各个项目的优先顺序、协调各项规划和成员关系、执行各项规划方面正发挥出越来越大的作用。理事会由联盟主席、司库、选举出的24位地区理事、6个专家委员会主席以及增选的5位理事组成。其中，增选的5位理事是为弥补地区代表与经历的差别而设。理事会指导秘书处贯彻落实世界自然保护大会通过的各项政策和规划，并且在大会休会期间代表联盟全体成员每年举行一次或两次理事会。IUCN的6个专家委员会由技术专家、科学家、政策专家组成工作网，他们都志愿为联盟奉献自己的才学和毕生精力。专家委员会主席由该联盟全体成员在世界自然保护大会上选出，并在理事会中担任理事。目前这6个专家委员会有多达8 500多名专家致力于世界自然保护事业，活跃在大约180个国家。IUCN秘书处为联盟全体成员服务，并负责贯彻落实联盟的各项政策和项目。总部设在瑞士并在一些国家有派出机构。秘书处中致力于外务和工作网络的工作人员有550名，他们工作在总部、40个地区和国家办公室以及设在德国的环境法律中心等专门机构。

（四）主要行动

（1）拯救濒危动植物物种。由物种存续委员会（SSC）及几个物种评估机构合作编制，每年评估数以千计物种的绝种风险，将物种编入9个不同的保护级别。

（2）建立国家公园和保护区。确定保护区管制级别。

（3）评估物种及生态系统的保护并帮助其恢复。从20世纪60年代开始，IUCN就已积极从事环境法律方面的工作，协助起草了许多国际公约以及国内环境立法框架。联盟设在德国波恩的环境法律中心是全球最大、最全面的环境法律及政策的数据库之一。自1980年开始，IUCN已帮助50多个政府及其他机构制定了保护策略作为决策与规划的综合途径。如今联盟正在为实施这些策略建立地区工作网。

四、国际植物保护组织（IPPC）

（一）组成形式

国际植物保护组织是一个由145个政府（截至2006年）加入的国际条约组织，由为减少检疫风险采取检疫措施国际标准检疫措施临时委员会负责管理。

（二）宗旨

为了防止植物和植物产品病虫害的传播和蔓延，敦促缔约国政府采取共同而有效的行动，提高控制手段，并承诺依照国际植物保护公约及其补充协定的规定，采取立法、技术和行政措施。

（三）运行机制

国际植物保护公约秘书处负责管理与IPPC有关的事务，主要包括三方面内容：①制订国家植物检疫标准（ISPMs）；②向IPPC提供信息，并促进各成员间的信息交流；③通过FAO与各成员政府和其他组织合作提供技术援助。一般情况下，IPPC秘书处与区域和国家植物保护组织合作完成上述工作。区域植物保护组织（The Regional Plant Protection Organizations，RPPOs）在区域范围内负责协调有关 IPPC 的活动，在新修订的 IPPC 中，区域性植物保护组织的作用扩展到与 IPPC 秘书处一起协调工作。

（四）主要行动

（1）制订相关标准。1993 年以来，13 个标准得到了最后通过，另有 5 个标准正在制订。迄今通过的最重要标准有：与国际贸易有关的植物检疫原则，有害生物风险分析准则，植物检疫术语表，建立非疫区的标准，生物防治剂的输入和发放行为守则。随着标准的增加及更加详细的内容得到商定，它们将越来越重要。

（2）开展信息交流。为各成员提供交流的平台，建立交流机制。

（3）开展技术和资金援助。重点是对发展中国家进行援助，帮助其执行某些标准，参加 IPPC 的相关项目、会议以及培训等其他活动。建立相关实验设施，购置设备；制定与 IPPC 协议相适应的法律法规；监督无有害生物区域的建立等。2001～2006 年，已经执行了相关项目 48 项，总投入 1 008 万美元，主要包括无有害生物区的建立管理和监督、有害生物风险性评估及其他。

五、欧洲和地中海植物保护组织（EPPO）

（一）组成形式

EPPO 是欧洲和地中海地区植物保护领域的国际合作组织，1951 年成立初期有 15 个成员国，目前已达到 49 个，几乎包括了欧洲和地中海地区的所有国家。

（二）宗旨

保护植物、制订针对危险性有害生物传播和扩散的国际战略、促进防治方法的安全性和有效性。作为地区性植物保护组织，EPPO 也参加 FAO 和 IPPC 组织的全球性讨论。EPPO 制订了大量的标准，编辑出版了有关植物有害生物、检疫法规以及植物保护成果的大量文献。

（三）运行机制

由秘书处进行协调运作。大量的活动是通过召开有该地区各国专家参加的技术性会议而开展的。

（四）主要行动

（1）EPPO 林业检疫性有害生物项目。2000～2005 年，针对前苏联地区，特别是其亚洲部分的危险性有害生物及其对 EPPO 非亚洲地区的影响，成立了专门小组来实施该项目。EPPO 秘书处收集了 1 365 种有害生物的有关分类、地理分布、寄主植物、生物学等方面的资料，同时收集了有关它们影响前苏联地区 653 种主要森林树种的分类和地理分布的资料。在项目执行过程中，首先在 EPPO 地区的不同国家，项目小组召开了 10 多次会议，选择对该地区非亚洲部分相对比较危险的种类进行讨论研究。对 45 种有害生物进行了危险性评估并建议将其中的 19 种列入检疫名单，以减少它们进入敏感地区的危险性，并提出了一些可能的检疫措施。目前项目组已经完成了对特定松柏类日用品进出口的检疫标准。

（2）收集整理对于该地区有危险性的有害生物信息。开展重点有害生物的风险性评估，制订相关检疫技术标准。

第四节　我国与发达国家林业生物灾害防治比较

我国林业生物灾害防治在长期的实践中，积累了丰富的经验，也创造了不少领先于世界的防治技术和方法，但与林业发达国家相比在一些方面仍有一定的差距。

一、防治理念

（一）指导思想

在林业发达国家，林业生物灾害防治的指导思想是全面推行森林健康理念，坚持森林可持续经营的方针，充分发挥森林的多种功能。具体措施为：

适地适树、因地制宜地营造混交林，使森林保持相对稳定性，从而减少林业生物灾害发生，同时实施极为严格的检疫控制措施，防止外来有害生物的入侵。

严格控制皆伐面积和采伐量。采取择伐和人工促进天然更新、营造混交林的近自然林业经营方式，维护森林生态系统的稳定，保护生物多样性，提高自然抗病虫的能力。

对生物防治实行倾斜和鼓励政策。对化学农药的应用在法律上有明确的规定，林业生物灾害防治基本上不用化学防治，如发生特大病虫灾害，确需使用化学农药防治的，必须通过申请，组织有关专家评估，有关部门讨论通过等严格的程序。由于严格地限制了化学农药的使用，各种天敌和鸟类得到有效的保护。

我国近几年在林业生物灾害防治工作中，提倡从造林环节抓起，把防治工作贯穿到选育抗性品种、育苗、造林、抚育、采伐、利用等各个环节，但由于各部门之间工作脱节或认识不统一，使这项工作至今没有真正落到实处。

（二）防治对策

林业发达国家制定的防治对策，多以提高森林自身健康水平、改善森林生态环境为基础，开展森林健康状况监测，通过营林措施恢复森林健康，同时辅以生物防治和抗性育种等措施来降低和控制林内病虫害的种群数量，提高森林的抗病虫能力。在采取防治措施时，实行全面调查研究和环境综合分析报告制度，有关方面提出方案后会采取严格的审查措施，决定是否防治。特别是严格限制或禁止化学农药的使用，更多地使用生物、物理或营林措施。如德国，只有经权威机构论证并在只有使用农药才是唯一救灾措施的特殊情况下才可使用化学农药，所用农药机械也必须是经国家登记批准允许使用的。允许使用的化学药物名单及用量、防治对象、频率次数等由国家生物化学研究所公布，任何单位或个人不得违犯。居民区及地下水源保护区周围绝对禁止使用农药，少量的用药亦应以人工喷洒为主，不使用飞机防治，以防药物泄漏及更大范围的污染。

我国制定的防治对策，重点放在如何控制住有害生物的发生，在对策上还没有真正把有害生物防治纳入林业生产全过程，一些地方较少或没有从根本上考虑促进森林健康、提高森林自身抵抗灾害能力应使用的对策。同时对环境影响的分析不够，虽然也积极推行、大力提倡生物防治，但防治中化学制剂的使用没有严格的限制，环境污染问题仍很突出。

二、组织机构

林业发达国家一般从国家到各级地方都有相应的林业有害生物防治管理机构，而且有很多国家设在地方的机构为国家直属机构。机构管理人员大多是公务员，其职能以监测预报和技术服务为主。如德国，联邦政府设农林粮食部，其下设农村、林业与狩猎司，司内设有森林保护处，负责协调联邦各州有关林业生物灾害预测预报、防治等方面的工作。森林较多的联邦州林业厅(局)内设有森林保护处，由森林保护专家组成，负责国有林的有害生物调查监测及数据分析，发布本州病虫情信息，检验鉴定区森林管理局送检的有害生物标本和样品，为本州各种所有制森林所有者提供防治方面的技术咨询与信息服务。各联邦州一般按照本州的森林资源状况、分布区域等划分为4～6个区，并分别设立森林管理局，内设森林保护站，具体负责国有林生物灾害预测预报、防治，灾害损失评估，指导本区其他所有制林主的有害生物预测预报，提供防治技术咨询与指导。区森林管理局又按照本区的森林面积和分布情况，下设若干个森林经营管理站，站内配有专业技术人员，具体负责所辖国有林的有害生物调查、预测预报和防治，提供病虫情信息，采取专家对话的形式直接向林主提供技术指导和信息咨询等。德国联邦政府农林粮食部的公务员、职员工资由联邦政府负责，各联邦州的各级森林管理机构工作人员工资及经费由各联邦州政府负责。

我国各个层次的机构设置也较完善，但除少量机构参照公务员管理外，绝大多数为事业单位，其主要职责是具体的防治工作，其监测预报、技术服务等职能发挥的程度远不及发达国家。

三、运行机制

(一)管理方式

林业发达国家从国家到地方都有相应的管理机构，但其职责重点在制订相关法规并监督法规的执行情况，提供有害生物信息服务，防治对策建议，协助制订防治方案，进行技术指导上。我国也建立了完整的管理机构，职能规定与发达国家相差无几，但实际工作中，主要的职能是具体防治的组织，其他职能的发挥还不够充分。

(二)实施主体

大多数林业发达国家的社会化防治服务体系比较健全，各种服务公司承担了大量的防治工作。我国森林健康状况总体较差，森林经营水平低，灾害防治的主体是林业生物灾害防治机构。这种管理方式的特点，是可以由国家集中力量对林业生物灾害进行大规模防治，但不利于发挥林木个体经营者的防治积极性，从某种意义上讲还存在一定弊端。

(三)投入主体

大多数林业发达国家实行“谁所有，谁防治”，除特大林业生物灾害由政府防治外，其余均由森林所有者按照市场经济规律自行组织防治，有关机构只负责信息咨询、技术指导与协调工作，防治作业和所需费用由森林所有者自行解决。如美国林业生物灾害防治经费由联邦政府、州政府财政和林权所有者三方投入。防治经费总体上是一项救灾资金，总的使用原则是由各类林地所有者承担，联邦政府管辖的森林，防治经费由联邦政府财政承担；各州管辖的森林，主要由州政府承担；私有林的防治经费主要由林地所有者承担，但根据有害生物的具体种类、实际发生情况、潜在的威胁、国家的治理要求等，联邦政府可以给予一定的补助（实际需要的 1/4 ~ 1/2）。这种补助是要分项逐级申请。由于经费有保障，使美国林业有害生物防治得以顺利进行。我国目前也制定了“谁经营，谁防治”的防治责任制度，但在实际工作当中很难得到落实，投入的主体仍为各级政府，没有充分发挥森林经营者在生物灾害防治投入方面的主体作用，而且地方政府的防治投入大都没有纳入财政预算，投入量也有限，不能满足林业生物灾害防治的实际需要。

四、法律法规

大多数林业发达国家都有关于林业生物灾害防治的法律，并且对林业生物灾害的防治有全面详尽的规定，如德国的《植物保护法》、俄罗斯的《俄罗斯联邦森林法典》、美国的《国有林经营管理法》、加拿大的《加拿大联邦林业法》等。而我国只在《森林法》当中，概括地列出了有关森林保护的一些条款，且规定不够全面、详尽，特别是对于林业生物灾害防治的条文更少。有关林业生物灾害防治的规定，仅是通过《植物检疫条例》、《森林病虫害防治条例》、《森林病虫害预测预报管理办法》等行政法规或部门规章加以明确的，致使其有关规定缺乏更具权威的法律约束力。

第 3 章主要研究人员：

盛茂领、赵瑞兴、肖　艳

第4章

我国林业生物灾害防治管理工作的现状与问题

20世纪80年代以来，我国林业生物灾害防治管理工作逐步走向规范。建立了国家、省、市、县四级林业生物灾害防治机构，基本形成了以监测预警、检疫御灾、防治减灾三大体系为总体框架的林业生物灾害防治工作格局；初步建立了以《森林法》、《森林病虫害防治条例》和《植物检疫条例》为主体的林业生物灾害防治法律法规体系，依法防治进程稳步推进；推进防治技术创新，一大批符合林业生物灾害防治特点的新药剂、新药械、新技术得到推广应用；增加防治资金投入，强化林业生物灾害防治能力建设，林业生物灾害防治水平得到逐步提高。但是，按照新形势对林业生物灾害防治工作的要求还有很大距离，特别是在防治组织管理、法制建设、科技支撑和资金投入等方面还存在许多薄弱环节。客观分析我国林业生物灾害防治管理工作的现状和问题，对于研究制定新时期林业生物灾害防治发展战略具有重要意义。

第一节　组织管理

林业生物灾害防治机构依据《森林法》、《森林病虫害防治条例》和《植物检疫条例》等法律法规开展林业生物灾害防治工作。国务院林业主管部门主管全国林业生物灾害防治工作，县级以上地方各级人民政府林业主管部门主管本行政区域内的林业生物灾害防治工作，其所属的林业生物灾害防治机构负责本行政区域内林业生物灾害防治的具体组织工作。

一、组织机构

我国现行的林业生物灾害防治组织结构，属于混合职能型结构，在机构设置上属于专业性管理的组织模式，国家、省、市、县四级林业生物灾害防治机构比较健全，都是事业单位，只有少数几个省(自治区、直辖市)参照公务员法管理。

我国林业生物灾害防治机构分为国家机构和地方机构，国家林业生物灾害防治机构包括国家林业局植树造林司和森林病虫害防治总站，其主要职责是编制全国林业生物灾害防治中长期规划，拟定林业生物灾害防治法规政策，组织开展林业生物灾害预测预报、林业植物检疫、重大林业生物灾害治理、防治技术研发推广、国际交流、行业培训和技术咨询服务等。

地方林业生物灾害防治机构在行政上归属地方林业主管部门领导，业务上接受上一级林业生物灾害防治机构指导，县级以下没有专门的林业生物灾害防治组织的，由乡镇林业工作站兼管。地方林业生物灾害防治机构负责本地区林业生物灾害监测预报、森林植物检疫、防治救灾等项工作。目前，全国已设立地方林业生物灾害防治机构 3 067 个，其中省级 34 个[包括大兴安岭林业集团公司森林病虫害防治站、中国龙江森林工业(集团)总公司森林病虫害防治站、新疆生产建设兵团林业局森林病虫害防治站]，地(市)级 373 个，县级2 660个。

二、管理体系

我国现行林业生物灾害防治机构职能主要有辅助决策职能、计划职能、组织职能、指导职能、监督职能。

在辅助决策职能方面，各级林业生物灾害防治机构按照林业发展总体目标要求，根据所在区域林业生物灾害发生发展情况，开展中长期战略研究，制订为实现这一目标的一种或多种远期、近期具有战略意义的工作方案，为科学决策林业生物灾害防治工作提供依据。

在规划职能方面，根据政府决策，调查研究本区域林业生物灾害发生现状、发展趋势、社会经济状况、林业生物灾害防治工作内部和外部工作环境等，拟订长期、中期、短期规划和年度计划，组织资金、人力，监督实施，确保政府决策目标的实现。

在组织职能方面，协助政府组织林业生物灾害防治工作，使林业生物灾害防治管理工作中的各个要素同自然条件、社会环节结合起来，提高防治效率。各级林业生物灾害防治机构，通过组建监测预警网络，开展林业生物灾害调查和监测，发布灾害预报；组建检疫御灾网络，开展检疫工作，防止林业有害生物扩散蔓延；组建防治减灾网络，根据林业生物灾害发生情况，开展防治作业设计，拟订作业方案，筹备作业物资，指挥防治作业，监督防治效果，进行防治质量评定，实现防灾减灾目标。

在指导职能方面，通过制订林业生物灾害防治技术标准，研发推广新技术，开展技术培训，发布林业生物灾害趋势预报信息，为社会提供防治技术服务和技术指导。

在监督职能方面，检查林业生物灾害防治工作计划是否按规定落实，是否与原定标准、规范、计划和目标相吻合，保证计划的实施与方针、政策执行的同步性；分析计划执行中存在的问题，及时对问题予以纠正，使人力、物力、财力最有效地加以运用。检查所辖区域林业生物灾害防治工作，监督林业生物灾害防治机构的法律法规、标准规范和计划执行情况，检查监督林业生物灾害防治效果和灾后恢复情况。

各级林业有害生物防治机构通过计划管理、作业管理、技术管理、财会管理、目标管理、设备物资管理、档案管理、日常机关工作管理等管理工作，来发挥自己的职能，实现工作目标。

三、工作队伍

(一) 人力资源结构

截至2007 年底，全国共建立国家和地方林业生物灾害防治机构3 068 个，全国林业生物灾害防治从业人员 107 804，其中各级森林病虫害防治站管理人员19 610人，基层检疫员 30 348 人，基层测报员 57 846 人(表 4-1）。

表 4-1　2007 年全国林业生物灾害防治行业人力资源统计表

森林病虫害防治站					检　疫　员			测　报　员		
合计	国家级	省级	市级	县级	合计	专职	兼职	合计	专职	兼职
19610	96	629	2950	15935	30348	12738	17610	57846	9871	47975

1. 岗位结构

根据2007 年统计数据分析，全国林业生物灾害防治机构共有管理人员19 610人，其中：国家级 96 人，省级 629 人，市级 2 950 人，县级15 935人。

全国共有检疫员 30 348 人，其中专职检疫员 12 738 人，占总人数的 42%；兼职检疫员 17 610 人，占总人数的58%。测报员 57 846 人，其中：专职测报员 9 871 人，占总人数的 17%；兼职测报员 47 975 人，占总人数的 83%。在检疫员和测报员中，专职人员所占比例较小，兼职人员所占比例较大。

2. 知识结构

在各级林业生物灾害防治机构的管理人员中，高级工程师以上人员 1 856 人，占总人数的 9%；工程师 5 582 人，占 29%；助理工程师 5 275 人，占 27%；技术员 2 919 人，占 15% ；其他人员 3 978 人，占 20%(图 4-1)。

图4—1　管理人员知识结构图

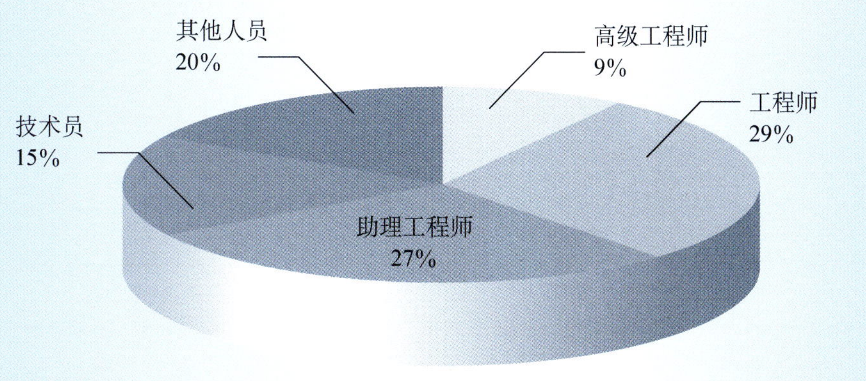

3. 变化趋势

从总体来看，我国林业生物灾害防治从业人数呈缓慢增长趋势，但个别年份，个别岗位人员也有所下降，2006 年基层测报员和 2007 年基层检疫员略有下降(表 4-2)。

表 4-2 林业生物灾害管理人员变化情况

类 别	2004 年	2005 年		2006 年		2007 年	
		人数	年变化率(%)	人数	年变化率(%)	人数	年变化率(%)
管理人员	17967	18554	3.3	19571	5.5	19610	0.2
基层检疫员	28838	29816	3.4	31279	4.9	30348	-3.0
基层测报员	49720	54461	9.5	53665	-1.5	57846	7.8
总从业人员	96525	102831	6.5	104515	1.6	107804	3.1

(二)人力资源能力

人力资源开发的核心是人力资源能力建设。为科学测试人力资源能力水平，中国科学院可持续发展研究组与美国耶鲁大学合作，经过多年研究，提出了人力资源能力方程：

人力资源能力 =(文盲人数 ×1 + 第二产业从业人数 ×10 +
科学家工程师人数 ×100)÷ 全社会总人口数

这个方程理论依据是：对于一个人的体能、技能与智能的获得，需要社会支付之比为 1∶3∶9，而人的体能、技能和智能为社会所创造的财富与价值之比则为 1∶10∶100。因此，该研究将文盲作为仅有“体能”的人，以第二产业从业人口作为具有一定“技能”的人，以科学家工程师人数作为具有“智能”的人，得出上述计算方程。

同时，中国科学院可持续发展研究组将人力资源能力系数取值范围定在1 ~100之间，并按照人力资源能力系数的大小分为 6 个等级(表 4-3)。

表 4-3 人力资源能力水平分级

人力资源能力系数	国家或地区人力资源能力水平
<5	很弱
5 ~10	较弱
10 ~15	中等
15 ~20	较强
20 ~30	很强
>30	极强

根据 2007 年我国林业生物灾害防治全行业人、财、物统计数据，我国林业生物灾害防治行业文盲人数为 0，基层测报员和检疫员人数为 88 194 人，助理工程师以下职称的管理人员为 12 172，工程师以上人数为 7 483 人，总计为107 804。

参照中国科学院可持续发展研究组提出的人力资源能力方程，对 2007 年我国林业生物灾害防治行业从业人员人力资源系数进行测算可得如下结果：

我国林业生物灾害防治行业人员人力资源能力系数

= (文盲人数 ×1 + 第二产业从业人数 ×10 + 科学家工程师人数 ×100) ÷ 全行业总人数

= (0 ×1 +100 366 ×10 +7 438 ×100) ÷107 804 ≈16.20

根据人力资源能力水平分级表可知，我国林业生物灾害防治从业人员的人力资源能力系数为 16.20，属于较强，说明我国从事林业生物灾害防治行业管理层的人员多数都是专业院校毕业的专业技术人员，也反映了林业生物灾害防治行业专业技术性较强的特点。但在全国林业生物灾害防治从业人员中，在基层从事具体工作的多数测报员、检疫员都是兼职的，这些人员一般都只有初中或高中学历，有的学历更低。因此，对于林业生物灾害防治这一专业性和技术性要求很高的行业，人力资源系数只有“较强”是难以满足工作需求的，特别是基层一些人员专业素质不高，导致根基不稳，严重影响工作成效。提高基层从业人员能力水平，是我国林业生物灾害防治事业人力资源开发的当务之急。

四、主要问题分析

林业生物灾害的危害性不像水灾、火灾、震灾等那样激烈，在一瞬间就能造成明显可见的、惨烈的、直接危及人类生命安全的危害，也不像农作物生物灾害那样直接危害经济与财产安全，因此，会导致人们对林业生物灾害发生和危害的严重性，以及对林业生物灾害预防和治理的重要性认识的不到位，致使林业生物灾害防治管理工作仍然处在“小灾无人问，大灾忙一阵”的被动局面。

(一) 国家机构设置不尽合理

从国家自然灾害管理体系看，目前没有统一的政府灾害管理机构，对各种灾害的管理分散在不同的部门。这种管理体制显示出较多的弊端和缺陷。在灾害预防的发展规划上，缺少从国家角度的总体战略考虑，行业部门的观念和利益凸显，重复建设浪费了大量的社会资源；在灾害应对方式上，缺少主动科学的防范策略和灾害监控及预警措施，应对措施和行动始终处于被动的局面。在灾害应急时，指挥关系不明确的多头管理经常造成救灾效率不高。所以在综合性灾害或多种灾害齐发的复杂局面下，很难形成应对灾害事件的统一指挥调度，没有统一的灾害管理机构导致无法形成国家、地方的综合灾害应急预案体系，虽然近几年各级政府和有关部门编制了大量的灾害和突发事件应急预案，但是这些由各灾害相关部门起草的应急预案，一般仅限于部门、地区或者行业内部的应急行动，缺乏全局意义上的宏观设计和总体考虑，可操作性和协调能力较差，很难适应多种灾害并发的局面。对林业植物检疫而言，在国家层面上，内检外检分开，使检疫工作脱节，运行不畅，影响了检疫工作的有效开展。

(二) 地方机构不够健全

我国地方林业生物灾害防治机构不够健全，西藏、青海等部分边远省区建站率不高，全国还有 200 多个县级行政区域没有设立林业生物灾害防治机构，已建的机构中仍有许多市、县级林业生物灾害防治管理机构为独编混设或混编混设。这些独编混设或混编混设的林业生物灾害防治机构，以及没有建立林业生物灾害防治机构的地方，大多没有专职人员从事林业生物灾害防治工作，林业生物灾害防治工作难以正常开展，导致少数基层单位林业生物灾害防治工作的缺失或缺位。

（三）基层队伍亟待加强

基层人员流失严重。由于林业生物灾害防治工作是一项非常艰苦的工作，其监测、防治、检疫等都为林间作业，山高林密，劳动强度大，还要接触有毒有害物质，影响人体健康。同时由于与林业及其他相关行业相比，基层林业生物灾害防治从业人员收入偏低，林间调查补助、有毒有害保健津贴等基本福利政策落实难，严重挫伤了从业人员积极性，导致基层从业人员变动频繁，人员素质难以提高。

基层人员配置严重不足。市、县级林业生物灾害防治管理机构人员配置严重不足，不能适应本地区林业生物灾害防治工作需要。有的县林业生物灾害防治管理机构与其他单位合并在一起，“两(多)块牌子一套人马”，没有人专职从事林业生物灾害防治管理工作，致使全国基层林业生物灾害防治工作整体水平低，基本工作任务难以完成。

培训周期过长。一方面，由于基层人员变动频繁，出现基层从业人员“边培训边流失”现象，新的从业人员不能得到及时培训。另一方面，由于培训周期过长，一些基层从业人员知识没有得到及时更新，知识老化，不能适应林业生物灾害防治工作发展的需要，影响基层防治能力的提高。

（四）社会参与程度不高

林业生物灾害防治管理工作有很强的社会性，其工作的开展需要全社会的大力支持。由于公众对林业生物灾害的危害性、防治工作重要性认识不足，再加上对公众宣传、教育不够，公众认知程度不高、支持力度不大，林业生物灾害防治难以形成群防群治的工作局面。由于没有形成社会化防治服务机制，一旦发生林业生物灾害，还是采取从上到下层层“行政动员”、“政治动员”，以“仓促应战”形式应对灾害事件，致使反应速度相对滞后，应对成本提高，治理效果也往往不够理想。

其次，表现在公众对林业生物灾害预防工作缺少必要的参与和支持，只有在林业生物灾害大发生时，才引起发生区公众的注意，但还不一定积极参与灾害的救治。在平时的监测预警、检疫御灾上，当部门利益与林业生物灾害预防工作发生冲突时，人为设置门槛，抵制预防工作开展的情况时有发生。例如，铁路、交通、通讯、邮政、供电等部门的个别人员为了部门利益，对检疫工作有一定的抵触情绪，甚至于不配合检疫工作的开展，造成部门间协调配合不力，致使危险性林业有害生物的人为扩散。

再次，就是少数地方政府往往为了局部、短期利益，对林业生物灾害防治管理工作施加负面干预，影响了林业生物灾害防治管理工作的正常开展。例如，为了不影响地方目标管理，对危险性林业有害生物引发的灾害采取瞒报、少报做法；为了争取防治经费，多报林业生物灾害发生面积；为了招商引资，对检疫执法施加干扰等。

第二节 法制建设

法制是法律和制度的总称，是以法律化、制度化的方式管理事务并严格依法办事的一种原则，前提是要有健全、可行的法律，核心是要做到依法办事。强化林业生物灾害防治法制建设对推进林业生物灾害防治事业发展具有重大意义。本节从我国林业生物灾害防治法规建设现状的分析入手，全面阐释立法、普法和执法等相关问题。

一、立法工作

建国以来，我国林业生物灾害防治领域同其他领域一样，经历了以政策调整为主、法律调整为辅的时期和既依靠政策调整、又依靠法律调整时期。从建国到党的十一届三中全会召开，是我国林业生物灾害防治工作以政策调整为主、法律调整为辅时期。这一时期，我国林业生物灾害防治立法是以检疫立法为主。1951 年，中央人民政府政务院财政经济委员会公布了《商品检验暂行条例》，这是我国第一部关于进出口商品检验的行政法规。1954 年对外贸易部发布了《输入输出植物检疫暂行办法》及《输入输出植物应施检疫种类与检疫对象名单》，提出了 30 种检疫对象，其中包括美国白蛾、榆枯萎病、五针松疱锈病和核桃枯萎病等 4 种检疫性林木病虫，并规定进口的农林种子、苗木及播种材料、植物产品等必须实施植物检疫。1957 年经国务院批准，农业部发布了《国内植物检疫试行办法》，并附有《国内植物检疫对象和应受检疫的植物、植物产品名单》，国内的植物检疫工作从此逐步发展起来。1963 年国务院公布了《森林保护条例》，要求各级林业行政部门，应当在发生森林病害、虫害的重点地区，建立森林病虫害防治站，负责防治技术的指导工作，在发生毁灭性病虫害的时候，当地县、乡人民委员会必须立即组织力量，进行抢治。1964 年林业部发布了《国内森林植物检疫暂行办法(草案)》，提出了 19 种国内森林植物检疫对象，确定了应施检疫的森林植物及其产品，国内森林植物检疫工作开始起步。

党的十一届三中全会以来，是我国林业生物灾害防治工作既依靠政策调整、又依靠法律调整时期。这一时期，我国林业立法速度明显加快，与林业生物灾害防治相关的法律、法规和部门规章相继制定并公布实施，初步形成了以《森林法》、《森林病虫害防治条例》和《植物检疫条例》为主体框架的林业生物灾害防治法律法规体系。

(一)法律制定情况

1979 年 2 月 23 日，第五届全国人民代表大会常委会第六次会议原则通过了《中华人民共和国森林法(试行)》。经过 5 年试行，1984 年 9 月 20 日第六届全国人民代表大会常委会第七次会议正式通过了《中华人民共和国森林法》。1998 年 4 月 29 日第九届全国人民代表大会常务委员会通过了修订的《中华人民共和国森林法》。新修订的《森林法》共有 7 章 49 条，其中，第二十二条规定："各级林业主管部门负责组织森林病虫害防治工作。林业主管部门负责规定林木种苗的检疫对象，划定疫区和保护区，对林木种苗进行检疫。"这些规定为建立和完善林业生物灾害防治法规体系提供了法律基础。

(二)行政法规制定情况

国务院根据有关法律先后制定、公布实施了多部林业生物灾害防治方面的行政法规，主要有：1992 年修订的《植物检疫条例》、1989 年制定的《森林病虫害防治条例》、2000 年修订的《中华人民共和国森林法实施条例》。在《中华人民共和国森林法实施条例》中涉及林业生物灾害防治工作的有两个条款，在第十九条中规定："县级以上人民政府林业主管部门应当根据森林病虫害测报中心和测报点对测报对象的调查和监测情况，定期发布长期、中期、短期森林病虫害预报，并及时提出防治方案。森林经营者应当选用良种，营造混交林，实行科学育林，提高防御森林病虫害的能力。发生森林病虫害时，有关部门、森林经营者应当采取综合防治措施，及时进行除治。发生严重森林病虫害时，当地人民政府应当采取紧急除治措施，防止蔓延，消除隐患。"在第二十条中规定："国务院林业主管部门负责确定全国林木种苗检疫对象。省、自治区、直辖市人民政府林业主管部门根据本地区的需要，可以确定本省、自治区、直辖市的林木种苗补充检疫对象，报国务院林业主管部门备案。"

（三）部门规章制定情况

国务院林业行政主管部门根据有关法律法规的规定，为做好林业生物灾害防治工作，先后发布实施了80多部部门规章。

在检疫方面，制定发布了《植物检疫条例实施细则（林业部分）》、《森林植物检疫对象确定管理办法》、《林业检疫性有害生物名单》、《森林植物检疫技术规程》、《林业检疫性有害生物检疫技术操作办法》、《林业植物检疫人员检疫执法行为规范》、《引进林木种子苗木及其他繁殖材料检疫审批和监管规定》、《森林植物检疫对象确定管理办法》等规范性文件，明确了《松材线虫病疫木加工板材定点加工企业审批》、《普及型国外引种试种苗圃资格认定》、《国务院有关部门所属在京单位从国外引进林木种子、苗木检疫审批》等3项有关检疫的行政审批许可事项，制订了32项有关林业植物检疫的国家和行业标准。

在测报方面，制定发布了《森林病虫害预测预报管理办法》、《病虫情联系报告制度》、《国家级森林病虫害中心测报点管理办法》、《国家级森林病虫害中心测报点测报专项补助经费管理办法》、《国家级森林病虫害中心测报点检查、考核办法》、《全国林业有害生物监测预报先进集体和个人评选办法》、《主要森林病虫鼠害发生面积统计规定》、《林业有害生物发生危害程度分级标准》等规范性文件，下发了《松树钻蛀性害虫监测、预报办法》、《杨树舟蛾监测、预报办法》、《美国白蛾监测、预报办法》、《杨树星天牛监测、预测预报办法》、《松突圆蚧监测、预测预报办法》、《松毛虫监测、预测预报办法》、《松材线虫病监测办法》、《蜀柏毒蛾监测、预报办法》、《湿地松粉蚧监测、预报办法》、《森林害鼠（鼠兔）监测、预报办法》、《日本松干蚧监测、预报办法》、《黄脊竹蝗监测、预报办法》、《春尺蠖监测、预报办法》等13种（类）林业生物灾害的监测、预报办法。

在防治方面，制定发布了《突发林业有害生物事件处置办法》、《重大外来林业有害生物灾害应急预案》、《关于进一步加强森林病虫害防治工作的决定》、《全国森林病虫害防治目标管理考核办法（试行）》、《森林病虫害防治检疫标准站建设标准》等规范性文件，下发了《管氏肿腿蜂人工繁育及应用技术规程（LY/T 1705—2007）》、《白蛾周氏啮小蜂人工繁育及应用技术规程（LY/T 1704—2007）》、《林业有害生物发生及成灾标准（LY/T 1681—2006）》、《油松毛虫、赤松毛虫、落叶松毛虫监测与防治技术规程（LY/T 1663—2006）》、《马尾松毛虫监测与防治技术规程（LY/T 1675—2006）》等行业标准，以及《灭虫药包及布撒器安全管理暂行方案》、《林业兔害防治技术方案(试行)》、《沙棘木蠹蛾防治技术方案》、《杨树食叶害虫防治技术方案》、《美国白蛾防治技术方案》、《杨树天牛防治技术方案》、《森林鼠害防治技术方案》、《纵坑切梢小蠹防治技术方案》、《云杉八齿小蠹防治技术方案》、《苹果蠹蛾防治技术方案》、《栗山天牛防治技术方案》、《松突圆蚧防治技术方案》、《舞毒蛾防治技术方案》、《刺桐姬小蜂防治技术要点》等林业生物灾害防治技术方案。

(四)地方性法规制定情况

省、自治区、直辖市人民代表大会及其常务委员会以及省、自治区、直辖市人民政府所在地的市和国务院批准的较大的市以上人民政府根据有关法律、法规的规定，结合本地方的实际情况，制定和公布了 50 多部地方性法规或政府规章，如《江西省森林条例》、《甘肃省森林病虫害防治检疫条例》、《黑龙江省森林病虫害防治管理办法》、《哈尔滨市城市园林植物病虫害防治办法》、《黄山市预防松材线虫病实施办法》等。这些林业生物灾害防治方面的地方性法规或政府规章的出台，为保证林业生物灾害防治法律、法规在本地方的顺利实施发挥了重要作用。

二、普法执法现状

随着林业生物灾害防治立法工作的加强和防治法律法规体系的构建，林业生物灾害防治普法执法工作也不断得到加强，进一步推进了林业生物灾害防治法制建设，对保障和促进林业生物灾害防治事业健康发展起到了重要作用。普法是法律、法规实施和执法的基础工作，执法是林业生物灾害防治法律法规实施的重要环节。多年来，各级林业主管部门对普法执法工作常抓不懈，防治法律法规逐步深入人心，依法防治意识不断增强，执法力度不断加大。

(一)普法工作不断深入

林业普法工作涉及面广，持续时间长，只有加强领导，才能保证各项普法工作的具体落实和持续开展。从实施第一个五年普法规划以来，林业系统各级林业主管部门、企事业单位、大专院校等，绝大多数都成立了普法工作领导小组等机构或安排专门人员负责普法工作，在组织上为普法工作提供了条件。在加强对普法工作领导的同时，各地还结合本地的特点，确定了林业普法工作实行条块结合、分类实施的原则，森林法、野生动物保护法等林业法律、法规的学习宣传以“条条”的安排部署为主，其他法律、法规的学习宣传以“块块”的安排部署为主，同时执行林业系统和地方的普法规划，以避免学习内容上的重复，又突出了学习重点。在普法活动中，各级领导干部以身作则，带头参加普法学习，对促进普法工作深入开展起到了积极示范作用。

从 1986 年起，林业系统开始有组织、有计划地相继开展了“一五”至“四五”的普法工作。一方面，林业系统的广大干部职工，尤其是林区的干部职工积极参加学习《宪法》、《刑法》、《民法通则》等法律，法律意识逐步增强。另一方面，各级林业行政主管部门还结合林业工作的实际情况，认真制定普法规划、编写普法教材、培训普法骨干、举办法律知识竞赛，采取各种有效形式向全社会宣传以森林法为主的林业专门法律、法规，为促进在全社会形成积极参加植树造林活动、保护森林和野生动植物资源的良好局面发挥了重要作用。各级林业行政主管部门通过不懈努力，精心组织一系列普法活动，普法工作不断产生新的经验，出现了许多新变化。一是在普法对象上，由全民普法转向重点普法，突出抓好领导干部和行政执法人员的法制宣传教育；二是在宣传方式上，由单一的宣传方式向系统、多样性方式转变，注重结合实际工作开展普法；三是在普法目标上，由提高干部群众法律意识向提高法律素质的转变，由注重行政管理向注重运用法律手段管理的转变。

（二）依法防治意识不断增强

学法的目的在于用法。林业普法工作从起步初期开始，就注意在法律学习和法律实践的结合上不断进行探索。普法与依法防治相结合是普法工作与实际工作相结合的一个有效途径，是普法工作不断取得成效的有力措施。在宏观上，把普法工作作为依法防治的基础工作，侧重从整体上提高全社会和领导干部的法律意识；在微观上，把普法工作作为依法行政的前提条件，注重增强执法人员的责任意识。通过依法防治，增强了林业行政主管部门和领导干部依法决策、依法办事的自觉性，提高了各级领导干部和执法人员依法行政的能力，广大林农的法律意识也有了明显提高。

（三）执法工作有序开展

各级防治机构是法律、法规授权的林业生物灾害防治行政执法主体，依法行使林业生物灾害防治行业行政执法职能。目前，全国自上而下已形成一支以防治检疫机构为主体，各级各类专兼职人员为骨干的行业执法队伍。到 2007 年底，全国行业执法单位达 3 068个，基层检疫检查站 858 个，行业执法人员19 610人。

自《植物检疫条例》、《森林病虫害防治条例》和其他林业生物灾害防治法律法规实施以来，各级林业生物灾害防治机构依法履行法律法规赋予的法定职责，加强林业生物灾害防治管理，逐步从单纯依靠行政手段向以法律手段为主的转变，法规意识不断增强，运用法律手段的能力和水平不断提高，通过依法决策、依法办事、依法行政和严格执法，对推动防治工作起到了重要保障作用。

随着《中华人民共和国行政处罚法》、《中华人民共和国行政诉讼法》和《中华人民共和国行政复议法》等法律的相继公布实行，规范林业行政执法行为的相关制度已经初步建立起来。国务院林业行政主管部门依据有关法律、法规制定了相应的规范林业行政执法的规章和规范性文件。在严格执法主体资格方面，制定了《林业行政执法证件管理办法》，统一实行了持证上岗制度，执法人员经培训考核合格后取得《林业行政执法证》方可从事林业行政执法活动；在严格执法程序方面，制定了《林业行政处罚程序规定》，明确规定了实施行政处罚的主体、权限、程序等内容，统一了林业行政处罚文书格式；在加强林业行政执法监督方面，制定了《林业行政执法监督办法》，完善了对行政执法活动的监督管理制度。这些制度的实施，在保证林业法律、法规的正确执行，保护国家利益不受侵犯，维护行政管理相对人的合法权益等方面起到了积极的作用。

三、主要问题分析

（一）立法存在缺陷

1. 立法工作滞后

由于过去对林业生物灾害防治工作缺乏准确定位，缺乏系统的战略思考，疏于相关制度建设，致使控灾工作长期处于低水平的状态。现行的制度中不少法律规范是在计划经济条件下产生的，有些已不适应现实需要，在执法实践中立法解释又跟不上，部分实施规则等配套法规、规章迟迟出不了台，在有关执法管理工作中许多是通过“通知”来补充的，而“通知”一般不具有法律效力，执法难以合理，也容易造成误用行政权力、惩罚不当的现象。

2. 法律条款不完善

现有法规和已公布的制度，在内容上有些过于原则，一些重要的法律概念界定不明确，许多法规语言或过于政策化，理解弹性大；或政治性、宣传性、修辞性过强、可操作性差。加之立法技术欠缺，许多法律逻辑结构不完善，缺少有关“法律后果”、“法律责任”的规定，使得法律执行、法律实施存在一定难度。林业生物灾害责任无法追究，这就导致了目前我国林业生物灾害防不胜防，尤其是松材线虫病、椰心叶甲、美国白蛾等检疫性有害生物大面积扩散。现在，对于这些危险性林业有害生物，大家都在疲于防治，却疏于管理，基本上很少有人追究管理者和传播扩散者的责任。

3. 法规重要内容表述不具体

《森林病虫害防治条例》是林业生物灾害防治工作的重要行政法规，但其中一些条款规定得不细。如，“预防为主”是林业生物灾害防治方针的重要内容，但在法律法规中却没有可操作性的条款或细则，致使重培育轻保护，重防治轻预防的现象依然普遍存在。一些地方还没有把防治工作真正纳入林业生产全过程管理，在育种时注重生长指标，忽视抗性选择；许多造林设计缺少防治措施，外来树种、大面积人工纯林还在不断出现；抚育管理滞后，造成树势衰弱、生物多样性差、有害生物危害严重。一些地方的行政领导和部分防治专业人员的观念仍然停留在重防治上，把林业生物灾害防治工作单纯地看作是救灾工作，出现“平时无人问，灾时忙一阵”的现象。再如，林业生物灾害防治法规中关于“代执行”的制度在《森林病虫害防治条例》第 25 条中表述为：“被责令限期除治森林病虫害者不除治的，林业主管部门或者其授权的单位可以代为除治，由被责令限期除治者承担全部费用。”但这一条款缺少可操作的进一步说明，或通过细则、实施办法做出具体规定，因此，在实际工作中根本无法执行。

（二）执法存在不足

1. 执法阻力大

由于在机构改革放权过程中形成了一种“块放条不放、你放我不放”的局面，使林业生物灾害防治行政执法受到条块矛盾的制约。如邮政业务中邮寄种质材料时很少自觉通知有关检疫机关实行检疫；运输单位为了扩增业务很少考虑配合检疫。经济林生物灾害防治，林果产品、花卉、药材等的检疫，城市绿化中生物灾害防治等问题，由于各地机构体制不同，授权地方政府确定由谁来管辖，而国务院有关部门往往抢先发文，明确各自的权限，地方各级政府部门也照此办理，使地方政府尤其是基层执法部门，难以协调和决断，造成各自执法的局面，使检疫和防治等工作往往失去自主性和中立性。

2. 执法力度不够

目前，林业生物灾害防治执法工作在一定程度上存在思想保守、方法简单、手段落后、处罚不严、执行不力等问题，大多数还停留在"收费"的初级管理水平上，有的对一些违法违规行为检查力度不够。执法人员兼职现象也普遍存在，一个人既从事技术推广、林政管理，又从事生产指导，执法工作，疲于应付，很难深入开展。现有的执法人员大多是专业技术干部，未经专门的法律培训，执法素质不高，不敢执法、随意执法的现象还很普遍。重案情、轻程序问题比较突出，许多委托执法程序不规范，有的没有办理委托手续，有的在行使自由裁量权时没有完全根据合理和公正的原则，随意性较大。这些现象的存在，很大程度上影响了林业生物灾害执法形象和执法工作的有序推进。

3. 资源配置与执法需求不相适应

林业生物灾害管理机构均属事业单位，按法规授权行使执法职能，但是由于事业单位性质，国家和地方财政并没有向对其他行政执法单位一样安排充足的执法经费予以资金保障，因此，各级林业有害生物防治执法机构普遍存在执法经费不足、检测设备短缺、检验技术落后、执法交通通讯工具严重不足的问题。由于缺乏足够的物质和技术支撑，对于林业有害生物的识别鉴定能力不强，往往贻误执法的最佳时机，导致行业执法乏力。

（三）执法监督和宣传不到位

缺乏有效的执法监督机制，监督工作只是放在一般的号召和简单的工作布置上，重业务考核，轻执法监督，对考核检查中发现的问题缺乏依法处理的环节和力度，致使执法监督环节缺失，对执法主体的约束力不强不够。同时，一些基层执法部门和执法人员对执法监督在主观上有一种抵触心态，认为上级林业生物灾害防治管理部门和下级林业生物灾害防治管理部门的关系，只是一种业务上的指导和被指导关系，而忽视了法律地位上的监督和被监督关系。此外，社会舆论监督、公众监督、行业外部监督也开展的不够，没有形成完整的监督体系。

林业生物灾害防治法律法规宣传不到位，只重视行业内宣传，不重视行业外宣传，林业生物灾害防治政策制度公开性差，人们对其了解的渠道少，其社会影响力不大，支持度不强，行业认同感偏弱，整个社会的法律意识并不高，许多人缺乏依法办事的自觉性和习惯，对于制度实施缺乏必要的判断能力和监督意识，使得执法部门的业务量加大，执法成本明显增加。

第三节　科技支撑

改革开放以来，我国林业生物灾害防治科技工作认真贯彻落实"经济建设必须依靠科学技术，科学技术工作必须面向经济建设"的基本方针，紧紧围绕林业生物灾害防治不同历史时期的中心任务，坚持产学研相结合，与时俱进，开拓创新，为促进林业生物灾害防治工作做出了积极贡献。

一、科学研究与技术推广

(一)深入开展科学研究，提高防治科技含量

按照科技兴林、科技兴防的总体要求，针对防治工作中技术难点和瓶颈问题，积极开展技术研究和攻关。近年来，先后推广应用先进科技成果 40 余项，引进国外先进技术 16 项。在利用营林技术防控林业生物灾害、林业有害生物监测、生物防治手段、林业生物灾害防治机具、松毛虫无公害防治、红脂大小蠹引诱剂应用、美国白蛾综合治理、椰心叶甲天敌引进、松材线虫病快速检测、白僵菌封闭式工业化固体发酵工艺等关键技术方面取得重大突破。

“背负机均衡供药系统研制”解决了喷雾机射程不够、浪费严重问题；“引进林木花卉新品种检疫技术的研究”、“松材线虫病快速检疫检验技术”填补了林业检疫技术空白；“苗圃金龟子生物防治技术”、“P－1 拒避剂防治森林害鼠技术”为防治提供了科学新手段；“气助式静电喷雾机技术引进”、“森林鼠害环保型毒饵增效诱捕器技术”、“害鼠不育剂技术”已获得专利，进入技术转化阶段。

“中国森林病虫指数的研究”、“森林病虫害预测预报软件开发”为监测预报数字化奠定了基础；“森林病虫害灾害损失评估”首次科学确定了我国林业生物灾害评估标准和损失情况；“气候变化对森林病虫害影响”、“林龄与蛀干害虫的关系研究”、“华北落叶松鞘蛾性信息素及其应用”、“几种主要森林害虫信息素的开发利用推广”等研究成果为有害生物科学防治提供了依据。

组织行业力量采取“边研究、边试验、边推广”的形式，开展了萧氏松茎象、椰心叶甲、红脂大小蠹、鼠(兔)害、沙棘木蠹蛾、小蠹虫、天牛类等重大林业生物灾害防治技术的研究攻关，开展了触破式微胶囊应用技术、周氏啮小蜂繁育技术、轻型飞机低量施药技术等防治技术研究，为防治取得实效提供了技术保障。

(二)开展广泛协作，提升研发工作整体水平

为加强省区间的协作，国家林业局建立了“全国森林鼠兔害防治协作网”，通过联合协作、优势互补、技术通用、资源共享和成熟技术推广、现有技术改进与新技术研究相结合，积极开展鼠兔害综合防治技术研究。已组装集成 9 项技术成果，向全国进行推广。组织实施了“鼠、兔害综合防治技术”、“无公害防治技术”等 10 项具有前瞻性、方向性的新技术、新方法的试点。

在充分发挥系统内部研发推广作用的同时，先后与中国科学院、中国林业科学研究院等科研院所建立联系，主动提供信息，提出建议和要求，积极引导科研为解决生产急需服务。松毛虫、美国白蛾、红脂大小蠹引诱剂研制开发成功，并在监测、防治中发挥了巨大作用；“松材线虫病快速检验鉴定”、“疫木快速除害处理技术”和“遥感监测技术”已在生产中应用；“爆炸型林区用菌粉灭虫弹及发射系统”已经完成技术转让；“林业有害生物远程诊断系统”进入试点阶段。

（三）加大科技推广力度，促进科技成果转化

科技推广是科技成果转化为现实生产力的重要途径，是连接上游科技创新和下游生产应用的重要桥梁。为促进科技成果尽快转化为现实生产力，使科技创新在实际生产中得到广泛应用，始终把科技成果转化和实用技术推广应用作为科技工作的首要任务，采取了一系列行之有效的重大举措，有力地推动了科技推广工作的深入开展。一是积极推广应用先进成熟技术。在美国白蛾工程治理项目中，推广美国白蛾性信息素监测技术、轻型飞机喷施仿生和生物药剂技术、灯光诱杀技术、生物农药、白蛾周氏啮小蜂、白蛾病毒等生物防治技术。在松毛虫工程治理项目中，推广信息素监测防治技术，探索推广了一套科学监测预报、强化营林措施、应用生物防治、实行分类施策的综合治理模式，基本实现了可持续控灾。在森林鼠兔害工程治理项目中，推广应用C型肉毒素、拒避剂、不育剂和触发式灭鼠雷、窒息式灭鼠弹等新型药剂、器械，在对环境无污染，不危害非靶动物的前提下，有效地控制了鼠兔害的猖獗发生，保护了造林绿化成果。在杨树天牛工程治理项目中，大力推广以营林措施为主的动态管理技术，组装集成11项杨树天牛防治实用技术在工程区全面推广。在红脂大小蠹工程治理项目中，积极推广红脂大小蠹信息素，实现了红脂大小蠹防治技术和治理成效的重大突破，成为我国有效控制外来林业有害生物的典范。在松材线虫病工程治理项目中，推广应用快速诊断、套袋熏蒸、疫木安全处理等技术，配合检疫封锁，实现了发生面积、病死树数量“双下降”的可喜成绩。在工程治理期间，国家林业局下发了美国白蛾、杨树天牛、纵坑切梢小蠹、红脂大小蠹、松毛虫、鼠兔害等11个防治技术方案，使各项工程循着科学防治的轨道稳步推进。二是认真做好推广项目的组织实施工作。“爆炸型林区用菌粉灭虫弹及发射系统推广”项目完成了较大面积的技术示范推广，制作了《爆炸型林区用菌粉灭虫弹及发射系统技术操作规程》，举办了现场演练，开展了对基层技术人员的培训，该项技术已成为林业生物灾害防治一项实用的新技术。

二、标准化建设

我国林业生物灾害防治标准化工作1993年起步，近年来进一步加大了工作力度。为提高工作质量和效率，推进防治工作规范化和标准化，提升全国林业生物灾害防治工作水平，各地结合生产实际，从单项标准制订入手，不断推进标准化工作进程。目前已完成林业有害生物防治标准体系的构建和全国标准化委员会的筹建工作，并在标准制订、宣传和实施等诸多方面取得了显著的成绩。截至2007年底，我国共公布林业生物灾害防治国家和行业标准14项，其中国家标准7项，行业标准7项；正在制订的国家和行业标准21项，其中国家标准10项，行业标准11项。此外，各省（自治区、直辖市）结合当地实际情况，还组织制订了一批地方标准。这些标准涉及了林业生物灾害防治领域的发生危害等级、有害生物代码及预测预报、植物检疫、林用药剂等多个方面，林业生物灾害防治标准体系框架基本形成。

据统计，已发布的标准中，国家标准占42%，行业标准占58%，但均为推荐性标准，无强制性标准；正在制修订的标准中，国家标准占77%，行业标准占23%，其中强制性标准4项，推荐性标准43项。从公布的年限看，1993年公布国标和行标各1项；

1994 公布国标 1 项；1995 年公布国标和行标各 1 项；1999 年公布国标 1 项，2006 分别公布国标 1 项，行标 3 项，2007 年公布行标2 项。在监测预报方面，先后制修订了光肩星天牛、杨树舟蛾、松毛虫、春尺蠖、美国白蛾、黄脊竹蝗、蜀柏毒蛾、日本松干蚧、湿地松粉蚧、松突圆蚧、森林害鼠和松材线虫病等 12 种类林业有害生物的监测预报办法，完成了《杨树舟蛾监测、预报办法》、《松树钻蛀性害虫监测、预报办法(草案)》、《松材线虫病疫情普查监测技术规范》、《林业有害生物发生及成灾标准》等标准的制订。在检疫方面，先后完成了《松材线虫病检疫技术规程》、《美国白蛾检疫技术规程》、《青杨脊虎天牛检疫技术规程》、《松材线虫病疫木除害处理技术标准》、《检疫性有害生物除害处理技术标准》、《林业植物检疫人员检疫执法行为规范》等行业规范的制订。在防治方面，先后完成了美国白蛾、杨树天牛等 11 个林业生物灾害防治技术方案和《球孢白僵菌粉剂》、《森林病虫害基础设施建设标准》、《油松毛虫、赤松毛虫、落叶松毛虫监测与防治技术规程》、《马尾松毛虫监测与防治技术规程》、《美国白蛾周氏啮小蜂人工繁育及应用技术规程》、《管氏肿腿蜂人工繁育及应用技术规程》等的制订。

三、国际交流与合作

在国际合作方面，一是开展了中德技术合作。1985 ~ 1998 年的中德森林病虫害生物防治技术合作项目，完成了中国北方森林病虫害生物防治实验中心建设任务项目需要的各项基建任务，派出专业人员赴德国(或第三国)进修，开展并完成了落叶松鞘蛾天敌的输引和利用、松干蚧天敌的输引和利用、昆虫生长调节剂的开发与利用、主要森林害虫信息素的开发与利用、测报技术及计算机在测报中的应用、苗圃土传病害的生物防治、虫生真菌防治苗圃金龟子、中国北方森林害鼠的防治等 8 个合作课题研究。二是开展了中德“森林保护与可持续经营”项目中森林病虫害专题的技术合作。完成了《森林病虫害管理信息系统》分析和总体设计，《中国森林病虫害防治信息网》设计和《森林病虫害基础知识数据库》数据结构设计，软件编制和信息库建设，完成了 3 项测报办法和标准制订以及《中国主要森林病虫监测技术评估》等项合作内容，为我国森林保护和可持续经营提供了科学依据。三是开展了中日“宁夏森林保护研究计划”项目。该项目是由日本国际协力事业团援助的专项技术合作项目，1994 ~ 2001 年，日方援助总额达 6.99 亿日元，宁夏回族自治区政府提供配套资金 610 万元。项目的实施为宁夏回族自治区森林病虫害防治站建立了仪器分析实验室、化学实验室、育种试验室、微生物实验室、气相色谱——触角电位仪、显微记录打印仪、真空——冷冻浓缩系统、电泳仪、大型气候室、组合式人工饲养室、昆虫行为检测风洞装置、振荡培养箱、大型超低温冷冻柜等先进的林业生物灾害研究仪器设备，建成 120 公顷防治试验示范林，培养锻炼了一批掌握最新研究动态、研究技术和管理能力的高素质人才、取得了丰硕的研究成果。四是开展了中国与芬兰关于林木腐朽菌分类学的合作研究，共同申请了中国国家自然科学基金委员会(NSFC)与芬兰科学院的国际合作与交流项目“中国东北根腐菌生物种的分类学研究”。项目采集了中国东北林区针叶树腐朽病的病原菌标本和菌种，鉴定了 3 个新的蜜环菌生物种，进行了北欧奥氏蜜环菌群体遗传结构的研究，对北半球的 20 余种蜜环菌进行了分子系统学分析，并作了专题报告和访问交流。

四、主要问题分析

（一）科研与生产结合有待进一步加强

林业生物灾害防治科学研究经过"六五"至"十五"期间各类科技攻关项目的实施，虽然取得了一批重要科技成果，也在林业生物灾害防治中发挥了一定的作用，但由于种种原因导致防治科技支撑工作还显薄弱，仍跟不上防治工作的需要。一是基础研究薄弱，导致林业有害生物发生规律、控制理论等重大基础性或理论性问题没有得到有效解决。二是在科研选题上，还没有真正抓住制约发展的关键性技术问题，科研与生产结合得还不十分紧密。三是应用研究缺乏实力，难以及时解决生产上的关键技术问题，高新技术研究滞后，致使重大技术"瓶颈"未能取得突破。

（二）科技推广工作有待进一步加强

科技推广缺乏系统的规划，多成果、多技术的组装配套与系统集成不够，推广项目的实施难以发挥规模效益的辐射带动作用。科研机构、高等院校、生产企业、社会团体及民间力量等各方面的积极性没有充分调动起来。多数推广机构和生产企业没有发挥在科技成果转化中的主导地位，使科技成果转化从小试到中试没有形成基本制度。科技推广规模不大，推广项目分散，低水平重复。科研成果成熟度低，难以直接转化为生产力。推广体系不完善，推广机制不够灵活，技术示范环节比较薄弱。技术市场不健全，有利于科技成果转换的市场机制还没有真正建立起来。

（三）标准化进程需要进一步加快

林业生物灾害防治工作是一项技术性很强、标准化程度要求很高的工作。虽然公布了一些技术规范，但还远远不能满足林业生物灾害防治工作的需要，监测预报、检疫、防治、药剂药械、灾害评估等标准缺乏规范标准体系指导下的系统性制订，标准少而分散，质量不高，形不成规模，特别是一些亟待制订的标准迟迟没有出台，导致林业生物灾害防治工作规范性差、随意性大、技术水平和防治成效不高。

第四节　资金投入

投入是林业生物灾害防治的基本保证，合理的投入结构和稳定的投入渠道是在一定投入水平下满足资金需求、保证资金使用效益的重要因素。深入分析资金投入现状与问题，对于研究构建既符合林业生物灾害防治要求，又符合市场经济规律的投入机制，以满足日益增高的林业生物灾害防治资金需求具有十分重要的意义。

一、资金投入总量

根据2003～2007年数据分析，近年来，林业生物灾害防治投入逐年增多，投入总量呈逐年增长趋势（图4-2）。2003年全国总投入6.5亿元，2004年9亿元，2005年10.9亿元，2006年13.8亿元，2007年15.2亿元。2004年比2003年增加38.33%，2005年比2004年增加20.53%，2006年比2005年增加27.01%，2007年比2006年增加

10.28%。在此期间，中央、地方和群众自筹资金均呈增长趋势，但以中央和县级财政投入增长幅度较大，省地两级财政投入增长较为缓慢，群众自筹资金所占比例虽然也很高，但增长幅度十分有限(图 4-3)。

图4-2　投入总量变化图

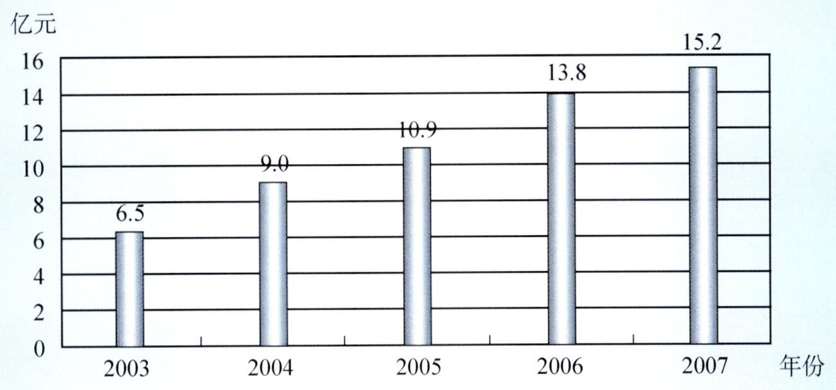

图4-3　不同来源投入变化图

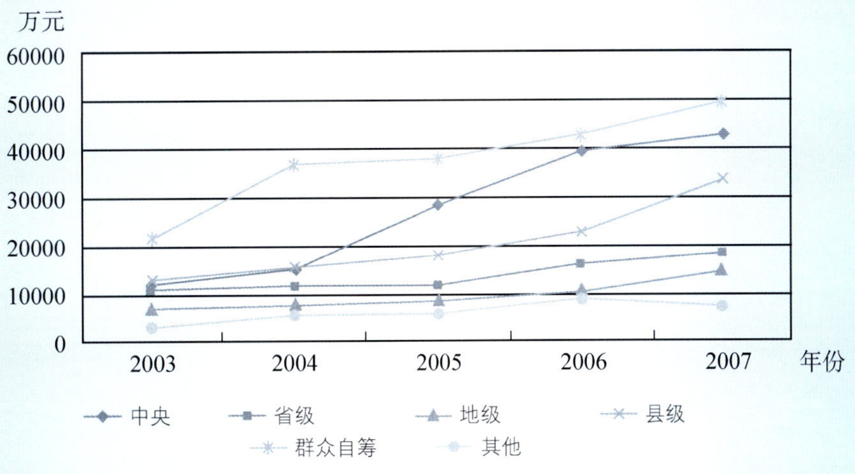

二、资金投入结构

从投入来源上分析，中央投入和群众投入占主导地位，但群众投入多是以投劳为主，直接投入资金不多。因此，就资金直接投入而言，还是以中央投入为主。2007 年，全国林业生物灾害总投入 15.2 亿元，其中中央投入 4.3 亿元，占总投入的 29%；省级投入 1.6 亿元，占总投入的 10%；地、市级投入 1.1 亿元，占总投入的 7%；县级投入 3.2 亿元，占总投入的 21%；群众自筹 4.3 亿元，占总投入的 29%；其他投入 0.7 亿元，占总投入的 4%(图 4-4)。从另一个角度分析，政府投入在整个投入中占主导地位，

图4-4　各种投入的结构分析图

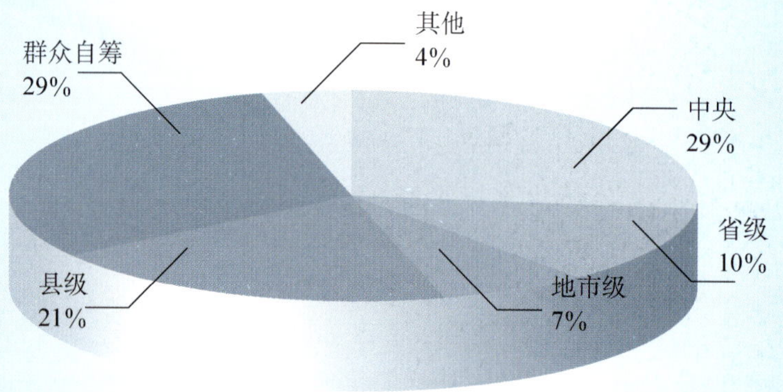

在总投入中，政府投入 10.2 亿元，占总投入的 67%。通过对各种投入来源和变幅的分析不难看出，我国林业生物灾害防治资金投入还缺乏稳定性，结构也不尽合理，投入总量还严重不足。

按资金投向分析，资金投入主要是用于灾害发生后的减灾补助，用于预防等基础设施建设的资金所占比例很小。从 2003～2007 年全国防治救灾投入和基本建设的投入情况分析，2003 年防治救灾资金占总投资的 91.9%，2004 年为 89.4%，2005 年为 89.8%，2006 年为 83.8%，2007 年为 86.6%，预防经费只占总投资的一成左右(图 4-5)。

图4-5　防治救灾投入和基本建设投入比较图

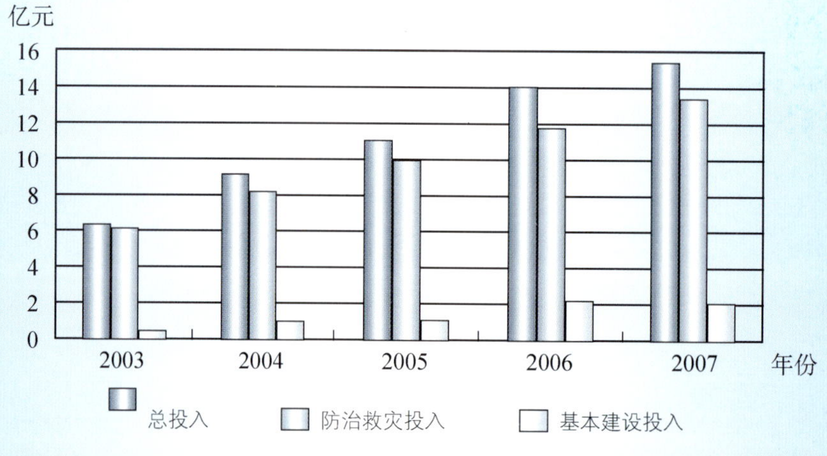

以 2007 年投入数据为例，2007 年总投入 15.2 亿元，用于防治救灾 12.9 亿元，占总投入的 85%；用于预防和基础设施建设 2.3 亿元，只占总投入的 15%(图 4-6)。2007 年中央投入 4.3 亿元，用于基本建设投入 2 亿元(国债资金)，财政专项投入 2.3 亿元。在财政专项投入中，防治补助费 2 亿元，测报专项经费 0.2 亿元，其他 0.1 亿元。即用

图4-6　总投入结构

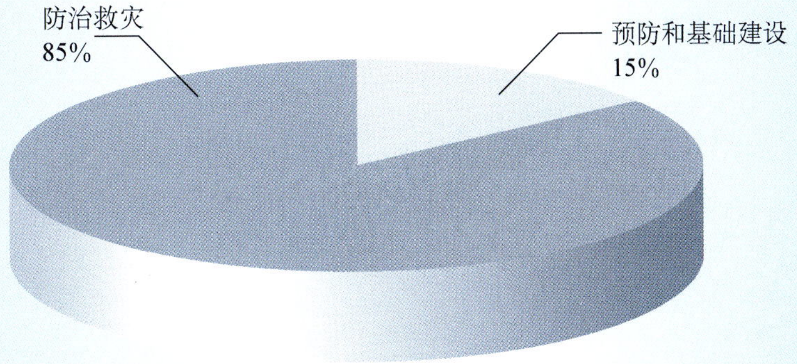

图4-7　中央投入结构

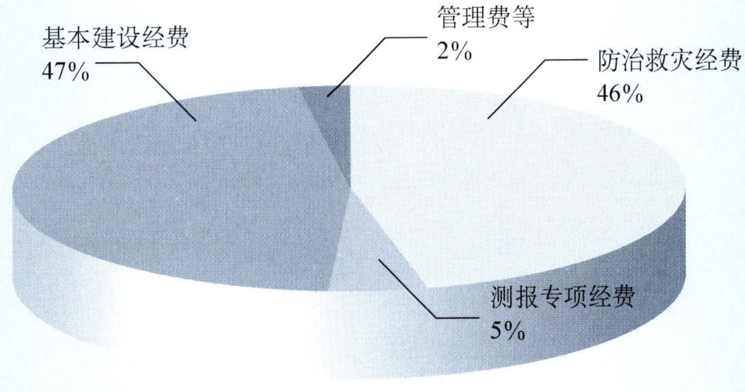

于基础设施建设和预防投入 2.2 亿元，占总投入的 51%（图 4-7）。在财政专项投入中，用于灾后救灾的防治经费是用于监测、检疫等预防投资的 6.7 倍，投入结构和使用结构明显不合理，用于预防的投入严重不足。

三、资金投入需求

根据 2003～2007 年全国林业生物灾害防治资金投入情况分析，2003～2007 年全国年实际防治投入分别为 6.53 亿元、9.03 亿元、10.89 亿元、13.83 亿元和 15.19 亿元，而 2003～2007 年实际需要防治投入分别为 43.48 亿元、47.30 亿元、50.36 亿元、54.81 亿元和 58.32 亿元（灾害的救灾防治费用按每公顷平均 225 元计算，基础设施建设和预防经费参考 2003～2010 年国家林业局批复的全国林业有害生物防治建设规划），投入满足度分别只有 15.0%、19.1%、21.6%、25.2% 和 26.1%，投入缺口十分明显（图 4-8）。近 5 年来，总投入虽然逐年增长，并在一定程度上缓解了十分紧张的供需矛盾，但

图4-8　投入与实际需求差距

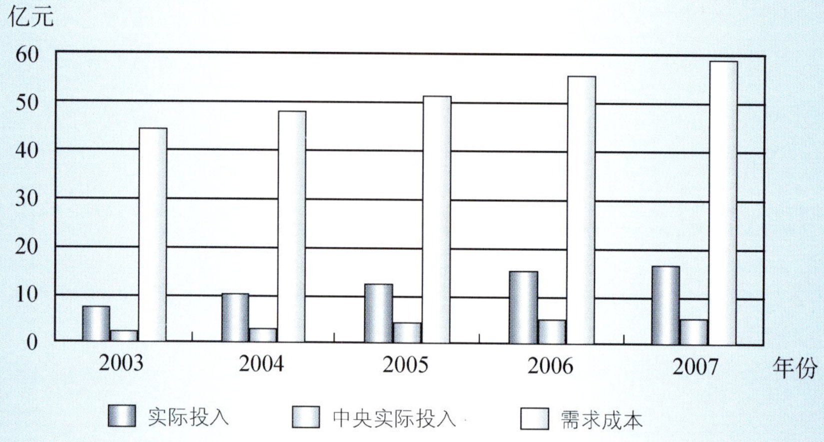

由于物价上涨和防治成本增加等因素，投入实际效果显现甚微，资金不足问题仍然非常突出。

四、主要问题分析

通过以上分析可以看出，林业生物灾害防治投入严重不足，无论在投入总量、投入渠道上，还是在投入结构和投入时效上都存在一定程度的问题。

（一）投入总量不足

我国林业生物灾害防治经费长期投入严重不足，难以满足林业生物灾害防治工作需要。虽然我国林业生物灾害防治总投入增长幅度较大，但是由于过去投入基数太小（1998 年以前中央投入仅为1 300万元），再加上物价上涨等因素，防治成本成倍增加，总投入增加量跟不上防治成本的增加。以基本建设投入为例，2007 年全国林业生物灾害防治基础设施建设需要 16 亿元，而实际投入为 2.3 亿元，资金满足度只有 14%，与实际需求还有相当大的缺口。

（二）投入结构不尽合理

从投入来源看，投资渠道单一，社会投入不足。林业生物灾害防治投入主要是政府投入，群众多是以非资金的劳动力投入，直接投入资金很少，其他形式的投入也很少，2007 年只占总投入的 4%，多元化的投入格局还未形成。从资金纵向分配上看，基层基础设施建设投入严重不足，在基础设施建设上出现了严重的“头重脚轻”资金配置问题，制约了基层林业生物灾害防治能力建设。从资金投入结构看，2003 年防治救灾资金占总投资的 91.9%，2004 年为 89.4%，2005 年为 89.8%，2006 年为 83.8%，2007 年为 84.9%，预防经费只占总投资的一成左右，仍呈典型的“重救灾轻预防”结构。

（三）投入渠道不够稳定

近年来，在中央基本建设投入资金中来源于国债资金的，每年为 2 亿元，占中央总投入的47%。在地方政府投入中，主要是救灾资金的投入。如果国债资金和中央救灾资金投入方式一旦改变，林业生物灾害防治就失去了投入的主渠道——政府投入。因此，改变政府投入机制，建立政府投资渠道，落实林业生物灾害防治公共财政政策，鼓励引导社会投入，建立多元化投入机制，是解决林业生物灾害防治投入不足、渠道不稳的紧迫问题。

(四)投入时效缺乏保证

林业生物灾害防治具有高度的系统性、严格的技术性和救灾的时效性。保证资金投入的总量和保证投入的及时到位同样是做好林业生物灾害防治工作的重要条件。林业生物灾害防治投入普遍存在到位不及时的现象，主要表现在以下两个方面：一是中央投入多是救灾性质的。防治任务确定后，防治经费的申请需要逐级上报，申报、批复、下达的过程往往需要很长时间，一般在6个月以上甚至更长，等防治经费到账，防治季节早已过去。二是地方政府出资落实困难。资金过分依赖于中央投资，地方政府的事权、财权责任还不十分明确，地方资金落实困难。在主观上对林业生物灾害防治的重要性认识不到位，没有把当地林业生物灾害防治看成是分内职责，过分依赖中央政府投入，地方配套得不到落实。

第4章主要研究人员：

闫　峻、张国庆、才玉石、石　进、吴松玲、柳建定

钱皆兵、史红霞

第二篇 战略篇

第5章

林业生物灾害防治战略总论

党的十七大做出了建设生态文明的战略部署，明确提出到2020年把我国建设成为生态良好的国家的战略目标。这一战略部署是建设和谐社会理念在生态建设与经济发展方面的升华，充分体现了党中央对生态建设的高度重视和对全球生态问题高度负责的精神。建设生态文明，林业肩负着重大使命，林业生物灾害防治工作担负着艰巨的保障任务。林业生物灾害防治工作要适应新形势要求，必须以科学发展观为指导，紧紧围绕保护森林资源、促进林业发展这一永恒主题，确立新的战略思想，明确新的战略目标，部署新的战略任务，全面开创林业生物灾害防治工作新局面，为推动现代林业建设做出新的贡献。

第一节　战略地位

林业生物灾害防治是林业工作的重要组成部分，也是国家公共危机管理和国家减灾工程的重要内容。做好林业生物灾害防治工作，对于巩固绿化成果，保护森林资源，改善生态环境，促进国民经济和社会可持续发展具有重要战略意义。温家宝同志早在1999年就指出："森林病虫害防治工作是林业建设的一项极为重要的内容，要坚持不懈地进行下去。"2004年全国林业有害生物防治会议指出："在新时期林业工作中，有害生物防治与营造林工作具有同等重要的地位。"

一、林业生物灾害防治是林业工作的重要组成部分

加强林业生物灾害防治工作是遏制林业生物灾害严重发生的迫切需要。林业生物灾害是林业发展和生态建设的重要制约因素，不仅具有水灾、火灾那样严重的危害性和毁灭性，还具有生物灾害的特殊性和治理上的长期性、艰巨性。据统计，我国现有林业有害生物8 000余种，能造成一定危害的近300种，年均发生面积1 000多万公顷(超过年人工造林面积)，年致死树木4 000万株(相当于年造林面积的8%)。1998～2001年期间，全国主要林业生物灾害造成的年均直接经济损失为145亿元，生态服务价值损失为735亿元，总经济损失高达880亿元，严重制约了我国林业和生态建设步伐。只有加强

林业生物灾害防治工作，才能有效遏制林业生物灾害严重发生势头。

加强林业生物灾害防治工作对促进林业发展具有重要作用。首先，林业生物灾害在林业“三害”（林业生物灾害、森林火灾、非法砍伐和捕猎）中所造成的损失最大，对六大林业重点工程建设构成最严重的威胁，控制林业生物灾害已成为当务之急。形势表明，在生态建设中，林业生物灾害防治工作发挥着保驾护航作用。第二，林业生物灾害威胁着生态安全。国土生态安全是国家安全的重要内容，以松材线虫、美国白蛾和红脂大小蠹等为代表的危险性林业有害生物对我国森林生态安全构成了严重威胁。事实说明，在生态安全中，林业生物灾害防治工作担负着重要的防患屏护作用。第三，建设山川秀美的生态文明社会离不开健康的森林，如果因为有害生物的危害使山川失去绿色，使城市失去色彩，建设生态文明的战略目标就无法实现，由此可见，在生态文明中，林业生物灾害防治工作发挥着积极的推动、促进作用。

加强林业生物灾害防治工作有利于发挥林业在解决“三农”问题中的作用。农民增收是实现生活宽裕的前提，也是建设社会主义新农村最根本的问题。当前正在全面开展的农村集体林权制度改革，是推进社会主义新农村建设的重大举措，也是调整农业和农村经济结构、促进农民增收的重要途径。随着集体林权制度改革的深入，农业和农村经济结构将发生重大变化，林业在大农业中的比例将会大幅度增加，发展竹产业、林果业和林下产业已成为促进农民增收的重要支柱产业。然而，林业生物灾害的严重发生，不仅直接制约森林资源的发展，而且影响到地方经济和农民的切身利益。因此，加强林业生物灾害防治工作，有利于保护农民利益和解决相关的“三农”问题，不仅是广大防治工作者的神圣使命，也是整个林业工作的一个重大课题。

二、林业生物灾害防治是国家公共危机管理的重要内容

人民群众生命财产安全和国土生态安全是国家公共安全的重要组成部分，与经济社会发展和人民群众切身利益息息相关。林业有害生物不仅危害森林，破坏国土生态安全，而且可因一些种类伤及人类引发公共卫生事件。一是在国土生态安全方面，高度危险的松材线虫入侵我国以来，已传播扩散到 14 个省（自治区），严重威胁到南方 3 000 多万公顷松林和黄山、庐山、张家界等重要风景名胜区，已成为国土生态安全的心腹大患。美国白蛾沿渤海湾快速向京津腹地传播，对首都生态安全构成了巨大威胁。日益严重的天然次生林、灌木林和荒漠植被有害生物，对宝贵的天然林资源和稀有的沙生植被造成严重破坏。二是在人类健康方面，陕西、四川和甘肃等地因胡蜂袭人已造成 270 多人受伤、19 人死亡。广东等地因红火蚁叮蜇致伤 15 000 多人次。在东北、西北林区吸血蜱螨传播森林脑炎危害人类健康，仅大兴安岭林区就发生感染病例 79 例，导致 5 人死亡。林业害鼠作为人类重大疫病的宿主，能传播鼠疫、流行性出血热等 30 多种疾病。三是在经济影响方面，我国作为外来有害生物入侵危害最严重的国家之一，近些年来蒙受了巨大经济损失，全国每年因外来有害生物造成的经济损失达 560 亿元。我国近年来出口欧美的货物因木质包装材料的光肩星天牛等问题受到限制，严重影响了我国对外贸易。

国家高度重视公共危机管理，也十分注意国际形象。林业生物灾害防治是国家公共

危机管理的重要内容，事关国际贸易和国家形象。切实做好林业生物灾害防治工作，不仅可以维护国土生态安全，有利于保护人类健康，大幅度减轻国家公共安全压力，维护好、实现好最广大人民群众的根本利益，体现以人为本和全面协调可持续发展的要求，也有利于履行国际义务，促进对外贸易，保护国家利益，提高国际地位，体现大国风范。

三、林业生物灾害防治是一项基础性公益事业

林业是以广义的森林资源为经营对象，以保护、发展和利用森林资源为主要经营活动，以满足人类日益增长的生态、经济和社会需求为经营目标，兼具生态功能和产业属性的重要的社会公益事业。林业生物灾害防治作为林业建设一项极为重要的内容，是以保护森林资源和维护生物安全为核心，具有显著的经济外部性和公共物品特性，这一特性决定了林业生物灾害防治工作是一项基础性公益事业。从对保护森林资源和生态建设成果的作用看，林业生物灾害防治是通过控制有害生物危害和传播扩散来实现保护森林资源和促进森林健康的目的，从而使森林能更好地发挥调节气候、防风固沙、涵养水源、保持水土、保护生物多样性等多种重要功能。从对保障人民生命财产、维护国土生态安全和促进对外贸易的作用看，林业生物灾害防治工作事关国计民生，事关国家经济社会发展全局和人民群众生命财产安全，做好林业生物灾害防治工作对于全面落实科学发展观、构建社会主义和谐社会具有重要战略意义。

第二节 战略思想

林业生物灾害防治工作要全面落实科学发展观，坚持“预防为主，科学防控，依法治理，促进健康”的方针，实行“政府主导，部门协作，社会参与，市场运作”的管理模式，转变防治理念，强化体系建设，实施分类管理，推行工程防治，为保护森林资源、维护生态安全、促进生态建设、实现林业又好又快地发展提供有力保障。

一、以科学发展观指导林业生物灾害防治工作

用科学发展观指导林业生物灾害防治工作，必须深入领会科学发展观的精髓，正确认识林业生物灾害的本质和特性，遵循林业生物灾害发生发展的规律，着眼于维护森林生态系统健康，从经济社会发展、生态文明和现代林业建设的高度来研究林业生物灾害防治工作，以科学的态度和方法分析解决防治工作中的各种问题。用科学发展观指导林业生物灾害防治工作，必须把科学发展观落实到林业生物灾害防治工作的指导思想、基本方针、工作理念和对策措施之中，正确处理好局部和整体的关系，把工作的“触角”渗透到林业生产的各个环节，围绕现代林业建设的重点，突出重大危险性林业生物灾害、主要造林树种生物灾害和重点生态区域生物灾害的防治，依靠科技进步，倡导绿色防治，推行节能型和环境友好型防治，促进人与自然和谐发展。

首先，从林业生物灾害发生的原因看，必须以科学发展观为指导。林业生物灾害是由病原微生物、线虫、昆虫、螨类、软体动物、鼠、鸟、兽类和有害植物等林业有害生

物引起的自然灾害，其发生发展有其自身规律，是不以人的主观意志为转移的。林业生物灾害防治必须以科学发展观为指导，客观分析林业生物灾害发生的原因，把握发生规律，实行科学防控。

第二，从林业生物灾害造成的危害看，必须以科学发展观为指导。林业生物灾害具有经济、生态和社会属性，一旦发生对森林的生态效益、经济效益和社会效益都将产生严重的影响。《中共中央国务院关于进一步加快林业发展的决定》明确指出林业工作要坚持生态效益、经济效益和社会效益相统一，生态效益优先的基本方针，林业生物灾害不仅造成巨大的经济损失、生态破坏，也能造成严重社会影响，有时甚至是国际影响。林业生物灾害防治必须以科学发展观为指导，客观评价林业生物灾害造成的危害，研究经济规律，实行科学救治。

第三，从林业有害生物传播的途径看，必须以科学发展观为指导。生物灾害本身具有特定的自然传播规律，但在经济社会高度发达的当今时代，有害生物的传播途径受人为因素影响呈现多元化，特别是一些危险性林业有害生物的传播，更加明显地反映出人为传播的特点，体现“人为灾害”的特征，在一定意义上也是一种人为灾害。如松材线虫病作为全球极具危险的林业有害生物，人为因素是造成其传播危害的最主要原因。因此，从林业有害生物传播的途径看，必须以科学发展观为指导，探索事物演变规律，提出科学御灾的途径与方法。

第四，在林业生物灾害防治体系建设上，必须以科学发展观为指导。在建设布局上，既要突出重点，也要充分考虑面上的平衡，特别是要加强中西部等欠发达地区的防治能力建设，缩小东、中、西部的差距。在设施、设备配置上，既要积极选用先进的现代化设备，也要注重使用传统设备和常规手段，切忌不切实际的贪大求洋。

第五，在处理“防”与“治”的关系上，必须以科学发展观为指导。“防”和“治”是一个问题的两个方面，面对现实灾害不去治理显然是不对的。但从长远发展看，必须将“预防”作为治本之策，积极推进由重治理向重预防的转变，把预防措施贯穿于林业生物灾害防治工作的始终。对现有灾害的治理也必须从实际出发，因地制宜地抓好“治”。当前，我国林业生物灾害正处于高发期，必须采取有效措施去“治”，否则会给国民经济、森林资源和人民群众的利益带来损害。在“治”的方法和措施上要讲究科学，尽可能采用无公害防治，实现可持续控灾。从一定意义上讲，“治”也是“防”，现在的“治”是为了今后的“防”，一个地方的“治”是为了另一个地方的“防”，局部的“治”是为了整体的“防”。

二、坚持“预防为主，科学防控，依法治理，促进健康”的防治方针

国内外灾害防治的理论和实践表明，某种灾害一旦发生，要完全挽回所造成的损失几乎是不可能的，要减低损失程度也是相当困难的。从灾害防治的成本效益和工作绩效分析，做好预防是灾害防治最为经济和有效的措施，因此，预防为主被普遍认为是各种灾害管理的基本方针。林业生物灾害作为一种自然灾害必须坚持预防为主，国家林业局副局长李育材曾指出：“多年的经验教训告诫我们，几乎所有的重大灾情，都是由于没

有认真做好监测，除治工作不及时造成的。我们必须认真吸取这个教训。”贯彻预防为主，就是要从培育优良抗性品种入手，把有害生物防治工作贯穿到林业生产的各个环节，提高森林自身抵御有害生物侵害的能力。体现预防为主，就是要加强对林分的抚育管理，及时清理受有害生物感染的林木和火烧迹地的过火林木。加强对现有纯林、低产林的改造，优化林种、树种结构，保护生物多样性。坚持预防为主，就是要加强测报、检疫、生物防治等预防性工作，在思想认识、工作思路和具体措施上全力推进预防工作，由以治标为主向标本兼治以治本为主转变，变灾后救灾为灾前御灾，切实把预防工作摆到首位。

林业生物灾害的发生是由林业有害生物、森林植物和环境条件等多种因子共同作用的结果，具有自身特点和规律。林业生物灾害防治工作必须在不断认识自然规律的基础上，准确把握有害生物发生发展规律，以科学的态度看待问题，用科学的方法指导实践，坚持科学防控的方针。落实科学防控，就是要严格按客观规律办事，研究科学的对策，采取科学的措施，正确处理好预防与除治、治标与治本、内部与外部、生态与经济、重点与一般的关系，不断推进理论创新、制度创新和机制创新，遵循自然、经济和社会规律，因地制宜地开展林业生物灾害防治工作。

林业生物灾害防治工作具有社会公益性，其职能的履行要依靠行政手段来推进、法制手段来保障，因此，必须坚持依法治理的方针。坚持依法治理，就是要突出防治工作的法制性，建立健全相关法律法规，坚持依法行政，依靠法律手段，遏制林业生物灾害严重发生的局面，在依法治林的总体框架下，充分运用法律武器，强化行业执法，克服和防止依法行政中的缺位、越位和错位问题，不断提升防治工作的整体水平。

林业生物灾害与森林健康互为因果关系，林业生物灾害的发生可影响森林健康，不健康的森林又能诱发林业生物灾害。因此，林业生物灾害防治必须以培育健康森林为核心，坚持促进健康的方针。促进森林健康，就是要牢固树立森林健康理念，以培育健康森林为目标，通过采取针对森林生态系统的综合措施，促进形成稳定的森林生态系统，让新培育的森林从开始就保持健康，让不健康的森林恢复健康，让健康的森林持续健康，以培植最优的林分、最佳的林相和最有利于人类健康的服务功能，实现有害生物的可持续控制。

三、实行“政府主导，部门协作，社会参与，市场运作”的管理模式

林业生物灾害防治工作作为一项基础公益事业和国家危机管理，具有公共物品和经济外部性特征，因此，必须强化行政干预，实行政府主导、分级负责，并按照属地管理原则，把防治工作的要求如“成灾率”指标纳入各级地方政府任期目标管理责任制，明确各级政府的林业生物灾害防治责任。同时，把一些具体的考核指标如“无公害防治率”、“测报准确率”和“种苗产地检疫率”纳入各级林业主管部门的目标考核，建立科学的林业生物灾害防治质量评价指标体系，实行林业生物灾害防治目标责任制度，提高林业生物灾害防治成效。

林业生物灾害防治工作是一项跨地区、跨行业、跨部门的工作，涉及的相关部门和利益主体很多，特别是林业检疫执法和重大灾害的应急防控涉及的部门更多，因此，需

要各有关部门广泛参与，积极配合，并形成有效协调联动机制。这就要求职能部门必须加强林业生物灾害信息管理，建立信息平台，实现林业、农业、气象、水文、地质、科技、交通、铁路、民航、海关、卫生、质检、公安、建设、工商等部门信息共享。同时，要加强多学科联动，产、学、研结合，共同开展林业生物灾害防治基础理论和新技术研究，不断提高林业生物灾害防治水平。

林业生物灾害防治作为一项公益事业，其防治效益主要为社会服务，防治工程也需要全社会的广泛参与。林业生物灾害防治也必须适应社会主义市场经济的运行规律，强化防治工作的市场运作模式，提高林业生物灾害防治绩效。各级防治检疫机构要主动转变职能，积极推进林业生物灾害防治市场化，引导、鼓励和支持不同所有制的经济组织，以专业公司、专业队、专业户、森林医院、树木医生等形式承担林业生物灾害防治和业务咨询，逐步向专业化、市场化过渡，同时还要从责任制、施工作业人员的培训与审批、资金的筹集和使用、物资设备的使用和保管、施工质量的检查验收等方面制定出科学的管理办法，逐步建立完善的社会参与机制，为公众参与提供更广阔的平台。同时，还要建立重大责任事故追究和林业生物灾害有奖举报制度，接受社会监督，提高公众参与的积极性。

四、实现防治理念的转变

林业有害生物防治源于森林病虫害防治，防治对象是有害生物本身，重点关注技术手段。林业生物灾害管理需要综合考虑灾害的致灾因子（有害生物）、孕灾环境（环境和气候因素等）、受灾体（森林资源等）等因素以及各因子之间相互作用构成复杂的灾害系统，其管理涉及自然、社会、经济各个方面，是一项复杂的社会系统工程。因此，林业生物灾害防治，不能局限于仅针对有害生物的治理，必须以灾害管理的理论为指导，在众多复杂因素中，正确把握灾害链及致灾因素之间的因果关系，改变“头疼医头，脚痛医脚”的管理方式，强化各项预防措施，从培育健康森林途径入手，推进林业生物灾害防治工作向生物灾害管理的转变。

推进林业生物灾害管理，必须选择综合管理方式。林业生物灾害管理包括行政、专业和社会等方面的内容，只有三者协调一致，才能运行有效，实现减灾目标。这就要求林业生物灾害防治工作必须改变目前基本上由森防部门单打独斗的状况，推进林业生物灾害防治工作管理模式的转变。

推进林业生物灾害管理，必须建立风险管理机制。林业生物灾害管理是围绕减灾目标、选择科学减灾措施来实现降低灾害风险而进行的一系列活动，包括抗灾、御灾、减灾 3 个过程（图 5-1）。这 3 个过程伴随着风险管理和危机管理两种模式而展开，风险管理贯穿于抗灾、御灾、减灾及灾后恢复的全过程，而危机管理则是针对减灾过程。抗灾的重点应放在提高受灾体抵御有害生物入侵和危害能力，降低易损性上，要从提高森林健康的角度去管理。这项工作要以营造林管理部门为主体，森防部门应参与其中，提供技术咨询和服务。御灾的重点应放在有效地控制危险性有害生物传播扩散和降低有害生物的危险性上，要从维护国土生态安全的战略高度进行管理。森防部门是这项工作的主体，要严格行使法律法规所赋予的职能，认真履行法律法规所规定的义务，全力做好检疫和测报这两项预防性工作。减灾的重点应放在最大限度地降低灾害所造成损失和致灾因子数量上，应采用生态经济学的有关理论来管理，不论是按照法规确定的“谁经营，谁防治”的原则，还是按照目前提倡的“谁受益，谁防治”的原则，这项工作都应由政府和经营主体来负责，森防部门要准确提供灾情信息，及时提出防治意见，为科学决策提供依据。在林业生物灾害防治管理机制的选择上，必须把以健康抗灾、检疫御灾和监测预警为主的风险管理放在重要的位置，在政策导向、资金投入和工作摆布上给予加强，全面推进林业生物灾害防治由危机管理向风险管理转变。

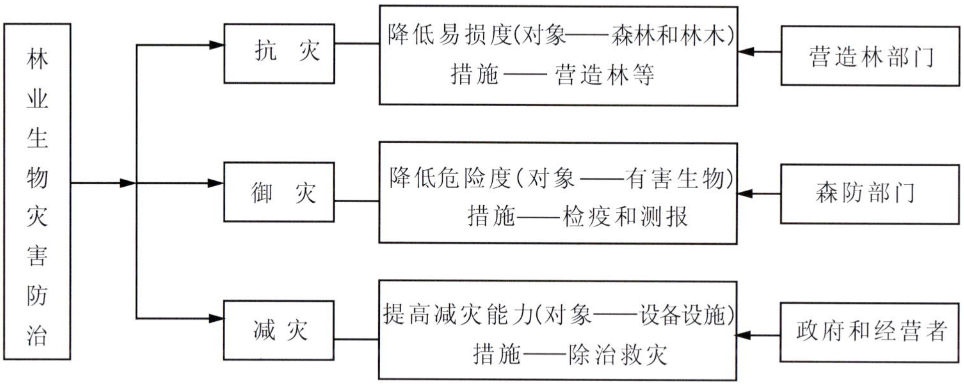

图 5-1　林业生物灾害防治的风险管理结构图

第三节　战略目标和战略布局

一、战略目标

新时期林业生物灾害防治工作的战略目标是：建立比较完善的林业生物灾害监测预警、检疫御灾、防治减灾体系，实现林业生物灾害防治的法制化、科学化、标准化、信息化，使主要林业生物灾害的发生范围和发生程度大幅度下降，危险性有害生物扩散蔓延趋势得到控制，扭转我国林业生物灾害严重发生局面，促进森林健康，逐步实现林业生物灾害的可持续控制。

建立较为完备、覆盖我国主要林区的地面踏查和空中遥感相结合的多层次、全方位、网格化的监测预警体系，实现林业生物灾害监测数据的立体采集、网络传输、智能分析，做到科学预测、准确预报、及时预警。

建立较为完善的国家、省、市、县四级林业植物检疫御灾体系，全面提高检疫检验和除害处理的能力，实现对危险性林业有害生物快速、准确的检测、诊断和除害处理，从源头控制危险性林业有害生物的传播扩散。

建立较为完善的现代化林业生物灾害防治减灾体系，完善国家和省级林业生物灾害应急防控指挥中心，强化应急物资储备，组建一支装备精良、结构合理、反应快捷的林业生物灾害应急防治专业队伍，强化常规防治和应急防治的资源整合，实现优势互补，确保发生重大林业生物灾害时，能够按照应急预案的要求，采取快速有效的处置措施，最大限度减轻灾害损失。

阶段性战略目标是：

到 2015 年，将成灾率控制在 3‰以下，重大、外来林业有害生物的成灾率控制在 1‰以下，无公害防治率达到 90%，灾害测报准确率达到 90%，主要林业生物灾害常发区监测覆盖率达到 100%，种苗产地检疫率达到 100%。

到 2030 年，将成灾率控制在 2‰以下，重大、外来林业有害生物的成灾率控制在 0.8‰以下，无公害防治率达到 100%，灾害测报准确率达到 95%，主要林业生物灾害监测覆盖率达到 100%，种苗产地检疫率达到 100%。

到 2050 年，随着我国森林生态系统趋于稳定和森林健康水平提高，以及林业生物灾害防治体系的完善和防治能力的增强，基本实现我国林业生物灾害的可持续控制。

二、战略布局

根据新时期林业生物灾害防治的战略目标，以林业重点工程建设为核心，紧紧围绕发展现代林业、建设生态文明、促进科学发展这一主线，科学规划新时期林业生物灾害防治的战略布局。

东部地区森林覆盖率较高，森林资源状况较好，生物多样性程度较高，森林自我调控能力强，防治工作应以保护现有森林资源，提高森林资源质量为重点，加强抚育管理，营造健康森林，并针对这些地区社会经济较发达，经济贸易活动频繁的特点，加强检疫体系建设，加大外来有害生物的管理，严防外来有害生物的入侵。

西部地区生态环境脆弱、森林覆盖率较低，是我国加速国土绿化的重点区域，防治工作要从营造林措施入手，选择良种壮苗，注重使用乡土树种，营造混交林，要注重幼林保护，重点抓好鼠(兔)害和蛀干害虫的防治，并强化检疫措施，防止外来有害生物的传入。

南部发展商品林的区域多为集体，民营林业经济发展迅速，一家一户的经营容易突发生物灾害，防治工作要重点加强应急防治体系建设，提高突发林业有害生物的处置能力，更好地为加快林业和社会经济发展保驾护航。

北部休养生息恢复森林资源的区域，要以保护森林资源为重点，健全监测网络，把资源管护和有害生物监测紧密结合起来，全力做好预防工作，有效保护森林资源。

第四节　战略途径

我国林业生物灾害防治工作，应面对林业生物灾害严重发生危害的现实，在明确战略地位的前提下，按照法制化、科学化、标准化和信息化管理的要求，始终贯彻以科学发展观为指导的战略思想，通过实施促进森林健康、强化体系建设、实行分类管理、推行工程防治战略，加强无公害防治，加大科技支撑力度，落实各项战略措施，实现我国林业生物灾害防治的战略目标。

一、促进森林健康

森林健康是指森林生态系统具有稳定和谐的森林结构，较强的抗灾能力，并能为人类提供较多的生态服务功能和森林物质产品。其内涵就是通过对森林的科学营造和经营，实现森林生态系统的稳定性、生物多样性，增强森林自身抵抗各种自然灾害的能力，满足现在和将来人类所期望的多目标、多价值、多用途、多产品和多服务的需要。森林健康的提出是针对人工林林分结构单一、抵抗病虫害能力差、水土保持功能薄弱等问题提出的一个理念，倡导通过合理配置林分结构，实现森林病虫害自控、水土保持能力增强和森林资源产值的提高。

林业生物灾害是影响森林健康的重要因素，在我国森林健康状况总体较差的情况下，林业生物灾害发生严重对森林健康的影响就显得尤为突出。因此，林业生物灾害防治必须实施森林健康战略，用森林健康理念指导防治实践，把森林健康的思想贯穿于森林经营全过程，不仅要关注病虫等致灾因子，更要关注整个森林系统，不仅把控制有害生物危害作为主要任务，更要把促进森林健康作为主要目标。要从造林规划和森林经营各个环节入手，采用科学的管理手段和调控策略，促进森林生态系统的修复和重建，维护森林系统健康，实现林业生物灾害的可持续控制。

要把生物灾害纳入到森林大系统中，将致灾因子、受灾体、环境因子作为一个系统开展综合研究，探索有害生物发生机理及生物灾害发生与环境变化的关系，应用生态和生物工程手段对生物灾害进行调控，增强森林对生物灾害的抵御能力和自身恢复能力。在防治方法的选择上，对重大、危险性有害生物，应该开展严格检疫，集中力量进行除治；对一般有害生物则主要是加强监测，采取预防性措施，防止引发严重的灾害；在林分结构复杂、有害生物发生不严重的区域，应充分利用生态系统自我组织能力和调节功能来实现生态系统自身的健康与稳定；在林分结构单一、灾害发生猖獗的区域，应积极实施林分改造，并选用科学合理、经济适用、环境友好的方式进行管理。

二、强化体系建设

建立健全林业生物灾害监测预警体系，及时掌握林业生物灾害发生动态，分析判断其发展趋势，为防治决策提供科学依据；建立健全检疫御灾体系，防止危险性林业有害生物传播；建立健全防治减灾体系，增强应对能力，提高防治效率，减轻灾害损失，实现林业生物灾害可持续控制。

（一）监测预警体系

监测预报是林业生物灾害防治工作的基础，必须抓实。要健全国家、省级、市级和县级预测预报机构，建立以国家预测预报中心为龙头、省级测报中心和地级测报站为枢纽、国家级中心测报点为骨干、县级测报站点为支撑的较为完善的监测预报网络。要加强各级监测站点特别是县级基层监测站点基础设施和能力建设，进一步提高建站标准，配备先进设备，应用成熟技术，稳定专业队伍，实现林业生物灾害监测数据的规范采集、网络传输、智能处理，做到准确预报、及时预警和科学决策。

（二）检疫御灾体系

林业植物检疫是阻止外来林业有害生物入侵、控制危险性林业有害生物传播扩散、发生严重危害的关键措施和有效手段，必须强化检疫御灾体系建设。要进一步完善有关林业植物检疫的法律法规，形成齐全的、细致的、可操作的法律法规体系。要进一步加强包括检疫隔离试种苗圃、检疫检查站、检疫除害设施、远程诊断系统等基础设施建设，提高防范危险性有害生物入侵、传播和扩散的能力。要进一步加强行业间、部门间、区域间的密切协作，实现产地检疫、调运检疫和复检的全程监管。要定期进行疫情调查，积极开展风险评估，为植物检疫工作提供有力支持。

（三）防治减灾体系

防治减灾的任务繁重而艰巨。要健全各级林业生物灾害防治机构，建立国家、省、市、县四级上下贯通的指挥决策系统，积极开展灾情损失和防治效果评估。要建立区域性应急物资储备库，组建专业应急防治队伍，构建布局合理、储备充足、运行高效的物资保障系统，提高应对突发林业生物灾害事件的能力。要加强基层防治能力建设，配备防治设备，提供技术手段，健全管理制度，不断提高对林业生物灾害的救治能力。要推进防治减灾社会化进程，引导、鼓励和支持不同所有制的专业公司、专业队、专业户、森林医院、树木医生等组织以承包防治和业务咨询等形式参与防治减灾工作。要密切生产厂家、大专院校、科研单位和管理部门间的合作，支持基础性和应用性研究，积极开展技术交流与培训。

三、实行分类防治

根据我国林业生物灾害发生特点、森林资源分布现状和生态建设任务，林业生物灾害防治要突出对重大危险性有害生物种类的防治，要突出对全国主要造林树种的保护，要突出对重点生态区域的防护，选择按有害生物危险性分级管理、按森林资源类型分类施策、按生态区位重要性分区治理的分类防治方式。

（一）分级管理

国家林业局将我国 71 种（类）主要林业有害生物按其危险性分析结果划分为 4 个等级：一级有害生物（极度危险的林业有害生物）2 种、二级有害生物（高度危险的林业有害生物）19 种（类）、三级有害生物（中度危险的林业有害生物）30 种（类）和四级有害生物（一般危险的林业有害生物）20 种（类）。

一级有害生物，应纳入国家林业生物灾害管理范围。对新入侵的要及时封锁疫点，采取有力措施根除；对已发生的要严密封锁疫情，每年下达指令性除治任务，开展全面监测，加大治理力度，坚决控制其传播和扩散。

二级有害生物，应由有关省进行重点管理。要加强监测预警，严格检疫封锁，积极开展除治，做好防灾减灾工作。

三级有害生物，应以市级管理为主。要根据具体情况增列为补充检疫性有害生物或主要治理对象，制定防治预案，加大资金投入，加快治理步伐，切实减轻危害，减少损失，防止危害加重。

四级有害生物，主要以县级管理为主。要加强监测，开展风险评估，积极开展预防，防止暴发成灾。

（二）分类施策

要根据不同森林类型的生物灾害，选择采用不同的防治策略。

防护林生物灾害防治要与生态建设任务相结合，因地制宜、因时制宜地强化林分改造、树种搭配和重灾木清理，全面监测，严格检疫，积极治理，实行动态管理。

用材林生物灾害防治要围绕人工林健康经营，增强林木自身调控能力，强化预防性措施的运用，重点抓好枝干病害和叶部虫害的防治。

经济林生物灾害防治要围绕保证产量和质量开展防治工作，把预防措施贯穿于经济林栽培管理的各个环节，开展无公害防治，推进林果业发展。

薪炭林(能源林)生物灾害防治要围绕能源林开发利用，以健康培育和健康经营为手段，把林业生物灾害管理渗透到能源林建设的各个环节，为产业发展保驾护航，确保林油一体化健康发展。

特种用途林生物灾害防治要健全管理机制、落实管理责任和各项技术措施，抓好预防和控制，保护珍贵树种和生物多样性。

(三)分区治理

应重点抓好林业重点工程区、著名风景名胜区、重要口岸和主要中心城市的林业生物灾害防治。构建以重要口岸和中心城市为主体，辐射周围若干城镇的“点”状防治区；构建以大江大河、海岸线、主要公路铁路两侧为主体，纵贯不同行政区域或生态区的“线”状防治区；构建以环京津生态圈、长江黄河两大流域、西北生态脆弱区、东北和南方商品林区、大江大河流域或山脉、自然保护区、风景名胜区、自然(文化)遗产涉及区为主体的“块”状防治区。

四、实施工程防治

林业生物灾害工程防治是我国林业生物灾害防治管理机制创新的一项成功举措。开展工程防治有利于合理配置资源，强化政府行为，明确目标、任务和重点，集成、组装和配套使用先进实用技术，提高管理水平和防治成效。实施林业生物灾害工程防治战略是适应社会主义市场经济体制，规范林业生物灾害防治管理，提高防灾减灾成效的重要手段。林业生物灾害防治工程包括重点林业生物灾害防治基础设施建设工程和重大林业生物灾害防治工程，前者属于传统的基建工程，管理方式与其他基建项目的管理方式一样，应按照国家工程建设项目的规范和要求组织实施；后者是把林业生物灾害防治按照基建项目的管理方式来组织，对重大林业生物灾害实施工程防治。

防治基础设施建设工程是以强化国家、省、市、县四级林业生物灾害防治机构的基础设施建设为主要目的，通过配置必要的设施设备，进一步健全和完善监测预警、检疫御灾和防治减灾三大体系，提高对林业生物灾害的防治能力，为防治林业生物灾害提供坚实的物质保障。

重大林业生物灾害防治工程主要是针对发生面积大、危害严重、危险性高的林业有害生物，组织开展的国家级林业生物灾害治理工程。根据历年林业生物灾害的发生防治情况，结合对未来我国林业生物灾害发生趋势分析，目前应实施的主要工程项目包括松材线虫病、美国白蛾、森林鼠(兔)害、杨树病虫害、松树病虫害和林业有害植物六大治理工程。

第5章主要研究人员：

闫　峻、张国庆、方国飞、吴松玲、杨德敏、黄长春

第6章

监测预警体系建设战略

监测预警是林业生物灾害防治工作的前提和基础，旨在对林业有害生物的发生危害情况进行全面监测、重点调查，并通过对采集数据的科学分析，判断其发生现状和发展趋势，做出短、中、长期预报，为科学防治提供决策依据。构建完整的监测预警体系对于科学指导御灾、防灾和减灾活动，有效保护森林资源具有十分重要的现实意义。监测预警体系要按照“全面监测、准确预报、及时预警”的总体要求进行建设，以现有的国家、省、市、县四级测报站点为基础，不断加强各级测报站点能力建设，进一步健全和完善基于网格化管理的林业生物灾害监测预警网络体系。

第一节　监测预报工作现状

监测预报是伴随林业生物灾害防治的需要而逐渐发展起来的。1980 年 10 月林业部保护司在江西省弋阳县召开了全国松毛虫测报工作座谈会，会议做出了各级森防部门都要开展林业生物灾害预测预报工作的决定。会后，一些省份着手开展了以松毛虫为主的主要病虫害的测报工作。1986 年 6 月，林业部保护司在辽宁省兴城县召开了全国森林病虫害预测预报工作会议，研讨了《森林病虫害预测预报管理办法》（草案），部署了开展森林病虫害测报技术与防治指标研究以及制定全国主要森林病虫害预测预报办法的工作任务。这次会议是我国预测预报工作历史上具有里程碑意义的重要会议。1992 年在江苏省徐州市召开的全国森林病虫害预测预报工作座谈会暨主要森林病虫害发生趋势会商会，明确要求对全国主要森林病虫害定期发布趋势预报。此后，我国的森林病虫害预测预报工作逐渐向着系统化、制度化和规范化方向发展。经过近 30 年的不懈努力，我国林业生物灾害监测预报工作在组织机构、队伍能力、基础设施等方面取得了长足进步，在管理制度、技术手段、信息平台等方面也取得了很大进展，监测预报能力和技术水平不断提高。

一、监测预报网络建设

（一）组织机构

1. 机构组成

20 世纪 80 年代以前，我国林业生物灾害防治机构还很少，只有少数重点林区的县（市）设有森林病虫害防治站。1986 年 10 月，经国家人事编制委员会批准，在林业部森防总站正式成立“林业部森林病虫害预测预报中心”，负责管理与指导全国预测测报工作。各级森防站也设立了测报部门或指定专人负责监测预报工作。

进入 20 世纪 90 年代以来，全国监测预报组织机构逐步建立健全。截至 2007 年底，全国已建成各级测报机构 3 068 个，其中国家预测预报中心 1 个，省级站 34 个，市级站 373 个，县级站 2 660 个。各级测报机构还分别设立了以开展野外灾情调查为主要任务的各级测报（监测）点 24 958 个，其中国家级中心测报点 1 000 个，省级重点测报点 1 593个，一般监测点 22 365 个。目前，我国基本建成了以国家预测预报中心为龙头，以省（自治区、直辖市）测报站为枢纽，以国家级中心测报点为骨干，以县级测报站和各级测报（监测）点为基础的全国林业生物灾害监测预报网络（图 6-1）。

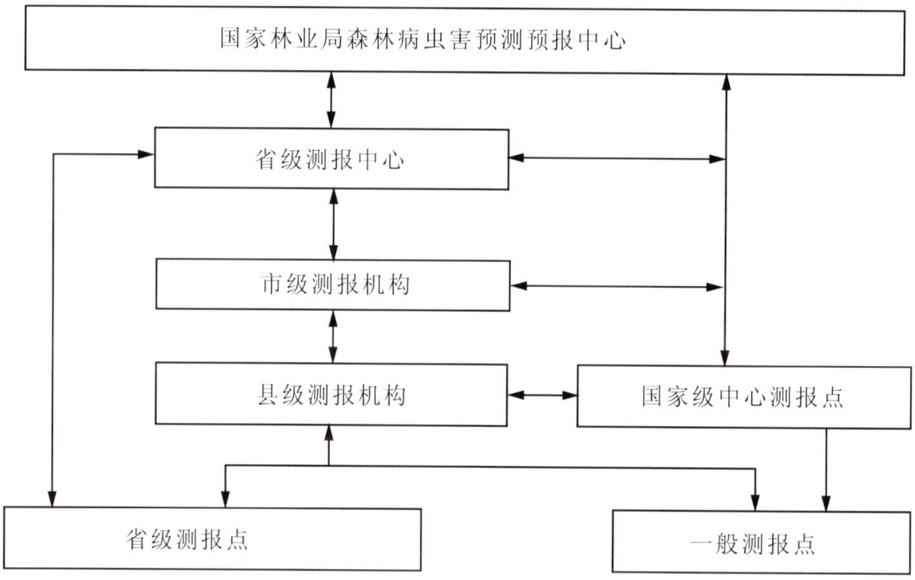

图 6-1　全国林业生物灾害监测预报网络框架图

2. 机构职能

国家森林病虫害预测预报中心（国家林业局森林病虫害防治总站）统筹全国监测预报工作，主要负责制定全国林业生物灾害监测预报工作中长期规划、年度监测预报工作要点、监测预报管理办法、预测预报办法等，对各省进行目标管理绩效考核；了解掌握全国林业有害生物发生情况并发布主要林业生物灾害趋势预测，负责对省、市、县测报站和测报（监测）点业务人员的技术培训。各级地方森防机构分别负责当地的林业生物灾害监测预报工作，发布短、中、长期趋势预报。国家级、省级测报点负责调查当地的林业生物灾害发生情况，对主测对象进行定期抽样调查，建立系统档案，同时也对监测对象进行调查。一般测报点、监测点调查当地的林业生物灾害发生情况，做出生产性短期预报，为当地主要林业生物灾害的预防和除治提供决策依据，同时也为全国主要林业生物灾害的趋势预报提供基础数据。

（二）队伍建设

加强测报队伍建设。各级测报机构现有测报人员 57 846 人，其中专职测报人员 9 871名，兼职测报人员 47 975 名。每个国家级中心测报点和省级测报点至少有 1 名专职测报员、2 名兼职测报员，形成以专职测报人员为主，兼职测报人员及公众参与的网络化监测队伍。

强化测报人员培训。20 世纪 80 年代，林业部先后在南京、太原和合肥举办了森林病虫害预测预报学习研讨班，为我国森林病虫害预测预报工作培养了一大批业务骨干。从 2000 年开始，国家林业局对国家级中心测报点专职测报人员实行持证上岗制度，分期分批进行了培训，共举办培训班 14 期，受训人员达 1 000 余人。同时，各地也加强了对各级测报点业务人员的技术培训工作，受训人数达 4 万多人（次）。通过培训，测报人员的知识结构得到了很大程度的优化，尤其是基层测报人员业务素质有了明显提高（图 6-2），有力地推进了我国林业生物灾害监测测报工作的发展。

图6–2　全国林业生物灾害监测预报队伍人员结构示意图

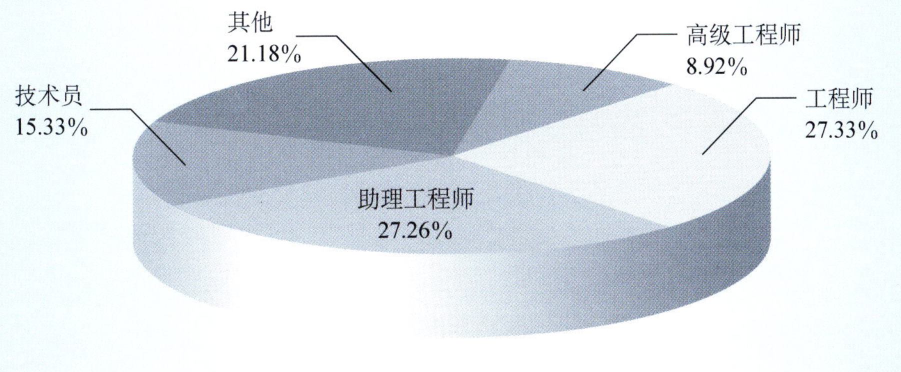

（三）基础设施建设

1990 年林业部发布《关于加强森林病虫害防治管理体系建设的意见》文件以来，各地认真贯彻落实文件精神，各级林业主管部门全面加强了森防站和测报、检疫、防治网络（简称“一站三网”）建设，监测测报网络的基础设施得到了重点加强。特别是 2005 ~ 2007 年国家通过实施以加强基础设施建设为主要内容的“全国林业有害生物预防工程”，使监测预报的地面数据采集系统、信息传输处理系统进一步得到完善，大大提高了我国监测预报工作水平。一个以国家林业生物灾害预测预报中心为龙头，以国家级中心测报点为骨干，以各省市重点测报点为基础，覆盖全国各地主要林区和主要林业生物灾害发生区的国家、省、市、县四级监测网络已初步建成。

1. 国家预测预报中心

近年来，中央财政先后投入资金300多万元，通过政府采购为国家测报中心配备了台式计算机、笔记本电脑、彩色打印机、传真机、GPS定位仪、PDA掌上电脑、数码照相机、数码摄像机、服务器、网关、投影仪等设备。设立了专门的办公室、多媒体演示室、培训微机室等，建筑面积达100余平方米。从2004年开始，财政部每年拨付测报专项运行经费150万元，主要用于业务指导、工作调研、专业会议、技术培训、信息发布、气象数据收集、资料的分析和传输、测报信息网络的维护和运行，为开展测报工作提供了经费保障。

2. 国家级中心测报点

在财政部的大力支持下，1999年国家林业局启动实施"森林病虫害预测预报网络建设项目"。根据全国林业有害生物发生情况、森林资源、气候带和地理区划，在全国规划布设了1 000个国家级中心测报点(图6-3)。

在国家级中心测报点建设初期，中央财政专项资金为每个中心测报点配备了计算机、票据打印机、摩托车等基本能够满足测报点业务工作需要的仪器设备(表6-1)。每个中心测报点都设立了专门的办公室、实验室、标本室、微机室等，平均建筑面积达100余平方米。平均配备专、兼职测报员6人，其中专职2人，兼职测报员4人。从2001年开始，财政部每年向各国家级中心测报点拨付专项补助经费2万元，主要用于专职测报员野外数据采集补助、兼职测报员补助费、资料的分析和传输、测报信息网络的维护和运行。

表6-1 国家级中心测报点仪器设备配置情况一览表

序 号	品 名	数 量(台)
1	P3多媒体电脑	1
2	票据打印机	1
3	激光打印机	1
4	防治信息系统软件	1
5	预测预报软件	1
6	带摄影辅件的双目立体显微镜	1
7	带摄影辅件的生物显微镜	1
8	照相机	1
9	传真机	1
10	摩托车	1
11	手持全球定位仪	1
12	测报工具箱	1
13	中心测报点标牌	1
14	测报灯	1
15	背负式机动喷雾机	5
16	车载高射程喷雾机	1
17	打孔注射机	2

（续）

序　号	品　　名	数 量(台)
18	喷烟机	1
19	诱虫灯	5
20	望远镜	1
21	树干注射机	1
22	发电机	1

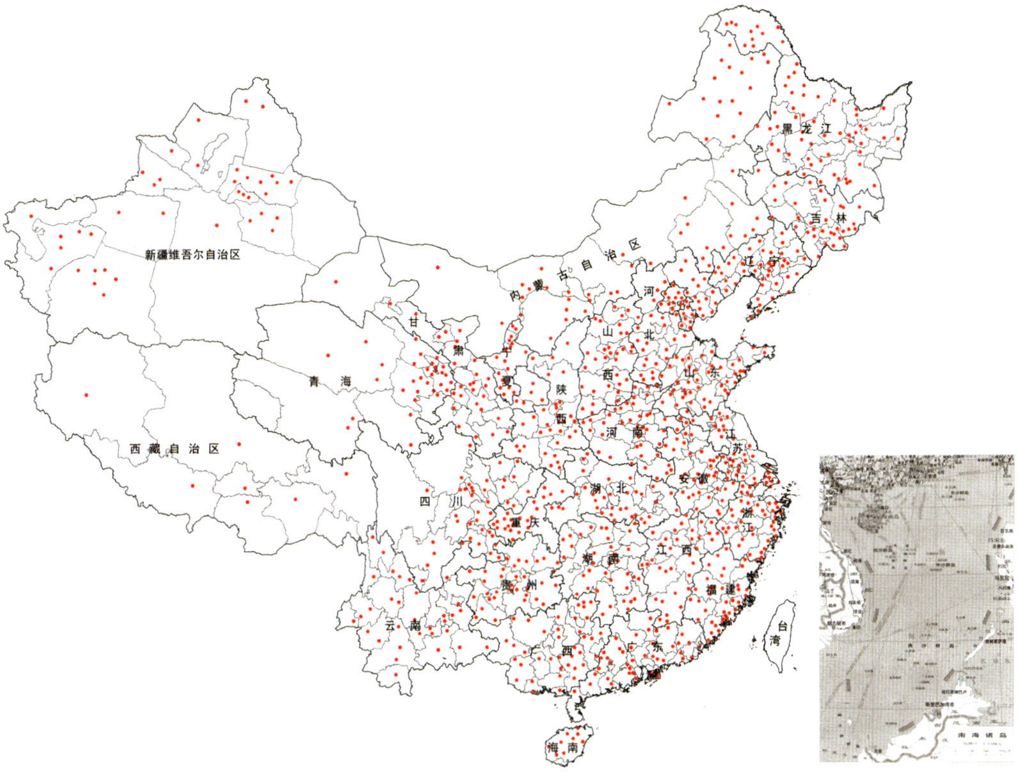

图 6-3　国家级中心测报点分布示意图

3. 地方测报站点

在国家级中心测报点建设的带动下，各省（自治区、直辖市）从本地测报工作的实际出发，纷纷投入专项资金，参照国家级中心测报点标准，建设省、市、县三级测报网络，有力地支撑了全国监测预报网络建设。为了充分发挥各省级测报中心在全国监测预报网络中的枢纽作用，中央财政先后投入资金 30 多万元，通过政府采购的形式，为各省级测报中心配备了台式计算机、笔记本电脑、打印机、传真机、GPS 定位仪、照相机、数码摄像机等设备。各省级监测预报中心均设立了专门的办公室，配备了专职测报人员。地方财政每年拨付一定数额的测报专项经费，主要用于业务指导、工作调研、专业会议、技术培训、信息发布、气象数据收集、资料的分析和传输、测报点运行等，确保了测报工作的开展。

二、监测预报制度与标准建设

为推进林业生物灾害监测预报工作发展，国家林业局先后出台了《森林病虫害预测预报管理办法》、《病虫情联系报告制度》、《国家级中心测报点管理办法》、《关于印发林业有害生物监测预报工作绩效考核表的通知》等一系列规章制度，以及《春尺蠖预测预报办法》、《主要森林病虫鼠害发生面积统计规定》、《林业生物灾害发生危害程度分级标准》等多项技术标准和办法，推进了全国监测预报管理的规范化进程。

（一）监测预报制度建设

1. 预测预报管理办法

1987 年林业部下发了《森林病虫害预测预报管理办法》，这是我国关于林业生物灾害监测预报的第一个规范性文件。《森林病虫害预测预报管理办法》就测报工作、预报组织及职责、测报员职责及条件、监测调查、预测预报、考核和奖惩等做了具体规定。之后，林业部陆续下发了《关于进一步加强森林病虫害预测预报工作的通知》、《关于加强基层森林病虫害预测预报工作的通知》、《关于加强森林病虫害预测预报工作的通知》等文件，要求各地要切实重视和加强监测预报工作。各省也相继出台了贯彻落实《森林病虫害预测预报管理办法》的实施细则以及各省、市、县三级测报点管理办法。

2. 联系报告制度

1988 年，林业部印发《病虫情联系报告制度》，对报告时间、内容和注意事项做了规定，之后又多次对联系报告制度进行补充和完善。2006 年国家林业局下发《关于加强林业有害生物监测预报和突发疫情信息管理的通知》，就加强林业有害生物监测预报和突发疫情信息报告、信息发布管理，以及强化日常报表管理和数据真实性核查等工作提出了要求。

3. 国家级中心测报点管理制度

1999 年，国家林业局印发了《国家级中心测报点管理办法》、《国家级中心测报点测报专项补助经费的管理办法》、《国家级森林病虫害中心测报点检查、考核办法》等规章和办法，明确了国家级中心测报点的职责任务、组织管理、考核与奖罚办法，进一步规范了国家级中心测报点管理。

4. 绩效考核与奖惩制度

2007 年，国家林业局下发《关于印发林业有害生物监测预报工作绩效考核表的通知》文件，将监测调查、趋势预报、数据报送、国家级中心测报点管理、其他业务工作和综合管理 6 项指标作为绩效考核的重点，对每项指标进行赋值打分，将考核工作具体化、规范化和经常化。同时下发了《全国林业生物灾害监测预报先进集体和个人评选办法》，从基本条件、业务工作、技术推广等几方面对先进测报单位、优秀测报工作者、优秀测报员的评选做出了具体规定，为监测预报工作实行奖惩制度提供了依据。

(二)监测预报技术标准建设

1. 制定预测预报办法

1989 年 1 月，林业部颁布了《春尺蠖预测预报办法》，这是我国首次发布林业有害生物预测预报办法。此后，又陆续发布了落叶松早期落叶病、落叶松枯梢病、落叶松毛虫、油松毛虫、赤松毛虫、青杨天牛、杨干象、落叶松鞘蛾、黄斑星天牛、黄脊竹蝗、大袋蛾、泡桐叶甲、榆蓝叶甲、美国白蛾、日本松干蚧 15 种有害生物预测预报办法。各省(自治区、直辖市)也相继制定了一些区域性主要林业生物灾害的预测预报办法或技术操作规程。

2002 年，国家林业局修订、制定了松材线虫病、美国白蛾、松毛虫、杨树天牛、湿地松粉蚧、松突圆蚧、蜀柏毒蛾、森林鼠害、杨树舟蛾和松树钻蛀性害虫等 13 种(类)林业有害生物的测报办法(表 6-2)。目前，在全国实施监测调查的有害生物种(类)达 400 余种，涵盖了我国林业有害生物主要种类，能够进行准确预报的有害生物达 12 类近 60 种。预测预报办法的发布实行，规范了监测预报工作的操作程序，提高了监测预报的准确性。

表 6-2　已发布的林业生物灾害监测预报办法

序号	名　称	文　号	备　注
1	春尺蠖预测预报办法	林护防[1989]5 号	2002 年修改
2	落叶松落叶病预测预报办法	厅护字[1990]168 号	
3	落叶松枯梢病预测预报办法	厅护字[1990]168 号	
4	油松毛虫、赤松毛虫、落叶松毛虫预测预报办法	厅护字[1990]169 号	2000 年修改
5	黄脊竹蝗预测预报办法	林护通字[1993]155 号	2002 年修改
6	黄斑星天牛预测预报办法	林护通字[1993]156 号	2000 年修改
7	青杨楔天牛(青杨天牛)预测预报办法	林护通字[1993]173 号	
8	杨干象预测预报办法	林护通字[1993]173 号	
9	落叶松鞘蛾预测预报办法	林护通字[1993]173 号	
10	大袋蛾预测预报办法	林护通字[1994]15 号	
11	榆蓝叶甲预测预报办法	林护通字[1994]15 号	
12	泡桐叶甲预测预报办法	林护通字[1994]15 号	
13	美国白蛾预测预报办法	厅护字[1997]71 号	2000 年修改
14	日本松干蚧预测预报办法	林护通字[1998]46 号	2002 年修改
15	松毛虫监测、预测预报办法	林造防[2000]60 号	
16	松材线虫病监测办法	林造防[2000]60 号	
17	美国白蛾监测、预报办法	林造防[2000]60 号	
18	杨树星天牛监测、预测预报办法	林造防[2000]60 号	
19	蜀柏毒蛾监测、预报办法	造防函[2002]13 号	
20	湿地松粉蚧监测、预报办法	造防函[2002]13 号	
21	森林害鼠(鼠兔)监测、预报办法	造防函[2002]13 号	
22	日本松干蚧监测、预报办法	造防函[2002]13 号	

（续）

序号	名　称	文　号	备　注
23	黄脊竹蝗监测、预报办法	造防函[2002]13 号	
24	春尺蠖监测、预报办法	造防函[2002]13 号	
25	松突圆蚧监测、预测预报办法	造防函[2002]13 号	
26	松树钻蛀性害虫监测预报办法	造防函[2005]8 号	
27	杨树舟蛾监测、预报办法	造防函[2006]92 号	

2. 规范统计标准

为准确地反映林业生物灾害发生情况，保证调查统计数据的连续性、稳定性和一致性，林业部于 1991 年 3 月印发了《主要森林病虫鼠害发生面积统计规定》。该《规定》的实施，加速了监测预报工作制度化、规范化、标准化进程。2006 年制定的《林业生物灾害发生危害程度分级标准》，为科学确定灾害程度，特别是为主管部门决策是否启动防治应急措施提供了科学依据。

三、监测预报主要业务工作

在全国监测预报网络建设和完善各项规章制度的基础上，以灾情监测、趋势预报和测报技术研究为主的监测预报业务工作全面展开，并取得了显著成绩。

（一）加强灾情监测

1. 数据采集技术试点

在人工地面调查基础上，开展了灯光诱集、性信息素诱集等监测技术的普及和推广。尝试建立林业生物灾害远程地面监控平台，对林业生物灾害实施远程监测及信息采集，开发相关应用系统，努力实现灾害的快速识别和定位，提高林业生物灾害的监测覆盖率与预报准确率。

在努力提高地面林业生物灾害监测技术的同时，选择运用航空或航天遥感监测技术，尝试建立空中监测和数据采集平台，包括航空电子勾绘集成系统、航空电子勾绘软件系统、GIS 地面调查、GPS 及其数据处理系统、图像处理系统、TM 影像监测处理系统、内业数据处理系统和基础数据库系统等。空中监测扩大了林业生物灾害的调查范围，将空中监测与地面调查相互结合和补充，有利于提高林业生物灾害预报的准确率。

2. 应用信息管理软件系统

建立了林业生物灾害信息管理系统、信息传输处理系统。开发和研制了由森林病虫害防治管理软件和病虫害防治信息中心处理网站构成的全国森林病虫害防治管理信息系统，实现了对上报数据的有效管理，搭建了虫情信息网络传输和管理通道，各级测报站点严格按照相关管理办法的要求，对主测对象开展系统调查，收集了大量监测数据。实现各中心测报点的数据直报，大大提高了信息的处理能力和传递速度，推进了虫情信息的网络化、自动化管理。

3. 建立病虫信息发布系统

2000 年，建设完成了“中国森防信息网”，该网站定位于信息报送、业务交流、知识传播和综合服务。自开通以来，经几次改版，界面简洁美观，内容丰富，知识性更强。2005 年，在中国森防信息网上开通了虫情动态及预报文字信息直报功能，进一步完善了信息上报类型和渠道，为国家及时掌握全国主要林业生物灾害发生动态，做出大区域趋势预报分析提供服务。截至目前，该系统已发布各类信息 1 万多条，日点击量近千次，成为森防行业龙头网站，为森防从业人员及广大林农提供了一个方便快捷的信息服务及交流平台。

4. 建立测报基础数据库

建立了国家级中心测报点基础数据库，及时掌握国家级中心测报点基础设施、人员及测报工作情况，并在中国森防信息网上开通了基于 WebGIS 的动态更新和查询功能。通过网络中心，测报点及时把基础信息反馈上报，主管部门可随时查看中心测报点及测报对象的分布情况，了解各测报点的运行及工作状态。同时，建立林业生物灾害基础数据库，为森防工作者、科研人员、广大林农以及其他所有需要林业生物灾害信息的人员建立了一个林业生物灾害信息共享平台。通过该平台的建设和不断完善，最终实现对林业生物灾害的远程查询和鉴定。此外，数据库还可通过扩展和相应应用程序的开发，实现远程培训等功能。

（二）发布趋势预报

1. 会商发生趋势

1992 年 3 月，林业部在江苏徐州召开了“1992 年全国主要森林病虫害发生趋势会商会”，这是我国第一次通过会商的形式进行大区域、大范围内主要林业有害生物发生趋势预测的尝试。会议对 1992 年主要森林病虫害发生趋势做出了预测，并发布了全国主要森林病虫害发生趋势预报。从 1995 年开始，国家预测预报中心于每年的 1 月份和 7 月份，分别发布当年和下半年的全国主要林业有害生物的中、长期趋势预报。趋势会商对全国林业有害生物测报工作起到了积极的推动作用，为全国林业生物灾害的大区域管理提供了依据。同时，各省也开展了本地的趋势预报会商。

2. 发布预警信息

国家预测预报中心根据各地上报的数据，综合气候变化、地理因素和林地状况等要素，对林业有害生物的发生期和发生量定时做出中、长期预报，其预测准确率平均达 85% 以上。同时还不定期发布各地的森林病虫情动态，并于 1999 年创办《森林病虫情动态》（现改名《病虫快讯》），集中反映全国林业有害生物发生情况和发展趋势。2007 年以来，国家林业局与中国气象局联合在中央电视台黄金时段发布“林业生物灾害预警信息”，为社会公众和广大林农提供服务。各省测报中心及各级测报站发布当地短、中期林业生物灾害趋势预报，每年各地以通报和简报发布病虫信息达数十万份，有力地指导了生产防治，对有效控制灾情发挥了重要作用。

3. 成立监测预报专家咨询组

2006 年，国家林业局组织成立了“林业生物灾害监测预报专家咨询组”。咨询组通过广泛吸纳科技专家的意见和建议，并定期召开专家座谈会，对全国林业生物灾害发生趋势进行会商，对可能成灾的林业生物灾害做出预测，对监测预报技术和防治措施存在的问题，及时向国家林业局提出意见和对策建议。专家咨询组的成立，对进一步提高我国林业生物灾害监测预报工作的效率和质量，实现对重大突发性林业生物灾害的及时准确预报，起到了十分重要的作用。

（三）开展技术研究

1. 研制监测预报工具软件

自主研发了“中国森林病虫指数系统”及“森林病虫害预测预报软件”两种实用工具，充分利用各级测报点上报的数据，提高林业生物灾害监测预报工作的效率和质量，初步实现由定性预测到定量预测的转变。其中，“中国森林病虫指数系统”把计算机网络技术与林业生物灾害监测技术紧密结合起来，对国家级中心测报点上报数据进行分析处理，在互联网上以直观、动态的指数曲线形式发布全国林业生物灾害发生动态及趋势；“森林病虫害预测预报软件”汇集了林业生物灾害预测过程中常用的40多种分析方法和数学模型，为基层测报人员提供了简便、高效、准确的预测工具。

2. 开发推广测报新技术

测报技术的研究已成为林业生物灾害防治中最为活跃的领域之一，特别是在昆虫种群、群落及其与周围环境的联系与规律的研究方面，取得了一系列重要成果。例如应用生命表研究方法，基本掌握了日本松干蚧、马尾松毛虫、油松毛虫、落叶松毛虫、思茅松毛虫、光肩星天牛、青杨楔天牛、柳毒蛾、油桐尺蛾、黄脊竹蝗、杨扇舟蛾等有害生物的发生周期，摸清了它们的种群变动规律，为准确和适时地发布中、长期趋势预报提供了依据。应用害虫空间分布型与虫口密度调查取样技术，初步解决了马尾松毛虫、松球果小卷蛾、黄斑星天牛、杨圆蚧、松梢小卷蛾、微红梢斑螟、焦艺夜蛾、青杨楔天牛、十斑吉丁虫、大青叶蝉、沙枣尺蛾、丽绿刺蛾、落叶松鞘蛾、泡桐叶甲、大袋蛾、光肩星天牛、栗瘿蜂、木兰突细蛾等多种害虫的抽样调查方法。对于高大树木的虫情调查，研究出了虫粪粪粒推算法、树冠最底层虫数推算法、有虫株率推算法、千克鲜松针虫数推算法、产卵枯萎枝推算虫口密度法、振落法、塑料环阻隔法等实用技术。应用信息素诱测法开展松毛虫、大袋蛾、舞毒蛾、春尺蠖、美国白蛾、白杨透翅蛾的发生期、发生量预测。对于鳞翅目、鞘翅目、同翅目、半翅目的森林害虫还采用了黑光灯诱集法进行监测。近年来，针对林业生物灾害监测预报以地面人工调查为主，技术手段相对落后，劳动强度大、效率低和预报准确率不高的问题，加大了测报新技术的研发力度，推广使用了灯光诱集、性信息素诱集调查技术，开发了信息管理、预测分析等软件。此外，GIS地面定位调查、地面远程监控、航空电子勾绘、卫星遥感等新技术的研究也取得了很大进展。

3. 完善森林病虫害监测预报管理系统

2004年3月，国家林业局森林病虫害防治总站启动了中德技术合作“中国西部地区森林保护及可持续经营管理”——森林病虫害预测预报网络系统建设和管理项目。在德国技术合作公司（GTZ）提供的技术支持下，通过进一步研发和改进，林业有害生物管理信息系统(MIS)软件得到完善，保证和促进了监测和测报数据的快速上报，促进了中长期、大区域测报准确率的提高，实现了信息处理自动化，缩短了数据传输周期。完善了林业有害生物信息发布子系统、林业有害生物中心处理子系统、防治子系统和森林植物检疫子系统。通过林业有害生物管理信息系统在全国的运行，加快了数据传输速度，由基层单位到国家管理部门的数据传输、分析汇总等过程只需 7 天即可完成。

四、测报工作存在的主要问题

经过多年的不懈努力，我国林业生物灾害监测预报工作取得了长足进步，但是还存在监测预报网络不够健全、手段相对落后和设施设备相对不足等问题。

(一)监测预报网络不够健全

从全国监测预报网络来看，国家、省、市三级森防机构人员一般相对稳定，技术力量也较强，结构和数量较为合理。但是一些市、县的森防机构不独立，森防与种苗、技术推广、林业站等其他林业部门合署办公，没有配备专职测报员。基层林业生物灾害监测人员严重不足，队伍不稳定，业务素质有待于进一步提高。森防站现有人员经常被抽调去进行其他工作，乡镇林业工作站没有能力承担监测任务，林业生物灾害监测预报工作得不到必要的保证。由于基层监测点的人力有限，财力不足，为了完成任务，只能在规定的目标范围内完成工作任务，对于外来林业有害生物和突发性林业有害生物不能及时监测到位，往往造成灾后报告的被动局面。

(二)监测预报手段相对滞后

随着科技的发展，新技术、新方法不断出现，林业生物灾害监测预报手段也需要不断提高技术含量。近年来，我国加快了对性信息素引诱剂和灯光诱集等监测技术的成型、应用，开展了 GIS 地面定位调查和航空航天遥感监测等新技术的开发和试点工作，以提高林业生物灾害的监测技术水平。但是，目前这些技术尚处于尝试和探索阶段，距实用和普及应用还有一定的距离，特别是鼠兔害、钻蛀性害虫等有害生物监测，仍然采用传统的人工调查，监测技术相对落后。

虽然我国对本土常发性林业生物灾害的监测预报能力在稳步提高，但仍然缺乏对突发性和外来林业生物灾害的有效监测技术，这就要求我们加强国际和地区间的合作，开展气候变化对林业生物灾害的影响和外来林业有害生物的风险性评估等方面的研究，对可能传入和定植危害的外来林业生物灾害和潜在的突发性林业生物灾害探寻和采取有效的监测预防措施。

(三)监测预报设施设备相对不足

近年来，虽然国家加大了对林业生物灾害监测预报体系基础设施建设的投资力度，但大多数县级森防机构基础设施还比较落后，机械化程度低，更缺少必要的交通工具，实施科学监测能力差，不能满足工作开展的实际需要。我国的森林资源大多分布在边远山区，经济相对落后，基础设施不足，交通十分不便，有些地方甚至连照明电都没有，灯光引诱等相对先进的监测措施无法开展，林业生物灾害监测预报工作只能采用传统地面人工调查技术，费工费时，准确率低下。已建的国家级中心测报点虽然配备了大部分监测设备，但应用几年之后，也存在更新换代的问题（比如计算机和 GPS 等）。另外，任何先进的仪器设备和监测技术（比如红外监测和航空遥感等）都需要电力、交通和无线电信号网络等基础设施的支持。因此，要真正实现对林业生物灾害进行快速准确的监测和预报，还需要在基础设施方面加大建设力度。

第二节　建设目标和任务

林业生物灾害监测预警体系建设，以现有国家、省、市、县四级测报站点为基础，以国家级中心测报点和基层乡镇监测点建设为重点，以数据采集手段和监测技术标准为支持，构建全覆盖的国家、省、市、县、乡（镇、林场）五级测报网络，形成装备精良、技术先进、制度健全、运转高效的监测预警体系，实现对林业生物灾害的全面监测、准确预报、及时预警。

一、建立健全监测预报网络

（一）全国监测预报网络的设置

我国监测预报网络按管理形式和工作目标不同可分为国家监测预报骨干网和地方监测预报基础网。国家监测预报骨干网由国家林业生物灾害监测预警中心、国家级中心测报点构成，实行垂直管理，承担全国性大区域趋势预报工作；地方监测预报基础网由省级测报中心、市、县测报机构以及乡镇基层监测点组成，实行分级管理，并接受国家林业生物灾害监测预警中心的业务指导，各省、市、县测报机构承担地方生产性预报工作，县测报机构、乡镇基层监测点开展面上调查，并提供大区域预报基础数据。

国家监测预报骨干网和地方监测预报基础网互为补充，共同构成我国监测测报网络（图 6-4）。国家预测预报中心负责全国林业有害生物监测预警的业务管理、指导和实施；省级测报中心负责本辖区林业有害生物监测预警的业务管理、指导和实施；市、县测报机构负责本行政区有害生物监测预警的业务管理和实施。国家级中心测报点开展监测预报，为全国林业生物灾害预测提供基础数据；省级测报点开展监测预报，为本辖区林业生物灾害预测提供基础数据；乡镇基层监测点开展林业有害生物监测调查工作。

（二）国家监测预报骨干网建设

1. 国家林业生物灾害预测预报中心

强化国家林业生物灾害预测预报中心建设，构建我国林业生物灾害监测预警体系基础信息平台，全面提高林业生物灾害监测预警的信息化水平和预测预报的准确性、时效性，实现网络化、规范化、系统化管理。全国林业生物灾害监测预警体系基础信息平台不仅要满足调查数据采集、统计、分析和发布智能化的需要，还要满足各级生产决策部门、广大林农和社会对林业生物灾害信息日益增长的需求，实现全国林业生物灾害信息资源共享。

2. 国家级中心测报点

国家级中心测报点是我国林业有害生物监测预报网络的骨干，必须进一步健全和完

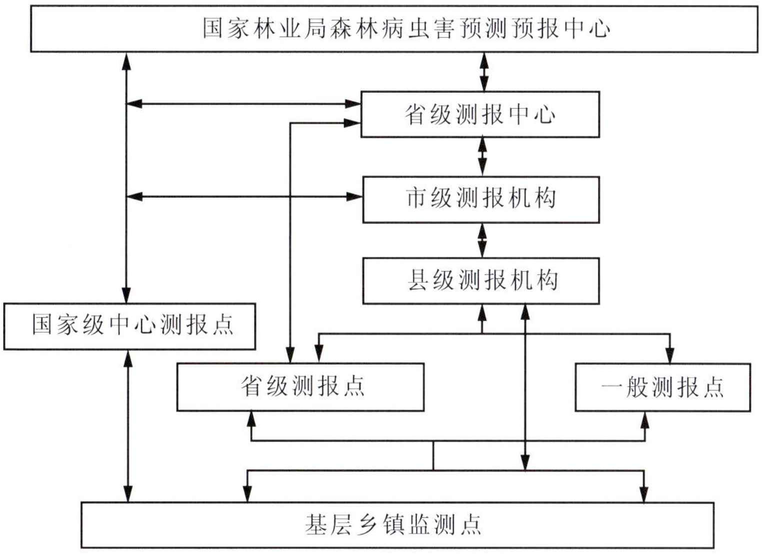

图 6-4　全国监测预报网络示意图

善。进一步提高 1 000 个国家级中心测报点建设水平。更新原有设备、配置先进的设施设备，配备 3～5 名专兼职测报员，推广使用全国统一规范的测报办法和先进监测手段，增加运行经费。主要任务是开展本辖区林业有害生物的调查监测，及时了解掌握本中心测报站及其所辖区域的主要林业有害生物的发生情况、发展动态，建立林业有害生物预测预报档案和数据库，实现国家级中心测报点对本辖区主要林业有害生物的短期预报，指导生产防治。同时，国家级中心测报站将采集的林业有害生物信息数据通过信息网络上传至国家测报中心，结合各地有害生物报告及气象等相关资料，进行区域性和全国主要有害生物的中、长期趋势预报，为国家和各级林业主管部门宏观决策提供依据。

为适应全国林业生物灾害监测预报工作实际需要，可根据现有条件和整体布局要求，从现有的国家级中心测报点中选择建设一批国家林业有害生物监测预报基准站。其业务由国家林业生物灾害预测预报中心指导，主要任务是直接为全国性大区域林业生物灾害监测预报提供系统的长期观测数据，并就近指导国家级中心测报点的测报工作。

（三）地方监测预报基础网建设

1. 省级监测预报中心

省级监测预报中心是全国林业生物灾害监测预报网络的枢纽，具有网络传输、信息处理分析、专家咨询、辅助决策和实时发布预报等功能。省级监测预报中心主要围绕信息接收、处理、发布等开展建设，专职测报人员不少于3 人。除满足信息接收、处理、发布等基本功能外，还要满足辖区各级生产决策部门、广大林农和社会对林业生物灾害的信息需求，并逐步满足森防知识和远程教育、林业生物灾害网上诊断、综合服务、办公自动化等需求，形成全省林业生物灾害监测预报和防治的现代化信息系统。

省级林业生物灾害监测预报中心要逐步完善其计算机工作站、网络服务设备和通讯设备等硬件设施和包括数据库、网络、专家系统、决策支持等软件建设。应用地理信息系统和网络技术建立基于以小班为单位的有害生物信息处理平台，并应用网络传输技术交换数据，实现对全省小班有害生物调查数据、国家级(省级)测报站的监测调查数据的快速处理分析，及时发布有害生物信息，提高对生物灾害的快速反应能力，为领导决策提供科学的依据。还要有计划地建立林业生物灾害遥感监测系统，配置遥感监测设备及相应的信息接收、处理和发布软件。

省级重点测报点是国家级中心测报点建设的补充，是我国林业生物灾害监测预报网络体系建设的重要组成部分，专职测报人员不少于2人。其建设的目标就是在各级测报站点建设的基础上，建立一定数量的本地主要林业生物灾害重点测报站，配备一定数量的专兼职测报人员，应用现代化监测手段，开展本辖区林业生物灾害的调查监测，及时了解掌握各测报站点及其所辖区域的主要林业生物灾害的发生情况、发展动态，建立林业生物灾害预测预报档案和数据库，实现省级中心测报点对本辖区主要林业生物灾害短期实时预报，指导生产防治。同时，省级中心测报点将采集的林业生物灾害信息数据通过信息网络上传至省、市林业生物灾害测报机构，经省、市测报机构结合各地面有害生物报告及气象等相关资料等，进行区域性和全省主要林业生物灾害的中、长期趋势预报，为全省各级林业主管部门科学决策提供依据。

2. 市、县级测报机构

市、县级测报机构的主要任务是开展必要的本地林业生物灾害监测调查，指导辖区内一般测报站点、基层监测点的工作。其硬件建设包括配备计算机、通讯设施、网络服务设备、图形图像输入输出设备等；软件建设包括林业生物灾害 GIS 系统、林业生物灾害信息管理系统、林业生物灾害适时动态预测预报系统、林业生物灾害防治专家决策系统。

3. 乡镇基层测报点

基层乡镇监测点是全国林业生物灾害监测预报网络的重要基础，是监测预报体系中的最前沿力量，承担地面线路调查、监测的重要工作职责，兼职测报人员不少于3人。依托现有的乡(镇)林业工作站、森林管护站，在全国森林集中的乡镇(林场)分期分批逐步建设基层林业生物灾害监测点。将林业生物灾害的日常监测调查工作落实到护林员、森林管护人员身上，为各监测点配备必要的野外调查、信息采集等测报设施和交通工具，进行管辖区内林业生物灾害监测调查工作，补充和完善国家、省级重点测报点信息，更好地发挥各级测报站点的基础信息保障作用，做到对林业生物灾害的早发现、早报告。

二、强化监测预报技术手段

监测预报业务主要包括数据采集、处理、分析决策和发布4个环节，各环节紧密联系、逐级深入，形成一个功能完备的综合系统，每个环节都需要以先进适用的技术手段予以支撑，因此，进一步强化监测预报技术手段成为完善测报工作的重点内容。要按照系统的整体目标和业务需求，建立全国林业有害生物监测预警信息管理系统，该系统由数据采集子系统、数据处理子系统、分析决策子系统、信息发布子系统及为以上各子系统提供数据支持的数据库子系统组成。在每个子系统中，又可以根据采用的技术手段进一步划分若干应用平台。通过监测预警信息管理系统建设，建立上下一体的信息管理框架，建成以数据库为基础、公用信息网络为支撑、信息管理与决策支持系统为核心、标准规范为保障的监测预报信息管理体系，实现信息采集规范化、数字化，信息传输网络化、实时化，预报结果实用化、精准化，决策调度智能化、可视化，为防治决策与管理提供科学依据。

数据采集和分析决策作为监测预报工作最关键的两个环节，在建设过程中应重点予以考虑。传统的数据采集方式主要是人工地面调查，这种方式获得的数据准确性高，但对于大面积的森林以及交通偏远、山高林密地区的森林，适用性则相对要差。在推广应用了信息素诱集、灯光诱集等方法以后，人工地面调查的范围得到了进一步的扩大，但仍然无法满足林业生物灾害防治的实际需要。随着地理信息系统(GIS)、全球定位系统(GPS)和遥感(RS)技术的应用，这一难题将会迎刃而解。即今后在完善人工地面调查技术的基础上，不断加强地面 GIS 定位调查平台、地面远程监控平台、航空电子勾绘平台、航天遥感平台的建设，实现灾害的快速识别、定位和早期预警，以提高对林业生物灾害监测预报的时效性和准确性，最终对外发布分析结果，提出防控建议。

概括起来，未来监测预报工作需要强化的技术重点包括 4 个数据采集平台和 1 个数据分析与专家决策子系统(图 6-5)。

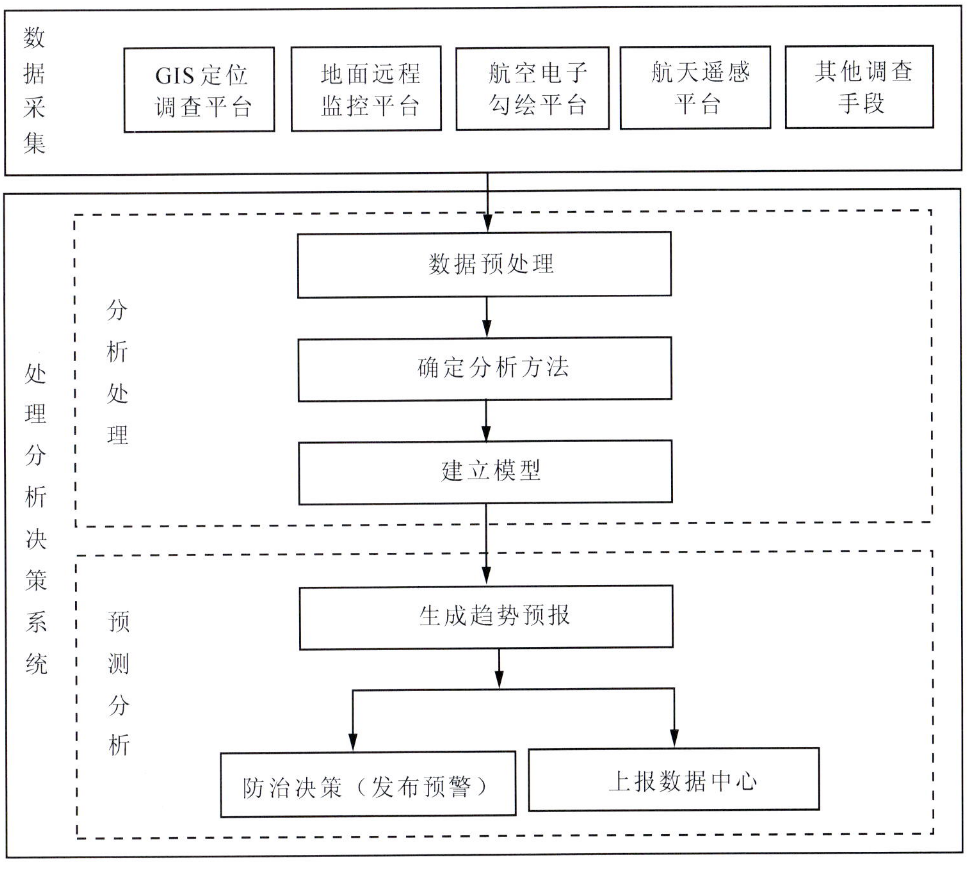

图 6-5 监测预报主要技术及其作用示意图

(一)地面 GIS 定位调查平台

地面 GIS 定位调查平台，可以提高林业有害生物监测调查核查数据的真实性、准确性和时效性，实现野外调查记录的标准化、规范化。通过集成全球卫星定位系统(GPS)为现场数据采集设计出常用的测量计算工具，使用向导式界面进行调查记录，并形成监测日志，通过台式机桌面连接程序完成信息传输。配合数码照片/遥感影像(RS)增强现场可视化程度，发挥掌上电脑在现场调查时对林业有害生物图片、生活习性等识别辅助功能(图 6-6)。

利用 GIS 基本原理分析处理监测数据，实现林业小班或者山头地块的图形化管理。在有条件的区域，延伸现有防治信息网络到乡镇/林场，直到现场移动信息终端，增强县级基层单位为乡镇/林场生产提供网络信息服务能力，实现对监测点、调查人员、各林班、小班基本情况、森林资源情况以及当地主要林业有害生物等信息的管理功能。

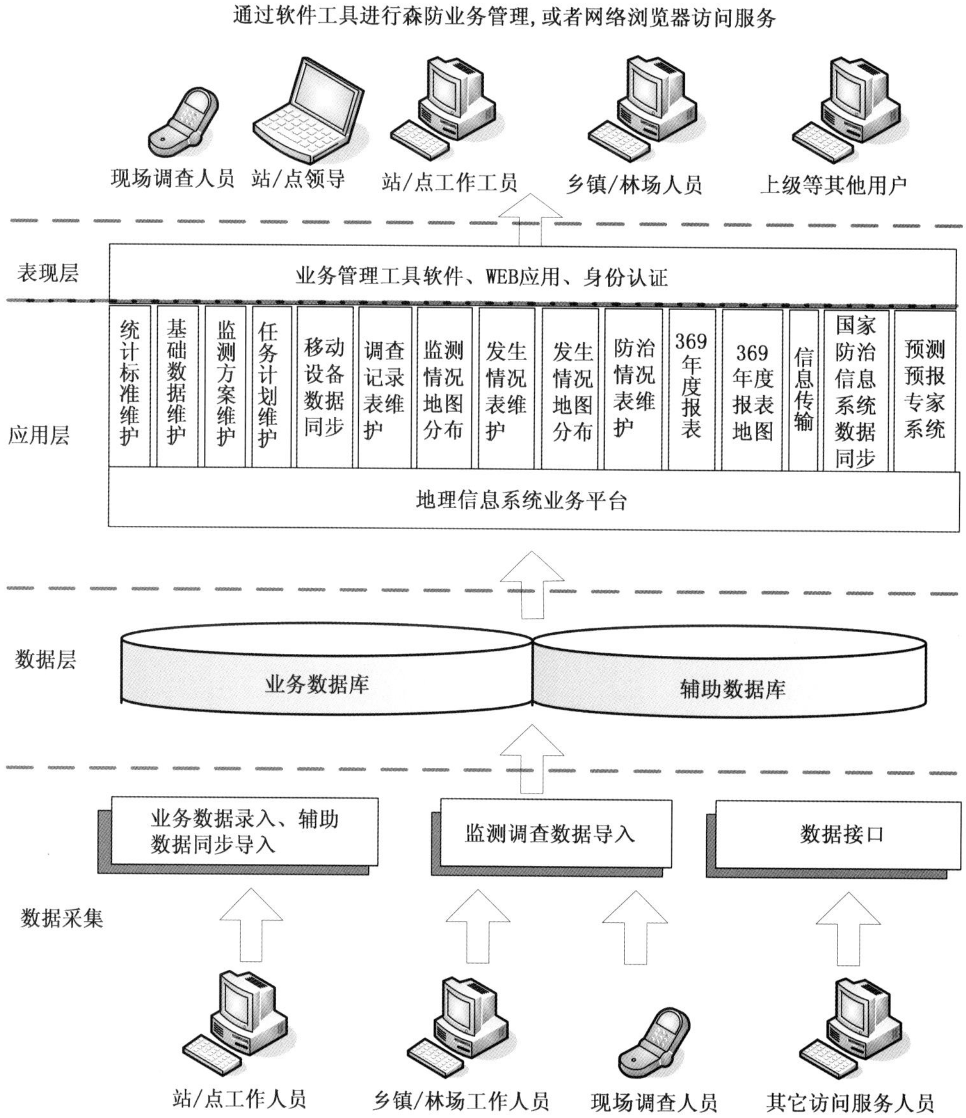

图 6-6 地面 GIS 定位调查平台结构示意图

(二)地面远程监控平台

地面远程监控平台是通过电子探测、微波传输和"3S"集成技术，对远距离的监控对象进行高分辨率采集、精确定位、实时传输、智能控制、自动识别，具有监测范围广、监测实时、监测效率高等优点。建设或利用现有远程监测系统设施设备，在林业生物灾害发生区域，通过改进设备技术参数、开发符合有害生物监测技术要求的信息管理软件等，以达到自动识别灾害和智能化报警的目的。

建立监控平台，根据云台提供的姿态参数，应用通视分析方法，结合正射影像图、数字林相图、数字线划图、数字高程模型等基础空间数据在地理信息系统的支持下，进行灾害点(区)的直观显示与定位；在收集和处理众多灾情数据的基础上，建立较为完善的多尺度林业生物灾害图像数据库，构建危害症状的自动识别模型，实现灾情的自动监测；建立基于 ArcIMS 的 WebGIS 系统平台，形成林业生物灾害监测预警区域中心，综合处理和分析相关信息，及时发布和上报灾情。远程监控系统由监控平台、视频数据处理平台、区域中心平台、控制中心、共享服务平台等组成，各平台间通过信息交换实现共享(图 6-7)。

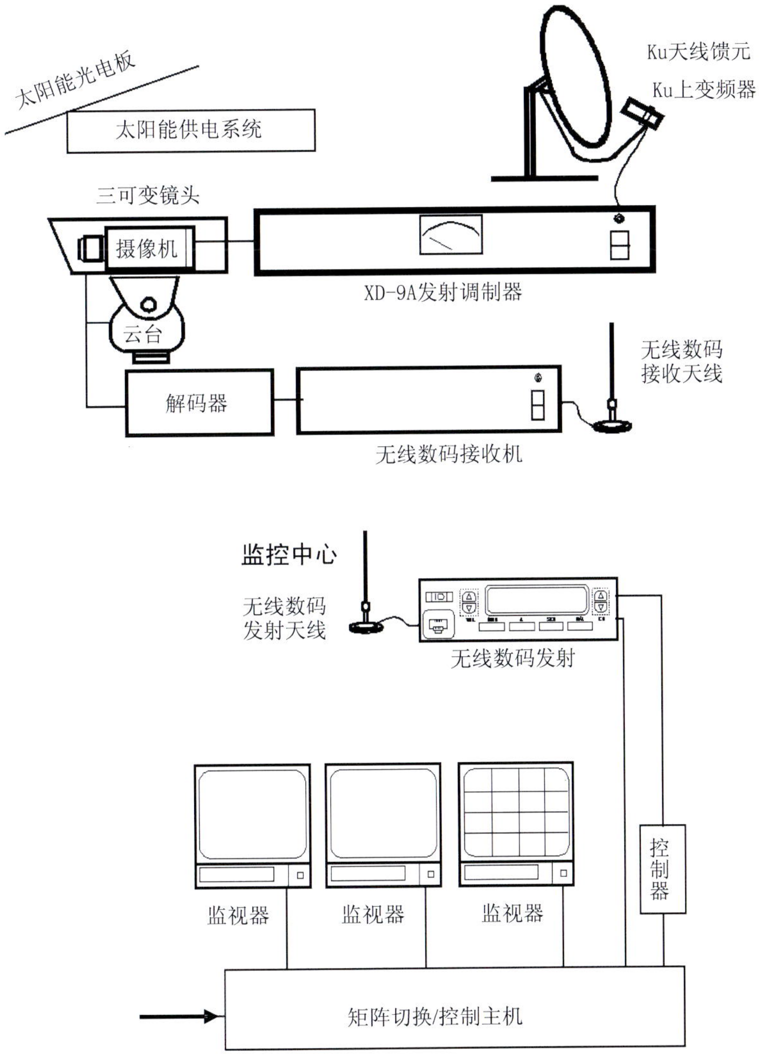

图 6-7　地面远程监控平台示意图

（三）航空电子勾绘平台

电子勾绘作为林业有害生物灾害航空监测技术平台，具有监测尺度大、调查速度快、操作简单、适用范围广等特点，是美国等林业发达国家普遍采用的技术手段。主要原理是监测人员在空中飞机上目视观察受灾林分，运用GPS的导航定位功能，在电子地图或影像数据的支持下，利用GIS软件系统的数据编辑功能，通过屏幕勾绘确定并记录灾害的分布、位置、程度等相关信息，为地面的详细调查提供科学指导。该技术适宜于大范围重点监测区位林业有害生物飞机监测，以及开展突发性林业有害生物灾害的宏观监测与评估。

采取航空高清晰录像系统与GPS连接，在影像上记录瞬时的精确地理坐标，应用数字图像处理技术处理、分析影像，获取林业有害生物信息。即利用林业有害生物寄主叶部的变化，通过光谱反射率的差异和结构异常在遥感数字图像上的记录，在定位系统的支持下，实现对林业有害生物危害的实时监测。

系统配置：硬件部分包括高分辨率数字摄像机、摄像机固定用底座架、高清晰度彩色监视器、导航用GPS接收机、定位用GPS接收机、飞行姿态仪、时间码合成器、电源转换器、电子接线盒、图像捕捉卡、计算机、各种电缆线等。软件包括导航坐标计算和对影像数据进行定位、分析、转换的计算机程序、GKTRAN专用软件等。工作流程：航空录像获取→实验室图像处理和分析→灾害点现地复位（图6-8）。

监测信息发布：根据获取图像、时间信息、航向等参数，在大比例尺地形图上估测出相应位置，与林业资源地理信息系统叠加后，提取到小班的森林资源数据、历史灾害情况和地形信息，及时向有关部门发布信息。

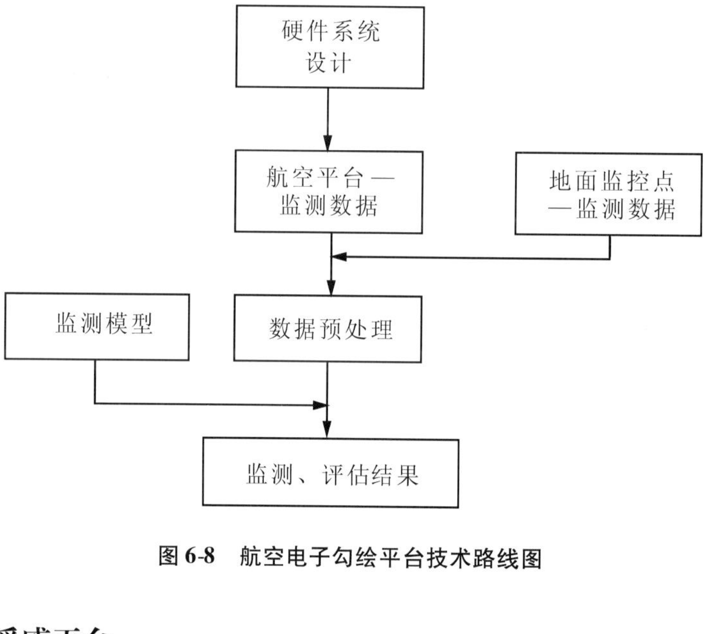

图6-8　航空电子勾绘平台技术路线图

（四）航天遥感平台

航天遥感就是利用航天卫星遥感技术对林业生物灾害进行宏观监测。数据分辨率不同，监测尺度和对象也会不同。低分辨率的Modis数据适合于大区域（平方千米级）灾害的监测，中分辨率的TM数据可满足大面积（公顷级）灾害的监测，高分辨率的IKONOS、

QUICK－BIRD 等数据可满足单株树木的监测。国内外较成熟实用的是 TM 监测技术，其他两种仍处于研究探索阶段。由于目前病虫害监测主要采用光学波段遥感数据，尤以植被类型单一、分布集中、有害生物世代少、地形平坦的北方地区最为适宜。该技术系统的建设包括软件建设和数据库建设两部分。

主要设备硬件部分包括图形工作站、GPS、网络服务器、网络相关设备、大型输入输出设备。软件部分包括图像处理软件、GIS、WebGIS 等。应用航天遥感技术可以及时、准确地从宏观上获取大面积的林业生物灾害信息，结合有害生物自身发生规律以及地面调查数据，对有害生物发生发展趋势进行预测，降低大面积成灾的风险。建立区域数据处理中心，对遥感监测数据以及现有监测网络上报的数据实行有效管理与分析，向国家监测中心上传数据。通过 WebGIS 平台向基层林业管理单位及时发布生物灾害发生信息，指导进行地面调查，进行防治决策(图 6-9)。

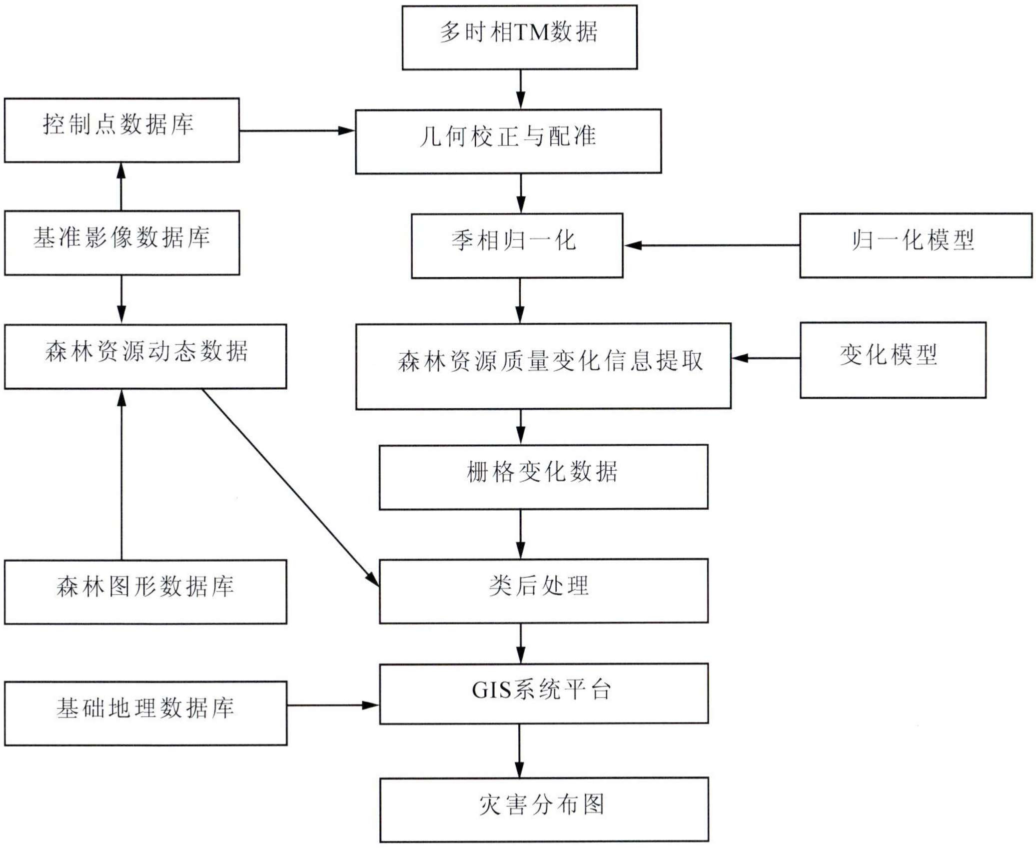

图 6-9　陆地卫星 TM 数据图像处理流程图

(五)数据分析与专家决策子系统

林业有害生物数据分析与专家决策系统是构筑在数据采集和数据处理基础上的智能化系统，是林业有害生物监测向深层次扩展应用的综合体现。该系统利用现代信息处理和网络技术来管理有害生物监测信息并对数据进一步处理、分析和挖掘。系统根据空间尺度、目标任务、技术特点、使用群体等的不同划分为若干应用平台，如面向基层生产性预报的监测预报应用平台、进行大范围宏观分析的区域预警应用平台、空间分析与展示应用平台、面向初级工作者和广大林农的有害生物鉴定平台等。该系统的建设主要是完成统一框架和标准下的一系列软件，所涉及的技术包括网络技术、空间分析技术、数据挖掘技术、数理统计、专家系统、模糊识别、生物生态学技术、计算机技术等。

三、完善监测预报技术规范

标准化是提升监测预报管理水平、加快技术推广、促进技术创新以及提高工作质量和效率的重要手段，对推动林业生物灾害防治工作具有极其重要的作用。及时开展林业生物灾害监测预报标准化的研究，建立科学的标准体系，制订标准的中、长期发展规范，指导标准化工作有计划、有重点、协调性地开展，已成为加快推进林业生物灾害防治事业发展的迫切需求。

根据国家林业局《林业标准化管理办法》及《全国林业标准体系构建与中、长期发展规划(2006~2015年)》，按照科学性、系统性和完整性的原则，有计划地组织开展林业生物灾害监测预报标准的制订工作，并对现有的监测预报办法进行修改，完善调查方法、规定调查种类、调查内容时间以及危害分级、灾害标准等(表6-3)。

表6-3　需要制(修)订的技术标准

标准名称	标准编号	编制情况	备　注
全国林业有害生物发生及成灾标准	LY/T 1681－2006	已颁布	行标
全国主要林业生物灾害统计标准及调查方法			
林业有害生物监测预报术语			
国家林业生物灾害监测预报基准站建设标准			
林业资源分类与代码　林木病害	GB/T 15161－1994	在编	国标(修订)
林业资源分类与代码　林木害虫	GB/T 15775－1995	在编	国标(修订)
林业有害生物代码　有害植物			
林业有害生物代码　有害动物			
全国森林病虫害代码		在编	国标
林业有害生物防治管理数据交换系列标准		在编	行标
林业有害植物调查监测技术标准		在编	行标
柑橘小实蝇监测技术标准		在编	国标
柑橘溃疡病监测技术标准		在编	国标
红火蚁监测技术标准		在编	国标
林业有害生物资源普查技术标准			
油松毛虫、赤松毛虫和落叶松毛虫监测与防治技术规程		已颁布	行标
马尾松毛虫监测与防治技术规程		已颁布	行标
诱虫灯(杀虫灯)林间使用技术规程		在编	行标
性引诱剂林间监测准则			
林业有害生物监测预报　总则			
林业有害生物监测预报　春尺蠖			
林业有害生物监测预报　杨树舟蛾			

（续）

标准名称	标准编号	编制情况	备　注
林业有害生物监测预报　光肩星天牛			
林业有害生物监测预报　杨干象			
林业有害生物监测预报　青杨脊虎天牛			
林业有害生物监测预报　青杨天牛			
林业有害生物监测预报　白杨透翅蛾			
林业有害生物监测预报　云斑天牛			
林业有害生物监测预报　桑天牛			
林业有害生物监测预报　杨树病害			
林业有害生物监测预报　松毛虫			
林业有害生物监测预报　松叶蜂			
林业有害生物监测预报　蜀柏毒蛾			
林业有害生物监测预报　松梢螟			
林业有害生物监测预报　红脂大小蠹			
林业有害生物监测预报　纵坑切梢小蠹			
林业有害生物监测预报　萧氏松茎象			
林业有害生物监测预报　松褐天牛			
林业有害生物监测预报　日本松干蚧			
林业有害生物监测预报　松突圆蚧			
林业有害生物监测预报　湿地松粉蚧			
林业有害生物监测预报　松材线虫病			
林业有害生物监测预报　松疱锈病			
林业有害生物监测预报　落叶松枯梢病			
林业有害生物监测预报　森林鼠害			
林业有害生物监测预报　森林兔害			
林业有害生物监测预报　竹蝗			
林业有害生物监测预报　美国白蛾			
林业有害生物监测预报　栗山天牛			
林业有害生物监测预报　舞毒蛾			
林业有害生物监测预报　椰心叶甲			
调查质量检查(核查)方法			

(一)林业生物灾害调查统计标准

调查统计标准是林业生物灾害监测调查工作的基础。目前使用的主要调查统计指标有发生面积、应防面积和成灾面积，并以发生面积作为林业生物灾害统计报表的基本统计指标。根据1991年林业部发布的《主要森林病虫鼠害发生面积统计规定》：“发生面积的统计起点，以森林病虫鼠害种群密度(虫口密度、感病指数、捕获率)达到能造成轻度危害以上，或已造成轻度危害以上的标准计算。检疫性的病害、虫害，为便于监测疫区范围，低于此标准的称为发病或有虫的面积。发生中级的称为成灾面积或预测成灾面积；发生重级的为严重成灾面积或预测严重成灾面积。一般发生中级以上的面积为应防治面积。”并规定了发生面积的统计标准主要有3点：（1）发生面积为病虫发生后造成一定程度危害的面积。统计的起点感病指数或虫口密度应在各种主要病虫害的测报办法中规定。没有测报办法的，根据病虫危害情况由各省（自治区、直辖市）林业厅（局）统一规定。（2）在同一林分中同时发生两种以上病虫害，以其中一种主要的病虫害计算发生面积，并加附注。（3）年终统计发生面积，以实际发生面积计算，即将各代病虫害的累计发生面积，扣除重复发生面积。实际面积难以分清的，以发生面积最大的那一代计算。

2006年国家林业局发布的行业标准《林业有害生物发生及成灾标准》（LY/T 16814－2006）是在1991年《主要森林病虫鼠害发生面积统计规定》的基础上制定的，单独提出了成灾统计标准，以林木的失叶率、感病指数、受害株率、种实受害率、盖度（有害植物）和死亡率为指标。但在实际的调查统计中存在诸多问题，比如，如何处理发生面积调查和成灾面积调查的关系，如何简化调查程序、减轻调查任务，如何使调查数据更好地为高层决策和基层生产服务等。因此，要进一步完善和修订调查统计标准，科学界定发生面积、应防面积和成灾面积的内涵，把发生面积（预测发生面积）和应防面积（预测应防面积）作为灾害防治前的调查统计指标，为生产防治提供科学决策；把成灾面积作为灾害防治后的统计指标，评估灾害防治后的实际受灾程度和防治效果。

制订林业生物灾害调查统计标准，要统一调查统计内容、格式和方法，使灾害管理逐步向分级管理、各有侧重过渡，即国家和省级重点管理灾害情况，省级以下森防站管理发生和危害程度，使国家层面的宏观管理更加突出重点，以全面做好灾情监测调查和趋势预报工作。在总结现有林业有害生物监测调查方法的基础上，要根据“简便易行、经济有效”的原则，确定林业生物灾害的野外调查方法。

（二）调查质量的检查（核查）标准

对监测调查工作的质量进行严格的、科学的检查（核查）是监测调查管理的一项重要工作内容，也是保证调查准确性、全面性、及时性和系统性不可缺少的重要手段。通过制订调查质量的检查（核查）方法，及时检查（核查）调查活动的进度和质量，并解决调查管理上、技术上出现的各种问题，可以保证调查按计划、按规定完成。一般采用现场检查（核查）、会议检查（核查），其检查（核查）的内容主要包括下列几方面：真实性检查（核查）、准确性检查（核查）、全面性检查（核查）和标准性检查（核查）。检查（核查）应在调查活动结束后，及时收集检查（核查）所要求的资料，并在收集过程中对其进行严格的审核，以了解和掌握调查资料的质量和可信度。

四、完善监测预报管理制度

加强林业生物灾害监测预警工作各种管理制度的建设，进一步推进全国测报工作的规范化管理进程。根据林业生物灾害监测预报工作重点和流程，将监测调查、数据报送、趋势预报、测报站管理制度等作为建设重点，使测报工作规范化和制度化。

（一）管理制度

管理制度是监测预报工作的基本规章，包括《林业生物灾害监测预报管理办法》、

《林业生物灾害监测预报工作绩效考核办法》和《林业生物灾害监测预报先进集体和个人评选办法》等。

修订《林业生物灾害监测预报管理办法》，明确规定预报组织机构及职责、测报员职责和条件、监测调查、预测预报、专项经费、人员培训、考核和奖惩等，保障测报工作开展。严格进行测报工作考核，依据《林业生物灾害监测预报工作绩效考核办法》，对监测调查、趋势预报、数据报送、国家级中心测报点管理、重点工作和综合管理等进行考评。定期开展"双优"评选活动，按照《林业生物灾害监测预报先进集体和个人评选办法》，从基本条件、业务工作、技术推广等方面对先进测报单位、优秀测报工作者、优秀测报员进行评选。

（二）调查制度

林业生物灾害调查包括林业有害生物全面调查、专项调查和监测调查。各地应根据辖区内的森林类型、有害生物种类及其发生发展规律选择调查方法，积极开展林业生物灾害调查工作。国家级中心测报点应按国务院林业行政主管部门颁布的测报对象监测预报办法，进行有害生物监测调查，按时报送相关数据，并对当地主要林业有害生物进行监测。

要健全和完善以监测调查、专项调查和全面调查为内容的林业生物灾害调查制度，明确规定各种调查方法的相关内容和要求。针对外来林业有害生物频繁入侵以及本土主要有害生物频发的形势，需要定期开展林业有害生物全面调查和专项调查，全面掌握林业有害生物分布、发生、危害的本底情况，建立我国林业有害生物数据库，对重要林业有害生物进行风险评估分析，为检疫防范提供基本信息。

（三）联系报告制度

联系报告制度是上级和下级部门及时沟通信息的重要途径，它有利于及时掌握林业生物灾害发生发展动态，为开展防治后续工作提供信息保障。报告制度分为定期报告和不定期报告。

定期报告。每月 26～30 日，县级森防站根据基层乡镇监测点调查情况，按时上传本辖区本月有害生物灾害数据，国家级中心测报点将监测对象的调查数据及发生趋势预测向国家测报中心报告。由月报汇总成季报、年报。

不定期报告。新发生（发现）的危险性或发生面积 50 公顷以上的林业有害生物必须在 7 日内上报国家林业局，并将发生情况、防治对策及建议报告当地政府和上一级林业行政主管部门。

信息采用"全国林业生物灾害防治管理信息系统"软件向国家林业生物灾害数据处理中心系统发送，用电话及传真等方式向国务院林业行政主管部门报告；国家基准站通过"中国森防信息网"报送。

突发公共林业生物灾害信息。根据国务院应急管理办公室《关于建立突发公共事件月报制度的通知》精神，各省（自治区、直辖市）应严格按照有关要求，将本省（自治区、直辖市）达到启动突发公共事件应急防治预案二级及以上林业生物灾害情况，附文字说明材料，于每月 25～30 日报送国家林业局。

加强林业生物灾害信息管理。各级林业主管部门要严格按照《关于加强林业有害生物监测预报和突发疫情信息管理的通知》的规定，规范各级各类灾情、疫情信息的管理。危险性林业生物灾害信息，未经上级核实和同意，任何个人和单位不得以任何方式擅自向外界发布。要加强相关人员疫情信息的保密意识，严格把握数据采集来源，确保各级数据汇总的真实、可靠和数据传输的通畅。

（四）预报制度

各级测报站应根据有害生物的发生发展规律、近期野外调查的病虫情信息，对其未来发生趋势做出科学准确的预测，依此发布趋势预报指导生产防治。

按预报时间的长短，趋势预报分为短期预报（7 ~ 15 天，一个世代中的某个发育阶段）、中期预报（数月，一年多代中的某个世代）和长期预报（一年或以上，多年一代的一个世代）。预报内容包括发生期预报（包括发生始、盛、末期）、发生量预报（包括虫害有虫株率、虫口密度等指标，病害感病指数、感病株率等指标，鼠害危害株率、捕获率等指标，有害植物覆盖率等指标）、发生范围预报（包括发生面积、发生地点）、危害程度预报（以轻、中、重三级表示）和可能成灾面积预报。

有害生物发生、危害及成灾面积的统计、汇总方式，按国家的统计标准执行（无国家标准的可暂按省级规定）。按有害生物种类统计，可重复累计，单位为亩[①]次。已列为国家基准站测报对象的有害生物种类，按其测报办法中规定的具体标准执行。执行地方统计标准的有害生物要注明其使用标准。

当某种有害生物近期将暴发且发生面积达 50 公顷以上时，应及时报告县级以上林业行政主管部门，由同级林业行政主管部门发布警报。

预报发送单位分别为政府有关行政管理部门、上一级林业主管部门、森防机构和森林所有者、经营者。

第三节　建设重点

按照“全面监测，准确预报，及时预警”的要求，在完善现有国家、省、地（市）、县四级测报站点的同时，重点加强对国家级中心测报点和基层乡镇监测点、地面 GIS 定位调查平台和数据分析处理决策系统的建设。

一、加强国家级中心测报点建设

（一）建设目标

国家级中心测报点是林业有害生物监测预报网络的骨干，在我国林业有害生物监测预报网络中发挥着极其重要作用。近年来，我国外来有害生物入侵频度增加、危险性林业生物灾害发生加剧，监测预报工作面临着监测范围不断扩大、监测技术手段力不从心的巨大压力。现有的硬件设施和技术手段已经不能完全适应新形势下林业有害生物监测

① 1 亩 =1/15 公顷，下同。

预报的实际需要，必须迅速加强。

提高国家级中心测报点建设标准。要配备先进的办公设备、信息采集设备及必要的调查工具。要稳定测报人员队伍，统一规范的测报办法，提高应用现代化监测手段开展本辖区林业生物灾害调查监测的能力。要适当增加国家级中心测报点专项运行补助经费。

（二）建设任务

国家级中心测报点建设任务的重点是改善现有工作条件，配备先进的办公设备、信息采集设备及必要的调查工具，参见表 6-4。

表 6-4　基准站设施设备明细简表

项目名称	建设内容
办公设备	笔记本计算机，信息处理、图形处理、音视频处理等软件
	复印机、扫描仪、刻录机、传真机、打印机等
	办公家具
信息采集设备	PDA 及配套 GIS、GPS 硬软件、调查工具箱、气象观测仪器、信息素和灯光诱集设备、发电机等
	数码相机、摄像机
	地形图、电子地形图（相关区域）、电子森林资源区划图
监测交通工具	皮卡车、摩托

二、强化乡镇基层监测点建设

（一）建设目标

乡镇基层监测点是我国林业有害生物监测预警体系的基础，是监测预报网络中最基本的单位，是地面调查和监测任务的具体执行者。开展乡镇监测点建设就是要将监测调查向基层乡镇延伸。通过建设乡镇监测点，大幅提高监测覆盖面，为真正实现监测到位、不留死角的监测目标提供基础组织保障。

（二）建设任务

依托现有的乡（镇）林业工作站、林场管护站等建设乡镇监测点，将林业有害生物的日常监测调查任务落实到护林员肩上。为了加大基层监测点的建设范围和建设力度，规划建设 10 000 个乡镇监测点，尤其在全国森林资源较为集中的乡（镇）、林场，要提高乡镇监测点的建设密度。监测点配备野外调查、信息采集等监测调查设备，定期或不定期开展对辖区内林业有害生物的监测调查，包括 GPS 野外调查记录仪、野外调查工具箱和摩托车，及时发现和报告林业生物灾害发生情况。

三、地面 GIS 定位调查平台建设

（一）建设目标

地面 GIS 定位调查平台建设，就是要通过“3S”技术获取实时地面监测信息，提升基层监测调查能力，实现监测调查由传统的人工调查向高新技术监测与人工调查相结合，

以高新技术手段为主的转变。分层次加强县、乡两级基础设施建设，为县级森防站配备GPS野外调查记录仪、计算机、网络服务设备、通讯设备等硬件设施以及数据库、“3S”等软件；各乡镇监测点配备GPS野外调查记录仪。实现对监测点、调查人员、各林班、小班基本情况，森林资源情况，以及当地主要林业有害生物等信息的数字化管理。

(二)建设任务

配备必要的外业监测调查仪器，主要是内嵌监测调查专用软件的数据采集设备、集成全球卫星定位系统(GPS)和移动地理信息系统(GIS)，实现对监测调查数据准确性核查的规范化和数据交换的同步化。在监测数据分析处理软件基础上，开发基于GIS技术的数据管理、分析软件，实现专题空间分布图、调查数据生成、分析、汇总与多个子系统的数据交换功能。

四、数据分析与专家决策系统建设

(一)建设目标

林业有害生物数据分析与专家决策系统利用数据采集系统和处理系统获取的大量有害生物调查数据，结合气象、生物、资源、空间等信息进行处理、分析和挖掘，实现对不同尺度林业有害生物发生趋势的数值分析预测，为防治决策提供实用、直观的分析结果和建议。

(二)建设任务

系统根据空间尺度、目标任务、技术特点、使用群体等的不同划分为若干应用平台，包括面向基层生产性预报的监测预报应用平台、进行大范围宏观分析的区域预警应用平台、空间分析与展示应用平台、面向初级工作者和广大林农的有害生物鉴定平台等。该系统的主要建设任务是完成统一框架和标准下的一系列应用软件，建设内容包括系统框架与标准制订、数据库系统建模建库、建立分析模型与方法、各级应用软件开发、数据安全保障、网络及硬件保障等。

第四节 健全完善林业生物灾害调查制度

受灾害性天气增加、森林质量下降和贸易往来剧增等综合因素影响，我国林业生物灾害发生形势十分严峻，需要健全和完善包括全面调查、专项调查和监测调查在内的林业生物灾害调查制度，促进林业生物灾害调查工作的规范化，为及时、准确地掌握林业有害生物种类、分布和危害情况等基本信息提供可靠的制度保障。

一、建立调查制度的必要性

(一)建立调查制度是做好防治工作的客观需要

目前，在我国能够造成灾害的林业有害生物有近300种，除对少数几十种主要种类的基本信息了解较为详细外，多数种类的底数不清，只有在突发造成大面积灾害时才被发现，却已经延误了最佳防治时机。对于一些外来有害生物种类，传入时间不清、分布区域不明、检疫缺乏针对性，造成灾情的扩散蔓延，给我国森林资源造成了重大损失。

林业生物灾害的种类随着时间的推移而发生变化，不同的时期有不同的主要种类，但主要种类总体增加的趋势十分明显。20 世纪 80 年代以前以松毛虫和竹蝗为主，80 年代以松毛虫、日本松干蚧、竹蝗、鼠害为主；90 年代以松材线虫病、松毛虫、杨树天牛、松突圆蚧、大袋蛾为主。进入 21 世纪以来以红脂大小蠹、椰心叶甲、松材线虫病、美国白蛾、杨树食叶害虫、松钻蛀性害虫、鼠害为主。20 世纪初至 70 年代后期传入的有害生物种类有日本松干蚧、紫茎泽兰、松突圆蚧、湿地松粉蚧、松材线虫病、红脂大小蠹、松针褐斑病、杨树花叶病毒、加拿大一枝黄花、椰心叶甲、刺桐姬小蜂、枣实蝇、桉树枝瘿姬小蜂等。随着林业和社会经济的发展，林业生物灾害种类还会出现一些变化，而这种变化是人们根本无法预料的。

此外，林业生物灾害调查是一项既花费时间，又需要耗费人力、物力和财力的艰苦性工作。如果没有完善的制度做保障，则很难正常开展。

（二）建立调查制度是科学部署防治工作的基本途径

林业生物灾害的发生是森林生态系统中林业有害生物、寄主树种和系统中生物和非生物环境等各种因素综合作用的结果。我国地域辽阔，各地气候、地理类型多样，决定了我国森林类型的多样化，进而导致我国林业生物灾害的种类多，分布差异显著，对分布区域内寄主树种的危害程度不同，引起的经济、生态和社会效益的损失也互不相同。这种特征，决定了我国林业生物灾害防治工作，必须按照灾害种类、分布、危害情况、引起的损失大小以及潜在损失等，有选择、有重点地实施防治，促进我国林业生物灾害防治工作的有序开展，从而取得预期的防治效果。

林业生物灾害种类、分布、危害情况、灾害损失等基本信息，决定了林业生物灾害是否需要防治以及如何开展防治等决策性问题，而这些基本信息只有通过调查才能获得，因此，建立林业生物灾害调查制度，有利于全面、及时地掌握林业有害生物发生、分布、危害和损失等基本信息，对于科学合理地部署林业生物灾害防治工作具有重要的指导意义。如对于本土林业有害生物种类，通过调查，建立起林业生物灾害数据库，可以促进监测和防治技术的提高，做到早发现、早预防、早除治；对于外来有害生物种类，通过寄主、气候等因子，及时开展林业危险性有害生物专项调查和风险评估，为检疫防范提供依据。

（三）建立调查制度是推进森林健康理念的必然选择

在开展林业生物灾害调查的同时，对灾害所处的森林环境特别是林分因子变化情况也要有比较详细的了解，促进灾害发生与林分因子变化关系的研究，为采取营林性防治措施提供重要的参考依据，特别是在强调可持续控灾和推行森林健康理念的林业生物灾害防治的新形势下，重视应用生态性营林措施，把林业生物灾害防治纳入林业工作的全过程，无疑会促进林业生物灾害的可持续控制。

林分因子的变化与环境变化密切相关。近年来，随着暖冬、倒春寒、夏季高温、雨雪冰冻灾害等灾害性气候的加剧，生态环境整体持续恶化，旱涝、酸沉降、沙尘暴、土地荒漠化、物种灭绝、地下水位下降、水体污染、城市空气污染等自然灾害，也进一步加速了生态环境的恶化，并具有区域性破坏、结构性解体和功能性紊乱的发展特征，环境的恶化又反过来成为林业生物灾害严重发生的诱导因素。林分因子的变化也与森林经营手段密切相关。树种、林种、林龄、结构的变化，天然林与人工林、混交林与纯林、中幼林与成熟林、阔叶树与针叶树比例的不同，都与采伐更新、森林抚育等管理方式有关，并间接影响到林业生物灾害的发生危害。

二、调查现状分析

20 世纪 50 年代，随着生产防治的开展，林业有害生物调查工作得到重视并陆续在各省（自治区、直辖市）展开。为加强对调查工作的管理，国家林业局陆续下发了“森林病虫害预测预报管理办法”、“国家级森林病虫害中心测报点管理办法”、“关于加强林业有害生物监测预报和突发疫情信息管理的通知”等 30 多个规范性文件，规定了有害生物调查的种类、时间、内容和方法，逐步形成了监测调查、专项调查等各种调查制度（表 6-5）。

表 6-5　几种调查方式的比较

<table>
<tr><th colspan="2">种类</th><th>目　的</th><th>范　围</th><th>内　容</th><th>方　法</th><th>次数、时间</th></tr>
<tr><td colspan="2">普查</td><td>掌握所有林业有害生物本底资料，建立基础数据库</td><td>全国或省</td><td>全面调查所有林业有害生物的发生、分布、危害的基本情况；了解面上情况，精度较粗</td><td>全面线路调查</td><td>时间跨度长，10 年 1 次，每次 3 年</td></tr>
<tr><td colspan="2">专项调查</td><td>掌握单一种（类）情况</td><td>全国或省</td><td>调查单一种（类）有害生物的分布发生、危害的基本情况；了解面上某一种（类）情况，精度较细</td><td>线路调查和少量样地调查</td><td>3～5 年或按需要随时进行，每次数月</td></tr>
<tr><td rowspan="2">监测调查</td><td>一般调查</td><td>了解主要种类情况</td><td>县（林业局）辖区</td><td>调查主要有害生物的发生危害程度、面积</td><td>一般调查采用面上线路</td><td>常年性调查，1 年 1～3 次</td></tr>
<tr><td>系统调查</td><td>掌握测报对象情况，为监测预报服务</td><td>县（林业局）辖区</td><td>测报对象不同时间的种群情况，发生量、发生期、危害程度的情况；精度详细</td><td>系统调查在标准地进行</td><td>常年开展，每世代的四个发育阶段调查</td></tr>
</table>

（一）普查

普查是指在较大范围（全国或省）内，对林业有害生物及与其有关的所有对象开展的全面调查，是为了满足生产防治、科学研究、制定宏观决策的客观需要，了解掌握总体现状而开展的一项基础性本底调查。

我国于 20 世纪 80 年代（1979～1983 年）进行了一次全国范围的林业有害生物普查，普查结果表明，我国共有林业有害生物8 000余种，其中害虫5 000多种，病原物近 3 000 种，害鼠（兔）160 种，有害植物 150 种。近 30 年来，尽管我国的森林面积有了很大程度的增加，贸易、工业化等导致有害生物变化的因素发生了巨大变化，但却一直没有再进行过大规模的林业有害生物普查，以至于第一次普查的有关数据，一直作为我国林业生物灾害防治工作的基础性数据在广泛引用，往往与实际情况有较大差距，远不能满足林业生物灾害防治工作的需要。

（二）专项调查

专项调查是指在较大范围（全国或省）内，为了掌握某些种（类）林业有害生物分布和树种受害情况而进行的专门性调查。专项调查的目的是准确掌握调查对象的分布地点、发生数量、受害程度等信息，为有针对性地开展某项工作提供依据。

与普查相比，我国林业生物灾害专项调查开展的次数相对要多，特别是随着社会经济的迅速发展，针对外来有害生物入侵次数增多，引起的灾害损失严重的情况，我国先后于 1989 于、1998 年和 2003 ~ 2006 年开展了全国林业检疫性有害生物专项调查，以及松材线虫、红脂大小蠹虫、红火蚁、刺桐姬小蜂、悬铃木方翅网蝽和枣实蝇等种类为对象的专项调查，为有针对性地开展检疫、控制外来有害生物的扩散蔓延发挥了重要作用。

但总体上看，我国在开展专项调查过程中，还存在着计划不够周密、调查质量难以保证的缺陷，致使开展专项调查的种类、范围等比实际需要进行专项调查的种类、范围要小得多，据此制订的防治方案必然就会出现纰漏，这也就成为一边防治、一边仍在继续扩散蔓延的重要原因之一。

（三）监测调查

监测调查是监测预报最基本的日常性调查，其目的是全面掌握林业有害生物发生危害的实时情况，为分析预测未来发生发展动态提供基础数据。根据调查内容和调查目的，监测调查通常又分为一般调查和系统调查。

1. 一般调查

一般调查通常也叫面上调查，每年 1 ~ 3 次，由村护林员、乡林业工作站人员或县森防站人员进行。一般调查主要是对林业有害生物种类、发生危害程度、发生面积等情况的直观调查。

目前，在一般调查中存在的突出问题是对执行调查任务的护林员等缺乏有效的监督制约机制，使得在开展线路踏查时，主要在林内方便行走的路线上进行观察，调查质量无法保证。

2. 系统调查

系统调查一般也称为点上调查，由国家级、省级测报点专职测报员进行。系统调查的目的是了解掌握当地不同林分、不同立地条件、不同气象和天敌因子作用下，有害生物在各发育阶段的存活率（或死亡率）、增殖率、发生数量和危害程度等。

系统调查是在固定标准地内进行的，标准地、标准株的设置及调查时间、内容、方法等在测报对象的测报办法或技术操作规程中都有明确规定。

系统调查存在的突出问题是标准地的选择带有明显的人为倾向，使得标准地的代表性受到了一定的限制。系统调查需要对害虫生活史的各个阶段进行详细的观察记录，而实际工作中往往注重对生活史的某一阶段的观察记载，缺乏对有害生物整个生活周期的系统观测。

三、进一步完善调查制度

进一步健全和完善林业生物灾害调查制度，明确规定林业有害生物普查、专项调查和监测调查的组织、资金、技术方案及保障机制等各项内容，促进调查工作的正常开展，保障防治工作有稳定、可靠的基础信息，为提高我国林业生物灾害防治决策的科学性和防治工作效率发挥重要的作用。

（一）明确调查制度的法律地位

针对目前我国林业生物灾害调查制度没有明确的法律和制度出处，建议今后在对相关法律法规制修订时，要增加建立林业生物灾害调查制度的有关条款，从法律上保障调查工作的有序开展。

现行《森林病虫害防治条例》中只规定了进行病虫情调查；《植物检疫条例实施细则（林业部分）》规定应当每隔3～5年进行一次检疫对象普查；《森林病虫害预测预报管理办法》规定了森林病虫情调查是县级森林病虫害防治检疫机构测报管理的一项重要工作，每年要组织1～2次对本辖区内危险性森林病虫害的专项调查工作。

在《森林病虫害防治条例》和《林业生物灾害预测预报管理办法》修订时，应进一步完善林业生物灾害调查制度，明确规定林业有害生物普查、专项调查和监测调查的组织、资金、技术方案及保障机制等各项内容，增加"要建立林业生物灾害调查制度，科学制订调查标准和方法，开展定期普查、专项调查和监测调查工作。经费由中央、地方分担。定期普查、专项调查由国务院林业主管部门或省（自治区、直辖市）人民政府林业主管部门所属林业生物灾害防治机构组织实施，定期普查每10年进行1次、专项调查按需要随时进行。市、县级林业行政主管部门所属林业生物灾害防治机构开展一般监测调查，林业有害生物监测预报基准站（重点测报站）开展系统预报调查"等具体条款。

（二）林业有害生物普查制度

1. 普查目的

及时、全面地了解、掌握全国或全省（自治区、直辖市）林业有害生物的发生、分布及危害等基本情况，建立林业有害生物数据库，为开展后续的林业生物灾害监测、检疫和防治决策等提供基础信息。

2. 普查组织

全国范围的普查由国家林业主管部门统一组织实施，全省（自治区、直辖市）范围的普查由省（自治区、直辖市）林业主管部门统一组织实施。林业有害生物普查工作应成立领导小组，负责普查的组织、协调、经费筹集和监督等工作。普查领导小组下设普查办公室和专家指导组，普查办公室负责普查工作的人员组织、物资筹备等工作；专家指导组负责普查方案的制订、监督检查、普查资料的汇总等工作。

3. 普查周期和时限

全国性普查以10年为周期进行，一般持续时间为3年。第一年建立普查机构、制订普查方案、筹集经费、培训人员、准备调查工具和进行普查试点；第二年全面开展外业调查，采集标本；第三年标本鉴定、调查数据汇总，完成普查总结报告、归档和公布普查结果。全省(自治区、直辖市)范围的普查可在全国普查的基础上根据具体情况酌情确定。

4. 普查经费

全国林业有害生物普查经费按单位调查面积的费用计算经费总数，单位调查面积的费用平均为2.0～4.0 元/公顷。普查经费作为财政专项列支，以中央投资为主，各省(自治区、直辖市)根据当地经济状况按比例配套。普查经费用于人员外业补助、专家咨询、调查工具、标本采集、制作、鉴定以及资料汇总等内业支出。

5. 普查内容

普查的内容主要包括林业有害生物的种类、分布、危害以及天敌资源状况等，以摸清底数。

6. 普查方案

普查方案是有关普查管理和技术的计划性和指导性文献。科学合理的普查方案，是关系到整个普查工作能否顺利进行和能否达到预期目标的重要前提。普查方案通常包括下列内容(详见附件2)：普查的依据、目的和意义；普查的组织、单位、人员组成及管理办法；普查范围和普查对象；普查经费预算、资金筹措及资金管理；普查起止时间及进度；普查的技术方法和规程，包括调查比例和精度确定等；普查资料汇总。

7. 普查资料汇总

普查资料包括实物资料和文字资料(含照片、影像等资料)。实物资料即普查中采集的各种标本。在内业整理中，要组织技术人员对采集的各种标本进行分类、鉴定、保存，当地不能确定的种类请研究或教学单位专家鉴定。对于可能是首次采集到的，或者认为是外来的林业有害生物标本送国家林业局有害生物鉴定中心进行鉴定。标本由各级森防检疫机构妥善保存，当地不具备长期保存条件的，送省级以上森防检疫部门统一保存。文字资料指普查过程中，各种观测结果的文字记载和描述、数据资料、图、表以及照片和影像资料等。外业结束后，普查人员要及时整理、汇总外业调查的各种文字资料，形成林业有害生物普查报告(外业部分)。

8. 普查结果处理

普查结束后应提出技术报告，包括普查概况、普查结果(林业有害生物种类、分布、面积、寄主树种、危害程度)、普查结果分析和对策建议等。技术报告应附有害生物名录。普查工作全部结束后，应对整个普查工作进行全面总结，上报普查工作报告，并对外公布普查结果(林业有害生物种类、分布、面积、寄主树种、危害程度)。

(三) 专项调查制度

1. 专项调查的目的

专项调查是针对某种突发性或外来的林业生物灾害，在全国或部分省(自治区、直辖市)开展的调查，其目的是了解、掌握该种林业生物灾害的分布、危害等基本信息，为控制其传播扩散、减少灾害损失提供防治决策依据。

2. 专项调查的范围和内容

专项调查范围一般为发生突发性或外来林业生物灾害的省（自治区、直辖市）及其周边省（自治区、直辖市）的森林，其中，以能够发生突发性或外来林业生物灾害的寄主树种所在的各种林分为重点。

专项调查的内容主要包括有害生物的分布、危害程度、寄主树种等。

3. 专项调查的时限

专项调查的时限为 4 ~ 6 个月，最多不超过 1 年。

4. 调查方法的选择

调查方法一般根据调查目的和要求来确定。

如果需要全面了解灾害基本信息，则应当采取先踏查，在踏查基础上或在踏查的同时进行样地调查；

如果需要了解灾害的一般情况，则应采取点面结合的办法进行调查。

5. 其他事项

专项调查的组织、经费和资料汇总等可参照林业有害生物普查制度来制定。

（四）监测调查制度

1. 一般调查

（1）调查目的。观察、记载和上报区域内林业有害生物发生危害的基本情况，为主管部门制定防治决策提供依据。

（2）调查范围。辖区内的所有森林。

（3）调查组织。一般调查由基层乡镇监测点组织，也可由县森防站直接组织开展。

（4）调查内容。一般调查的调查内容包括林业有害生物种类、危害程度、发生面积等。

（5）调查时间和方法。一般调查每年开展的次数及时间因当地有害生物种类而异，但多安排在有害生物危害最容易直接观察的时间段内进行。测报对象的调查时间按测报办法规定进行。调查方法采取线路踏查，或踏查与临时样地相结合的方法。踏查通常是沿着预定的有代表性的路线进行，踏查路线可利用林班线、林间大小道路或用罗盘仪所定的测线，应穿过当地主要森林类型和有害生物可能发生地。

2. 系统调查

（1）调查目的。通过在测报对象发生林分内设定的标准地内观察测报对象的生活史，掌握测报对象的种群发生规律，为发布趋势预报提供依据。

（2）调查组织。系统调查主要由国家级中心测报点、省级重点测报站的专职测报员进行。

（3）调查内容。调查内容包括测报对象各虫态的发生期、发生量，及其对寄主的危害程度（造成的林木直接损失），以掌握不同林分条件、不同立地条件、不同气象条件和天敌因子作用下，测报对象在各发育阶段的存活率、增殖率和危害程度等。

（4）调查时间。调查时间按测报办法的规定进行。

(5)调查方法。在调查林分内，选择下木及幼树较少、林分分布均匀、符合测报对象分布规律并有较强代表性的地块作为调查标准地。标准地主要根据地理、交通、林分状况、测报对象分布等因素进行设置，一般设在林班或小班内，最好不跨林班，面积一般在 0.1～0.3 公顷(鼠害 1 公顷)。通常，常灾区每 100～500 公顷设 1 块固定标准地，偶灾区每 700～1 000 公顷设 1 块固定标准地，无灾区每 2 000～3 000 公顷设 1 块固定标准地；人工林每 130 公顷设 1 块固定标准地，天然林每 3 000 公顷设 1 块固定标准地。标准地内的标准株数数量不得少于 100 株(种实害虫例外)。标准株的选择一般是根据具体对象的生物生态学习性和发育阶段来确定的。幼虫期一般选择 20～30 株；种子园、母树林及一般采种林分，可在标准地林分内分级选取标准树，一般可选 5～10 株。

第五节　开展气候变化对林业生物灾害影响的研究

气候变化是指因温室效应所引起的全球变暖及由此导致的一系列气象因素的改变，它是全球可持续发展的重大课题和全球环境变化研究的核心内容，对于各国制定经济发展战略和社会发展计划，部署工农业生产和防灾减灾工作，指导生态建设和环境保护具有十分重要的作用。20 世纪下半叶以来，全球气候明显变暖，极端气候事件频发，海啸、飓风、洪涝灾害、热浪高温、干旱和暖冬等灾害性天气给世界各国经济社会造成严重破坏。随着气候的变化，我国林业生物灾害的发生危害呈现出明显的加剧之势，因此，研究气候变化对我国林业生物灾害的影响，提出相应的对策措施，是我国林业生物灾害防治工作亟待解决的科学命题。

一、全球及我国的气候变化

(一)全球气候变化概况

联合国政府间气候变化专门委员会(IPCC)发布的评估报告显示：近 100 年来全球平均地面气温上升了 0.6℃；1850 年以来，最暖的 12 个年份中有 11 个出现在近期的 1995～2006 年；1960 年以来，北半球的冰雪覆盖量减少了约 10%，北极冰雪厚度减少了约 40%；全球海平面在过去 100 年中平均上升了10～20 厘米；20 世纪以来，北半球中高纬度区降水量增加了 5%～10%，与之相反，热带、亚热带地区降水量减少了 3%。极端气候事件频发，引起的灾害损失也不断增加。

(二)我国气候变化情况

我国是全球气候变暖特征最显著的国家之一。近百年来，我国年平均气温升高了 0.65℃，比全球平均增温幅度略高；年均降水量变化趋势不明显，但区域降水变化波动较大，如华北大部分地区每 10 年减少 20～40 毫米，而华南与西南地区每 10 年增加 20～60 毫米。近 50 年来，中国沿海海平面年平均上升速率约为 2.5 毫米，略高于全球平均水平。我国极端天气与气候事件的频率和强度发生了明显变化，从 1986/1987 年的冬季至今，我国已经历了 19 个暖冬(仅 2004/2005 年的冬季为正常)，特别是 2006 年，中国平均气温 9.92℃，成为 1951 年以来创纪录的暖年。过去 50 年气温升高最显著的地区是华北、内蒙古东部以及东北地区，2006 年我国从黄河以南至南岭以北及西北、西南地区的17 个省(自治区)年平均气温均为 1951 年来最高值。尤应值得警惕的是，2006 年，对气候极为敏感的青藏高原39 个国家气象观测站中，13 个站的观测气温突破历史极值。

(三)未来气候变化趋势

据 IPCC 预测，到21 世纪末，全球平均气温将上升 1.4～5.8℃，这将带来更为严重的影响：北极和南极更多的海冰消失，全球平均海平面继续上升 9～88 厘米；极端气候灾害频度和强度进一步增大；温带和东南亚地区降雨增加，洪灾可能性增大；中亚、地中海地区、非洲、澳大利亚和新西兰降雨减少，旱灾可能性增加。

在未来的 20～100 年，我国气候也将继续明显变暖，尤以冬半年、北方最为明显。到2020 年我国年平均气温将可能增高 1.3～2.1℃。2020 年最大增温区域在华北、西北和东北北部，增温幅度为 0.6～2.1℃，2050 年时增温的幅度加大。降水也呈增加趋势，预计到 2020 年全国平均年降水将增加2%～3%，到 2050 年将增加 5%～7%；海平面继续上升，到 2050 年约上升 12～50 厘米，珠江、长江、黄河三角洲附近海面上升 9～107 厘米；未来 100 年极端天气与气候事件发生频率可能增大；干旱区范围可能扩大、荒漠化可能加重；青藏高原和天山冰川将加速退缩，一些小冰川将消失，到 2050 年我国西北的冰川面积还可能再减少 27%。

二、气候变化对我国林业生物灾害的影响

剧烈的气候变化除了引起海平面上升之外，还会对农牧业、水资源、生物多样性和生态环境等各方面产生深远影响。在林业方面，气候变化带来的影响是全方位、多层次和综合性的，涉及森林生态系统自身结构、生物多样性、树木生理生化和生态地理环境等多个方面。气候变化会引起森林植被的分布格局发生变化，植被的分布区北界南移和南界北移。同样，林业生物灾害的发生也呈现出危害种类增多，发生期提前，分布区域扩大，局部地区危害加剧态势。

(一)引起林业生物灾害发生种类的变化

据统计，我国主要林业有害生物种类从建国初期的十几种增加到目前的近 300 种，造成严重危害的林业有害生物由过去的几种发展到目前的 40 余种，气候变化是重要诱因之一。历史上松毛虫的发生周期是每 10 年左右暴发一次，但近 20 年来，松毛虫的暴发周期逐渐缩短到每 5 年左右暴发一次。另外，气候变暖使得越冬林业有害生物的成活率升高，下一年度的种群基数增加，发生期提前，世代数也相应增加，极易暴发成灾。

(二)导致林业生物灾害发生范围扩大

全国林业有害生物的发生面积由 1952 年的 3 万公顷增加到 2007 年的 1 200 万公顷。油松毛虫过去分布在辽宁、北京、河北、陕西、山西和山东等省，现已向北、向西扩展，广泛分布在内蒙古赤峰市(约相当于北纬 42.5°或 1 月均温为 -8℃ 等温线)以南，东部南端相当于1 月均温 0℃ 等温线以北；垂直扩展呈岛状分布于800 米以上(如泰山和崂山山顶)，或西北黄土高原海拔 500～2 000米的油松林间。松材线虫是我国重大危险

性林业有害生物，近年来的分布范围不断扩大，与气候变化也有一定的关系。通常情况下，松材线虫的适生区在年平均温度 12℃ 以上的地区，气候变暖后其适生区域随之扩大，对我国大面积松林和黄山、张家界、武夷山等重点风景名胜区造成严重威胁。

（三）诱发突发性林业生物灾害

近年来，极端异常天气事件时有发生，对我国林业有害生物的发生造成了极大的影响。久旱不雨和长期涝灾都会造成林木树势衰弱，抗病虫能力降低，从而引发林业生物灾害大发生。1999 年，我国北方发生了大面积的杨树烂皮病，究其原因是暖冬、春季干旱和倒春寒所致。1998 年 12 月至 1999 年 2 月，我国北方出现暖冬，东北中南部平均气温较往年同期高出 4℃ 以上，为历史最高值，但是早春却又转而持续低温，气温骤降 15～18℃，加之干旱缺水，导致树木生理失调，从而引发杨树烂皮病的大暴发。另外，台风和雨雪冰冻灾害造成大量的倒木，引起松褐天牛等次期害虫的暴发。2008 年初我国南方大部分地区出现了历史罕见的低温雨雪冰冻天气，造成大量的倒木和严重的树木冻害，约有 1 800 多万公顷林木受到毁损，这些受损的林木由于抗性降低，极有可能发生严重的次期性生物灾害。

三、应对气候变化的战略措施

制订合理的应对气候变化的战略对策，对减轻气候变化的不利影响、降低林业生物灾害带来的经济损失、保护我国森林资源、维护森林生态安全和促进经济社会的健康发展具有十分重要的意义。目前，气候变化已经成为世界瞩目的焦点问题之一，但是，对于气候变化可能产生的影响尚处于探索阶段，没有成熟的应对措施。因此，开展气候变化对林业生物灾害的影响和应对措施研究，积极探索行之有效的对策措施，将由此产生的灾害损失降至最低水平，已成为我国林业生物灾害防治的紧迫而艰巨的任务。

（一）分析气候变化对我国林业生物灾害的影响

观察气候变化对我国林业有害生物种类、分布、种群动态、流行规律、生物学特性和生态学特性等方面的影响，寻找和发现产生这种影响的关键气候因子，分析其影响机制，判断气候变化背景下林业有害生物的适应性、潜在分布区域和危险性，明晰未来林业生物灾害发生发展趋势和外来有害生物入侵的可能。

（二）制订应对气候变化的林业生物灾害防治策略

对于不同类别、不同强度的极端气候条件，制定详细的应对林业生物灾害的分级响应对策、明确应采取的应急处置措施，重点包括不同气候变化下林业生物灾害监测、检疫和防治工作的重点和方向、生产力布局和技术支撑。

（三）建立气候因子与有害生物发生动态数学模型

根据气候因子和有害生物种群动态的相关性，建立气候因子与林业有害生物发生趋势的数学模型，依此开展林业生物灾害的中长期趋势预报，并在该模型基础上编写灾害预测及信息发布软件，实现相关数据的自动化管理与分析。

（四）制订主要林业生物灾害预警等级指标

根据气象灾害强度、幅度和受害区域森林健康状况及有害生物自身特点，确立主要林业生物灾害的气象适宜度综合指标、林业生物灾害发生发展的短、中、长期气候预测预警指标，适时发布林业生物灾害发生发展气象等级预报和气象灾害与林业生物灾害的耦合预报。

（五）建立林业生物灾害气象风险分析系统

根据主要林业生物灾害发生程度与适宜气象条件的相关分析，研发重点林区主要林业有害生物发生发展气象等级预报预警技术，开展主要林业生物灾害气象风险区划（常发区、偶发区和安全区），确立短、中、长期气候预测指标，建立林业生物灾害气象风险分析系统。

第6章主要研究人员：

赵铁良、张旭东、胡加付、于治军、王玉玲、董振辉
苗振旺、王　焱、阎国增、王　毅

第7章

检疫御灾体系建设战略

林业植物检疫(森林植物检疫)是植物检疫工作的一部分，是林业生物灾害防治的重要环节。检疫御灾是通过实施风险评估、产地检疫、调运检疫、引种审批等措施，达到有效防御有害生物传播扩散的一项融行业管理、行政执法和技术服务于一体的林业生物灾害防控措施。加强林业生物灾害检疫御灾工作，建立检疫御灾体系，增强检疫御灾能力，是贯彻“预防为主”方针的具体体现，是实现林业生物灾害风险防范前移，保护林业生产、森林资源和国土生态安全，促进经济社会协调发展的重要措施。

第一节 检疫御灾工作现状

1914年，我国签署了《国际植物病理公约》，拉开了我国植物检疫工作的序幕。1964年，林业部分别在吉林和江西两省建立了南、北森林植物检疫站，林业植物检疫工作开始了起步和探索。20世纪80～90年代，我国林业植物检疫工作进入了全面发展阶段，建立了国家、省、市、县四级林业植物检疫机构，国务院及林业主管部门相继制定和出台了《植物检疫条例》、《植物检疫条例实施细则(林业部分)》、《森林植物检疫技术规程》及《森林植物检疫对象检疫技术操作办法》等相关法律法规和部门规章制度，各省(自治区、直辖市)也相继出台了相关检疫法规和规章制度。进入21世纪以来，我国进一步加大了林业植物检疫工作力度，在完善法律法规及相关工作规范和技术标准的基础上，增设了检疫检查站，建设了一批全国无检疫对象苗圃、检疫隔离试种苗圃和检疫除害处理设施，加强了检疫机构队伍建设，强化了检疫工作的规范化、信息化、标准化管理，检疫御灾能力得到大幅度提高，检疫御灾体系基本形成。

一、基本情况

(一)法规、制度和标准制订情况

20世纪80年代后，我国颁布了《植物检疫条例》和《植物检疫条例实施细则(林业部分)》，以及《森林病虫害防治条例》等相关法律法规，并于1992年和1994年分别对《植物检疫条例》和《植物检疫条例实施细则(林业部分)》进行了修订。为保障《植物检疫条

例》和《植物检疫条例实施细则(林业部分)》的贯彻实施，重庆、甘肃等大部分省(自治区、直辖市)政府也相继制定了地方林业植物检疫法规，构成了我国林业植物检疫的法律框架。实践证明，上述法律法规的实施，对我国林业植物检疫工作的健康发展起到了重要作用。

为确保法规的落实，国家林业主管部门先后制定了《森林植物检疫技术规程》、《林业检疫性有害生物检疫技术操作办法》、《引进林木种子苗木及其他繁殖材料检疫审批和监管规定》、《森林植物检疫对象确定管理办法》等一系列部门规章和规范性文件，公布了《应施检疫的森林植物及其产品名单》、《全国林业检疫性有害生物名单》，确认了"松材线虫病疫木加工板材定点加工企业审批"、"普及型国外引种试种苗圃资格认定"、"国务院有关部门所属在京单位从国外引进林木种子、苗木检疫审批"3项有关林业植物检疫的行政审批许可，并联合铁道部及交通部、中国民用航空总局、国家邮政局公布了《关于国内托运、邮寄森林植物及其产品实施检疫的联合通知》。国家林业局还下发了《关于加强松科植物产品检疫管理的紧急通知》、《关于进一步明确人造板检疫范围的通知》等一系列规章、制度和文件，规范了林业植物检疫行政执法工作。此外，为规范检疫执法行为，维护制式着装的严肃性和权威性，树立检疫执法新形象，国家林业局出台了《林业植物检疫人员检疫执法行为规范》，并联合财政部制定了《森林植物检疫人员制服供应办法》，下发了《关于林业植物检疫人员着装事宜的通知》，要求检疫执法人员做到文明执法、规范执法、和谐执法，为林业植物检疫工作建立良好的社会形象。

在加强林业植物检疫法规建设的同时，还加强了林业植物检疫标准的制修订工作。目前已制订和正在制修订的国家和行业标准达35项，其中国际引入标准3项。这些标准涉及了林业植物检疫领域的检疫检验、除害处理、林业检疫性有害生物根除、检疫管理等多个方面。各省(自治区、直辖市)也制订了一定数量的检疫地方标准。以法律法规为基础，以技术标准为补充的保障体系已现雏形，为依法检疫提供了有力支持。

(二)检疫御灾能力建设情况

经过20多年的不懈努力，特别是通过开展标准站建设，我国林业检疫御灾能力得到迅速增强。

机构建设方面。目前，全国承担林业植物检疫工作的各级林业植物检疫机构3 068个，林业植物检疫检查站858个，并在国家层面建立了林业有害生物检验鉴定中心和全国危险性林业有害生物防治技术培训中心，以及全国植物检疫标准化技术委员会林业分委会。

队伍建设方面。我国现有林业植物检疫从业人员3万多人，其中专职检疫员达12 738人(2007年统计数据)，具有中级以上职称的5 943人，占专职检疫员总数的46.7%。全国从事林业植物检疫人员中，博士研究生学历占0.2%，硕士研究生学历占2.6%，大学本科学历占60.4%，大专学历占26.7%，中专及以下学历占10.1%。

基础设施建设方面。在全国建成469个国家级无检疫对象苗圃，在部分省区建设了隔离试种苗圃和区域性除害处理设施，各级林业植物检疫机构均配备了数量不等的显微镜、解剖镜、检疫专用工具和样品保存设备，一些条件较好的检疫机构还配备了检疫执法专用车、离心机、摄影显微(解剖)镜、数码照相(摄像)机等设施设备。

(三)检疫工作开展情况

林业植物检疫包括产地检疫、调运检疫、引种审批、监管等方面工作，涉及面广，程序复杂，技术性和规范性要求高，社会责任大。自 20 世纪 80 年代以来，我国林业植物检疫工作得到进一步加强，取得了卓有成效的业绩。一是先后两次在全国范围内组织开展了林业检疫性和危险性有害生物普查，基本摸清了我国危险性林业有害生物发生面积、分布区域和危害情况，为开展检疫工作提供了科学依据。二是开展了检疫信息化建设，开发了检疫管理信息系统，实现了《植物检疫证书》统一印发、计算机签发、网络传送，提高了工作效率。三是加强部门协作。国家林业局与铁道部、交通部、中国民航总局、国家邮政局等部门联合颁发《关于国内托运、邮寄森林植物及其产品实施检疫的联合通知》，针对国内外重大疫情的发生情况，多次与农业部、国家质检总局等联合发布公告，并建立起部门间疫情信息交流制度，联合成立了植物检疫标准委员会，积极开展植物检疫标准制修订工作。通过部门合作，加强了信息沟通，推进了我国林业植物检疫工作。四是通过全面扎实地开展产地检疫、调运检疫和引种审批等工作，检疫工作质量和效率得到明显提升。“十五”期间，全国林业种苗产地检疫量达到 130 多亿株，产地检疫率达 94% 以上，调运检疫林木种子 150 多万吨，苗木 430 多亿株，木材 6 亿多立方米，其他应施检疫物品 3 500 多万吨。每年签发《植物检疫证书》1 000 多万份。同时规范了境外引种检疫审批，加强了引种的风险论证和监管工作。五是组织开展检疫执法大检查活动，打击各类违法违规行为。2000 年以来，国家林业局先后组织开展了林业植物检疫行政执法大检查和松材线虫病疫木源头管理的专项检疫检查等行动，共检查、抽查森林植物及其产品 4 万多批次，查处无证调运、货证不符以及涂改、伪造、买卖《植物检疫证书》等违规行为近 5 000 多起，查处违规加工、使用、调运松木及其制品的企业近百家。各省级行政区也相继组织开展了形式多样的检疫专项检查行动，一些省级行政区之间为了提高检疫质量，加强信息交流，还建立起林业植物检疫协作组。通过强化检疫各环节的工作，林业植物检疫工作效率和质量得到了大幅提升。

(四)开展国际交流合作情况

开展国际交流与合作，广泛吸取和借鉴国外经验，对做好林业植物检疫工作具有重要作用。改革开放以来，我国通过多种方式参与并加强了国际间植物检疫工作的交流与合作。如，加强与联合国粮农组织(FAO)的沟通与合作，于 2005 年 10 月加入了《国际植物保护公约》(IPPC)，成为该协定的第 141 个缔约方，并在植物检疫工作中认真遵守和执行《国际植物保护公约》和《国际植物检疫措施标准》的相关规定和要求，引入了《植物检疫证书准则》等国际先进的技术和管理标准，促进国内植物检疫工作与世界的接轨。通过举办“亚太地区林业外来有害生物国际会议”和“防控外来有害生物高级论坛”、参加相关国际会议和建设亚太地区林业外来有害生物信息网络，为开展林业植物检疫国际交流和合作提供机遇和平台，有力地提升了我国林业植物检疫的国际地位和影响力。

(五)科学研究与技术推广情况

科学技术是开展林业植物检疫工作的基石，是促进林业植物检疫工作快速发展的重要保障。20 世纪 60 年代，以我国南、北森林植物检疫站为主体，对林业植物检疫技术开始了研究；80 年代以来，我国加大了检疫技术的专项研究力度，相继开展了“林木种实害虫检疫技术研究”、“杨苗检疫害虫检疫技术研究”、“木材害虫检疫技术研究”、“松材线虫病早期诊断、快速检验和处理技术研究”、“引进林木、花卉新品种检疫技术研究”等课题研究，并针对松材线虫、松突圆蚧、美国白蛾等检疫性林业有害生物开展了专项技术研究和检疫技术标准制订，探索和研究出多项科学实用的检疫检验技术、方法和技术标准，并结合生产实践研究总结出一整套检疫检验和除害处理的方法和成果，并在工作中得到广泛应用，有力地提升了检疫工作的科技含量和水平。

二、面临的形势

（一）危险性有害生物传播扩散加剧

近年来，随着经济全球化和贸易自由化进程的加快，外来有害生物传播扩散日益加剧。我国是世界上遭受外来林业有害生物危害最严重的国家之一。截至 2008 年，入侵我国并造成严重危害的主要外来林业有害生物达 34 种，其中 1980 年以后入侵的有 18 种，入侵的松材线虫、美国白蛾、椰心叶甲等主要外来有害生物在我国已造成了极为严重的危害，年经济损失达 560 亿元，并直接危害和威胁着我国生态安全、经济安全和人民生命财产的安全。进入 21 世纪以来，外来有害生物入侵速度进一步加剧，已有椰心叶甲、红火蚁、刺桐姬小蜂、红棕象甲、枣实蝇和桉树枝瘿姬小蜂等重要危险性林业有害生物入侵并定植，形势十分严峻。

在外来有害生物入侵和传播不断加剧的同时，林业有害生物在省际间的传播扩散情况也十分严重。近 30 年在我国省际间传播蔓延的林业有害生物达 368 种，其中林木害虫 237 种、病原微生物 131 种。林业有害生物传播扩散加剧的严峻形势要求进一步加强林业植物检疫工作。

（二）全球经贸一体化带来新挑战

在当今日趋激烈的世界经济贸易战中，植物检疫所发挥的作用越来越突出，已经成为一些国家运用技术壁垒手段赢得本国利益的重要筹码。加强植物检疫工作，发挥检疫工作在经济贸易中的作用已成为全球各国最广泛的认同，并成为世界各国的通用做法。近年来，我国参与国际化贸易的程度越来越高，但一些林产品在进出口贸易中屡屡遭受一些国家在检疫方面的技术性贸易壁垒，进口林产品的安全性也得不到有效保障，特别是我国加入 WTO 以后，遵守和执行 WTO 的贸易原则和规则也给我国的植物检疫工作提出了更高的要求。WTO 的贸易原则和规则中的《实施动植物卫生检疫措施的协议》（SPS 协定）是关于全球制定植物检疫法律和采取植物检疫措施的最高原则。SPS 协定规定了一系列原则和措施来规范全球植物检疫法律法规制定和植物检疫措施的实施，尤其是协调一致、风险分析、非疫区、等效性、非歧视、透明度等原则和措施。这无疑使得相对滞后的我国植物检疫工作将在入世后的较长时间内面临着巨大的挑战。因此，我国林产品要参与国际竞争，就必须符合 SPS 协定，必须针对国际植物检疫的规则对植物检疫提出的要求，研究并掌握国际上已颁布的技术法规、技术标准，不断提高和完善我国林业的检疫法规和技术措施，主动与国际标准接轨，更好地适应国际形势发展的需要。

（三）依法治林对林业植物检疫工作提出更高要求

党的“十七大”提出“全面落实依法治国基本方略，加快建设社会主义法治国家”和“推进依法行政”的要求，《行政许可法》、《全面推进依法行政实施纲要》的全面实施成为新形势下加快依法行政进程的重要保障。近年来，按照中央对依法行政的要求，国家林业局加强了行政执法，初步形成了林业执法监督机制，进一步规范了林业行政行为，依法治林工作得到了全面开展并取得了显著成绩。林业植物检疫是依法治林工作的重要内容，也是促进林业发展、建设生态文明的重要屏障，肩负着法律赋予的神圣职责。但是，林业植物检疫执法工作与社会主义法治国家建设的要求还有很大差距。因此，必须加强林业植物检疫工作，自觉运用法律手段调整利益关系，规范林业植物检疫行为，依法行使检疫工作职能，提升林业植物检疫机构的执法权威性和社会公信力，更好地适应依法治林和社会主义法治建设的需要。

三、存在的主要问题

（一）林业植物检疫法规建设滞后

林业植物检疫方面的主要法律法规《植物检疫条例》和《植物检疫条例实施细则（林业部分）》是在计划经济条件下制定的，带有浓郁的计划经济色彩。随着我国社会主义市场经济体制的逐步建立和完善，其部分条款已不适应社会主义市场经济条件下检疫工作的要求，一些基本的概念、原则、方法和措施也与市场经济的要求不相符合，或内容上有缺失，或难于操作，特别是在实行分类经营和集体林权制度改革后，上述情况表现得更为突出：一是立法层级偏低，效力不强。植物检疫工作涉及进出境检疫、工商、电力、电信、邮政、交通等多个部门，而《植物检疫条例》仅是一部行政法规，在实际工作中的法律效力和履行力明显不足，极大地影响了植物检疫工作的深入开展。二是《植物检疫条例》中关于危险性有害生物的法定地位、责任认定、处罚程度和种类、疫区封锁控制手段、检疫机构的设置及保障措施等方面急需调整或明确。三是现有法规与国际标准脱节，与《进出境动植物检疫法》衔接不够，法律关系不协调，做法、程序和标准不一致，给国外造成了内外检标准不一的印象。由于这些问题的存在，致使检疫工作的作用无法得到应有的发挥，也影响了检疫工作的有效开展。

（二）检疫御灾能力有待加强

在检疫机构方面，虽然我国各省级林业植物检疫机构建设已较为完备，但基层林业植物检疫机构建设仍需加强，如西藏、青海、新疆等西部省（区）的部分县、市还未设立林业植物检疫机构；一些地方虽设立了林业植物检疫机构，但无人员，有岗无人现象还普遍存在，或将检疫执法职能并入到执法大队或综合执法大队，无法保证林业植物检疫工作独立、有效的开展，一些地方将林业植物检疫作为行政审批的内容，进入审批大厅办证，现场检疫、行政执法等工作基本处于停滞状态，导致有害生物传播发生的潜在危险性加大。在基础设施方面，我国大部分林业植物检疫机构的检疫检验设施设备落后、数量不足，一些检疫机构甚至连最起码的显微镜、解剖镜都没有，部分机构虽有一些检疫设施设备，但大部分都已陈旧老化，在实际的检疫检验和除害处理工作中，往往凭经验判断、靠肉眼观察，致使检验准确性低，除害效果不稳定。在检疫技术方面，由于国家投入少，检疫经费来源没有保障，我国有害生物风险分析、检验鉴定和除害处理技术研究不多，检验技术标准制订工作滞后，导致检疫检验实用技术少，除害处理技术落后，无法适应高效快速的新要求，影响了检疫工作的效率和质量。

（三）检疫行政执法工作亟待规范

目前，在我国一些地方还存在林业植物检疫执法意识差，开展不平衡、不规范、力度小等问题，主要体现在：一是在检疫思想观念上，我国现有的一些植物检疫思想观念是在计划经济条件下形成的，已不能适应新形势下林业植物检疫工作的要求，如“把关”的观念受到了“检疫服务于经济贸易”观念的冲击、“零疫情”的观念受到了“可接受的风险控制水平”观念的挑战。二是在检疫具体工作方面，目前国内的产地检疫、调运检疫和引种检疫审批等检疫行政执法工作均已开展，但大部分林业植物检疫机构只是出具检疫证书，只开证不检疫的现象仍然存在，现场检疫、复检、检疫监管等环节的工作滞后，检疫缺位现象较为普遍。三是在检疫行政执法方面，一些地方重行政手段轻法制管理、重处罚轻教育、重权利轻义务，不能严格依法检疫，出现越权执法现象。四是在检疫执法环境方面，存在农业、林业、进出境三套植物检疫机构并行、管辖范围交叉和检疫责任不清的问题，特别是农业和林业植物检疫机构存在争权限、争利益的现象，在一定程度上制约了林业植物检疫行政执法工作的有效开展。

（四）检疫队伍整体素质不高

林业植物检疫工作既要求检疫行政执法人员有较强的责任心和较高的政策水平，又要求其具备一定的专业知识和技术水平。但近几年来，我国林业植物检疫工作人员存在法律政策水平、业务素质不高和专业技术水平较低的问题：一是部分检疫人员的法制观念和服务意识不强，执法能力不高，存在不作为和乱作为现象，甚至一些检疫员缺乏大局观念，只关注部门和个人利益，忽视国家和社会利益，把检疫收费作为单位和个人的谋生手段，不收费、乱收费、滥罚款的现象时有发生。二是知识老化，技术水平参差不齐。有害生物发生情况复杂，传播途径多样，疫情经常处于变化之中，要求检疫人员及时掌握有害生物发生动态，不断更新和学习新知识，以满足做好林业植物检疫工作需要。但我国林业植物检疫人员的知识多处于老化状态，基层检疫人员更甚，有的对新增检疫性林业有害生物不认识、不了解，甚至对一些常规的检疫检验技术都不掌握。此外，受各种因素影响，检疫机构工作人员不能做到专业对口，由于这些人员对业务不熟悉，极易造成检疫检验不准确等问题，对检疫工作的开展产生了负面影响。三是检疫队伍稳定性差，影响了林业植物检疫工作的正常开展。承担具体检疫任务的基层林业植物检疫机构一般编制有限，一些地方存在随意调动和抽调已经国家、省（自治区、直辖市）培训过的专职检疫人员的现象，一些优秀的专业技术人员又极易调离检疫岗位，人员的频繁调动严重影响了林业植物检疫队伍的稳定性。

（五）检疫经费投入不足，公众检疫意识薄弱

林业植物检疫工作涉及面广、内容多、程序复杂，需要大量的人力、物力、财力才能保证这一工作的正常开展。美国等发达国家每年投入大量专项经费用于开展产地检

疫、调运检疫、引种审批、检疫监管等常规性工作，以及有害生物风险分析、检验鉴定、除害处理技术研究等基础性工作。而我国林业植物检疫部门工作经费来源不稳定，虽有一定的检疫收费，但各地的检疫收费均直接上缴财政，返回的检疫费有限，用于检疫工作的经费更为有限，很难保证检疫工作的正常开展。此外，社会公众对林业植物检疫认知度低，一些林农和林产品经营者，甚至一些地方政府的检疫意识淡薄，支持和重视程度低，往往只注意调运环节的检疫，不关心产地检疫，对产地检疫和调运检疫的衔接理解不够，不配合、不主动，没有形成自觉检疫的氛围，逃避检疫、违法违规调运的现象仍较为普遍。

第二节　建设目标与任务

针对当前检疫工作现状和未来发展要求，要在进一步建立健全检疫组织机构和加强检疫基础设施建设的基础上，逐步形成融检疫执法、行政管理、技术服务为一体的工作体系和科学系统的法规标准体系，不断提高林业植物检疫工作的综合能力，增强保护林业生产和维护生态安全的功能，为有效防止有害生物传播扩散，保护我国森林资源、国土生态安全和人民生命财产安全提供保障。

一、建立健全检疫管理机构

（一）进一步健全林业植物检疫机构

要按照《植物检疫条例实施细则（林业部分）》的规定，全面加强各地林业植物检疫机构的建设（图 7-1）。要针对当前一些林业植物检疫机构存在职责不明确或不全面的问题，从法律法规角度重新审视职能的完整性，明确各级林业植物检疫机构的检疫职能，全面完整地履行检疫职责。鉴于目前我国林业植物检疫行政执法监督工作还比较薄弱，特别是跨省检疫案件的协调处理工作没有相应的法律授权机构进行管理的实际情况，有必要依据《植物检疫条例》有关规定，借鉴国家检验检疫总局设立执法督查司和农业系统各省级农业主管部门设立检疫执法稽查机构的做法，成立国家和省级林业植物检疫执法稽查机构，以加强检疫行政执法稽查工作。国家林业局林业植物检疫执法稽查机构负责稽查林业植物检疫行政执法工作中的违法、违纪、违规问题，组织开展林业植物检疫工作检风检纪督查，督查、督办省、市间检疫案件，开展全国重大检疫案件的查处工作，协调解决检疫行政执法中的重大纠纷。

（二）成立国家林业植物检疫技术研究中心

林业植物检疫是一项技术性和实效性很强的工作。目前，我国林业植物检疫技术和数字化管理水平较为滞后，现有的一些常规检疫检验技术、除害处理技术、风险评估手段已无法满足当前林业植物检疫工作的需要，急需建立专门机构进行检疫技术的研究。国家林业局应尽快成立国家林业植物检疫技术研究中心，开展林业植物检疫行业急需的检疫检验、除害处理、有害生物鉴定等实用技术的研究，以及有害生物风险评估、国内外检疫性有害生物动态分析、检疫标准制修订、技术培训等项工作。

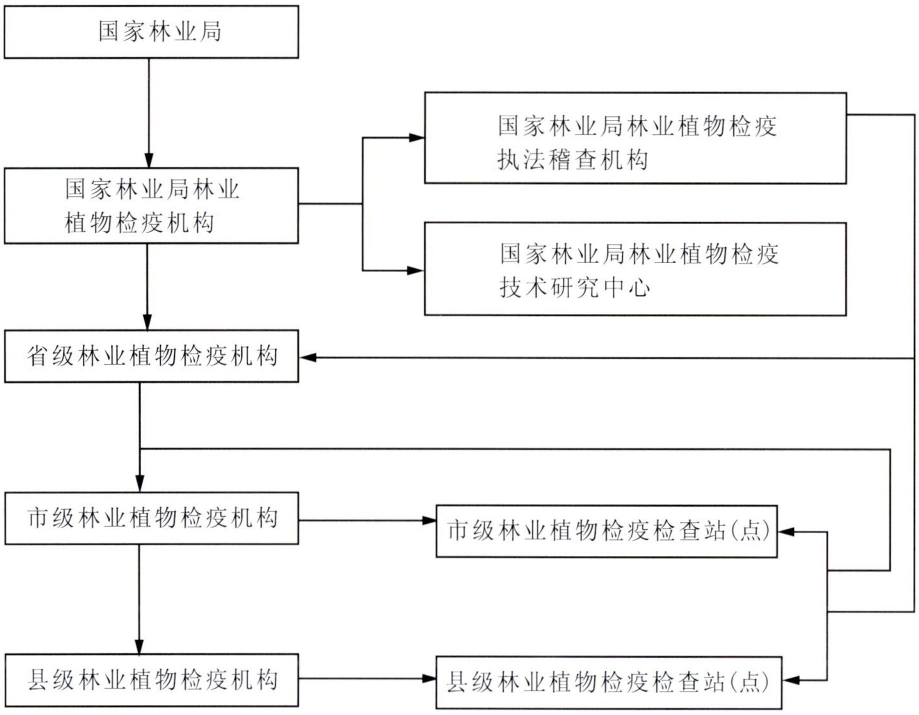

图 7-1　全国林业植物检疫机构示意图

(三)加强林业植物检疫检查站网建设

要依据《植物检疫条例》关于“在发生疫情的地区，植物检疫机构可以派人参加当地的道路联合检查站或者木材检查站；发生特大疫情时，经省、自治区、直辖市人民政府批准，可以设立植物检疫检查站，开展植物检疫工作”的规定，加大林业植物检疫检查站网建设力度，逐步完善林业植物检疫检查网络。

林业植物检疫检查站(点)的建设以市、县两级建设为主，要经省级人民政府的批准，在省级林业植物检疫机构的指导下开展建设工作。目前，我国已建的林业植物检疫检查站有两种形式，一种是独立的检疫检查站，一种是依托木材检查站共建的检疫检查站。这两种形式是根据我国当前林业工作、疫情发生的实际情况探索出来的两种行之有效的方式。省级人民政府应根据本省疫情发生的实际情况、交通状况、木材检查站设立情况等，科学合理地布局林业植物检疫检查站(点)，构建防止疫情传播扩散的林业植物检疫检查网络。

林业植物检疫检查站(点)所在市、县级林业植物检疫机构负责检疫检查站(点)的业务、管理工作。林业植物检疫检查站(点)主要承担检查和查验调运植物及其产品是否带疫、有无《植物检疫证书》、证书单据是否合格属实，并对违法违规调运的依法进行处理等。林业植物检疫检查站(点)要与木材检查站、林业公安或道路联合检查站积极开展联合执法。

二、完善检疫行政执法体系

林业植物检疫行政执法是整个林业植物检疫工作的重心所在。林业植物检疫行政执法包括产地检疫、调运检疫、引种审批、行政处罚 4 部分。

（一）强化产地检疫，从源头消除有害生物传播扩散的隐患

产地检疫是林业植物检疫工作的基础，是防止有害生物传播扩散的第一道关口，在林业植物检疫工作中起着举足轻重的作用。全面开展产地检疫，才能从源头上了解和掌握有害生物发生动态，将有害生物在源头上加以控制和消灭，同时也可为调运检疫提供准确可靠的签证依据。产地检疫应重点做好以下几个方面工作：

1. 明确产地检疫范围

产地检疫的范围应包括种苗繁育基地、种子园、母树林、贮木场、木材加工场（点）、集贸市场以及木材、水果和药材的原产地等。但有些地方在实际的产地检疫工作中，未将母树林、贮木场及木材加工场（点）、集贸市场以及木材、水果和药材的原产地等纳入到产地检疫的范围，造成产地检疫工作的漏洞，为有害生物传播扩散带来了隐患。

2. 规范产地检疫程序

各级林业植物检疫机构应根据生产、经营应施检疫的森林植物及其产品的单位和个人在生产期间或调运之前提出的产地检疫申请，严格按照产地检疫程序，做好检疫受理、现场检疫、除害处理、产地检疫单据填写和发放等工作。国家林业主管部门应统一和规范产地检疫所使用的单据，并充分考虑产地检疫与调运检疫的衔接，保证检疫工作各个环节的一致性，尽量方便生产经营者的生产经营活动。如经产地检疫合格的森林植物及其产品在有效期内调运时，不再检疫，凭《产地检疫合格证》直接换取《植物检疫证书》，避免调运检疫时造成的压车、压船、压场的经济损失，促进商品流通和林业生产，做好市场经济条件下的产地检疫工作。

3. 做好被检单位和个人的登记管理工作

只有摸清了本地种苗繁育基地、种子园、母树林、贮木场、木材加工场（点）、集贸市场分布及从事种苗、木材及其制品、水果和药材的经营情况，才能更好地开展产地检疫工作。因此，要对本地从事种苗、木材及其制品、水果和药材等生产和经营的单位和个人进行登记管理，并建立档案，定期开展产地检疫检查，树立服务意识，实行动态管理，发现问题及时处理，确保这些单位和企业经营的种苗、木材及其制品、水果和药材等无疫情。

4. 开展无检疫对象苗圃的建设

建设无检疫对象苗圃，体现了将林业生物灾害防治工作贯穿于林业生产各个环节的要求，是既能为造林提供优质健康苗木，也能防止林业有害生物传播扩散的重要措施。做好无检疫对象苗圃的建设工作，一是要做好无检疫对象苗圃的认定工作。各省级林业植物检疫机构可根据本省的实际情况和需要，向国家林业局林业植物检疫机构申请本省无检疫对象苗圃的认定，国家林业局林业植物检疫机构按照认定程序进行认定后，颁发无检疫对象苗圃资格证书和牌匾。二是要对无检疫对象苗圃实行动态管理。国家林业局林业植物检疫机构应每两年对无检疫对象苗圃进行全面检查和重新划定，对检查不合格

的要予以撤销。检查工作采取统一组织，分别实施，抽查认定的方式进行。三是要加强无检疫对象苗圃的监管工作。各省级林业植物检疫机构可委托无检疫对象苗圃所在地的县级林业植物检疫机构对本辖区内的无检疫对象苗圃进行监管，确保无检疫对象苗圃的规范生产。四是制定无检疫对象苗圃的优惠政策，确保在植树造林中优先使用“无检疫对象苗圃”生产的苗木，对纳入无检疫对象苗圃范围管理达标的苗圃，应从第二年开始对调出的苗木只按产地检疫标准收费，从第四年开始免收苗木检疫费。

（二）严格调运检疫，防止有害生物传播

调运检疫是防止危险性有害生物人为传播，保护林业生产安全和林产品安全流通的关键，是整个检疫工作的中心环节，是防止有害生物传播的第二道关口。

1. 完善和严格调运检疫程序

生产、经营应施检疫的森林植物及其产品的单位和个人，在调运应施检疫的森林植物及其产品时，调运单位或个人必须向所在地县级以上林业植物检疫机构申请调运检疫。为进一步树立行业服务意识，提高工作效率，检疫机构要根据调运检疫工作量大、时效性强的特点，充分利用现代信息技术，开设网络报检窗口，统一和规范检疫要求书、检疫报检单、采样凭证等单据，规范现场检疫、室内检验、除害处理、复检、证书签发等调运检疫的各个环节，依靠科学、规范的调运检疫工作程序，促进调运检疫的顺利开展。

2. 规范《植物检疫证书》的签发和管理工作

《植物检疫证》是由林业植物检疫机构根据调入地植物检疫要求书及检疫检验结果，依照法定程序所出具的证明植物及其产品无检疫性有害生物的法律文书，在调运植物、植物产品过程中具有法律效力。《植物检疫证》的签发是各级林业植物检疫机构依法检疫检验后做出并承担相应法律责任的行政行为。《植物检疫证》的签发工作是林业植物检疫工作面向社会的一个窗口，直接体现着林业植物检疫工作的服务质量和水平。要严格规范《植物检疫证》的签发工作，《植物检疫证》必须使用微机开证，并清楚、正确、规范地填写证书内容；《植物检疫证》要当日填写、当日签发、当日传输至林业植物检疫管理信息系统的中心处理系统；要加强对检疫证书的管理，及时向国家林业植物检疫机构反馈证书使用、发放情况，安排下一年度的印刷数量、印刷时间，保证证书的存放安全。

3. 强化调入植物及其产品的复检工作

对来自疫情发生地的应检植物及其产品或者可能携带林业检疫性有害生物的植物及其产品，调入地的林业植物检疫机构应开展复检工作。应重点加强可能携带重大危险性有害生物的植物及其产品以及造林绿化苗木的复检工作。在复检中，若发现调入的植物及其产品无《植物检疫证》的应进行补检，已办理《植物检疫证》的但发现货证不符或携带有害生物等问题的，应当与原签证植物检疫机构共同查清事实，分清责任，由实施复检的调入地林业植物检疫机构按照相关法规的规定进行严肃处理。

4. 建立检疫行政执法部门和区域联检平台

林业植物检疫工作涉及范围大、部门多，单靠林业植物检疫机构孤军作战很难保证

检疫工作的质量和效果。建立省际间和部门间的检疫行政执法合作平台，完善联检机制，构建联检网络，是加强林业植物检疫工作的一个重要途径，应加以推广。一是在林业内部，林业植物检疫机构应与林业公安、木材检查站、林政部门等开展联合执法行动，特别是加强检疫机构与木材检查站的联合执法工作。二是建立联合交通、铁路、工商、电力、电信、城管、园林等部门的多部门联检机制，定期召开联检工作联席会议，通报疫情信息，动员相关行业参与到林业植物检疫工作中来，共同防范有害生物的传播扩散，保护国土生态安全。三是根据我国的地理气候、交通状况和有害生物发生分布特点及当前联检工作开展情况等，以省级行政区为单位成立区域联检平台，加强省际间的检疫合作，提高防范有害生物水平。

（三）加强引种检疫审批和监管，严防外来有害生物入侵

林木引种指以人类为媒介，以满足特定的经营目的，将林木种子、苗木及其他繁殖材料转移到其自然分布范围及扩散潜力以外的地区，是人类利用、改造和保存林木资源的重要手段。我国对从国外引进林木种子、苗木及其他繁殖材料实行严格的审批和监管，并将其作为一项重要制度。近年来，国家林业局虽全面加强了引种审批工作，但由于工作起步晚、基础薄弱等因素，目前引种审批工作仍存在一些问题。因此，进一步做好国外引种检疫审批和监管工作，防止有害生物入侵，已成为当前一项重要而又紧迫的工作。

1. 规范林木引种检疫审批工作

凡从国外引进林木种子、苗木及其他繁殖材料都必须经过引种检疫审批，其主要工作程序包括引种检疫申请、检疫审批、入境后检疫等。引种检疫审批工作复杂，只有严格检疫审批监管制度，规范引种审批监管程序，做好每个环节的工作，才能更为有效地防范外来有害生物的入侵。一是在引种检疫申请环节，应加入引种的必要性和可行性分析。二是在引种检疫审批环节，要严格限制和控制引种的数量和种类，坚持少量引进、限制新物种引进等原则，明确风险评估具体内容，并请专家对引种的必要性、可行性和风险性进行论证后方可决策，必要时可开展一定的实际调查，确保检疫审批的正确。三是在入境检疫环节，要增加检疫方法的多样性和先进性，提高检疫的准确性，对不符合要求的，应做除害、销毁处理，或做退货、禁止进口的处理。

2. 加强引种后的检疫监管工作

对引入的物种，应明确生产性用苗必须经再培育后方可使用，对首次引入的物种，应延长隔离试种时间，并要经过多年的选优改良，驯化成“乡土物种”后方可用于生产。要建立引种档案，实行跟踪式监管，特别是对生产性引种的跟踪管理，及时发现问题及时进行处理。实行林木引种的属地化监管，明确引种的监管职能和任务，同时要加大监管监督力度，发布潜在有害生物信息，确保引种管理的科学化、规范化。此外，在引种检疫监管中还应建立经济制约机制，要考虑引入外来林业有害生物的潜在风险成本，包括对引进物种的风险评估、监测等费用。无论是有意识，还是无意识地引入有害生物，均应承担治理费用和经济赔偿责任，以提高引种者的生态安全意识。

3. 强化引种检疫审批监管能力建设

要通过建立有害生物数据库和入侵预测模型，提高林木引种审批的科学性和决策的前瞻性，实现风险前移。要严格普及型国外引种隔离试种苗圃资格的认定工作，确保引种隔离试种质量。要结合目前在全国范围内启动实施的林业有害生物预防工程，建设一批设施齐全、设备先进、管理规范的高水平检疫隔离试种苗圃，以改变目前检疫隔离试种场所数量少、规模小的状况。

（四）规范检疫行政处罚，严纠违法违规行为

检疫行政处罚指在林业植物检疫行政执法过程中查到违法违规事件时，林业植物检疫机构按照相关法律法规对行政违法相对人进行处罚的过程。违法违规事件指在产地检疫、调运检疫、引种检疫审批过程中查到的违法违规行为。目前，林业植物检疫行政处罚是我国林业植物检疫工作中最为薄弱的环节，也是最需要加强的一项重要工作。

1. 建立检疫行政处罚程序

要严格按照《林业行政处罚程序规定》、《林业植物检疫执法行为规范》等规章制度的要求和程序，遵循以事实为依据、以法律为准绳，坚持公正、公开、公平，坚持处罚与教育相结合及保护公民、法人及其他组织合法权益的原则开展林业行政处罚工作。要按照立案、调查取证、审查决定、送达执行的步骤实施检疫行政处罚，在时间上不得倒置、遗漏。林业植物检疫行政处罚的一般程序见图7-2。

2. 统一和规范行政处罚文书

林业植物检疫行政处罚使用的文书要严格按照国家林业局《林业行政处罚案件文书制作管理规定》制作和管理，即由国家林业局统一制定，由省林业主管部门统一印制、统一管理。处罚文书要统一编号，规范管理，文书填写时要做到填写内容完整、准确、真实。

3. 严格检疫行政处罚

一是明确行使行政处罚的主体和职权范围，避免多头执法。林业植物检疫行政处罚的主体必须是具有行政处罚权的行政机关或者是法律法规授权的组织。各级林业植物检疫机构负责本级林业植物检疫行政处罚的管理工作。二是在检疫行政处罚过程中，具体从事检疫行政处罚活动必须是两个以上持有合法证件的执法人员。三是违法违规事实与主要情节的认定要准确，案件发生的时间、地点、当事人和案件事实经过、后果等基本情况要表述清楚，违法违规事实和主要情节要有相关证据证明，主要证据具有真实性、关联性、合法性。要做到案件定性准确，适用法律法规正确，所引用条、款、项、目准确完整，检疫行政处罚的种类和幅度合法、合理。四是做出行政处罚决定前应向当事人履行告知义务并听取其陈述和申辩，送达程序要合法。五是检疫行政处罚案件文书要由独立执法单位并承担法制监督职能的法制工作机构（或专职法制员）审核，并签署审核意见，由审核人签名或者加盖机构的印章，超过办案期限的应当依法办理延期手续。

4. 增强检疫行政处罚的透明度

各级林业植物检疫机构应根据《林业行政处罚程序规定》、《林业植物检疫执法行为

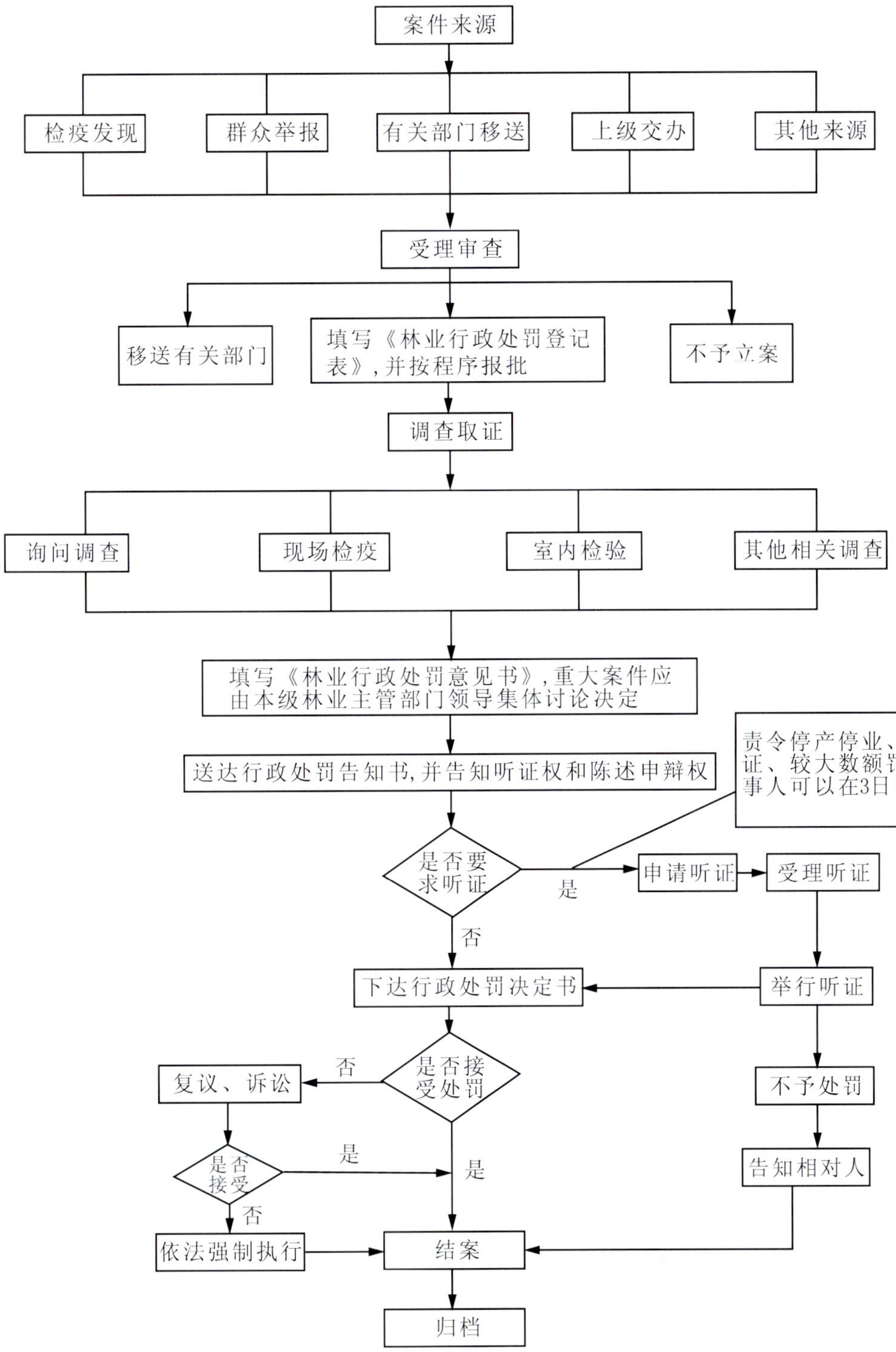

图 7-2　林业植物检疫行政处罚的一般程序

规范》，结合当地的实际情况，细化相关规定，并将其悬挂上墙，增强处罚的透明度。同时在行政处罚过程中，要将处罚依据、处罚工作进程以及相对人拥有的告知权、诉讼权等合法权益及时告知当事人，让当事人明明白白接受处罚。

5. 加强检疫行政处罚监督

要保证执法的公正严明，必须加强制度建设，完善监督机制。要充分接受包括司法、人大、群众与舆论等外部监督，也要做好执法审核与执法过错责任追究等内部监督工作，确保检疫行政处罚的公正。要建立和完善检疫行政处罚制度，如重大行政处罚案件集体讨论决定制度、一般程序处罚案件预审制度、行政处罚案件指导和定期分析制度等一系列行政处罚工作制度，通过制度的全面实施，确保检疫部门正确、规范地履行检疫行政处罚的职责。

(五)开发林业植物检疫管理信息系统

林业植物检疫管理信息系统是我国林业植物检疫机构广泛使用的开展日常检疫工作的信息管理软件，是当前实现林业有害生物检疫工作与社会各行各业联络的纽带和工具。目前，我国林业植物检疫工作中使用的管理信息系统由于存在着系统整体稳定性差、功能少、安全性低、设计内容不完整和操作复杂等问题，已无法满足当前检疫工作的要求，急需对其进行完善和改版，建立科学先进的林业植物检疫管理信息系统，以规范检疫工作的流程，提高检疫工作效率，提升检疫工作的信息化、数字化水平。

林业植物检疫管理信息系统的完善应以分布全国的林业植物检疫机构、检疫办证点为基础点，以整个检疫网络为辐射面，建立一个涵盖林业植物检疫工作整个流程、满足可应用微机办理检疫要求书、植物检疫证、引种审批单等全部检疫工作单据和检疫日常工作管理的信息系统。首先要完善林业植物检疫管理信息系统。林业植物检疫管理信息系统应包括的内容有：开展产地检疫、调运检疫、引进审批、行政处罚等工作所需单据数据库、有害生物数据库、提供配套服务的法规、文件数据库、检疫机构基本情况数据库(省、市、县检疫机构、检疫办证点、检查站、人员及财物、仪器设备、交通工具、收入支出等)、危险性有害生物分布图等。二是要将现有的林业植物检疫管理信息系统上升为网络版，以保证系统整体的稳定性和数据传输的稳定性和及时性。三是增加系统功能，增强系统的安全性，简化系统操作，保证系统的高效和安全(图 7-3)。

(六)增强检疫行政执法应急能力

林业植物检疫工作承担着大量的野外、现场调查和检疫任务，但目前我国林业植物检疫机构的交通工具配备量却极为有限，导致一些现场检疫和复检工作滞后，制约了检疫工作的开展。此外，目前各地已有的检疫交通工具在外观和标识上多种多样，缺乏统一性，影响检疫行政执法的严肃性和检疫工作的社会形象。因此，要积极开展各级林业植物检疫机构检疫执法专用车的配备工作，并统一检疫专用车的外观和标识，以增强检疫执法的机械化水平和执法工作的严肃性，在全社会树立林业植物检疫的行业形象，扩大林业植物检疫的影响力。

三、建立林业检疫性有害生物管理系统

林业检疫性有害生物管理系统包括林业检疫性有害生物的确定与动态管理、疫区的划定与撤销及林业检疫性有害生物专项普查等三部分。

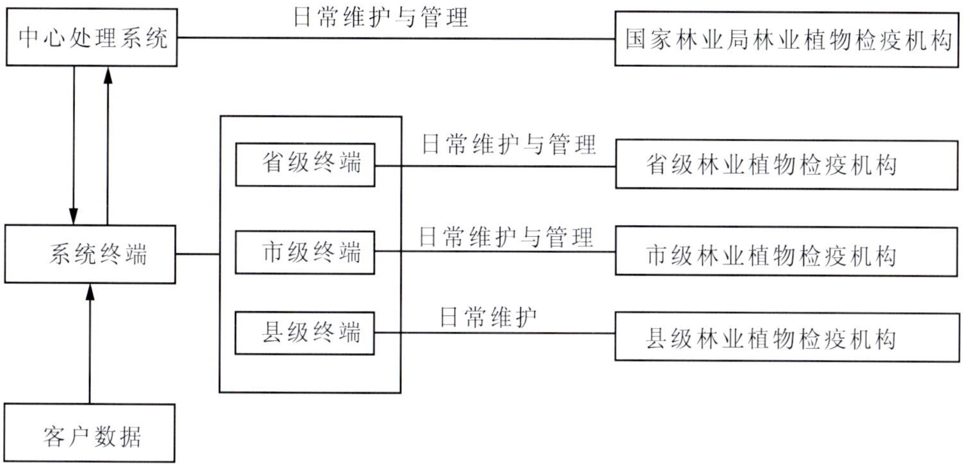

图 7-3 林业植物检疫管理信息系统结构与管理示意图

(一) 林业检疫性有害生物的确定与动态管理

目前，纳入我国林业植物检疫范围的有害生物分为三大类，即全国林业检疫性有害生物、补充林业检疫性有害生物和由国家林业局组织专家分析评估确定需在全国范围内实施检疫的林业危险性有害生物。

1. 全国林业检疫性有害生物

全国林业检疫性有害生物指国家在全国范围内重点开展检疫的林业有害生物。此类林业有害生物由国家林业局确定并公布，由国家统一进行检疫管理。2004 年，国家林业局组织专家对全国林业有害生物经全面分析和评估后，提出了 19 种全国林业检疫性有害生物：松材线虫、美国白蛾、松突圆蚧、红脂大小蠹、椰心叶甲、苹果蠹蛾、红棕象甲、双钩异翅长蠹、蔗扁蛾、杨干象、冠瘿病病菌、落叶松枯梢病病菌、松疱锈病病菌、猕猴桃溃疡病病菌、杨树花叶病病毒、草坪草褐斑病病菌、青杨脊虎天牛、枣大球蚧、薇甘菊。后又分别在 2005 年和 2008 年增加了刺桐姬小蜂和枣实蝇 2 种全国林业检疫性有害生物。目前，全国林业检疫性有害生物共 21 种。

2. 补充林业检疫性有害生物

补充林业检疫性有害生物指各省级行政区公布的本行政区的检疫性林业有害生物。此类有害生物由各省级林业主管部门根据本行政区域内有害生物发生危害等情况，经风险评估后，确定的需进行检疫管理的林业有害生物。目前，我国共有补充林业检疫性有害生物 92 种，具体见表 7－1。

3. 需纳入林业植物检疫范围的危险性有害生物

需纳入林业植物检疫范围的危险性有害生物指在全国范围内实施常规检疫的林业有害生物。此类有害生物由国家林业局在风险评估的基础上确定并公布。目前，我国共确定需纳入林业植物检疫范围的危险性有害生物有 236 种。

表 7-1　补充林业检疫性有害生物统计汇总表

序号	省份	补充林业检疫性有害生物名称
1	北　京	栗山天牛、锈色粒肩天牛、松墨天牛、根结线虫、杨锦纹吉丁、银杏超小卷蛾、日本松干蚧、梨圆蚧、花曲柳窄吉丁
2	天　津	双条杉天牛、六星黑点豹蠹蛾、白杨透翅蛾、沟眶象
3	河　北	柳蝙蛾、日本松干蚧、双条杉天牛、双斑锦天牛、锈色粒肩天牛、花曲柳窄吉丁、板栗疫病菌、梨圆蚧、苹果绵蚜、桃仁蜂、葡萄根瘤蚜、菊花叶枯线虫病、新刺轮蚧、红火蚁、加拿大一枝黄花
4	山　西	桑天牛、光肩星天牛、白杨透翅蛾、红脂大小蠹
5	内蒙古	光肩星天牛、青杨天牛、白杨透翅蛾、杨十斑吉丁、双条杉天牛、加拿大一枝黄花
6	辽　宁	白杨透翅蛾、青杨天牛、日本松干蚧、双条杉天牛、柳蝙蛾、花曲柳窄吉丁、板栗疫病菌、加拿大一枝黄花
7	吉　林	日本松干蚧、白杨透翅蛾、柳蝙蛾、杨锦纹吉丁虫、落叶松癌肿病菌、落叶松种子小蜂、松黄星象
8	黑龙江	白杨透翅蛾、柳蝙蛾、杨树冰核细菌性溃疡病菌、光肩星天牛
9	上　海	湿地松粉蚧、柑橘溃疡病菌、毛竹枯梢病菌、双条杉天牛
10	江　苏	
11	浙　江	悬铃木方翅网蝽
12	安　徽	栗新链蚧、油茶软腐病菌、加拿大一枝黄花、红火蚁
13	福　建	红火蚁、湿地松粉蚧、日本松干蚧、褐纹甘蔗象、桉树焦枯病菌、毛竹枯梢病菌、加拿大一枝黄花、桉树枝瘿姬小蜂
14	江　西	日本松干蚧、湿地松粉蚧、柳蝙蛾、杨树溃疡病菌、加拿大一枝黄花、红火蚁
15	山　东	松墨天牛、栗瘿蜂、角斑绢网蛾、小黄家蚁、咖啡豹蠹蛾、桃仁蜂、卫矛矢尖蚧、根结线虫、冬枣黑斑病菌、日本松干蚧、加拿大一枝黄花
16	河　南	锈色粒肩天牛、双条杉天牛、蒙古木蠹蛾、白杨透翅蛾、中华松梢蚧、苹果绵蚜、板栗疫病菌、根结线虫、加拿大一枝黄花
17	湖　北	杨树烂皮病菌、栗链蚧、鞭角华扁叶蜂、萧氏松茎象、圆柏叶枯病菌、橘大实蝇、加拿大一枝黄花、红火蚁
18	湖　南	松针褐斑病菌、毛竹枯梢病菌、柑橘溃疡病菌、板栗疫病菌、萧氏松茎象、红火蚁
19	广　东	加拿大一枝黄花、桉树枝瘿姬小蜂
20	广　西	红火蚁、萧氏松茎象、粗鞘双条杉天牛、桉树青枯病菌、肉桂枝枯病菌、加拿大一枝黄花、桉树枝瘿姬小蜂
21	海　南	桉树枝瘿姬小蜂
22	重　庆	纵坑切梢小蠹、黄斑星天牛、梨圆蚧
23	四　川	毛竹枯梢病菌、油橄榄孔雀斑病菌、桉树焦枯病菌、杨干透翅蛾、红火蚁
24	贵　州	双条杉天牛、板栗疫病菌、菊花叶枯线虫、红火蚁、加拿大一枝黄花
25	云　南	纵坑切梢小蠹、华山松木蠹象、栗瘿蜂、法桐角蜡蚧、油橄榄蜡蚧、泡桐丛枝病菌、油橄榄孔雀斑病菌、橄榄肿瘤病菌、松疱锈病菌
26	西　藏	光肩星天牛、青杨天牛、杨干透翅蛾、白杨透翅蛾
27	陕　西	板栗疫病菌、双条杉天牛、白杨透翅蛾、杏仁蜂、加拿大一枝黄花
28	甘　肃	黄斑星天牛、双条杉天牛、白杨透翅蛾、板栗疫病菌、吹绵蚧、梨圆蚧、苹果绵蚜、松墨天牛、云杉大小蠹、二针松疱锈病菌、大痣小蜂、尖唇散白蚁、沙柳木蠹蛾、加拿大一枝黄花、红火蚁

（续）

序号	省份	补充林业检疫性有害生物名称
29	宁　夏	光肩星天牛、桑天牛、松褐天牛、沟眶象、臭椿沟眶象、沙棘木蠹蛾、梨圆蚧、云杉大小蠹、加拿大一枝黄花
30	青　海	黄斑星天牛、槐花球蚧、白杨透翅蛾、锈斑楔天牛、臭椿沟眶象、加拿大一枝黄花
31	新　疆	落叶松种子小蜂、泰加大树蜂、光肩星天牛、锈色粒肩天牛、双条杉天牛、桑天牛、青杨天牛、山杨楔天牛、柳脊虎天牛、杨干透翅蛾、白杨透翅蛾、杨大透翅蛾、苹果透翅蛾、苹果小吉丁虫、苹果顶芽小卷蛾、梨圆蚧、日本龟蜡蚧、沟眶象、黄刺蛾、枸杞瘿螨、葡萄黑痘病菌、蛞蝓

4. 林业检疫性有害生物的确定和动态管理

林业检疫性有害生物的确定要充分考虑有害生物本身的分布情况、危害情况、寄主情况、潜在危险性和防治难度等多个方面，要按照提出、评估、审定、确定、公布等程序规范林业检疫性有害生物的确定和调整工作。林业检疫性有害生物要实行动态管理，要将新出现的、潜在危害性大的林业有害生物及时纳入到检疫性有害生物管理范围；对已经根除或随着生态环境的变化和科学技术的进步，危害性变弱或可以得到有效控制的林业有害生物，应及时下调检疫管理级别或直接排除出检疫管理范围；对危害性增强的有害生物，应及时纳入到检疫管理范围或上调检疫管理级别。

（二）严格执行疫区划定与撤销制度

1. 疫区划定

检疫性有害生物在局部地区发生时，应将该地区划为疫区，有害生物发生已较为普遍，应将未发生地区且属于该种有害生物适生范围的地区划分为保护区。疫区和保护区的划定应由省级林业主管部门提出，由省级人民政府批准，并报国家林业局备案，由所在省的省级人民政府对外公布；需划定的疫区和保护区范围涉及两个省级行政区的，应由这些省级行政区的林业主管部门共同提出，并报国家林业局批准后划定，由国家林业局统一对外公布。因特殊原因，不能划定疫区的，应根据有害生物发生分布及传播情况，结合地理环境，确定为疫情发生区，报国家林业局备案。疫区划定后，应对疫区采取严格的管制措施，防止有害生物传播扩散。实施管制的手段主要有：发布疫情公告；在疫区或发生区周边设立检查哨卡，防止带疫植物及其产品的外运；加强产地检疫、调运检疫及检疫检查等检疫行政执法工作，严厉打击违法违规经营、加工、使用、调运带疫植物及其产品的行为；对相关企业实施登记管理，并进行不定期检查和监管；为有效封锁疫情，可经省级人民政府批准，在重要交通枢纽设立植物检疫检查站。

2. 疫区撤销

当疫情得到根除和控制，可经省级林业主管部门提出撤销申请，由省级人民政府批准，并报国家林业局备案。由省级人民政府对外公布的疫区的撤销，应由省级人民政府对外公布疫区撤销公告；由国家林业局对外公布的疫区的撤销，应由国家林业局对外公布疫区撤销公告。

（三）加强林业检疫性有害生物专项调查工作

林业检疫性有害生物专项调查是一项十分重要的基础性工作，它直接为产地检疫、调运检疫等检疫行政执法工作提供基础信息和依据。各级地方林业植物检疫机构要按照《植物检疫条例实施细则（林业部分）》的要求每隔3～5年开展一次检疫性有害生物的专项调查工作。省级林业植物检疫机构应根据专项调查结果编制林业检疫性有害生物分布至县的资料，并报国家林业局备案，县级林业植物检疫机构应编制分布至乡的资料，报上一级林业植物检疫机构备查。目前，我国检疫性林业有害生物的专项调查工作由于经费、人员等因素的影响，仅于1998年开展过一次，与检疫法规要求相去甚远，工作极为滞后。因此，要在积极向国家财政申请设立林业检疫性有害生物专项调查经费的同时，加大各级地方政府的投入，并纳入财政预算，确保林业检疫性有害生物专项调查工作的定期开展，以及时掌握林业检疫性有害生物的发生、分布、危害情况，为检疫防治工作的有效开展提供基本的数据资料。

此外，针对新发的危险性林业有害生物还需进行单一种（类）林业有害生物检疫专项调查。单一种（类）林业有害生物检疫专项调查是为林业检疫性有害生物实施动态管理提供依据的重要工作。单一种（类）林业有害生物检疫专项调查可根据有害生物的发生危害情况的不同，由国家林业局和省级林业主管部门负责组织开展。近年来，我国先后对红脂大小蠹、红火蚁、刺桐姬小蜂和枣实蝇等有害生物进行了全国性的专项调查，并根据调查结果将这些有害生物纳入到林业检疫性有害生物管理名单加以管理。每年组织开展全国松材线虫病的专项调查，查清发生范围、面积、死亡株数，分析扩展趋势，制定年度治理方案。

四、建立林业植物检疫技术支撑系统

林业植物检疫是一项技术要求较高、专业性较强的工作，只有建立了科学实用的检疫技术支撑系统，才能保证高质量地开展林业植物检疫工作。林业植物检疫技术支撑系统主要包括有害生物风险分析数据库、检疫检验和除害处理技术平台、检疫技术推广和培训平台、专家技术咨询服务平台4个方面。

（一）林业检疫性有害生物风险评估数据库

有害生物风险分析评估是开展有害生物检疫管理和检疫科学决策的基础。《实施动植物卫生检疫措施的协议》（SPS协定）和国际植物保护公约（IPPC）要求WTO各成员国对外采取的检疫措施应建立在科学的有害生物风险评估的基础上，也使各国的检疫措施能建立在平等的基础上和具有科学依据。我国的风险评估工作起步较晚，开展风险评估的方法仍在完善之中，已开展风险评估的有害生物种类有限。因此，要在不断完善和建立符合我国实际的风险评估方法和技术指标的基础上，加大现有有害生物的风险评估工作的力度，建立有害生物风险评估数据库，形成以风险评估为基础的检疫管理思路，为我国林业制定检疫措施提供科学依据，以适应WTO规则。

目前，我国已在风险评估的基础上提出了全国林业检疫性有害生物名单，但补充林业检疫性有害生物、236种危险性有害生物名单并非是在严格的风险评估基础上提出的，因此，要尽快对这些有害生物及目前一些潜在危害性较大的林业有害生物开展风险评估，并根据风险评估结果，调整检疫管理级别，制定相应的检疫管理措施。同时将这些有害生物风险评估数据和结果建立专门数据库加以管理，实行风险评估数据库的动态管理，包括根据有害生物的发生危害情况定期开展重评、补充各种类风险评估数据、增加风险评估的有害生物种类等。

（二）检疫检验和除害处理技术平台

推广使用快速、简便、准确、有效的检疫检验和除害处理技术是提高检疫工作质量和效率的关键，必须重视和加强检疫检验和除害处理技术的研究，构建符合我国林业植物检疫工作实际要求的植物检疫检验和除害处理技术平台。

构建林业植物检疫检验和除害处理技术平台，一是要加快血清学、分子生物学、生物技术、电子技术在检疫检测工作中的运用，开展微波处理、辐射处理等除害处理技术的研究和推广，以提升检疫检验和除害处理的科技含量。二是加强有害生物的生产性除治技术即可消除传播风险的生产工艺的研究和推广，将除害处理工作贯穿到整个林产品的生产过程，前移除害处理工作，前移有害生物传播风险预防工作。三是建立和完善国家林业局林业植物检疫技术研究中心，增强中心技术力量，开展检疫工作中急需技术和常规技术的研究、引进和攻关，使之成为我国林业植物检疫技术研究的中坚力量和技术权威机构。四是强化检疫技术标准的研究和制订。目前，我国林业植物检疫技术标准的数量少、技术水平不高，与其他行业相比较为滞后，无法满足当前林业植物检疫工作的需要。要通过吸纳国内外的新成果、新技术和新经验，积极制定技术含量高的检疫技术标准和修订技术已经落后的技术标准，并通过标准的发布实施推广到检疫工作中，提升我国林业植物检疫工作的科技含量。五是要扩大研究主体，发挥各大科研院所、高等院校在研究方面的优势，让更多的技术人员、专家加入到检疫技术的研究中来，并通过跨学科、多部门的研究和攻关，加速研究进程。

（三）检疫技术推广和培训平台

先进实用的检疫技术要通过生产推广才能真正转化为生产力，要通过技术培训才能被广大的检疫工作者所接受和使用。建立检疫技术推广和培训平台，拓宽检疫技术推广和培训渠道，是提高检疫技术成果转化率，加速检疫工作技术革新的重要途径。

开展检疫技术推广和培训工作，一是要以新技术推广、科技成果转化资金专项、中试、星火等各类林业科技推广计划为依托，大力推广检疫检验、除害处理新技术，特别是一些快速简便准确的检验检测技术、安全快速的除害处理技术、植物检疫生物芯片技术和远程诊断技术，要成熟一项及时推广一项，以促进检疫科技新成果尽快转化为现实生产力，提高林业植物检疫工作的科技含量，确保林业植物检疫工作的高效高质开展。二是要充分利用国家、省、市、县四级林业植物检疫机构的技术力量，在林业植物检疫机构内部开展检疫技术和检疫管理机制的推广。三是建立以国家和省级检疫培训为主，市级检疫培训为辅的检疫技术培训模式，面向广大的专职检疫员和兼职检疫员定期开展分级培训工作，培养和造就一批懂政策、有技术的新型林业植物检疫骨干，不断提高检疫队伍的整体素质。四是为检疫人员提供和创造再教育的机会，不断更新知识、拓宽工作思路、提高综合知识水平，建立一支高素质的林业植物检疫队伍。

（四）专家技术咨询服务平台

要充分发挥各相关科研院所、高等院校在人才、设备、仪器方面的优势，鼓励和聘请这些机构的专家和技术人员加入到检疫工作中来，通过定期召开专家会议，开展形式多样的专家咨询服务活动，加强专家技术咨询服务，构建科学合理的专家技术咨询服务平台。要不断完善专家技术咨询服务机制和方式，使技术咨询专家与林业植物检疫工作者紧密结合起来，形成有机整体，以解决检疫工作中遇到的检验鉴定、除害处理等技术问题和管理难点，并通过开展专家咨询服务活动和召开的专家会议，带动和培养一批年轻的检疫工作技术骨干，提高检疫人员的整体技术水平。

五、加强检疫队伍建设

人才是推进事业的基石，林业植物检疫工作的发展离不开人才队伍的建设。检疫工作技术性强、责任大的特点决定了检疫队伍建设是整个检疫事业发展的关键。加强林业植物检疫队伍建设，建立高效稳定的林业植物检疫队伍是新形势下林业植物检疫工作的一项重要内容。

（一）加强检疫人员管理

我国林业植物检疫实行国家、省、市、县四级机构“分级”管理，与进出境检疫实行的“垂直”管理相比，存在检疫队伍不稳定、人员流动频繁、培养难度大的问题。加强林业植物检疫队伍建设，一是要把好入门关，实行资格准入制度。录用的专职检疫员和兼职检疫员应具备中专以上学历，具有一定的专业知识，且必须通过国家林业植物检疫机构统一考试，取得《专职林业植物检疫员证》和《兼职林业植物检疫员证》后方可录用。二是检疫员证统一印制和发放，实行检疫员证的国家统一管理。检疫员资格培训和检疫员证书发放由国家林业植物检疫机构或国家林业植物检疫机构委托的省级林业植物检疫机构进行培训和发放。检疫员因年龄和工作调动等原因离开检疫岗位时，需向省级林业植物检疫机构申请，报国家林业植物检疫机构备案。三是国家林业植物检疫机构应建立检疫员数据库，数据库应登记检疫员的详细信息，实行网络化管理，并对外公开，接受社会监督。

（二）规范检疫队伍建设

一是严格按照原林业部、财政部《森林植物检疫人员制服供应办法》（林护字[1988]32号）及国家林业局《关于林业植物检疫人员着装事宜的通知》（林造发[2005]221号）的相关规定，进一步加强和规范林业植物检疫人员统一着装的管理工作。二是认真执行《林业植物检疫人员检疫执法行为规范》的相关规定，严格规范检疫人员的执法行为，树立执法为民思想和全局观念，增强责任意识和服务意识，确保检疫服务质量，对少数素质低、不符合执法资格且有违法乱纪行为的执法人员，要予以清退。三是建立和完善检疫从业人员的考评制度，通过建立科学的检疫从业人员的考评机制，定期开展考评工作，对检疫人员加强教育和培养，对工作中出现违规行为的不称职人员应予以清退。

（三）提高检疫人员素质

一是坚持检疫培训教育制度。检疫员在上岗前必须接受国家和省级林业植物检疫机构的统一培训，掌握植物检疫相关法规、基本检疫知识和技术后方可上岗。检疫员上岗后，要定期参加检疫培训，更新知识，提高水平。二是优化学习环境，提供学习、培训机会，积极鼓励在职检疫员参加各种形式的再教育学习，提高检疫从业人员的科学文化素养。三是要针对检疫工作涉及面广的特点，在积极引进植物检疫专业人才的基础上，加大法律、管理、信息技术等专业人才的引进。四是在检疫工作中，要创造条件培养一批德才兼备、业务一流的检疫人才和技术专家，使其成为检疫行业的排头兵，技术上的领军者。同时，还要努力营造鼓励人才干事业、支持人才干成事业、帮助人才干好事业的工作环境，最大限度地激发检疫从业人员的工作热情和活力。

六、完善法律法规和标准体系

（一）开展《植物检疫条例》的修订与升级工作

积极与农业主管部门沟通协调，以法代例，将《植物检疫条例》上升为《农林植物检疫法》是法规建设中十分重要的工作。《农林植物检疫法》制订工作中，一是要注意与国际规则接轨，将诸多国际检疫原则、惯例及成熟的通行做法以法律形式规范下来。二是要适应社会主义市场经济的发展，补充与市场经济相适应的检疫管理规范。三是处理好林业和农业检疫的关系，明确职责范围、检疫分工、各负其责、共同做好检疫工作。四是处理好进出境检疫与“内检”的关系，通过立法，提高“内检”工作的法律地位，并在检疫规范、标准、措施等方面衔接一致。通过《农林植物检疫法》的制订，进一步明确农林植物检疫的宗旨、性质、意义、范围、程序、任务、方法以及相应的法律责任，确定农林植物检疫机构的组织形式、职能、法律地位和责任、设立条件、审批程序、管理体制、监督制度等内容，使农林植物检疫工作更加制度化、法定化、规范化，为农林植物检疫工作提供强有力的法律保障。在制订《农林植物检疫法》之后，林业部门应根据林业发展的实际情况，积极制订《植物检疫法实施细则（林业部门）》。鉴于《农林植物检疫法》制定程序复杂、出台时间长等实际，在该法出台前应积极会同农业部门，加快《植物检疫条例》的修订工作，以解决当前国内植物检疫工作的急需。

（二）加快林业植物检疫标准化工作

林业植物检疫标准化是通过制订和实施标准，使林业植物检疫过程规范化和系统化的活动。林业植物检疫标准化可补充林业植物检疫法规在技术方面的内容，规范植物检疫检验和除害处理技术及检疫管理，维护检疫执法秩序，体现相关法律法规的内涵和内容；可提高林业植物检疫工作的效率，推进林业植物检疫工作制度化、规范化、科学化，减少检疫工作的盲目性，节省工作经费，提高工作效率；可加快林业植物检疫技术成果的转化，提高林业植物检疫工作整体水平，进而提升林业有害生物科学防治的水平。加快林业标准化工作应从以下几个方面开展。

1. 建立和完善林业植物检疫标准体系

林业植物检疫标准体系应是在一定范围内相互联系、相互制约的一系列林业植物检疫标准的集合体，它是按照“统一、简化、协调、优选”的原则，以国际先进标准为参照，通过制定标准和实施标准，将林业植物检疫工作的全过程纳入标准化轨道上来。因此，我国林业植物检疫部门应根据林业植物检疫工作的实际情况，尽快构建包括基础标准、检疫检验技术标准、除害处理技术标准、风险分析及管理标准等内容的林业植物检疫标准体系框架，并按照轻重缓急有计划地制定标准制修订实施规划，逐步建立起科学完整、层次分明、具有前瞻性和开放性的林业植物检疫标准体系。

2. 加快标准的制修订工作

针对我国林业植物检疫标准化工作起步晚、标准数量少等突出问题，要在标准体系和总体规划的指导下，广泛动员检疫工作者和有关专家，加快标准的制修订速度，着力解决当前制修订速度慢、标龄老化的问题，改变标准数量少，种类分布不均的现状。应重点开展基础类、检疫检验技术、除害处理技术、检疫管理等一些急需标准的制修订，以满足当前林业植物检疫工作发展的需要。同时要加快标准公布的速度，以发挥这些标准在控制有害生物扩散蔓延中的作用。当前，林业植物检疫行业急需制修订的标准项目见表 7-2。

表 7-2　林业植物检疫行业急需制修订的标准项目统计表

标 准 名 称	标准级别	标准性质
林业有害生物风险分析准则	行标	推荐性
松材线虫病疫区划定和非疫区确定标准	行标	推荐性
林业检疫性有害生物确定标准	行标	推荐性
椰心叶甲检疫检验技术标准	国标	推荐性
松突圆蚧检疫检验技术标准	行标	推荐性
薇甘菊检疫检验技术标准	行标	推荐性
苹果蠹蛾检疫检验技术标准	国标	推荐性
红棕象甲检疫检验技术标准	国标	推荐性
双钩异翅长蠹检疫检验技术标准	国标	推荐性
松疱锈病检疫检验技术标准	行标	推荐性
蔗扁蛾检疫检验技术标准	行标	推荐性
枣大球蚧检疫检验技术标准	国标	推荐性
落叶松枯梢病检疫检验技术标准	行标	推荐性
杨树花叶病检疫检验技术标准	行标	推荐性
猕猴桃细菌性溃疡病检疫检验技术标准	国标	推荐性
冠瘿病检疫检验技术标准	行标	推荐性
草坪草褐斑病检疫检验技术标准	行标	推荐性
刺桐姬小蜂检疫检验技术标准	国标	推荐性
枣实蝇检疫检验技术标准	国标	推荐性
椰心叶甲除害处理技术标准	国标	推荐性
松突圆蚧除害处理技术标准	行标	推荐性
苹果蠹蛾除害处理技术标准	国标	推荐性

（续）

标　准　名　称	标准级别	标准性质
双钩异翅长蠹除害处理技术标准	国标	推荐性
松疱锈病除害处理技术标准	行标	推荐性
蔗扁蛾除害处理技术标准	行标	推荐性
枣大球蚧除害处理技术标准	国标	推荐性
红棕象甲除害处理技术标准	国标	推荐性
刺桐姬小蜂除害处理技术标准	国标	推荐性
枣实蝇除害处理技术标准	国标	推荐性
引种审批工作程序	行标	推荐性
种苗产地检疫工作程序	行标	推荐性
调运检疫工作程序	行标	推荐性
复检工作程序	行标	推荐性
检疫除害处理一般工作程序	行标	推荐性
检疫执法行政处罚工作程序	行标	推荐性
林业植物检疫检查站检疫检查工作程序	行标	推荐性
林业植物检疫违法事件分类与处罚准则	行标	推荐性
林木种实调运检疫技术规程	国标	推荐性
林木种苗调运检疫技术规程	国标	推荐性
木材调运检疫技术规程	国标	推荐性
林业花卉调运检疫技术规程	国标	推荐性
木质包装材料调运检疫技术规程	国标	推荐性
种子园、母树林产地检疫技术规程	国标	推荐性

3. 建立林业植物检疫标准数据库

建立林业植物检疫标准数据库，逐步实现标准服务的网络化，方便标准使用者，推动标准的普及，为全社会提供及时、准确、高效、权威、便捷的标准信息服务。在经费等条件允许的情况下，还可建立林业植物检疫标准化管理的信息化平台，实现林业植物检疫标准制修订项目的网上申报和信息反馈，优化标准制修订程序，提高标准化工作的效率和透明度。

4. 开展国际标准的采标和制订工作

要在深入调查、研究和分析的基础上，力争在较短时间内把当前林业植物检疫工作中急需的国际标准和国外先进标准尽快转化为我国国家或林业标准，有计划、分步骤地开展国际标准和国外先进标准向国内标准的转化工作，以提高我国林业植物检疫标准化水平。同时还应加强与国际组织及区域化国际组织如联合国粮农组织、国际植物保护公约组织等的合作，积极参与国际植物检疫标准的制修订工作。通过采标、参与国际标准的制修订和国际交流活动，不仅可以了解国际林业植物检疫标准化工作的进展情况，还可以将国内的相关要求反映到国际标准中，甚至可以把国家标准上升为国际标准，从而反映我国整个林业植物检疫行业的要求，维护国家利益，为我国进出口贸易营造良好环境。

5. 加快标准化人才队伍的培养

要充分发挥林业植物检疫分委会的作用，通过分委会组织培训等方式，吸收一些服务意识强、思想意识超前、专业技术扎实、外语水平高的林业植物检疫领域的工作人员及相关专家加入到林业植物检疫标准化工作中来，使其成为我国林业植物检疫标准化工作的主力军。

6. 优化林业植物检疫标准化工作环境

要充分利用报纸、广播、电视、互联网、培训班等多种形式进行林业植物检疫标准化的宣传，让更多的人了解、认识和掌握林业植物检疫标准化的知识。同时，还要建立多元化、多层次、多渠道的资金投入机制，扩大经费渠道，增加标准化工作经费的来源。

第三节　建设重点

一、检疫隔离试种苗圃建设

林业植物检疫隔离试种苗圃是林业植物检疫御灾体系建设的重要内容。随着我国经济的发展，对外贸易的不断增多，从国外进口的林木种子、苗木数量日益增多，国内林木种子、苗木的调运日趋频繁，一些危险性林业有害生物随植物种子、苗木等繁殖材料入侵和在国内传播扩散的几率大大增加。特别是一些真菌、细菌、病毒类林木病害在运输时往往表现为隐症，在现场检疫中很难检验出来，须通过隔离观察或集中栽培才能确定。通过建设检疫隔离试种苗圃并严格执行隔离试种制度，可有效防止有害生物随植物种子、苗木等繁殖材料入侵和在国内传播扩散，可有效地提高我国检疫御灾的能力和水平，保护我国森林资源和生态的安全。当前，一些发达国家十分重视对外来有害生物的防范，都先后建立了数量众多、功能完备的检疫隔离试种苗圃，并从法律方面进一步确立了检疫隔离试种制度，加强了检疫隔离试种工作及对隔离试种苗圃的管理，对防止有害生物入侵，保护本国森林资源，保障本国农林业生产发挥了重大的作用。但在我国，虽从2004年已开始加强了林业植物检疫隔离试种苗圃的建设，并有个别省（自治区、直辖市）建设了林业植物检疫隔离试种苗圃，但由于资金投入不足等原因，在建设规模、设施设备等方面远远达不到检疫隔离试种工作的要求，未能充分发挥应有的功能。此外，从全国林业植物检疫隔离试种苗圃的建设数量上看，也远远不能满足当前检疫工作的需要，起不到有效防范外来有害生物的目的。加强检疫隔离试种苗圃的建设已成为当前检疫御灾体系建设的一项重要内容。

（一）建设目标

通过林业植物检疫隔离试种苗圃的建设，对来自不同国家和地区的可能带有危险性林业有害生物的植物材料进行隔离试种，从源头控制林业有害生物在国内和地区间的传播和危害。

阶段目标：

2008～2011年，建设13个以上林业植物检疫隔离试种苗圃，包括土建工程和隔离试种、培养观察和除害处理等各种设备及交通工具。

2012～2015年，建设22个以上林业植物检疫隔离试种苗圃，包括土建工程和隔离试种、培养观察和除害处理等各种设备及交通工具。

（二）建设内容

检疫隔离试种苗圃以省级行政区为建设单位，每省按实际需要建设1～2个，主要承担国外引种和国内省际间引种的隔离试种和除害处理任务。林业植物检疫隔离试种苗圃由省级林业植物检疫机构负责建设，建成后由省级林业植物检疫机构统一管理。林业植物检疫隔离试种苗圃的建设地点，应选择500米范围内没有森林、苗圃、果园、花圃，或有山川、河流等自然屏障的隔离带，且交通便利，通讯畅通，并有完备的供水、供电、排水系统的地点进行建设。林业植物检疫隔离试种苗圃的建设内容主要包括土建工程、设施设备和交通工具等。

1. 土建工程

主要包括隔离试种区、检验除害区、炼苗区、综合办公区、后勤保障区，具体建设内容和用途如下：

（1）隔离试种区

收件登记室：接收、登记送检的繁殖材料。

初检室：对收到的繁殖材料拆包，并进行初步检查、分类，送消毒处理室。

消毒处理室：对繁殖材料的外表进行消毒。

种子贮藏室：在4℃低温下贮藏引进的林木（花卉、草）种子。

土壤消毒室：对栽培繁殖材料的土壤进行消毒灭菌或除虫处理。

贮藏室：存放温室、网室栽培过程中所使用的工具。

隔离温室：种植应检繁殖材料的场所。要求利用玻璃来防止有害生物的逃逸和进入，温室全密闭，并分隔成小间，每间15～20平方米，有独立的通道，进门要有缓冲间，通气、降温、加热设施要带有滤孢系统和防虫纱网，有遮荫设施，同时门口要有防逃逸的设施（如风淋系统、门帘等）。

防虫网室：利用自然气候条件栽培、鉴别繁殖材料的场所。要求罩盖不锈钢筛网，要有缓冲间，网室周围要有防虫沟，门口要有防逃逸的设施（如风淋系统、门帘等）。

（2）检验除治区

病害检验室：利用检验仪器进行病害检验的场所。

虫害检验室：利用检验仪器进行虫害检验的场所。

仪器设备室：用于储存检验仪器设备的场所。

组培脱毒室：对引进的组培苗或为脱毒处理而培养的组培苗培育场所。要求利用玻璃来防止有害生物的逃逸和进入，室内全密闭，并分隔成小间，每间15～20平方米，有独立的通道，利用带有滤孢系统和防虫纱网的设施来通气、降温、加热，有遮荫设施，同时门口要有防逃逸的设施（如正压风淋系统、门帘等）。

除害处理室：对繁殖材料进行除害处理，杀灭繁殖材料中的有害生物。

焚化销毁室：用于烧毁包装材料和一切无用的繁殖材料。

(3)炼苗区

经隔离试种和检验除治后，对不含疫情的健康苗木进行扩大栽培或假植无疫繁殖材料。建设灌溉、喷雾或滴灌系统。

(4)综合办公区

包括办公室、标本室、图书资料室、值班室、档案室的建设等。

(5)后勤保障区

包括供暖系统(热带地区降温系统)或温、湿中央供给控制系统、车库、药剂药械库、变电站、水泵房、水处理设施等。

2. 仪器设备

(1)检验和除害处理设备

病原微生物鉴定设备：PCR 仪、紫外成像分析系统、制冰机、超净水制备设备、培养基自动灌装机、微量榨汁机、电泳仪、摄影显微镜、灭菌锅、超净工作台、培养箱、紫外分光光度计、冰箱、低温冷柜等。

昆虫鉴定设备：软 X 光机、摄影解剖镜、人工气候室、冰箱等。

线虫鉴定设备：摄影显微镜、摄影解剖镜、冰箱、线虫分离装置等。

杂草鉴定设备：摄影解剖镜、种子培养箱、植物生长箱等。

组培设备：培养基分装设备、培养器皿和培养架等。

焚毁设备：焚烧炉。

除害处理设备：土壤灭菌锅、水浴槽、干热灭菌箱、气体浓度检测仪、防漏检测仪、自动温湿度记录仪、测毒采样管、盛药袋、双臂 U 形压力计或电子压力计、汽化器、天平、磅秤、担架式喷雾机、全自动封闭喷药装置、帐幕、电风扇、抽风机、减压泵、汽化管道、排气管道、警示灯、防毒面具等。

其他设备：灌溉、喷雾或滴灌系统，铁锹、耙子等工具。

(2)办公设备

包括计算机、打印机、复印机、传真机、数码照相机、摄像机、扫描仪、电话、空调、档案橱、办公桌椅等。

3. 交通工具

后厢封闭式和敞开式货车。

二、除害处理设施建设

林业植物检疫除害处理是指为了防止林业检疫性有害生物的传入传出、定植和/或扩散，或对这些林业检疫性有害生物进行官方控制而实施的技术措施。林业植物检疫除害处理是林业植物检疫工作的重要组成部分，不仅在防止有害生物传播扩散，保护一个国家和一个地区生物安全等方面发挥着重要作用，还为各国在 WTO 框架内打破或建立贸易壁垒、促进对外贸易发展、保护本国农林产品市场等方面发挥着不可替代的作用。

(一)建设目标

通过检疫除害处理设施的建设，建立起覆盖全国的检疫除害处理设施网络，满足各地除害处理任务的需要，防止有害生物的传播扩散，提高检疫御灾能力。在全国范围内对携带有害生物传播介体的植物及其产品进行及时有效的除害处理，防止有害生物的扩散蔓延，减少林农和林木经营者的经济损失，提升我国整体防御有害生物扩散危害的水平，促进我国林业有害生物检疫御灾体系和资源节约型社会的建设。

阶段目标：

2008～2011 年，建设 163 个以上检疫除害处理设施，建设内容包括土建工程、除害处理设施和设备等。

2012～2015 年，建设 238 个以上检疫除害处理设施，包括土建工程、除害处理设施和设备等。

2015～2020 年，建设 400 个以上检疫除害处理设施，包括土建工程、除害处理设施和设备等。

(二)建设内容

以满足本地检疫除害处理任务要求为原则，以地(市)级行政区为建设单位，每个地(市)级行政区建设 1 个以上的检疫除害处理设施。地(市)级检疫除害处理设施建成后由地市级森防站统一管理，主要承担本辖区内有害生物的检疫除害处理任务。

1. 除害处理室的建设

除害处理室应选在远离民居、公共场所、人口稠密地区且地势平坦、通风良好、交通方便的地方进行建设。除害处理室应为砖混结构，墙壁结实，不能有空隙，墙体厚度须在 18 厘米以上，墙体内外均要用水泥批搪，以防止处理药剂的渗漏。处理库内地面及库顶均要用水泥灌造，批搪光滑，要保证处理室的密封性。除害处理室容积应不小于 68 立方米，其长、宽、高的具体尺寸可按照本地除害处理的主要物品的类别、处理量确定。

2. 除害处理室所需设备设施

除害处理室所需设备设施包括气体浓度检测仪、防漏检测仪、自动温湿度记录仪、测毒采样管、盛药袋、双臂 U 形压力计或电子压力计、汽化器、天平、磅秤、担架式喷雾机、全自动封闭喷药装置、帐幕、电风扇、抽风机、减压泵、汽化管道、排气管道、警示灯、防毒面具等。

3. 保障设施

保障设施包括供水和排水管道，水泵，供电设备。

三、远程诊断网络建设

林业植物检疫远程诊断能够对检疫工作中发现的不能识别的有害生物进行异地同步观察和及时诊断，还免去了实物传递，避免了有害生物人为传播的危险，并可指导检疫人员进行有害生物鉴别、实施除害处理。这种方法对提高检疫工作效率，节省工作成本，及时掌握有害生物信息具有重要的作用。目前该技术在医疗、机械等行业得到应用，在检疫工作中使用远程诊断技术对提高检疫工作效率和检疫检验的准确性和及时性，提升检疫工作现代化水平具有重要意义。

(一)建设目标

通过远程诊断系统的建设，建立起国家、省、市、县四级远程诊断系统，对各级林业植物检疫机构发现和采集的有害生物通过诊断系统进行异地即时诊断，为各级政府和防治部门及时、准确制定除害方法和防治对策提供更加便捷服务。

阶段目标：

2008～2011年，建设国家和15个省级行政区的林业有害生物评估鉴定和远程诊断系统。

2012～2015年，再建设20个省级行政区的林业有害生物评估鉴定和远程诊断系统。

(二)建设内容

远程诊断以各级林业植物检疫机构技术人员为主，可聘请从事有害生物研究的各大院校和研究院所的专家组成专家库开展诊断工作。远程诊断系统的诊断信息由系统终端所在的地、市、县及其所辖的下级林业植物检疫机构采集，由各级林业植物检疫机构技术人员和聘请的从事有害生物研究的各大院校和研究院所的专家进行诊断。四级远程诊断系统相互联通、即时通讯，当下一级技术人员和专家无法做出诊断时，可连通上一级技术人员和专家进行诊断，直至完成诊断。远程诊断网络结构与管理示意图如图7-4。

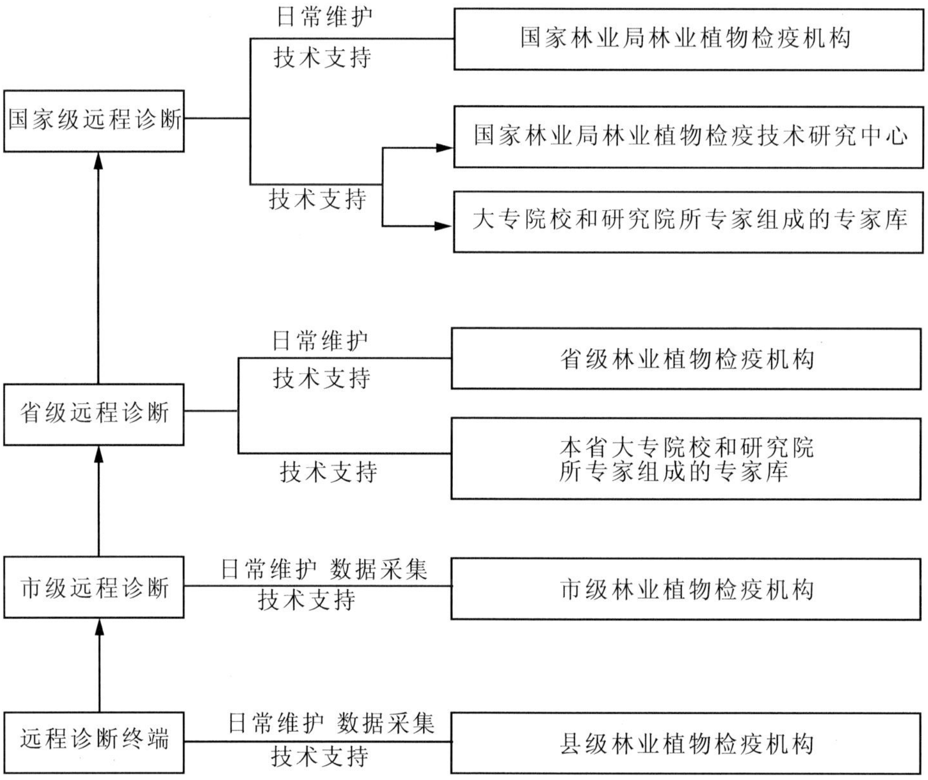

图7-4 远程诊断网络结构与管理示意图

主要基础设施建设：

(1)设施设备：计算机、图像采集卡、彩色打印机、摄影显微镜、摄影解剖镜等。

(2)软件：远程诊断信息系统。

四、林业植物检疫检查站建设

林业植物检疫检查站(点)是根据法律法规，通过在道路上设置关卡，依法查验林业植物检疫证件，制止违法违规调运森林植物及其产品的行为，达到防止有害生物传播扩散目的。随着经贸的快速发展，林业有害生物入侵及在国内的传播扩散严重，形势严峻。设立林业植物检疫检查站(点)，开展林业植物检疫检查工作是防止有害生物传播扩散的一种行之有效的措施。目前，我国现有的林业植物检疫检查站(点)数量远远无法满足需要，急需加大林业植物检疫检查站(点)的建设，形成合理的检疫检查网络，以有效防止有害生物的传播扩散。

(一)建设目标

根据我国目前重大疫情发生的实际情况、交通状况、木材检查站设立情况等，科学合理地布设林业植物检疫检查站(点)，构建林业植物检疫检查网络。通过开展林业植物检疫检查站(点)的建设，有效防范有害生物的传播扩散，保护林业生产的顺利开展，确保森林资源和国土生态安全。

阶段目标：

2008～2011 年，建设 300 个林业植物检疫检查站(点)，配备办公设备、通讯设备、检疫检验工具等。

2012～2015 年，建设 500 个林业植物检疫检查站(点)，配备办公设备、通讯设备、检疫检验工具等。

(二)建设内容

林业植物检疫检查站(点)的建设以市、县两级建设为主，由各省人民政府按本地实际的交通状况、森林植物及其产品的调运情况，科学合理地确定检疫检查站(点)的数量和布局。林业植物检疫检查站(点)建设形式可根据实际情况设立独立的检疫检查站和与现有木材检查站结合的检疫检查站。

(1)土建工程：土建面积约 40 平方米，主要包括办公室和检疫检验室。

(2)仪器设备：计算机、打印机、复印机、传真机、数码照相机、摄像机、扫描仪、电话、空调、档案柜、办公设施(如办公桌、椅)、显微镜、解剖镜、保鲜冰箱、取样工具等。

第 7 章主要研究人员：

崔永三、胡学兵、赵宇翔、任本权、周维民、罗正均

郑　华、周茂建、李　娟、吾中良

第8章

防治减灾体系建设战略

防治减灾是林业生物灾害防治工作的重要组成部分。林业生物灾害防治减灾是指利用多种措施预防和控制林业生物灾害，避免或降低灾害损失的一系列活动。包括灾害发生前采取的预防性措施，灾害发生中采取的各种减灾措施，灾害发生后采取的政府补助、保险赔付、慈善捐助、林农互助等损失救助措施，以及为实施灾前、灾中、灾后各种措施而采取的管理行为。林业生物灾害防治减灾体系是为确保防治减灾各项措施顺利实施，而形成的具有一定结构和功能的工作系统，包括组织管理、防治作业、物资保障、评估监理、损失救助、应急防控6个子系统。建设“功能齐备、配置合理、协调有序、运行高效”的防治减灾体系，对于进一步提高林业生物灾害防治成效，更好地保护森林资源具有重大意义。

第一节　防治减灾工作现状

林业生物灾害防治减灾工作随着林业和国民经济的发展而逐步发展，改革开放以来，防治减灾工作进入发展的快车道，减灾能力不断提高，减灾效果大幅度提升。目前，各级林业生物灾害防治机构每年组织实施有效防治作业面积800万公顷，占林业有害生物发生面积的75%。林业生物灾害防治减灾工作在森林资源保护中发挥着主力军作用，已成为我国公共灾害防控的有生力量。

一、工作开展情况

20世纪50年代，受当时生产力发展水平的制约，防治减灾工作主要是针对单一目标病虫开展人工捕捉和化学防治，整体能力较低。70年代，特别是党的十一届三中全会以后，在“预防为主、综合治理”方针指导下，积极推行生物防治和综合治理，开展技术培训和推广应用防治技术成果，防治减灾工作取得了长足进展。90年代以后，建立了林业生物灾害防治目标管理责任制度，开展了工程治理和防治基础设施项目建设，开展了岗位技术培训，提高了队伍素质和整体工作水平，防治能力明显增强。进入21世纪，为适应现代林业发展要求，建立了林业有害生物预防、应急救灾机制，大力推广应用无公害防治措施，加强国内外交流和推广应用新技术成果，推行森林健康理念和开展森林健康活动，防治减灾工作进入了全新的发展时期，防灾减灾成效显著，为保护造林绿化成果，维护国土生态安全，促进林业和国民经济协调发展发挥了重要作用。

(一)防治减灾能力建设

1. 机构建设

20 世纪 80 年代是我国林业生物灾害防治机构重要建设期。随着《1991 ~ 2000 年全国森林病虫害防治体系建设规划》的实施，林业生物灾害防治机构建设有了长足发展，90 年代末随着西藏自治区森防站的成立，全国省级单位全部设立了林业生物灾害防治机构，大部分县级以上行政管理区设立了林业生物灾害管理机构，形成了由国家、省、市、县四级机构组成的管理网络。目前，全国共建成各级林业生物灾害防治检疫站 3 068个，各级从业管理人员近 2 万人，其中从事防治减灾工作的管理人员占 40%。

2. 标准站建设

1997 年第三次全国森林病虫害防治工作会议提出，从 2000 年开始，在全国范围内开展防治检疫标准站建设。在国债资金支持下，以防治检疫站和防治网络、检疫网络、测报网络为主要内容的标准站建设全面启动。到 2003 年，全国共建成各级标准站 1 559 个，标准站建站率达 51. 3%(表 8-1，图 8-1)。

表 8-1　标准站建设情况表

省份	2000 年	2001 年	2002 年	2003 年	合计	达标率(%)
北京	10			4	14	100. 0
天津	1		3		4	30. 8
河北	10	11	11	31	63	37. 3
山西	15	15	9	27	66	52. 8
内蒙古	13	14	17	20	64	44. 1
辽宁	18	12	11	7	48	58. 5
吉林	40	4	11	10	65	78. 3
黑龙江	7	45	5	25	82	91. 1
上海			6		6	54. 5
江苏	5	7	7		19	20. 0
浙江	6	15	34	9	64	70. 3
安徽	19	18	12	9	58	58. 0
福建	12	11	7	11	41	50. 6
江西	10	17	37	16	80	74. 1
山东	29	44	31		104	65. 8
河南	6	14	10		54	34. 6
湖北	10	14	9	21	54	56. 8
湖南	5	10	13	20	48	38. 1

（续）

省份	2000 年	2001 年	2002 年	2003 年	合计	达标率(%)
广东		16	11	23	50	43.1
广西	8	14	21	25	68	56.7
海南	3		4		7	38.9
重庆	3	1	1	30	37	100
四川	10	11	32	54	107	53.2
贵州	3	19	20		42	42.4
云南	6	25	20	76	127	85.8
西藏						0.0
陕西	2	12	12	32	58	46.4
甘肃	10	10	16	14	50	39.7
青海	3	5	5	5	18	51.4
宁夏	2	11	2	5	20	95.2
新疆	3	11	9		23	20.4
龙江森工集团	14	4	3	6	27	57.4
大兴安岭林业集团	1		4		4	36.4
总计	287	398	397	477	1559	51.3%

注：2003 年后再未组织标准站评选；内蒙古包括内蒙古森工集团

图8—1 标准站建设数量

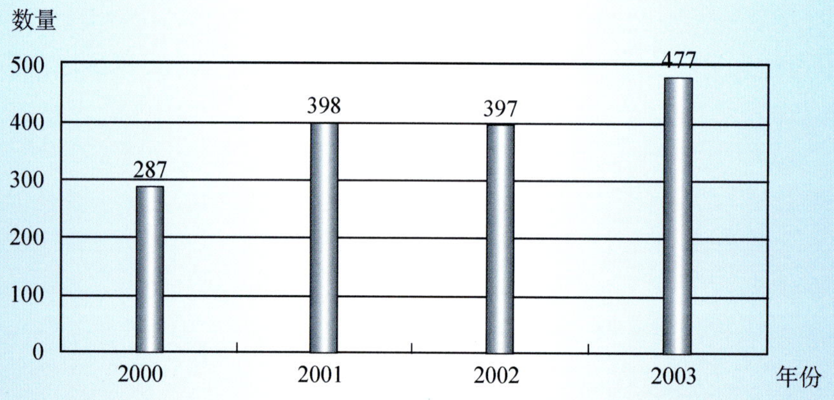

3. 防治基础设施建设

进入21世纪以来，在国家基础设施建设项目和国家林业生物灾害工程治理项目带动下，各级地方政府也加大了资金投入，有力地推动了各地林业生物灾害防治基础设施建设。大多数林业生物灾害防治机构都建立了实验室、标本室、档案室、药剂药械库，配备了必要的防治设备。目前，全国林业生物灾害防治机构拥有轻型飞机4架，各种机动喷药机械7.3万台，各种防治作业车2 500辆，建设了65个林药加工厂、生物制剂厂、天敌繁育场，基层防治设施设备明显改善，防治减灾能力大幅度提高，为开展林业生物灾害防治提供了强有力的支持(表 8-2)。

表 8-2 全国林业生物灾害防治机构拥有的防治器械统计表(截至 2007 年 12 月)

省份	机动喷药机械(台)				设备设施(台、辆)			生产厂点		
	背负式喷雾器	担架式喷雾器	喷烟机	其他	计算机	施药作业车	摩托车	农药加工厂	生物制剂厂	天敌繁育场
北京	888	118	187	399	90	40	5	0	0	1
天津	170	253	10	17	34	28	11	0	0	1
河北	1382	195	762	159	257	67	68	0	0	1
山西	442	114	46	116	152	15	0	0	0	1
内蒙古	1122	164	409	497	284	98	102	1	0	0
辽宁	1923	396	137	329	234	54	38	0	0	5
吉林	833	86	131	255	131	27	76	1	0	3
黑龙江	838	69	12	18	167	41	40	1	0	0
龙江森工集团	120	7	53	7	55	5	10	2	0	0
上海	2318	177	34	1678	65	26	22	1	0	0
江苏	1293	416	212	386	204	50	16	0	0	1
浙江	541	18	191	658	341	35	23	1	1	1
安徽	3389	469	430	1082	216	21	29	0	1	0
福建	447	61	129	92	204	20	26	3	10	0
江西	611	227	231	280	212	28	55	0	6	0
山东	8177	573	294	1876	249	87	105	1	0	0
河南	2651	192	83	402	270	84	88	0	0	0
湖北	2365	44	125	950	118	23	90	1	1	0
湖南	741	24	78	34	192	21	41	0	3	1
广东	1019	102	103	115	245	43	141	0	2	1
广西	975	18	66	341	277	54	59	0	5	0
海南	17	5	0	10	60	12	2	0	0	0
重庆	809	4	101	371	126	9	14	1	0	0
四川	2130	70	396	899	258	15	38	1	0	0
贵州	299	21	82	115	158	20	19	0	1	0
云南	1272	38	284	301	265	41	17	1	4	0
西藏	0	0	0	0	0	0	0	0	0	0
陕西	1702	211	208	363	167	55	30	0	0	0
甘肃	885	161	97	315	149	29	31	1	0	0
宁夏	129	34	14	32	60	27	18	0	0	0
青海	219	130	97	126	77	19	24	0	0	0
新疆	9681	1346	58	387	172	55	62	0	0	0
新疆建设兵团	146	47	12	0	32	0	21	0	0	0
大兴安岭林业集团	105	2	42	13	37	8	22	0	0	0
全国合计	49639	5792	5114	12623	5558	1157	1343	15	34	16

4. 社会力量参与防治情况

随着社会主义市场经济的不断发展，各级林业生物灾害防治机构转变职能，大力推进防治体制机制改革，不同所有制经济组织以承包、专业队、森林植物医院、监理咨询等多种形式进入防治市场，防治社会化、专业化、市场化格局已见雏形。广东、浙江、福建等省成立了松材线虫病承包防治专业公司，北京、天津、河北、陕西、辽宁、山东等省（直辖市）成立了美国白蛾防治专业队，西北部分省（自治区）成立了鼠害防治专业队，辽宁省锦州市成立了森林健康医院，新疆、青海等省（自治区）实行了主要林业生物灾害防治监理制度，防治作业由过去以林业生物灾害防治机构为主，开始向社会化、专业化、多元化发展。

（二）防治工作的组织领导

1. 建立政府防治指挥机构

按照国务院的有关规定，国家林业局成立了由分管领导牵头、相关司局领导参加的重大林业生物灾害应急防控指挥机构。各省（自治区、直辖市）成立了以政府分管领导挂帅，林业、发改委、财政、民政、交通、民航、铁路、邮电、农业、建设、气象等部门参加的重大生物灾害防治指挥机构，组织开展重大林业有害生物防灾减灾工作，加强政府对林业生物灾害防治的领导，使林业部门孤军奋战的尴尬局面有所改变。目前，已有 14 个省（自治区、直辖市）成立了松材线虫病预防除治指挥机构，6 个省（直辖市）成立了美国白蛾防治指挥机构，全国大多数市、县也在当地政府的领导下，成立了防治指挥机构，在很大程度上保证了林业生物灾害防治工作的顺利开展。各级林业主管部门也相应建立了林业生物灾害防治指挥机构，加强对林业生物灾害防控工作的组织管理。

2. 大力推行防治责任制度

根据《森林病虫害防治条例》和原林业部《关于进一步加强森林病虫害防治工作的决定》，一些地方政府将林业生物灾害"成灾率"纳入政府工作考核指标体系，大力推行防治责任制度，防治工作的政府行为进一步体现，防治责任进一步明确，治理力度进一步加大，工作效率进一步提高。国家林业局与各省签订了松材线虫病预防和除治责任状，一些地方政府也就主要林业生物灾害治理、外来有害生物防控、突发林业生物灾害处置等工作层层签订责任状。

3. 推行重大林业生物灾害防治政府督查制

随着政府对林业生物灾害防治管理力度的不断加强，各种有效推动工作的方法和手段在林业生物灾害防治中得到运用，确保了林业生物灾害防治责任到位、工作到位、措施到位、资金到位。2007 年以来，北京、天津、河北等省（直辖市）政府督查室将美国白蛾防控工作纳入政府重点督查内容，按照防治检查验收方案开展督导工作，有力地促进了防治工作的落实。

（三）目标管理实施情况

1. 建立了防治工作目标管理体系

1992 年全国开始实施以病虫害发生率、防治率、监测覆盖率、种苗产地检疫率"四率”指标为主要内容的森林病虫害防治目标管理，防治工作有了强有力的抓手。2001 年调整了目标管理考核指标体系，用“成灾率”代替“发生率”；2005 年进一步调整“四率”指标，用“无公害防治率”代替“防治率”、用“测报准确率”代替“监测覆盖率”，将过去注重考核灾情调整到注重考核防治效果和生态效益上来，突出减灾成效管理，强调对环境友好的防治措施的应用，使防治目标管理更加符合生物灾害的发生、防治规律，更加符合科学发展观的要求。实行林业生物灾害防治目标管理，不仅是管理方法上的改革，也是工作认识和抓法上的突破，有力地推动了林业生物灾害防治工作发展。

2. 强化了目标考核和责任落实

国家林业局每 5 年向各省下达一次防治目标管理指标，再由各省(自治区、直辖市)层层分解指标任务，签订目标管理责任状。采取平时检查与集中考核、自检与检查相结合的方式进行考核。由于各地高度重视并加强对以“四率”指标、基础能力和站务管理等为主要内容的防治目标管理检查考核，有力地促进了林业生物灾害防治工作由重防治向重预防、由重治标向治本为主、由一般防治向工程治理、由以化学防治为主向以生物防治为主的“四个转变”，极大地推动了防治减灾工作的开展和防治成效的提高。截至 2007 年，全国林业有害生物发生率由“八五”期间的 6% 下降到 5% 以下，成灾率由“九五”期间的 0.7% 下降到 0.45% 以下，防治率由“八五”期间的 60% 提高到 75% 以上，无公害防治率由“九五”期间的 40% 提高到 60%，其中食叶害虫无公害防治率达到 80% 以上。

(四)主要生物灾害治理状况

1. 综合防治试点

20 世纪 80 年代初，为了探索建立我国主要林业生物灾害大规模综合防治经验，实现控灾减灾目标，分别在辽宁建平、安徽滁县、浙江衢州、山东兖州、山西朔县等地针对松毛虫和杨树天牛开展了为期 5 年的综合防治示范。在试点经验基础上，1986 年在全国 21 个省(自治区、直辖市)156 个县的 373 万公顷范围开展了综合治理示范推广工作，经过 3 年的努力，基本扭转了松毛虫和杨树天牛等主要病虫种类连年严重发生的局面。

2. 重大林业生物灾害工程治理

1997 年第三次全国森林病虫害防治工作会议提出对主要病虫害种类实施工程治理，1998 年开始实施辽西松毛虫、内蒙古光肩星天牛和广东松材线虫病3 个国家级森林病虫害工程治理试点项目。在试点的基础上，2000 年全面启动了松材线虫病、美国白蛾、松毛虫、杨树天牛、红脂大小蠹和森林鼠害 6 个国家级工程治理项目。2003 年上述项目调整为松材线虫病、红脂大小蠹、森林鼠害、杨树病虫害、纵坑切梢小蠹和萧氏松茎象治理工程。工程覆盖全国 28 省(自治区、直辖市)和 3 个森工集团的 1 827 个县，累计治理面积 933 万公顷次。在国家级工程治理项目带动下，20 多个省(自治区、直辖市)启动了 30 余个省级工程治理项目。工程治理促进了防治绩效大幅度提升，至 2005 年底国家级工程治理项目结束时，全国主要森林病虫害成灾率由 0.7% 降到 0.5%。松材线虫病工程治理区达到了发生面积、病死树数量双下降的目标；杨树病虫害工程完成有效治理面积 27 万公顷，降低了虫口密度和有虫株率；美国白蛾治理工程基本扑灭了 9 个县级疫区疫情，累计拔除了1 922个村级疫点；红脂大小蠹工程发生面积由53 万公顷下降到14 万公顷，降幅达74%，全面控制了灾害严重发生、大面积死树的局面；森林鼠害工程减轻了鼠害对新造林地的危害，为退耕还林工程顺利实施提供了有力保障；松毛虫发生面积由307 万公顷下降到133 万公顷（图8-2、图8-3）。

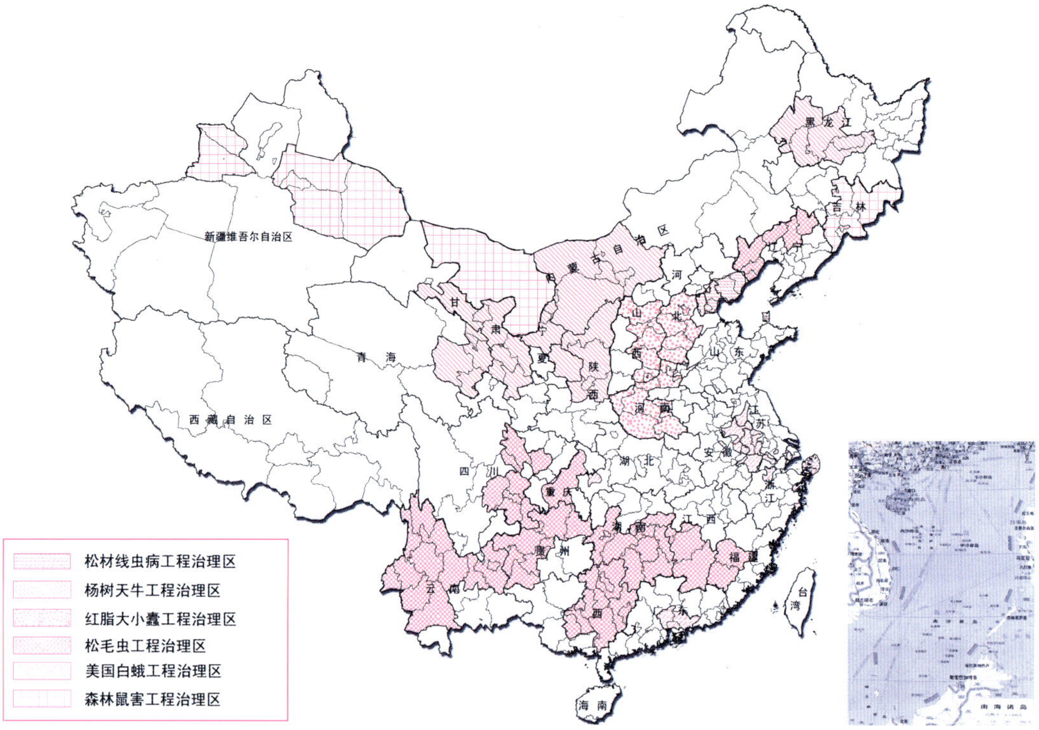

图8-2 林业生物灾害工程治理区分布图

图8–3 工程治理前后发生面积对比

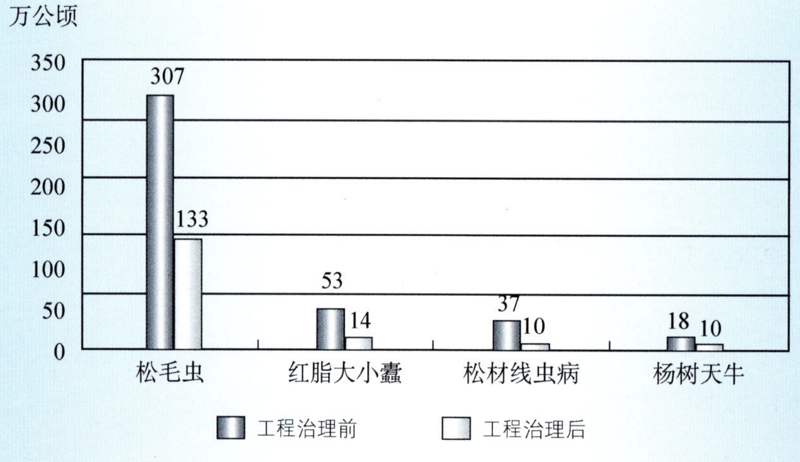

3. 重大林业生物灾害联防联治

一些省、市、县针对跨区域发生、危害严重的林业生物灾害，针对同种或同类的有害生物，通过在毗邻行政地区建立联防联治组织，开展协同防治，达到了事半功倍的效果。通过在北京、天津、河北、辽宁、山东开展美国白蛾联防联治，遏制了美国白蛾全面反弹的趋势，降低了危害程度，确保了2008年北京绿色奥运的顺利举办。通过组织全国林业鼠(兔)害防治协作网，制定了联防联治协作区防治技术方案，推广实用防治技术，使协作区内的森林鼠(兔)的严重危害得到较好控制。广东、湖南、海南、广西、福建、江西、湖北7省(自治区、直辖市)和四川、重庆、贵州、云南、西藏5省(自治区、直辖市)分别建立省际间检疫协作组织，江苏、浙江、安徽、江西4省建立了松材线虫病联防联检协作组织，江西省在鄱阳湖区建立了泛鄱阳湖林业有害生物联防联治工作协调组织，重庆市就竹蝗灾情实施了渝西片区竹蝗联防联治等。联防组织之间签订联防协议书，建立沟通、协调、联动机制，及时沟通情况，协调解决问题，统一集中治理，确保了防治成效。

4. 突发林业生物灾害应急处置

2005年国家林业局制定颁发了《突发林业有害生物事件处置办法》和《重大外来林业有害生物灾害应急预案》，成立了应急防控指挥部，同年在大连组织了全国林业有害生物灾害应急预案防控演练，并要求各地迅速建立健全林业生物灾害应急预案体系，提高应急处置能力。截至2007年年底，全国各省(自治区、直辖市和森工集团)及93%的市(地)、82%的县(市)制定了突发林业有害生物事件应急预案，一些地方还针对重要生态区域和主要危险性有害生物，分别制定了操作性更强的单项应急预案，比如黄山、张家界、庐山等重要生态区的单项应急预案和松材线虫、美国白蛾、红火蚁等主要危险性有害生物的单项应急预案。为加强突发事件、危险性有害生物可能发生地的预警和预防，国家林业局建立了《林业有害生物警示通报》和《林业有害生物联系报告》制度，按国务院应急办的要求，定期向国家减灾委员会等有关部门报告突发事件信息，发布全年和半年全国主要林业有害生物发生趋势预报，与中国气象局联合在中央电视台《天气预报》栏目中播发有害生物预警信息。2005年以来，国家林业局已先后就深圳的刺桐姬小蜂、北京的红脂大小蠹、陕西的胡蜂、山西的散白蚁、庐山的疑似松材线虫、甘肃的苹果蠹蛾、新疆的枣实蝇等突发事件启动了国家级应急预案。部分省市也按地方相关预案，针对突发的林业有害生物事件，启动了相应级别的预案。与此同时，国家林业局先后批复实施了72项主要林业有害生物防控体系(包括应急防控体系)基础设施、检疫隔离试种苗圃、天敌繁育场和生物制剂厂等建设项目，建立了突发林业有害生物事件应急防控体系建设项目库。各地为保证应急预案落到实处，也加强了应急物资储备，举办了应急预案现场演练培训。

(五)科研、培训与标准制定工作

1. 产学研协调解决防治难点问题

按照“科学防控”的防治方针和“科技兴防”的发展思路，多年来林业生物灾害防治部门加强与科研院所、大专院校和生产企业的合作，采取协作攻关和“边研究、边试验、边推广”的形式，积极开展防治技术研究，解决防治中的难点和瓶颈问题，研发、推广了一大批符合林业生物灾害无公害防治要求的药剂、药械和先进实用技术，极大地提高了防治成效。包括红脂大小蠹引诱剂技术，以周氏啮小蜂和美国白蛾病毒为主的美国白蛾生物防治技术，松毛虫白僵菌、灭幼脲、毒绳、杀虫灯、人工捕捉等无公害防治技术，杨树蛀干害虫综合防治技术，椰心叶甲寄生性天敌引进和控制技术，花角蚜小蜂防治松突圆蚧技术，松褐天牛引诱技术，轻型直升机施药技术，背负式机动喷雾机均衡供药技术，气助静电喷粉喷雾和环保型毒饵增效诱鼠技术，大型车载风送式喷药技术，布撒器及灭虫药包技术，频振式杀虫灯技术等。

2. 技术培训

为提高林业生物灾害防治队伍业务素质，2000 年以来，中央和地方各级森防机构对林业生物灾害防治技术管理人员进行了系统培训。截至 2007 年底国家林业局已举办各类培训班66 期，受训学员 4 128 多名。地方各级林业生物灾害防治机构也分层次开展了形式多样的技术培训，极大地提高了防治技术水平(表 8-3)。

表 8-3　国家森防科技培训中心培训情况统计表

培 训 内 容	期 数	学 员 数
国家级中心测报点培训	14	910
工程治理培训班	10	586
站长关键岗位培训班	19	988
检疫技术操作办法培训班	5	308
药剂药械使用技术培训班	18	1336
合 计	66	4128

3. 防治标准制定稳步推进

为规范防治工作，开展了防治技术标准的制订，通过多年的努力，防治标准体系雏形基本形成，为推进防治科学化和规范化奠定了基础(表 8-4)。

表 8-4　已颁布和制订中的林业生物灾害防治技术标准

标准名称	标准号	起草单位	备　注
松材线虫病发生区松木包装材料处理和管理	GB/T20476—2006	安徽省森林病虫害防治总站	
植物检疫证书准则	GB/T21760—2008	国家林业局森防总站等	
建立非疫区的要求	GB/T21761—2008	国家林业局森防总站等	
植物检疫措施准则 辐照处理	GB/T21759—2008	国家林业局森防总站等	
马尾松毛虫监测与防治技术规程	LY/T1675—2006	国家林业局森防总站等	
油松毛虫、赤松毛虫和落叶松毛虫监测与防治技术规程	LY/T1663—2006	国家林业局森防总站等	
林业有害生物发生及成灾标准	LY/T1681—2006	国家林业局森防总站等	
黄脊竹蝗防治技术规程	LY/T1628—2006	广东省林业科学研究院等	
白蛾周氏啮小蜂人工繁殖及应用技术	LY/T1704—2007	国家林业局森防总站等	

（续）

标准名称	标准号	起草单位	备　注
管氏肿腿蜂人工繁殖及应用技术	LY/T1705—2007	国家林业局森防总站等	
青杨脊虎天牛检疫技术规程(国家标准)		国家林业局森防总站等	待发布
松材线虫病检疫技术规程(国家标准)		国家林业局森防总站等	待发布
松材线虫疫木处理技术规范(国家标准)		国家林业局森防总站等	待发布
松材线虫病疫情普查监测技术规程(国家标准)		国家林业局森防总站等	待发布
检疫性有害生物除害处理标准(国家标准)		国家林业局森防总站等	待发布
森林植物及其产品调运检疫标准(国家标准)		国家林业局森防总站等	待审定
白僵菌产品质量等级(行业标准)		国家林业局森防总站等	待发布
轻型直升机施药防治林业有害生物技术规程(行业标准)		国家林业局森防总站等	制定中
光肩星天牛防治技术规程(行业标准)		国家林业局森防总站等	制定中
林业有害生物普查技术规程(行业标准)		国家林业局森防总站等	制定中
诱虫灯林间使用技术规程(行业标准)		国家林业局森防总站	制定中
林业有害生物产地检疫技术规程(行业标准)		国家林业局森防总站	制定中
检疫性林业植物及其产品代码(行业标准)		国家林业局森防总站	制定中
红脂大小蠹检疫技术规程(行业标准)		国家林业局森防总站	制定中
美国白蛾核型多角体病毒杀虫剂产品标准(行业标准)		中国林业科学研究院森林保护研究所	制定中
森林有害生物防治管理数据交换系列标准(行业标准)		中国林业科学研究院资源信息研究所等	制定中
杨树桑天牛防治技术规程(行业标准)		安徽省林业科学研究院	制定中
松褐天牛引诱剂使用技术规程(行业标准)		广东省林业科学研究院	制定中

二、基本做法与经验

在长期的防治实践中，特别是改革开放 30 年来，我国林业生物灾害的防治理论、管理手段、治理技术等都发生了巨大变化，逐步走向成熟，也积累了一些宝贵经验。

1. 实行目标管理，落实政府责任

林业生物灾害防治工作是一项社会属性很强的公益事业，只有各级政府高度重视并通过实施政府之间和林业部门之间的“双线”目标管理责任制，明确防治责任，落实防治措施，才能实现有效的控灾减灾。实践证明，凡领导重视程度高、政府支持力度大、目标任务明确的地方，林业生物灾害防治工作的开展就顺畅，成效就显著。

2. 坚持预防为主，实现战略转移

强化预防工作既是维护和促进森林生态安全的重要环节，又是防灾减灾的重要手段，只有把预防工作摆在林业生物灾害防治的首位，抓住最佳时机及早采取预防性措

施，才能够达到事半功倍的效果。实践表明，灾后救助不如灾中治理，灾中治理不如灾前控制。只有实现由重除治向重预防的战略转移，林业生物灾害防治才能走出“灾后救灾，被动救灾”的怪圈。

3. 树立森林健康理念，实行科学防控

林业生物灾害属自然灾害，有其自身的发生发展规律，其严重发生的根本原因是生态问题。只有牢固树立森林健康理念，遵循自然、经济和社会发展规律，正确处理好预防与除治、治标与治本、内部与外部、重点与一般的关系，把防治工作贯穿于林业生产的全过程，才能不断提高森林自身抵御有害生物的能力，实现灾害的可持续控制。

4. 狠抓工程治理，提高防治成效

林业生物灾害种类多，危害程度差别大，必须突出重点，针对重点病虫种类，采取工程项目管理方式和综合技术手段，集中人力、财力、物力，在一定时期和较大范围内，实行有计划的抗灾减灾工程，才能解决投资不集中、防效不高的问题。只有通过实施工程治理、联防联治等大规模、跨区域主要病虫害的综合防治，才能不断提高防治成效，最大限度降低灾害损失，促进森林健康。

5. 坚持依法行政，推行社会化防治

林业生物灾害防治是一个复杂的系统工程，只有形成以法律法规为主体，部门规章和地方法规相配套，技术标准为支撑的林业有害生物防治法规体系，采取法律、行政、经济、技术等综合手段，才能规范防治行为，确保防灾、控灾、减灾目标的实现。只有转变观念，建立和完善适应社会主义市场经济和林权制度改革的管理机制，积极引导、鼓励和支持不同所有制形式的经济组织进入防治领域，才能调动社会各方面力量参与到林业生物灾害防治减灾工作中来，形成全社会广泛关注、群防群治的良好局面，实现保护森林资源、保障生态安全、促进林业发展、维护生态平衡的目的。

三、存在的主要问题

在肯定成绩和经验的同时，还要清醒地看到，随着我国造林绿化速度加快，人工纯林面积不断增加，人类经济活动更加活跃，特别是全球气候变化，我国林业生物灾害的发生将继续呈逐步加重的趋势，林业生物灾害防治的任务、治理的难度也将进一步加大。同时，我国林业生物灾害防治减灾工作还存在认识不足、地位不高、基础薄弱、功能缺失等问题，不能适应当前和今后林业生物灾害防治减灾工作的需要，亟待加强和完善。

（一）对防治减灾工作重要性的认识还不到位

近年来，各级政府对防治减灾工作的认识有了很大提高，但仍有一定的差距，一些地方的政府领导还没有真正把林业生物灾害防治列入重要议事日程，有些地方片面地认为林业生物灾害可防可不防，有的决策不及时，有的组织协调不够，有的资金供给不足。在部门之间也缺乏良好的合作机制，有些部门对林业生物灾害的危害性缺乏了解，缺少有效的配合和支持，一些地方不安排或少安排，有的甚至截留挪用防治经费，造成灾害治理不及时，部分交通、铁路、邮政机构没有严格执行凭检疫证运输的规定，导致松材线虫病等重大危险性有害生物的人为传播。在林业系统内，也没有真正做到将林业生物灾害防治纳入林业生产全过程进行管理，重培育轻保护、重除治轻预防的管理方式还未得到明显改观，选种育苗仍然没有将对有害生物的抗性作为重要指标，造林设计多未考虑生物灾害防治需求，造林验收没有防治部门参与，病虫木清理采伐指标得不到保证，预防性治理措施缺少经费支持。在社会层面上，对林业生物灾害危害性及防治知识、防治政策缺乏了解，社会认知程度不高，参与意识不强，难以形成群防群控的格局。

（二）防治基础设施和技术手段落后

尽管我国防治减灾整体水平已经有了很大提高，但与繁重的防治任务相比，设备设施数量不足、专业装备严重缺乏状况在一些地区还比较严重，特别是基层防治力量薄弱，不能满足基本的灾害防治需要。全国 90% 的防治器械为人工背负式设备，防治设备完好率不足 70%。有些重大生物灾害治理技术尚未突破，一些防治难点、关键技术尚未得到解决。科研和推广经费不足，成果转化率不高，制约了防治科技水平的提高。

（三）防治减灾体系存在功能缺失

我国防治减灾体系中组织管理系统、防治作业系统、物资保障系统建设已初具规模，但评估监理系统和损失救助系统还处于缺失状态，其他系统也存在要素缺失或功能和作用发挥不足的问题。如组织管理系统尚未形成一个完整的系统，政府的指挥作用还没有充分发挥，少数地方还没有设立防治管理机构；防治作业的市场发育程度较低，社会化防治服务组织和基层防治力量相对薄弱；物资保障不完善，应急物资储备基本处于空白状态等。这些缺陷相互作用，相互影响，严重制约了防治减灾体系整体功能的发挥。

（四）应急防控能力亟待提高

2003 年 SARS 疫情以来，国家高度重视突发公共事件应急体系建设，我国突发林业生物灾害事件应急管理工作在预案体系建设、应急规划编制、应急法制和信息制度建立及应急预案演练等方面取得了长足进展，应急防控基础能力也得到了进一步提高。但从总体来看，作为一个系统工程和一项整体工作，我国林业生物灾突发事件应急体系还十分薄弱，应急管理体制、机制还有待完善。尽管各级政府和林业主管部门成立了应急指挥机构，但这些机构大多还没有真正落到实处和发挥应有作用，快速反应沟通协作机制还不健全，林业部门与有关部门之间、层级之间、政府与社会之间缺乏制度化的协作机制，没有专项应急资金或储备基金，没有真正意义上的应急救灾专业队伍，更没有跨地区、跨行业应急救灾力量。各级政府及林业部门在制定应急规划和制度中，公众参与不够，有些预案只注重机构的建设、平台的搭建，而忽视了基层工作的落实，忽视了对公众的应急教育和培训。

第二节　建设目标与任务

林业生物灾害防治减灾体系是林业生物灾害防治减灾的实施主体，要完成日益繁重的资源保护任务，必须进一步加大林业生物灾害防治减灾体系建设力度。防治减灾体系建设以完善功能、增强能力为重点，以提高管理水平为突破口，以健全法制为核心，以培育和规范市场为手段，通过加强防治减灾系统建设，全面推进防治市场化进程，提升防治管理能力，提高防治减灾效率，形成“功能齐备、配置合理、协调有序、运行高效”的防治减灾新格局，最大限度地降低灾害损失，为我国生态建设、生态安全提供强有力保障。

一、强化组织管理系统

林业生物灾害防治组织管理是指由政府和林业主管部门及林业生物灾害防治机构对林业生物灾害防治做出政策决断、指挥调度、组织实施、监督指导等行为。组织管理系统由担负着林业生物灾害防治指挥决策职能的各级政府和林业主管部门与担负着林业生物灾害防治具体组织职责的各级林业生物灾害防治管理机构构成。建立“决策科学、指挥有力、分工明确、调度有方、运转高效”的防治组织管理系统，是保障林业生物灾害防治协调顺利开展的必不可少的条件，对于提高林业生物灾害防治减灾工作效率、实现减灾目标意义重大。

（一）加强防治指挥决策能力建设

林业生物灾害防治，特别是重大林业生物灾害防治工作涉及面大、时效性强、技术要求高，如果没有科学、统一、协调的指挥决策，林业生物灾害防治就很难做到及时、有序开展，抗灾减灾目标更难全面、迅速、有效实现。

1. 依法建立防治指挥决策机构

《森林病虫害防治条例》规定，“地方各级人民政府应当制定措施和制度，加强对森林病虫害防治工作的领导”，“发生暴发性或者危险性的森林病虫害时，当地人民政府应当根据实际需要，组织有关部门建立森林病虫害防治临时指挥机构，负责制定紧急除治措施，协调解决工作中的重大问题”，并规定“县级以上地方各级人民政府林业主管部门主管本行政区域内的森林病虫害防治工作。”各级政府及其林业主管部门应依法逐级建立防治指挥决策机构，充分发挥各职能部门作用，形成强有力的防治指挥系统，调动社会各方面力量，采取综合防治措施，完成防治减灾工作任务。

2. 充分发挥各职能部门作用

林业生物灾害指挥决策机构分两个层面，一是由政府组织的，针对重大危险性和重大突发性林业生物灾害而建立的政府指挥决策机构；二是由林业主管部门领导的，针对一般性林业生物灾害而建立的林业指挥决策机构。

（1）政府指挥决策机构组成及分工。

政府指挥决策机构一般由政府主要领导（或分管领导）和林业、发改委、财政、民政、交通、铁路、民航、邮电、通信、广电、公安、农业、城建、气象等有关部门的负责人构成，负责制定紧急处置措施，协调解决工作中的重大问题。政府主要领导（或分管领导）担任指挥长，统一指挥灾害预防、治理、救助工作，协调指挥各部门工作。指挥决策机构下设以林业主管部门有关人员为主的办公室，负责处理抗灾减灾日常事务，协调各有关部门工作。各有关部门根据职责分工，按照指挥部统一部署，制定本部门的工作对策和实施方案，完成各自任务。政府指挥决策机构各成员单位的主要职责是：

林业部门：负责具体组织实施重大林业生物灾害防治工作，监督检查灾害防治进度和质量；协调各有关部门工作；向本级政府和上一级林业主管部门报告工作，向相关地区通报有关情况。

发改委：负责安排灾害防治所需物资、设备和基本建设计划。

财政部门：负责保障防治专项资金，监督资金的使用。

民政部门：接受社会捐赠资金，对救灾物资、灾害补偿和救助资金使用进行监管。

交通、铁路、邮电部门：负责征用、调度救灾物资运输的交通工具，保障物资运输的畅通。

航管部门：负责组织、协调有关部门开展航空施药作业。

通信部门：负责组织、协调有关部门提供救灾所需有线、无线和卫星通信保障，确保指挥通信线路的畅通。

广电部门：根据指挥部的决定，播发灾害防治有关信息。

公安部门：依法采取有效管制措施，维护防治救灾秩序。

农业、城建部门：负责管理本系统的林业生物灾害防治。

气象部门：负责提供气象服务。

(2)林业指挥决策机构组成及分工。

林业指挥决策机构一般由林业主管部门的领导担任指挥长，由森防、计划、资源管理、森林公安、野生动植物保护、科教、对外合作和林业工作管理站等有关部门构成，统一指挥灾害预防、治理和灾后恢复重建工作，研究解决灾害防治工作中的重大问题。指挥机构下设以林业生物灾害防治管理机构为主的办公室，负责处理防治的日常事务，协调指挥部各成员单位开展防治工作。林业指挥决策机构各成员单位的主要职责：

防治机构(造林部门)：承担防控工作的组织协调、技术指导和监督检查等工作；协调指挥部各成员单位工作；向指挥部和上级林业生物灾害防治管理机构报告防治情况，向相关地区通报情况。

办公室：负责向政府报告和向相关地区通报公文的审核工作。

计划财务部门：根据指挥部意见和防治需要，协调发改委和财政等有关部门，及时筹措和拨付防治资金，并监督资金的使用。

资源管理部门：负责提供林业生物灾害发生区森林资源分布和林相资料，核实受害面积，根据需要审批采伐指标并监督实施。

森林公安部门：依法采取有效管制措施，维护防治作业秩序。

野生动植物保护部门：协调涉及保护区的林业生物灾害防治工作。

科教部门：根据有害生物发生的不同种类，组织有关科研力量开展科学研究，提供科技支撑。

对外合作部门：负责林业生物灾害相关事宜的国际协调与合作，协调并受理受灾地区国外援助工作。

林业工作管理站：协助组织实施本辖区内的林业生物灾害防治工作。

3. 规范指挥决策工作程序

当发生林业生物灾害时，防治指挥决策机构应尽快完成信息处理、会商决策、指挥调度等工作；防治过程中应加强督导检查，并根据需要及时调整对策、解决问题；防治结束后应适时组织开展灾害损失评估、对防治效果进行评价。

(1)信息处理。指挥部办公室根据监测预警体系提供的林业生物灾害发生情况及预警预报信息，经过分析、判断，向指挥部提供灾情信息和防治建议。

(2)会商决策。指挥部根据灾情信息和防治建议，组织有关部门和专家对灾情进行会商，分析判定灾情，决定是否实施灾害防治和采取怎样的防治对策。

(3)指挥调度。对于判定需要进行灾害防治的，指挥部做出防治决定，以会议部署、文件安排等形式部署任务，指挥各成员单位按各自分工进行实施。成员单位及时向指挥部报告工作情况和出现的问题，指挥部进行协调解决。

(4)督导检查。指挥部要加大督察力度，对各成员单位职责履行情况和防治作业情况进行督导检查，重点检查责任制落实、资金投入、工作进度和防治效果。对在防治工作中取得显著成绩的单位和个人，要予以表彰奖励；对组织领导不力、没有落实预防和除治措施，造成重大损失的，要追究领导的责任；对贻误防治时机和防治不力、造成灾情扩大的，要依法追究有关责任人的责任，确保责任到位、工作到位、措施到位。

(5)防效评价。在防治施工结束后，由指挥部组织有关部门、专家或具有灾害评估资质的社会中介机构，对灾害损失和防治成效进行评估，并向社会公布。

(二)强化防治管理机构建设

林业生物灾害防治机构承担着林业生物灾害防治的组织、监督、协调、指导等项工作，在林业生物灾害防治减灾体系中发挥着承上启下、沟通内外的枢纽作用。应进一步强化防治管理部门的机构队伍建设，不断提高组织管理能力，确保防治减灾工作顺利开展。

1. 加强机构队伍建设

各级林业主管部门要认真贯彻《森林病虫害防治条例》，进一步加强防治机构队伍建设。

(1)健全防治管理机构。目前，全国仍有部分县级行政区没有建立防治机构，有的虽有机构但人员较少，未能正常运行。因此，必须重视各级防治机构的建设，没有建立机构的需尽快建立，已经建立但人员配备不合理的要尽早调整配齐，并明晰管理职责，落实工作经费。各级防治机构中专门从事防治减灾工作的技术人员应不少于 3 人。应根据社会、经济、技术发展现状，结合林业生物灾害防治管理特点，开展适应新形势、符合新要求的新型防治标准站建设，改善办公和野外作业条件，加强实验室、标本室、档案室建设，配备必要的通讯设备及防控指挥工具，应用现代化管理手段，进一步提高防治组织管理、应急处置、技术指导能力。

(2)提高人员素质。培养和造就一支高素质的防治减灾专业队伍，是做好防治减灾管理工作的保证。防治组织管理涉及领域多、管理面大、技术要求高，管理人员不仅应具有扎实的专业技术功底，而且还应具有较为丰富的法律、经济、管理等知识和较强的组织、沟通、协调能力。要建立和实行岗位培训制度、公开招聘制度、从业人员资格制度和持证上岗制度，通过培训、引进、交流和岗位锻炼等多种方式，提高从业人员业务综合能力，形成专业基础扎实、综合管理水平较高的防治减灾管理队伍，确保防治减灾体系高效运转。

（3）强化工作绩效考核。要推行和完善防治工作绩效考核制度，对单位和个人工作业绩进行考核，作为奖励、评先和晋级、提拔的依据。工作绩效考核要与林业生物灾害防治目标管理指标考核紧密结合，在层层分解指标的同时，研究确定保证指标完成的具体对策措施，将目标管理的总指标转化为绩效考核的细任务，并层层落实到承担单位和个人，做到“项项工作有人管、人人肩上有指标”，全面提升防治减灾机构和个人的工作效率。

2. 加强防治管理

各级林业生物灾害防治机构要认真履行《森林病虫害防治条例》赋予的防治管理职责，综合运用法律、行政、经济、技术手段做好防治减灾的组织管理工作。

（1）完善防治目标管理责任制。坚持林业生物灾害防治目标管理责任制，并根据工作发展丰富和调整目标考核指标体系，不断将目标管理工作引向深入。按照森林健康的理念，适时将“森林健康率”纳入林业生物灾害防治目标考核指标体系，将林业有害生物成灾的“三要素”——灾害源、寄主和环境因子均列入林业生物灾害防治目标考核范畴，变“一降三提高”的林业生物灾害防治目标考核指标体系为“一降四提高”（即降低成灾率，提高测报准确率、无公害防治率、检疫合格率和森林健康率），使林业生物灾害防治目标考核指标体系更加科学完整，与营造林工作紧密结合，促进林业生物灾害治本措施的全面实施。在“森林健康率”实施的初始阶段，可以分阶段将“造林设计森防审核率”、“造林苗木健康率”、“造林验收森防指标考核率”、“新造林混交林比例”、“人工纯林改造率”等基于林业生物灾害防治角度出发、认为能够促进森林健康的措施之一设立为代表“森林健康率”的初级指标加以实施，随着工作的推进，再以递进的方式设立更高的指标，不断推进我国森林健康建设。其他“四率”指标则应自上而下地以渐细分解的方式加以落实，将目标管理工作抓细、抓实。例如，对于层层分解的“测报准确率”，在分解到县一级时，为确保监测面积达到要求还可以设立“监测覆盖率”分指标；为保证监测及时和数据真实，可针对监测人员设立“监测到位率”；为保证监测数据准确可设立“监测结果符合率”分指标等。

（2）大力推行工程防治。实践证明，以工程方式组织实施林业生物灾害防治，是一种行之有效的管理模式，有利于强化政府行为，有利于部门协调配合，有利于先进技术应用，有利于提高资金使用效率。在今后防治工作中凡是国家和地方各级政府、林业主管部门及由防治机构管理实施的较具规模的林业生物灾害防治，均应按工程项目形式实施，实行社会化专业防治和项目法人制、招投标制、监理制、防效评估制。未纳入项目管理，但由社会化防治服务组织承包的其他林业生物灾害防治，防治机构也要监督其以工程防治形式实施。在目前防治市场发育尚不健全的情况下，各级防治机构要转变观念，加快职能转变，通过积极发包、鼓励承包、支持有能力的林业科学研究院所参加监理等方式，推进工程防治的实施，推进防治市场化进程。

(3)实行防治市场准入制。为了确保生态安全、生物安全、作业安全和人身财产安全，林业生物灾害防治市场须实行准入制。在开放的市场环境下，通过建立统一、规范、科学、合理的市场进入、市场交易、市场退出制度，对防治市场实施有效控制，使在防治市场销售的商品和提供的服务符合国家林业政策及林业经营者的要求。国家林业局根据《行政许可法》等有关规定，对药剂、药械产品和防治专业公司、防治专业队、监理公司、评估公司等防治服务组织及其从业人员进入防治市场设立准入标准和资质认定，建立防治市场准入制度，规范防治市场秩序。各级林业生物灾害防治机构要严把市场准入关，严禁未达标产品和无资质组织进入防治市场；要依法加强对防治市场交易环节的监管，制定商品和服务质量检查及信用管理制度，对进入市场的商品和服务的优劣情况进行记录并对社会公布，达到鼓励守法、惩戒违规的目的；要严肃市场退出制度，对不按市场规则办事，提供假冒伪劣商品和服务的，应采取有效措施责令退出市场，实现市场净化。通过强化市场管理，确保防治市场依法、公平、有序竞争，保护林业经营者的合法权益，推进防治市场健康发展。

3. 健全协调机制

林业生物灾害防治减灾工作作业面广、涉及部门多，必须建立良好的沟通协调机制才能很好完成。

(1)强化林业内部协调。林业生物灾害防治机构应按照森林健康的理念，加强林业内部沟通，建立与相关部门的工作协调制度，从造林设计开始即将林业生物灾害防治措施纳入林业生产全过程进行综合管理，在林业生产各环节中构筑起防范林业生物灾害发生的坚固防线。在林木品种选育上，要与育种和新品种管理部门加强合作，确保选育推广的新品种具有良好的抵御该类树种主要有害生物的性状。在造林规划设计中，须有林业生物灾害防控措施并经防治机构审核后方能实施。在造林时，要与种苗管理部门共同严把种苗质量关，严禁带虫、带病等不健康苗木进入造林现场。造林验收时，应严格有害生物指标检查，对超过指标的坚决不予验收。在营林管护中，应根据林分密度、健康状况等情况，及时提出卫生伐、抚育间伐、成过熟林采伐建议，资源管理部门要优先安排采伐指标，并配合防治机构监督林权所有者及时清理、合理处置受害木、濒死木、衰弱木；对低质林及生物灾害发生频繁的林分，应配合资源管理部门提出营林改造计划，开展营林改造，优化林分生境，提高森林健康水平。

(2)健全与相关部门沟通协调机制。要继续加强与发改委、财政、民政、交通、铁路、民航、邮电、通信、广电、农业、城建、气象、公安、司法等部门的沟通协调，丰富沟通渠道，完善协调方法。建立信息沟通机制，通过工作简报、信息通报，及时向政府和有关部门汇报、通报林业生物灾害防治工作情况和灾情信息；建立联席会议制度，与一个或多个相关部门定期召开座谈会、通报会、会商会等，加强部门交流，总结前阶段协作工作情况，研究解决工作中出现的问题和困难，探讨下阶段合作的重点及方案等；建立规范文件协调机制，就林业生物灾害防治工作中出现的需要部门间协作的问题，与一个或多个相关部门联合下发文件，指导相关部门全力配合做好工作；建立联防联治协调机制，与农业、园林、旅游、交通、水利、电信、广电及街道、社区等涉林部门开展协作，做好危险性林业有害生物防范、监测、检疫和防治工作；建立技术合作协调机制，加强与农业、质检、气象、环保等部门的合作，实行信息交流和信息共享；建立联合查办案件协作机制，协助公安、司法部门严肃查处林业生物灾害防治违法案件；建立培训协调机制，邀请有关部门专家授课或参加培训学习，加强部门之间业务沟通了解。各种沟通协调机制须以制度的形式固定下来，并切实加强组织领导，落实专人负责，确保协作机制落实到位，取得实效。

（3）加强与森林经营者的沟通。按照《森林病虫害防治条例》林业生物灾害实行“谁经营，谁防治”责任制度的规定，森林经营者在依法拥有森林经营权利的同时，也依法承担着做好经营范围内林业生物灾害防治的义务，是林业生物灾害具体防治的直接责任主体。要与森林经营者建立包括病虫情报告制、限期防治通知书制、防治委托制、“三防”协会联系人制、技术培训咨询制等多种形式的沟通机制，充分调动森林经营者防治林业生物灾害的积极性，发挥其直接经营森林、最接近森林、关注林木健康的优势，履行好防治直接责任人的义务，形成社会广泛参与、群防群控的林业生物灾害防治新格局。

4. 强化依法防治

在社会主义市场经济条件下，林业生物灾害防治必须遵循市场规律，推进依法行政，实行依法防治。

（1）注重行政立法。尽快修改完善《森林病虫害防治条例》，将一些经实践证明是切实可行的政策措施纳入法规条款之中，使修改后的《条例》更具针对性、合理性、前瞻性和可操作性；市级以上人民政府或人大也要就林业生物灾害防治加强立法，把林业生物灾害防治从以行政管理措施为主转向以法律法规管理为主上来。

（2）加强技术立法。防治标准化是林业生物灾害防治的技术基础，对于保障和推进防治法制化、科学化、规范化和社会化具有十分重要的意义。目前我国林业生物灾害防治虽然形成了国家和行业标准为骨干、地方标准为基础、企业标准为补充的标准体系框架，但防治标准数量不足、质量不高、水平偏低、涵盖面不够、操作性不强等问题十分突出，无法适应国际化、市场化对林业生物灾害防治的新要求，已经成为林业生物灾害防治减灾工作向纵深发展的主要制约因素。因此，采取有效措施，加快防治标准体系的建设进程，充分发挥各级防治机构技术人员的专业优势，大力开展法律、经济、贸易、标准等知识的培训，培养一支覆盖面广、专业功底深、复合性强的防治标准制修订队伍，全面开展包括主要林业生物灾害、主要造林树种、主要林种有害生物防治和药剂药械安全使用等标准的制修订工作，尽快完善林业生物灾害防治标准体系。

（3）强化行政执法。牢固树立依法行政意识，用好相关法规、制度、措施，强化行政执法，做到有法必依、执法必严、违法必究，确保法规效力。同时，要强化执法能力建设，积极开展防治法规宣传普及、培训教育活动，在以法律法规为基础、地方法规相配套、技术标准为支撑的防治法规体系框架下，综合运用法律、行政、经济、技术手段，形成社会普遍知法、经营者自觉守法、管理机构规范执法的林业生物灾害依法防治新格局。

5. 做好技术服务

搞好防治技术服务是林业生物灾害防治组织管理的重要职责。要发挥林业生物灾害防治行业技术优势，在国家、省、市分层次建设林业生物灾害防治技术研究实验室，采取边研究、边示范、边推广的方式，针对防治中急需解决的重点、难点、瓶颈问题进行科研攻关，为防治生产提供管用的技术方法。

要建立国家林业局林业生物灾害防治工程技术中心，设立专项资金用于针对重大林业生物灾害应急防治技术的攻关研究。针对新传入和新发现的重要林业有害生物组织专家、学者开展科技攻关，提出防治技术措施，建立公共服务平台，为及时有效控制生物灾害提供科技支撑。

要进一步密切产学研关系，扩大协作领域，完善协作机制，及时提供需求信息，合力研发适用的防治新产品、新技术。要强化新技术引进和推广，积极开展国际交流与合作，有重点、有选择地引进消化先进技术，不断提高林业生物灾害防治科技水平。

要进一步加大新技术推广力度，积极开展防治新技术试点示范工作，重点推广灭虫弹施药、生物导弹、引诱剂、不孕剂、害鼠环保型增效诱捕、航空喷雾、静电喷雾、高射程施药等先进适用防治技术。要建立和完善技术培训体系，加强对防治管理、技术服务、生产作业等人员的技术培训，大力宣传林业生物灾害的危害性和防治工作的必要性、迫切性，提高全社会对林业生物灾害防治重要性的认识，促进林业生物灾害防治工作健康发展。

二、完善防治作业系统

防治作业是林业生物灾害防治减灾具体手段和措施的实施行为。防治作业系统中的作业组织主要由从事林业生产的经营者、社会化防治公司和专业队以及各级林业生物灾害防治机构和乡镇林业工作站组建(组织)的防治专业队伍等具备一定防治能力的业主、企业和单位构成。防治作业系统的作业能力、作业效率和作业质量决定着防治的成效。防治作业系统建设的重点是加强各种防治作业实体建设，丰富组成成分，提高作业能力，健全管理制度，确保林业生物灾害防治作业的优质高效。

(一)强化防治作业能力建设

要在继续加强林业系统防治作业力量建设的同时，通过建立有效的支持鼓励政策，积极吸纳社会化防治服务组织进入防治作业市场，形成多元化防治作业新格局。

1. 加强防治作业能力建设

我国大部分森林属于生态林，且林业生产周期长、投资回收慢，此外，林业生物灾害种类多、分布广、突发性强、防治作业区条件差。这些特点决定了社会防治力量介入防治作业市场的局限性，而林业生物灾害又是必防必治的。因而，在未来较长一段时间内以林业生物灾害防治机构为主建立或管理的行业系统内的防治作业力量仍将是林业生物灾害防治的主力军。

(1)林业生物灾害航空防治能力建设。航空防治作为大面积林业生物灾害防治的手段，可大幅度降低治理成本，减轻劳动强度，提高工作效率和质量，应在今后防治工作中大力提倡和加强。根据林业生物灾害发生情况和我国行政区划，应在我国东北、华北、华东、中南、西南和西北地区设立 6 个航空防治基地，分别配备适量中、轻型直升机和其他航空防治器，建立航空防治调度机制，满足大规模突发林业生物灾害应急处置和复杂环境防治作业需要，提升林业生物灾害防治的现代化水平。

(2)市级防灾减灾队伍建设。市级林业主管部门应根据辖区林业生物灾害发生情况，结合森林防火、森林管护等工作，组建适当规模的市属防灾减灾机动队，配备高射程喷雾机、背负式喷雾喷粉机、静电喷雾机、背负式烟雾机、机动打孔注射机、布散器等施药设备和运输车等辅助设备。当所辖县区暴发大面积林业生物灾害及需要开展大规模预防性作业时，防灾减灾机动队按照县区请求和市级林业主管部门部署，对灾区实施防治援助。市级防灾减灾机动队一般可由 50 人左右组成，其中掌握当地主要林业生物灾害防治技术的人员应不少于 5 人，其他人员经过培训应能够熟练使用和维护森保机械，懂得安全施药常识和灾害调查方法。

(3)县级防治专业队建设。县级林业生物灾害防治机构应组建林业生物灾害防治专业队，配置中、轻型防治机械及载运工具等。重点承担灾害调查和经常性的预防性防治作业，灾害发生时与市级防灾减灾机动队和社会防治专业队等共同完成防治任务。县属林业防治专业队一般由县林业主管部门组建，归口县林业生物灾害防治管理部门管理。每县可以建立 3 支左右，每队人员 10 人左右，其中掌握当地主要林业生物灾害防治技术的人员应不少于 3 人，其他人员经过培训应能够熟练使用和维护森保机械，懂得安全施药常识和灾害调查方法。

(4)基层场站防治队伍建设。乡村是林业生物灾害防治的主战场，也是目前防治力量最为薄弱的环节，必须加大资金、物资、技术支持力度，使之尽快具有最基本的灾害防治能力，能够就近、尽早地对灾害实施预防和治理，达到事半功倍的效果。要以乡镇林业工作站、国有林场为依托，扶持配备必要的防治机具，组建防治专业队。重点承担辖区内灾害调查、经常性的预防性防治作业和一般性灾害的防治。乡镇级防治专业队为相对固定的临时性防治组织，一般一个乡镇可建立 5 支左右，每队 5 ~ 10 人。同时，要开展村级查防队伍建设，选用有文化、责任心强、身体健康的青壮年人员，组成村级林业生物灾害查防队伍，配备必要的调查、防治工具，进行一定的技术培训，负责本村林业生物灾害调查和预防，并作为乡镇专业防治队的骨干力量，必要时在乡镇林业站的统一组织下，参加专业防治队作业。

2. 培育社会化防治服务力量

积极培植社会化防治服务力量，推进防治服务多元化、专业化、市场化进程，是林业生物灾害防治事业发展的方向和必然选择。要通过政策引导、物资鼓励和技术支持等方式吸纳不同所有制形式的经济组织和个人以防治专业公司、专业队、森林医院、树木医生等多种形式介入防治领域，开展承包防治、技术咨询等防治业务。社会化防治服务组织的主要构成和资质为：

(1)防治公司及其资质。防治公司是指由单位、集体或个人组建的，具有一定防治能力、技术水平和资金保障，经林业生物灾害防治管理部门审核，在工商部门注册，具有参与防治作业资格的企业或组织。其资质可分为 3 级，在目前经济、生产条件下各级公司标准和可承担的防治任务可划分如下：

一级公司。注册资金不少于 100 万元，具有 10 台以上大型防治机械，或 100 台以上中型防治机械及若干小型高扬程喷雾机具和喷粉、喷烟、打孔注药等机具，专业技术人员不少于10人，作业人员不少于100人，具备安全使用农药、机具能力，可以独立完成防治作业设计。该级别公司可独立承担林业生物灾害各类防治作业任务。

二级公司。注册资金不少于50万元，具有5台以上大型防治机械，或50台以上中型防治机械及若干小型高扬程喷雾机具和喷粉、喷烟、打孔注药等机具，专业技术人员不少于5人，作业人员不少于50人，具备安全使用农药、机具能力，可以独立完成防治作业设计。该级别公司可独立承担不大于3.33万公顷(50万亩)的林业生物灾害防治作业任务。

三级公司。注册资金不少于20万元，具有2台以上大型防治机械，或10台以上中型防治机械及若干台小型高扬程喷雾机具和喷粉、喷烟、打孔注药等机具，专业技术人员不少于2人，作业人员不少于20人，具备安全使用农药、机具能力，可以独立完成防治作业设计。该级别公司可独立承担不大于1.33万公顷(20万亩)的林业生物灾害防治作业任务。

(2)防治专业队及其资质。防治专业队是指单位、集体或个人组建，具有一定防治能力、技术水平，在林业生物灾害防治管理部门审核并备案登记，具有参与防治作业资格的相对固定的临时性防治组织。其资质可分为3级，在目前生产条件下各级专业队标准和可承担的防治任务可划分如下：

一级防治专业队。至少具备2台中型防治机械，若干台小型高扬程喷雾机具，喷粉、喷烟、打孔注药等机具，技术人员不少于2人，作业人员不少于20人，具备安全使用农药、机具能力。该级别专业队可在林业生物灾害防治管理部门指导监督下承担不大于6667公顷(10万亩)的林业生物灾害防治作业任务。

二级防治专业队。有若干台小型高扬程喷雾机具，喷粉、喷烟、打孔注药等机具，作业人员不少于10人，具备安全使用农药、机具能力。该级别专业队可在林业生物灾害防治管理部门指导监督下承担不大于3333公顷(5万亩)的林业生物灾害防治作业任务。

三级防治专业队。自身无防治机械，需林业生物灾害防治管理部门或其他组织、个人提供，作业人员不少于5人，具备安全使用农药、机具能力。该级别专业队需在林业生物灾害防治管理部门指导监督下承担不大于667公顷(1万亩)的林业生物灾害防治作业任务。

(3)森林医院及其资质。为从事树木健康保健、病虫害治疗、林业生物灾害防治技术咨询的单位，应持有法人营业执照，具有固定的营业场所，相应的诊疗设备和2名以上树木医生。

(4)树木医生及其资格。为从事林业生物灾害防治的个体人员，应具备林业生物灾害防治专业知识，并具备下列条件之一：取得森保专业助理工程师以上资格；具备森保及相关专业中专以上学历，从事专业工作7年以上时间；取得森保员岗位资格认证，从事森防工作10年以上时间。

3. 建立林农防治合作组织

集体林产权制度改革后，广大林农造林、育林、护林的积极性空前高涨，但林权结构分散化和经营形式多样化也给森林资源保护带来新的困难和问题，在灾害面前个体林农普遍面临力量弱、风险大、成本高等问题，迫切需要合力解决护林中的防火、防虫、防盗问题。林农防治合作组织（“三防”协会）是在政府和林业主管部门指导下，按照“民办，民管，民受益”原则，由林农自愿建立的森林资源保护联防联治的民间组织。建立以防火、防虫、防盗为主要目的的林农互助合作“三防”组织或协会有利于发挥森林资源保护规模效益，进一步调动林农经营林业的积极性，降低林农育林护林风险和成本，维护林农根本利益。

（1）林农防治合作组织建设的基本原则。一是自愿组合的原则。充分尊重林农的意愿，在承认并遵守协会章程的前提下，自主结合，自愿加入。二是形式多样的原则。充分发挥群众智慧，尊重群众的首创精神，不拘一格，引导林农以村组、片区、乡村、家庭联户和个体大户自由组合等形式，组建形式多样的防治合作组织。三是民办民管的原则。各种防治合作组织的管理运作应按章程办理或由会员协商解决，实行民主选举，民主决策，民主管理。四是互惠互利的原则。指导协会成员按照章程共同开展“三防”活动，真正发挥协会在护林防火、防虫、防盗中的主体作用，最大限度地降低林农护林风险和成本，确保林木资源的安全，达到共同管理，共同受益目的。

（2）林农防治合作组织的职能。在其经营管辖范围内，调动整合分散的护林力量，建立以森林防火、生物灾害防治、林木防盗为重点的森林资源保护网络和应急联动机制，提高管护效率，降低护林风险和成本，共同维护林区稳定。每个林农防治合作组织都必须制定规范化的协会章程，完善内部管理制度，明确协会的性质职能、联防原则、联防任务、服务宗旨、管理方式、入会条件、会费缴纳、奖惩办法等条款，并建立健全重大事项表决、协会理事选举、财务管理、应急反应等相关制度，确保协会规范化运作。

（3）林农防治合作组织的主要任务。配合当地政府和林业主管部门大力宣传《森林法》、《森林病虫害防治条例》、《森林防火条例》等法律法规和相关政策，不断提高林农依法防火、防虫、防盗意识；组织巡山护林，做好林业生物灾害监测防治、森林防火、防盗；制定林业生物灾害防控、森林火灾扑救预案，对会员进行防治知识和技能培训，购置必备的森林灾害救治工具，增强紧急自救综合能力；组织会员及时防治联防山场林业生物灾害，扑救发生的森林火灾，确保森林资源安全和林区和谐稳定。

（二）完善防治作业管理制度

防治作业科学规范与否，不仅关系到防治作业能否取得良好的减灾效果，而且直接关系到生态安全、人身安全。因此，必须建立健全防治作业制度，强化防治作业管理，确保防治作业科学、规范、安全开展。

1. 实行防治作业合同制

各防治作业组织（主要指社会化防治服务组织和林业专业防治队伍，下同）在开展防治作业前，均要与防治任务提供（投资）单位（个人）签订防治作业合同或协议，明确作业面积、作业地点、防治方式、防治时间、技术要求、质量标准、验收程序、权利和义务、违约责任及其他需要约定的事项。其中，在防治方式的规定中，应规定所采取的防治必须为无公害措施，确保不因防治作业产生对生态的破坏和对环境的污染。防治作业合同一般一式三份，两份分别由防治作业组织和防治任务提供单位（个人）留存，一份交当地县级以上林业生物灾害防治机构备案。

2. 实行防治作业设计书制

各防治作业组织承担的由国家和地方政府、林业主管部门投资及由政策保险公司垫付支持并由林业生物灾害防治机构组织管理的较大规模的防治任务应全面实施防治作业设计报批制度，严格按设计施工，按设计验收。防治作业设计书由承担防治任务的防治作业组织根据林业生物灾害防治机构防治方案或意见制定，并通过林业生物灾害防治机构审核后方可开展防治作业。防治作业设计书主要内容包括：作业地点、范围和面积，作业区森林类型，作业区生物灾害发生情况，采取的主要防治措施，工程量分析及进度计划，拟达到的防治效果和防治成本、效益分析，落实到小班的施工作业图（表）和说明书等。防治作业设计书为一式三份，持有方式与防治作业合同相同。防治作业组织承担的其他防治作业任务一般也应参照本制度执行。

3. 实行防治作业法人负责制

各防治作业组织承担的防治任务均要实行法人代表（非法人单位为主要负责人）负责制，对工程进度、工程质量、资金管理和安全生产全面负责。由国家和地方各级政府、林业主管部门投资及政策保险公司灾前垫付支持并由林业生物灾害防治管理部门管理的较大规模林业生物灾害防治任务应实行项目管理。投资所在地主要领导或其指定的分管领导、主管部门领导为第一责任人，对防治项目负全责，承担具体防治任务的防治作业组织对其负责，对没有达到防治设计要求和出现质量、安全等问题的防治作业组织，要追究法人代表或主要负责人的责任。

4. 实行防治作业监理制

各防治作业组织承担的防治任务均要实行防治作业监理制。应通过招投标等方式，聘请有林业生物灾害防治监理资质的单位承担作业监理。监理单位可采取旁站、巡视和平行检验等形式，按作业程序及时跟班到位，对防治作业承担单位的作业质量、生产进度、资金使用等进行全过程的监督检查，确保防治作业符合合同和设计要求。

5. 推行防治作业效果评估制

为保护自身合法权益，防止纠纷产生，防治作业组织和防治任务提供单位（个人）可聘请有资质的林业生物灾害防治效果评估组织对开展的防治作业效果进行评估。

（三）发展防治作业市场

防治作业服务多元化、专业化、市场化是林业生物灾害防治发展的方向，对于促进事业发展、提高减灾效率具有积极的作用。要制定鼓励政策，采取有效措施，积极推动防治作业新格局的尽快形成，保障防治作业市场健康发展。

1. 建立购买林用防治机械补贴等优惠政策

在充分发挥市场调节作用的基础上，国家和省级林业主管部门要积极争取中央财政、省级财政分别安排专项资金，对林农和林业生物灾害防治社会服务组织购买国家支持推广的先进适用的林用防治机械给予补贴。县级以上人民政府也应采取财政支持和税收优惠等扶持措施，促进林业防治机械化进程。按照“属地管理”的原则，购机补贴对象应为本行政区域内直接从事林业生物灾害防治的社会服务组织、林业“三防”组织以及林农、林场职工等(不包括各级行政、事业单位)。根据目前防治工作的实际情况和国家扶持农林机械化的有关政策，林用防治机械购机补贴标准应为购机款的 10% ~ 30%，采取“直接补贴、差价购机、即购即补”的办法，符合条件的防治公司凭营业执照、防治专业队凭林业生物灾害防治机构审核证明(林农、林场职工凭身份证明材料和林权证)自愿向县级林业生物灾害防治机构提出购机申请，经林业生物灾害防治机构审核后，签订购机管理合同，并在一定范围内进行公示。公示无异议者，凭合同到指定的供货单位购机。所购机械应为国家或省级林业主管部门支持推广的先进适用的林用防治机械，供货单位应为国家或省级林业主管部门指定的林用防治机械中标供货单位，在非中标供货单位购机或购买非支持推广产品的不享受财政补贴。

此外，防治作业组织可以按照双方自愿、平等协商的原则，为本地或者外地的森林经营者提供各项防治作业服务，各级人民政府、林业主管部门及有关部门应当支持防治作业组织跨行政区域作业，维护作业秩序，提供便利和服务，并依法实施安全监督管理。县级以上人民政府应对林用防治机械的防治作业用燃油安排财政补贴，对从事林业生物灾害防治服务的收入，按照国家规定给予税收优惠。

2. 实行招投标制，保证市场公平竞争

根据国家招投标的有关要求，国家和地方各级政府、林业主管部门及保险垫付支持的投资在 10 万元以上或防治作业面积 6 667 公顷以上的林业生物灾害防治任务，应实行招投标制度和合同管理。通过招投标，将防治作业任务交由有资质的防治专业公司、专业队等具体实施，林业生物灾害防治管理部门做好组织、指导、监督和提供技术咨询服务等工作。其他项目及单位和个人组织开展的防治可参照执行，或实行专业公司、专业队承包防治的方式进行。

3. 加强对林农防治合作组织建设的服务和指导

林农防治合作组织是政府和林业主管部门与广大林农联系的重要桥梁和纽带，为了切实发挥合作组织的作用，要加强对其建设的指导、监督和服务。县级林业主管部门作为基层群防群治组织建设的主管部门，应当成立联防总会，加强对基层协会建设的指导和管理，并由总会牵头建立各基层协会间的互助联动机制，加强森林灾情等信息的沟通，建立森林灾害防治联动机制，形成网络，协同作战，最大限度地减少森林灾害的损失。还要根据会员的意愿，对已组建的“三防”协会依法进行登记注册，使之成为合法的民间社团组织，更好地开展森林资源保护工作。各级林业生物灾害防治机构应进一步推进林业生物灾害信息网络建设，及时发布林业生物灾情信息，并根据林农、林业生产经营组织的需求，开展先进防治技术示范推广、实用技术培训等服务，为防治服务组织培养林业生物灾害专业人才，不断提高防治服务组织素质。

三、完备物资保障系统

物资保障系统是为保证林业生物灾害防治顺利开展提供防治物资供给的系统，主要

由药剂药械生产、储备、供给等环节组成，供给的物资重点是林用药剂药械。建设生产有序、储备合理、供给及时的防治物资保障系统，对于及时、快速、有效防治林业生物灾害具有至关重要的作用。

(一)支持林用药剂药械生产

林用药剂药械是林业生物灾害防治的关键武器，其性能、效能和供应能力是决定防治能否取得成效的重要因素。林用药剂药械大多由社会药剂药械生产企业生产，要建立鼓励政策，发挥市场调节作用，支持和引导生产企业加大林用药剂药械研发力度，生产环境友好、品质优良、性能稳定、适销对路的产品，满足林业生物灾害防治的需求。

要建立和完善林用药剂药械市场准入制度，加大生物防治制品的生产能力，根据林业生物灾害防治的特殊性，有计划地在全国布设若干个区域性天敌繁育场、生物制剂厂、灭虫药炮生产厂等生物制剂为主的定点、定向生产基地，配备完备的生产、检测、包装、储藏等设施设备，大力提升生物防治制品生产能力，满足全国林业生物灾害生物防治需要，为实现林业生物灾害可持续控制提供强有力的支撑。

(二)合理储备防治物资

林业生物灾害既有常发的也有突发的，防治物资若按常发量储备难以应对突发灾害的袭击，若按突发量储备又会造成很大的浪费。因此，应根据林业生物灾害发生特点，在完善基层常规储备的同时，选择一些交通便利、辐射性强的地区设立一批林业生物灾害应急防控物资中心储备库，在全国形成布局合理、存储科学、调度有序的防治物资储备网，满足常发和突发林业生物灾害防治需求。

建设国家林业生物灾害应急防控物资中心储备库。在各省按一定比例，选择交通便利、辐射性强的地市，设立跨地区、服务周边的应急防控物资中心储备库，储备大型、先进的防治作业机具和适量的防治药剂，能够在发现外来有害生物入侵和突发重大林业生物灾害时，由国家或省级林业生物灾害防治机构统一协调调度防治物资，在尽短的时间内确保防治物资及时到位，尽快控制灾情，在最大限度地降低灾害损失的同时，最大限度地提高防治物资的使用效率。

加强基层防治物资储备库建设。基层(县、区、市)防治物资储备库以储备常规药剂、药械为主，储备量一般为：机械作业量达到333公顷/天·机型以上，药剂储存量可维持机械连续作业一周以上。

采取自储和社会代储相结合的多种储备方式。一是各级物资储备库储备必要的药剂、药械、油料、运输车辆及其他必须物资；二是通过签订合同，利用生产和经营企业的仓储能力，协议代储以药剂为主的指定物资；三是以全国药剂药械协作网成员单位为基础，建立林用药剂药械生产、经营企业产品信息档案，保持经常性的信息交换，以备应急需要。

(三)建立合理规范的供给机制

物资管理。加强中心储备库管理，配备质量检查员、机械维修师等必要的管理人员，建立储备物资管理岗位责任、出入库管理、机具维护保养、安全消防、使用登记等物资管理制度，保证库存物资能随时满足防治救灾需要。

物资调度。中心储备库防治物资按照“就近调配、满足急需”的原则，由国家或省级(一般情况下由省级)林业生物灾害防治机构指挥调度。根据林业生物灾害防治需要，当灾害发生县(区、市)防治储备物资不能满足防治需要时，可向所在市(地区)林业生物灾害防治机构提出防治物资调拨申请；经市(地区)级机构审核认定后，向省级林业生物灾害防治机构报告；省级机构根据灾害实际防治需要，向中心储备库发出调拨指令；中心储备库接到调拨指令后应在一个工作日内调出物资。防治作业结束后，使用单位应做好机具维修保养，在一周内将机具返还中心储备库。

物资更新与补充。为保证中心储备库的持续供给能力，必须对消耗药品及时进行补充，对发生故障和损坏机具进行维修和更新。所消耗药品补充费用由使用者承担；机具维修、更新费用从救灾经费中安排解决。

四、建立评估监理系统

防治评估监理是对防治效果评估和防治作业监理的简称。防治效果评估是指由具有合法资质的防治效果评估机构(一般由社会中介评估机构担任)等接受政府、林业主管部门或其他当事人的委托，根据特定的评估目的，遵循公允和法定的评估标准、原则与程序，采取适当的评估方法，对防治效果进行评定并出具评估结果报告的一种活动。防治作业监理是指具有相应资质的监理单位受当事人的委托，根据有关法律、法规、标准和监理合同及其他防治要求，对防治作业过程实施质量控制、进度控制、投资控制，实行防治作业的合同管理和信息管理，协调有关各方关系，为实现防治作业目标而采取的专业化、社会化监督活动。

开展防治效果评估和防治作业监理对于客观反映灾害损失，科学评价减灾效果，优化防灾抗灾救灾措施，正确核算、合理控制防治成本，全面掌控防治作业过程，把握作业质量和进度，促进防治减灾科学、经济、高效、顺畅开展意义重大。建立防治效果评估和防治作业监理系统，有利于提高防治质量，有利于保护林业经营各方面利益，有利于解决防治纠纷，有利于推进社会化防治进程和林业生物灾害保险制度实施，是推进林业生物灾害防治机制体制创新，实现林业生物灾害防治社会参与、群防群控良好格局的重要基础。

(一)确立防治评估监理政策

为保障评估监理工作客观、公正、科学、规范、合理开展，维护林业经营各方面利益，必须明确林业生物灾害防治评估监理的相关政策。

1. 实行机构资质和从业人员执业资格双认定制度

林业生物灾害防治效果评估、防治作业监理实行机构资质和从业人员执业资格认定制度，取得灾害防治效果评估或防治作业监理资质的机构和人员方可从事林业生物灾害防治效果评估或防治作业监理工作。具体管理办法由林业主管部门根据《行政许可法》、《价格评估机构资质认定管理办法》、《价格评估人员执业资格认定管理办法》、《关于加强基础设施工程质量管理的通知》等有关规定制定。

2. 明确评估监理机构资质和从业人员执业资格

根据《价格评估机构资质认定管理办法》、《价格评估人员执业资格认定管理办法》，结合林业和林业生物灾害防治特点，评估、监理机构资质和从业人员执业资格可暂定为：

（1）林业生物灾害防治效果评估（防治作业监理）机构资质。

机构资质实行等级管理制，并根据评估（监理）机构具备的条件分为甲级、乙级、丙级。

甲级机构应当符合下列资质条件：注册资金100万元以上；有7名以上专职防治效果评估（防治作业监理）师及8名以上评估（监理）员；从事评估（监理）业务5年以上；以林业生物灾害防治效果评估（防治作业监理）为主营业务。

乙级机构应当符合下列资质条件：注册资金50万元以上；有4名以上专职防治效果评估（防治作业监理）师及6名以上评估（监理）员；从事评估（监理）业务3年以上。

丙级机构应当符合下列资质条件：注册资金20万元以上；有2名以上防治效果评估（防治作业监理）师及4名以上评估（监理）员；从事评估（监理）业务1年以上。

（2）林业生物灾害防治效果评估（防治作业监理）从业人员执业资格。

从业人员分评估（监理）师和评估（监理）员两级，其要求是：

评估师。通过国家有关部门组织的考试并获得林业生物灾害防治效果评估（防治作业监理）师的人员，或取得林业工程师资格、从事林业生物灾害防治工作6年以上、经省级以上林业主管部门专业培训取得《上岗证书》的人员，为防治效果评估（防治作业监理）师。

评估（监理）员。未取得林业生物灾害防治效果评估（防治作业监理）师资格，符合以下条件之一，经省级以上林业主管部门专业培训，考核合格，取得《上岗证书》，可成为林业生物灾害防治效果评估（防治作业监理）员：取得生物灾害防治相关学科（包括森林保护、植物保护、森林经营、农林经济、农林学等，下同）中等专业学历，具有8年以上相关专业工作经历，其中从事林业生物灾害防治工作满5年；或取得生物灾害防治相关学科大专学历，具有6年以上相关专业工作经历，其中林业生物灾害防治工作满4年；或取得生物灾害防治相关学科学士学位，具有4年以上相关专业工作经历，其中林业生物灾害防治工作满3年；或取得生物灾害防治相关学科硕士学位，从事林业生物灾害防治工作满2年；或取得生物灾害防治相关学科博士学位的；或不具备上述规定学历，但通过国家统一组织的专业初级资格或审计、会计、统计专业助理级资格考试并取得相应资格，具有8年以上林业工作经历，其中从事林业生物灾害防治满3年，成绩特别突出的。

3. 划定评估（监理）机构的业务范围

林业生物灾害防治效果评估（防治作业监理）机构的业务范围主要包括，防治前灾情预评估、灾中跟踪评估、灾后总结评估、防后效果评价和防治作业质量、进度、资金、安全生产、环境保护等的监督管理和林业生物灾害防治技术、政策咨询等。其中：

甲级机构可在全国范围内开展林业生物灾害防治效果评估（防治作业监理）工作，可承担林业生物灾害各类防治作业的监理和防效评估业务；

乙级机构可在机构所在地的省级行政区域范围内开展评估（监理）工作，可承担6.67万公顷以下的林业生物灾害防治作业的监理和防效评估业务；

丙级机构可在机构所在地的市(地)、县范围内开展价格评估(监理)工作，可承担3.33万公顷以下的林业生物灾害防治作业的监理和防效评估业务。

新成立的机构，在当地县级以上林业主管部门进行审查、办理工商登记后，可承担1.33万公顷以下或在审查部门核定的范围内的评估(监理)业务，一年后按申请的资质等级承担相应的业务。

4. 规范机构的设立和资质审批程序

(1)机构的设立。申请成立新的防治效果评估或防治作业监理机构，必须具备一定数量的评估、监理专业人员和规定的注册资本，由当地县级以上林业主管部门进行审查，经审查合格后发给《林业生物灾害防治效果评估(防治作业监理)机构临时资格证书》，再行办理工商登记。并在领取营业执照后的一个月内，到登记机关所在地的县级以上林业主管部门备案，一年后可申请机构资质等级。

(2)机构资质审批程序。甲级机构由当地县级以上林业主管部门推荐，报省(自治区、直辖市)林业主管部门初审，初审合格后报国家林业局审批，颁发资质等级证书。乙级由当地县级以上林业主管部门推荐，报省(自治区、直辖市)林业主管部门审批，颁发资质等级证书，报国家林业局备案。丙级由当地县级以上林业主管部门推荐，报省(自治区、直辖市)林业主管部门或其授权的部门审批，颁发资质等级证书。

(3)机构等级调整。机构资质等级实行动态管理，根据机构的发展情况进行等级调整，每两年评定一次，重新授予资质等级证书。

5. 实行评估(监理)有偿服务制度

评估(监理)机构从事经营业务可按照物价部门规定的收费标准收费，应公开办事程序，在工作场所悬挂评估(监理)工作程序公示牌、收费依据、收费标准、评估(监理)机构资质证书和工作人员执业资格证书，接受群众监督。

(二)构建多元化评估监理组织

根据我国防治减灾工作格局、专业技术人员现状和未来防治发展趋势，在现阶段必须依靠各级防治机构自身力量，构建防治评估(监理)体系主体框架，并以此为基础，逐步形成多主体、多元化的组织结构。

1. 加强防治机构自身评估、监理能力建设

在未来一段时间内林业生物灾害防治机构将是灾害防治效果评估的主要力量，而且对灾害损失进行评估、对防治效果开展评价也是防治管理机构的重要工作职责。各级林业生物灾害防治机构必须加强防效评估和监督管理，及时开展灾前预评估、灾中跟踪评估和灾后总结评估工作，建立直接为各级政府和主管灾害部门服务的快速评估系统。同时，要对中介评估、监理机构的评估结论、监理质量进行审核、评价，对当事人之间出现的矛盾和纠纷进行协调、仲裁，在评估(监理)工作中发挥主导作用。

2. 引导林业科研院所参与评估、监理活动

各级林业科研院所是森林保护和林业专业人员较为集中、专业设备较为先进齐全的组织，具有承担防效评估、监督管理的能力和优势，也应是较先进入林业生物灾害防治

效果评估和防治作业监理领域的主要力量。应大力鼓励和支持各级林业科研院所建设评估、监理组织，承担相应工作。

3. 支持社会力量建立评估、监理组织

随着林业生物灾害防治改革的不断深入及防治效果评估和防治作业监理制度的不断完善，社会力量必将成为林业生物灾害防治评估、监理的主力军。要加强防治宣传，规范防治市场，明确规章制度，用政策支持手段引导社会力量进入防治市场建立评估、监理组织，并吸引那些已具有其他相关行业评估、监理资质的机构申办新的资质，增加林业生物灾害防治效果评估和防治作业监理业务。

4. 建立评估、监理专家资源库

林业生物灾害防治是一项较为复杂的系统工程，专业性强、技术要求高、考量指标多且相对模糊，易于使当事各方产生矛盾和纠纷。因此，应建立专家库，必要时可组成专家组对矛盾和纠纷进行仲裁。专家库专家应由森防、农业、环保、气象、法律、经济等相关专家组成，除承担仲裁任务外，还应承担评估、监理技术研究和防治政策、技术咨询，并对政府组织开展的重大林业生物灾害防治项目进行科学诊断和评价。

5. 建立防治效果公民评议机制

要积极探索和建立方便公民参与的防治效果公民评议制度，积极开展公民评议活动，将管理和服务对象纳入评估体系，进一步提高防治效果评估的公平性、公正性和公开性，从而进一步调动全社会参与支持林业生物灾害防治的积极性。

（三）加速评估监理系统建设进程

评估监理系统的建立对于推进林业生物灾害防治机制创新，形成林业生物灾害防治社会参与、群防群控良好格局具有重要的基础性、关键性作用，必须采取有效措施促进其快速发展，尽早发挥功效。

1. 完善防治效果评估的技术支持平台

完成好防治效果评估任务，需要有庞大的基础数据、复杂的历史情况、可靠的数据采集手段、科学的分析模型、规范的技术标准来支持。加大对防治效果评估技术的科研支持力度，不断完善防治效果评估系统的技术支持平台。汇集与评估有关的林业生物灾害的历史灾情、地理信息、人口、经济、森林资源、抗灾能力等方面的基础数据，建立林业生物灾害综合信息服务数据库；采用航天气象卫星和星载SAR、高空机载SAR以及低空直升机、地面GIS、信息素等高新技术，结合人工地面调查监测技术，综合各相关因子，研究建立快速、可靠、经济、可操作性强的林业生物灾害效果评估或灾害损失评估方法和技术模型，推动评估工作顺利开展。

2. 全面开展评估监理技术培训

要积极运作，将防治效果评估、防治作业监理纳入价格评估、工程监理执业人员资格认证体系中。组织力量编写符合林业生物灾害防治实际情况的防治效果评估、防治作业监理培训教材，大力开展技术培训，使更多有志于林业生物灾害防治的专业技术人员、社会人士和组织，更多地掌握林业生物灾害防治、效果评估、工程监理等相关知识和技术，为防治效果评估、防治作业监理系统的尽早形成奠定基础。

3. 积极开展评估监理试点

要以重大危险性林业生物灾害防治项目为依托，有计划、有目标地选择一部分基础能力较强的林业科研院所和其他社会组织，给予一定的资金、设备、技术等支持，鼓励其开展防治效果评估、防治作业监理试点。在试点基础上，大力宣传试点经验，推动防治效果评估、防治作业监理系统的建立。

五、构建灾害救助系统

林业是国民经济的重要基础，要想实现环境优美、生态优良的愿景，需要不断加大林业建设力度，不断扩大森林资源。但林业又是弱质产业，受灾害影响较大，林业有害生物更是从造林伊始就伴随着林木生长而发生危害，致使林业经营组织、个体林农蒙受难以独自承担的经济损失。建立公平合理、公开透明、救助及时、保障有力的灾害损失救助系统和完善的运行机制，可以解除发展林业生产的后顾之忧，保护和增强全社会营造林积极性，降低林业经营风险，提高林业灾后恢复重建能力，也有利于社会安定，从而保障和促进林业发展。

林业生物灾害损失救助系统一般应由政府补助、保险赔付、慈善捐助、林农互助 4 部分组成，重点是政府灾害补助和林业灾害保险制度的实施。

(一) 制定林业生物灾害补助政策

根据国家新的执政理念，涉及国家公共安全和关乎社会民生的公益事务由政府负责并承担相应的投入责任。林业是一项公益事业，林木在其长期生长过程中发挥着全社会受益的生态效益，而林木在其生长过程中又经常遭受林业生物灾害而影响森林生态功能发挥。各级政府不仅要承担起相应的林业生物灾害预防、救治的责任，而且要建立和完善林业生物灾害损失救助政策，承担起相应的灾害救助的责任。

1. 政府林业生物灾害损失补助的范畴

并不是所有的林业生物灾害损失都由政府承担，更不是全额承担。按照林业分类经营和产权制度改革的思路，以下林业生物灾害损失应属政府救助范畴：公益林遭受重大生物灾害、造成大面积死亡的，由政府予以补助；商品林的生物灾害损失主要由经营者负责，发生重大生物灾害、造成大面积死亡或大幅度减产时，政府予以适当补助；因开展重大和危险性有害生物预防和治理对受害木和健康木实施砍伐所带来的损失，不论公益林、商品林政府均应予以补助。

2. 政府林业生物灾害损失补助的标准

政府补助主要是造林成本补助，目的是扶持和鼓励经营者恢复林业生产。因此，其补助标准应根据当地造林成本进行核算补助，其营林成本损失需根据当地地方财政状况和灾害损失具体情况酌情补助。对于因开展重大和危险性有害生物预防和治理而对受害木和健康木实施砍伐所带来的损失，政府则应以收购砍伐木等形式进行全额补助(低幼龄林则应以造林成本和营林成本为标准进行补助)。

3. 政府林业生物灾害损失补助金的来源

政府林业生物灾害损失补助金的来源和筹措渠道主要有：一是中央专项经费。由于林业生物灾害是经常性自然灾害，国家应建立林业生物灾害防治补助储备金制度，一旦灾害暴发及时向灾区发放防治补助经费，支持灾区的抗灾减灾和恢复重建工作。二是地方财政收入。各级地方政府要将林业生物灾害损失补助纳入公共财政预算。三是生态公益林补偿金。在公益林补偿金中设立林业生物灾害损失补助专项，发生灾害时及时补偿补助。

4. 政府林业生物灾害损失救助程序

政府林业生物灾害损失救助由民政部门和林业部门共同组织实施。受灾经营者向林业部门提出灾害救助申请，林业部门对灾情进行审定并核定救助金额，民政部门负责发放救助金。如受灾经营者对林业部门核定的灾害救助金存在争议，可以向有资质的灾害损失(防治)评估机构提出仲裁申请。

(二)建立林业生物灾害保险制度

保险是防范和降低风险的一种重要手段，以“积万家之金，解一方之危”的独特经营方式，在现代商品经济中起到“精巧的社会稳定器”作用。森林在漫长的生长过程中，极易遭受各种自然灾害的侵袭和人为灾害的破坏，据测算我国每年仅林业生物灾害造成的经济损失就超过880亿元，其中直接经济损失达145亿元。为了鼓励全社会造林积极性，降低林业生产投资风险，保障林业稳定持续发展，亟待推行林业灾害保险制度，并将林业生物灾害保险作为一项主要险种，纳入林业灾害保险体系中。

1. 确定合理的保险标的

林木种类繁多，且为多年生植物，主要以常年材积积累增值，所以难以像农业农作物保险那样简单地以收获量为标的进行保险，必须根据不同情况建立多种标的的保险种类和条款，以适应复杂的林业生产实际。例如，以林业有害生物造成林木生长量损失为标的的林木生长量险，以林业有害生物致使林木死亡为标的的树木死亡险，以林业有害生物导致林果产量下降为标的的收获量险，以林业有害生物影响造林成活率为标的的种苗健康险，以林业有害生物防治成本为标的的防治成本险等。根据当前林业经济发展水平，结合林业生物灾害发生特点和社会对林业生物灾害防治的要求，近期最为迫切，也最有可能建立的是以林业生物灾害防治成本(即防治费)为标的的防治成本险，它也应是国家财政重点政策支持和需要强制执行的主要林业生物灾害保险险种。其他险种则需根据我国国民经济和林业生物灾害保险事业发展水平逐步建立。

优先考虑发展林业生物灾害防治成本险的主要原因有：

(1)林业生物灾害是必须防治的。生物灾害的危害性、扩散性决定了必须对林业生物灾害采取有效的预防和治理措施，林业生物灾害防治是林业经营中必须经常实施的必要生产环节。但由于防治经费不足，每年有很多林业生物灾害没有得到有效治理，造成目前林业生物灾害发生面积居高不下、愈演愈烈的局面。设立强制性的防治成本险，可以在充足资金保障下提早进行灾害预防、尽早开展灾害治理，防止灾害扩大，影响森林资源安全和国土生态安全。

(2)林业生物灾害防治成本是比较容易量化的。林业生物灾害防治成本主要包括防治药剂费、防治器械折旧费、防治器械维修费、防治人工费、燃料费等，基本都有市场价格可供参考，是可以量化、方便计算的，不易引起保险人和被保险人争议。

(3)政府有责任也有能力对防治成本险进行投入。抗灾减灾是我国的基本国策，也是各级政府的基本工作职责。目前，国家每年拿出 2 亿元以上资金用于林业生物灾害防治补助，各级地方政府也投入大量资金用于救灾。如果将这些资金的一部分或另外单设专项资金作为政策性补偿投入保险业，则可最大限度地盘活资金和发挥资金使用效率，于国于民都是十分有利的。

(4)防治成本险保费、保额相对较低，参保各方均较容易接受。目前我国有林地面积为 1. 73 亿公顷，每年发生林业生物灾害 1 067 万公顷左右，按每公顷防治成本平均 150 元计算，共需防治经费 16 亿元，也就是防治成本险总保额为 16 亿元。按照中央、地方、集体、个人相结合的社会化集资投保方式，如果中央财政每年投入 1 亿元、省级财政 500 万元、县级财政 10 万元，林木所有者、经营单位或个人每公顷每年则只需投入 7. 5 元，就可以每年筹措到 22 亿元左右的保费，基本满足林业生物灾害防治和保险人商业运作的需要，能够使主要林业生物灾害得到治理，林业经营者得到基本等同于免费的林业生物灾害防治。如果再加上被保险人一次性多年投保优惠和保险人资本安全运作，则可能进一步降低保费。

(5)可以提高预防性防治措施和新技术的应用，促进我国森林健康水平。由于林业经营者将林业生物灾害风险转嫁给了保险公司，从长远发展来看，保险公司为了减少赔付，就要大力推行、鼓励和支持以生物防治为主的预防性防治措施，以减少或避免大规模林业生物灾害的发生和治理行为的产生，就要大力推行、鼓励和支持先进防治技术的应用，以提高防治效率，降低治理成本，从而持续降低我国林业生物灾害发生面积，保护和增加生物多样性，提高我国森林健康水平，实现林业有害生物的可持续控制。

2. 林业生物灾害防治成本险的特性

与其他保险项目相比，林业生物灾害防治成本险属政策性保险。本着“投资者要效益，国家要生态”的林业经营理念，国家要制定扶持开展林业生物灾害保险的政策，设立林业生物灾害保险基金，对因承保林业生物灾害保险造成的亏损给予适当政策补偿，并对林业生物灾害保险经营主体实行税收优惠。

3. 促进林业生物灾害防治成本险发展的几项措施

世界开展农业灾害保险已有百余年历史，发达国家在国家支持下的农业灾害保险已成为保障农业稳定发展的支柱产业之一。我国农业灾害保险还处于初创阶段，林业灾害保险更只是在研究探讨之中。按照“低保费、低保额、保成本”的原则，建立和发展林业生物灾害防治成本险需重点解决好以下几方面问题：

(1)正确处理好国家、地方、集体、个人的利益关系。应尽快制定适合我国国情、林情的林业生物灾害政策性保险制度，明确政府在林业生物灾害保险中的职能和作用，规范经营主体、参与主体、受益主体的权利和义务关系，促进林业生物灾害保险的发展。

（2）建立适合我国林情的保险赔付方式。根据林业经营者的经济条件和意愿，保险赔付可在防治作业实施前以垫付式或在实施后以报账式等多种方式给付，保证灾害的及时防治。

（3）建立科学合理的保险奖惩政策。对保费缴纳及时、预防措施实施得当、林分健康状况良好、较长时间未发生生物灾害的被保险人，保险公司可给予减免、返还部分保费等奖励；对弄虚作假、不防治或防治不力、生物灾害连年发生的，保险公司可采取提高保费、撤保、代为除治等方法予以惩戒，情节严重的应追究法律责任。

（4）建立完善的纠纷协调机制。应充分发挥防治效果评估、防治作业监理组织等中介组织的作用，防治前做好防治必要性评价和成本核算、防治中加强作业监督管理、防治后开展防效评估，尽量避免保险人、被保险人的纠纷。

六、健全应急防控系统

加强应急防控管理是关系国家经济社会发展全局和人民群众生命财产安全的大事，是全面落实科学发展观、构建社会主义和谐社会的重要内容，是坚持以人为本、执政为民、全面履行政府职能的重要体现。突发林业生物灾害事件是重要的公共事件之一，其应急管理是公共安全的重要组成部分，是一项系统工程，应遵循“预防为主、常备不懈”的方针，贯彻“统一领导、分级负责、反应及时、措施果断、依靠科学、加强合作”的原则，构建“反应灵敏、运转高效、结构完整、功能齐全、资源共享、保障有力”的应急机制，全面提升应急处置能力和水平。

（一）健全突发生物灾害应急组织

按照《国家突发公共事件总体应急预案》及《国家自然灾害救助应急预案》、《重大外来林业有害生物灾害应急预案》的有关规定和要求，紧密结合突发林业生物灾害事件的发生特点和规律，以实现减灾、防灾、救灾和灾后恢复为总体目标建立科学、完善的应急组织体系和规范有序的运作程序。

一个完整的突发林业灾害应急体系应由组织结构，运作机制，法制基础和应急保障措施四部分构成（图8-4）。

1. 建立完善的应急组织结构

应急组织结构中的管理机构是指负责应急事务的管理部门；功能部门是指与应急活动有关的各类组织机构；应急指挥是指管理机构对包括应急预案启动和应急救灾活动的指挥和调度等活动；救灾队伍是指由专业技术人员和有关人员组成的应急处置人力资源。

2. 建立高效的运作机制

应急救灾应分为应急准备、初级反应、扩大应急和恢复重建等4个阶段，应急机制与应急救灾活动密切相关。应急运作机制主要由统一指挥、分级响应、属地为主和公众动员等4个基本机制组成。统一指挥是应急处置的最基本原则。应急指挥一般可分为集中指挥与现场指挥，或场外指挥与场内指挥等多种形式。无论采用哪一种指挥系统都必须实行统一指挥的模式，无论应急处置涉及单位的行政级别高低和隶属关系异同，都必

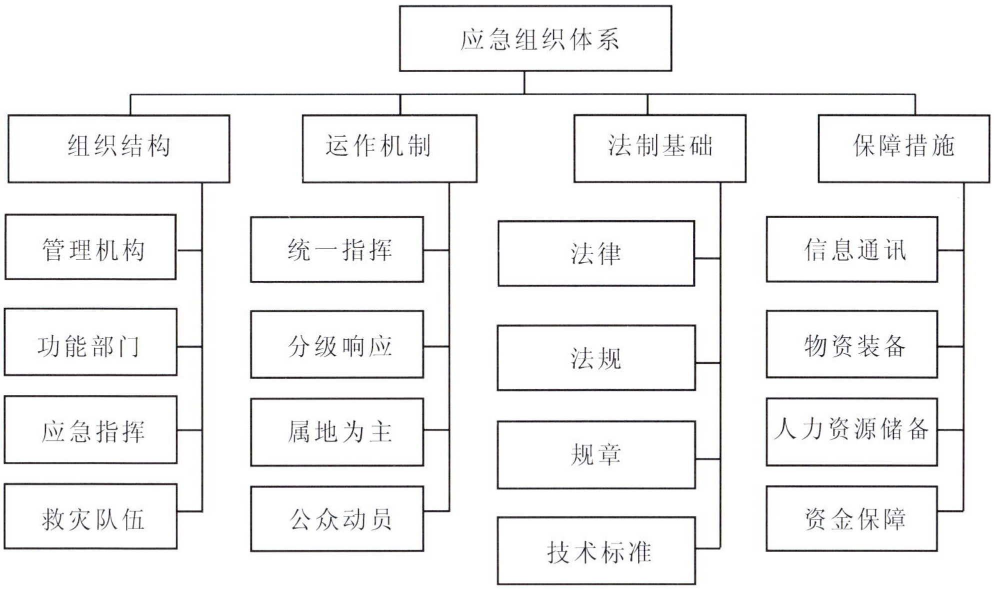

图 8-4　突发林业生物灾害应急救灾体系基本框架结构

须在应急指挥部的统一组织协调下行动，有令则行，有禁则止，统一号令，步调一致；分级响应是指在初级响应到扩大应急的过程中实行分级响应的机制；属地为主是强调“第一反应”的思想和以现场应急指挥为主的原则；公众动员机制是应急机制的基础，也是整个应急体系的基础。

3. 建立完备的法制基础

法制基础是应急体系的基础和保障，也是开展各项应急活动的依据。法制基础可分为 4 个层次：一是由全国人大等立法机关通过的法律，如已颁布的《中华人民共和国突发事件应对法》等法律；二是由国务院等政府颁布的法规，如已颁布的《植物检疫条例》、《森林病虫害防治条例》，以及应该立法制定《外来有害生物防治条例》等法规；三是包括预案在内的以政府令形式颁布的政府法令、规定等，如已颁布的《突发林业有害生物事件处置办法》等；四是与应急处置活动直接有关的技术标准或管理办法，如检疫除治技术标准、防治技术规程等。

4. 建立有力的保障措施

突发林业生物灾害的应急保障应依托林业生物灾害监测预警和防治减灾体系来建设，强化应急能力。信息与通讯是应急保障的重要组成部分，应依托监测预警的信息系统构筑应急信息通讯平台，保证应急活动的信息交流快速、顺畅、准确，以及信息资源共享。应急物资保障应纳入防治减灾物资体系建设，保证有足够的资源供给，并能够实现快速、及时供应。人力资源保障包括管理人员、专业队伍、专家组等的建设，专业人员、自愿人员以及其他有关人员的培训教育。资金保障应建立应急财政保障、储备基金、保险制度等，以保障应急管理和应急反应中各项活动的正常运行。

（二）建立突发生物灾害应急预案

应急预案指针对可能发生的包括突发生物灾害在内的公共事件，为迅速、有效、有序地开展应急行动而预先制定的方案。用以明确事前、事发、事中、事后的各个进程中，谁来做、怎样做、何时做以及相应的资源和策略等。是政府及林业和有关部门应对突发事件的紧急行动方案，是规范突发事件应急管理、提高紧急救助能力的一个关键措施。县级以上政府或林业主管部门要编制本辖区突发生物灾害应急预案，林业主管部门要根据本地林业生物灾害种类和可能传入的危险性有害生物，制定应急实施方案。

1. 应急预案的类别

应急预案一般分总体应急预案、专项应急预案、部门应急预案和单项应急预案。其中：

总体预案是指国家或者某个地区、部门、单位为应对所有可能发生的突发公共事件而制定的综合性应急预案，从总体上规定应急方针、政策，应急组织结构及相关应急职责，应急行动、措施和保障等基本要求和程序，是应对各类事故的综合性文件。涉及突发林业生物灾害事件的《国家突发公共事件总体应急预案》属此类。

专项预案是指国家或者某个地区、部门、单位为应对某类突发公共事件或者为发挥某项重要功能而制定的应急预案。专项预案通常作为总体预案的组成部分。涉及突发林业生物灾害事件的《国家自然灾害救助应急预案》属此类。

部门预案是指政府有关部门根据其职责分工为应对突发公共事件而制定的应急预案。如国家林业局制定并颁布的《重大外来林业有害生物灾害应急预案》。

单项预案是指国家或者某个地区、部门、单位，针对某个具体事件或者项目，为应对其实施中可能发生的突发事件而制定的应急预案。如松材线虫病除治应急预案、美国白蛾防控应急预案、枣实蝇防控应急预案等。

2. 应急预案的基本框架

县级以上政府或林业主管部门要总结分析近年来本辖区发生的各类突发生物灾害事件处置过程中的经验、教训，按照全面履行政府职能和加强应急管理的要求，在现有工作基础上，建立和健全本辖区突发林业生物灾害应急预案。

应急预案应参照国家有关要求，结合突发事件的特点，按突发林业生物灾害事件应急处置的目标、责任与功能及应急响应和应急指挥的运行程序和流程（图 8-5）及突发林业生物灾害事件应急预案基本框架（图 8-6）来编制。

3. 编制应急预案需遵循的工作原则

（1）以人为本、健全机制的原则。要把保障人民群众的生命安全和身体健康作为应急工作的出发点和落脚点，最大限度地减少突发林业生物灾害事件造成的损失和危害。要充分发挥人民群众的主观能动性，充分依靠各级领导、专家和群众，充分认识社会力量的基础性作用，建立健全组织和动员人民群众参与应对突发林业生物灾害事件的有效机制。

（2）预防为主、综合防治的原则。要把保障生态环境安全作为应急处置工作的出发点，提前介入、综合各种防治方法和措施，最大限度地减少突发生物灾害给生态环境和人民群众生命财产带来的损失。

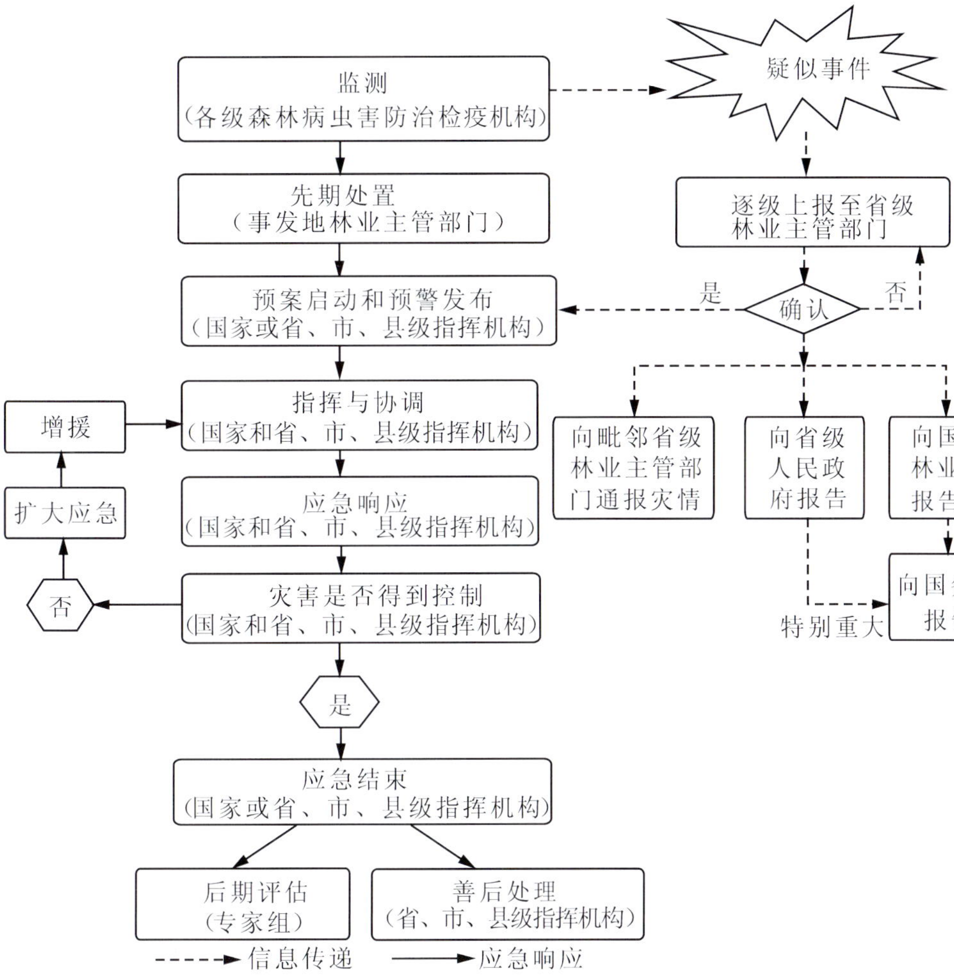

图 8-5　突发林业生物灾害应急处置流程图

(3)统一领导、分级负责的原则。突发林业生物灾害事件必须在各级政府的统一领导下，林业及有关部门要按照分工管理、分级响应和属地管理、地方政府为主的原则，落实各级应急响应的岗位责任制，明确责任人及其职责权限。

(4)依靠科学、依法行政的原则。制定、修订应急预案要充分发挥社会各方面，尤其是专家的作用，实行科学民主决策，采用先进的预测、预警、预防和应急处置技术，提高预防和应对突发林业生物灾害事件的科技水平，提高预案的科技含量。预防和处置突发林业生物灾害事件要和有关法律、法规、规章和政策相衔接，与完善政府社会管理和公共服务职能、深化行政管理体制改革相结合，确保应急预案的全局性、规范性、科学性和可操作性，做到依法办事、依法行政。

(5)加强协调、快速反应的原则。应急预案的制定和修订是一项系统工程，涉及各个方面。要明确突发林业生物灾害事件应急处置的牵头部门或单位，其他有关部门和单位要主动配合、密切协同、形成合力。要明确各有关部门和单位的职责和权限。涉及关系全局、跨部门、跨地区或多领域的预案制定、修订部门要主动协调有关各方。要确保突发林业生物灾害事件信息及时准确传递，应急处置工作反应灵敏、快速有效。要广泛

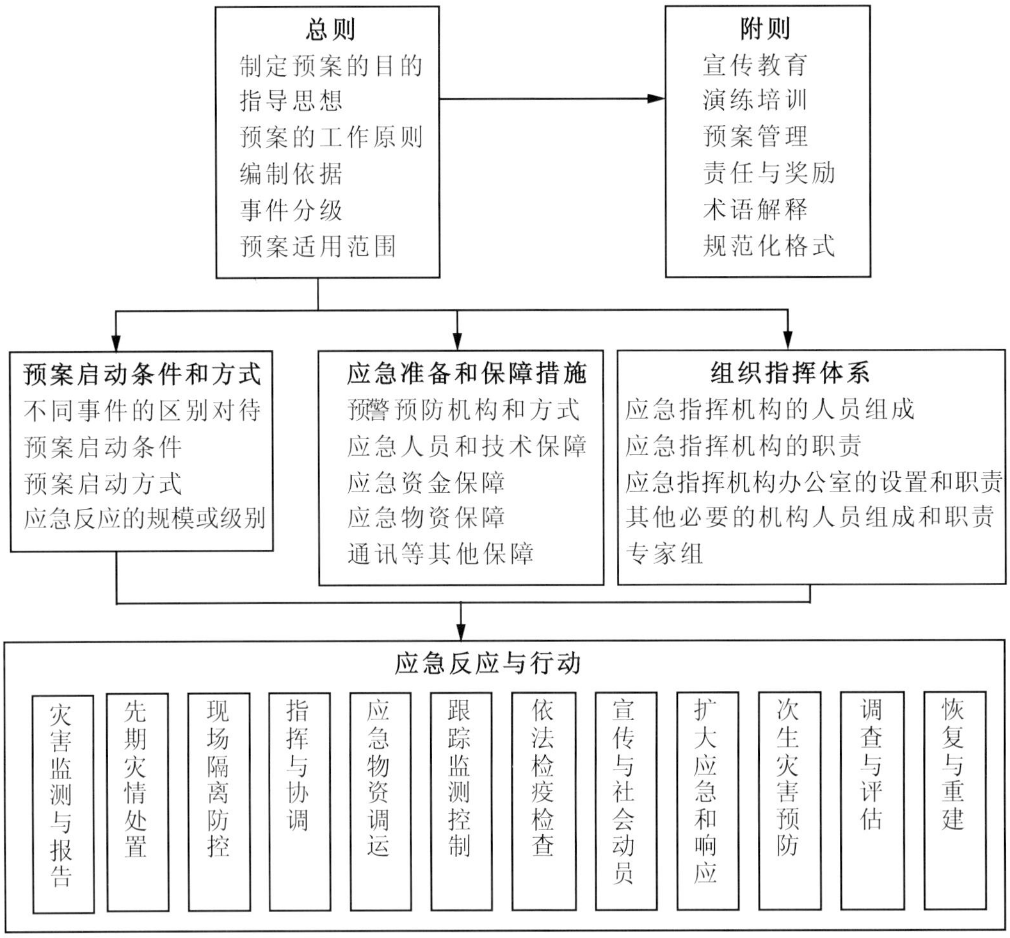

图 8-6 突发林业生物灾害事件应急预案基本框架

协调、动员社会各方力量，采取各种紧急措施，最大限度地实现防灾、控灾和减灾目标。

（6）平战结合、资源整合的原则。要经常性地做好应对突发林业生物灾害事件的思想准备、预案准备、机制准备和工作准备，加强培训演练，做到常备不懈。按照条块结合，资源整合，降低行政成本的要求，充分利用现有资源，避免重复建设，充分发挥我国社会主义制度集中力量办大事的优越性。

（7）借鉴经验、符合实际的原则。要认真借鉴国外处置突发林业生物灾害事件的先进有益经验，深入研究我国生物灾害事件的发生特点和实际情况，切实加强我国突发林业生物灾害事件应急能力和机制的建设，提高应急管理水平。

（三）建立突发林业生物灾害应急平台

突发林业生物灾害事件应急平台是实施《重大外来林业有害生物灾害应急预案》及各地突发林业有害生物事件应急预案的工具，是以林业生物灾害防治技术和现代先进信息、通讯技术（如地理信息系统、全球定位系统、遥感遥测系统、电视会议系统等）为支撑，以突发林业生物灾害事件应急管理流程为主线，软件和硬件相结合的技术保障系统。具备应急信息报告、实时图像传输、网上会商、应急资源管理、应急预案管理、应急指挥联动、风险评估、监测监控、预测预警、总结评价及辅助决策等功能，可为政府及林业和有关部门的决策者及时、科学地处置突发林业生物灾害事件提供全面的信息支持和可视化的实战指南。

1. 突发林业生物灾害事件应急平台的组成

突发林业生物灾害事件应急平台应由基础支撑系统和综合应用系统两大部分组成，即硬件支撑和核心应用。支撑系统包括通信系统、计算机网络系统、图像接入系统、视频会议系统、移动应急平台、安全支撑系统和容灾备份系统等；应用系统包括综合业务管理系统、监测预警系统、智能方案系统（即数字预案系统）、指挥调度系统、应急资源管理和保障系统、应急评估系统、模拟演练系统和数据库系统。按照核心功能划分，应急平台也可以看做由信息获取系统、应急智能系统和决策指挥系统 3 个部分组成。其中，应急智能子系统包括数据库、模型库、预案库和决策库。数据库包括应急信息数据库、应急预案数据库、应急资源数据库、应急演练方案数据库、应急统计分析数据库、应急处置案例数据库、应急政策法规数据库、应急知识管理和决策支持模型数据库、应急空间信息数据库、地理信息数据库、森林资源信息数据库、林业有害生物信息数据库、重点保护区域数据库；模型库包括信息识别与提取模型、事件分级模型、预测预警模型、灾害处置模型、决策支撑模型、事件处置效果评估模型；预案库包括针对可能发生的事故灾害预先制订的应急预案或方案，如各类突发林业有害生物事件应急预案（即专项或部门预案）及松材线虫病、美国白蛾、枣实蝇、椰心叶甲、苹果蠹蛾、栗山天牛、杨树天牛等危险性有害生物的单项应急预案；决策库则是支持决策活动的具有智能作用的人机系统，如专家咨询网络系统、远程诊断系统等。

2. 突发林业生物灾害事件应急平台的结构

根据国家应急平台体系建设要求和突发林业生物灾害事件应急管理体制的特点，突发林业生物灾害事件应急平台应按国家林业局、省级林业主管部门、市级林业主管部门和县级林业主管部门四级结构部署。国家林业局应急平台对可能涉及全国的重大突发林业生物灾害事件进行管理分析，并指导相关省级林业主管部门的应急处置工作；省级林业应急平台负责处置辖区范围内的突发林业生物灾害事件，重大事件的处理上报国家林业局和省级政府，并对市、县和现场应急处置进行指导；市、县应急平台负责所辖范围内的应急事件管理工作。突发林业生物灾害事件应急平台与林业其他信息系统及国家、地方政府应急平台可上下贯通、互联互通、信息共享，当发生重大突发事件时，及时启动应急相关预案，充分利用社会力量，进行应急处置（图 8-7）。

3. 突发林业生物灾害事件应急平台的功能

突发林业生物灾害事件应急平台的功能可按突发事件应急处置的工作程序分为日常应急管理、应急响应、应急处置和善后处理等 4 个阶段（图 8-8）。

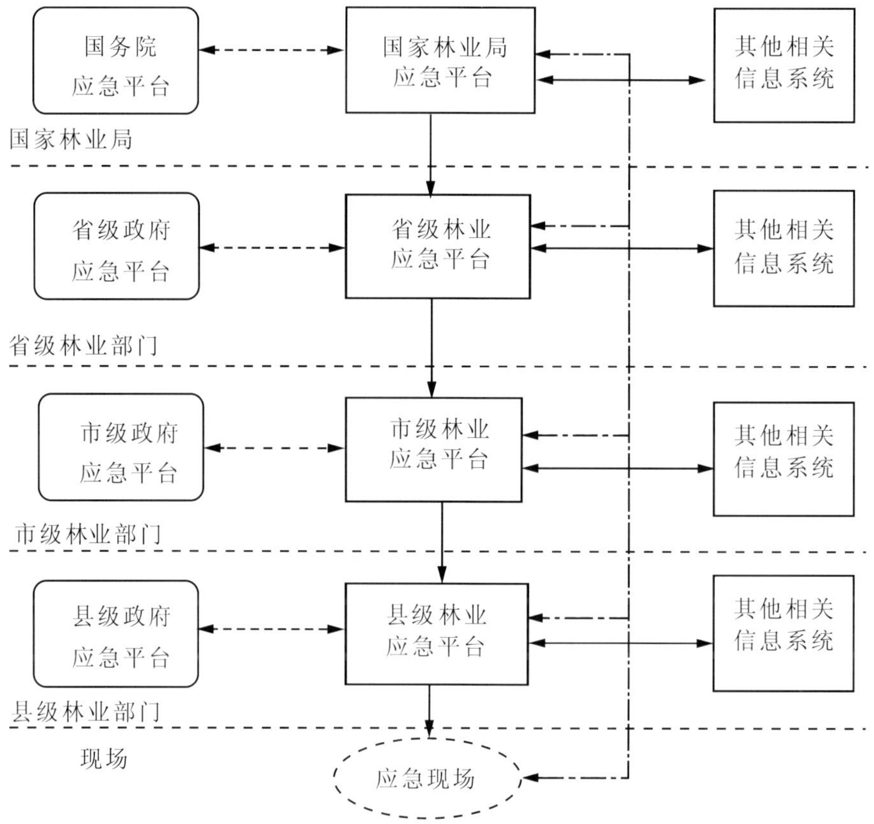

图 8-7 突发林业生物灾害事件应急平台框架结构

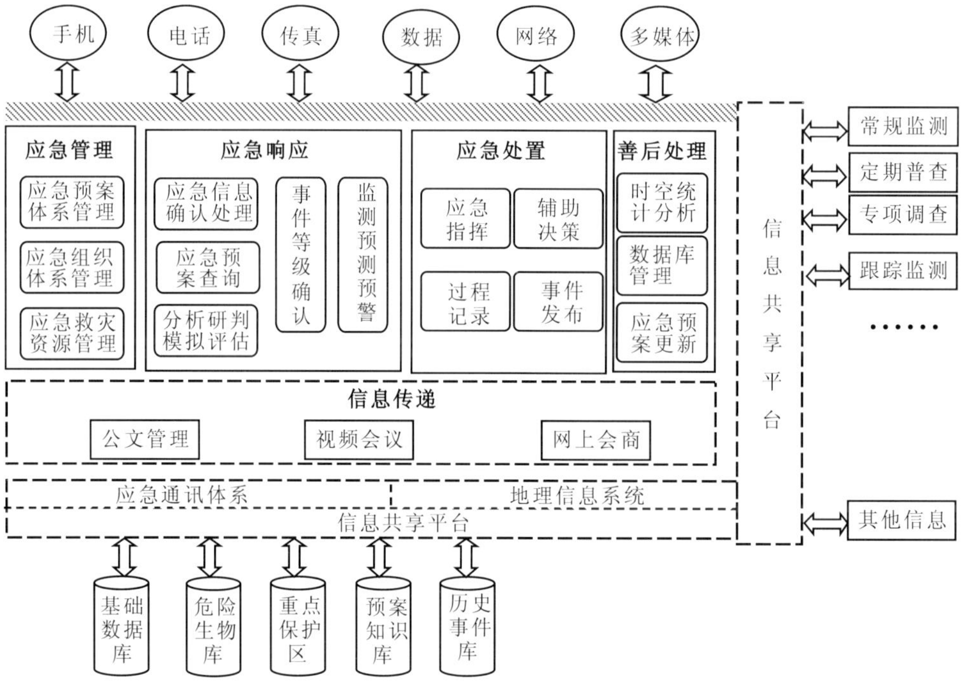

图 8-8 突发林业生物灾害事件应急平台功能流程

第三节　建设重点

在全面开展防治减灾体系建设的基础上，要重点加强"林业生物灾害航空防治能力建设"，解决林业生物灾害防治应对山高林密、交通不便、防治难度大和地面防治效率低的问题；重点加强"林业生物灾害应急防控物资中心储备库建设"，解决林业生物灾害防治物资及时充分供应的问题；重点加强"林业生物灾害基层防治能力建设"，解决乡村防治主战场缺乏防治人员、缺少技术设备的问题；加强"林业生物灾害生物防治制剂(天敌)生产基地建设"，解决生防制剂(天敌)生产供应不足的问题。

一、林业生物灾害航空防治能力建设

航空防治是指利用固定翼飞机和直升机等航空器从空中对林业生物灾害实施除治的一种防治手段。作为最为符合林业生物灾害防治特点的治理手段，一直以来航空防治以其适应森林环境、成本低、效率高、速度快、效果好、省药、省时、省人工等优势备受林业生物灾害防治专业人员推崇和关注。特别是近年来 R44 等小型直升施药机的引进和应用，更使航空防治的机动性能和作业领域大幅度提高，并已在京津冀美国白蛾联防联治等防治作业中大显身手。但我国目前农林用航空防治设备的保有量不足 200 架，较为先进的直升施药机更少，林业上只有 4 架，远远不能满足林业生物灾害防治的需要。而美国、法国、德国、日本等发达国家，已经构成了以航空和大型防治机械为主体的防治体系，美国拥有农用飞机 6 000 架以上，日本仅 YAMAHA RMAX 无人直升机系列就有 1 200多架。我国亟待大幅度提升林业生物灾害航空防治能力。

(一)建设目标

建立起较为完善的地面空中相结合的现代化林业有害生物应急防治体系，全面提高对林业有害生物的应急除治能力，解决林业生物灾害防治应对山高林密、交通不便、防治难度大和地面防治效率低的问题。

通过 10 年建设，在华北、东北、华东、中南、西南、西北设立 6 个航空防治基地，配置 60 架以上航空防治器，其中，轻型直升机 50 架左右，中型直升机 10 架左右，飞艇、动力伞等航空监测防治器若干，形成以轻型直升机为主的林业生物灾害航空防治体系，基本满足我国主要林区大面积防治作业的需要。

(二)主要建设任务

1. 航空防治器购置

选择国产或国外成套航空防治器 60 套。其中，轻型直升机成套设备 50 套左右，中型直升机成套设备 10 套左右，其他航空监测防治器若干套。

2. 航空防治调度中心建设

建立航空防治调度机制，对航空防治器使用实行统一调度，最大限度地提高航空防治的工作效率。为航空防治调度中心配备专业的通讯调度设备和通讯指挥车，适当建设停机坪、机库、备品库等基础设施。

3. 航空防治基地建设

建设6个航空防治监测基地，购置60架以上航空防治器，配备药箱、喷头设备和地空通讯设备等；建设80个简易机场，配套建设满足小型固定翼飞机和直升机使用要求的飞机跑道、滑行道、停机坪、机库、备品库、药剂库、配药间、通讯指挥车、直升机及配套物资转场运输车等。

二、林业生物灾害应急救灾物资中心储备库建设

应急救灾物资中心储备库建设是林业生物灾害防治的重要内容和基础，按照《国家综合减灾“十一五”规划》和国家林业局《突发林业有害生物事件处置办法》和《重大外来林业有害生物灾害应急预案》要求，根据林业生物灾害发生特点，选择一些交通便利、辐射性强的地区建设林业生物灾害应急防控物资中心储备库。

（一）建设目标

遵循规模适度、布局合理、供应充分、反应迅速的原则，通过建设应急防控物资中心储备库，及时有效地为辐射区域内危险性和突发重大林业生物灾害防治提供防治物资保障，提高防治物资使用效率，最大限度地减少灾害损失。

通过10年建设，在各省按一定比例，选择交通便利、辐射性强的地市，建设180个跨地区、服务周边的林业生物灾害应急防控物资中心储备库，在全国形成以县级常规储备为基础，中心储备为重点的布局合理、存储科学、调度有序的防治物资储备网，为林业生物灾害防治提供强有力的物资保障。

（二）主要建设任务

以中心城市为主，选择交通便利、辐射性强的地级市建立。一般一个省级单位建设4～6个中心储备库。按照24小时救灾物资到位的目标，中心储备库储备必要的药剂、药械、油料、运输车辆及其他必需物资，一般以储备中型机具为主，适当储备大型、先进、高效作业机具，配置一批大型运输设备、通信网络设施、GPS车辆监控调度管理系统等专用设备。

三、林业生物灾害基层防治能力建设

乡镇是林业生物灾害防治的主战场，同时也是防治力量最为薄弱的环节，高效经济开展林业生物灾害防治，必须切实加强乡镇防治能力建设。

（一）建设目标

按照统筹规划、突出重点、基层优先的原则，通过对乡镇防治能力建设，大幅度提高基层控灾水平，使之能够就近、及早、有效地对当地林业生物灾害实施预防和治理，达到事半功倍的效果。

在重点林区、林业生物灾害主要发生区，以乡镇林业工作站、国有林场为依托，全面加强基础设施建设，扶持配备必要的防治机具，使之尽快具有最基本的灾害防治能力。

（二）主要建设任务

建设乡镇基层防治专业队，重点承担辖区内灾害调查、经常性的预防性防治作业和一般性灾害的防治。一般一个乡镇建立 1 ~5 支，每队 10 人左右。每队配置 1 台以上中型防治机械、5 台以上小型高扬程喷雾、喷粉、喷烟、打孔注药等机具和防护设施等。

四、林业生物灾害生物防治制品生产基地建设

生物防治是林业生物灾害防治的发展方向，目前我国生物防治制品生产多处于小规模、土办法、单品种、低效率、高成本阶段，高科技手段应用不多，集约化程度不高，产品远远不能满足生物防治的实际需求，亟待有计划、有组织、有重点地建设一批生产基地，为开展林业生物灾害生物防治提供保障。

（一）建设目标

通过生物防治制品生产基地建设，进一步推进以生物防治为主的林业生物灾害无公害防治，保护森林资源和生态环境，恢复和提高我国森林健康水平，实现林业生物灾害可持续控制。

在 10 年时间内，有计划、有重点、分区域地建设 30 个天敌繁育场、15 个生物制剂厂、5 个灭虫药炮生产厂等生物制品生产基地，满足全国林业生物灾害生物防治的需要。

（二）主要建设任务

生物防治制品厂的土建工程和必要的种源保存、接种、消毒、繁育、包装、储藏和活性检测等设施设备。

第 8 章主要研究人员：

尤德康、曲　涛、闵水发、柴守权、丁　强、梅爱华
陈　亮、张天栋、董晓波、梅丽娟、崔振强、邱立新
于海英、陈卫平、赵　青、喻为国

第9章

森林健康实施战略

森林健康(Forest Health)即森林生态系统健康(Forest Ecosystem Health)是欧美等林业发达国家率先倡导并付诸实践的一种森林经营理念。近10年来，森林健康理论引起了我国学术界和林业部门的广泛关注，并通过开展中美森林健康合作等途径，消化吸收森林健康理论，取得了一些积极的进展。森林健康理念已经成为我国林业生态建设的指导性框架。加强森林经营，提高森林质量，促进森林健康，已经成为中国林业发展和现代林业建设的主题。

长期以来，我国林业有害生物发生危害严重，尽管在林业生物灾害治理上做了大量工作，付出了艰苦努力，也取得了长足进步，但由于过去对森林生态系统破坏过重，其后在恢复森林植被、开展生态建设的一系列活动中又缺少系统培育和恢复健康的措施，加之气候变化、环境污染、人为破坏等因素，我国林业生物灾害严重发生的局面始终未能扭转，且有日益加剧之势。林业生物灾害问题已经成为我国森林资源保护和国土生态安全的巨大隐患。

森林只有自身健康才能具有抵抗力和恢复力，才能免受、忍受或少受包括有害生物在内的致灾因素的影响，或从致灾因素胁迫中自我恢复，保持森林生态系统原有的完整性、稳定性和持续性。我国林业生物灾害的严重发生究其根源是生态问题，与我国森林健康状况不佳密切相关。培育健康森林和恢复森林健康是我国林业可持续经营的重点目标，也是林业生物灾害防治的治本之策。只有推行森林健康理念，提高森林健康水平，才能从根本上扭转我国林业生物灾害严重发生的被动局面，实现林业有害生物的可持续控制。

第一节　森林健康理论与实践

森林健康理论切中了当今森林生态危机要害，且提出了解决危机的方向，因而得到学术界和许多国家的广泛承认和推崇，并积极开展理论研究和实践探索，被越来越多地应用于森林资源管理中。森林健康不仅成为森林经营管理的一个目标，更重要的是正逐步成为森林经营管理的一种有效手段。

一、森林健康理论的形成与发展

了解森林健康理论的形成和实践过程，对于推行森林健康理念，建立基于林业生物灾害防治视角的推进森林健康的防治新思路，提高我国林业生物灾害科学防治水平具有重要的意义。

(一)森林健康理论形成的背景

20 世纪中叶以后，由森林大量砍伐、工业严重污染、不合理生产经营方式等引发的环境问题，较为集中地反映在森林生态系统中。

1. 森林生态系统破碎化，物种灭绝速度加剧

由于人口增长和人类活动的干扰，森林面积减小，原有的大森林生态系统被分解分割成非连续的碎片，森林生态系统结构和功能发生了巨大改变，系统的抗干扰能力和系统中物种的生存与繁殖能力明显降低。森林生物栖境缩小或消失，使部分生物种群陷于衰落或灭绝。目前，全球森林较史前已至少减少了 1/2，近代物种的灭绝速度比自然灭绝速度快了 100 ~ 1 000 倍，已对人类自身发展和安全构成威胁。

2. 人工林增多，森林抗御自然灾害能力降低

由于人类长时间砍伐森林，大量采用皆伐、“拔大毛”等掠夺式的采伐方式，使森林质量降低。为了提高木材产量，广泛种植速生树种，形成大面积树种单一、结构简单的人工纯林，致使树种天然分布改变，生态景观日趋简单，生物多样性渐趋贫乏，林分低产低效、稳定性差、功能退化。有些林木不能适应当地的气候、土壤和有害生物等环境条件，自然灾害频发，出现林分生长不良甚至死亡。欧洲森林被人为干扰严重，至中世纪森林覆盖面积已减少到 10%，但到 19 世纪末 20 世纪初期，森林总面积又增加到 34%，而其中只有35 万公顷是原始林，其他皆为次生林和人工林，目前欧洲森林面积为 1 500 亿公顷。

3. 工业污染加剧，引起严重的森林退化

长期的环境污染尤其是大气污染使硫化物、硝酸盐、氮沉积、臭氧和有毒金属等在森林中沉积，对森林生态系统造成严重危害。20 世纪 70 年代前后，德国等欧洲国家先后出现大面积酸雨危害，导致森林生长衰退、冠层稀疏、树叶变色甚至林木死亡，导致害虫数量明显增多、林木受害明显加剧。美国东部桦木、栎树、白蜡、枫香和槭树出现枯萎病，东南部皮得蒙特高原地区萌芽松、湿地松出现小叶病等。气候变化也引起加拿大加州山松的冠顶枯死。在亚洲，日本平原地区 20 世纪 80 年代后期出现了以杉木为主的森林衰退现象。中国的环境变化引起的森林受害现象十分普遍，20 世纪 80 年代以后，南方酸雨区普遍观测到马尾松、杉木、华山松等受害，表现出树冠稀疏、树叶变窄变小、黄叶增多、生长速度降低、生产力明显下降，病虫害加剧，甚至部分地区出现大面积森林死亡。工业污染、气候变化成为当时普遍关注并延续至今的重大生态环境问题。

4. 外来物种入侵增多，严重威胁国家和地区生态安全

外来物种入侵对一个国家或地区生态安全的影响已越来越为人们所关注。在美国，近50%濒临灭绝的树木和野生动物种类都受到外来的植物、动物、昆虫和微生物的负面影响。1900年左右原产亚洲的板栗疫病在欧洲造成板栗毁灭性灾害后，从欧洲传入美国，到1950年几乎根除了南部阿巴拉契亚山脉所有美国板栗；1910年另一种原产亚洲的白松疱锈病也由欧洲传入北美，导致美国和加拿大大量原生白松死亡；1930年起，特别是近20年，早在18世纪即传入美国的原产亚洲和欧洲的舞毒蛾，使美国东部3 200亿公顷的森林落叶，受到舞毒蛾攻击的树木更容易受到其他昆虫和病菌的二次攻击，经常导致树木死亡。这些入侵均改变了当地的森林生态系统，威胁着生物多样性并导致了林业、林产品和自然资源的灾难性破坏。

5. 乡土病虫害频发，对森林生态环境造成危害

由于全球气候变化、环境污染及不合理的经营给森林以巨大的压力，使森林更利于害虫的暴发和受到损害。如，美国南部19世纪以来用火炬松取代长叶松营造人工林，打破了原有的生态平衡，为美国南部最具破坏性的害虫——南方松大小蠹创造了生存的机会，使600多公顷的松树死亡，并使超过70%的濒临灭绝的红冠啄木鸟的栖息地遭到破坏，超过3 600万公顷的南方松受到侵袭而处于高危风险中。同时，死亡树木的增多又使林下可燃物大量积累，导致森林火险等级的大幅度上升和火灾的频繁出现。

6. 一些发展中国家对热带森林的采伐，引起国际社会对生态环境的进一步担忧

20世纪80年代后期，一些发展中国家如印度尼西亚、马来西亚和巴西等的木材和木材产品的大量出口，打破了原有的国际市场格局。在一些西方国家出现了反对使用热带木材的政策和公共舆论，认为这些热带木材来源于不可持续的经营，而一些发展中国家认为，发达国家的根本出发点在于经济利益，而不是维护环境。在这些争论的背景下，一些国际组织从1980年起就开始讨论并制定热带森林可持续经营的有关准则。1992年联合国环境与发展大会上产生的《关于森林问题的原则声明》中阐明的“森林资源和林地应以可持续的方式经营，以满足这一代人和子孙后代在社会、经济、生态、文化和精神方面的需要”的观点得到了广泛的认同。

总之，由于经济发展、人口增多和人们生活水平的不断提高，对木材等林产品的需求越来越大，大量的砍伐森林造成生物多样性剧减，森林生态系统的多种功能大大减退，加上环境污染和各种自然灾害的频繁发生，引起国际社会对人类生存环境的关注，促使人们反思以往的生产方式和发展模式，唤醒了全球生态环境保护意识，20世纪80年代前后森林健康理念开始在多个国家（地区）以不同的形式萌生。

（二）森林健康理论发展的过程

森林生态系统健康是生态系统健康的一个主要分支，也是可持续发展研究的重要内容。森林健康在很大程度上继承了生态系统健康和森林可持续经营的理论与方法，并与其相辅相成、相互促进，共同促进可持续发展理论研究和实践探索。

1941年，美国生态学家和土地伦理学家Aldo Leopold首先提出了“土地健康”的概念，新西兰土壤学会创办了《土壤与健康》（Soil and Health）杂志，并倡导“健康的土壤—

健康的食品—健康的人”的理念，是较早的生态系统健康范畴的研究。

20 世纪 60 年代，“森林健康”开始出现，当时森林健康作为森林管理者的一个基本概念，强调的是森林病虫害、森林火灾与干旱等胁迫因子对森林的影响以及如何实施有效的管理制度等。

20 世纪 60 年代到 80 年代中期，随着人们对森林作为生态系统主体认识的不断深入以及环境污染、木材的过量消耗而造成的森林生态系统的不断退化，对森林健康的理解也随之变化，对森林健康的研究也逐步从林分转移到森林生态系统健康上来。当时，对森林健康的研究主要从两方面，一方面是对森林生态系统的物质循环和能量流动的研究，另一方面则是调查林分生长率、死亡率和林冠状态。

20 世纪 80 年代，随着对物种多样性、濒危物种以及非经济森林价值概念的深入理解，森林健康的要领和研究内容也发生了变化，研究内容也涵盖了生态系统的结构和功能的变化、生物多样性保护和森林资源的持续管理等。1983 年起，德国率先开始了森林健康受害监测，而后很快扩展成覆盖欧洲的监测网络，提出了具有欧洲特色的监测指标体系和监测与评价技术。1984 年美国生态学家开展了退化生态系统的恢复和生态系统健康标准的研究。

20 世纪 90 年代后，生态系统健康的研究已成为一个重点领域。1990 年和 1991 年国际社会在美国召开会议，研究生态系统健康问题，会议共同的意见是确立生态系统健康成为环境管理的目标，并且认为管理要着眼于保护和维护生态系统的结构、功能的可持续性，保证生态系统健康。1992 年瑞士联邦林业研究所出版了《Forest Health》，专门分析了森林衰退问题及其控制对策。1992 年在巴西举行的世界环境与发展大会上，与会各国首脑一致强调“国家间将加强合作，以保护和恢复地球生态系统的健康和完整性”。1994 年在加拿大渥太华召开了第一次国际生态系统健康大会，对生态系统健康的研究和实践产生了重大影响。生态系统健康、森林可持续经营（其中重点包括森林健康）成为全球广泛认同的林业发展方向，并在国际上产生了有关森林可持续经营的 9 大主要区域性进程（截至 1998 年）分别是：蒙特利尔进程、泛欧进程（赫尔辛基进程）、塔拉波托倡议（亚马逊倡议）、非洲干旱区进程、中美洲进程、近东进程、国际热带木材组织（ITTO）进程、非洲木材组织（ATO）进程和亚洲干旱区进程等。通过这些进程，使包括森林健康和有害生物问题在内的森林问题成为国际社会包括政府和非政府组织以及许多国际组织议论的焦点问题，推动了全球的林业发展。

1998 年以后，各个区域性进程在森林可持续经营标准与指标体系方面开展了许多活动，取得了新的进展。目前大约有 150 个国家参与了国际上制定和实施的森林可持续经营标准与指标的活动，许多国家根据相应的进程，结合本国的国情和林情，研制了适合本国森林可持续经营的标准与指标，包括国家水平、区域水平和森林经营单位水平的标准与指标及其应用手册。

可见，“森林健康”是美欧等西方国家针对人工林林分结构单一、林业有害生物抵御能力和水土保持能力薄弱等问题，借鉴医学上的健康理念首先提出来的一种理念。倡导通过合理配置林分结构，实现森林病虫害自控、水土保持能力增强和森林资源产值的提高。森林健康理论是为解决森林经营面临的种种问题，在充分吸收生态系统健康理论并与森林可持续经营紧密衔接基础上，由主要针对有害生物危害的比较狭窄的森林健康概念，扩展到整个森林生态系统的健康，包括树木个体的健康、群落或林分的健康，甚至超越森林生态系统的更大尺度的与森林生态系统相邻的草地生态系统、农田生态系统的健康，是生态系统健康理论在森林可持续经营中的具体应用。现代森林健康的概念已逐步成为包括林分、森林群落、森林生态系统以及森林景观在内的一个复杂的系统。

（三）森林健康理论研究的现状

由于森林生态系统的特殊性和复杂性，决定了森林健康的特定内涵。欧洲和美国最早关注森林健康问题，其研究成果在很大程度上代表着目前的先进研究水平。因为重点关注的森林受害类型不一样，美欧的研究发展历程并不相同。美国更多地强调针对火灾和病虫害的森林健康经营，欧洲则更多地强调与空气污染有关的森林受害，但这是相互影响的一个问题的两个方面。目前，对森林健康研究的内容主要包括：森林健康标准、指标和评估方法；影响森林健康的社会、经济和文化伦理等因素；森林健康与人类健康的关系；森林健康的管理方法等。但主要仍集中在森林健康监测指标和评价技术上，对如何调控和维持森林健康，还只处在对个别技术和经验进行总结的阶段，仍缺乏理论性的系统研究总结，也没有提出成套技术。

1. 对森林健康定义的研究

许多国家、组织和学者在不同时期、从不同角度试图给出森林健康的定义，但由于各国的森林特点、地理环境、人们的专业背景、价值取向和侧重点等的不同，至今对森林健康还未形成一个比较普遍认可的定义，但各种定义表达森林健康的本质是基本一致的。

目前，较普遍接受的森林健康定义是：一个理想的健康森林应该是其生物因素和非生物因素（如空气污染、营林措施、木材采伐等）对森林的影响不会威胁到现在或将来森林资源经营的目标。这里的森林资源经营目标不仅仅是指商业产品，还应包括森林的多种用途和价值，包括森林游憩、野生动物保护、木材资源、放牧和水源涵养等。在健康森林中，并非一定没有病虫害、没有枯立木、没有濒死木，而是它们一般均在一个较低的水平上，它们对于维护健康森林中的生物链和生物的多样性、保持森林结构的稳定是有益的。人类对森林的影响往往是不可避免的，然而一个健康的森林对于人类的有限活动的影响应该是能够承受或可自然恢复的。

从定义看，森林健康理论的本质与可持续发展理论是一脉相承的，“既满足当代人的需求又不危及后代人满足其需要的发展”，要求人类要正确处理保护、培育和利用森林的关系，维护森林健康，实现人类与森林的和谐相处。其实质就是采取科学、合理的措施，保护、恢复和经营森林，维护森林的稳定性，使森林具有较好的自我调节并保持其系统稳定、有效抵御自然灾害的能力，在满足人类对木材及其他林产品需求的同时，充分发挥森林维护生物多样性、缓解全球气候变暖、防止沙漠化、保护水资源和控制水土流失等多种功能，最大、最充分地持续发挥其经济、生态和社会效益。

2. 对森林健康特征的研究

从森林健康理念提出的过程，可以看出森林健康理论提出的基础并不是健康的森林，而是现实中存在的许多不健康的森林，即人们根据不理想的现实提出了一个可以实现但尚未实现的理想，这就使得对森林健康的解释带有一定的理论推导，甚至是想象的成分。对健康的森林应具有的特征，学者们也进行过广泛的探讨。较具代表性的两种描述：

Kolb 从生态系统的角度提出了判断森林是否健康的标准，在整个演替过程中，健康森林的物理环境、生物资源和腐生物网络至少可以在部分演替阶段维持森林的生产力；健康森林能够抵抗灾难性的变化，或者说在景观水平上具有从灾难性变化中恢复的能力；主要植被生长所需的关键性资源（水、营养物质、光照、生长空间）的供给和需求处于平衡状态；具有一系列的演替阶段和多样化的立地结构，可以为许多乡土动植物种类和所有重要的生态系统进程提供适宜的环境。

另一种从人类需求角度提出的健康森林特征的描述为，健康森林以人为本、最大限度地满足人类不断增长的物质文化和身心愉悦的要求；生态功能最优化、最大化（水源涵养、水土保持、防风固沙、景观效果等）；具有较高的稳定性和丰富的生物多样性（足够的物理环境因子，生物资源和食物链）；较高的生态安全性和受到多种干扰后的可恢复性（弹性）。

两种描述均关注了森林生态系统的环境、结构和功能，重点在系统的恢复力、多样性和生产力上。认为：

（1）健康森林的生产力水平是高的。健康的森林能够最大程度地发挥林地生产潜力，为人类提供一定量的物质、文化、生态产品。

（2）健康森林的恢复能力是强的。健康的森林具有较强的从干扰和胁迫因素中自然恢复的能力。它们能够自维持，其物理环境、生物资源至少在某些演替阶段能支持森林生产的营养网，并在满足植被主要部分必需资源需求的基础上保证功能平衡，能够远离生态系统危困综合症。当然，这种能力是有限的，只能是在有限的干扰中恢复。

（3）健康森林的多样性程度是丰富的。健康森林的物种及结构多样、复杂，生物群落与环境之间具有保持动态平衡的稳定状态的能力，能够保持系统的稳定性、整合性和可持续性，也能保持生物多样性。当食物链（网）上的某一环节发生异常变化，造成能量、物质流动的障碍时，可由不同生物种群间的代偿作用加以克服。

（4）健康的森林生态过程是畅通的。健康森林的最大特点之一就是能量和物质流动产生整体功能，系统内生物成分与环境之间、各生物成分之间不是孤立的，而是彼此相互联系、相互作用的，必须保证物质循环和能量流转过程通畅，并且其过程对相邻系统不会互相危害。

这些描述均较为准确地把握了森林健康的关键性特征，但只是定性的标准，操作起来还有相当大的难度。

3. 对影响森林健康致灾因素的研究

对于影响森林健康的致灾因素（即胁迫问题），学术界研究的很多。可以说影响森林健康的因素非常多，不健康的形式也各异。

对于森林灾害类型，肉眼可见的急性受害有火灾、病害、虫害、鼠害、旱灾、冻害、水灾、风灾、生物入侵灾害等，难以肉眼观测的慢性受害有水分亏缺、土壤污染、土壤酸化、营养不足等。这些灾害当强度和范围超过一定程度时，就会突破历史波动的正常域值，对森林的健康造成危害。

森林的致灾因素（胁迫因素）概括起来可分为：系统结构胁迫，包括不合理的树种组成、密度、经营等；有害生物胁迫，包括病菌、害虫、害鼠、动物、入侵生物等；土壤养分胁迫，包括土壤贫瘠、营养失衡、个体竞争等；土壤水分胁迫，包括土壤干旱、生理干旱、渍涝等；气象胁迫，包括干旱、火灾、高温、低温、风、雹、冻雨等；污染胁迫，包括空气污染、土壤污染、土壤酸化、臭氧危害等。

很多胁迫因素或是森林生态系统的组成部分，或是森林生态过程的驱动因素，相互之间关系复杂。但致使这些胁迫发展到严重影响森林健康的主因则为人类活动或与人类活动密切相关。

（1）人类生产活动对森林健康的影响。人类活动对森林健康的影响是潜移默化和渐进累加的，也是多方面及长期的。人类不合理的活动干扰了森林生态系统的正向演替，破坏了森林的结构，降低了生物多样性，破坏了森林自身复杂的状况和总体功能。即使是生产性的森林砍伐、林产品采集、旅游、放牧、樵采、采矿、地下水开采等活动，对森林生物多样性和生态系统结构造成的破坏速度也远大于其调整恢复的速度，造成森林生态系统的功能逐渐弱化，重者使其功能完全丧失。而毁林开荒、乱砍滥伐、超采过伐、超载过牧等则直接造成森林的严重破坏甚至消失，这些都直接或间接引起严重的森林健康问题。

（2）城镇化对森林健康的影响。由于长期人类活动的破坏和城镇化发展，原有的大森林生态系统正在被分解分割，生态景观日趋简单，森林日益破碎，造成森林生境简单化和森林系统破碎化，森林生物栖息地缩小、消失，限制物种潜在的散布和扩散能力，使生物种群陷于衰落或灭绝境地，进而造成森林生态系统结构和功能的改变。

（3）不合理的经营方式对森林健康的影响。在森林生长周期中，各种不合理的生产经营方式可直接或间接引发森林生态系统的健康问题：不科学的引种和选择，致使林木不能适应当地的气候、土壤和有害生物等，造成林分生长不良甚至死亡；造林方式不科学，大面积地营造人工纯林，树种植被单一，林分结构简单，林分物种多样性降低，抗御自然灾害能力变差；在抚育管理上粗放经营、疏于管理，或采用违背森林自然生长规律的经营方式，或受利益驱动，大量采用皆伐、“拔大毛”等掠夺式的经营方式，造成林分低产低效、结构不合理、稳定性差、功能不完善。

（4）火灾等自然因素对森林健康的影响。在自然因素当中，森林火灾、极端气温、水分逆境（干旱、洪涝）等都对森林健康产生影响。对森林健康影响最大的自然因素当属森林火灾（也多由于人类不恰当的用火或故意）。森林火灾在短期内烧毁大量的森林物种和大面积森林，改变了区域气候、土壤以及植被组成和演替，造成森林环境无法恢复，破坏其生态系统结构和功能。但也必须充分认识到，火是森林生态系统中正常的生态因子，在生态系统演化、群落更新和维护森林健康方面具有重要而积极的作用。应科学利用火的积极作用，尽力避免火的消极影响。

（5）环境污染对森林健康的影响。环境污染尤其是大气污染，如二氧化碳、硫化物、硝酸盐、氮沉积和有毒金属等污染，能对森林健康造成严重危害。污染直接影响林木正常生长，还造成水污染、土壤酸化和地力衰退，对森林健康构成危害，使树木生长势减弱，并使林木更易遭受昆虫、菌物和其他生物的侵害，严重者会直接造成树木死亡。欧洲和北美东部广大地区的森林大面积衰退、死亡就被认为与酸雨、氮沉积和臭氧等有关。

(6)外来生物入侵对森林健康的影响。全球性的贸易和旅游正导致动物、树木、微生物通过陆地和海洋的大范围或跨境的流动，外来物种的入侵对当地经济和环境造成巨大损失或伤害。外来物种一旦入侵并定植成功，表明当地的生态环境特别适合其生长繁殖。在新的定植地由于其缺乏原产地的自然控制因素，凭借其较强的种间竞争力和立地开拓能力，迅速排挤乡土物种，占领其生境，抑制乡土物种生长，减少当地物种的种类和数量，甚至导致乡土物种或其群体灭绝。有的外来物种可能与当地的近缘种自然杂交，造成遗传侵蚀，或严重改变其优良的经济性状。有害生物(如昆虫、线虫、鼠、兔、微生物)的入侵，由于缺乏天敌等自控因素，繁殖扩散快，危害大，对森林健康极具破坏力，可使当地森林生态系统的结构和功能发生剧变。

(7)有害生物对森林健康的影响。森林生态系统中生活的生物特别是直接依赖林木生存的生物，包括动物、植物、菌类及其他生物，如果其种群繁殖失去有效的控制，在短时期内大量繁殖，也将对其寄主林木造成危害，进而对整个森林生态系统的健康造成影响。森林动物危害有鹿害、兔害、鼠害和昆虫危害，植物危害有槲寄生害、菟丝子害等，由菌物引起的森林病害种类更多。林分失去对有害生物种群有效控制的主要原因，除遭遇较为严重的自然灾害外，其他基本与人类不合理的活动有关(图 9-1)。

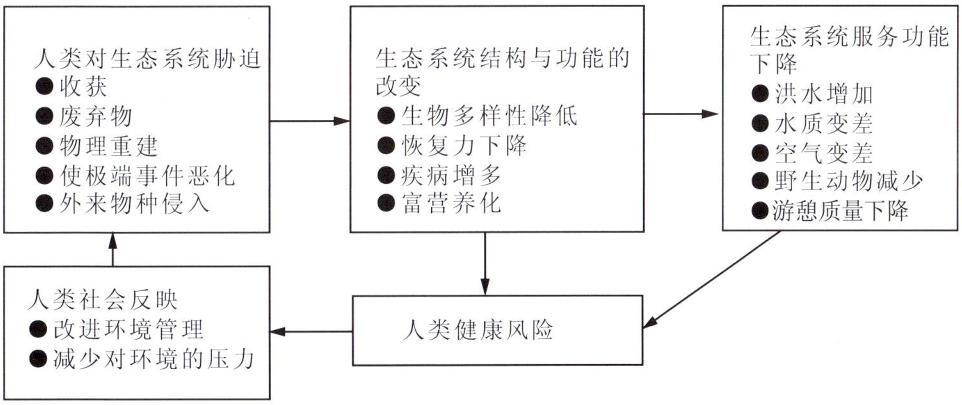

图 9-1　人类活动与生态系统健康的关系

4. 对森林健康监测与评价的研究

开展森林健康监测与评价，是森林健康管理的重要基础，通过监测与评价可以了解一个地区森林健康状况和发展趋势，为政策决策者和森林经营者有效进行森林健康经营管理提供科学的指导。所以，一直以来特别是近些年森林健康监测与评价成为森林健康研究的热点领域。

(1)森林健康监测现状与内容。20 世纪 70 年代末德国发现新型森林受害后，很快便开始了相关研究，并从 1983 年起开始了森林受害监测，提出了最早的森林健康监测及分析评价技术体系，以后又增加了进一步研究致害因素及森林生态系统反应机制的固定观测样地体系。通过长期监测，发现不当经营和酸沉降等都是引起森林衰退和受害的因素。鉴于空气污染的跨国界特征，从1986年开始，欧洲38个国家采用了统一的监测技术，在ICP Forests项目(International Cooperative Programme on Assessment and Monitoring of Air Pollution Effects on Forests)框架下进行欧洲森林健康监测，并每年定期公布结果。监测表明，大气酸沉降是导致土壤加速酸化的重要原因，土壤酸化导致生物多样性和生态系统多样性变化，加剧生态系统营养失衡和营养元素损失。但森林受害还与很多其他因子有关，如极端气象条件和有害生物的影响、空气污染(硫化物、氮化物、臭氧等)的直接伤害等。通过欧洲的森林健康监测，提出了多项控制和缓解森林受害的措施，对于全球环境保护意识的提高和环境保护行动的兴起都起了巨大推动作用。美国1987年和1992年两次举行森林健康问题的国会听证会，并分别于1988和1993年制定了森林健康计划，采用系统网格法建立永久性定期监测点，形成了覆盖全国的森林健康监测网络，定期进行健康监测和信息公布。从1999年起，森林健康监测网络与森林资源监测网络结合在了一起，目前健康监测样地占资源监测样地数量的1/16。

对监测的内容各国研究或应用的不尽相同，欧洲森林健康监测起步最早，也较具有代表性。欧洲森林健康监测体系是基于德国的监测体系发展而来的，共分3个层次、9个方面的监测内容。3个层次为：

水平Ⅰ监测。始于1986年，目的是通过逐个样地的低强度监测获得森林健康在较大时空尺度的变化。包括覆盖欧洲各国的约6 000个监测点，监测站点网络是系统网格(16千米×16千米)样地体系。每年进行1次林冠健康监测，主要监测指标有树叶损失率、林冠透光度、树叶变色情况。

水平Ⅱ监测。始于1994年，目的是调查森林健康的主要影响因素和主要过程，并通过综合分析不同来源的监测数据确定森林健康变化和森林受害的原因。挑选水平Ⅱ样地的原则是要充分体现主要的森林生态系统类型，欧洲的样地数量总共为860个。监测内容包括，全部样地的每年1次的林冠健康监测、10年1次的土壤化学监测、2年1次的树叶化学监测、5年1次的森林生长和地面植被监测；部分样地的土壤溶液化学、大气沉降、气象方面的连续监测；可自由选择1年数次的物候学监测、建立样地时进行的遥感监测。

水平Ⅲ监测。指对特定的森林生态系统进行的系统过程和机理的长期研究，目的是深入了解森林健康变化和空气污染危害森林的因果关系，详细研究生态系统内所有组分间的复杂相互作用。

9个方面的监测内容包括：树冠健康、森林土壤及土壤溶液化学、树叶化学及树木营养、森林生长和收获、大气污染物沉降、样地的气象监测、地表植被监测、物候监测、空气质量监测等。

(2)森林健康的评价进展与手段。对于森林健康评价目前研究的不是很完善，基本上还局限在对森林环境和森林结构的单方面评价，其中森林环境主要是土壤、水分、污染方面，森林结构主要是林木个体的健康，对森林功能健康评价和森林健康综合评价的研究还不够。当前对森林健康状况研究比较多的主要是美国、加拿大、巴西以及欧洲、大洋洲等一些森林资源丰富的发达国家。加拿大在森林健康评价方面的工作做得比较早，从20世纪80年代中期开始对森林生态系统进行评价。澳大利亚在90年代中期也对全国的森林生态系统进行了健康调查和评价工作。美国从1990年开始对部分州的森林进行健康评价。一般认为评估森林是否健康应从生态系统的整体去考虑，指标应该包括：森林的结构、森林的演替阶段（生物发展进程）、森林的生物多样性（森林物种的数量）、森林生态系统的稳定性、森林中的大气污染沉降物的监测、森林生态系统对胁迫因子的负荷能力（抗边际效应能力、系统内食物链的持续能力，生物多样性的维持能力、抗自然灾害能力、抗污染能力等）、森林生态系统的恢复能力（也就是森林生态系统在自然灾害和人为影响停止后，森林生态系统的自我更新能力或自救能力）、森林生态系统生产力（能满足人类的需求，创造总体价值）、生物进展和自身的复杂性及维持自身的状态等。

森林健康评价的方法目前主要有3种，它们分别从不同的角度考虑：基于有害环境压力下进行特征评估的危困综合症诊断法，基于抵抗自然灾害或由自然灾害的扰动后使其恢复原有平衡的抵抗力和恢复力评估法，基于胁迫因子对生态系统造成潜在影响进行评估的风险分析法。测定和评估森林健康的思路一般是，首先针对具体森林选择一组指示者，然后建立基础数据库（例如森林变化的历史数据），用它作为一个标准去比较当前森林状态，最后建立一个监测计划，评估当前森林状态并随着发展动态修改基础数据。目前，国内外对森林健康评价的研究已经取得了较快的发展，主要采用长期监测与网络分析和模型模拟相结合的方法。其研究手段也呈现出多样化，在技术上重视点面结合以及空间和时间尺度的结合，并能充分利用现代科学技术如航空和航天遥感、人工智能地理信息系统和全球定位技术等，同时还结合环境学、社会学、经济学等多学科开展森林健康监测及综合评价。

（3）森林健康状况分级标准。对森林健康状况有不同的分级，根据森林健康的特征描述，从林木的生长发育、外观表象特征及受灾情况综合评定森林健康状况，划分为健康、亚健康、欠健康、不健康4个等级（表9-1）。对森林健康状况评定有一个时间和空间的尺度问题，在空间上，一个国家的森林健康状况可能是好的或不太理想的，但在局部范围内，就不一定也是好的或不太理想的。在局部范围内，一个林分，一片森林较容易达到健康状态。因此，对于不同的时空，应有不同的评价方法或侧重点。

表9-1 森林健康分级标准

健康等级	标 准
健康	林木生长发育良好，枝干发达，树叶大小和色泽正常，能正常结实和繁殖，未受任何灾害。
亚健康	林木生长发育较好，树叶偶见发黄、褪色或非正常脱落（发生率10%以下），结实和繁殖受到一定程度影响，未受灾或轻度受灾。
欠健康	林木生长发育一般，树叶存在发黄、褪色或非正常脱落现象（发生率10%～30%），结实和繁殖受到抑制，或受到中度灾害。
不健康	林木生长发育达不到正常状态，树叶多见发黄、褪色或非正常脱落（发生率30%以上），生长明显受到抑制，不能结实和繁殖，或受到重度灾害。

（四）森林健康理论研究的发展要求

尽管森林健康监测和评价标准与指标研究很多，但大多还都停留在理论的探讨或小规模的示范研究阶段，要以此来准确评价森林是否健康并指导森林健康的恢复和重建仍然需要做大量的探索工作。其不足主要反映在：

（1）森林健康理论基础研究薄弱。有关森林生态系统健康的基础研究不足，对森林健康的理解还没有达成共识，如现在还缺乏一个有关森林健康的普遍定义。

（2）对林木生长环境监测重视不够。在重视林木和植被健康监测方面的认识是一致的，但对林木生长环境监测的重视程度不一，如美国森林健康监测考虑的环境内容偏少，其根源是还没有完全认识到森林健康是由林木和环境共同决定的。

（3）缺乏森林健康综合评价方法。国内外已提出某些单项指标的评价标准，但怎样利用众多监测指标进行健康综合评价，还缺乏具体可行的方法。而且，健康监测和健康评价的发展非常不平衡，尚不能充分利用丰富的健康监测数据综合评价森林健康程度。

（4）森林健康预测能力不足。由于对森林健康与众多影响因素的因果关系和作用过程认识不深，目前还不能准确预测森林健康的变化。由于对森林结构、营林措施、森林健康之间的关系缺乏定量的和机理性的认识，森林健康监测和评价技术的发展尚远不能满足指导森林健康经营的要求，更不能有针对性地采取先期预防措施。

针对上述不足，国外森林健康研究学者加强了跨国界、跨学科、跨部门、跨区域合作，并希望在更多领域取得新的研究进展。一是加强森林健康基础理论研究。包括森林健康维持机理研究，完善森林健康的定义，分区、分类提出健康森林的量化指标，推动高新技术应用等。二是加强森林健康评价技术研究。基于机理性的过程研究和监测数据的深度分析，确定森林健康评价指标及不同指标间的关系，推动森林健康的定量评价，并深入认识森林健康的多因多果关系，结合森林生态系统过程研究成果，建立森林健康预测模型，提高森林健康的预测能力。三是强化森林环境、结构、功能的同步监测和研究，深入理解森林的环境健康、结构健康、功能健康之间的关系，以及森林经营措施对森林健康的作用，为森林健康经营和多功能利用提供坚实的理论和技术支持。

二、国外森林健康的开展情况

一些林业发达国家，在率先提出森林健康理论的同时，积极开展了规模不同的试验示范，大多数国家关注的重点是对森林健康的评估和监测。森林可持续经营理论、近自然林业理论、森林生态系统经营理论等林业理论在世界各国的应用和实践，其本质就是如何营造、培育、维持、重建健康森林。目前开展森林健康较好的国家有美国、加拿大、澳大利亚和欧盟各国。尽管这些林业发达国家的自然、经济和社会状况不同，森林类型和经营方式也不尽相同，但都在森林健康理念倡导和实践中积累了许多创新性成果和经验。这些经验值得我国学习和借鉴。

（一）美国

20 世纪 90 年代伊始，美国提出了森林健康的思想，将有害生物防治和火灾的防治上升到森林保健的高度，更加体现了生态学的思想。2003 年美国还对森林健康进行了立法，制定了全国森林健康战略，提出了“森林健康关系人类未来”的口号。森林健康理念已在美国形成了共识，并成为森林管理过程中一条始终贯穿的原则。强调火灾和生物灾害等灾害的森林健康经营是美国促进和维护森林生态系统健康的主要特点。

早在 1987 年和 1992 年，美国就两次举行森林健康问题的国会听证会，并分别于 1988 和 1993 年制定森林健康计划，提出了森林健康计划的目标，包括应用有效经营措施降低有害生物和火灾、计划烧除控制林火、应用环境友好农药和森林保护技术、为制定政策提供森林健康信息、恢复受害森林的健康、防止外来有害生物传入、加强长期国际合作、通过宣传让公众参与森林健康等。森林健康已经成为美国森林经营的核心理念，并在美国林业的 4 个战略性计划中得到充分体现。一是在 1988 年造林及有害生物综合治理战略计划的基础上，美国林务局于 1993 年提出的“森林健康——关系美国未来的战略计划（Healthy Forests for America's Future-Strategic Plan）”。二是针对 1988 和 1994 两年美国西部森林火灾频发，损失惨重的问题，2002 年 8 月美国总统布什签署了健康森林倡议计划（The Healthy Forests Initiative，HFI）。三是美国林务局与环保局合作实施了一项长期性、全国性的监测计划：美国森林健康监测项目（The Forest Health Monitoring Program，FHM）。该项目采用系统网格法建立永久性定期监测点，形成了覆盖全国的森林健康监测网络。四是美国国会参众两院于 2003 年通过了健康森林恢复法案（Healthy Forests Restoration Act of 2003）。

可见，美国森林健康战略实践的主要特点是政府高度重视，强调对火灾和生物灾害的森林健康经营，监测体系比较完善。但是如何调控和维持森林健康，还只处于对个别技术的总结阶段，仍缺乏理论性的总结，也没有提出成套技术。

（二）德国

德国森林健康实践除具有欧洲特色的监测指标体系和监测评价技术外，森林的近自然经营是该国的显著特点。

19 世纪末期，德国在经历了大面积针叶纯林遭受风害、地力衰退、有害生物入侵并造成很大损失的背景下，开始了以营造混交林为特征的近自然经营实践。“二战”以后，德国成立了“适应自然林业协会”，系统地提出了近自然森林经营理论。20 世纪 70 年代以后，近自然森林经营的理论和实践在德国、奥地利、瑞士、法国等许多欧洲国家得到了广泛的接受和应用。

目标树经营是德国近自然经营的主要实践手段，也是在最短时间内培育高质量木材的有效经营方式。它能有效刺激树木高生长，提高树木质量和林分蓄积量，缩短收获时间，丰富和改良林分物种，提高生态效益。目标树经营的具体做法是把所有林木分为目标树、干扰树、生态保护树和其他树木 4 种类型，使每株树都有自己的功能和利用时点，都承担着生态、社会和经济效益。分类后要标记出目标树，并对其抚育管理。目标树通常是人们最需要的，且最有潜力的树木。选择指标有生活力、干材质量、林木起源、损伤情况及林木年龄等方面。但不同用途的目标树，选择标准不同，如生产木材的目标树，应选择那些市场价格好，干形通直，树冠大，枝叶茂盛，主干无侧枝，树皮无裂痕的优势树种，树龄一般在 15～30 年（树龄太小，高度不够；树龄太大，空间释放效果不好）。作为野生动物生境的目标树，要首选那些成年结果树，树冠大而健康，树体上有枯枝及洞穴，且树种要丰富。水源涵养林首选树冠大而健康、易于营养积累、耐洪水冲击的树种。景观树种要选那些外形独特或花叶独特的树种等。培育大径级林木还需要不断择伐干扰树及其他林木，直到目标树达到目标直径并有了足够的第二代下层幼树更新时即可择伐利用。一般根据林分结构和竞争关系的动态分析确定每次抚育择伐的干扰树，通过择伐实现林分的最佳混交状态及最大生长量和天然更新，从而实现林分质量的不断改进。

德国采取近自然林业经营方式，由人工更新转为天然更新或人工促进天然更新，全国天然更新的林分比重越来越大，单层针叶纯林逐渐减少，复层异龄混交林逐渐增多，林分质量逐渐提高，生态、经济和社会的综合效益越来越明显。在1997年德国就有森林面积1 080万公顷，森林覆盖率30%，森林总蓄积32.4亿立方米，林分蓄积高达300立方米/公顷，全国森林总生长量为6 480万立方米，年平均生长量达6立方米/公顷。

（三）澳大利亚

澳大利亚的实践特点表现为森林健康经营方式的多样性。从森林经营的方式与特点来看，分为分类经营、拟态经营、健康经营、经济经营、社会化经营、多目标经营、认证经营和安全经营等。

分类经营。经营对象分为保护区森林、多功能林和人工林等。划定经营区，合理确定保护和利用的空间格局；鼓励发展人工林，满足林产工业的木材需求；开展森林多功能利用，充分挖掘森林的潜力。

拟态经营。经营方式和过程尽量模拟自然生态过程。人工林模仿农业生产过程，采取高度集约化的生产方式。如模拟林窗下树木生长的生态过程，对林冠下有较大的林隙才能促进生态系统有效更新的森林类型，广泛应用群状择伐；模拟自然选择过程，适时开展定株采伐或者间伐。模拟农业生产过程经营人工林，对人工林采取高强度的经营措施，如测土施肥等，以期取得较高的经营效率。

健康经营。以培育健康森林为目标开展的森林经营，分林分和景观层次开展营林活动，调整森林结构达到健康状态。在林分层次上，通过实施定株采伐和群状择伐形成结构多样的异龄林。在景观层次上，通过实施采伐促进更新和幼林生长，保留可能为野生动物提供栖息环境的树木和作为野生动物迁移廊道的森林，统筹考虑保护顶极森林群落，形成健康、混交、异龄格局的森林景观。同时，确保了森林经营的措施健康，在临近保护区的皆伐林地上必须采用天然更新方式，以保持森林生态景观的连续性。此外，还有伐前开展野生动植物调查，并据此制定适宜的经营作业方法；严格禁止使用违禁化学品，尽量减少化学药物的使用；在林区设立定位观测站，检测和报告森林经营对水质、土壤、生物多样性的影响，并结合科研开展长期的生态监测，系统监控森林经营活动对环境的影响。

经济经营。一是采用最经济的经营方式。对人工林或者天然更新的同龄林实施间伐的目的，主要是通过采伐弱小的树木，抚育健康生长的树木，减少树木间的竞争，促进树木的健康和快速生长，增加树木的预期经济价值。二是经营的对象要经过市场价值分析。筛选要采伐树木的原则，取决于对森林将来蓄积量的影响或者市场价值走向，一般是采伐径级适合木材加工或会影响到其他树木生长的树木。

社会化经营。指社区参与森林经营。非政府组织在社区参与森林经营活动中起到了积极的作用，表现为具体的森林经营等生产活动主要由专业公司承担。

多目标经营。以培育多功能的森林为目标开展的森林经营。如塔州霍恩森林经营区的经营规划考虑了包括木材生产、保护以及经营过程在内的 21 个指标。在澳大利亚，森林采伐前要组织开展土著居民和欧洲移民文化点的调查和珍贵动植物调查。通过合理的经营，充分开发森林的多重功能，如保护文化或自然遗产，开展生态旅游及生态教育，延长产业加工链和扩大就业等。

认证经营。自主开发了森林认证体系，并与泛欧体系互认。目前已经建立的标准体系有：澳大利亚林业标准（AFS，AS4708），包括 9 个方面的 40 个指标；产销监管链标准（COC，AS4707），涉及产品供应的 10 个环节。认证工作与现代国际市场体系实现了对接，大大提高了澳大利亚林产工业的国际竞争力。

安全经营。在森林经营中非常注意工作人员的人身安全，装备和服装都有相关的技术要求，在很多工作场合都印有相关的标志和提示语。

（四）加拿大

加拿大素有世界“最大的林产品输出国”之称。作为林业发达国家，1992 年提出的认证经营、可持续经营和公众参与是加拿大森林健康实践的显著特点。该国将森林可持续经营目标分为六大标准 62 个指标，其内容主要包括：

（1）建立部长联席会议制度。对全国森林保护与经营进行规划，明确相应的指标。

（2）推行森林认证制度。对森林经营规划的编制、木材采伐作业等项目由具备认证资格的咨询公司开展，符合法定程序的认证。目前，加拿大主要使用 ISO（International Organization for Standardization），SFI（Sustainable Forestry Initiative），CSA（Canadian Standard Association）和 FSC（Forest Stewardship Council）4 个森林认证系统。到 2002 年，加拿大的认证森林约达 1.16 亿公顷。其中通过 ISO 认证的森林面积占 72%，每年的木材有 57% 来自于认证的森林。

（3）建立模范林。政府划出一定面积的森林，按照多效益和可持续经营目标的要求，考虑动物、水资源、鱼类、景观、空气、环境和木材生产等多价值平衡，以及国家、林业企业和林区社团等多利益的介入与兼顾，制定多种经营方案，让公众广泛参与讨论，政府综合多方意见，选定最佳方案并依此经营管理。如在最符合人工林对自然条件需求的区域内造林，采用两步采伐法和三步采伐法以增加人工林的林龄；为保护鸟类的生存环境，适当保留大径级林木等都是加拿大森林经营独具特点的做法。

（4）采取科学的经营方式。在经营措施上，根据森林的区位分布、主体功能、环境和多样性保护等不同目标的需要，将森林划分为可商业采伐和不能采伐等类型，实行分类经营管理。在严格制定林业规划和审批木材采伐计划、执行检查监督制度和森林再造基金的基础上，政府将国有林委托给公司管理经营，向林业企业颁发经营执照，对采伐量、采伐方式和采伐地点都有明确规定和严格限制。一般森林经营执照每 5 年进行 1 次审验，根据森林经营管理的好坏决定是否允许继续经营。

（五）芬兰

芬兰是把森林健康理念贯穿于林业生产全过程的典范，持续、高效地发展是芬兰林业坚持数十年的经营方针。

芬兰实行森林储备政策，要求森林拥有者在砍伐后必须再植森林，并采取间伐等技术措施，以确保林业资源的可持续发展。20 世纪 60 年代以来，芬兰木材蓄积量一直快速增长。到 2005 年底，芬兰木材总蓄积量为 202 400 万立方米，年生长量为 8 100 万立方米。

芬兰的造林树种选择主要根据立地和生物学特性，重点开发利用乡土树种，外来树种仅供试验用。在育苗过程中，育苗种子必须是种子园生产的优质种子，插条必须是优树的后代，不同的育种区有不同的适应范围，保证了种苗的优良品质和适应性。同时，芬兰十分重视苗木质量管理，制定了苗木质量标准，划定了不同苗木等级，对苗木的调运也有明确规定，如南方的苗木不准在北方使用，但东西部可以调运，调运距离不得超过 100 千米。

芬兰没有单一树种的林地。一般是按照合理的树种搭配栽植混交林，其最重要的作用是可以将有害生物危害降低到不足以妨碍树木健壮生长的程度，这种森林减少了有害生物的危害，避免了化学农药的大量使用，保护了环境，降低了管理成本，实现了林木高产优质，是提高林业综合效益的一种行之有效的经营方式。另外，混交林可以给野生动物提供更多的栖息场所，具有更好的景观效应，有利于保持林地生态的多样性。

芬兰注重林业生产全过程的经营管理。在森林作业的每一个步骤中都要考虑所采用的生产管理方法和具体操作对整个环境会带来什么影响。在森林再造初期，就要考虑采用既能提高木材产出，又不影响森林环境的种植和管理方法。实行林地自然再生，是芬兰推广混交林的主要措施。在树木采伐后，利用短木采伐法（shortwood method）把林内树干去掉枝条，截成适当的长度，而枝条和树冠被留在林内，以保持林内稳定的养分循环。并充分利用其他树上的种子或树桩上的萌芽，自然再生为新的林地。目前，芬兰 80% 的新生林地来源于自然再生，其余通过人工播种和栽植的林地也是由几个树种组成的混交林。现在每年更新的森林约占整个森林面积的 1%。近自然更新和幼龄林经营方式使芬兰的整个森林生态系统得以健康自然地发展。

此外，芬兰还通过认证制度来实现森林资源的合理利用。芬兰的“森林的认证系统”起始于 1994 年，现已得到全面推广。认证内容主要考核林地的管理是否符合促进生态、经济和社会发展的要求。认证对象包括家庭林场和大规模的经济林以及国有林。

三、我国森林健康理念的倡导与实践

对于森林健康的思想，我国林业工作者也进行过积极的探索，中国有关专家曾提出森林永续利用的思想，其中就包含了保持森林生态系统稳定和可持续的森林健康内容。但由于历史的原因，这一思想没有得到应有的重视，致使我国森林生态系统破坏严重，目前仍面临着林分结构简单、抵抗有害生物能力低下、森林火灾风险较大等突出问题。

近年来，我国政府和林业主管部门非常重视培育多功能、多目标、生物多样性丰富的健康森林。为了推进我国林业可持续发展的进程，提高森林经营管理水平，国家林业局把森林健康经营列入我国林业可持续发展试验示范的主要内容之一，与美国林务局合作开展了“中美合作森林健康经营示范项目”。从 2002 年起，先后在江西省信丰、云南省丽江、贵州省麻江、陕西省佛坪、北京市八达岭林场、山东泰山、四川金堂、河北新乐和黑龙江塔河设立了 9 个森林健康经营试验示范点，以期通过试验示范剖析影响我国森林健康的各种因素，为建立我国森林健康评价指标体系和制定森林健康政策提供依据。经过广大林业工作者和林业科研人员 6 年多的努力，我国森林健康从理论到实践都取得了许多进展。

(一)基本明确了森林健康建设思路

森林健康理念虽然在我国倡导的时间不长，但通过理念研究和实践探索，我国已基本确定了森林健康工作的指导思想，即“以林业可持续发展理论为指导，以实现森林可持续经营为目标，坚持严格保护，积极发展，科学经营，持续利用的战略方针，有效保护天然林、野生动植物、湿地等生态系统，加快植树造林步伐，保持森林面积持续增长，加强森林科学经营，提高森林质量和生产力，建立稳定健康的森林生态系统，最终实现林业可持续发展和森林可持续经营。”明确了“坚持生态、经济、社会三大效益兼顾，生态效益优先；坚持遵循自然规律，自然修复和人工促进方式相结合推动森林演替；坚持系统管理，全过程控制，多学科结合”的森林健康建设原则。提出了“让新培育的森林从开始就保持健康，让不健康的森林恢复健康，让健康的森林持续健康”的工作目标。明晰了以林业重点工程建设为重点、多措并举、推进森林健康进程的促进森林健康的工作思路。

(二)初步建立了森林健康评价指标体系

1995 年林业部在中国林业科学研究院建立了林业可持续发展研究中心，参照蒙特利尔进程，遵循统一性、实用性和可操作性原则，结合我国实际开始研制国家级森林可持续经营标准与指标体系，并于 1997 年开始地区级和森林经营单位级指标体系的制定和验证。2002 年国家林业局发布了《中国森林可持续经营标准与指标》，共有 8 个标准和 80 个指标，其中包括了森林健康的标准和指标。2006 年又编制了《中国森林可持续经营指南》，指导我国森林可持续经营。中美合作森林健康经营示范项目启动后，国家林业局邀请北京大学、中国科学院、中国林业科学研究院、北京林业大学等单位，从多种角度来研究制定区域森林健康评价指标体系。同时，各示范区按照实施方案，积极组织监测点的布设，首批启动的 5 个示范区共建立监测点 52 个。通过各个领域专家和示范区基层工作人员的不断实践和探索，森林健康监测与评价技术研究进展良好，并在 2007 年召开的“中美合作森林健康评价因子研讨会”上从生态和社会经济两个层面遴选了森林生理要素、生态要素等评价因子，初步确立了符合我国森林实际的区域性森林健康评价指标体系，还在第七次全国森林资源清查中，首次增加了森林质量、森林健康、生物多样性、土地退化状况以及满足六大林业重点工程建设和生态建设的指标和内容，开始了我国森林资源和生态状况的综合监测和评价。

(三)广泛宣传了森林健康理念

森林健康示范区在深入开展试点工作的同时，通过制作森林健康标志、印制趣味宣传手册、发放带有森林健康标识的纪念品，对森林健康开展广泛宣传，进一步激发了示范区社区群众参与健康森林建设的积极性，直接推动了当地的新农村建设和生态文明建设。2007 年，北京市在八达岭试点经验的基础上将森林健康融入到林业发展和生态建设的总体要求之中；浙江、江西和湖南等省的部分县市也主动开展森林健康示范建设，森林健康理念正在逐步得到社会的普遍认同。与此同时，还进一步加强了有关森林健康的国际合作。6年来，我国共派出6个森林健康代表团访问美国，美方也先后8次组织专家到中国森林健康项目区进行访问交流，并召开了两次森林健康研讨会。通过双方的交流互访，促进了中美两国森林健康领域的了解与沟通，加强了中美林业在森林生态系统、有害生物防治、资源监测评价等方面的交流合作。

(四)创新性地提出并划分了中国森林健康经营类型

中国幅员辽阔，森林类型多样，单一的森林健康经营类型难以满足中国森林实际的需要。各森林健康经营试验示范点深入研究，积极探索，充分考虑示范区社会经济的发展情况和森林生态效益的独特功能，形成了贵州麻江天然次生林及封育林森林健康类型、江西信丰低效林改造及经济林建设森林健康类型、云南丽江天然林及次生林旅游区森林健康类型、陕西佛坪珍贵野生动物栖息地森林健康类型和北京八达岭国有林场经营及景观游憩林、水源涵养林森林健康类型。不同的森林健康经营类型制定不同的目标，采取不同的方法促进森林健康，力争达到最佳的建设效果。截至2007年底，首批启动的北京八达岭林场、江西信丰、云南丽江、贵州麻江、陕西佛坪5个示范区基本完成预期建设任务，共完成人工造林1 216公顷，低效林改造920公顷，各试区森林资源质量和数量普遍得到了提高，林业生物灾害和火灾的威胁大大减少。

北京八达岭林场示范区。该示范区主体功能定位主要是增强森林生态结构的稳定性，保持森林景观的完整性和连续性，服务于八达岭地区旅游环境的改善，同时增强森林对于生态游憩的适宜性，为城市居民提供良好的森林生态游憩场所。主要任务是引进美国森林健康经营理念，试验示范景观型水源涵养林经营模式，以提高北京市森林资源的生态、经济和社会服务功能，为北方广大地区提供森林健康经营模式。根据森林的主导功能进行功能分区，将项目区划分为水源保护区、生态旅游区和生态缓冲区。开展了以功能健康和持续提高为导向的森林资源经营活动：森林火险管理、游憩林经营及相关设施建设，以功能为导向的健康森林经营示范和生物多样性保护等示范性工作。同时，还与国内外相关机构、科研院所密切合作，进行了多项森林健康技术试验和研究，共同为不同类型森林的健康经营服务。

江西信丰示范区。该示范区的森林健康问题主要是生物灾害、森林和林地退化。旨在通过以功能健康和持续提高为导向的森林资源经营活动，全面提高森林资源的生态、经济和社会服务效能，为南方提供农林复合景观森林生态健康经营模式。主要任务是通过森林健康区划、森林功能恢复、生物多样性保护、林业有害生物防控、森林火险管理和森林健康监测等多种措施来实现既定的目标。按不同地类、林分类型和经营目的区划人工造林和补植区、抚育改造区、经济果木林抚育改造区、复层异龄林培育区和地带性植被恢复区等五大经营区，分别采取不同的经营措施。如对宜林地进行人工造林，疏林地、针叶纯林进行补植(补阔)和封山育林，人工幼林适时抚育，低产低效林施行抚育改造等。造林、补植树种以乡土阔叶树为主，配置适当比例的驱避植物、蜜源植物，以此驱避可能入侵的有害生物和招引鸟类等害虫天敌。在区内沿主要山脊、田(路)边营造封闭型生物防火林带。在果木林基地推广猪—沼—果等先进生态种(养)殖技术，发展当地经济。同时加强相关的软硬件建设如完善生态环境与效益监测试验的基础设施和设备，建立健全林业有害生物的监测预警体系、检疫防御体系和防治减灾体系。到目前为止，除完成项目规定的任务外，还开展了典型森林群落的近自然等级分析及其近自然经营对策、林业有害生物与群落物种多样性关系、生物灾害危害的森林植物群落特征及其恢复、土壤健康状况和景观格局分析等初步研究，初步提出了示范区萧氏松茎象的系统控制技术、松材线虫病预防和除治等技术规范。

云南丽江示范区。该示范区的森林健康问题主要是森林退化、火灾和水土流失。主要开展森林生态系统恢复（造林、补植、改造、抚育、保护等）、有害生物防治、森林防火、生物多样性保护、森林健康监测、教育培训和科学研究等工作。其中森林健康监测的主要内容包括气象观测、径流小区观测、物候观测、土壤调查和生物多样性调查等。主要任务是建立云南省村级森林健康标准和指标体系；建立具有指导意义的森林健康及可持续经营示范区，促进示范区村级森林资源的自我管理和可持续经营；增强各级林业部门的管理能力，提高示范区村民的自我发展能力，为建立中国森林健康原则、林业政策、标准和指标体系提供科学依据。

贵州麻江示范区。该示范区的森林健康问题主要是森林和林地退化。主要开展马尾松纯林、退化的马尾松—阔叶混交林和退化的阔叶薪炭林的森林健康恢复，以及陡坡耕地退耕还林和荒山造林、有害生物防治和森林健康监测等内容。通过森林健康项目的实施，为黔东南州公益林区森林经营提供示范和经验。

陕西佛坪示范区。该示范区的森林健康问题主要是人为干扰频繁，森林质量下降和熊猫栖息地退化。合理解决大熊猫的栖息地恢复和社区发展间的矛盾，是佛坪示范区森林健康建设主要考虑的问题。建设规划按照健康森林保护区、熊猫栖息地恢复区、低效林改造区以及健康森林营造区布局，实施熊猫栖息地保护、营造林、基础设施改善和社区发展等主要建设内容。截至 2007 年底，通过森林健康经营，试区内森林面积增加了 619 公顷，林种、树种结构得到较合理的调整，大熊猫等珍稀野生动物栖息地范围由龙潭子流域逐步向彭家沟流域扩大。

第二节　森林健康是林业生物灾害防治追求的目标

林业有害生物是森林生态系统的组成部分，也是森林的重要致灾因素。由于危害森林健康的各种因素在我国都存在且相当严重，致使我国森林整体健康水平下降，并加剧了林业生物灾害的发生。因此可以说，林业生物灾害严重发生的根本原因是生态问题，解决林业生物灾害严重发生问题必须从森林健康入手，从根本上解决我国森林结构不合理、抵御自然灾害能力弱的问题。

一、有害生物与森林健康的关系

运用森林健康理念指导林业有害生物防治，除理解森林健康理念的内涵和实质外，还要进一步明确林业有害生物在森林生态系统中的地位，系统分析有害生物与森林健康的关系，探索和把握灾害管理对象及特点，以实现林业有害生物的可持续控制。

(一)有害生物是森林生态系统的基本组成部分

森林生态系统是由一种动力网络组成的，其中的植物、动物和微生物之间相互联系并协同进化和相互制约，形成了矛盾的、复杂的、动态变化的生境。所谓的林业“有害生物”是人们从经济角度出发对那些能够对林木造成损伤并造成一定经济损失的植物、动物和微生物种类的称谓。这些生物基本上都以直接取食林木而生存，处于森林生态系统食物链的较低层，是森林生态系统动力网络中不可或缺的重要因子。对于健康的森林生态系统，由于其复杂的食物链构成了功能完备的食物网，维持系统平衡的能力较强，具有较强的抵抗力和恢复力，有能力通过自身的调节功能有效控制“有害生物”的发生发展，一般不至于因存在“有害生物”而使系统遭受破坏或崩溃。作为森林生态系统的基本组成部分，“有害生物”在大多数情况下都在发挥着维持森林生态系统的生物链和多样性以及保持生态系统结构稳定的“积极”作用，其取食所造成的危害基本在人类可以容忍的经济阈值以下。但是，当森林环境发生变化时(或森林本身就不健康)，“有害生物”在适于其生存或不利于森林正常生长的条件下过度繁殖和活动，森林生态系统正常的平衡关系则被打破，“有害生物”的繁殖和活动超出了生态系统的自我调节范围，人类也不再能够容忍其危害，此时这些生物才会成为有害生物。可见，一定水平之下的病害、虫害(外来有害生物除外)也是健康森林的有机组成部分，它对保持森林生物多样性，构建复杂稳定的生态系统结构是有益的。

(二)有害生物是森林健康的主要致灾因素

在森林生态系统结构性胁迫、有害生物胁迫、土壤养分胁迫、土壤水分胁迫、气象胁迫和污染胁迫等众多致灾因素中，以有害生物胁迫因素的类型较为多样化，大体上包括病菌、害虫、害鼠、害兔和有害植物等，而每一类型的具体种类极其繁多，危害林木的形式也较为复杂。

蛀干性害虫。主要包括木蠹蛾科、天牛科、小蠹虫科、透翅蛾科、吉丁虫科、树蜂科等科的害虫。这些蛀干害虫具有很强的繁殖能力，如果遇到适宜的气候和充足的枝丫堆、濒死木、衰弱木等寄主场所，其种群数量会在一定时间内急剧增加。它们的幼虫在植物枝干内(有的仅在韧皮部)蛀食危害，严重影响树木养分、水分的运输和正常生长，引起衰弱或死亡，从而改变林分密度、树种的组成以及森林的结构，使森林的健康状况降低。

食叶性害虫。食叶害虫种类繁多，主要包括鳞翅目的刺蛾科、毒蛾科、尺蛾科、枯叶蛾科、舟蛾科等，膜翅目的叶蜂科，鞘翅目的叶甲科，直翅目的蝗科等。一般来说，食叶害虫的发生是周期性的，适宜的温度会导致数量的增加，温暖、干旱的地方比寒冷、潮湿的地方更容易繁殖。干旱、营养不足、密度过大都会使寄主对食叶害虫的敏感性增强，从而使林分的健康状况降低。

地下害虫。我国地下害虫的种类较多，已记载的达320余种，分属昆虫纲9目38科，主要包括蝼蛄科、土蝽科、白蚁科、蟋蟀科害虫等。地下害虫种类多、适应性强、分布广、危害重，是林木的一类重要害虫，受到世界各国的普遍重视。

茎干部的病菌。感病部位在林木的枝干上，有腐烂病、溃疡病、疱锈病、肿瘤病、流脂流胶病等。林木茎干病害虽不及叶部病害那么普遍，但危害非常严重，直接作用于整个植物的“中心枢纽”，茎干一旦感病，会影响到整个植株的存活。这类病害的发生与植物的生长势和环境条件关系密切，当植物生长衰弱，林分的密度和郁闭度过大，林分内得不到充足的阳光，空气不流通，空气湿度大时，一般都有利于茎干病害的发生。

叶、花、果的病菌。病原主要是真菌、细菌、病毒、植原体和线虫，但以真菌引起的病害种类较多，如白粉病、锈病、炭疽病和各种叶斑病等都是由真菌引起的。随着大面积的纯林栽培，一些林木病害特别是叶、花、果病害的发生不断加重，有些林分的感病指数非常高，严重影响到森林的健康状况。

根部的病菌。这些病菌通过危害和杀死树木的根部而侵害树木。根部病害的侵染不仅使林木腐朽死亡，而且还在土壤中留有侵染树木的病菌，并使健康的树木受到侵染，从而严重影响到森林的健康状况。

寄生性的有害植物。寄生植物分布全球，它们通过吸器吸取寄主植物营养而生存。寄生性植物直接或间接地影响野生动植物的栖身地。寄生性植物不仅影响寄主植物的生长，还与寄主植物争光源，对寄主生存构成威胁，甚至导致群落中的寄主植物生长不良并逐渐减少。寄生性植物的数量过多，会影响到整个森林群落的环境。

侵占生态位的有害植物。这类有害植物多为外来物种，入侵我国的有害植物达 380 多种，对经济发展、生态环境和生态建设都造成很大的破坏。如紫茎泽兰原产中美洲，传入我国后，以单优群落侵占宜林荒地，破坏原有生态系统结构，肆意排挤乡土植物，耗尽土壤养分，使土壤失去耕种价值，所含毒素造成牲畜的气喘病等。现已分布整个西南地区并以较快的速度向北推移，对森林生态环境构成极大威胁。

啃食性的有害动物。如害鼠、害兔等，我国每年发生面积都在 130 万公顷以上。在我国西部地区，鼠害、兔害已经成为森林生态系统重建的主要制约因素。

（三）有害生物是森林灾害加剧的促进因子

过去，人们在研究生物灾害时往往注意到的仅是病菌或害虫等有害生物，却很少关注甚至忽略了导致或诱发这些有害生物得以滋生、蔓延，甚至猖獗危害的环境和森林本体的健康问题。这种情况在 20 世纪 80 年代前后有了较大的转变，在研究新型森林受害问题中，研究人员发现环境污染、气候变化、极端气象条件、土壤养分水分变化、不合理的经营等胁迫产生后，都可诱发有害生物的严重发生，进而加剧森林受害。

欧洲对环境污染与虫害发生的关系进行了大量研究，证明环境污染对虫害有促进作用。如，二氧化硫（SO_2）污染使森林中鳞翅目害虫数量明显增多，林木受害明显加剧；在散发二氧化硫和氮氧化物（NOx）的工厂附近以及交通干线两侧和城镇中心，虫害明显加重，高速公路旁边的山楂树上的蚜虫数量显著增加。试验证明，欧洲赤松上叶蜂的孵化率随模拟酸雨的 pH 值降低而增加；欧洲赤松上的松叶蚜在连续 5 周喷洒模拟酸雨（pH = 2. 99）后的平均相对增长率比对照（蒸馏水）增加了 20%。80 年代前后发生在北美、中欧、日本、中国的多种林木的大面积衰退，后来也被论证是因全球气候变化和环境污染及不合理的经营引发的枯梢病、枯萎病等病虫害的严重发生，致使一些地区森林的严重退化。在美国南加州，已经证实臭氧使西黄松和美国蓝叶松变得易受茎干甲虫的危害。

研究进一步证明，酸雨改变植物养分分布及生理过程。由于叶部养分受到影响即叶的过滤性增加，土壤养分向上移动减少，铝的活性增加，钙、镁、磷的活性减少，使树木光合作用效率降低、呼吸作用增加，因而生长不良，树木生长衰弱，为次期性害虫和病菌的入侵、定居和繁殖提供了有利条件。气候变化带来的极端气象条件诱发病虫害的原因也是多方面的，如干旱胁迫下植物的氨基酸、糖等营养物质比例和浓度更高，有利于植食性昆虫发育和产卵，或者导致植物对昆虫的抵抗能力降低或昆虫对抵抗物质的解毒能力增强。

我国学者也注意和研究了环境污染与病虫害暴发的关系。在太原进行的研究发现，街道两旁槐树的瘤坚大球蚧和皱大球蚧密度与汽车流量呈线性正相关，主要是汽车尾气的二氧化硫与铅污染造成的。同样在太原对银杏和白蜡的研究表明，增加空气中二氧化硫和铅污染程度促进了康氏粉蚧的发育和产卵，增加了虫口密度，并造成寄主树种抗虫性下降和营养条件改变。在重庆市的观察，重酸雨区的南山马尾松普遍生长不良，次期性害虫松天牛和纵坑切梢小蠹的危害株率较之轻酸雨区的巴县、南桐等地均有所增长；在巴县、江津两地对马尾松上的主要病害——落针病和赤落叶病观察表明，邻近重酸雨区的巴县的感病指数为近无酸雨区的江津的2.5倍。因此认为，酸雨危害可能是森林衰退的前因，以后次期性害虫和病原菌的入侵，则是促使森林衰退的重要因素。

针对使全球生态受到重大影响的森林衰退问题，Sinclair 和 Manion 共同创立的多因素致病学说，他们将致病因素分为诱发因素(气候不适、土壤不良、树龄增大、遗传潜力、病毒等)、激化因素(食叶害虫、晚霜、干旱、大气污染等)和促进因素(弱寄生性病原真菌、次期性害虫、线虫、病毒等)3组，认为衰退病发生是有顺序地、渐进地经过上述3个阶段，结局常导致林木死亡。按照森林衰退病的概念，典型的衰退病一般起因于一个非生物的应力，而最终导致林木死亡的则是一个生物的应力。这一学说较好地解释了20世纪中叶以来发生在全球的大部分森林衰退现象，也在我国松枯梢病、国外松衰退病、云南华山松人工林衰退现象等研究中证实。

总之，森林是一个复杂的生物群体，林业有害生物只是其中的组成部分，只有当森林生态系统出现问题，有害生物的繁殖和活动才能超出生态系统的自我调节范围，损害系统的平衡，导致林木生长不良，产量和品质下降，甚至引起林木整株枯死和大片森林的衰败，造成经济上的损失和生态的恶化。虽然衰退病多因素致病学说对有些森林衰退现象还不能给出完美的解释，但是大量事实表明，作为森林健康多种胁迫因素之一的有害生物胁迫，是其他胁迫的重要帮凶，在很多情况下扮演着森林“终极杀手”的角色，是导致我国森林健康状况欠佳的重要原因。

二、我国的森林健康状况

近年来，我国森林面积稳步增长，森林覆盖率从新中国成立前的8.6%增加到18.21%。在世界森林资源持续减少的情况下，中国森林资源持续增长，并成为世界上增长最快的国家。但我国森林覆盖率偏低、分布不均匀、结构不合理、污染破坏严重、生物灾害发生严重等问题还没有解决。就全国范围看，森林资源整体表现出不健康的特征，森林人工化、景观破碎化、服务功能低效化的问题还比较严重。

(一) 森林植被遭毁，土壤侵蚀严重

由于大量的森林植被遭到破坏，每年有 114 万公顷林地逆转为无林地、疏林地和灌木林地，致使水土流失加剧，土地严重沙化，我国已经成为世界上土壤侵蚀最严重的国家之一。全国水土流失总面积达 356 万平方千米，占国土面积的 37%；荒漠化土地面积为 267.4 万平方千米，占国土面积的 27.9%。

(二) 天然林面积减少，生物多样性降低

几十年大规模的森林砍伐和掠夺性开发，使作为生物多样性资源宝库的天然森林呈急剧减少趋势，全国有 70% 的天然林被砍伐，原始林大量转为次生林、残次林和人工林(原始林仅占 2%)，存在严重的森林退化现象，森林景观碎裂严重，全国林分平均郁闭度为 0.54，其中郁闭度介于 0.20 ~ 0.30 之间的林分面积占林分总面积的 20.1%。野生动植物栖息地恶化，生物多样性急剧下降，濒危动植物数量越来越多。以大熊猫为例，与 20 世纪 70 年代相比，1986 ~ 1988 年我国大熊猫的分布区由 45 个县减少到 34 个县，栖息地面积减少了 1.1 万公顷，且不连续分布，造成大熊猫近亲繁殖，种群生存受到威胁。

(三) 纯林比例增加，林地生产力下降

1981 ~ 2000 年间，我国共营造人工林 11 078 万公顷，其中约 90% 为纯林，树种结构单一，以落叶松、杉木为主的针叶树占 65%，以杨树为主的阔叶树占 30.5%。同类森林轮作，造林密度过大，中幼龄林抚育间伐不力等不科学的营造林方式造成了林地生产力的衰退。我国林分平均每公顷蓄积量为 78.06 立方米，为世界平均水平的 68.5%，人工林平均每公顷蓄积量只有 34.76 立方米，每公顷年均生长量仅 3.35 立方米，这些指标均远低于世界林业发达国家水平。

(四) 森林火灾频发，生态系统遭受破坏

1952 ~ 2001 年的 49 年里，我国年均森林火灾次数为 1.16 万次，年均受害面积 53.4 万公顷，其中 90% 以上由人为因素引起，造成了巨大的财产和生命损失。1987 年大兴安岭特大森林火灾面积达 133 万公顷，使该区森林覆盖率由 76% 下降到 61.5%，使森林生态系统遭受严重破坏。

(五) 大气污染加剧，生态环境恶化

我国大气污染物以重悬浮颗粒物和二氧化硫为主，全国有 62.3% 的城市环境二氧化硫年平均浓度超过国家环境质量二级标准，一些大城市的重悬浮颗粒物和二氧化硫浓度超过世界卫生组织及国家标准的 2 ~ 5 倍。空气中二氧化硫等形成的酸雨已在全国 22 个省(自治区、直辖市)造成危害，长江以南的华东、中南和华南以及秦岭以南的西南地区普遍发现酸雨，四川、贵州、广西、广东等地已有 1.5 万公顷的森林因酸雨枯死。大气污染形成的酸雨不但直接危害森林，而且还引起土壤酸化、地力衰退、生长衰退以及抗御病虫害等自然灾害的能力减弱。

(六) 生物入侵频繁，生态安全受到威胁

近 50 多年来，先后有松材线虫病、美国白蛾、松突圆蚧、日本松干蚧、湿地松粉

蚧、双钩异翅长蠹、红脂大小蠹、椰心叶甲、松针褐斑病、杨树花叶病毒病等重要的森林有害生物传入我国，其中松材线虫病已累计造成3 500多万株松树枯死，直接经济损失达25亿元。入侵我国的有害植物达380多种，对经济发展和生态建设都造成很大的破坏。此外，我国林业有害生物种类繁多，危害严重，近年来发生面积每年以3%～4%的速率递增。

三、加速我国森林健康的实践进程

我国森林健康状况和生态环境问题已引起各级政府、林业主管部门和全社会的高度重视，保护、恢复与重建森林健康已成为生态建设一项长期而艰巨的任务。作为承担保护森林资源、维护生态安全、推进生态建设、促进生态文明重要使命的各级林业生物灾害防治部门，必须充分认识森林健康的重要性，在推进森林健康的伟大进程中充分发挥其积极作用。

（一）实施森林健康的必要性

我国森林总体健康状况欠佳，导致林业生物灾害发生严重，不得不投入大量的人力、物力和财力用于林业生物灾害防治。当前，我国林业生物灾害发生形势十分严峻，在一些历史性重大有害生物尚未得到有效控制的情况下，随着气候变化和环境恶化，一些次要有害生物已上升为主要种类，一些寄主主导性病害也不断暴发成灾，特别是随着经贸往来的日益频繁，外来有害生物入侵几率增高，有些已在我国定植并对我国森林资源造成严重破坏，成为国土生态安全的心腹大患。这样的森林健康状态，很难适应已经到来的全球气候变暖和可能出现的其他环境问题，从而导致林业生物灾害严重发生的局面难以改变，且将随之变化日益严重。

要从根本上恢复和提高我国森林抗御生物灾害等自然灾害的能力，必须推行森林健康理念。推行森林健康理念，有利于提高我国的森林经营水平，使森林经营从粗放型向集约型转变，由数量型向质量型转变；推行森林健康理念，有利于转变经营方式，提高森林质量，形成稳定的森林生态系统，有利于形成最优的林分、最美的林相、最佳的服务功能；推行森林健康理念，有利于增加生物多样性，提高林地生产力和林分的抗逆性，减轻包括林业生物灾害在内的各种自然灾害，真正实现“青山常在，永续利用”。

（二）实施森林健康的紧迫性

当前，我国有5 365万公顷的人工林，而且近几年来还以每年600万～1 000万公顷的速度增加。这些人工林中有相当一部分面临着林分结构简单、中幼龄林比例偏大、外来有害生物入侵和森林火灾风险加大的问题。同时，我国天然林存在着严重的退化问题。目前，我国天然林面积约为8 726万公顷，占全国森林面积的65.3%，大部分是次生林，有些还属残次林，原始林仅占2%。这样的资源状况，导致了林业生物灾害的普遍发生，使森林健康水平进一步下降。实施森林健康战略，是加速恢复我国森林生态系统功能、提高抗御生物灾害能力的一项十分繁重而紧迫的任务。只有发掘和培育优良乡土树种，大规模调整林种布局和树种结构，并有计划地实施中幼龄林抚育改造，才能遏制森林生态系统逆行演替速度，提高森林生态系统的稳定性和抵御自然灾害的能力，全面提升我国森林健康水平，使之真正发挥主导功能。

（三）把推进森林健康的措施贯穿于林业生产全过程

林业有害生物是森林的重要致灾因素，更是林木死亡的“终极杀手”。林业生物灾害防治在森林健康建设上具有特殊重要的地位，必须从种苗选育开始将林业生物灾害防治的各项措施贯穿于保持森林健康、恢复森林健康和维护森林健康的各个环节，对新培育的森林从开始就落实森林健康理念保持健康，对不健康的森林采取改造的措施恢复健康，对健康的森林运用科学的管理维护健康。

（1）在苗木选育环节，要选育抗性品种。在造林绿化树种的筛选、培育、引进、推广过程中，要把抗病虫性状作为重要指标，选取抗性强的树木品种，科学培育苗木。要强化抗性育种工作，培育适合不同环境条件的优良抗病虫品种，以适应不同立地条件的造林绿化需要。要谨慎对待新品种引进(包括国内不同生态区)，对引进的新品种要经过严格的隔离试种，经驯化确认后方可推广栽植。

（2）在森林营造环节，要注意科学规划，营造健康森林。在全面分析所在区域的气候、立地条件、植被类型和森林生态群落演化规律的基础上，尽可能地模仿当地森林群落结构进行森林植被的营造和恢复，推广先进适用的林业生态治理模式。林业生物灾害防治机构应按照植物病理学、昆虫学、生态学的原理和方法，考虑气候、土壤等各项因子及当地有害生物发生状况，将主要造林树种重要有害生物分布区进行科学区划，为造林规划设计、树种选择及确定抚育方式提供科学依据。

（3）在改造和恢复环节，要逐步改善森林群落结构，促进森林健康。针对人工林树种单一、结构简单、林龄一致、树种配置不合理、生物多样性不高等问题，应以人工改造为主，封改结合，多措并举，逐步改善森林结构，培育健康的森林。要提倡以乡土树种为主，推行乔、灌、藤、草合理混交的模式，营造树种丰富多样、结构科学合理、不同品种混交、生物多样性高、符合可持续发展规律的复层异龄林，以提高其抵御有害生物的能力，充分发挥森林的生态效益，为林木的生长发育创造良好的生态环境条件。

（4）在生产经营和利用环节，注意维持森林生态系统的生物多样性。在保证对食物链和能量流有重要生态功能的物种种群数量的前提下，进行经营性采伐，倡导间伐作业，合理确定采伐周期，保证林木生长量大于采伐量。科学确定伐除木在各龄级中的比例，维护原有森林生态系统的结构，维护林分的健康。

（5）在防范外来生物入侵环节，要强化检疫监管，保持森林生态系统的稳定和安全。坚持预防和除治并重的原则，一方面坚决防范外来有害生物入侵，严格限制包括有经济价值的乔木、灌木、草本及其他低等植物的长驱直入；另一方面采取一切有效措施对入侵定植的有害生物予以封锁扑灭，确保不再扩散蔓延。要建立外来林业有害生物风险评估体系，全面开展引种风险分析，严格履行引进物种的审批，强化引进林木种苗的隔离试种和检疫监管。

（6）在林业生物灾害治理环节，要实施无公害防治，提高森林生态系统的免疫功能。要加强森林生态系统内植物、动物、微生物等所有生物的种群管理，保持植物、野生动物和微生物之间的平衡，维护生态系统的能量、生物量和营养之间的平衡。要在对森林生物多样性和安全不构成危害的前提下，采取以生物防治为主的无公害措施，对有害生物进行适度干预，逐步恢复森林自身对有害生物的可持续控制。

(7) 在其他灾害源控制环节，要预防空气污染和森林火灾，减少环境因素对森林生态系统的破坏。要注意预防影响森林生长的光辐射、温度、水分、土壤、风和火等各种环境因素对森林潜在的影响，特别要注意人类不合理的经营活动造成的空气污染、森林火灾和水土流失等强烈的干扰因子对森林健康的影响。

第三节 森林健康评价标准与方法

森林健康评价是采用一定指标体系，通过测定和分析，对森林生态系统的健康状况和趋势进行诊断评估的过程，是对森林生态系统生产力水平、组织结构状态、抵抗外界干扰能力以及服务功能等多方面综合能力的一种确认，是林业经营和生态环境保护决策的重要基础。森林健康评价指标和评价方法在国内外都有大量的研究，这些研究从不同的角度和层面提出了众多的评价指标和方法。从指标构成来看，有综合性指标也有专项指标；从指标性质来看，有定量指标也有定性指标；从监测对象来看，有结果指标也有过程指标；从适用范围来看，有全球水平、国家水平的指标，也有区域水平、森林经营单位等水平的指标。尽管构建的指标体系和评价方法很多，但目前仍然没有形成一个普遍认可的森林健康评价指标体系和评价方法。事实上，有一套普遍认可的评价指标体系固然很好，但作为不同的森林管理部门（造林、资源管理、森林防火、有害生物防治等）更需要有一套供本部门使用的判断森林健康状况的指标体系，以从中获得与本部门密切相关的森林信息，研究确定本部门促进森林健康的政策和措施。

基于林业生物灾害防治视角的森林健康评价，是林业生物灾害防治部门从林业有害生物防治角度出发，通过对森林健康状况的诊断，判断森林是否出现或可能出现了健康问题、出现或可能出现了何种有害生物灾害、已达到或能够达到何种严重程度，并分析引起灾害的原因、提出防治灾害的策略，以指导森林健康管理和经营，促进我国森林健康建设目标实现的一种健康评价方法。由于森林健康理论还在研究发展之中，更由于我国森林生态系统的多样性和森林健康问题的复杂性，基于林业生物灾害防治视角的森林健康评价体系不可能在短时间内形成，指标也不可能是唯一的，需要在实际工作中不断研究探索，以尽快形成适合行业特点并具有科学性、可操作性的评价方法与指标体系。

一、森林健康评价标准、要素和指标体系

对森林健康进行评价，评价体系的选择和建立是首要和关键的。评价体系建立的好坏直接关系到评价的科学性、准确性和可操作性。要评价森林的健康水平或状况，评价的因子非常多，除有害生物外，还有森林火险、林木生长、林分状况、动物、微生物、土壤组分、外部环境和经营措施等，但不可能应用所有的指标，关键在于抓住森林健康的主要特点以及影响森林健康评价的主导因素和限制因子予以综合评价。

森林生态系统健康评价框架主要包括评价标准、评价要素和评价指标体系等（图9-2）。

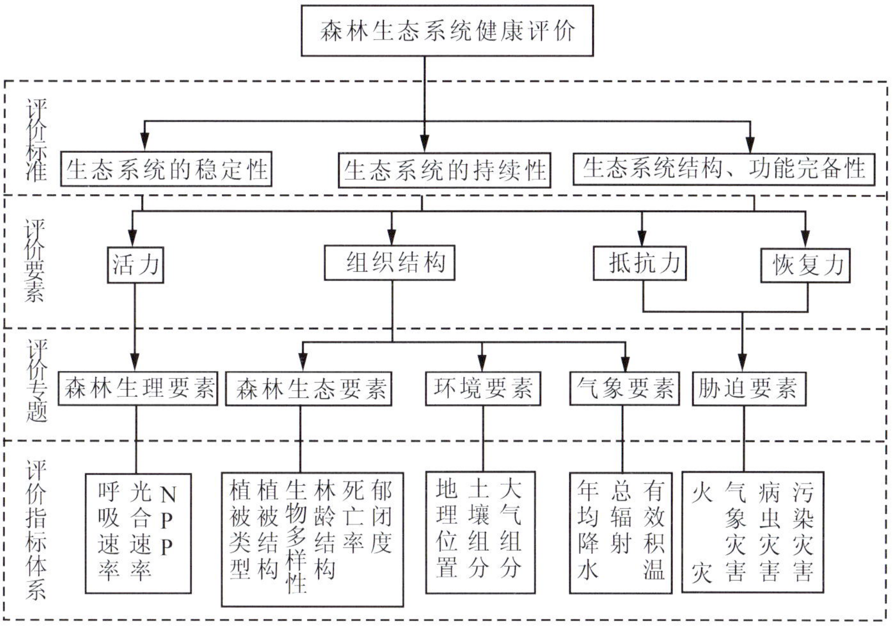

图 9-2　森林生态系统健康评价模型

(一)森林健康评价的标准

森林健康评价标准由一系列相关指标组成，用来判断森林生态系统的健康状况以及系统某方面特征的变化趋势。要保持森林的健康，必须同时做到森林的环境、结构、功能及经营的健康。因此，森林环境健康、森林结构健康、森林功能健康和森林经营健康应为森林健康评价的 4 个主要方面(即标准)。但在自然生态过程意义上，森林健康经营不是独立的，而是为了协调森林环境、森林结构、森林功能所采取的调控措施，所以一般在进行森林健康的综合评价时，重点对森林环境、森林结构、森林功能 3 个方面进行评判，而将森林健康经营划入对森林健康进行综合评价与诊断后采取的合理经营措施范畴。但在维持森林健康和追求森林功能优化的意义上，健康经营又是最重要的。

森林环境、森林结构、森林功能的特征，即森林生态系统的完整性、稳定性和可持续性是森林健康的基础，也是森林健康评价标准的 3 个主要方面。森林生态系统健康评价一般主要围绕这三个方面来进行。因为，一个生态系统只有在结构完整、系统相对稳定的条件下，才能够充分地实现它的生态过程和生态功能，并维持系统的可持续性，这样的生态系统才是健康的生态系统。

完整性，是指森林生态系统内在的组分、结构、功能以及它外在的生物物理环境的完备程度，既包含生物要素、环境要素的完备程度，也包含生物过程、生态过程和物理环境过程的健全性，强调组分间的依赖和统一；

稳定性，主要是指生态系统对环境胁迫和外部干扰的反应能力，一个健康的生态系统必须维持系统的结构和功能的相对稳定，在受到一定程度干扰后能够自然恢复；

可持续性，主要是指森林生态系统持久地维持或支持其内在组分、组织结构和功能动态发展的能力，强调森林健康的时间尺度。

（二）森林健康评价的要素

评价要素是标准构成的必要因素，主要包括生态系统的活力、组织结构和抵抗力与恢复力（又称适应性）。

活力，反映了生态系统的活动能力，即它的活跃性，是生态系统的能量输入和营养循环容量，是生态系统的内在机理和生态过程。一般包括生产力（如初级生产力、净初级生产力）、生物量以及新陈代谢速率等指标。对于森林活力测定方法，可以用森林的净第一性生产力（NPP）、生物量以及新陈代谢等指标来度量。NPP 主要通过实验、调查等方式获取，生物量主要通过调查和模型计算，而新陈代谢则可以通过生物学方法度量。

组织结构是生态系统的组成，包括生物和非生物组分，只有结构完备的生态系统才能充分履行其生态功能，提供良好的生态服务。生态系统的组织结构包括两方面的含义，其一是生态系统的物种多样性，其二是生态系统的复杂性。物种多样性的含义既包括现存物种的数目，又包括物种的相对多度。其测量方法主要是通过样地调查，调查森林群落物种的多度和丰富度，并选择相应的多样性指数来计算森林群落的组织结构。

抵抗力和恢复力（又叫适应性）是生态系统受到外来干扰后的反应。抵抗力是抵抗外来干扰的能力，恢复力是指系统在外界压力消失的情况下逐步恢复到稳定状态的能力。直接测量恢复力和抵抗力比较困难，一般都要通过间接的方法来测定生态系统的抵抗力和恢复力。在森林生态系统健康评价中，可以选用研究区域森林生态系统对林业生物灾害的抵抗能力来作为森林生态系统的抵抗力。在一定程度内健康程度高的森林生态系统对有害生物的抵抗能力强，生物灾害发生频度和强度小；而健康程度较低的森林生态系统，就容易受到有害生物的危害，其抵抗生物灾害的能力较弱。因此，在评价森林生态系统的健康状况时，可以选择有害生物胁迫指标来测定抵抗力，也就是通过森林生态系统对有害生物发生的抵抗能力来评价森林生态系统的抵抗力。

各评价要素需通过不同的专题要素来反映其基本情况。其中，森林生理要素主要反映系统活力的情况，森林生态要素、环境要素、气象要素共同反映系统组织结构的情况，而系统抵抗力和恢复力则是通过胁迫要素的状况来反映。

（三）森林健康评价的指标

森林健康评价标准、要素及专题要素都是不能直接测定的，其状况需要通过森林健康评价指标来衡量。森林健康评价的指标是对标准某一方面的度量或描述，是森林生态系统的具体组分，是可以测量或描述的定量或定性变量，通过指标数值可以衡量特定标准、要素的状况，得到森林朝向或背向森林健康变化方向的信息。例如，通过测量森林的光合速率指标可以度量森林生态系统是否充满活力，进而判定系统提供木材产品等功能可否正常发挥；通过调查森林的林龄结构、植被结构等指标，可以判断森林生态系统组织结构是否合理；通过监测森林的有害生物胁迫指标，可以了解森林的抵抗力或恢复力，进而分析判断系统是否具有稳定性、完整性和可持续性。众多森林健康评价指标构成森林健康评价的指标体系，它们彼此相互联系，有的甚至相互矛盾，使森林健康综合评价非常复杂。一个指标通常只能反映森林健康的一个标准或要素的一个或部分状态，并不能反映森林健康的全貌，但有害生物胁迫指标却是比较特殊的一个。

二、森林健康评价中的有害生物指标

在众多的森林健康评价指标中，有害生物胁迫指标是一个基本可以直接表明森林健康状况的比较特殊的指标（前 3 点详见本章第二节）。

第一，有害生物是森林生态系统的组成部分，在健康的森林中它保持低水平存在，而在非健康的森林中它往往高强度发生。

第二，有害生物是森林的主要致灾因素，且对森林健康的影响很大，通常造成林分生长不良，活力下降，稳定性降低，甚至引起森林生态系统的结构和功能发生变化。

第三，有害生物是其他胁迫的促进因子，环境污染、气象灾害、森林火灾、土壤养分水分变化等胁迫产生后，有害生物可进一步加剧森林受害。

第四，有害生物发生危害强度与林分起源、植被类型、树种组成、林龄结构、林分密度、植被结构等反映森林组织结构的重要指标有密切关系。对林分起源而言，起源于天然的森林其有害生物发生强度一般低于人工林；对于植被类型，有害生物发生强度一般为针阔混交林 < 阔叶林 < 针叶林 < 灌木林；对于树种组成，来源本土的树种其发生强度一般低于外来树种；对于林龄结构，幼龄林、中龄林、成熟林比例合理的，其发生强度一般低于不合理的；对于林分密度，郁闭度合适的，其发生强度一般低于过密和过疏的；对于植被结构，由多树种、多林龄林木构成的复层林其发生强度一般低于由单一树种、相同林龄构成的单层林和其他层级简单的森林。

第五，有害生物发生与森林经营方式关系紧密。不科学的引种、大面积地营造人工纯林、粗放的抚育管理、"拔大毛"式的掠夺性采伐、滥用化学农药，在直接或间接引发森林生态系统健康问题的同时，也使森林抗御自然灾害能力变弱，加剧有害生物发生。

由于有害生物在森林生态系统中普遍存在，又由于有害生物因各种不健康因素而发生较大变化，因此，在森林生态系统中有害生物是各种不健康因素对系统造成影响的"放大器"，是系统出现问题的"指示剂"，可以通过对有害生物发生强度的监测对森林健康状况做出初步判断：

如果某片森林其有害生物的发生强度高于"认为是健康的森林"的发生强度，或超过人们通过研究确定的成灾指标（表 9-2），而森林又不能通过自身的系统调节作用使有害生物发生强度在短时间内恢复到较低水平，即灾害连续出现且持续上升，则这片森林一定存在健康问题，是非健康的森林；如果其发生强度低于或近等于"认为是健康的森林"（这个"认为是健康的森林"一般根据不同生态类型和森林功能人为确定），则该片森林可能是健康的（但亦可能并不健康，只是其没有遭遇较强的环境胁迫或有害生物侵害）。至于致使有害生物超常发生的具体因素或综合原因，则需在对森林的环境、结构、功能及经营进行进一步的健康调查和分析后，才能做出确切的解释和综合的诊断。

表 9-2 林业有害生物危害分级标准与森林健康状况

有害生物发生程度*	危害等级	森林健康状况	健康等级
叶部害虫，叶片被害率在 0～10%； 叶部病害，感病指数在 0～5； 树干、根部和枝梢病虫，受害株或受害枝率在 0～5%； 种实害虫，种实被害率在 0～10%。	未发生	有害生物发生很轻，未达统计标准，森林对有害生物危害调控能力较强的	健康
		有害生物发生很轻，未达统计标准，森林对有害生物危害调控能力不确定的	不确定
叶部害虫，叶片被害率在 11%～30%； 叶部病害，感病指数在 6～20； 树干、根部和枝梢病虫，受害株或受害枝率在 6%～20%； 种实害虫，种实被害率在 11%～20%。	轻度危害	偶发有害生物能够在短时间内自行恢复的	健康
		有害生物常年发生但较为稳定的	亚健康
		有害生物常年发生并逐年增长的	欠健康
叶部害虫，叶片被害率在 30%～70%； 叶部病害，感病指数在 21～50； 树干、根部和枝梢病虫，受害株或受害枝率在 21%～50%； 种实害虫，种实被害率在 21%～50%。	中度危害	危害逐年加重，必须通过人为干预（如防治）才能维持森林功能的	欠健康
		危害逐年加重，通过人为干预（如防治）也不能维持森林功能的	不健康
叶部害虫，叶片被害率在 70% 以上； 叶部病害，感病指数在 51 以上； 树干、根部和枝梢病虫，受害株或受害枝率在 51% 以上； 种实害虫，种实被害率在 51% 以上。	重度危害	实施防治亦难以控制灾害发生，或已没有必要进行防治的	不健康

* 有害生物具体种类的“发生（危害）程度”见附件《林业有害生物发生及成灾标准》（LY/T 1681－2006）

三、推荐的森林健康评价方法

鉴于森林中有害生物这一典型胁迫长期、普遍存在的特点和有害生物胁迫指标在森林健康评价中的特殊性，加之在长期的林业生物灾害防治工作中，行业主管部门建立起了一整套较为完善的有害生物监测体系，并积累了较为丰富的有害生物发生变化数据和监测经验，因此，林业生物灾害防治部门应该能够也必须为我国森林健康建设做出更大的贡献。在此，我们选择了一套重点基于有害生物胁迫指标的、较为适合林业生物灾害防治行业操作且能够反映行业对森林健康特殊理解和要求的技术，供防治行业用于对森林健康的评价并指导森林健康建设，也供其他行业和森林经营者、管理者参考。这套评价技术适合于森林经营单位水平和森林斑块层次的评价，是较为接近生产实际的森林健康评价方法。

（一）森林健康综合构成指数评价模型

虽然有害生物胁迫指标在森林健康评价中具有特殊的优势，可以通过有害生物发生强度(P)判定需评价的森林健康状况，甚至能够知道森林达到了怎样的不健康程度。但它却不能告诉人们森林为什么健康或因何而不健康，因而它在实际应用中并没有太大的意义，只是能够较为快速、简便地让人们知道不健康的森林之所在，即确切地指示不健康的森林在什么位置。但就这一点而言其意义应该也是非凡的，但是还远远不够。因为，我们开展森林健康评价的真正目的不仅是想知道森林是否健康，而更想通过评价查找出森林不健康的症结，并采取措施恢复森林的健康或重建健康的森林。所以，在建立的评价模型中必须综合地考虑森林的环境、结构、功能等标准并对它们进行考量，这样才能较为全面地反映森林健康状况并在此基础上做出符合森林经营需求的诊断、开具对症的处方。

森林健康评价模型必须具有科学性、客观性和可操作性，能够比较多地反映森林健康指标信息，直接指导生产实践。在充分考虑森林的活力、组织结构、适应性等要素的关键指标的基础上，选择由 Curtis 和 McIntosh 最早提出的构成指数(Compose Index，CI)为模本，经改进后形成森林健康综合构成指数模型(Forest Health Integrated Compose Index，FHI)：

$$FHI = \ln\left(\sum B \times \sum IV \times CAV \times R\right) \tag{1}$$

式中，*FHI* 为森林健康综合构成指数，*B* 表示生物量，*IV* 为分层重要值(Important Value)，*CAV* 为顶极适应值(Climax Adaptation Value)，*R* 为森林生态系统抵抗力，取自然对数 ln 主要是为降低数量级。

森林健康综合构成指数模型由构成指数模型演变而来。Curtis 和 McIntosh 提出的构成指数是通过森林垂直分层水平来研究森林群落演替的一种方法，主要是通过对森林群落垂直结构(可分为主林层、亚主林层、演替层和更新层等)的分析，对处于不同时空的森林群落进行演替状态排序。其原理是利用分层(如上部林冠层和下部演替层)重要值及顶极适应值相乘，求得群落不同层次的构成指数(*CI*)，即：

$$CI = \sum IV \times CAV \tag{2}$$

上层指数表示群落目前的结构状况和演替阶段，下层表达了恢复和演替的趋势。按群落的构成指数 *CI* 值从小到大排序，作为森林演替序列群落，一定程度上能揭示干扰的强度及造成的破坏程度。同时，可以将各类型按照现实阶段(主林层和亚主林层平均)及未来发展潜力(演替层和更新层平均)对各群落进行单轴排序，并定量确定和描述群落的演替状态。

构成指数研究和描述的森林群落垂直分层水平、群落结构、森林演替现状及趋势正是森林健康研究中所要反映的组织结构的情况。构成指数对森林群落结构和演替状态描述的优势，为森林健康评价提供了一个易于操作的实用评估方法。但由于构成指数只是从群落的分层指标对群落的结构和演替进行分析，缺少活力和恢复力方面的参数指标，因此，简单地将构成指数作为森林生态系统健康评价的方法是不恰当的，还需引入活力(*B*)和恢复力(*R*)的相关指标，来全面地体现森林健康的活力、组织结构、恢复力等健康参数，这样才能比较综合地反映森林健康的全貌。

引入活力(*B*)的构成指数称为综合构成指数(*ICI*)：

$$ICI = \ln(\sum B \times \sum IV \times CAV) \quad (3)$$

引入活力（B）和恢复力（R）的构成指数则是我们推荐的森林健康综合构成指数（FHI）。

（二）模型中各参数反映的信息及其数值获取

模型共有4个变量，它们分别反映出森林健康评价指标体系中多个重要指标的信息。

1. *B* 变量反映的评价指标信息及其数据获取

B 变量表示蓄积量或生物量，反映群落蓄积和生物总量，是系统活力方面的重要指标。Curtis 等的构成指数偏重于反映结构参数还和分层水平有关，它通过结构数据可以反映群落目前的演替阶段和结构的空间配置情况，反映干扰对结构的破坏程度，但对于干扰强度和演替趋势的刻画及定量表达受干扰系统的健康程度还是不够的。因此，除直接用结构数据表示干扰对结构的破坏程度外，还需增加这种干扰对群落质量破坏程度的揭示，即增设 B 变量来反映干扰对系统活力的破坏程度。B 变量可用总蓄积量或生物量进行简单综合的评价，也可分别计算最后求和。即公式（1）还可表示为：

$$FHI = \ln(\sum IV \times CAV \times B \times R) \quad (4)$$

B 变量数值的获取需从样地调查中取得。如将调查样地依垂直结构将群落分为4层，分别是主林层（如，$H > 18$ 米）、亚主林层（18 米 $\geqslant H > 10$ 米）、演替层（10 米 $\geqslant H > 2.5$ 米）和更新层（$H \leqslant 2.5$ 米）。则生物量除更新层需利用实测取样获得外，其他3层都采用通用的生物量模型获得。即：

$$B = a \times (D^2 H)^b \quad (5)$$

式中，D 表示胸径，H 表示树高，a 和 b 都是待定参数，取值通过调查样地的模拟和相关的研究获得。

2. *IV* 变量反映的评价指标信息及其数据获取

IV 为森林分层重要值，表示森林群落中树冠分层的水平，是系统组织结构方面的森林起源、植被类型、植被结构、森林覆盖率、林龄结构、乔木盖度、灌木盖度、生物多样性等指标的综合体现，反映的是森林群落目前的演替阶段和结构的空间配置状况。

$$\text{重要值} = \text{相对频度} + \text{相对密度} + \text{相对优势度} \quad (6)$$

IV 变量需根据不同层级（共4层）、不同树种分别计算。实际工作中可以简单地用调查样地某种树木的株数来体现，以降低劳动强度。因此，公式（6）可以另表示为：

$$IV = \sum K_{ij} \quad (7)$$

K_{ij} 表示森林中第 i 层第 j 种树木的株数。其中，i = 1，2，3，4 分别代表主林层、亚主林层、演替层和更新层。

3. *CAV* 变量反映的评价指标信息及其数据获取

CAV 为顶极适应值，它是根据某一乔木树种在群落中的枯立木株数、优势树种达到自然成熟的年龄大小、林内伴生状况、优势树种耐荫性、先锋性及稳定性等多个因子综合判定，由专家系统评分而来，表示这一乔木距离顶极种的差别，取值范围为 1 ~ 10。

是系统组织结构方面的树种相对优势度、树种相对重要性、树种来源等指标的综合体现。确定群落 *CI* 值的关键是确定各乔木的 *CAV* 值，它也是本模型中需专家评分、主观性较大的变量，*CAV* 值评定的不科学将可能直接导致森林健康评价的不正确。因此，*CAV* 值的获取需要进一步研究和论证。

根据我国森林资源分布和气候特点及森林健康评价的需要，把我国的森林分成 7 个区域，即：华南热带林区、西南高山林区、华东中南林区、东北林区、华北林区、蒙新林区和青藏高原林区，对这些林区森林群落中的不同树种由专家系统分别赋予 *CAV* 评分。如，在研究长白山阔叶红松林生态系统健康现状及恢复趋势课题中，陈高等通过专家系统评分给出了长白山区主要树种的 *CAV* 值(表 9-3)。

表 9-3　长白山阔叶红松林生态系统乔木树种的顶极适应值(*CAV*)

树种	*CAV*	树种	*CAV*	树种	*CAV*	树种	*CAV*
红松	10.0	紫椴	4.5	花曲柳	2.4	白桦	1.2
臭松	6.6	假色槭	4.3	水曲柳	2.4	青杨	1.2
色木槭	5.2	春榆	3.8	核桃楸	2.2	秋子梨	1.2
白牛槭	5.0	枫桦	3.8	花楸	2.0	山定子	1.2
青楷槭	5.0	花楷槭	3.8	黄波罗	2.0	山杨	1.2
沙松	5.0	裂叶榆	3.8	黄榆	2.0	香杨	1.2
鱼鳞松	4.7	千金榆	3.8	水榆	2.0	大黄柳	1.0
红皮云杉	4.7	栓皮榆	3.8	暴马丁香	1.5	蒿柳	1.0
槐树	4.5	蒙古栎	3.0	长白落叶松	1.5		
糠椴	4.5	扭筋槭	3.0	稠李	1.5		

也可根据各林分中出现的树种情况，依照其生物学特性和参照专家评分法将它们简单地划分为先锋种、次先锋种、过渡种、次顶极种、顶极种等组别，依次赋以 1、3、5、7、9 等的 *CAV* 值。如，在江西信丰森林健康示范区，为研究该地森林群落的近自然等级及森林健康经营对策，罗永松等(2004)将林分中出现的树种进行了种组划分(表 9-4)。

表 9-4　江西信丰森林演替种组中的主要树种及顶极适应值(*CAV*)

种　组	树　　种	*CAV*
先 锋 种	马尾松、木荷、杉木、枫香、湿地松、桉树	1
次先锋种	南酸枣、杜鹃、苦楝	3
过 渡 种	泡桐、麻栎、青冈栎、山乌桕	5
次顶极种	苦槠、米槠、观光木、楠木、紫树	7
顶 极 种	香樟、木莲、漆树、丝栗栲、桦木、甜槠、栲树、木姜子、华杜英、乌眉栲、冬青	9

4. *R* 变量反映的评价指标信息及其数据获取

R 为森林生态系统的抵抗力和恢复力(适应性)，是系统抵御火灾、气象灾害、病虫灾害和污染灾害等胁迫指标的综合体现。由于森林生态系统的抵抗力和恢复力直接度量比较困难，一般要通过间接的方法来测定。可以选用森林生态系统对有害生物的抵抗力来评价森林生态系统的抵抗力。

$$R = (1 - P) \times 100 \qquad (0 \leqslant R \leqslant 100) \tag{8}$$

式中，R 为森林生态系统的抵抗力，P 为森林生态系统有害生物的危害强度。

确定有害生物的危害强度(P)应重点考虑两个方面：

一是确定需统计的有害生物种类或类别。在调查的森林中并不一定需要对所有发生的有害生物都进行调查统计，一般应以当地发生普遍、生物学特性较为清楚、能够造成一定经济损失和生态影响的种类或类别为统计对象。

二是计算有害生物危害强度。森林中一种有害生物危害树木的现象较为普遍，但也有多种有害生物同时加害树木的情形，如食叶害虫、蛀干害虫可同时对杨树等林分造成重度危害，而且对个体树木的危害程度也有不同。因此，对已确定的有害生物种类或类别要按其危害程度的分级标准，统计调查林分总的有害生物危害强度：

$$P = \sum a_i p_{ij} \tag{9}$$

式中，p_{ij}为第 i 种有害生物造成 j 级危害的危害强度，a_i为通过层次分析法确定的第 i 种有害生物的权重($\sum a_i = 1$)。这个权重表示第 i 种有害生物的经济重要性或风险性。

有害生物危害调查中可能涉及病菌、害虫、害鼠等有害生物，它们各有自己的统计方法，如病害类的危害强度一般用感病指数来表示，虫害类的用虫口密度、有虫株率，鼠害类的用日百夹数等，无法相加。虽然可以用受害株率、发生面积等来进行统一，但却不能全面地反映有害生物危害的程度。因此，统计中应以一类有害生物为主，以避免统计对象和标准不一带来的麻烦。本模型建议以害虫为统计对象，并使用虫口密度指数来代表害虫动态消长指标，即：

$$p_i = \sum (z_j \times j)/(Z_i \times n) \tag{10}$$

式中，p_i 为第 i 种有害生物的虫口密度指数，即第 i 种有害生物的危害强度，z_j 为第 i 种有害生物的第 j 级受害株数；j 为人为确定的第 i 种有害生物的危害级数，j = 0、1、2、3…n 的自然数；n 为第 i 种有害生物的最高危害级数，一般 n≤5；Z_i 为调查第 i 种有害生物所统计的总株数。

总之，这种森林健康综合构成指数模型能够较好地反映森林群落的特征，相对周全地体现了一些森林健康评价的重要指标。虽然模型中并没有对这些指标做出更多单独的测量和描述，但作为一名合格的“树木医生”必须能够从模型的测量、统计、计算数据中，正确地解析、判读出这些指标信息，这对于评价森林健康状况、开具处方、对症下药是非常必要的。

(三)模型在不同森林类型上的使用

必须指出，由于人们经营森林的目的不同，对森林健康的理解和要求也是不同的。而且，由于森林健康理论提出的基础并不是健康的森林，而是现实中存在的许多不健康的森林，即人们根据不理想的现实提出了一个可以实现但尚未实现的理想，这就使得对森林健康的解释带有一定的理论推导，甚至是想象的成分。人们能够明确地指出眼前的森林不健康，如有害生物发生危害太严重、生物多样性太低等，但要确切地指明什么样的森林才是健康的则十分困难或达不成共识。因此，在许多研究中，研究者都需在评价前设定一个“认为是健康的森林”作为健康基准，并在此基础上以其他林分健康指数的变化来评估各林分健康水平的高低及其发展趋势。这种评价模式属于一种对森林健康状况不肯定的不确定水平的评价方法，它在研究水平还没有达到能够准确地界定森林健康与不健康的临界点的现阶段，应该是比较适用的。但需要注意的是，对于生态差异明显不同的区域的森林及虽在同一区域但森林类型和特征迥异的森林，这种评价是不具可比性的，它只在同一区域内相同或类似的森林类型之间才能比较。推荐的模型也是如此。因此，在利用本模型进行森林健康评价时，亦需根据不同的森林类型和经营目的设定一系列“认为是健康的森林”作为各类型的健康基准，测量其指标参数、计算其健康指数、分析其健康特点，并在此基础上对与其相同或类似的森林进行检测，比较健康差异，分析存在问题，提出康复意见。

1. 森林类型的分组

因历史时期、经营目标和管理需要的不同，森林类型有许多不同的划分方法。按照林分起源，森林分为天然林和人工林两大类；按照植被类型，分为针叶林、阔叶林和灌木林(灌丛)三大类；按照分类经营原则，分为生态林和商品林两大类；按照森林用途，分为防护林、用材林、经济林、薪炭林和特种用途林五大类型。目前我国森林主要是按用途来划分类型，实行的是林业分类经营的政策。即，将森林分为五大类：防护林、用材林、经济林、薪炭林、特种用途林，大类下再分出若干个二级林种，如在防护林下又分出水源涵养林、水土保持林、农田牧场防护林、防风固沙林、护路林、护岸林等；而在森林经营管理上，则按照林业分类经营的政策，将森林分为生态林和商品林两大类，其中，生态林包括五大林种中的防护林、特种用途林两大部分，商品林包括五大林种中的用材林、经济林、薪炭林三大部分。但是，对于森林健康评价，森林类型不论是按用途还是按经营方式划分都是很难做出健康评判的，而只能给出原则性的建议。因为这两种划分方法是按照人类经营森林的目的而不是按照森林的自然生长特征来划分的，而且划分的也过于宽泛，甚至在一种森林类型中存在着森林特征完全不同的情况。例如，防护林的二级林种水源涵养林和农田防护林，它们的差异就非常巨大。它们除都具有防护功能外，在其他的诸如林分起源、树种组成、组织结构、管理模式等方面则基本再无相似之处，是无法进行比较的(农田防护林的多项特征却更像用材林中的速生丰产林)。因而，在森林健康评价中必须在这两种森林类型划分的基础上，以森林组织结构即森林的自然生长特征为主要依据，对森林进行重新归类，将自然生长特征相同或类似的森林归于一组，使评价更具有可比性。根据森林的自然生长特征将我国森林划分为三类(表 9-5)。

第一组，为基本允许自然生长的森林。人们对该类森林的组织结构没有或较少刻意追求，在满足人类的森林经营目的的前提下，允许其自然演替。

第二组，为林分结构受到限定的森林。人们对该类森林的组织结构做出一种或多种限制，使其满足人类对森林的防护、绿化、环境保护、用材等功能的需求，基本不允许其自然演替。

表 9-5 用于森林健康评价的森林类型的分组

森林类型	第一组	第二组	第三组	经营类型
防护林	水源涵养林、水土保持林、护岸林中的部分海防林	农田牧场防护林、防风固沙林、护路林、护岸林		生态林
用材林	一般用材林	部分速生丰产林	部分速生丰产林、竹林	商品林
经济林	野生状态下生长的经济林		集约经营的经济林	商品林
薪炭林	薪、材兼用的薪炭林	薪、防兼用的薪炭林		商品林
特种用途林	国防林、实验林、风景林、呈片状分布的环境保护林、自然保护区林木及名胜古迹和革命纪念地历史遗存的成片的森林	呈带状分布的环境保护林、名胜古迹和革命纪念地起绿化作用的普通林木	母树林、城市森林	生态林

第三组，为其他类，它们的自然生长特征等与前两类都不同，且它们之间也不同，在健康评价中基本只能是对各分项单独进行比较，或视其自身生长特点归入第一或第二组中。当然，在第一、二组中，如果条件允许也可为各分项设立各自的“认为是健康的森林”并进行项内比较，那样可比性则更强。

2. 森林健康定性描述及其康复策略

虽然本模型为不确定水平的评价方法，难以确切地划定健康等级间的临界点，但在实际工作中，在测量相关参数并计算出森林健康综合构成指数后，还是应当根据指数对所测森林给出一个明确的健康状况的评估或指明其处于哪个健康等级。对森林的健康等级，建议划分为 4 个级别，即：健康、亚健康、欠健康、不健康。它们都是相对于“认为是健康的森林”而言的。在此，仅对表9-5第一、二组的森林给出健康等级的定性描述，并提出康复策略（表 9-6）。

表 9-6 森林健康等级的定性描述及其康复策略

组别	健康等级	定性描述	康复策略
第一组	健康	系统结构稳定，生物多样性丰富，主要服务功能发挥正常，系统在生物灾害等因子干扰后能够在较短时间恢复，林分灾害损失在经济和生态允许范围内	保护系统结构的稳定性。对于生态林，严禁砍伐；对于商品林，严禁皆伐，并应用近自然林业经营方式进行管理
	亚健康	系统主要服务功能表现尚正常，但系统结构及生物多样性发生了一定程度退化，或存在一定的环境隐患，系统出现衰退迹象，有害生物发生种类、发生范围和危害程度等呈上升趋势，但灾害损失仍在经济和生态允许范围内	分析系统退化的原因，恢复系统结构的稳定性。对于有害生物应采取生物防治措施适度予以控制，防止对系统的进一步破坏
	欠健康	系统主要服务功能降低，系统结构不够合理，生物多样性降低，系统稳定性相对较差，生物灾害需要经常使用直接防治措施才能得到有效控制，灾害损失超过经济和生态允许范围	调整系统结构，按照适地适树原则进行林分改造，增加生物多样性。商品林应按照近自然林业经营方式进行管理。有害生物防治应采取无公害治理措施

（续）

组别	健康等级	定性描述	康复策略
第一组	不健康	系统主要服务功能低下或丧失，结构出现重大问题，生物多样性显著下降，森林衰退明显，稳定性差，生物灾害难以控制	对林分进行改造，营造混交林和复层林
第二组	健康	系统主要服务功能正常，树种多样，乔灌结合，林龄结构合理，具有较强抗干扰能力，有害生物危害损失在经济和生态允许范围内	保持树种多样性，做好更新设计，适时适度砍伐成过熟林木，种植或萌芽更新相同树种；加强监测，及时发现和除治侵入的有害生物
	亚健康	系统主要服务功能尚正常，树种相对较少，林分层级少，林龄相近或基本一致，抗干扰能力较弱，有害生物危害损失在经济和生态允许范围内，但有上升趋势	对林分进行更新改造，增加树种多样性，调整林龄结构；加强监测，采取无公害的治理措施，及时防治有害生物
	欠健康	系统主要服务功能降低，树种单一或相近，林龄相近并趋于老化，灾害损失超过经济和生态允许范围	
	不健康	系统主要服务功能低下或丧失，树种单一或相近，林龄相近并趋于老化，生物灾害难以控制	

注：这里只给出了健康等级的定性描述，其各级的临界点和指数范围需在具体评价中另行确定；提出的康复策略也很空泛，远不足以用于森林健康诊疗，需在今后的森林健康实践中进一步完善、细化和具体化，并形成基于林业生物灾害防治视角的森林健康诊疗检索表，使之更具有指导性和可操作性。

第四节　促进森林健康的技术措施

任何措施运用于森林生态系统，其结果一般会引起系统动力网络结构发生变化，且施加的各种措施相互影响、共同作用于系统，会引起系统结构和功能的再调整。促进森林健康的各种技术措施期望的是措施施加后达到增强系统自身保健的功能，但只强调任何单一的技术措施都难以达到促进森林健康的目的。因此，在实施以生物灾害控制为主要目标之一的森林健康技术措施时，应当特别重视各种技术措施对森林生态系统的综合影响。进一步说，在森林健康经营的过程中，应当全面策划、设计和应用增强森林生态系统抵御生物灾害能力的各环节的营林技术措施，同时配套必要的有害生物防范策略，以控制生物灾害对生态系统的过度干扰和破坏。

考虑森林分类经营的特点，从生态系统健康角度提出促进生态公益林健康的技术措施，从林分健康角度提出促进商品林健康的技术措施。

一、生态公益林

（一）科学构建植被

目前，我国森林重建和恢复的后备林业用地多属于土壤贫瘠、养分缺乏和干旱缺水的林(草、灌)地，造林难度非常大，急需研究和确立该类立地条件的植被构建技术。

科学构建植被是森林健康发展的基础，直接关系到森林健康发展的方向。因此在确定植被类型、实施植被构建和配置植物种类的过程中，均需充分考虑有害生物在内的各种胁迫因子。一般来说，森林或迹地的恢复应是森林生态系统整体的恢复过程。应当按森林群落的生态学特性，依据其森林的组成、分布、生长和更新规律来进行恢复设计，同时，还要注意对构建的植被进行恢复预测评价。恢复预测评价可以通过空间直观景观模型(Landscape Model)的探讨和对比研究来评价目前所采取的恢复措施是否能够有效地恢复森林资源。植被的科学构建涉及包括防范有害生物在内的多种技术，需要多方面的科学理论做指导，同时还要应用多种技术方法，只有多方面技术的综合应用才能完成。

(1) 确定植被类型。在不同生态区构建人工林草植被时，主要考虑植被演替过程和抗逆、抗生物灾害的植被选择问题，同时还应选择其相应的区域性植被类型。在综合分析中国生态环境特点的基础上，将中国划分了3个生态大区13个生态地区和57个生态区。因此，可按照已划分的生态区确定植被类型，如在森林生态区植被建设中可以乔木为主；在森林草原生态区则应以灌草为主，其中，立地条件较好的地方还可营造不同的乔灌混交林；在荒漠化草原生态区的局部乡土树种生长良好的地方，可适度营造一些带状防护林等，以确保区域性植被得到健康恢复。

(2) 植被构建措施。封育措施是植被构建的重要措施之一。实施封育措施，首先要确定培育的最适宜本地生长的、具有最大培养价值和对有害生物具有较强抵抗力的树种、主要树种和次要树种。其次，要在封造型的各小班林中空地，以块状或穴状方式整地，补植地带性植物群落建群种、优势种或其他促进生态系统恢复的植物种。再次，要利用各种抚育措施，为培育树种提供良好的生长环境，对林中靠近母树的空地进行整地，以加速人工促进天然更新进程。同时，还可根据封育目标参照近自然经营的目标树经营法，保留和培育目标树。人工造林是植被构建的又一重要措施。人工造林的植物应以当地天然植被的优势种为主，如要使用相邻生态区或相应生态区引种的优势种，至少应是引种成功的优势种，且规模要适当控制，以减少生物灾害等生态风险。在人工植被恢复重建中，植被发育的一些典型阶段不必依次经过，可以采用直接模仿地带性植被结构的一步到位造林法，或先建造先锋群落，再混交地带性植被种类的两步到位造林法，以加速森林植被的恢复进程。植被种类一般是建群种或优势种的乡土优良树种，形成的森林应接近当地的多种类、多层次、结构合理、同化能力强、生产和服务功能强的天然林。对于人工林树种，还可以模仿表现良好的人工林。

(3) 配置植物种类。植物种类配置时应尽量避免大量使用外来物种，并保持健康生态系统所需的多样性和物种之间的生态交互作用；注意有害生物天敌和当地濒危物种的保护；优先考虑层次结构、当地动物的种类、林分的年龄、林木的生长、更新、演替及自适机制；重视营造林的物质和能量交换，防止地力衰退；突出森林的最优配置，长期生产力和非市场价值等。树种的配置与结构最终应达到物种适地化、品类多样化、结构复层化、混交合理化。在实际工作中，植物种类配置根据林草地的稳定性和可持续发展要求，混交时深根、浅根树草搭配，建群种的初始密度在适宜范围内可尽量降低。依据天然植被结构及演替规律适当增加灌、草密度或尽可能多地保存天然草、灌成分，为建群种的天然更新创造良好条件，构建成接近天然植被结构、有主栽优良树种和草种的稳定、复层、异龄、混交植被，从而提高森林的稳定性和增强抵抗有害生物灾害的能力。

（二）重视抚育改造

目前，我国达到极端、非常、比较等级的脆弱森林生态系统范围广大且森林有消退的迹象，如不积极采取人工促进方式恢复健康，随着生物灾害、空气污染等各类胁迫因子的干扰，森林消退程度还将进一步加重，同时寄主主导性病害和次期性害虫等将有可能大面积流行或暴发，从而导致森林衰退病，引发大面积森林衰退。因此，必须重视并实施以中幼林抚育、低质低效林改造等为主的促进健康的技术措施。

抚育改造是森林生态系统经营的关键性措施，也是促进森林健康和提高森林活力的重要技术环节。抚育改造是抚育间伐与林分改造相结合的一种经营方式。一般在目的树种分布不均的林分中，对密集的目的树种进行抚育间伐，同时伐除非目的树种或病虫木、被压木，在疏开的林冠下或林墙中栽植优良的乡土树种。具体方法包括带状采伐，林墙下更新；均匀采伐，林冠下更新；群团状采伐，林窗内更新等。实际工作中，抚育间伐主要在具有培养前途，郁闭度在 0.7 以上的幼、壮龄林中进行。根据林分的演替方向确定采伐木，即先根据树种的动态生态地位划分为主林层、演替层和更新层。在森林群落中，最上面的为主林层；自 1 ~ 2 米开始至主林层的冠层下限为演替层，更新层的高度与当地林内的灌木层高度基本一致，一般在 1 ~ 2 米以下。林分改造是在密度小、经济价值低或生物灾害严重的林分中进行的一种经营措施。其目的在于调整林分组成，增加林分密度，减少有害生物基数，提高林分生产力。林分改造对象包括灌丛（有特种用途的除外）、郁闭度在 0.3 以下的疏林、生长衰退的多代萌生林、由经济价值低的树种组成的林分，天然更新不良的低产残败林分，以及遭受火灾或严重生物灾害的林分。改造措施主要是根据林分的郁闭度，以及林中空地的大小或珍贵树种的数量和分布状况，全面或局部地（群团状或带状）伐除原林分，然后全面或局部，或在林冠下栽植珍贵树种（通常是中性或耐荫的针叶树种），以形成高价值的阔叶林或针阔混交林。

（三）突出生物灾害的生态调控

林业有害生物的生态调控是实现我国林业有害生物防治目标、促进森林健康的重要措施。生态调控的目标是调控目的树种、非目的树种、有害生物与生态环境间的关系，将有害生物损失控制在经济或生态允许的水平，并使森林生态系统最大限度地协调发挥自身的多项功能和保持相对的平衡状态。

林业有害生物生态调控主要利用寄主与有害生物、寄主与天敌、寄主与生态环境、有害生物与天敌、有害生物与环境间复杂的网络关系来实现对有害生物的控制与管理。具体措施有生物防治（施用生物有机体及其产品）、抗性品种栽培、立地调控、有害生物动态监测、防治措施与营林措施的协调一致等。总体思路是通过综合使用包括有害生物防治措施在内的各种生态调控手段，尽可能减少农药的使用，以维护生态系统的平衡。其实施过程包括系统风险分析、综合、优化、设计和实施等几个阶段。实施生态调控技术，重要的是将有害生物防治与其他森林培育措施融为一体，将有害生物防治贯穿于森林培育的各个环节，组装成切实可行的森林健康技术体系，对森林生态系统及寄主—有害生物—天敌关系进行合理的调控，变对抗为利用，化害为利，以充分发挥系统内各种生物资源的有益功能。同时增加技术储备，应用分散生物灾害风险的多树种构建技术和基于生物信息和物理及化学信息的灾害监测预警技术，运用对环境和其他有益物种的生存和发展影响较小的各种措施，将生物灾害控制在生态和经济允许的水平。

生物灾害的生态调控充分体现了森林健康理念的深刻内涵。实现生物灾害生态调控的关键在于消化和吸收森林健康理论，加强森林生态系统的应用研究，组装、集成和配套森林健康恢复的技术和管理体系，以实现对生物灾害发生的生态环境及其相关生物的最优利用和最适调控。

（四）严防重大林业有害生物的干扰胁迫

随着物流规模的日益扩大，有害生物入侵的危险性愈来愈大。特别是近几年，外来有害生物的频繁入侵对我国本来脆弱的森林生态系统的结构和功能造成了更为严重的伤害。因此，要通过构建重大林业有害生物的监测预警、检疫御灾和防治减灾等技术体系来防范有害生物的干扰胁迫。工作重点是突出重大林业有害生物干扰风险源的生态风险评价，提前消除风险源；突出种苗产地和疫情发生区的源头检疫，减少疫情传入风险；突出建立重大生物灾害的监测预警体系，研究和分析警情、警源、警兆，一旦预警，立即封锁和控制；突出重大林业有害生物的工程治理，研究和推广应用具有战略防御意义的生态调控技术，制定并推行强制性的重大林业有害生物预防和除治技术规程来规范监测预警、检疫御灾和防治减灾行为。

二、商品林

以生产木材为主要经营目标的商品林，树种相对单一，其林分一般不具备完善的层级结构，很难为多种生物提供多样化的生态位，所以商品林的食物链和食物网结构简单甚至可能缺损，以致林分的稳定性和自我调节能力差，抵御生物灾害的能力弱。对商品林的健康经营，应从促进和维持人工林相对健康的角度出发，在抓好抚育改造和林分密度控制的基础上，突出适地适树、良种壮苗、预防地力衰退和生物防治等项工作。

（一）重视适地适树

商品林健康经营的基本原则为适地适树，经营过程中，主要体现在两个方面。首先，要根据经营目的要求及造林地的立地条件，将最适生、最高产、经济价值最大的树种作为主要经营树种，同时在对不同的立地条件选择树种时，应把立地条件好的分配给经济价值高和对立地条件要求严格的树种，立地条件差的分配给适应性较强而经济价值较低的树种；另外，如果在一个栽植区域内有较多的适栽树种，则应兼顾适栽树种的各种功能的发挥，即优先选择既有较高的经济价值又有较好生态功能的树种。其次，要充分考虑主要胁迫因子对适栽树种的影响。如可能由树种组成、林分密度、经营措施引起的系统结构胁迫；由病菌、害虫、害鼠、入侵生物等引起的有害生物胁迫；由土壤贫瘠、营养失衡、个体竞争等引起的土壤养分胁迫，由土壤干旱、生理干旱等引起的土壤水分胁迫；由干旱、火灾、高温、低温、风、雹、冻雨、渍涝等引起的气象胁迫；由空气污染、土壤污染、土壤酸化、臭氧危害等引起的污染胁迫等。主要胁迫因子确定后，就应积极采取相应措施予以防范。

（二）确保良种壮苗

良种壮苗考虑的重点是：引入的树种应选择抗生物灾害的优良品种，并参照相关苗木标准，杜绝等外苗上山造林；要严格实施检疫措施，以确保树种本体健康；在引入外来树种时，没经较长时间的驯化试种过程，原则上不能在本地栽培，如要栽培也要经过长时间驯化过程并证明适合当地生长，且有成熟经验和栽培技术，同时要严格限制引种规模；最好尽可能多地配置抗逆能力强的树（品）种和无性系；要根据树种的生物学、生态学特征，重点开发和利用乡土树种。在育苗过程中，育苗种子应当是本地种子园生产的优质种子，插条必须是优树的后代，以保证种苗的优良品质和适应性。

（三）预防地力衰退

地力衰退严重影响森林的健康，导致森林功能下降，极易引发生物灾害暴发或流行。目前，我国土壤退化现象严重，突出表现为地力衰退、土壤侵蚀、土壤荒漠化、土壤盐渍化等，这些现象基本上都与森林的消退有关。土壤退化主要是由下列原因造成的：一是火灾包括火烧炼山。火灾使土壤有机质中的能量以热能的方式散发。此外，火灾改变了土壤表面的理化性质及生物性质和土壤中的生物种群。如火灾使植被的蒸腾作用大大减少，相当一部分有机质转移到土壤形成不透水层，影响土壤的结构和团聚作用。火烧后还会因残留灰分中的大量盐基离子致使表层土壤 pH 值增加，火烧虽能提高矿质元素利用的有效率，但有可能出现氮素绝对含量的减少，致使一些植物生长不良，引发林木生理性病害。火烧后生物种群也会发生显著变化，如一些通常栖居在土壤有机质层内的动物，容易因火灾而毁灭；火烧后土壤微生物种群活动也会迅速降低，且引起微生物种群数量和多样性显著下降。二是乱砍滥伐。乱砍滥伐的直接危害是破坏林分结构，促进土壤退化。三是土壤污染。土壤污染主要影响森林土壤的环境质量。四是重造轻管。不合理的经营措施如全垦整地、连作、大面积发展纯林、不培肥、放松抚育改造等均能成为地力衰退的促进因素。五是生物灾害。如紫茎泽兰入侵林地后，导致土壤肥力急剧下降，引起林地严重退化。

预防地力衰退的技术措施主要包括：土壤营养恢复过程及协助措施，土壤恢复的工程措施，土壤污染的清除措施以及土壤微生物、动物和菌根的生态恢复等。具体措施可概括为：调整林分结构，促进林下植物生长；采取生物措施，提高自然培肥能力；改善理化性质，提高环境质量；采取施肥措施，提供营养元素；废弃不合理营林措施；实行轮作休闲制度，科学利用土壤；实施生态系统管理等。此外，还应包括控制火灾和有害生物的发生，不炼山或轻炼山，改全垦整地为局部整地等技术措施。这些技术措施与森林健康经营要求一致，值得推广。这里重点提出的是商品林包括用材林和生物质能源林等的测土配方平衡施肥技术。测土配方平衡施肥技术是通过测试土壤，及时掌握土壤肥力状况，并根据不同树种的特性和需肥规律，应用计算机专家系统研制配方，实行有机肥与无机肥、氮肥与磷肥、钾肥、微量元素适量配比平衡使用的一种科学施肥方法。理论研究和实践应用证明，林地施加肥料特别是施加氮肥后，能显著地提高高等植物的组成比例，从而增加生物多样性，增强森林生态系统的稳定性和提高防御生物灾害能力。

同时，又能及时满足林木对养分的需求，对防止地力衰退、促进森林持续健康具有重要作用。

(四)突出生物防治

目前的有害生物防治主要是在有害生物对商品林造成严重危害后，才使用化学农药控制，以迅速压低有害生物基数，减少危害损失。这是被动救灾的做法，不利于有害生物的持续控制。正确做法是加强商品林有害生物监测，建立生物灾害预警指标体系，同时运用对环境和其他有益物种的生存和发展影响较小的生物措施等进行防治，以避免过多地杀伤天敌，逐步增加制约有害生物的天敌种群，达到生物灾害的可持续控制。

第9章主要研究人员：

熊惠龙、曲　涛、罗俊根、黄向东、罗永松

第10章

林业生物灾害分类防治战略

林业生物灾害的发生危害与有害生物种类、森林类型、生态区位、气象因子和立地条件等多种因素有着密切关系。这些因素或单一或联合发生作用，导致林业生物灾害发生并造成严重的损失。在研究有害生物发生规律、制定防治方案中，必须充分考虑这些因素对有害生物的影响，惟此方可有针对性地提出正确的林业生物灾害防治对策。本章依据有害生物种类、森林类型和生态区位3个主要因素，分别阐述林业生物灾害分级、分类和分区治理对策及相关措施。

第一节　分级管理

对森林造成危害的有害生物种类众多，按来源地可分为外来有害生物和本土有害生物；按发生频次可分为常发性有害生物和偶发性有害生物；按风险程度可分为危险性有害生物和非危险性有害生物；按经济重要性可分为主要有害生物和一般有害生物。本节根据林业有害生物的生物学、生态学特性，发生分布与潜在危险性、寄主重要性及灾害防治难度等因素，将林业有害生物划分成4个等级，提出分级管理对策。

一、林业有害生物分级

我国林业有害生物风险分析的方法及指标体系，主要包括发生分布、潜在危险性、危害情况、寄主重要性和防治难度等5个方面内容。对上述各项内容设定评判标准和赋分标准(表10-1)，并据此标准对林业有害生物进行科学评判和赋分，根据赋分结果确定有害生物等级。

采用上述评价方法，对近年来发生危害较严重的71种(类)林业有害生物进行评判和赋分(表10-2)，将我国林业有害生物划分为极度危险、高度危险、中度危险和低度危险4个危险等级。

- 赋分≥90为一级，属极度危险的林业有害生物；
- 70≤赋分<90为二级，属高度危险的林业有害生物；
- 55≤赋分<70为三级，属中度危险的林业有害生物；

- 赋分<55 为四级，属低度危险的林业有害生物。

表 10-1 林业有害生物危险性评判标准表

项目		评判标准	赋分
发生分布情况	分布情况（5 分）	分布省份大于适生区的 50%	5
		20%～50%	3～4
		小于 20%	1～2
	发生情况（5 分）	全国发生面积大于 6.67 万公顷(100 万亩)	5
		0.67 万(10 万亩)～6.67 万公顷	3～4
		小于 0.67 万公顷	1～2
潜在危险性（10 分）		潜在危险性极大(可能造成巨大损失)	10
		大	6～9
		较大	2～5
		小	1
危害情况	危害程度（15 分）	造成多于 20% 的树木死亡率或相当于同经济价值的生态损失	15
		5%～20%	6～14
		1%～5%	2～5
		小于 1%	1
	造成的经济及社会影响（15 分）	造成的经济及社会影响极大	15
		大	6～14
		较大	2～5
		小	1
	对生物多样性的影响（5 分）	对生物多样性的影响极大	5
		大	3～4
		较大	2
		小	1
	寄主种类（5 分）	多于 10 种	5
		5～9 种	3～4
		2～4 种	2
		1 种	1
寄主情况	寄主面积分布面积（10 分）	全国分布面积大于 667 万公顷	10
		66.67 万～667 万公顷	6～9
		6.67 万～66.67 万公顷	2～5
		小于 6.67 万公顷	1
	寄主经济价值（15 分）	为我国最重要造林绿化树种(松、杨)	15
		主要造林绿化树种	6～14
		一般造林绿化树种	2～5
		非主要造林绿化树种	1

（续）

项　目		评　判　标　准	赋　分
防治难度	检疫难度（5 分）	检疫方法可靠性低、难查出	5
		需要专家鉴定	3～4
		经过专门培训的技术人员就能进行检疫	2
		检疫方法非常可靠，简便快速	1
	防治难度（10 分）	成本高，难度大，控制难	10
		成本高，难度大，可控制	6～9
		成本高，难度低，可控制	2～5
		成本低，简便易行，防效好	1
总分（100 分）			

表 10-2　71 种(类)主要林业有害生物危险性评价赋分结果

序号	有　害　生　物　名　称	赋　分	备　注
1	松材线虫	96	外来
2	美国白蛾	93	外来
3	光肩星天牛	89	本土
4	松突圆蚧	87	外来
5	红脂大小蠹	87	外来
6	杨树干部病害（溃疡病菌、腐烂病菌等）	86	本土
7	椰心叶甲	83	外来
8	林业害鼠（鼢鼠、田鼠、姬鼠、沙鼠、鼢鼠、鼠兔等）	79	本土
9	锈色棕榈象	75	外来
10	松疱锈病	75	外来
11	双钩异翅长蠹	72	外来
12	冠瘿病	72	本土
13	蔗扁蛾	72	外来
14	杨树花叶病毒	71	外来
15	刺桐姬小蜂	71	外来
16	杨干象	71	本土
17	青杨脊虎天牛	71	本土
18	枣大球蚧	70	本土
19	薇甘菊	70	外来
20	苹果蠹蛾	70	外来
21	猕猴桃细菌性溃疡病	70	本土
22	枣实蝇	70	外来
23	松毛虫属种类	69	本土
24	松切梢小蠹类（纵坑切梢小蠹、横坑切梢小蠹）	68	本土
25	青杨天牛	68	本土
26	齿小蠹类（落叶松八齿小蠹、云杉八齿小蠹等）	68	本土

（续）

序号	有害生物名称	赋分	备注
27	落叶松枯梢病	67	外来
28	栗山天牛	67	本土
29	白杨透翅蛾	66	本土
30	萧氏松茎象	66	本土
31	紫茎泽兰	66	外来
32	红火蚁	64	外来
33	林业害兔(野兔、鼠兔)	64	本土
34	云斑白条天牛	63	本土
35	桑天牛	63	本土
36	杨树食叶害虫(杨树舟蛾类、杨树毒蛾类)	62	本土
37	双条杉天牛	62	本土
38	木蠹象属种类	62	本土
39	春尺蠖	61	本土
40	日本松干蚧	61	外来
41	沙棘木蠹蛾	61	本土
42	松褐天牛	60	本土
43	加拿大一枝黄花	60	外来
44	草坪草褐斑病	60	本土
45	松瘿小卷蛾	60	本土
46	刺槐叶瘿蚊	59	外来
47	云杉大(小)黑天牛(云杉大黑天牛、云杉小黑天牛)	58	本土
48	板栗疫病	58	本土
49	竹蝗(黄脊竹蝗、青脊竹蝗)	57	本土
50	湿地松粉蚧	56	外来
51	松梢(球果)螟类	55	本土
52	褐纹甘蔗象	53	外来
53	水椰八角铁甲	52	外来
54	大痣小蜂属种类	52	本土
55	温室白粉虱	51	外来
56	美洲斑潜蝇	51	外来
57	舞毒蛾	51	本土
58	西花蓟马	51	外来
59	松针褐斑病	50	外来
60	松叶蜂类(阿扁叶蜂、腮扁叶蜂、鞭角华扁叶蜂、靖远松叶蜂)	48	本土
61	落叶松鞘蛾	47	本土
62	天幕毛虫属种类	47	本土
63	黄古毒蛾	46	本土
64	蜀柏毒蛾	46	本土

（续）

序号	有害生物名称	赋分	备注
65	苹果绵蚜	45	外来
66	茶藨子透翅蛾	45	外来
67	曲纹紫灰蝶	45	外来
68	柽柳条叶甲	43	本土
69	杨毛臀萤叶甲	36	本土
70	杨树黑斑病	34	本土
71	松针病害（落叶松落叶病菌、松赤枯病菌、云杉落针病菌、松针红斑病菌）	34	本土

二、一级林业有害生物及其防治对策

（一）包含种类与发生现状

目前，列入我国一级林业有害生物的种类有：松材线虫、美国白蛾。这两种有害生物均是外来重要检疫性有害生物。自传入我国以来，已造成了巨大的经济和生态损失，潜在危害性极高，属国家重点防治的有害生物。

1. 松材线虫

松材线虫病是世界上最具危险性的森林病害之一，是松科植物的毁灭性病害，寄主植物感染该病后 2 ~3 月即可死亡，3 ~5 年即可摧毁成片松林。该病主要由媒介昆虫携带传播，可随松科植物及其产品调运作远距离传播。

自 1982 年在南京首次发现该病入侵以来，疫情扩散迅速，危害严重，一些地方几十年绿化成果毁于一旦，成为我国最具破坏性的林业生物灾害之一，累计毁灭松林 10 多万公顷，造成了重大的生态破坏和经济损失。进入 21 世纪，松材线虫病传播扩散进一步加剧，由沿海地区向内陆地区、由经济发达地区向欠发达地区、由一般林区向重点林区和重要风景名胜区传播扩散速度加快。截至 2007 年年底，已扩散到江苏、浙江、安徽、江西、福建、山东、湖北、湖南、广东、广西、重庆、贵州、云南、四川 14 个省（自治区、直辖市）的 185 个县级行政区，年发生面积超过 6. 7 万公顷，病死树 100 多万株。严重威胁到黄山、庐山、三峡库区等一大批风景名胜区以及重点生态区位和南方 3 000 多万公顷松林的安全。

2. 美国白蛾

美国白蛾是一种食性杂、繁殖量大、适应性强、传播途径广、危害严重的检疫性有害生物。该虫以危害阔叶树为主，严重发生时整株叶片被食光，造成林相残破，树势衰弱，易遭其他病虫害的侵袭，连续受害可导致被害树死亡。该虫主要靠成虫飞翔和老熟幼虫爬行作自然传播，5 龄以上幼虫和蛹可随寄主植物、交通工具、包装材料等作远距离传播。

该虫于 1979 年在辽宁省丹东市首次发现，其后相继在辽宁、河北、陕西等地暴发成灾，不仅严重危害了森林资源和生态景观，造成了巨大的损失，还严重影响到群众的生产生活。1984 年，美国白蛾在陕西省武功5702工厂暴发成灾，厂区 5 万多株树木、4 万多米绿篱、周边550 米范围内的农作物叶片全部被吃光；1995 年，美国白蛾在天津市的局部地区暴发成灾，所到之处喜食树种和植物叶片全部被吃光，幼虫下树进入民宅、学校等场所寻找食物和化蛹场所，一度引起社会恐慌。截至 2007 年底，疫情已波及辽宁、山东、陕西、河北、天津、北京等地的178 个县级行政区，严重影响了上述地区的林业建设特别是首都北京的生态安全。

（二）防治对策

一级有害生物应由国家组织开展重点防治，实施严密封锁、全面监测、积极除治的策略，按照“控制、压缩、根除”的要求做好防治工作。要坚持预防和除治统筹兼顾，重点做好未发生区、重要风景名胜区、重点生态区的监测、预防工作，定期开展专项调查，做到及时发现，及时根除。要加大检疫执法力度，严防随寄主植物及其产品调运进行传播。要加大防治力度，有计划地拔除疫点，新发疫点、孤立疫点以及危险性大、区域位置显要的疫点应首先拔除，严防疫情扩散，逐年压缩发生面积，最终彻底扑灭灾情。

1. 划分治理区域

根据一级有害生物的传播规律、所处的自然环境和生态系统的重要性、发生状况、适生范围、寄主情况、发生历史等因素，将一级有害生物发生区划分为疫情发生区、预防区和重点预防区。

疫情发生区：指一级有害生物发生的区域；

预防区：指一级有害生物适生区内未发现该有害生物的所有区域；

重点预防区：指预防区内具有重要生态和经济保护价值，需要特别保护的重要风景名胜区、重点生态区和具有特殊政治文化意义的区域。

2. 分区治理对策

（1）疫情发生区

加强检疫封锁。加强源头管理和调运检疫，严格控制区内寄主植物及其产品外运，运出疫情发生区的林木及其制品必须经严格除害处理后方可调运，加强检疫执法，加大复检力度，严厉查处和打击违法违规调运行为，严防一级有害生物的传播扩散。

开展全面防治。对新发疫点要做到当年发现当年消灭疫情。老疫情发生区应积极采用生物、化学、物理、营林等综合措施开展防治，减少灾害损失，控制疫情，压缩发生区域，根除发生疫点。

加强监测预防。对已基本根除的疫情发生区应进行巩固和监控，定期开展调查，严防疫情反弹。对发生地周边未发生疫情林分积极开展监测，做到及时发现，及时防治。

建立疫区公布与撤销制度。发生一级有害生物的区域，应及时划为疫区并予以公布，疫情根除后应及时撤销疫区。

（2）预防区

全面开展检疫检查，重点加强对调入的一级有害生物寄主植物及其制品的复检工作，严防一级有害生物的传入。同时要定期开展专项调查，重点对发生区边缘地带、交通沿线、风景区、物流频繁地段进行调查，发生疑似疫情应及时取样鉴定，做到及时发现，及时根除。

(3)重点预防区

积极开展检疫封锁，建立严密的检疫防线，严格限制一级有害生物的寄主植物及其制品进入。要建立严格的疫情监测制度，一旦发现，及时根除。要尽可能地改善区域内林分结构，营造抗性树种，提高林分抗性。

三、二级林业有害生物及其防治对策

(一)包含种类与发生现状

目前，列入我国二级林业有害生物的种类有：光肩星天牛(黄斑星天牛)、松突圆蚧、红脂大小蠹、杨树溃疡病(杨树烂皮病)、椰心叶甲、林业害鼠(鼢鼠、田鼠、姬鼠、沙鼠、鼢鼠、鼠兔)、锈色棕榈象、松疱锈病、双钩异翅长蠹、冠瘿病、蔗扁蛾、杨树花叶病毒病、刺桐姬小蜂、杨干象、青杨脊虎天牛、枣大球蚧、薇甘菊、苹果蠹蛾、猕猴桃溃疡病、枣实蝇 20 种(类)。该类有害生物以外来入侵种类为主，以蛀干性害虫种类居多，多数是应由国家开展重点检疫封锁和防治的检疫性林业有害生物。

1. 光肩星天牛(黄斑星天牛)

光肩星天牛是杨、柳、榆、槭等树种的重要蛀干害虫，主要以幼虫蛀食树干，轻者枯梢，影响生长，材质降低；重者干枯死亡，木材失去利用价值。该虫主要随人为调运其寄主的原木、板材及包装材料等作远距离传播。20 世纪 80 年代初开始，该虫对我国“三北”地区，特别是西北地区的防护林造成了极大的危害，发生面积由 80 年代 70 多个县的 7 万多公顷，扩大到 90 年代中期的 240 多个县 15 万公顷。目前，该虫主要分布于我国北京、内蒙古、辽宁、吉林、黑龙江、安徽、福建、江西、陕西、青海、宁夏、新疆等地，对我国平原林业构成了较大威胁，直接影响我国的对外贸易。

2. 松突圆蚧

该虫是马尾松、湿地松等松属植物的重要叶部害虫，从幼苗到 20～30 年生大树均可被害致死，甚至成片松林被毁。该虫可随寄主苗木、接穗、新鲜球果及原木、枝桠、盆景等的调运作远距离传播。自 1982 年在广东发生以来，已扩散到广西、福建、江西等省(自治区)，造成大面积的松树枯死。

3. 红脂大小蠹

该虫是一种危害多种松科植物的蛀干、蛀根害虫，主要危害油松、白皮松、华山松，偶见危害樟子松、落叶松和云杉。该虫主要随带皮原木、薪材调运作远距离传播。1998 年在山西省沁水、阳城等县首次发现，随后在全省 8 个市的 54 个县和 8 个森林经营局的 74 个林场相继发生，发生面积高达 24.8 万公顷，成灾面积 12.8 万公顷，造成 351.6 万株油松枯死。受害严重的林地内有虫株率高达 80%，松树死亡率达 30%。1999 年河北、河南与山西接壤的部分地区先后遭受红脂大小蠹危害，发生范围扩展到 3 省的 22 个市 85 个县(市)和8 个森林经营局，发生面积达 52.6 万公顷，枯死松树达 600 多万株。2001年陕西与山西毗邻的部分地区发生2.48万公顷，涉及2个市4个县和1个林业局。目前，该虫主要在山西、河北、河南、陕西等省发生，对华北、西北和中原地区的松林造成了严重危害，并直接威胁着这些地区松林的安全。

4. 杨树溃疡病（杨树烂皮病）

杨树溃疡病和杨树烂皮病的病状多发生于主干和粗枝上，个别在小枝上。杨树溃疡病在发病初期，皮孔边缘生灰色或褐色的圆形或椭圆形的水泡斑，水泡内充满无色无味液体；后期水泡破裂从孔中溢出液体，经氧化后变赤褐色，随后病斑下陷，皮层腐烂，呈黑褐色；当病斑环围树干时，上部即枯死。杨树烂皮病的干腐型主要发生在主干、大枝及枝干分叉处；初期病部呈暗褐色水肿状斑，皮层组织腐烂变软，病斑失水后树皮干缩下陷，有时龟裂，有明显的黑褐色边缘；后期病斑上生出许多针头状黑色小突起，即病菌分生孢子器，潮湿时从中挤出橘红色卷丝状分生孢子角；病斑皮层变暗褐色腐烂，有时可达木质部，易与木质部剥离；在适宜的条件下，病斑扩展快，当病斑环绕树干一周时，其上部枯死。两种病害在林间主要是自然传播，远距离传播主要随苗木的调运完成。目前，杨树溃疡病主要分布在北京、黑龙江、辽宁、山东、安徽、江西、重庆、湖南、陕西、宁夏等省（自治区、直辖市），杨树烂皮病主要分布于东北、华北、内蒙古、青海、新疆等地。杨树溃疡病和杨树烂皮病已在这些地方造成了较重的危害，影响了当地杨树产业的发展。

5. 椰心叶甲

该虫以成虫和幼虫在4～5年生幼树的尚未展开的心叶或叶夹层中取食危害，一处心叶被食尽后即转移危害。该虫主要随染虫苗木的调运进行远距离传播，也可随包装物或由旅客携带传播。

自20世纪初开始，椰心叶甲在太平洋岛屿严重危害，成为这些岛屿上椰子树和其他棕榈科植物的重要害虫，并在瑙鲁和马尔代夫等地相继大发生，造成了严重的损失。该虫2001年在越南暴发成灾，600万株椰树受害，100万株椰树死亡，随后继续传播扩散，2003年受害椰树达1 000万株。该虫于2002年6月在海南发现以来传播扩散迅速，目前已在海南、广东、广西、福建、云南等省（自治区）发生，尤以海南、广东受害严重，对我国南方地区的棕榈科植物造成了严重危害，极大威胁着我国南方椰树产业的安全。

6. 林业害鼠（以鼢鼠为例）

中华鼢鼠（甘肃鼢鼠、高原鼢鼠）是危害西北、华北地区人工幼林的主要有害生物，主要以植物的地下根系为食，食性杂，适应性强，几乎不受食物种类限制，各种粮食作物、蔬菜、杂草、果树及林木的幼苗、幼树等均受其害，最喜食双子叶植物的根，特别是多汁肥大的轴根、块根、鳞茎以及含有辣味植物的根。中华鼢鼠（甘肃鼢鼠、高原鼢鼠）除取食林下草本植被（苦菜、剑草、长芒草）的根及幼茎外，还危害华山松、油松、落叶松等针叶树种的根系，尤其是1～10年生的油松、柴松、苹果、杜仲等幼树的根系皮层及毛根，造成大量树木死亡。中华鼢鼠分布于河北、山西、内蒙古、河南、陕西、宁夏等省（自治区），甘肃鼢鼠分布于陕西、甘肃、青海、宁夏、湖北等省（自治区），高原鼢鼠分布于青海、西藏等省（自治区），严重威胁着这些地区的林业生产活动和生态安全。

7. 锈色棕榈象

该虫是危害棕榈科植物的重要害虫，主要以幼虫蛀食树干和树冠心叶，害虫一旦钻入树体，通常在 6～8 个月内就能造成椰树死亡。椰树受害后，叶片发黄，后期叶片从基部折下，严重时叶片脱落，仅剩光秃的树干，在严重发生的地块受害株率达 84%。该虫主要随苗木调运作远距离传播，目前已在广东、海南、广西、上海、福建、贵州、云南等地发生并造成严重危害，对我国热带、亚热带地区棕榈科植物构成极大的潜在威胁。

8. 松疱锈病

松疱锈病是一种危害五针松枝干部的重要病害，在北半球的针叶林发生较为普遍，被称为世界林木三大病害之一。该病主要危害松树幼苗和 20 年生以下幼树枝干的韧皮部，引起溃疡、肿瘤而导致树木生长不良或枯死，连年发病的枝干，病皮表面粗糙，并有不同程度的流脂现象。发病严重的幼树，生长明显下降，当病皮绕枝干一周时，则导致上部枝干干枯或整株死亡。松疱锈病病菌主要靠感病松苗、幼树、小径材及带皮原木的调运作远距离传播。该病害目前主要分布于我国山西、内蒙古、辽宁、吉林、黑龙江、安徽、山东、河南、湖北、重庆、四川、云南、陕西、甘肃、新疆等地，对这些地方的优质用材林建设、森林资源和生态环境保护构成严重威胁。

9. 双钩异翅长蠹

该虫是热带和亚热带地区常见的重要钻蛀性害虫，寄主广泛，危害多种原木、锯材、竹材、藤材、人造板材及其制品。该虫能以各虫态随木材、木箱、木垫板、胶合板、竹材、藤材以及相关制品调运作远距离传播，运输工具在运输物品过程中也可能传播。该虫可适生于我国的广东、广西、海南和云南南部、福建东南沿海、台湾及南海各岛。目前，该虫主要分布于我国的上海、湖北、广东、广西、海南、贵州、云南等地，造成了一定的危害，对我国热带和亚热带地区经济发展和公共财产安全构成了较大的威胁。

10. 冠瘿病

冠瘿病是一种世界性病害，危害多种果树、林木和花卉的根部，引起侵染植物的根茎部过度增生而形成瘿瘤，影响植株对营养和水分的吸收，使植株生长不良甚至死亡。该病害的病菌栖息于土壤及病瘤表层，可通过调运带病的苗木、插条、接穗或幼树等作远距离传播。目前，该病害主要分布于北京、辽宁、吉林、安徽、福建、江西、湖北、重庆、四川、云南、陕西等地，对这些地方的果树、林木、花卉等造成了很大的危害，并对当地的经济林发展构成了较大威胁。

11. 蔗扁蛾

该虫是以危害赏叶花卉为主的一种危险性害虫，具有产卵量大、繁殖力强、危害隐蔽、受外界影响小、抗逆性强等特点。寄主植物多达 14 科 55 种，以培育巴西木、发财树等为主的花卉苗木生产基地受害最重。该虫主要随巴西木、发财树等热带赏叶植物的调运作远距离传播。1995 年在北京温室内赏叶花卉巴西木上首次发现，目前已对北京、河北、辽宁、上海、浙江、福建、江西、山东、广东、广西、海南、新疆等地的温室和花圃造成危害，对我国日益兴旺的花卉产业安全构成了较大威胁。

12. 杨树花叶病毒

杨树花叶病毒病是一种严重影响杨树苗木和幼树生长的系统性侵染病害。幼树感病后叶片变小，高生长和径生长降低，干物质积累明显减少，从病树上获取的插条生根能力下降，苗木和幼树感病较重。病毒存活于杨树活体细胞内，受环境变化影响小，存活率很高，极易传播扩散。寄主感染后所有组织如形成层、韧皮部和木质部等均受侵染，一旦发病很难防治。杨树花叶病毒病主要随杨树苗木及其无性繁殖材料(包括插条、接穗)调运作远距离传播扩散，被病毒污染的修剪工具也可传播该病毒。该病害于 1972 年随由意大利引进的 I－63/51 杨、I－69/55 杨和 I－72/51 杨等品种的苗木、插条传入我国，伴随各地引种和推广而迅速在各栽培区扩展蔓延，在我国许多地区造成了严重危害。该病害主要分布于我国辽宁、山东、河南、湖南、陕西、甘肃、宁夏等地，对我国广泛栽植的杨树防护林、速生丰产林构成了较大威胁。

13. 刺桐姬小蜂

刺桐姬小蜂主要危害刺桐属植物，可造成叶片、嫩枝出现畸形、肿大、坏死、虫瘿，嫩梢停止生长或枝梢枯死，使植物长势衰退，导致其他病虫的危害，严重时可引起植物大量落叶、植株死亡。该虫繁殖能力强，一年可发生多个世代，世代重叠，成虫具有一定飞行能力，可进行近距离自然扩散。由于该虫的卵、幼虫和蛹均生活在虫瘿内，其远距离传播主要由其寄主的调运导致，也可随运输工具等进行远距离传播。自 2003 年以来，该虫在我国台湾危害严重，引起当地有关部门和民众的高度关注。2005 年 7 月在深圳市杂色刺桐上首次发现，现主要分布在广东、福建、海南等地。

14. 杨干象

杨干象是杨树和柳树的重要蛀干害虫，主要以幼虫在韧皮部与木质部之间环绕枝干蛀道危害，成虫将喙伸入细干或嫩枝的形成层组织中也能造成危害，轻者造成枝梢干枯，重者树木死亡。该虫对大苗和幼林危害严重，并能造成幼林无法成林，造林成果毁于一旦。该虫主要随带有越冬卵、初孵幼虫的苗木和新采伐的带皮原木调运作远距离传播。目前，该虫主要分布于我国内蒙古、辽宁、吉林、黑龙江、陕西等地，对我国北方地区以杨树为主的防护林、用材林构成了较大威胁。

15. 青杨脊虎天牛

青杨脊虎天牛是在我国东北地区发生的一种危害多种阔叶树的蛀干性害虫，主要以幼虫蛀食寄主干部进行危害，致使受害树木梢枯头断，特别是行道树受害后易遭“风折”，对行人和交通安全构成威胁。该虫特别喜欢危害 5 年生以上的杨树，以 7～15 年生杨树被害最重，15 年生以上的杨树受害渐轻。成虫主要产卵于树木枝干夹缝和树皮裂缝内，主干比侧枝受害重，粗皮树种比光皮树种受害重。该虫主要随人为调运其寄主的原木、板材等作远距离传播。目前，青杨脊虎天牛在我国东北局部地区危害相当严重，受害林分的树木死亡率一般在 20% 左右，严重的可达 50%。

16. 枣大球蚧

枣大球蚧是枣树、核桃等多种果树的重要害虫，主要危害寄主枝叶，导致大量落叶、落果，并使树木生长衰弱，枝条干枯，甚至整株死亡。该虫主要随苗木、接穗、砧木等植物活体和带皮原木的调运作远距离传播，也可通过间伐和移苗将若虫传播到健株上。目前，枣大球蚧主要分布于我国山西、辽宁、安徽、山东、宁夏、新疆等地，每年因该虫危害造成数千万元的经济损失，对林果产业构成很大威胁。

17. 薇甘菊

薇甘菊是世界十大重要害草之一，可在很短时间覆盖树冠使树木窒息死亡，且扩散蔓延速度极快，通常薇甘菊侵入一块林地，从开始危害到退化为荒地，仅需 3 ~ 4 年时间。该植物主要生长于林缘、岸边、路边，尤其喜好低洼潮湿的空旷地。其种子极丰富，细小且轻，基部生有冠毛，借风力、水流、动物、昆虫以及人类的活动而远距离传播。薇甘菊自 20 世纪 80 年代末传入海南、香港及广东以来，在珠江三角洲地区广泛扩散，已形成以香港、深圳、东莞为中心，东部向潮汕方向，北部向增城及花都方向，西部向肇庆及湛江方向蔓延的趋势。目前，该有害生物主要分布于我国的广东、海南等地，对我国南方林区的生态安全和生物多样性构成严重威胁。

18. 苹果蠹蛾

苹果蠹蛾是世界上最主要的蛀果类害虫之一，主要以幼虫蛀食苹果、梨、桃、核桃、杏等果树的果实，可造成大量虫果，并导致果实早落和腐烂，是我国重要的检疫性有害生物。该虫主要以幼虫或蛹随鲜果和果树苗木作远距离传播，目前主要分布于我国新疆和甘肃等地，对我国种植面积非常广泛的仁果类、核果类经济林构成了极大的威胁。

19. 猕猴桃溃疡病

猕猴桃溃疡病是一种毁灭性细菌病害，主要危害猕猴桃的枝、干、新梢和叶片，轻者造成枝蔓干枯，重者整株死亡，可造成猕猴桃园大面积的毁灭。该病的病原菌可通过寄主伤口、皮孔、叶痕侵入枝干的薄壁细胞组织，在枝蔓、干皮、芽等组织内越冬，受环境变化影响较小，存活率很高。该病主要随人为调运带疫苗木和繁殖材料作远距离传播。目前，该病害主要分布于北京、安徽、山东、湖北、四川、陕西、重庆等省(直辖市)，并造成了较大危害，对我国的猕猴桃产业构成较大威胁。

20. 枣实蝇

枣实蝇是危害枣属植物的重要蛀果性害虫。该虫主要以幼虫蛀食果肉进行危害，可在果面形成斑点和虫孔，内部形成蛀道并引起落果，导致果实提早成熟和腐烂，被害率可达 60% 以上，产量损失可达 20% 以上，严重时可造成枣果的绝收。此外，枣实蝇还危害枣花，降低座果率。该虫主要以卵和幼虫随寄主果实及蛹随苗木的调运作远距离传播。2007 年，枣实蝇在我国新疆吐鲁番地区的 3 个县(市)首次发现，发生面积 1 067 公顷，受害枣树 6.6 万株，对该地区的枣业造成了毁灭性的危害。我国枣树种植面积广、产量高、出口量大，具有极高的经济价值，对促进农民增收，加快新农村建设具有举足轻重的作用，一旦枣实蝇在我国的枣树种植区传播扩散，将严重损害我国广大枣农的利益，影响枣产品的出口贸易，给国家带来巨大损失。

（二）防治对策

二级有害生物应以国家或省为主组织开展防治，实施无公害防治为主的综合防治策略。坚持分类施策、全面治理、重点防控的防治思路，以检疫封锁和监测预报为预防基础，有效控制有害生物的传播扩散，以生物防治为主导，以人工防治、物理防治、化学防治和营林措施为辅助，大幅降低有害生物种群密度，逐步压缩发生范围，将其造成的损失减到最小，达到不成灾、不扩散，且大范围、长时间控制的水平。对二级有害生物中潜在危害性大的有害生物，应实施根除策略。

1. 检疫控制措施

根据二级有害生物中检疫性有害生物的发生、危害、寄主重要性、潜在危害性和控制难度的不同，可由国家或省划定并公布疫区，并按照全国检疫性有害生物、省补充检疫性有害生物的有关规定实施不同级别的检疫监管。一是扩大产地检疫的覆盖面，加强有害生物的源头管理，特别是对种苗及其繁殖材料的监管；二是加大调运检疫的力度，严防有害生物的传播扩散；三是加强复检，根据检疫证书网络传输系统的信息，对调入本地的检疫性有害生物寄主植物及其产品上门复检；四是做好除害处理，在检疫过程中一旦发现疫情，必须就地进行除害处理；五是加大违规惩处力度，对违法违规调运携带检疫性有害生物的行为要严肃处理。

2. 监测预警措施

根据二级有害生物的发生特点，应有针对性地开展好评估、普查、监测等项工作。一是做好二级有害生物的风险评估工作。重点对可能传入的二级有害生物的风险进行评估，全面评价其对本地区的危险性，有的放矢地做好预防和应急处置。二是做好二级有害生物的调查工作。定期开展有害生物专项调查，全面掌握了解二级有害生物在本地区的发生、发展情况。三是抓好灾情监测，做到点面结合，专群结合，对重要区域和重点区位实施重点监测，一旦发现异常情况及时查明原因，予以果断处置。

3. 防治减灾措施

按照二级有害生物的发生危害情况，应分别采取相应对策，积极实施减灾措施。对其中发生范围广、危害严重的有害生物，纳入国家或省防治规划，实施工程治理。对检疫性有害生物应严格按照国家检疫有关规定实施控制、压缩和根除措施。一是加大工程防治力度。应采取以生物制剂和无公害措施为主，以化学、人工、物理、营林防治为辅的综合防治措施，从发生区外围由外向内实施防治，逐步向内压缩，全面降低有害生物的种群数量，做到治理一片，巩固一片，将有害生物控制在经济损失允许范围内。二是加强预防性减灾措施。对新传入或零星发生的有害生物，特别是小范围的孤立发生区，应实施拔点除源、治点保面策略。在灾情扑灭的区域，应实施重点监控，以防死灰复燃。

四、三级林业有害生物及其防治对策

(一)包含种类与发生现状

目前，列入我国三级林业有害生物的种类有：松毛虫类、松切梢小蠹类、青杨天牛、齿小蠹类、落叶松枯梢病、栗山天牛、白杨透翅蛾、萧氏松茎象、紫茎泽兰、红火蚁、野兔、云斑天牛、桑天牛、杨树食叶害虫、双条杉天牛、木蠹象类、春尺蠖、日本松干蚧、沙棘木蠹蛾、松褐天牛、加拿大一枝黄花、草坪草褐斑病、松瘿小卷蛾、刺槐叶瘿蚊、云杉大(小)黑天牛、板栗疫病、竹蝗、湿地松粉蚧、松梢(球果)螟类 29 种(类)。该类有害生物以本土种类为主，大部分为常发性有害生物，如松毛虫、松切梢小蠹类、松褐天牛、春尺蠖、栗山天牛、竹蝗等，是林业有害生物中经常暴发成灾的一类，发生情况较为复杂。松毛虫、杨树食叶害虫等历史性食叶害虫发生面积总体下降，局部地区发生严重；萧氏松茎象、湿地松粉蚧危害程度减轻，但随着国外松种植面积不断扩大，仍存在大面积成灾的可能；春尺蠖、栗山天牛等对天然次生林的危害日益突出，一些地区连年成灾，已上升为局部地区的主要害虫；沙棘木蠹蛾等灌木林和荒漠植被有害生物危害加剧，并在局部地区暴发成灾；板栗疫病等经济林有害生物随着我国经济林产业的发展，危害日趋严重。现就三级有害生物中的几个主要种类介绍如下。

1. 松毛虫类

松毛虫是我国分布范围最为广泛的危害松属植物的常发性林业有害生物，共有 27 种(亚种)。该虫以幼虫取食松树针叶，从 1 ~ 2 年生的幼苗到 20 ~ 30 年生大树均可受害，幼虫取食量随着虫龄增加而增大。以马尾松毛虫为例，一条幼虫一生可取食马尾松针 200 束，大暴发时可在短时间内吃光松针，受害林分如同火烧，损失巨大，连续危害可导致松树死亡。该虫是我国历史上发生面积最大的害虫，不同地区、不同种类的发生程度不尽相同，但基本呈现每隔几年暴发一次的态势。该虫主要靠自然扩散，初孵幼虫可吐丝下垂，借风力传播，成虫迁飞能力强。该虫在我国分布极为广泛，所有省(自治区、直辖市)及台湾、香港、澳门均有分布，暴发成灾的几率大，对我国的松林资源安全构成了较大的威胁。

2. 松切梢小蠹类

松切梢小蠹是危害松树的一类重要蛀干害虫，喜欢钻蛀衰弱木、濒死木、伐倒木、伐桩，属次期性害虫。在一定条件下，虫口密度加大，个体数量猛增，松切梢小蠹也可以由次期性害虫上升为先锋虫种，在危害衰弱木同时，危害健康的活立木，致使松林大面积死亡。松切梢小蠹主要随人为调运带皮原木和枝梢作远距离传播。目前，松切梢小蠹主要分布于山西、辽宁、河南、重庆、贵州、云南、四川、陕西、黑龙江等省(直辖市)，并在局部暴发成灾，对这些地方的生态安全造成了较大威胁。

3. 栗山天牛

栗山天牛是天然栎树林的毁灭性害虫之一。该虫主要以幼虫蛀害活立木的主干或粗枝，树木受害后输导组织遭到严重破坏，导致树木衰弱枯死。该虫主要随人为调运寄主苗木、原木、木材及其产品作远距离传播。该虫于 1992 年在辽宁省宽甸县首次暴发成灾，目前，主要于分布我国的辽宁、吉林和黑龙江等地，近年来在辽宁、吉林等地危害严重，直接威胁着吉林中东部、黑龙江东南部和内蒙古东部天然林和天然次生林的安全，该虫目前在我国局部地区发生严重，危害范围可能会进一步扩大。

4. 萧氏松茎象

萧氏松茎象是危害松属植物的蛀干害虫，可导致树木在较短时间内枯死，常造成松林大量死亡。该虫在松树根干部的形成层和韧皮部间蛀食，轻微危害木质部，在根部蛀食根皮，在皮层或树皮与木质部之间留下螺状或不规则的虫道。受害树木轻者流出大量松脂，影响生长，若虫道(可以是多头虫或多次蛀成的虫道)环树一周则整株死亡。受害林分有虫株率一般为7%～40%，高者可达60%～90%。该虫主要随人为调运其寄主植物及产品作远距离传播，目前已在福建、江西、湖南、广东、广西、贵州等地造成危害，对我国南方大面积松林构成直接威胁。

5. 春尺蠖

春尺蠖主要危害杨、柳、榆、槐、梨、李、梅、桑、桃、杏、苹果、海棠、核桃、茶树、紫荆、沙枣、花棒、红瑞木、胡杨等植物。以幼虫取食叶片时，从叶片基部向内部取食，使叶片形成孔洞，随着幼虫龄期增长和叶片展开，幼虫多在叶片背面危害，3龄以后幼虫进入暴食阶段，轻者叶片形成大洞或缺刻，重者枝光叶净。该虫以自然传播为主，初孵幼虫可依靠吐丝下垂的习性借风力传播，成虫靠迁飞传播。该虫是我国单一虫种发生面积较大的害虫，在农田、道路防护林上危害严重。近年来，在荒漠林中也有大面积发生。2003年新疆部分胡杨林大量发生，刚萌发出来的嫩枝、幼叶被吃光，远看像枯树一样，破坏了胡杨的生长，降低了胡杨林的防风作用。目前，该虫主要分布于我国北京、天津、河北、内蒙古、山东、河南、甘肃、宁夏、新疆等地，对这些地方的防护林构成了较大的威胁。

6. 日本松干蚧

日本松干蚧是一种危害马尾松、黑松、赤松、油松等松属植物枝干的重要害虫。该虫主要以2龄若虫在松树枝干阴面枝梢上进行危害，造成树干向阴面倾斜弯曲或枝条软化下垂，针叶枯黄脱落，松梢萎蔫。老龄松树和4年生以下幼树及苗木均能受害，以5～15年生松树受害最重。被害时间较长的松树，树皮增厚、硬化、卷曲、翘裂，易引起松干枯病、纵坑切梢小蠹、横坑切梢小蠹、象鼻虫、松褐天牛、吉丁虫和白蚁等次期性病虫害的发生，造成大片松林枯死。该虫能以各虫态随幼苗、幼树、薪材、树皮、针叶、球果以及带皮原木、枝条的运输作远距离传播。自1942年在我国发现该虫以来，其发生范围和危害程度逐年增大，现分布于我国辽宁、吉林、江苏、浙江、安徽、山东等地，对我国松林安全和生态建设构成了很大的威胁。

7. 沙棘木蠹蛾

沙棘木蠹蛾是一种主要危害沙棘的钻蛀性害虫。该虫以小幼虫钻蛀沙棘主干，常十几头至几十头群集危害，造成树木表皮干枯或木质部被蛀空，老熟幼虫钻蛀根部，严重影响水分和营养物质的输导，树根被蛀空，根干部腐烂，造成树木衰弱和整株枯死，对老龄沙棘危害尤重。该虫主要随人为调运带根的沙棘苗木作远距离传播。1999年以来，该虫相继在辽宁、内蒙古、山西、陕西、宁夏、河北等地大面积暴发，50%以上的沙棘成片死亡。2002年，在辽西地区暴发成灾，涉及5个县(市)，发生总面积达8.7万公顷，沙棘死亡面积近3.3万公顷，大片沙棘林呈现“灰色地毯状”。在辽宁和内蒙古多个地区，受害林分的株平均虫口密度在30头以上，最高可达124头。目前，该虫主要分布于我国河北、山西、内蒙古、辽宁、陕西、甘肃、青海、宁夏等地，影响了这些地方的农民收入、地区经济发展以及沙棘林生态防护效益。

8. 松褐天牛

松褐天牛是我国南方松树的重要蛀干害虫之一，主要以幼虫蛀食林木的韧皮部和木质部，致使树木衰弱、死亡。该虫是造成松材线虫病在我国传播扩散的主要传播媒介，主要随人为调运松木及其制品作远距离传播。目前，该虫主要分布于我国河北、上海、江苏、浙江、安徽、江西、福建、山东、湖北、湖南、广东、广西、重庆、贵州、云南、四川、陕西等地，在云南、广东、浙江等地危害严重，由于该虫可传播松材线虫并与其共同进行危害，对我国南方的广大松林构成了极大的威胁。

9. 板栗疫病

板栗疫病是一种危害板栗的世界性病害，主要危害寄主的主干、侧枝、小枝。病菌侵入后，病斑会迅速包围枝、干，使感病寄主萌芽和发叶的时间延迟，甚至不能萌发，栗实产量、质量明显降低，严重时造成整个枝条或全株枯死。该病主要随寄主苗木的调运作远距离传播。目前，该病主要分布于北京、辽宁、安徽、福建、江西、湖南、广西、重庆、四川、贵州、陕西等省(自治区、直辖市)，在局部地区危害严重。随着我国林果产业的快速发展，该病呈现出较强的潜在扩散态势，对我国广泛栽植的板栗构成了较大威胁。

10. 竹蝗

该类中以黄脊竹蝗分布最广，危害最重，是我国南方竹产区的重要害虫。初孵跳蝻多群集于小竹及禾本科杂草上取食叶片，使其边缘呈许多缺刻，食量以4龄至成虫产卵前最大。处于1龄末或2龄初的跳蝻开始上竹，3龄以后全部上大竹。上大竹后，起初集中梢端取食，之后逐渐分散，当集中取食竹梢时，竹梢呈现枯黄色。在我国福建、广东等地，竹蝗是毛竹林的历史性害虫，常常暴发成灾。竹蝗大发生时可将竹叶全部食光，如同火烧，竹子当年死亡，第二年出笋量大减，竹林衰败，死竹表面呈现褐斑，杆内积水，纤维败坏，毫无利用价值。竹蝗主要靠自然传播。目前竹蝗主要分布于江苏、浙江、福建、江西、湖北、湖南、广东、广西、重庆、四川等地，对我国竹产业的发展构成了较大的威胁。

(二)防治对策

三级有害生物以各省为主组织开展防治，实施以生态控制为主的综合调控策略。通过实施包括检疫措施、监测预报、生物防治、人工防治、物理防治、营林措施和化学防治等在内的多种防治措施，将三级有害生物控制在经济损失允许范围内，达到不成灾的水平。

1. 检疫控制措施

以省级检疫管理为主，开展三级有害生物的产地检疫、调运检疫和除害处理工作，防止有害生物的传播扩散。

2. 监测预警措施

做好监测预报工作是开展三级有害生物防治的重要环节。对其中的外来有害生物或潜在危害性较大的有害生物，要开展重点监测，防止其传播扩散或成为某一地区的主要种类。对常发性种类要通过系统监测全面掌握发生动态，为及时开展防治提供依据，防止有害生物暴发成灾。

3. 防治控灾措施

对有害生物种群密度高或已成灾的地区，应采取生物防治、人工防治、物理防治和化学防治相结合的综合治理措施，降低有害生物的种群密度，消除成灾隐患，减少灾害损失。

五、四级林业有害生物及其防治对策

（一）包含种类与发生现状

目前，列入我国四级林业有害生物的种类有：褐纹甘蔗象、水椰八角铁甲、大痣小蜂类、温室白粉虱、美洲斑潜蝇、舞毒蛾、西花蓟马、松针褐斑病、松叶蜂类、落叶松鞘蛾、天幕毛虫类、黄古毒蛾、蜀柏毒蛾、苹果绵蚜、茶藨子透翅蛾、曲纹紫灰蝶、柽柳条叶甲、杨毛臀萤叶甲、杨树黑斑病、松针病害20种（类）。该级有害生物以本土种类为主，花卉和经济林的外来有害生物占一定的比例，潜在危害性、发生分布范围及可造成的经济和生态损失较小。该级有害生物多属偶发性有害生物，一般都属局部发生种类，破坏性较小，通过现有的防治技术和手段，一般能得到较好的控制。下面就四级有害生物中的几个主要种类的发生情况介绍如下。

1. 褐纹甘蔗象

褐纹甘蔗象是一种危害大王椰子、黄椰子、假槟榔和甘蔗等棕榈植物的钻蛀性有害生物。该虫以幼虫钻蛀植物叶鞘及茎干内部组织进行危害，钻蛀孔道及虫道呈现纵横排序。低龄幼虫在椰子苗基部叶鞘包围的幼嫩茎表钻蛀取食导致叶片变黄，随后高龄幼虫在茎干内危害，导致植株枯萎、死亡。受害的棕榈植物多在树高1米以下出现大量流脂。该虫主要随人为调运寄主植物作远距离传播。2002年4月在广东省佛山市顺德区发现褐纹甘蔗象，现已扩散到广东、广西等地，对当地棕榈植物造成了一定的危害。

2. 水椰八角铁甲

水椰八角铁甲是一种危害棕榈科植物的外来有害生物，世代重叠，主要以成虫、幼虫在寄主植物的嫩梢、幼茎以及未展开或未全展开的幼叶上危害，造成嫩梢枯萎死亡，严重时可导致植株枯萎。该虫主要随人为调运寄主植物作远距离传播。2002年末在海南东方市江南花圃的华盛顿棕榈上首次发现，传入广西后造成当地一些作为行道树的棕榈科植物整株枯死。目前，该种仅分布于我国的海南、广西两地，对我国南方的棕榈科植物构成了一定的潜在威胁。

3. 温室白粉虱

温室白粉虱是世界各国温室园艺和观赏植物以及棉花、烟草等重要经济作物的主要害虫。该虫危害的方式有多种：一是直接危害。温室白粉虱以成虫和若虫群集于叶片背面刺吸汁液，引起寄主植物生长缺乏碳水化合物，造成被害叶片褪绿、变黄、植株萎蔫、生长缓慢，甚至全株枯死。二是注入毒素。温室白粉虱刺吸汁液时分泌有毒物质，削弱了寄主植物生长并使叶片过早脱落，从而降低作物的产量、品质以及经济价值，还直接影响观赏植物的观赏价值。三是引发霉污。温室白粉虱在寄主植物上分泌的大量蜜露，是许多霉菌的培养基，霉菌在寄主植物叶片上生长，产生霉层，引起霉污病，影响寄主植物的光合作用和呼吸作用。四是传播病毒病。该虫传播番茄 TYLCV 病毒病，是葫芦、青椒、番茄、棉花等作物病毒病的传播媒介。该虫主要随寄主植物的调运作远距离传播。温室白粉虱于 1975 年在北京发现，并暴发成灾，造成一定的危害。目前，该虫主要分布于北京、河北、安徽、广西等地，对我国的花卉产业构成一定的威胁。

4. 美洲斑潜蝇

美洲斑潜蝇是一种危害瓜类及豆类蔬菜、观赏植物、饲料作物的毁灭性害虫。该虫繁殖能力强，世代周期短并重叠严重，成虫和幼虫均可造成危害。危害时，雌虫刺伤叶片，取食汁液，并产卵于内；雄虫不刺伤叶片，但在被雌虫刺伤过的叶片伤孔中取食汁液。幼虫孵化后立即开始取食叶肉组织，直至幼虫准备化蛹爬出叶片才停止取食。幼虫在叶片内危害，造成蛇形不规则的白色虫道，破坏叶绿素而影响光合作用，导致减产、过早落叶、幼苗死亡。观赏植物的叶片被害后出现难看的虫道和取食点，降低植物的观赏价值。对林业的危害，还仅局限于花卉产业方面，该虫主要随花卉的调运作远距离传播。目前，美洲斑潜蝇分布于我国的新疆等地。

5. 舞毒蛾

舞毒蛾是一种周期性食叶害虫，分布广、食性杂、危害重。该虫主要以幼虫取食寄主植物的树叶，幼虫数量大时，树叶可被全部吃光，造成树势衰弱，影响正常生长发育，甚至导致树木死亡。该虫主要随人为调运寄主植物作远距离传播，幼虫有借风迁移的习性。目前，舞毒蛾在我国主要分布于北京、天津、河北、山西、内蒙古、辽宁、吉林、黑龙江、重庆、四川、宁夏等地，发生面积较大，虽不猖獗成灾，但对我国城市绿化构成了一定的威胁。

6. 松针褐斑病

松针褐斑病是一种由松针座盘孢菌侵染引起的主要危害松属植物的病害，在我国主要危害国外松。该病侵染初期，在寄主针叶上产生褪色小斑点，随后变褐色并扩大，出现病原菌子实体，针叶干枯。病害自树冠基部发病，逐渐向上部扩展，严重时常造成 8 年生以下幼树枯死。该病原菌不仅有初次侵染，还能不断再侵染，使病原菌数量急剧增加，导致病害由初始零星分布逐渐扩大蔓延。该病主要随寄主植物的苗木和嫁接苗作远距离传播，在我国目前主要分布在福建、浙江、安徽、江西、河南、湖南、广东、广西等地，对我国南方广泛种植的国外松构成一定的威胁。

7. 松叶蜂(以靖远松叶蜂和松阿扁叶蜂为例)

靖远松叶蜂和松阿扁叶蜂均是我国松树的食叶害虫。靖远松叶蜂主要以幼虫危害，初孵幼虫先爬向针叶基部群集，静伏3～6小时后开始取食，几条甚至几十条幼虫集聚在1枚针叶上(有时排列十分整齐)，自针叶中部向基部啃食表皮和叶肉，通常残存中心维管束，针叶上部逐渐枯黄弯曲，成为发现小幼虫的特殊标志；2～3龄幼虫不取食当年生针叶；4龄以后，幼虫可取食整枚针叶，仅残存叶鞘，有时还啃食枝梢皮层，并取食当年生针叶。松阿扁叶蜂主要以幼虫取食10～25年生松树的针叶进行危害，低龄幼虫取食通常留下针叶的中脉，而3龄以上的幼虫则吃光整个针叶，大发生时还啃食嫩枝的皮，造成林木光合作用降低、长势减弱，从而导致其他蛀干害虫的发生。目前，靖远松叶蜂主要分布于我国山西等地，松阿扁叶蜂主要分布于我国辽宁、安徽、河南、四川等地。这两种松叶蜂虽在我国局部分布，但其适生范围较大，具有较强的扩散潜势，对我国的松林资源构成一定的威胁。

8. 天幕毛虫

天幕毛虫是危害阔叶树的杂食性食叶害虫，常见种类有黄褐天幕毛虫、棕色天幕毛虫、绵山天幕毛虫，其中以黄褐天幕毛虫分布最广，危害相对较重。该虫具有分布广、食性杂、繁殖力强的特点，在大发生时，可将树木叶片全部食尽，似火烧过一般，影响林木生长，甚至造成林木枯死。天幕毛虫是我国的偶发性林业有害生物，主要危害次生阔叶林和经济林，以幼虫取食寄主植物叶片进行危害，一般一年1代，幼虫孵化后集于新芽或嫩叶上吐丝造巢，待稍成长，于树枝分杈处结成天幕。幼虫脱最后一次皮后即离开丝巢分散危害，可吃光全叶，仅留主脉与叶柄。天幕毛虫主要随人为调运寄主植物作远距离传播。该虫曾在我国黑龙江省甘南县、大兴安岭地区、内蒙古巴彦淖尔盟乌拉特中旗等地突发成灾，造成了一定的损失。目前，黄褐天幕毛虫主要分布于内蒙古、吉林、黑龙江等地，棕色天幕毛虫主要分布于安徽、江西、重庆、四川、陕西等地，绵山天幕毛虫主要分布于河北等地，给这些地方的阔叶树造成了一定的危害。

9. 蜀柏毒蛾

蜀柏毒蛾是一种主要危害柏木、侧柏和圆柏的食叶害虫。该虫主要以幼虫取食寄主植物叶子进行危害，影响林木正常生长，甚至可导致死亡。该虫主要靠自然扩散，调运寄主植物的苗木也能远距离传播。蜀柏毒蛾在我国四川和重庆危害较重，呈周期性发生。受害林分一般有虫株率可达60%，平均虫口密度达100头/株。目前，该虫主要分布于我国重庆、四川、天津等地。

10. 曲纹紫灰蝶

曲纹紫灰蝶是一种严重危害苏铁的寡食性害虫，主要以幼虫群集在苏铁新抽出的羽叶和叶轴背部，啃食嫩叶或咬断小叶，2～3天内能将新生羽叶咬得残缺不全，甚至全部吃光，剩下破絮状残渣和干枯叶柄与叶轴，致使树冠无法形成，严重影响苏铁的生长及观赏，若成虫将卵产于球花上，幼虫孵化后则钻蛀球花幼嫩组织取食，球花受害后轻者被蛀食得千疮百孔，重者柱心被蛀空，整个球花萎蔫干枯倒垂，胚珠、花粉不能成熟，直到死亡，影响苏铁的繁殖、观赏及生长。该虫主要随寄主植物苏铁的调运作远距离传播。该虫为台湾特有种，20 世纪 80 年代传入我国大陆，目前，仅分布于福建、广东、广西等地，随着花卉业的发展，其发生危害范围会有所扩大，对我国苏铁植物将造成一定的危害。

(二)防治对策

四级林业有害生物以市、县为主组织防治，要在监测预报的基础上，采取以生物防治为主的综合防治措施，提高林分自我抵御生物灾害的能力，培养健康林分，将有害生物调控在低种群密度水平，实现可持续控灾目标。

1. 检疫控制措施

以省级检疫管理为主，对四级有害生物中潜在危险较大、可危害高经济价值寄主植物的种类实施产地检疫、调运检疫和除害处理工作，防止有害生物传播扩散造成大的损失。

2. 监测预警措施

根据该级有害生物的发生特点以及地理、气候、立地等因素和森林自身健康状况，研究提出监测预警方案，做好年度动态监测预警工作，对一些潜在危险性较大的种类，应开展重点监测，防止其暴发成灾。

3. 防治减灾措施

该级有害生物应以生态调控措施为主，实施各项行之有效的防灾减灾措施。对有害生物种群密度较高或已造成危害的地区，要及时采取生物防治、人工防治、物理防治和化学防治等在内的综合调控措施，将有害生物种群密度调控到安全范围内，并通过采取一系列后续巩固措施，尽可能消除成灾隐患，实现可持续控制。

第二节 分类施策

森林类型有多种划分方法。按森林起源，可分为天然林和人工林；按植被类型，可分为针叶林、阔叶林、灌木林及灌丛；按经营目标，可分为生态林和商品林；按主导用途，可分为防护林、用材林、经济林、薪炭林和特种用途林。划分森林类型在一定程度上是为了经营，带有人类的明确目的和期望。不同的森林类型有不同的经营目标和主导期望，其经营的方法不同，林业生物灾害防治的对策和措施也应是不同的。目前我国森林主要是按用途来划分类型，实行的是林业分类经营的政策。即，按用途将森林分为：防护林、用材林、经济林、薪炭林、特种用途林五大类林种；而在森林经营管理上，则按照林业分类经营的政策，将森林分为生态林和商品林两大类。其中，生态林包括五大林种中的防护林、特种用途林两大部分，商品林包括五大林种中的用材林、经济林、薪炭林三大部分。本节以防护林、用材林为重点分别对生态林和商品林生物灾害的防治策略进行阐述。

一、防护林生物灾害防治策略

防护林是指以发挥防护作用为主要目的的森林、林木和灌木丛，包括水源涵养林、水土保持林、防风固沙林、农田牧场防护林、护岸林、护路林等。根据全国森林资源第六次清查结果，我国防护林面积为5 474.63万公顷，占森林总面积的38.34%，仅次于用材林面积，分布区域遍及全国。近年来防护林生物灾害无论从危害种类、发生面积和危害程度上都呈上升趋势，必须进一步加强防护林生物灾害的防治，并按照“谁受益，谁投入”的林业有害生物防治投入机制，将其防治所需资金全部纳入各级财政预算，由公共财政进行投入。

(一)水源涵养林和水土保持林

水源涵养林是以蓄水、调节水量、延长径流时间、改善水质等功能为主，配置在江河源头、流域两岸及水库、湖泊上游等集水区内的天然林和人工林以及其他植被资源。水土保持林是指按照一定的树种组成、一定的林分结构和一定的形式(片状、块状、带状)配置在水土流失区不同地貌上的林分。水源涵养林和水土保持林除涵养水源外，还有保持水土、改善水质、改良土壤、调解气候、保存物种等多种生态功能，是一种十分重要的生态公益林。林业生物灾害是破坏水源涵养林和水土保持林功能的主要自然灾害之一，在水源涵养林和水土保持林建设和保护工作中必须给予充分重视。

1. 资源情况和特点

根据水源涵养林的位置、重要性及影响范围等特点，水源涵养林分为4种类型：江河源头水源涵养林、江河湖岸水源涵养林、库区水源涵养林、其他水域水源涵养林。水土保持林根据防护目的和所处的地貌不同，又分为分水岭地带防护林、坡面防护林、侵蚀沟头防护林、侵蚀沟道防护林、护岸护滩林、池塘水库防护林等。

我国水源涵养林主要划分为七大区域，分别为：东北三大水系水源涵养林、西北高山地区水源涵养林、燕山和太行山水源涵养林、长江中上游地区水源涵养林、珠江中上游地区水源涵养林、黄河流域水源涵养林、其他水系的水源涵养林，七大区域共有水源涵养林1 282.4万公顷。在《中国林业区划》中，将全国水土保持林区划为黄土高原防护林、黄土丘陵水土保持林、四川盆地水土保持林、云南高原水土保持林、黔中水土保持林和赣闽粤水土保持林6个区。水源涵养林和水土保持林资源特点：

(1)水源涵养林生长立地条件较好，物种较为丰富。水源涵养林均位于江河源头或水库、湖泊的周围和主要江河两岸的山脊，整体生长条件较其他防护林优越，肥水条件较好，分布着高等植物、陆栖脊椎动物、森林昆虫以及多种藓类、蕨类、菌类植物等，物种较为丰富。

水土保持林条件则较差。水土保持林大部分位于分水岭(梁峁顶部)等土壤瘠薄、干旱、风蚀、水土流失严重的地区，植被较稀疏，物种多样性较差，以抗风、耐寒、耐旱的乔灌混交的疏透林带为主。

(2)水源涵养林以天然林为主，中幼林比重较大；水土保持林则多以人工林为主。我国现有水源涵养林中天然林占总面积的80%，但由于过去水源涵养林和用材林多为兼用林种，加之重用材轻水源，不少水源林被采伐，所以目前水源涵养林中的天然林多为天然次生林，其中中幼龄林比例较高，处于次生演替的初级阶段，总体森林层次结构简单，涵养功能不强。

(3)树种单一，林分结构简单。较好的水源涵养林和水土保持林一般林种、树种结构多样，混交比例较高，通常以深根、范根、阔叶、树龄长的乡土树种为主，乔灌草结合，林分层次复杂。但由于过去对天然水源涵养林的过度采伐，使其减弱或丧失了涵养水源、保持水土的功能，恢复造林的也多以消灭荒山、提高木材产出为目的，没有按水源涵养林和水土保持林标准建设，使目前我国许多地方的人工水源涵养林和水土保持林树种结构单一，非乡土树种多、地带性植被少，纯林多、混交林少，针叶林多、阔叶林少，速生树种多、长龄树种少，单层林多、复层林少，林分质量不高，生态功能等级低，功能性差，易导致林业生物灾害发生。尤其是水土保持林林分质量更差，衰弱低质的水土保持林占大部分，小老林普遍，许多林分处于亚健康或不健康状态。

(4)经营水平不高，管理粗放。由于水源涵养林和水土保持林多处边远地区，山高人稀，交通不便，以及经济价值低等因素，基本没有按水源涵养林和水土保持林经营要点进行管理，任其自生自灭，涵养水源、保持水土功能也随森林的兴衰而自然发挥或消亡。

2. 生物灾害的发生与特点

典型的水源涵养林和水土保持林应为植物种类丰富、层次结构复杂的森林，抵御自然灾害能力较强，林业生物灾害较难暴发成灾。但由于历史的原因和长期人为活动干扰破坏，我国水源涵养林和水土保持林林分结构变化巨大，生态功能退化严重，加之管理粗放，近年来生物灾害发生种类、面积大幅增加，危害程度日趋严重，已经严重威胁水源涵养林和水土保持林林分恢复和功能发挥。其发生特点是：

(1)树种结构简单，有害生物危害日益加剧。大部分地区的水源涵养林和水土保持林都是人工纯林，由于造林主要是以荒山绿化、防风固沙为主要目标，片面追求绿化面积，缺乏长远规划，致使造林树种单一，遗传品质差，加之经营管理粗放，造成大面积的低质林，不具备适应和抵御恶劣生态环境的条件，成为有害生物主要进攻对象，林业生物灾害发生严重。

(2)江河中下游较上游生物灾害发生严重。由于江河上游和源头地区地广人稀，山高谷深，交通不便，人为活动少，天然林、天然次生林比重较大，因此其水源涵养林生物灾害发生频次、危害程度等相对轻于以人工林为主的中下游水源涵养林。

(3)蛀干害虫危害较为严重。特别是分布于西部地区的江河源头、上游水源涵养林和水土保持林，由于气候干旱、土壤贫瘠等原因，近年来蛀干害虫种类增加，危害加剧。如严重发生于西北地区的杨树天牛类、西南地区的松小蠹类、山西的红脂大小蠹等。

(4)危险性林业有害生物潜在威胁增加。随着人口增加、物流增多和旅游开发，松材线虫病等危险性林业有害生物入侵水源涵养林和水土保持林的几率越来越大，特别是位于江河中上游及水库、湖泊中以人工纯林为主的水源涵养林所受威胁更大。

3. 防治策略

水源涵养林和水土保持林是生态价值最高的林分，除了保持大江大河的水量平稳外，还关系着全国民众的饮用水及灌溉用水的质量。林业生物灾害防治要适宜水源涵养林和水土保持林特点，采取“小治理、大保护”的策略，以营造林措施为主，改善、提高林分健康状况；重点采用生物防治措施，以适度干预的形式，加强危险性有害生物和病虫源地的小区域治理，严密防范重大林业生物灾害发生，不断修复和提高森林自我调控能力，培育健康森林。

(1)营造混交林。混交林能够充分利用地上与地下营养空间，提高林地生产率和总生物量，丰富生态系统的生态位和生物多样性，在垂直结构上形成多层次(乔木层、灌木层、草本层)异龄复层林结构。在造林和低质林改造上，应因地制宜，人工造林与封山育林相结合，以乡土树种为主，合理利用外来优势树种，按照“适地适树，互助共荣”原则，以带状、块状、株间混交模式，营造乔灌草相结合、多树种、多层次的混交林，保证可持续经营和稳定、持续、高效的森林资源体系。造林苗木应按照“就近育苗，自育自造”的原则，根据当地资源特点和生产需要培育苗木，尽量避免远距离引种，防止危险性有害生物传入。在有条件的地方应避免使用当地重大危险性有害生物的寄主树种作为主栽树种造林。

(2)改造人工纯林。对大面积人工纯林采取“裁针补阔”、“裁阔补针”的方法，结合抚育间伐，有计划、分步骤地降低主栽树种密度，建造隔离带，点缀伴生树种，促进混交林分形成，提高森林抗逆能力，避免林业有害生物大面积发生。有计划地改造衰弱低质的水土保持林，增强森林自身抵御病虫害的能力。

(3)加强抚育管理。应加强对中幼龄林的抚育，及时进行修枝、疏伐、松土、灌水、施肥等管理，对病死木、衰弱木、倒木等及时实行卫生择伐，成过熟林要适时采伐，改善林内水分、养分和卫生条件，提高树势，增强林木抗病虫能力。

(4)强化林业生物灾害监测预报。水源涵养林和水土保持林有害生物早期防治极其重要，特别是对一些立地条件恶劣的林分，再造林难度较大或不可再造，一旦生物灾害暴发，就会造成无法挽回的损失。应广泛应用“3S”集成技术，建立包括地形地势、土壤类型、植被类型、水系分布、气候条件、有害生物发生等因子的完整的资源信息数据库和预报模型，通过常规监测与“3S”技术相结合，有效监测预报位于江河上游、地广人稀、交通不便、林地茂密的水源涵养林和水土保持林有害生物的发生情况，为生物灾害预防和及时治理提供科学依据。

(5)实行生物防治，保护、恢复、提高森林自我调控能力。应全面了解林区生物多样性情况，全面掌握病虫害天敌资源及生物多样性状况，加大对有害生物天敌的保护力度。制定科学、系统、有针对性、可操作性强的水源涵养林和水土保持林有害生物防控应急预案，加强应急处置能力建设，及时有效控制有害生物危害，最大限度降低生物灾害对森林资源的破坏。林区有害生物治理一般应尽可能采取生物防治措施，在准确预报的基础上，采用以虫治虫、以菌治虫(菌)、以鸟治虫等方法，加强病虫源地的处理，以人工释(施)放天敌、生物制剂等方式，适当增加林区有益生物种类和数量，通过综合治理、适度干预，达到长期控制有害生物，维护森林生态平衡，最终实现森林自我调控的目标。对于水源涵养林和水土保持林中发生的高度危险性有害生物，则应采取超常规的处置措施，趁早、趁小及时予以根除，决不可久拖不绝、久治不愈，使之演化为无可挽回的巨大灾害。

（二）农田防护林和防风固沙林

农田牧场防护林是以改善农牧区自然环境、保障农牧业生产条件为主要经营目的的森林、林带和灌木林。防风固沙林是指以降低风速，防止风蚀，固定沙地，保护农田、果园、牧场免受风沙侵袭为主要目的的森林和林木。农田牧场防护林和防风固沙林是我国国土生态安全和粮食安全的重要保护屏障。新中国成立以来，特别是改革开放 30 年来，我国农田防护林和防风固沙林发展迅速，取得了令人瞩目的成就，较好地保障了农牧业生产和沙区人民正常生活。但由于多方面原因，我国农田牧场防护林和防风固沙林有害生物发生严重，已经对农田防护林和防风固沙林的存在和发展构成巨大威胁，必须采取有效措施确保农田防护林和防风固沙林体系安全无虞。

1. 资源情况和特点

按照《中国林业区划》，全国农田牧场防护林区划分为呼伦贝尔草原防护林、松辽平原农田防护林、三江平原农田防护林、大兴安岭南部防护林、阿尔泰山防护林、准噶尔盆地防护林、南疆盆地绿洲防护林、河西走廊农田防护林、黄河河套农田防护林、阴山防护林、锡林郭勒草原护牧林、汾渭平原农田防护林、华北平原农田防护林、长江中下游滨湖农田防护林 14 个区域。目前，我国农田防护林总面积约为 253 万公顷，已成为世界上营造农田防护林最多的国家，64% 的农田实现林网化，2 130 万公顷的农田得到有效保护；建设牧场防护林 17 万公顷，牧场防护林体系业已初具规模。防风固沙林发展迅速，仅 1978 年启动的“三北”防护林建设工程，建设范围包括西北、东北和华北 13 个省（自治区、直辖市）的 551 个县；2000 年开始试点的京津风沙源治理工程，包括北京、天津、河北、山西和内蒙古 5 个省（自治区、直辖市）的 75 个县。“十五”期间，京津风沙源治理工程共完成退耕还林 211. 3 万公顷，其中退耕 106. 7 万公顷，荒山、荒地、荒沙造林 104 万公顷。农田牧场防护林和防风固沙林资源特点：

（1）主要以人工林为主，成带网状连续分布。农田防护林全部为人工林，在农田中以连续平行林带、林网的形式种植；牧场防护林大部为人工林，以连续林带、片林、绿伞和人工疏林等形式种植于牧场中，只有少量的片林、疏林等为天然林。防风固沙林也多为人工林，以带、网、片林等形式分布在沙地、村镇、四周及风口处。

（2）速生树种比重较大，树种比较单一，林龄基本相同。农田防护林一般要求选用树木主干挺直、坚固，树冠紧凑，上密下疏，有良好的防风效果和较小的遮荫胁地效应，并能够迅速达到防护目的的树种进行工程造林；防风固沙林则多要求以矮灌速生为主。目前我国用于农田防护林和防风固沙林建设的树种多为速生树种，且可供选择的树种不多，北方一般主要有杨树、柳树、榆树、泡桐、白蜡、臭椿、桑树、槐树、胡杨、樟子松、油松、山杏、文冠果、沙枣、花棒、柽柳、旱柳、枸杞、柠条、白刺、沙拐枣等，南方还有湿地松、水松、水杉、池杉、落羽杉、竹等。由于可选树种少，我国农田防护林和防风固沙林大多为人工纯林，这一模式难以抵御有害生物危害，易于成灾，造成带断网破，甚至毁灭。

（3）近一半农田防护林和防风固沙林已进入成过熟期。我国大规模有计划地营造农田防护林和防风固沙林是从新中国成立以后开始的，特别是进入 20 世纪 80 年代“三北”

防护林系统工程实施后农田防护林和防风固沙林造林规模大幅度提高，速度大大加快。到目前，许多农田防护林和防风固沙林已进入成过熟期。如，“三北”防护林工程近30年来共营造农田防护林213万公顷，目前有98.3万公顷进入成过熟期，还有22万公顷属于残次林，两者占“三北”农田防护林的一半。

(4)生长环境不一，人为活动影响较大。农田防护林生长环境较优，大部分种植在土壤相对肥沃、水分相对充足的农田上，经营者还经常进行断根、修枝、涂白、除草、施肥、灌溉等抚育管理，以使其更好地发挥防护效用、减少遮荫胁地效应；草牧场防护林生长环境则相对较差，除少部分分布于湿润、半湿润地区外，绝大部分分布在干旱、半干旱的寒冷地区，但易遭大小牲畜践踏、摩擦、啃食损伤，造成树势衰弱、畸形，成为“小老树”；防风固沙林主要生长在盐碱地、沙漠和干旱、土壤瘠薄地区，也经常遭受牲畜损害。

2. 生物灾害的发生与特点

我国农田牧场防护林和防风固沙林主要建在“三北”等生态环境较为恶劣的地区，由于干旱、盐碱、冷热剧变等因素，加上管理比较粗放，有害生物发生种类较多，危害严重，是我国林业生物灾害的重灾区域。危害严重的主要种类有杨树、榆树、沙枣的烂皮病，水杉赤枯病、泡桐丛枝病、松红斑病、光肩星天牛(黄斑星天牛)、杨毒蛾、杨盾蚧、杨干透翅蛾、白杨透翅蛾、杨白潜叶蛾、杨干象、灰斑古毒蛾、柳毒蛾、榆蓝叶甲、十斑吉丁虫、春尺蠖、大袋蛾、胡杨木虱、落叶松毛虫、松叶蜂和鼠、兔害等。其主要发生特点是：

(1)病虫害发生面积大，易于成灾。由于多为人工纯林，树种单一，生态脆弱，天敌匮乏，且为连续网带式集中分布，为林业生物灾害突发、暴发提供了极为有利的条件，经常形成“火烧连营”式危害，灾害损失巨大。如1994年以后在西北地区连续几年严重发生的黄斑星天牛，就曾使陕西、甘肃、宁夏、内蒙古、青海5省(自治区)以杨、柳、榆树为主的农田防护林体系几近全军覆没。

(2)有害生物种类多，发生频繁。种植的林木大部分为速生树种，抗病虫能力较差，一个树种往往有多种病虫交替危害，形成灾害的此起彼伏，严重影响防护林三大效益发挥，也严重挫伤林农经营管护农田防护林的积极性。如，杨树防护林中就有黄斑星天牛、春尺蠖等多种病虫经常发生。

(3)蛀干类害虫和鼠兔害危害重。林区常发生的蛀干害虫有黄斑星天牛、白杨透翅蛾、杨干象、杨锦纹吉丁、十斑吉丁虫、杨干象、青杨天牛、青杨脊虎天牛、沙棘木蠹蛾、沙柳木蠹蛾等。1990年以来，我国“三北”地区的沙棘林受到沙棘木蠹蛾危害，造成大面积死亡，严重影响到沙棘种植区的生态建设和经济发展。鼠兔害在西北地区发生危害猖獗，对新植林危害严重，出现造林难成林的局面。

(4)次期性有害生物发生频次高。由于防风固沙林多处于干旱、盐碱等恶劣环境中，又经常遭遇气温剧变等极端气候的影响，许多树木生长势较差，处于亚健康水平之下；加之一半左右已进入成过熟期，导致我国农田牧场防护林和防风固沙林中寄主主导型病害、次期性害虫发生普遍，一些次要有害生物上升为主要有害生物。如，在新疆北疆一带，由于干旱缺水，杨树、榆树、沙枣的烂皮病、溃疡病等发生普遍，发病率已达

10% 以上。

(5) 人类活动影响大，林、农共患有害生物种类多。防护林多位于农业、牧业生产作业区和生活区，人类活动对林业生物灾害发生有很大影响。一些活动可导致林业有害生物的扩散，如频繁的生产物资和农牧产品的调动转移，可携带林业有害生物远距离传播，人为扩大了黄斑星天牛等危险性林业有害生物的发生区域；一些活动可引发有害生物的发生，如放牧引起的牲畜践踏、摩擦、啃食树木，造成树木创伤，树势衰弱，引发病虫害发生。林农交织导致林农（草）有害生物交互危害，发生种类多、发生重，如美国白蛾、春尺蠖等在取食完防护林叶片后，农作物为其提供了新的食物源，使其种群数量不断增加；农田（草场）害鼠夏秋季危害农作物（草场）后，冬春季转而危害树木，使森林鼠害进一步加剧。同时，由于农林分工问题也使一些有害生物不能及时得到有效的协调治理。如泡桐丛枝病、枣疯病等的治理，由于不能到农田中除治媒介昆虫，致使病害治理效果低下。

3. 防治策略

农田牧场防护林和防风固沙林生物灾害防治应坚持“适当混交，及时更新，预防为主，治早治小”的原则，从造林设计开始即将林业生物灾害问题作为重点予以全面考虑，多措并举，确保防护林三大效益的全面发挥。

(1) 选择抗性树种，增强林网抵御生物灾害能力。为有效预防生物灾害大面积发生，避免重大灾害发生后导致灾区林网严重受损或被迫皆伐，新造农田防护林应采取多树种搭配方式，选择生命力强、生长快、抗病虫、耐干旱、耐贫瘠、耐盐碱的优良树种，大力营造混交林，形成多树种、多品种的复合林网；牧场防护林、防风固沙林则应选择种子发芽快、主根深长的耐干旱瘠薄、抗风蚀沙埋的乡土优势抗性树种，采取乔、灌、草结合，豆科与非豆科、常绿与阔叶、深根与浅根、速生与慢生相结合的措施，构建“网、带、伞、疏、片”兼有、生态效益与经济效益兼顾的防护林体系。坚决杜绝大范围纯林的再次出现，保证防护林持续、稳定、健康地发挥生态效益。

(2) 实施更新改造，提高防护稳定性。要按照“因地制宜、分类管理，生态优先、科学利用，依法采伐、及时更新，功能不减、体系长存”的农田防护林采伐更新方针，对目前已达到采伐年龄、生态功能明显衰退的农田防护林以及防护林中的病虫木、火烧木、枯死木和其他生长不良的林木，及时进行采伐并按照多树种搭配原则进行更新；对未达到采伐年龄并以纯林为主以及因树种选择不当或遭受火灾、生物灾害等自然灾害形成的低质低效农田防护林，应有计划、有步骤地采取以抗代感、树种搭配、隔带更新等方法，积极主动地进行更新改造，改变林分结构，提高混交比例，最大限度地增强现有林网抗逆水平。

(3) 实行动态管理，全面发挥农田防护林和防风固沙林三大效益。动态管理是指在建立了或通过改造可以建立合理林龄梯度的林网中，当林木达到采伐年龄、生态功能开始衰退、以蛀干类害虫为主的生物灾害进入高发期前，采取轮伐更新方式对防护林防护功能进行持续保护并最大限度地利用林木资源的一种防治管理措施。要在林网建设和更新改造中，大力推广窄林带小网格型农田防护林建设模式，并在造林设计时即有计划、有秩序地合理设置、适度拉开林网中带内行间、网内格间的造林时间，形成林网的林龄梯度，为实现农田防护林的动态管理创造条件。灌木林等采取适时平茬方式，促进根系生长，枝蘖萌生，复壮树势，清除病虫源，增强林分抵抗力，通过动态管理，确保农田牧场防护林和防风固沙林生态效益、经济效益、社会效益最大化。

(4)加强抚育管理，保证林木健康生长。应改变农田牧场防护林粗放经营方式，重视和加强对农田防护林的抚育管理。强化前期管理，加强中幼龄林管护，适时中耕施肥，浇水抗旱，增加土壤通透性和墒情，满足林木生长需求；经常整枝修剪，调整林木冠干比例，保持上密下疏、树干通直、冠形紧凑；按照“留优去劣，间密留稀，照顾距离，分布均匀”的原则，及时开展间伐和卫生伐，伐除劣势木和影响优势木生长的中庸木以及分布过密的优势木，提高林木抗逆性，确保农田牧场防护林健壮生长。

(5)强化有害生物防治，保障农林牧业增产增收。一是注重苗期管理，加强种苗检疫。造林苗木必须经过严格的检疫，确保苗木安全健康；西部地区造林前须对鼠兔害进行治理，采用深坑整地、拒避剂、防啃剂、扎刺篱等措施对苗木和幼林进行保护。二是加强监测调查，准确掌握灾情动态。充分利用人力易于接近的优势，建立报告制度，勤监测，多调查，做到有害生物早发现、早治理。三是实施无公害防治，确保环境、食品安全。农田牧场防护林位于粮食生产和饲料生产场所，开展林业有害生物防治时必须采取人工、物理、生物和无公害施药技术，在防止灾害形成的同时，避免防治行为对环境和食品的污染。四是突出重大、危险性有害生物治理。对蛀干害虫、鼠、兔害等主要有害生物实行工程治理，通过大范围、系统性的综合治理，全面降低危害。五是建立长效机制，保障体系功能。落实农田牧场防护林的所有权、使用权，签订建设管护合同，明确责、权、利关系，解决建设、保护和利用问题，形成良性循环，确保“绿色长城”体系长存、功能永固，保障林农牧业全面发展。

(三)护岸林和护路林

护岸林是设置在河岸、海岸及水库、沟渠岸边的以防止堤坝滩涂等冲刷和崩塌、固定河床海岸、防洪防浪、抵御台风和海啸等为主要目的的防护林带，主要有护岸护滩林、护堤林、沿海防护林等。护路林是指设置在公路、铁路旁，为防止流沙、风雪、洪水等自然灾害侵蚀道路或影响车辆行驶而种植的防护林带。护岸林和护路林除其本身防冲缓流、固持堤岸的设计功用外，由于其带宽线长(公路林单向带宽一般都在 50～100 米，海岸林带宽在 100～200 米)，防风固沙、涵养水源、保持水土功能也极强，同时由于多处于道路沿线、景区地带等重点区位上，更承担着美化人居环境、减排污染、保护人民生命财产和工农业生产安全、护卫滨海国土的特殊使命，做好护岸林和护路林生物灾害防治意义重大。这里重点以沿海防护林和绿色通道工程为代表对其资源特点、有害生物发生特点和防治策略进行分析和研究。

1. 资源情况和特点

我国国土辽阔，江河湖泊众多，海岸线漫长，公路和铁路四通八达，护岸林和护路林星罗棋布。

我国沿海防护林主要划为辽东半岛防护林、浙闽沿海防护林、粤桂沿海丘陵台地防护林和闽粤沿海防护林 4 个区域。我国沿海防护林从 20 世纪 50 年代即有营建，但大规模成体系的建设是从1989年沿海防护林建设项目启动后开始。经过一期、二期工程建设，累计造林381.8万公顷，新造或更新海岸基干林带7 884千米，使我国大陆海岸线(全长18 340千米)已有17 000千米的海岸基干林带基本合拢，基本形成了以村屯和城镇绿化为点，以海岸基干林带为线，以荒山荒滩绿化和农田林网建设为面，点、线、面相结合的沿海防护林体系基本框架。此外，仅“十五”期间即完成湖泊、水库绿化面积17 920公顷，江河沿岸绿化18 650千米，护岸林达到了很高的建设水平。

我国护路林建设起初统计在“四旁”绿化造林中，后来专门列为绿色通道建设工程。绿色通道建设工程坚持因地制宜、宜宽则宽、宜窄则窄的原则，坚持与主体工程同步规划、同步施工、同步验收的要求，坚持与农村产业结构调整、农民增收、重点生态工程建设紧密结合的方向，多部门(系统)齐抓共管、密切配合。“十五”期间，全国绿色通道建设里程达50多万千米；全国6.1万千米国家铁路营业线上，宜林铁路3.73万千米，已绿化达标2.03万千米。

护岸林和护路林资源主要特点是：

(1)林分的立地条件大多较差，林木生长环境较为恶劣。除一部分毗邻城镇、农田的公路、铁路的林分立地条件较好外，其他的均较差。如，大部分沿海防护林不仅位于土壤养分单纯而贫乏的海岸沙滩，且常遭遇潮汐、海风、海雾甚至台风的侵袭；大部分公路、铁路为避让良田，翻山越岭，布设在崇山峻岭、荒漠戈壁、干旱贫瘠、人迹罕至的地方。不良的立地条件，影响林木生长，造成树势衰弱，使林木提前进入衰退期。

(2)树种单一，结构简单，林龄相近。由于道路建设要求，公路、铁路防护林必须与主体工程同步规划、同步施工、同步验收，且要整齐划一、迅速达到防护目标，因此，公路、铁路防护林包括许多沿海防护林一般树种均比较单一，林龄基本相同，多形成以单层乔木为主的简单林分。

(3)线长面广，连续分布，栽植密度高。护路林，尤其是县级以上公路、高速公路、铁路护路林，林随路走，一般单侧林带宽在50~100米，栽植密度较高，许多路段形成连绵不断的人工纯林；海防林情况和护路林基本相同。

(4)林龄结构不合理，低幼林和成过熟林比重均偏大。新建的绿色通道、沿海防护林工程，林分基本处于低幼林期，防护功能较差；而工程实施前营造的防护林大多已进入成过熟期，再加上建设标准低、质量差，以及人为活动频繁，滥砍滥伐、滥牧滥采严重，造成林带林网不完整，缺株断带较多，防护功能已大幅度下降。特别是铁路沿线的防护林老化现象更严重，林冠稀疏，枯枝、断梢现象十分普遍；沿海防护林也有一半左右进入成过熟林期。

(5)环境污染造成树势衰弱。一般护岸林易受工农业及城镇居民废水废物污染；沿海防护林主要受海煞等袭击，造成树木失水，树叶干枯；护路林则主要由于汽车尾气和灯光的影响，易遭受酸雨、重金属、光污染等危害，造成树木生理紊乱，树势衰弱。

2. 生物灾害的发生与特点

护路林和护岸林由于过去建设质量不高、破坏严重等原因，林业有害生物发生种类较多，生物灾害成灾几率也较高。发生的主要生物灾害有：松毛虫、日本松干蚧、松褐天牛、根腐病、青枯病、吹绵蚧、多纹豹蠹蛾、天牛类、小蠹虫类、烂皮病等。其特点是：

（1）林业有害生物种类多，灾害发生频繁。护路林和护岸林由于处于经济活动的交通命脉上，有害生物人为传播几率多，加之路灯、车灯、航标灯、船灯等光源对周边农田、森林中有害生物的诱集作用，使防护林中的有害生物种类较多、密度较高，灾害发生也较为频繁。由于护路林和护岸林多为树种单一的人工纯林，生物多样性差，且带宽线长，为有害生物繁衍提供了丰富的食物源，一旦条件成熟，有害生物极易暴发流行，难以控制，有时造成毁灭性灾害。如，20 世纪 90 年代，连云港沿海防护林主要树种只有黑松和赤松，日本松干蚧入侵后，致使当地近 700 公顷黑松和赤松受该虫危害死亡，沿海基干林遭到毁灭性破坏。

（2）树木生理性病害多，次期性生物灾害发生重。由于树木生长立地条件差，沿海防护林经常遭受海煞袭击、海水浸泡，陆麓护岸林易受水浸，护路林常遭受酸雨袭击、除雪剂毒害和重金属富集污染等，护岸林和护路林中生理性病害较为严重，树木生长势弱，抗性降低，加之有一半左右树木已进入成过熟期，天牛类、小蠹虫类、烂皮病、根腐病等次期性生物灾害发生普遍，危害也较为严重。

（3）人为干预多，森林自我调控能力差。由于护路林和护岸林多处于景观带，为防止树叶被吃花、吃光影响景观，一些地方在有害生物特别是食叶害虫稍有发生即开展大规模防治，有时还使用广谱性杀虫剂，造成害虫天敌大量损伤，使林分内天敌种群难以建立，森林自我调控水平不高。

（4）中东部食叶害虫发生广，东南部森林病害种类多，西北部蛀干害虫、森林害鼠危害重。东北、华北、华中和华东部分地区护路林和护岸林中食叶害虫发生比较严重；华南和华东部分地区除食叶害虫外，森林病害种类比较多，治理难度相对比较大；西北、西南地区蛀干害虫发生重，森林鼠害对新植和中幼龄护路林危害大。

3. 防治策略

目前，我国护岸林和护路林建设已初具规模，但树种单一、层次简单、抗逆能力差的问题较为突出，为林业生物灾害发生提供了有利条件，林业有害生物是护岸林和护路林功能发挥的最大隐患。护岸林和护路林在维护国民经济发展中处于重要地位，是保证经济命脉安全、顺畅、美观的重要屏障，同时也是我国林业生态建设的重要组成部分。护岸林和护路林生物灾害的防治应充分利用林带较为宽厚的特点，通过对林分层级的改造和以生物防治为主的无公害治理措施的实施，创造近自然的森林环境，提高护岸林和护路林生物灾害的抗御能力，实现森林对有害生物的自我调控。

（1）科学设计，加强改造，营建复层林。对拟建设和拟改造的护岸林和护路林要科学规划，从造林设计开始，即将防护功能发挥、人居环境美化、生物灾害预防等进行统筹考虑、合理设计。充分利用护岸林和护路林林带宽厚的特点，由内及外（从路边、岸边算起）、由低到高营造草、灌、矮乔、高乔递进，针、阔、灌混交，常绿、落叶兼备的窄带多行乔、灌、草结合的复层林网。在树种选择和配置上应以乡土树种为主，选择生命力强、生长快、抗病虫、耐干旱、耐贫瘠、耐盐碱的优良树种，合理进行行间搭配、区段搭配，形成隔离带，增加林网树种多样性，提高森林抗逆性和稳定性。应在林网中预设防治作业通道，以满足监测调查、营林管护、防治作业的需要。

(2)加强抚育管理，促进林木健康生长。要适时松土、除草、培土、灌溉、排碱、排毒(工业、化工污染)，提高造林成活率，改善林木生活环境，增强树势，提高树木抗性。科学调整林分密度，合理整枝，适时疏伐，及时清除林内病虫木和枯立木，减少病虫源，增强林内通风透光度。灌木、矮乔采取平茬、高干截头，高乔采取轮伐等方式，适时进行更新利用，防止天牛等蛀干害虫暴发成灾。

(3)加强监测调查，及时掌握有害生物发生动态。应适度加密护岸林(特别是沿海防护林)和护路林有害生物固定监测样地数量，准确掌握林业生物灾害发生规律，及时发布预警信息。落实"谁经营，谁防治"的防治机制，加强与公路、铁路部门沟通协作，充分发挥公路、铁路护路(林)队作用，将监测调查任务和防治任务纳入其工作范畴，建立责任制、考评制和监督指导制，做到有害生物及时发现，科学防治。

(4)强化检疫管理，严防危险性有害生物人为扩散。除造林时必须严格苗木检疫检查外，护路林要特别强化危险性有害生物的专项调查，做到危险性有害生物"第一时间发现，第一现场根除"，防止由于灯诱等因素造成危险性有害生物随交通工具远距离传播。应建立和完善与公路、铁路、水运等部门的检疫协管工作机制，加强对运输物资的检疫监管，有效预防危险性有害生物对防护林的危害。

(5)实施无公害防治，不断提高林分自我调控能力。护岸林和护路林有害生物防治应实行以生物防治为主的无公害防治技术，护岸林有害生物的防治尤其要注意药剂的安全使用，严防对水源、水系的污染和对鱼类的危害。应采取以虫治虫、以菌治虫和无公害施药技术，切实保护好林间天敌，在实现有虫不成灾、保障防护功能正常发挥的前提下，逐步调整、建立护岸林和护路林近自然林业生态系统，实现林分的自我调控。

二、用材林生物灾害防治策略

用材林是指以生产木材为主要目的的森林和林木，包括以生产竹材为主要目的的竹林。我国用材林主要分布在东北内蒙古林区、西南高山林区、东南低山丘陵林区、西北高山林区和热带林区五大林区。根据全国森林资源第六次清查结果，我国用材林面积为 7 862.58 万公顷，蓄积 551 241.94 万立方米。其中，天然用材林面积 5 544.69 万公顷，蓄积 436 736.54 万立方米；人工用材林面积 2 317.89 万公顷，蓄积 114 505.40 万立方米，竹林面积 484.26 万公顷。

(一)速生丰产林

速生丰产用材林是指在高生产力的立地条件下，通过良种优苗和集约化经营措施，定向为制浆、造纸、人造板等林产工业和建筑、家具、装修等行业提供原料或大径级用材的林分。速生丰产用材林与一般的人工林相比，在经营目标、资源投入和经营方式上有根本不同，它具有单位面积投入高、木材培育周期短、单位面积产量高、比较效益显著的特点。建设速生丰产用材林基地，是缓解我国木材供需矛盾，满足国民经济和社会可持续发展对林产品日益增长需求、减轻现有森林资源和天然林保护的压力的重要措施，有利于调整农村经济结构、促进地方经济发展、增加农民收入、增加国土森林覆盖率、改善生态环境，具有明显的经济、社会、生态效益。

1. 资源概况和特点

我国速生丰产用材林建设起步较早，早在20世纪50年代，我国就开始了速生丰产林建设的尝试。但由于历史的原因和认识的局限，速生丰产用材林发展一直处于试点和探索阶段，没有形成经济规模。1986年林业部颁布了《关于速生丰产用材林基地建设若干问题的暂行规定》等一系列文件，打破了长期束缚速生丰产用材林发展的政策障碍，有力地促进了全国速生丰产用材林的发展，全国速生丰产用材林建设从此迈入了快速发展的新阶段。截至1999年，我国速生丰产用材林基地建设累计保存面积964万公顷，主要分布在浙江、安徽、福建、江西、湖北、广东、广西、四川、贵州、湖南、河北、内蒙古、山东、黑龙江、辽宁、河南等省(自治区、直辖市)。从1990年开始，我国先后利用世界银行贷款高标准、高质量地营造了270万公顷速生丰产用材林，实现了速生丰产用材林建设与国际的接轨。我国速生丰产用材林主要分为以下5个区域：

南方沿海地区：该区自然条件得天独厚，适宜桉树、相思树、马尾松、加勒比松、湿地松为主的浆纸或人造板材原料林生长。桉树轮伐期为5~8年，国外松、马尾松轮伐期为12~15年，相思树为6~10年。近年来，由于马尾松毛虫、松突圆蚧、松材线虫病和湿地松粉蚧等病虫害的影响，给松树在该地区的发展带来了一定的影响。

长江中下游地区：该区自然条件优越，土地肥沃，树种资源丰富，适宜培育欧美杨、池杉、马尾松、湿地松、火炬松和竹类为主的工业原料林树种。杨树类轮伐期为8~10年，松树类轮伐期为15~18年。但该区域人口稠密，林业用地主要是丘陵山地，能发展杨树的土地不多。

黄、淮海平原地区：该区是平原造林绿化的重点区域，适宜毛白杨、欧美杨、构树等浆纸或人造板原料林树种生长。但因降水量偏少，多数情况需要进行灌溉。

东北、内蒙古地区：该区是我国森林资源最为丰富的地区，但因前期采伐过多，目前中幼林较多，林木生长周期较长。杨树类轮伐期为15~20年，落叶松类轮伐期为20~30年。

西部重点地区：该区中的四川、云南、贵州等省自然条件优越，水量充足，适宜发展浆纸原料林基地。部分地区适宜发展桉树纸浆原料林基地，可提供短纤维漂白浆纸原料，轮伐期为5~10年。

速生丰产用材林的主要特点是：

(1)速生丰产用材林是以快速提供优质木材为主，兼有生态功能的森林。目前，全球用于营建速生丰产用材林的主要树种为桉树、杨树、松树和相思树。我国主要有：桉树、杨树、杉树、松树、相思树、泡桐、竹林等。近年来，我国大部分地区以杨树、桉树、杉木等为主的速生丰产用材林发展迅速，已形成了一定规模。在提供木材等其他原料需求的同时，对改善生态环境发挥了积极作用。2002年，国家批准实施了《重点地区速生丰产用材林基地建设工程规划》，该工程建设期限为2001~2015年，全部基地建成后，每年可提供木材13 337万立方米，加上现有森林资源的采伐利用，可基本满足国内木材供需需求。据统计，截至2004年底，速生丰产用材林基地建设工程18个重点省共营造速生丰产用材林22.45万公顷。

(2)自然条件优越，地势平缓，立地条件好。速生丰产林基地多选择在400毫米等雨线以东，优先安排在600毫米等雨线以东，一般集中在我国自然条件优越和经济发展水平较高的东南部和中部地区，经营管理速生丰产用材林的历史较长，自然条件好，管理水平高，而且集中了我国一大批大型骨干林产加工和造纸企业，不仅有利于缩短木材生长周期，实现速生丰产的目标，而且有利于木材培育与木材加工的一体化。

(3)全部属于人工林，多以纯林为主，集约化程度高，栽植密度大，生长快，轮伐期短。

2. 生物灾害的发生与特点

随着速生丰产用材林的发展，有害生物的发生也呈上升趋势。杨树病虫害主要包括杨树枝干害虫、杨树食叶害虫和杨树病害。其中，以西北地区杨树枝干害虫发生最为严重，近年来，仅在陕西、甘肃、宁夏、青海、黑龙江等地以光肩星天牛为主，包括青杨脊虎天牛、桑天牛、云斑天牛、青杨天牛等杨树天牛发生面积即近13.3万公顷。此外，木蠹蛾、杨干象、白杨透翅蛾等近几年呈上升趋势，给杨树的正常生长构成威胁。杨树食叶害虫在山东、河南、江苏、安徽等地发生危害逐年上升，2007年，全国发生杨树食叶害虫71万公顷，其中以春尺蠖、杨扇舟蛾为主的食叶害虫，在长江以北大部分地区普遍发生，杨扇舟蛾、杨小舟蛾、草履蚧等在江淮地区、河南、山东、北京平原地区发生较重。杨树腐烂病、溃疡病在各地普遍发生，个别地区相当严重，制约了杨树的成林、成材。桉树是我国南方重要的短周期工业原料林树种，随着桉树大面积纯林的营造，其病虫发生逐年加重。主要有：桉树焦枯病、青枯病、褐斑病、溃疡病等。其中焦枯病、青枯病在福建省的部分县(市)发生危害重，并造成幼树枯死；白蚁类有黑翅土白蚁、黄翅大白蚁等在闽南几乎全年活动危害，且每年有2个危害高峰期，严重危害苗木和1~2年生幼树，取食根部韧皮部，致苗木或幼树枯死，尤以当年种植的幼树最易受蚁害。此外，桉小袋蛾、桉袋蛾、大钩翅尺蛾在广西、广东发生危害较重，严重的导致桉树成片枯死。松树的马尾松毛虫、松突圆蚧、松针褐斑病、松赤枯病、流胶病在局部地区发生也较为严重。杉木中，云南松毛虫是柳杉的一种猖獗性食叶害虫，严重影响柳杉的正常生长，甚至造成柳杉枯死；杉木白蚁在杉木种植区幼林地发生危害比较普遍，粗鞘双条杉天牛在有些地方可致杉树枯死或易致风折，还有杉木炭疽病、杉细菌性叶枯病、杉木丛枝病和杉木缩顶病在部分杉木基地造成严重危害。相思树主要有苗期白粉病、炭疽病，幼林和成林的炭疽病、白粉病、心腐病、煤烟病、藻斑病等。泡桐主要有泡桐丛枝病、泡桐大袋蛾、泡桐叶甲等。其发生特点：

(1)林业有害生物种类繁多，发生危害日趋严重。随着速生丰产林基地建设的发展，尤其是大面积营造纯林，大部分种植区的有害生物发生种类和危害程度呈上升趋势，而且种类不断增加。如桉树是我国南方重要的短周期工业原料林树种，伴随桉树大面积纯林的营造，其病虫发生危害逐年加重。据资料统计，到2001年，我国桉树害虫种类就有285种，病害有30多种。在闽南大叶相思、肯氏相思、马占相思、厚荚相思等也发生一些新的病虫害，在福建省龙海市发生的相思树锈病、白粉病等导致相思树受到严重影响。杨树蛀干害虫、杨树食叶害虫、杨树病害、松毛虫、松突圆蚧、杉木白蚁发生普遍。

(2)树种单一，集中连片，病虫一旦发生，容易造成扩散。由于速生丰产林集中连片，纯林面积大，林分结构单一，稳定性差，生物多样性程度低，生态系统脆弱，导致其自身抗病虫能力差，为生物灾害大面积发生创造了条件，一旦条件适宜即可形成灾害。如桉树在同期营造大面积同龄林，其生态效能低，受病虫危害的几率越来越大。

（3）病害和蛀干害虫发生严重，危害损失巨大。杨树病害、桉树病害普遍发生，如杨树干部腐烂病、溃疡病，叶部病害等；桉树焦枯病、猝倒病、溃疡病等都造成林木生长量减少甚至死亡，直接影响速生丰产用材林的成活率和保存率。蛀干害虫如杨树天牛类、杨干象、白杨透翅蛾、松褐天牛等直接造成木材降等及失去利用价值，这些有害生物的发生在一定程度上制约了速生丰产用材林的发展步伐。

3. 防治策略

以多出材和出好材为目标，从确保用材林优质和高产出发，把林业生物灾害防治工作贯穿于速生丰产用材林经营管理的全过程，积极推行森林健康管理理念，增加科技含量，提高管理整体水平，突出蛀干害虫和病害的防治，以无公害防治为主，适当应用化学防治，减少有害生物对林分生长量和质量的影响，控制有害生物种群密度在经济允许水平之下。

（1）严把造林质量关。从种苗开始就要注意病虫害的预防和除治，在育苗、调运、造林的各个环节落实预防措施，确保无病虫害苗木上山。造林规划设计、树种配置（混交林）及方案的可行性论证，要有森防技术人员参与，没有病虫害预防措施的造林设计不予审批；选择抗病虫能力强的品种造林，大力推广苗木质量合格证、植物检疫证等制度。

（2）加强造林后的管理。根据造林目的和用途合理密植，根据树种选择合适的株行距。抓好幼林管理，采取科学的施肥、浇灌、松土除草、合理间作、修枝、防治病虫害等集约经营措施，增强林木自身抵御病虫害的能力。同时，注意有害生物预防，增强林木自身抵御病虫害的能力，变被动防治为主动御灾。

（3）高度重视监测预报工作。强化速生丰产用材林有害生物监测工作，充实和配备测报人员。种苗、营林和防治部门要协作配合，结合速生丰产用材林建设管理，提倡专业测报与群众调查相结合，定期、定人、定责开展病虫害虫情调查监测，做到及早发现，及时除治，防止有害生物扩散蔓延，造成大的危害。

（4）注重蛀干害虫和干部病害的及时除治。蛀干害虫在影响速生丰产用材林生长量的同时，造成木材质量降等，直接影响材质和经济收益。因此，必须高度重视蛀干害虫和干部病害的防治，做到早发现早治理，实现营建健康优质用材林目标。同时，要采取生物防治的措施，加强叶部病虫的早期预防和治理，防止叶部病虫暴发成灾，影响树木生长。

（5）重视速生丰产用材林外围病虫害的预防和治理。一方面，在规划营造速生丰产用材林时，应尽量避免选择当地病虫害发生严重的寄主树种作为主栽树种，减少发生病虫害的风险。另一方面，在做好速生丰产用材林有害生物防治的同时，也要重视速生丰产用材林以外周围林木或森林的病虫害防治，减小对速生丰产用材林的威胁。

（6）引进法正林经营理念，科学经营速生丰产用材林。法正林学说的定义为“能每年提供完全相等的材积收获的森林状态”，法正林的条件包括：法正龄级分配、法正林分配置、法正生长量、法正蓄积量、法正采伐量。速生丰产用材林虽主要以出材为目的，但也应以保证生态环境不受破坏为前提。常规的速生丰产用材林经营，多为统一大面积栽植，统一大面积采伐，林地的防护效益突然减少或消失，将对生态环境造成严重影响。如按法正林思想配置，适当调整轮伐期，调整林分结构为法正生长量和采伐量，每年采伐成熟的部分林分，然后及时更新，逐渐使林分形成法正林分配置，每年均匀地安排采伐更新，能形成时间上稳定、空间上均匀的格局。同时，对一些有害生物特别是干部病害和蛀干害虫危害的林木，每年有计划地定期伐除，可有效减少病虫源，使林木在未遭受严重危害时木材已得到充分利用，在不影响出材需要的前提下，最大限度地确保速生丰产用材林的生态效益在时间上稳定持久的发挥。

(二)一般用材林

一般用材林在用材林中占有相当大的比重，多分布在东北、内蒙古和西南国有林区，与速生丰产用材林相比，在经营目标、资源投入和经营方式上都有很大不同，其资源特点是：

(1)天然林占多数，破坏严重。由于人为破坏，我国天然用材林资源在一直下降，多数退化成次生林，人工林健康状况不佳，生物多样性程度较低，森林自我调节和控制灾害能力差。在太行山山地、冀北山地和燕山山地，已少有原始林，绝大多数已退化为次生林。晋陕黄土高原东南部山地，已无完整的落叶阔叶林，只在阴坡尚有残存的栎类、油松等树种；大兴安岭北部山地退化最为严重，珍贵针叶树种和阔叶树种的面积比重一直在降低。这个次生林区不断遭到滥砍和毁林开荒，致使东南缘不断向北、向西退缩。现在已比1958年退缩200千米左右，造成了松辽平原水资源不断减少和洪、涝、旱灾害连年不断。

(2)大部分一般用材林管理水平低，质量差。由于天然用材林多地处偏远山区，人烟稀少，交通不便，给管理增加了难度，导致多数用材林生产力水平低下。大兴安岭南麓林区，目前只有阴坡长有次生杨桦林，其中栽植的一些人工林也变成了价值不高的低质林。阴山山地阴坡下部已成为荒漠草原，阳坡已大部分岩石裸露，有的山坡已寸草难生。

(3)以松杉类针叶林和针阔混交林占多数。如东北地区，包括黑龙江、吉林和内蒙古东北部的大兴安岭林区及呼伦贝尔盟东部地区，分布着以落叶松为主的针叶林和针阔混交林；西南地区，包括四川、云南、甘肃的林区，分布着以云杉、冷杉为主的针叶林及松林，在其南部还分布有热带、亚热带常绿阔叶林；东南华南丘陵地区，主要分布马尾松、杉木及多种阔叶树；西北干旱半干旱地区，有部分针叶林和针叶落叶阔叶林。

一般用材林的生物灾害发生情况、防治对策基本与防护林中的水源涵养林和水土保持林的相同，重点是在其生产经营中要引进近自然林业的经营理念，保护和提高森林生态系统的健康水平，不断增强林分抵御生物灾害的能力，实现可持续控灾。

(三)竹林

1. 资源情况和特点

我国竹子种类多、面积大、分布广，竹类植物约占世界竹子属、种的1/3。全国竹林面积为484.26万公顷，占有林地面积的2.86%。其中：天然竹林面积319.13万公顷，占竹林面积的65.90%；人工竹林面积165.13万公顷，占竹林面积的34.10%。按分布区域主要分为黄河—长江竹区、长江—南岭竹区、华南竹区、西南高山竹区4个区域。资源特点：

(1)种类多，用途广。全球已知有竹子1 200余种，我国约有35属400余种。属于年年择伐、永续作业的优良植物，也是绿化国土、改善生态环境、净化空气、涵养水源的优良植物。毛竹用途广，与竹产区人民生活息息相关，是竹产区地方财政和农民收入的重要支柱。

(2)易栽培，生长快，成林迅速，采伐周期短，产量高。竹是热带、亚热带原产，性喜温暖湿润气候。我国南方温度高、雨量多，适合竹生长。竹子生长快，可充分利用山区和丘陵地栽培。竹比一般树木生长快，早成林，枝叶茂密，地下有竹鞭和大量根群可防止丘陵山坡水土流失。竹材用途多，经济价值高，是值得大力发展的植物。

(3)生态环境相对稳定，多为纯林。我国竹林分布虽然面积广，但其集中生长区主要在福建、江西、浙江、湖南、广东、四川、广西、安徽、湖北、重庆10省(自治区、直辖市)，其竹林面积占全国的93.78%，而福建、江西和浙江3省的竹林面积占全国的一半。集体和个体所有的竹林占绝对优势，集体248.85万公顷，占51.39%；个体203.45万公顷，占42.01%；国有31.96万公顷，占6.60%。在竹林中，毛竹林337.20万公顷，占69.63%；杂竹林147.06万公顷，占30.37%。

2. 生物灾害的发生与特点

竹子苗期常见的害虫中危害竹苗根部的有蛴螬、地老虎、蝼蛄、蟋蟀等，危害竹苗嫩叶的有蚜虫、竹叶螨、介壳虫、竹螟、刺蛾等；笋期常见的害虫有笋夜蛾、笋泉蝇、笋象鼻虫等；成竹期常见竹螟、竹蝗、竹青虫、竹斑蛾、蚜虫、介壳虫、竹螨等。常见的竹子病害主要有竹丛枝病、竹杆锈病和毛竹枯梢病等。由于竹子生产多是无性繁殖，又以择伐形式收获，生态环境相对稳定，因而在竹子上生活的各种生物相对也比较稳定。尽管竹子上生活和危害的害虫种类比较多，但由于天敌昆虫、有益动物和菌类等的相互作用，大竹林中有害生物大发生的几率比较小。其发生特点：

(1)病害种类多，危害呈上升势头。毛竹枯梢病危害当年新竹的嫩枝和侧枝，造成枝枯、梢枯或整株枯死。毛竹丛枝病、毛竹黑痣病、毛竹煤烟病、毛竹叶斑枯病、毛竹黑粉病，毛竹杆锈病、毛竹基腐病等在一些竹产区不同程度发生危害。

(2)虫害发生频率高，危害严重。刚竹毒蛾是危害毛竹最严重的害虫，在主要产区常年发生，且有递增趋势，受害时竹林一片枯黄，大发生时竹叶常被吃光。竹笋禾夜蛾在闽西北毛竹产区发生逐年加重，黄脊竹蝗在闽西北的部分地区成灾。在生产上造成损失的主要是取食竹笋、竹叶和枝干的害虫。

3. 防治策略

从提高经济效益和社会效益出发，通过掌握目标有害生物生活史的薄弱环节，以生态学原理为指导，以营林措施为基础，应用经济、有效、简便、环保的防控措施，把竹类有害生物控制在经济允许水平以下，以保证竹林的健壮生长。

（1）落实营林措施。营林措施是调控和防治竹林有害生物的基础，竹林栽培管理的每一环节都直接影响到竹林有害生物的生存条件和危害程度。合理的营林措施，可以创造对有害生物生长发育和种群增长不利的环境条件，而又能促进竹子健壮生长，增强抗灾能力，减轻病虫危害。

（2）加强经营管理。首先要调整垦覆时间，一般竹林的垦覆时间安排在春夏进行，这不但对竹子害虫起不到杀伤作用，反而为竹子害虫创造了良好的越冬场所，由于土壤疏松，害虫可以潜入到更深的土层中越冬，捕食性天敌、寄生性天敌和严寒对其不起作用。因此，竹林中发生有在土中越冬的害虫（如一字竹笋象），就要调整垦覆时间，安排一次在冬季进行。其次要清除林下小竹和小杂竹，刚竹毒蛾等一些食叶害虫，多产卵于窝风的林下小竹或小杂竹的叶背越冬，竹织叶野螟、竹绒野螟越冬前喜食小竹或杂竹的嫩叶，因此，清除林下小竹或小杂竹能有效地降低越冬虫口或减轻危害。此外还要做到及时清理杂草，合理留养新竹，并合理调节立竹密度和竹林结构。

（3）科学规划，适度发展。目前，由于竹产业的迅猛发展，各级政府和林业主管部门对竹林的培育越来越重视，投入越来越大，有的地方不顾立地条件好坏，不顾竹子有害生物的发生和危害可能给竹林带来毁灭性破坏的严重后果，盲目扩大发展规模，建成集中、连片、纯林、大范围的笋竹高效示范园区。单一的纯竹林不仅生态功能脆弱，远不如针阔、杉阔、竹阔混交林和阔叶林生态功能强大，而且给有害生物暴发成灾创造了条件。因此，应根据本地的实际情况和立地条件，科学合理地做好竹林发展规划，坚持“适地适竹，合理混交”的原则，以此来确定本地竹林发展总面积和发展规模，增强竹林自然控制病虫灾害的能力。

三、其他林种的生物灾害防治策略

其他林种包括经济林、能源林（薪炭林）、特种用途林等，现对其资源情况、有害生物发生特点及灾害防治对策作一简述。

（一）经济林

经济林是指以生产果品、食用油料、饮料、调料、工业原料和药材等为主要目的的林木。根据全国森林资源第六次清查结果，我国经济林面积为2 139.00万公顷，占全国有林地面积的12.66%。

1. 资源概况和特点

我国经济林资源非常丰富，在经济林面积2 139.00万公顷中，果树林面积1 094.04万公顷，占经济林总面积的51.15%；食用油料林面积342.90万公顷，占经济林总面积的16.03%；饮料林面积184.94万公顷，占经济林总面积的8.65%；调料林面积78.92万公顷，占经济林总面积的3.69%；药用林面积32.79万公顷，占经济林总面积的1.53%；工业原料林面积222.66万公顷，占经济林总面积的10.41%；其他经济林面积182.75万公顷，占经济林总面积的8.54%。近几年来，通过品种结构调整和中、低产林改造，加大科学栽培管理力度，增加了产量，提升了产品的质量，全国经济林生产增幅明显，经济效益稳步提高。其特点是：

(1)树种、品种多，分布广，经济价值高。在全部经济林中有大量果木林、木本粮油林、特用经济林和其他经济林。而每一类经济林中，又有许多树种，每一树种，又有几十个甚至几百个品种。分布从南到北，从东到西，凡是有森林分布的地方，几乎都生长有各种各样的经济林，在国民经济中占有很重要的地位。

(2)集约化程度高，纯林比例大，抗逆性差。改革开放以来，随着国民经济的快速增长，国内和国际市场对我国林果产品的需求大增，林果基地大量出现，集中连片的纯林果园不断出现。在品种选育中，多注重果品产量质量，忽视树种抗逆性。一些地方不坚持适地适树原则，盲目引种，导致一些果林对自然灾害的抵御能力不强。

(3)栽培管理技术落后，优质果率低，农药残留高。经营投入和管理技术不匹配，缺乏科学规范的林果经营管理知识，盲目用药、随意施药，造成果树有害生物越治越多、越防越重，有害生物产生抗药性，产品出现高残留。

2. 生物灾害发生特点

在经济林栽培过程中，常会受到多种病虫危害。其特点是：

(1)有害生物种类多，损失大。经济林有害生物发生地域范围广，危害种类多，而且在不同时期有不同的病虫种类发生，例如苹果有病害 90 余种，害虫 348 种；柑橘有病害近 100 种，害虫 354 种。如果防治措施不当，都会导致严重的产量损失和产品品质下降，甚至一年严重受害影响多年收成。

(2)有害生物抗药性强，防治困难。由于药剂的不合理使用，果园内有害生物抗药性普遍提高，致使防治成本增加，防治效果欠佳，形成恶性循环。

(3)经营分散，交叉感染严重。我国经济林生产虽然集中连片，但经营分散，管理水平不一，联合互动性不强，防治时期不统一，经常出现你防他不防的情况，造成有害生物不能统一治理，形成交叉感染，防治效率低下。

经济林树种主要林业有害生物详见表 10-3。

表 10-3　经济林树种的主要林业有害生物

树种	林业有害生物
油茶	油茶炭疽病、油茶煤污病、油茶毒蛾、茶梢蛀蛾、茶籽象甲
苹果	苹果褐斑病、苹果花叶病、苹果锈病、苹果锈果病、苹果腐烂病、苹果干腐病、苹果根朽病；苹果巢蛾、苹果小卷蛾、苹果全爪螨、苹果瘤蚜、苹毛丽金龟、苹小食心虫、苹果球蚜、苹果透翅蛾、枯叶蛾
板栗	板栗疫病、栗实黑斑病；栗瘿蜂、栗花麦蛾、栗大蚜、栗实象甲、板栗透翅蛾、板栗介壳虫、栗小爪螨
梨	梨褐斑病、梨白粉病、梨黑星病、梨轮纹病、梨炭疽病、梨腐烂病；梨星毛虫、梨尺蛾、梨木虱、梨黄粉蚜、梨小食心虫、梨大食心虫、梨圆蚧、茶翅蝽、康氏粉蚧
柑橘	柑橘疮痂病、柑橘溃疡病、柑橘黑斑病、柑橘炭疽病；柑橘木虱、柑橘红蜘蛛、柑橘蚜虫、柑橘天牛类、吉丁虫类、柑橘凤蝶类、尺蠖类、柑橘卷叶蛾类
油桐	油桐尺蠖
枣	枣锈病、枣灰斑病、枣缩果病、枣炭疽病、枣枝枯病、枣疯病、枣病毒病；枣尺蠖、枣粘虫、枣瘿蚊、隆背花薪甲、绿盲蝽、枣豹蠹蛾、六星吉丁虫、枣龟蜡蚧、皮暗斑螟
核桃	核桃枝枯病；核桃举肢蛾、木尺蠖、云斑天牛
荔枝	荔枝霜疫霉病、荔枝炭疽病、荔枝果腐病、荔枝酸腐病、荔枝白霉病、荔枝镰刀菌腐烂病、荔枝斑点病、荔枝叶斑病、荔枝鬼帚病、荔枝枯斑病；荔枝蝽、荔枝细蛾、荔枝小灰蝶

（续）

树种	林业有害生物
桃	桃红叶病、桃细菌性穿孔病、桃褐腐病、桃疮痂病、桃流胶病；桃天蛾、桃潜叶蛾、黑星麦蛾、桃蚜、桃瘤蚜、桃小食心虫、桃蛀螟、黄刺蛾、天幕毛虫、朝鲜球坚蚧、二斑叶螨
花椒	花椒褐斑病、花椒锈病、花椒炭疽病、花椒立木腐朽病、花椒病毒病；花椒跳甲、棉蚜、吹绵蚧、花椒窄吉丁
龙眼	褐斑病、叶斑病、灰斑病、叶枯病、炭疽病、果腐病、黑斑病、根霉软腐病、菌核病、酵母菌酸腐病、煤烟病、藻斑病；喙副黛缘蝽、麻皮蝽、珀蝽、条蜂缘蝽
李	李袋果病；黄刺蛾、天幕毛虫、朝鲜球坚蚧、二斑叶螨
柿	柿圆斑病、柿角斑病、柿黑星病、柿炭疽病、柿疯病；柿星尺蠖、柿斑叶蝉、柿蒂虫、柿绒蚧、柿长绵粉蚧、草履蚧
八角	八角叶甲、八角尺蠹蛾
葡萄	葡萄霜霉病、葡萄褐斑病、葡萄灰霉病、葡萄黑痘病、葡萄蔓割病、葡萄白腐病、葡萄水罐子病；葡萄卷叶蛾、葡萄扇叶蛾、葡萄缺节瘿螨、葡萄二星叶蝉、葡萄天蛾、葡萄虎蛾、白星花金龟、葡萄透翅蛾、葡萄虎天牛、葡萄根瘤蚜
杏	杏疔病、杏焦边病、黄刺蛾、天幕毛虫、杏仁蜂、朝鲜球坚蚧、二斑叶螨
柚	疮痂病、锈壁虱、黄龙病、溃疡病、柑橘炭疽病、流胶病、立枯病、煤烟病、黑星病、脚腐病、裂皮病、衰退病、碎叶病膏药病、线虫病；红蜘蛛、锈螨、潜叶蛾、木虱、橘蚜、凤蝶、天牛、吉丁虫、金龟子、花蕾蛆、橘潜跳甲
橙	柑橘炭疽病
银杏	银杏根腐病、银杏茎腐病、银杏叶枯病；银杏大蚕蛾
山楂	山楂斑枯病、山楂白粉病、山楂腐烂病、山楂黄叶病；山楂绢粉蝶、白小食心虫
杧果	杧果炭疽病、杧果疮痂病、杧果梢枯流胶病
榛子	白粉病；象实虫
山核桃	灰霉病；山核桃花蕾蛆
石榴	石榴黑斑病；石榴绒蚧、褐边绿刺蛾、樗蚕
猕猴桃	猕猴桃溃疡病
乌桕	乌桕木蛾

3. 防治策略

经济林生物灾害防治应围绕经济林稳产高产和质量提高，立足预防措施的正确运用，以提高无公害防治率和降低损失为前提，从田间管理抓起，把生物灾害预防控制措施贯穿于经济林栽培的各个环节，推进经济林生物灾害管理的科学化、规范化和标准化，全面控制经济林生物灾害严重发生的势头，促进林业产业化健康发展。

（1）加强抗性育种。经济林新品种培育应在抗逆性和抗病虫能力上狠下工夫，在品种选育、推广过程中，必须明确有害生物抗性指标，对主要有害生物高感的品种坚决不能推广种植。

（2）强化林间管理。在经济林栽培过程中，管理措施是最根本、最经济的办法。通过科学管理可提高树体的抵抗力，有效控制有害生物侵害。合理施肥和排灌，可增强树势，减少有害生物发生；搞好果园卫生，及时查找和剪除病虫枝梢，摘除病虫果等，可减少侵染源。这些管理措施既经济、又环保，一举多得。

（3）提高经营标准，确保产品卫生安全。一部分经济林是为人类提供食品的，因此，必须以环保和确保人类健康为根本出发点。要增加产品竞争力、提高产品收益，必须在目标上设立高标准，在管理上实行高规格，在实际操作中严要求，与世界接轨，规范管理，推广应用经济实用的生物措施和生态控制技术，使我国经济林生物灾害管理达到世界水平，全面降低农药残留量，提供绿色环保产品。

(4)加强监测预报，实行科学防治。在经济林栽培过程中，每一个环节都要重视和加强生物灾害的预防控制。应加强主要经济林产区有害生物的监测预报工作，设立咨询窗口，及时向果农发布病虫情预报信息，提供生物灾害预防控制技术与注意事项咨询，指导果农科学防治有害生物。要根据预测预报信息和害虫的发生规律抓住防治的关键时期，在害虫抵抗力最弱的虫态、最易防治的时期进行防治；病害防治也要把握侵染循环的最佳防治期，早防早治，取得最佳防治效果。为保证经济林产品质量，首先必须选择无公害生物农药防治有害生物，在必须使用化学农药时，为了防止产生抗药性和保护生态环境，在确保产品无农药残留的前提下，应当交替用药，提高防治效果。

(5)实行联防联治，提高防治效率。建立健全民间组织，创建相应的专业协会，实现协防统管、风险同担、利益共享，形成互相监督、互相促进的格局，以提高经济林有害生物治理成效。

(二)能源林(薪炭林)

能源林即《森林法》中的薪炭林，是为提供能源而经营的森林。由于过去其主要是生产薪材和木炭，因而一直被称为薪炭林。但目前对于能源林有了新的认识，即除了提供薪炭外，它还要为经济社会提供柴油、酒精等生物能源，因此，目前将那些以获取能量为主要经营目的的森林泛称为能源林。在全球矿物质能源日趋紧缺、人类对环境要求日益提高的今天，科研、开发和利用绿色环保可再生的生物质能源已成为世界各国关注的重点。表 10-4 介绍了部分主要油料树种概况。

目前，我国能源林有林地面积为 303.44 万公顷，蓄积 5 627.00 万立方米，到 2020 年，计划定向培育能源林 1 333 万公顷，能够满足 600 万吨生物柴油和装机容量 1 500 万千瓦年发电原料供应，我国能源林将占国家《可再生能源中长期发展规划》确定的生物质能源发展目标的 50% 以上。加快发展生物质能源既是适应国家能源发展形势的需要，也是在整个国家经济建设大局中拓展林业服务领域的体现，更是林业自身求得新发展的必然选择。

表 10-4 主要油料树种概况

树种	面积（万公顷）	可获得量（万吨）	现加工量（万吨）	含油率（%）	主产和主要分布区
乌 桕	41.0	18.5	0.7	果 35，籽 62	贵州、湖北、四川、浙江等地
漆 树	22.0	8.0	2.2	果 40 ~ 60	陕西、贵州、安徽、华北等地
油 桐	106.0	56.0	11.2	籽 48 ~ 50	贵州、海南、陕西及南方各省(自治区)
山桐子	3.0	1.0	-	果 56，籽 28	南方各省(自治区)
小桐子	1.0	0.5	0.3	籽 50 ~ 68	四川、云南、贵州、海南
黄连木	30.0	8.0	1.0	籽 40 ~ 46	陕西、河北、山东、河南等地
文冠果	1.0	-	-	籽 45 ~ 50	内蒙古、山西等北方各省(自治区)

（续）

树种	面积（万公顷）	可获得量（万吨）	现加工量（万吨）	含油率（%）	主产和主要分布区
光皮树	-	-	-	果 40，籽 20	江苏、湖南、湖北、江西等地
盐肤木	2.0	0.5	-	果 40，籽 12	北方及江苏、江西等地
油翅果	5.0		-	籽 30	山西、陕西、河北
卫　矛	24.0	6.0	3.0	籽 40～45	全国各地
重阳木	5.0	1.5	-	籽 24～28	福建、广东、广西、陕西等省(自治区)
木　棉	4.0	1.0	-	籽 24～28	云南、贵州、广西、广东、福建
巴　豆	9.0	2.0	-	籽 52～56	四川、浙江、江苏、福建等地
沙　枣	48.0	11.0	2.0	籽 15	北方各地
沙　棘	-	-	-	籽 14～果 18	-
合　计	302.0	114.0	20.4	-	-

能源林的资源特点是，多位于边远地区，营建在立地条件较差的瘠薄地，自然生态条件较为恶劣；大多为当地乡土树种，种类丰富，树种的适应性强；多为乔、灌混交林，部分纯林，零星分布，覆盖率低；油料能源林目前以散生存在，随着油料能源林重视程度的提高，在今后将会营造大量的人工纯林。

我国能源林遍及全国各地，能源林生物灾害发生情况复杂多变，其防治可根据各地能源林的特点，参考用材林、防护林生物灾害的防治策略进行，重点是要关注今后要大力发展的油料能源林的生物灾害预防问题。要提早开展油料能源林生物灾害防治的基础性研究工作，主动参与能源林建设，从基础起步阶段奠定能源林生物灾害防范的牢固基础。能源林开发利用应以健康培育和健康经营为手段，把林业生物灾害防范措施纳入能源林建设的各个环节，确保林油一体化建设的健康发展。

（三）特种用途林

特种用途林是指具有特殊意义和功能的森林。根据全国森林资源第六次清查结果，我国特种用途林面积为 638.02 万公顷，蓄积 102 810.26 万立方米。二级林种包括国防林、实验林、母树林、环境保护林、风景林、名胜古迹和革命纪念地林木、自然保护区森林等。这里就国防林、实验林、母树林和环境保护林生物灾害防治策略进行阐述，风景林、名胜古迹和革命纪念地林木、自然保护区将在下节进行重点论述。

1. 国防林

国防林是指位于我国边境线附近具有特殊意义的森林。按照 2001 年 3 月国家林业局《国家公益林认定办法》规定，沿国境线 20 千米范围内及国防军事禁区内的森林、林木和林地均为国防林。建设和保护好国防林，事关国土安全和国家形象。

国防林因绝大多数沿边境线分布，人为干扰活动较少，林内植被较为丰富，森林生态系统较完整，因此，国防林内有害生物种类较多，但较少发生灾害，多为零星发生和分布，生物灾害造成的损失不严重，且多可以靠森林的自我调节进行控制，但外来林业有害生物潜在威胁较大。

国防林具有极强的军事作用以及高度的保密性，与社会交流和沟通有一定限制，因此，应加强与当地驻军的信息沟通，做好军地协调工作，地方林业主管部门要主动及时向驻军通报林业生物灾害发生信息，指导部队做好预防工作；要加强与驻军的技术交流、技术培训和技术服务，团结协作，适时开展军地联防联治。

2. 实验林

实验林是指以提供教学或科学实验场所为主要目的的森林，包括科研试验林、教学实习林、科普教育林、定位观测林等。新中国成立以来，我国在重要天然林区和重点人工林区都建立了实验基地，分区分类进行科学研究试验，这些实验基地在科研方面发挥了重要作用。

总体看，实验林的林业有害生物发生情况不太严重，但是，局部地区也有暴发成灾的情况。其生物灾害防治策略是：要按照“谁经营，谁防治”的原则，明确防控工作第一责任人，制定突发林业有害生物的应急预案，加强对有害生物的预防和监测工作；注重协调工作，沟通信息，及时采取以生物防治为主的措施控制有害生物的发生；防止外来有害生物入侵，尤其在开展有害生物实验时，要严格按照《植物检疫条例》规定进行，在进行实验时要充分考虑到实验风险，建立完善的防疫措施，试验后应在林业检疫部门监督下进行除害处理。

3. 母树林

母树林是采种母树林的简称，又叫采种种子林，它的主要任务就是生产品质优良的林木种子和枝条。中国是世界上森林树种、特别是珍贵稀有树种最多的国家。我国现有母树林面积158. 1万公顷，良种基地28. 5万公顷，年种子生产能力2 500万千克，穗条产量15亿条(根)，苗木产量300多亿株。

母树林具有以下特点：一是大部分为成熟林，生长的立地条件较好。母树林由于具有特殊的采种要求，因此，大多位于立地条件较好的地区，水肥充足，林木长势旺盛。二是林种单一，管理精细。母树林多为适应某一特定目的要求而大规模栽种的树种，如东北常见的红松母树林，因此目的树种明确，优势明显，甚至是由单一树种构成的纯林。同时，需要经常施肥施水，人工管理精细，人为干扰活动较多。三是林龄相近，林相整齐。由于为采种而建，为便于生产品质优良的林木种子和枝条，母树林几乎都是同时栽种，林龄相近，同时，林相整齐，属于长势茂盛的优良树种。

由于母树林以生产品质优良的林木种子和枝条为主要经营目标，树种相对单一，林龄基本一致，以致林分不具备完善的层级结构，很难为多种生物提供多样化的生态位，林分的稳定性和自我调节能力差，抵御生物灾害的能力弱，因此，生物灾害发生较为频繁，影响种子和枝条的产量和质量，甚至影响正常的林业生产。

促进和维持母树林的相对健康，减少病虫害的发生，降低经济损失，应加强母树林的健康经营。母树林健康经营除要抓好抚育改造和林分密度控制外，还需重点抓好如下工作：一是在造林上要重视适地适树，尽量选择抗性强的树种营造母树林，并加强检疫措施，确保良种壮苗；在引入外来树种时，要经过长时期的驯化，同时引种规模也要严格限制。二是在管护上，应对母树林进行抚育管理，适时修枝剪枝，清除林内杂草，消灭有害生物越冬场所；应特别加强开花期保护，以防影响种子质量；注重土壤的营养恢复，防止地力衰退。三是在有害生物防治上，要搞好监测，应根据寄主物候期及实地调查情况，做到因地制宜、适时施药，确保防治效果。

4. 环境保护林

环境保护林是设在工厂、矿山、疗养院、城市等污染严重和人口密集区栽种的森林，主要目标是保护生态环境、消除污染、提供良好的人居环境。

环境保护林是为保护特定目标而栽种的森林，因此大部分为人工林，成带、网、片或块状分布；而且林龄相近，林相整齐，属于长势茂盛的优良树种。由于以观赏和绿化为主，林木价值较高，管理也较为精细。

环境保护林由于受人为干扰大，污染严重，林业有害生物发生多，一定要严把树种的选择。在造林上要重视适地适树，尽量选择抗污染能力强的树种进行造林，尤其是乡土植物，并有节制地引进外域特色植物，以扩大生物多样性，促进森林健康。在有害生物防治上，要建立和完善生物灾害的应急反应机制，提高防治的时效性。在进行化学药剂防治时，应尽量选用只对靶标生物有作用的药物，或尽量选择只对靶标生物有作用的施药方式；同时，大力提倡生物防治，加强本地天敌的保护与利用，可以利用人造鸟巢或鸟箱等进行人工招引或饲养、释放天敌动物。

第三节　分区治理

林业生物灾害的发生与有害生物、森林类型及区域环境密切相关，林业生物灾害防治对策的选择除了针对有害生物的分级管理和针对森林类型的分类管理外，也应针对生物灾害的区位特点采取相应的分区管理对策。本节重点针对林业重点工程区、风景名胜区、重要口岸和城市森林等提出林业生物灾害治理对策。

一、重点工程区林业生物灾害治理

保护和培育森林资源是我国林业建设的一项紧迫而艰巨的任务。为实现林业又好又快发展，国家林业局从发挥资源优势、优化生产力布局，加速推进林业发展进程的战略高度，对我国林业建设工程进行了一系列整合，于 20 世纪末相继实施了退耕还林工程、天然林资源保护工程、京津风沙源治理工程、野生动植物保护及自然保护区建设工程、“三北”及长江流域等重点防护林体系建设工程、重点地区速生丰产用材林基地建设工程等六大林业重点建设工程。林业重点工程的实施，促进了全国森林资源的大幅度增长，森林覆盖率由 16.55% 提高到 18.21%。更重要的是，林业重点建设工程在保护和增加全国森林资源的前提下，不仅有力地改善了林分结构和质量，更好地促进了森林生态效益的发挥，而且促进了社会产业结构的调整，加快了广大林农脱贫致富奔小康的步伐，产生了显著的社会和经济效益。但是，由于全球气候变暖、灾害性天气频发、人工林面积增加、贸易流通日趋频繁等原因，林业重点工程区的林业生物灾害也变得日益严重和突出。控制林业重点工程区的生物灾害，减少其危害损失，已成为林业生物灾害防治的当务之急。

我国六大林业重点工程建设范围互有交叉，树种组成和林业生物灾害种类也存在交叉现象，因此，林业生物灾害的发生原因、治理对策需要因时因地制宜地加以选择，本节以区别相对明显的退耕还林、天然林资源保护和京津风沙源治理3个工程为例，分别阐述其灾害特点和治理对策。

（一）退耕还林工程区林业生物灾害治理

退耕还林工程是我国林业建设史上涉及面最广、政策性最强、工序最复杂、民众参与度最高的一项生态建设工程，其内涵可以高度概括为“退耕还林（草），封山绿化，以粮代赈，个体承包”，其目的就是要解决因陡坡开垦、耕地退化等造成地表裸露引起的水土流失问题。

1. 基本情况

退耕还林工程于1999年在水蚀和风蚀严重的四川、陕西和甘肃3个省进行试点，在取得经验的基础上，按照国家关于进一步加大退耕还林力度，加快退耕还林进度的指示，于2002年正式启动。建设范围包括北京、天津、河北、山西、内蒙古、辽宁、吉林、黑龙江、安徽、江西、河南、湖北、湖南、广西、海南、重庆、四川、贵州、云南、西藏、陕西、甘肃、青海、宁夏、新疆25个省（自治区、直辖市）及新疆生产建设兵团，共涉及2 279个县（团）。其基本政策是“以粮代赈，个体承包”，建设内容包括退耕地造林、宜林荒山荒地造林和封山育林；建设重点是生态环境相对脆弱的西部地区。按照国家《退耕还林条例》的要求，退耕还林工程就是要将水土流失严重的耕地，沙化、盐碱化、石漠化严重的耕地以及生态区位重要、粮食产量低而不稳的耕地，有计划、有步骤地停止耕种，因地制宜地造林种草，恢复植被。特别是对于江河源头及其两侧、湖库周围的陡坡耕地以及水土流失和风沙危害严重等生态地位重要区域的耕地，应当优先规划实施退耕还林。

退耕还林（草）工程规划分两个阶段进行，2001～2005年为第一阶段，2006～2010年为第二阶段。据统计，1999～2006年的7年间，全国共完成退耕还林任务2 427万公顷，其中：退耕地造林927万公顷，宜林荒山荒地造林1 367万公顷，封山育林133万公顷。到2010年，全国要完成退耕造林3 200万公顷，其中，退耕地造林1 467万公顷，宜林荒山荒地造林1 733万公顷，陡坡耕地基本退耕还林，严重沙化耕地基本得到治理，工程区林草覆被率增加4.5个百分点，工程区的生态环境得到较大改善。在退耕还林工程稳步推进的同时，以杨树蛀干害虫、杨树食叶害虫和森林鼠（兔）害为主的林业生物灾害也随之在工程区的许多地域暴发成灾，严重制约了工程的顺利开展。因此，搞好工程区的林业生物灾害治理，对于保障该项工程的顺利实施，保护和改善生态环境，促进我国经济和社会可持续发展具有重要的战略意义。

2. 树种组成

退耕还林工程范围涉及全国从南到北的25个省（自治区、直辖市），由于各地不同的地理气候、地形地貌和水热条件，使得我国退耕还林工程区不同区域的造林树种具有显著的区域性特征。按照《全国生态环境建设规划》的分区思路，不同分区内实行不同区域类型的生态环境建设模式，在不同分区内退耕还林的造林树种分别为：黄河上中游及北方地区主要包括樟子松、油松、长白落叶松、日本落叶松、赤松、红皮云杉、侧柏、小叶杨、毛白杨、银白杨、山杨、青杨、乌柳、沙柳、沙棘、柠条、沙打旺、白桦、水杉、法桐、泡桐、槐树、臭椿、黄连木、槭树、白蜡、栎树、紫穗槐，以及梨、桃、杏、枣、核桃、柿树、花椒等树种。长江中上游及南方地区主要包括马尾松、湿地松、火炬松、华山松、高山松、雪松、金钱松、侧柏、云杉、青杨、毛白杨、山杨、滇杨、桉树、杜仲、槭树、高山栎、栓皮栎、白桦、红桦、光皮桦、楸树、棕榈、金合欢、沙棘、高山柳、红杉、小叶青冈、山白果、椴树、鹅耳枥、构树、檫木、枫香、茅栗、米心树、蓝果树、青冈栎、黑壳楠、水青冈、五角枫、鹅掌楸、悬铃木、泡桐、樟树、楝树、猕猴桃、柠檬、柑橘、八角、肉桂、杧果、秋枫、山楝、木波罗、椰子、油茶、茶树、槟榔、腰果、油桐、毛竹、刚竹、淡竹等。

3. 生物灾害发生特点及原因

退耕还林工程区范围广，林业生物灾害种类相对较多，不仅包括新造林地发生的林业生物灾害种类，而且包括周边林分发生的林业生物灾害种类。这些种类主要包括松材线虫病、美国白蛾、松毛虫、杨树天牛、杨树食叶害虫、金龟子、地老虎、蝼蛄、杨树烂皮病、腐烂病、猝倒病、立枯病、杨十斑吉丁虫、中华鼢鼠、大沙鼠、高原鼠兔、田鼠、薇甘菊、紫茎泽兰等。

退耕还林工程区林业生物灾害的发生呈现以下特点：一是生物入侵形势严峻。退耕还林工程实施以来，由于苗木需求量大、调运频繁，导致有害生物入侵和传播速度明显加快。光肩星天牛、桑天牛、杨干象、杨干透翅蛾等内地有害生物先后入侵新疆、西藏退耕还林区，并在局部地区造成严重危害。二是退耕还林区新植林地生物灾害发生严重，对退耕还林成果构成严重威胁。桦尺蠖在内蒙古呼伦贝尔市发生 6.9 万公顷。危害桉树的尺蠖在广东湛江、茂名、江门等地严重发生，面积达 2.2 万公顷，部分桉树树叶全部被吃光，呈现火烧状。松黄叶蜂、松阿扁叶蜂、落叶松叶蜂、落叶松红腹叶蜂在陕西商洛、西安、宝鸡、汉中等地发生 3.3 万公顷，成灾面积达 0.73 万公顷；刺槐尺蠖在渭南、咸阳、延安等地发生 1.6 万公顷；栓皮栎尺蛾在宝鸡发生 2.07 万公顷。三是森林鼠(兔)害危害加剧。林鼠(兔)害发生危害猖獗，在退耕还林区形成“年年造林不见林”的局面，严重制约着工程综合效益的发挥，成为影响生态建设和农民增收的重要因素。同时，也给鼠疫的暴发流行埋下了隐患。2006 年，森林鼠(兔)害发生面积 158.3 万公顷，同比上升 18%，在内蒙古、陕西、宁夏、青海等省(自治区)局部成灾。内蒙古发生 39 万公顷，比 2005 年上升了 18.9 万公顷，其中，野兔发生 11.3 万公顷，大沙鼠发生 10.6 万公顷。鼢鼠在宁夏新植林地发生并造成严重危害，发生面积 13.4 万公顷。青海退耕地害鼠猖獗危害，发生面积达 14.6 万公顷，海北藏族自治州刚察县青海湖农场大面积退耕地因鼢鼠和鼠兔危害而毁于一旦。

造成退耕还林工程区林业生物灾害严重的原因是多方面的，除退耕地及其周边立地条件差，林木生长势弱，易遭受有害生物侵害之外，新造林的地上和地下部分都相对幼嫩，极易遭受鼠(兔)危害。

4. 治理对策

退耕还林工程区的林业有害生物防治要以营造林为基础，按照适地适树原则，坚持乔、灌、草相结合，加强生态调控，保障林分健康；加强检疫和监测，从源头控制有害生物的传入和扩散；大力推行无公害防治，保护和增加工程区生物多样性，为可持续控灾创造条件；建立新型有效的林业生物灾害防治机制，鼓励林农积极参与防治工作。

(1)加强生态调控。从营造林设计开始，把有害生物防治纳入退耕还林工程的全过程，将有害生物防治指标纳入营造林实绩综合考查。在陡坡退耕地造林，要坚持适地适树原则，宜林则林，宜草则草，坚持乔、灌、草相结合，积极营造混交林，采取工程造林和集约经营等林业措施，提高林分对林业生物灾害的抵抗能力。

(2)加强检疫和监测。严格依法检疫，禁止带疫苗木上山造林；对通过工程区的带疫种质材料，要及时进行除害处理，从源头防止危险性林业有害生物异地传入，保证工程区生态安全。建立专群结合的有害生物监测机制，将遥感、远程监控等专业技术和群众适时举报有机结合、相互印证，提高监测准确率，为防治决策提供可靠依据。

(3)落实防治责任。按照国家"谁退耕，谁造林(草)，谁经营，谁受益"的退耕还林政策和"谁经营，谁防治"的林业有害生物防治责任制度，退耕地中生态公益林的林业有害生物防治主要由国家负责，经济林和兼用林的林业有害生物防治经费则以经营者为主开展防治。尽快建立和完善社会化防治服务体系，在国家防治法规许可条件下，由防治专业队与退耕农民本着协商、自愿的原则，共同做好退耕还林地新造林的灾害防治工作。

(4)积极推行无公害防治。认真遵守国家有关安全合理使用农药的规定，禁止使用甲胺磷、水胺硫磷、对硫磷、久效磷、氧化乐果、福美砷、林丹、三氯杀螨醇、甲拌磷、乙拌磷、杀虫醚、除草醚、草枯醚等剧毒高残留农药，大力提倡使用微生物农药(BT乳剂和病毒等)、仿生农药(灭幼脲)、动物源农药(昆虫信息素等)、植物性农药(苦楝素、茵蒿素、烟碱等)、矿物性农药(波尔多液、石硫合剂、矿物油乳剂等)，以减轻对环境和水源的污染，全面推行和实施无公害防治。

(5)加强对鼠(兔)害的控制。在了解掌握工程区鼠(兔)种类、发生危害特点和种群变化规律的基础上，采取各种有效措施，降低鼠(兔)口密度，减轻危害。在鼠(兔)害发生较轻且分散的地区，加大生物防治比例，同时要加强监测，及时掌握鼠(兔)害种群变化趋势；在鼠(兔)害发生严重且集中连片地区，要采取化学、生物、物理、人工等综合措施，压低鼠(兔)口密度，降低鼠(兔)害发生面积。重视营造抗鼠(兔)或避鼠(兔)树种，提高林分对鼠(兔)害的抗御能力。

(二)天然林资源保护工程区林业生物灾害治理

天然林资源保护工程是我国投资最大的林业生态建设工程，其建设内容可以概括为3个方面：一是全面停止长江上游、黄河上中游地区天然林采伐；二是大幅度调减东北、内蒙古等重点国有林区的木材产量；三是要保护好其他地区的天然林资源。建设目的主要是解决工程区内天然林资源的休养生息和恢复发展问题。

1. 基本情况

我国的天然林大多分布在大江、大河源头或上中游地区及重要山脉核心地带，这些地区的生态环境往往较为脆弱。由于经历了长期的过度采伐和破坏，其涵养水源、保持水土等生态功能已大为减弱，带来了一系列的生态灾难，给生态环境、工农业生产和人民生活造成了巨大的影响。特别是 1998 年的长江特大水灾，引起了全社会对保护天然林的极大关注，于 1999 年国家正式启动了天然林资源保护工程。天然林资源保护工程的建设范围包括云南、四川、重庆、贵州、湖南、湖北、江西、山西、陕西、甘肃、青海、宁夏、新疆(含建设兵团)、内蒙古、吉林、黑龙江(含大兴安岭)、海南、河南 18 个省(自治区、直辖市)的 25 个天然林区的重点森工企业及长江、黄河中上游地区生态地位重要的地方森工企业、采育场和以采伐天然林为经济支柱的国有林业局(场)、集体林场。工程区有林地面积 6 820 万公顷，其中天然林面积 5 640 万公顷，占全国天然林面积的 53%。

2. 树种组成

在天然林资源保护工程区，林分树种具有明显的区域性特征，并且水平和垂直分布差异极为显著。在长江、黄河源头的高寒草原草甸区，主要树种为山生柳、方枝圆柏、木甸子等。在西南高山峡谷区，主要树种为云杉、冷杉、桦类、高山栎、华山松、山杨、核桃、花椒等。在云贵高原区，主要树种为云南松、思茅松、华山松、台湾杉、刺槐、桤木、杨类、板栗、核桃、胡枝子等。在鄂渝川山地区，主要树种为马尾松、华山松、竹类、栎类、桦类及木本粮油类等。在蒙宁陕半干旱区，主要为沙柳、柠条、锦鸡儿、沙打旺、花棒、踏朗等沙灌木树种和紫花苜蓿、草木犀等。在黄土丘陵沟壑区，主要树种为油松、杏、沙棘、沙柳、紫花苜蓿、草木犀、刺槐、柠条等。工程区天然林的林分类型包括阔叶林、针叶林以及针阔混交林等。

3. 林业生物灾害发生特点及原因

天然林资源保护工程区的林业生物灾害主要包括松毛虫、舞毒蛾、松叶蜂、小蠹虫、松柏毒蛾、桦尺蠖、栎尺蠖、云杉丛枝病、松疱锈病、松梢枯病、腐朽病、森林鼠害等。

天然林资源保护工程区林业生物灾害的发生呈现以下特点：一是常发性生物灾害发生面积居高不下，周期性有害生物时有暴发。松毛虫、杨树食叶害虫等历史以来形成的常发病虫种类的发生面积每年仍居高不下，一些重点林区已变成林业生物灾害的重灾区，对林木生长，特别是新造林地的成林成材构成严重威胁。二是天然次生林、灌木林和荒漠植被病虫呈上升趋势，次期性害虫危害加剧。由于长期的过量采伐以及人类活动对森林的影响，大大削弱了天然林应有的对林业生物灾害的抵御能力，导致天然林的林业生物灾害也较为严重。东北、西北和西南地区的天然次生林、灌木林和荒漠植被频繁受到林业有害生物侵袭。大兴安岭林区连续多年暴发天幕毛虫灾害。吉林、辽宁东部的栎类天然次生林区由于栗山天牛的危害，仅成灾面积就 30 万公顷。多种小蠹虫在青海、吉林天然云杉和油松林中发生，毁坏森林 3 万多公顷。沙棘木蠹蛾、灰斑古毒蛾在东北、西北灌木林和荒漠植被中多点成灾，累计被害林木 20 万公顷。

4. 治理对策

天然林资源保护工程区林业生物灾害的防治，要以为天然林资源保护工程服务为宗旨，与工程区所属森工企业、国有林业局(场)和集体林场协调配合，共同抓好林业生物灾害防治工作。坚持适地适树，封山育林，建立稳定的森林生态系统，提高林分对生物灾害的抵御能力；加强检疫和监测，从源头控制有害生物的传入和扩散；对因生物灾害致死的林木，采取低强度择伐，严格采伐限额管理，并对木制品加工企业加强监管；建立天然林生物灾害防治机制，保证天然林生物灾害防治的顺利开展。

(1)以营造林为基础，加强抚育，封山育林。对天然林资源保护工程区的宜林荒山荒地，通过封山育林、人工造林和飞播造林等措施，加快造林绿化步伐，同时在树种配置上，坚持适地适树，乔、灌、草相结合的原则，建立稳定的森林生态系统，提高森林自身抗御生物灾害的能力。

(2)加强检疫和监测。严禁带疫种质材料进入工程区，一经发现要及时进行除害处理，保证工程区生态安全。大力应用航空遥感等先进技术，加强对交通偏远、林相复杂的天然林区的林业有害生物监测，并且要建立林区灾情的群众举报制度，促进专群监测相结合，提高监测准确率。

(3)加强对木制品加工企业监管。对以生产木材为主的东北、内蒙古国有林区天然林，要把生物灾害防治与采伐限额有机结合起来，通过低强度择伐，达到对生物灾害的有效控制。对工程区内的木制品加工企业，要建立长期稳定的木制品加工报告制度，严防外来危险性有害生物的传播扩散。

(4)建立天然林生物灾害区域防治新机制。对长江上游、黄河上中游等地区，充分利用天然林封禁的有利时机，以监测为主，严加保护。对东北、内蒙古国有林区天然林，在分类经营基础上，对禁伐区实行监测和检疫，对限伐区在满足采伐限额的前提下，优先伐除灾害致死木，并及时进行更新改造。对内陆、沿海、江河中下游山地及丘陵区的天然林，要根据其生态重要性及自然条件，作为不同级别的重点分别纳入当地林业建设规划，开展林业生物灾害防治。

(5)加强现有天然林的健康维护。通过分类经营措施，对现有的天然林资源进行健康维护，保持和提高现已形成的森林植物群落多样性和生物多样性，使林分具有比较协调而又相对稳定的生态环境，发挥自我调控保护的作用。

(三)京津风沙源治理工程区林业生物灾害治理

京津风沙源治理工程是从京津所处的特殊地理位置以及为改善这一地区生态环境的紧迫性出发而实施的重点生态工程，主要是解决北京及周边地区的风沙危害。

1. 基本情况

国务院于2002年批准实施的《京津风沙源治理工程规划(2001～2010年)》，标志着京津风沙源治理工程全面启动。工程建设范围西起内蒙古的达茂旗，东至内蒙古的阿鲁科尔沁旗，南起山西的代县，北至内蒙古的东乌珠穆沁旗，东西横跨近700千米，南北纵贯近600千米，涉及北京、天津、河北、山西、内蒙古5省(自治区、直辖市)的75个县(旗、区、市)，总面积为45.8万平方千米。其治理任务是：第一，封禁保护现有的森林，杜绝一切经营性的采伐活动。第二，对流域内的陡坡耕地和库区周围的坡耕地，积极实行退耕还林。第三，加快水土流失综合防治步伐，减少入库泥沙。第四，在现有荒山荒地上营造乔、灌、草结合的复层林。第五，大力营造防风和固沙林，形成防风阻沙固沙体系。第六，调整畜种结构，改变牧业生产方式，变放牧为圈养。第七，营造农田林网和牧场林网。第八，在燕北地区开展生态移民。按工程计划，从 2001 年到 2010 年，将完成退耕还林 263 万公顷、营林造林 494 万公顷、草地治理 1 063 万公顷，修建水利配套设施 113 889 处，小流域综合治理 23 445 平方千米，生态移民 18 万人。

2. 树种组成

工程区包括草原、沙地、退化耕地等不同的生态系统，因此，工程区的造林树种种类较多，并具有与其所处生态系统相适应的生理特征，包括油松、落叶松、樟子松、华山松、侧柏、蒙古栎、辽东栎、槲栎、白榆、桦、山杨、核桃楸、紫丁香、刺槐、槐、旱柳等乔木树种；胡枝子、沙棘、黄刺玖、刺五加、毛榛、榛子、树锦鸡儿、小叶锦鸡儿、柠条锦鸡儿、紫穗槐、紫丁香、山杏、枸杞、金叶女贞、杨柴、柠条、花棒、踏朗、梭梭、白梭梭、蒙古沙拐枣、毛条、沙柳、绣线菊、虎榛子、黄蔷薇、柄扁桃、胡颓子、白刺花、山楂、荆条、黄栌、六道木、金露梅、黄荆、酸枣、柽柳、杞柳、照山白、杜鹃、尖叶锦鸡儿、驼绒藜等灌木树种；以及早熟禾、黑麦草、紫羊茅、苜蓿、艾蒿、沙参、羊草、隐子草、冷蒿、沙蒿、沙打旺、草木犀、牛筋草、蒿草、蓼、紫花针、羽柱针茅、苔草等草本植物。

3. 林业生物灾害发生特点及原因

京津风沙源治理工程区的林业生物灾害主要包括美国白蛾、双条杉天牛、沙棘木蠹蛾、松叶蜂、鼠兔、柳毒蛾、蝗虫、蚜虫、蓟马、草地螟、苜蓿霜霉病、褐斑病、叶斑病和白粉病等。该工程区林业生物灾害的发生特点呈现为：一是荒漠林病虫害发生严重，而且是暴发性发生危害；二是森林鼠害发生严重。该区林业生物灾害发生严重的原因主要是由于工程区生态环境恶劣，林分生长势弱，抵御林业生物灾害的能力相对较低。

4. 治理对策

京津风沙源治理工程的建设直接关系到首都北京的生态安全。该工程区林业生物灾害的防治应以营林措施为基础，提高林分生长势，增强林分对林业生物灾害的抵抗能力；坚持预防和除治并重，以监测、检疫为重点，防止有害生物的传入和扩散。

(1)提高林分抗逆能力。按照适地适树适种源和良种壮苗的原则，认真抓好种苗供应，坚持乡土树种造林，选育抗性品种，进行针阔混交，采取乔、灌、草结合，造林、封育、飞播相结合的方式，建立稳定的、具有较强防风固沙功能的防护林体系。积极推广利用保水剂、生根粉、地膜覆盖等抗旱保活技术，提高林分生长势。对于工程区因生物灾害而致死的林木，要适时伐除并对迹地进行更新。

(2)坚持预防和除治并重。加大信息素监测、自动虫情测报灯监测和 GPS 数据采集仪等先进技术应用力度，并建立和完善监测结果定期报告制度，以及特殊情况的紧急报告制度，及时掌握灾情信息；加强检疫封锁，严防危险性有害生物的传入危害；建立工程区内联防联治协调组，按照地面防治与飞机防治相结合、药剂防治与天敌防治相结合的方法，对林业有害生物实施以生物制剂和仿生制剂为主的无公害防治。

二、风景区林业生物灾害治理

这里的风景区主要指风景名胜区、世界自然（文化）遗产涉及区和森林公园。风景区集中了我国重要的人文景观和自然资源，彰显了中华五千年的文化内涵、精神底蕴，是传承中华文明的重要载体。林木资源是大部分风景区不可或缺的组成部分，因此，加强风景区林业生物灾害的预防和控制，是保护景观资源的一项必要的基础性工作。做好景区林业生物灾害防治工作，不仅有利于保持景观资源的完整性，保护景区自然生态环境，而且对弘扬我国生态文化、繁荣旅游事业、促进社会经济的可持续发展具有重大意义。

（一）基本情况

1. 风景区资源现状及特点

我国具有众多的风景区资源，分布范围非常广泛。在长期的自然和社会历史进程中，各地形成了风格迥异、独具特色的风景名胜。据统计，截至2007年，包括台湾在内的全国32个省（自治区、直辖市）共建立风景名胜区687处，其中，国家级风景名胜区187处，省级风景名胜区452处，市、县级风景名胜区48处。

中国自1985年成为《保护世界文化和自然遗产公约》缔约国以来，已获命名的世界遗产35处，其中，文化遗产24处，自然遗产6处，文化与自然遗产4处，世界文化景观1处，范围涉及北京、河北、山西、吉林、江苏、安徽、福建、江西、山东、河南、湖北、湖南、广东、四川、重庆、云南、西藏、陕西、甘肃19个省（自治区、直辖市）和澳门特别行政区。中国已建立各类森林公园1 100多处，公园经营面积1 127万公顷。我国风景名胜区主要呈现以下特点：

一是分布范围广。全国各省（自治区、直辖市）都有各自闻名遐迩的著名风景区，如北京的故宫、长城，广西桂林，山东泰山等。甚至在全国很多的县级行政区域内，都依托当地特有的自然或人文景观，建立起了当地引以为荣的风景区。

二是风景类型多样化。根据自然特征及学术研究的需要，中国浩瀚的风景名胜区主要划分为9种类型，即①山岳类型。这一类型的风景名胜区占主体，数量最多，面积最大。如著名的五岳（泰山、华山、恒山、嵩山、衡山），安徽黄山、江西庐山、四川峨眉山、福建武夷山、浙江雁荡山等。②湖泊类型。如江苏太湖、杭州西湖、武汉东湖、岳阳洞庭湖、黑龙江镜泊湖、天山天池等。③河川类型。如长江三峡，浙江的富春—新安江，云南的三江并流（澜沧江、怒江、金沙江）、辽宁鸭绿江等。④瀑布类型。如黄果树大瀑布、黄河壶口瀑布等。⑤海岛、海滨类型。如浙江普陀山、嵊泗列岛、青岛海滨—崂山、厦门鼓浪屿—万石山、大连海滨—旅顺口、金石滩等。⑥森林类型。如西双版纳热带雨林、蜀南竹海等。⑦岩溶类型。如桂林漓江、云南石林、贵州织金洞、辽宁本溪水洞、浙江金华双龙洞等。⑧火山类型。如黑龙江五大连池、云南腾冲火山等。⑨人文风景类型。如八达岭—十三陵、麦积山、承德避暑山庄—外八庙等。当然，有不少风景名胜区属于综合类型，可划归于不同的类型当中。

三是林木资源是绝大多数风景区的有机组成部分。林木资源象征着生命和活力，因此，众多的风景名胜在具有独特魅力的文化内涵的基础上，加上或挺拔耸立，或婀娜多姿，或郁郁葱葱的林木资源的映衬，更增添了无限魅力，令人心驰神往、流连忘返。

2. 树种组成

与风景区分布范围广泛一致的是，作为景区重要组成部分的景区树种十分丰富，包括了从热带到寒温带的所有景观树种，不乏大量的珍稀名贵树种。具体情况为：

东北地区：包括黑龙江、吉林、辽宁、内蒙古等地的长白山、镜泊湖、五大连池、松花湖、扎兰屯等风景区，属于寒温带针叶林和温带针阔叶混交林分布区，主要建群树种为兴安落叶松和红松，此外，还有红皮云杉、鱼鳞云杉、臭冷杉、沙松、落叶松、紫杉等；阔叶树有紫椴、枫桦、水曲柳、黄波罗、春榆、核桃楸、蒙古栎、千斤榆、糠椴、山杨及多种槭树等。

华北地区：包括北京、天津、河北、辽宁、河南、山东、青海等省地的石花洞、千山、凤凰山、崂山、香山、盘山、北戴河、野三坡、云台山等风景区，位于东北平原、华北平原及西北黄土高原区，属于暖温带落叶阔叶林，以落叶栎类为代表的落叶阔叶林为主，建群种有蒙古栎、辽东栎、槲栎、栓皮栎、麻栎等。针叶树有赤松、油松、华山松、华北落叶松和侧柏等。

在山东、河南、陕西、湖北等省的青山、鸡公山、华山、天台山、九宫山等风景名胜区，位于秦岭、淮河沿线的低山丘陵地区，属于暖温带向亚热带过渡地带，建群种有麻栎、栓皮栎、白栎等，针叶树有油松、马尾松、华山松等。

在江苏、浙江、湖北、湖南、安徽、江西、福建、云南、贵州、广西、四川、重庆和广东等省(自治区、直辖市)的全部或部分地区的太湖、雁荡山、东湖、衡山、天柱山、井冈山、清源山、石林、黄果树、漓江、三峡、缙云山、星湖等风景名胜区，位于秦岭淮河以南、北回归线以北的低山丘陵地区，属亚热带常绿阔叶林，建群种由壳斗科的青冈属、栲属、石栎属；樟科的楠木属、樟属、山胡椒属、木姜子属；山茶科的木荷属、茶属及木兰科、金缕梅科有关属种组成。

在云南、广西、广东等省(自治区)及台湾中南部的腾冲、花山、罗浮山、鼓浪屿、阿里山等风景名胜区，位于横断山脉南部及云南高原的大部分地区，属于常绿阔叶林，建群种为马尾松、杉木等。西部有思茅松、云南松和高山松，南部有海南松。

在广东、广西、云南、台湾和西藏等省(自治区)以及海南的丹霞山、西山、西双版纳、旗津等风景名胜区，属热带季雨林和热带雨林。东部以马来亚区系的植物为主，西部以印度—缅甸的区系成分为主，并有喜马拉雅区系的成分。

文化遗产如明清故宫、周口店“北京人”遗址、长城、敦煌莫高窟、秦始皇陵、承德避暑山庄及周围寺庙、曲阜孔庙、孔林、孔府、武当山古建筑群、平遥古城、苏州古典园林、丽江古城、颐和园、天坛、大足石刻、明清皇家陵寝、龙门石窟、青城山—都江堰、皖南古村落、云冈石窟、高句丽王城—王陵及贵族墓葬、澳门历史城区、殷墟、开平碉楼及村落，多数是建筑群、遗址。景区内的树种主要是古松、古柏、古槐、古银杏等古树名木及周围绿化树木，如侧柏、圆柏等。

（二）林业有害生物发生现状及特点

1. 发生现状

总体来看，我国各风景名胜区的林业生物灾害相对较轻，但也存在着局部暴发成灾现象。据统计，“十五”期间发生的林业生物灾害有松毛虫、松突圆蚧、纵坑切梢小蠹、萧氏松茎象、美国白蛾、蜀柏毒蛾、黄斑星天牛、光肩星天牛、栗山天牛、春尺蠖、沙枣尺蠖、杨毒蛾、柳毒蛾、刺槐尺蠖、松叶蜂、鼠害等，主要危害马尾松、加勒比松、湿地松、侧柏、杨、柳、栎类、刺槐、落叶松、云南松、云杉等树种。

松毛虫在河北、辽宁、吉林、内蒙古、安徽、福建、湖北、湖南、云南和广西等省（自治区）的部分风景名胜区周期性暴发，局部成灾。松突圆蚧在广东、福建、广西等省（自治区）的个别风景名胜区发生，并呈现出发生范围逐年增加，危害不断加重之势。松纵坑切梢小蠹在云南、贵州、四川等省的部分风景名胜区发生，虫情有持续扩散蔓延的态势，危害程度继续加重。萧氏松茎象在江西、福建、贵州、广东、广西、湖南、湖北等省（自治区）的部分风景名胜区发生，由于缺乏有效防治措施，发生点在逐渐增加，危害日益严重。美国白蛾在辽宁、河北、天津、陕西、山东等省（直辖市）的个别风景名胜区发生，由于寄主范围广，使得景区内的许多树种都受到了不同程度的危害。在部分自然（文化）遗产所在地的名木古树上，出现了天牛、小蠹虫、毒蛾等林业生物灾害，但灾情较轻。

2. 发生特点及原因

我国风景区林业生物灾害的发生主要呈现以下特点：一是灾情范围小而且普遍较轻。全国只有少数风景区发生林业生物灾害，大多数的风景区很少发生，即使产生灾情也很轻。二是名木古树易遭受林业生物侵害，救治难度大。风景区林业生物灾害较轻的原因，主要是由于风景区作为重要的旅游资源，当地政府及相关管理部门都非常重视景区管理，对景区内的树种进行专门的水分和生长剂喷灌，增加了景区树种的生长势，提高了抵御林业生物灾害的能力。

发生林业生物灾害的原因主要是：①树种单一，为有害生物的发生和危害提供了寄主条件；②名木古树树龄很长，树木生长势虚弱，极易遭受生物灾害；③监测滞后。由于大多数景区管理人员缺乏有关林业生物灾害的知识，使得在林业生物灾害发生初期，不能及时地鉴定和判断，无法做到及时发现和及时防治；④景区内游人多，因少数游人素质较低，攀折树枝引起树木受伤，为有害生物侵入创造了条件。

（三）治理对策

以建立健全著名风景名胜区和世界自然（文化）遗产涉及区林业有害生物管理机构为突破口，以建立和完善林业有害生物监测预警、检疫御灾、防治应急体系为重点，全面监测，严格检疫，及时救治，强化管护，确保著名风景名胜区和世界自然（文化）遗产涉及区森林资源安全。

1. 建立健全防治管理机构

风景区特别是森林景观面积较大的风景区，应当建立健全林业有害生物防治检疫机构，健全测报、防治、检疫网络，独立开展病虫害调查、预测预报和防治检疫工作，业务上接受当地林业主管部门或防治检疫机构指导和管理。

2. 培育健康森林

对古松、古柏、古银杏、古槐等在进行重点保护的同时，采取注射、喷施保护剂等措施进行复壮，增加生长势，提高树木自身抗性；对已经严重感染病虫害的树木要及时清除；能进行封山育林的要采取封育措施；对山脊、险坡、陡坡和多石山坡地区生长的森林群落，设立保护区，封山育林，严禁采伐。

3. 综合防治

(1)全面监测。景区内要有专人常年开展林业有害生物监测工作。在林分面积较大的景区，可以应用遥感、远程监控等先进技术，扩大监测覆盖面。

(2)严格检疫。加强检疫工作，加大外来林业有害生物的监管力度。要积极建立和完善自然保护区内检疫检查机构，加大检疫检查执法力度，禁止外来林业有害生物进入保护区，并与相关执法部门联合，严厉打击检疫违法现象。

(3)推行无公害防治。在风景区林分面积较大的区域，可以通过释放天敌、喷洒微生物制剂等措施，增加林分生物多样性，提高林分自身对生物灾害的抵御能力。对发生生物灾害相对严重，需要采取紧急防治措施的，应采用高效、低毒、环保、不杀伤天敌的无公害防治方式，也可以采取黑光灯诱杀、人工捕杀、信息素诱杀等人工物理防治措施，以达到控制灾害的目的。

三、口岸区林业生物灾害治理

口岸区是我国与世界各国或地区之间贸易物资的集散地。为适应国际大通道中大物流、大通关的发展要求，口岸区基本实现了通关电子化、政务信息化、电子刷卡、无纸报关目标，促进了口岸区经济社会发展。但是，由于我国口岸林业有害生物防治体系较为薄弱，造成松材线虫、松突圆蚧、椰心叶甲等外来林业有害生物入侵现象屡有发生，严重破坏了森林生物多样性和生态环境，给我国森林资源造成了重大危害和损失，影响地区经济建设、外贸出口和群众生活，已成为制约我国林业建设和经济发展的重要障碍。截至目前，松材线虫病给我国造成直接和间接损失已达数千亿元，疫区相关农副产品和林产品的流通和出口也受到影响。逐步建立和完善口岸区林业生物灾害的监测预警、检疫御灾和防治减灾体系，防止危险性林业有害生物的传出和传入，对于促进国际贸易、维护世界和平、保障国土生态安全具有重要意义。

(一)口岸区基本情况

我国口岸按开放程度可分为一类口岸和二类口岸。一类口岸是指由国务院批准开放的口岸，二类口岸是指由省级人民政府批准开放并管理的口岸。截至 2005 年底，全国共有对外开放的一类口岸 253 个，其中水运口岸 133 个、铁路口岸 17 个、公路口岸 47 个、航空口岸 56 个；二类口岸 150 个。这里主要分水路、陆路、航空 3 种口岸类型提出口岸林业有害生物防治的对策。

1. 涵盖区域

我国边境线长达22 230千米，北起辽宁鸭绿江口，南至广西北仑河口，共有15个国家与我国接壤，依次为朝鲜、俄罗斯、蒙古、哈萨克斯坦、吉尔吉斯斯坦、塔吉克斯坦、阿富汗、巴基斯坦、印度、尼泊尔、不丹、缅甸、老挝和越南。我国有18 000千米的海岸线，与韩国、日本、菲律宾、马来西亚、文莱、印度尼西亚6个国家隔海相望。

2. 口岸交通现状

我国与边境口岸相通的铁路线有10条，沈丹线、四集线、长图线分别到达丹东、集安、图们口岸，与朝鲜相邻；滨绥线、滨洲线分别到达绥芬河、满洲里口岸，与俄罗斯相邻；北疆线、南疆线分别到达阿拉山口、喀什口岸，与哈萨克斯坦相邻；昆河线、湘桂线分别到达河口、凭祥口岸，与越南相邻；集二线经过二连浩特口岸，与蒙古相邻。与港口相通的铁路线有21条，包括沈大线、大秦线、京哈线、朔黄线、蓝烟线、胶济线、焦石线、陇海线、新长线（支线）、京沪线、沪杭线、萧甬线、来福线、鹰厦线、龙汕线、广深线、京九线、京广线、广三线、黎湛线、南防线，分别到达大连、秦皇岛、天津、黄骅港、烟台、青岛、日照、连云港、南通、上海、宁波、福州、厦门、汕头、深圳、广州、湛江、防城港。国际铁路线9条，滨洲线由哈尔滨到达满洲里，与俄罗斯的外贝加尔接轨；滨绥线由哈尔滨到达绥芬河，和俄罗斯的远东铁路接轨；牡图线由牡丹江到图们，同朝鲜铁路相接；梅集线由梅河口到集安，通过鸭绿江铁路桥与朝鲜铁路接轨；沈丹线由沈阳到达丹东，与朝鲜新义州的铁路接轨；集二线由集宁到达二连浩特，与蒙古的扎门乌德铁路接轨；兰新线由兰州到阿拉山口，在阿拉木图与西伯利亚铁路接轨；湘桂线由衡阳到达凭祥市，通过友谊关，到达越南凉山；昆河线从昆明到达河口市，通过红河桥在老街与越南铁路相接。

在公路运输方面，对西亚儿国方向的有新疆（吐而戈特、霍尔果斯等6地）、东北地区（珲春、东宁、满洲里等7地）等地的口岸；对朝鲜方向的有辽宁（丹东）、吉林（图们江、三合、沙坨子）等地的口岸；对巴基斯坦方向的有新疆（红其拉甫、喀什等地）的口岸；对印度、尼泊尔、不丹方向的有西藏（亚东、帕里、樟木等地）的口岸；对越南方向的有云南（红河等地）、广西等地的口岸；对缅甸方向的有云南（畹町等地）的口岸；对中国港、澳地区方向的有广东（深圳、珠海）的口岸。

我国海上航运可以分为以大连、上海为中心的北方航区和以广州为中心的南方航区，主要通航秦皇岛、天津、烟台、青岛、连云港、南通、宁波、温州、福州、湛江、北海等主要海港，远洋航线可通达世界150多个国家和地区，远洋运输总载重吨位居世界第2位。对外的内河航道主要有长江。

航空运输，已形成以北京为中心的航空运输网，600多条航线连接亚、欧、非、美和大洋洲的许多国家及国内重要城市。北京、上海、广州、乌鲁木齐是重要的国际航空港。

3. 口岸木制品贸易情况

我国进口原木和锯材每年都有较大幅度增加。2006年，我国进口原木3 215.2934万立方米，比2004年和2005年分别增长22.51%和9.48%；进口锯材606.7848万立方米，比2004年和2005年分别增长1.07%和1.59%。进口原木和锯材主要来自俄罗斯、巴布亚新几内亚、马来西亚、缅甸和加蓬以及美国、泰国、印度尼西亚和加拿大。其中，俄罗斯原木和锯材进口数量持续增长，进口原木2 182.6006万立方米，锯材117.4326万立方米，分别占进口原木和锯材的67.88%和19.35%。

(二)口岸区林业有害生物截获情况及其特点

1. 口岸区林业有害生物截获情况

我国每年从进口的种子、木材、木制品、木质包装中都截获到大量的危险性有害生物活体。2006年上半年，我国口岸截获来自112个国家和地区的有害生物1 632种近3万次，其中从木材与木质包装截获有害生物895种近1万次，从种苗上截获有害生物325种2 629次。1998～1999年全国检疫机构从美国和日本输华木质包装中分别截获松材线虫44批次和28批次；2001～2002年分别从美国输华木质包装中检出91批次和45批次。2002年连云港口岸检疫机构从德国输华木质包装中截获松材线虫2批次，南京口岸检疫机构从墨西哥输华木质包装中截获松材线虫1批次，广西防城港检疫机构从美国木质包装中检出松材线虫1批次。另外，江苏口岸截获的刺角楝天牛、突背粗小蠹、长林小蠹等在我国均无分布，是我国进境植物检疫潜在危险性害虫；贵州检疫局从日本木质包装中截获潜在危险性有害生物四纹豆象；广州口岸从柑橘、柚、葡萄、苹果、榴莲、龙眼等水果中检疫鉴定出病原33种，其中包括美澳型核果褐腐病菌、可可毛色二孢等重要疫情。俄罗斯与我国山水相连，一些危险性生物物种如红木蠹象、二齿星坑小蠹、二钩星坑小蠹、桦边材小蠹、云杉八齿小蠹、切梢小蠹属等广泛分布于中俄接壤地区，并多次在进口木材中截获。目前，中国已经查清的外来入侵物种有288种，其中植物类188种、微生物类19种、无脊椎动物58种、两栖爬行类3种、鱼类10种、哺乳动物类10种。

2. 存在的问题

(1)截获疫情多，有害生物传入风险大。1998～1999年从凭祥、东兴、水口等口岸入境水果中检出二级危险性有害生物橘小实蝇、杧果果实象甲、具条实蝇和其他害虫52批次；1998年以来由满洲里、二连浩特、额尔古纳口岸进口的俄罗斯木材中截获小蠹类、天牛类、象虫类害虫43种；1999～2003年，广州口岸从进口水果中鉴定出病原33种，其中美澳型核果褐腐病菌、可可毛色二孢为重要疫情。

(2)有害生物鉴定技术滞后。近年来，各口岸从进口原木等物品不仅数量增多，涉及国家、地区和树种也多，截获的有害生物，由于缺少国外树种介绍和疫情资料，加之口岸一线检疫人员少，工作量大，缺乏林业昆虫鉴定知识，很多种类难以鉴定到种，致使从口岸放行的木材、花卉、水果和木质包装等，到内地后仍有截获入侵有害生物情况。

(3)进口国除害处理质量不一。澳大利亚、新西兰、美国等处理质量较稳定；印度尼西亚、马来西亚等处理质量不稳定，原木带皮率较高，熏蒸处理质量时好时坏；俄罗斯等处理质量较差，出具证书后仍然截获有害生物。

3. 潜在危险

许多生物种类，在其原产地对森林资源并不造成危害，这是由于长期协同进化的结果，它在原产地生态系统中，成为系统生物链中的有机组成部分，在其生态区位中发挥着应有的作用。但当这种生物一旦脱离了原有的生态系统，进入一个新的生态系统，由于在初期缺乏有效的自然限制因子，种群数量急剧增大，往往会对新系统的寄主造成重大危害。另外，我国地域广阔，气候多样，是很多外来有害生物的适宜生存范围。因此，我国成为世界上受外来林业有害生物危害最严重的国家之一。目前，侵入我国并造成较大危害的外来林业有害生物种类有33种，年均发生面积达130万公顷，造成经济损失达560亿元。其中日本松干蚧、红脂大小蠹、松材线虫、美国白蛾、松突圆蚧、湿地松粉蚧、椰心叶甲、红棕象甲等外来林业有害生物危害面积占林业病虫害发生总面积不到20%，损失却超过一半，危害十分严重。在已侵入国内的有害生物中，有的仍在扩散蔓延，有的因缺乏有效的适用技术，在局部地区已造成严重灾害，生物多样性遭到破坏，国土生态安全受到威胁。随着经济的快速发展，沿海口岸的进一步开放和市场的进一步繁荣，人流、物流量的急剧加大，林业外来有害生物入侵压力不断增加。

（三）口岸区林业有害生物治理思路及策略

建设和完善以检疫检验、隔离观察和除害处理为重点的检疫设施设备，加强以生物技术为主的检疫检验新技术的应用，对带疫材料能够快捷有效地进行除害处理；完善各种责任制度，保证进出境种质材料顺利通关，为我国森林资源安全把好国门。

1. 加强口岸区检疫管理，严格执法程序

要重视和加强产地检疫，严格实行产地检疫合格证制度，将危险性或检疫性林业有害生物控制在萌芽状态。同时，加强预检工作，加大与边贸国家检疫机构的联系，更多地掌握境外有害生物发生动态。要严格执行检疫要求书制度，补充完善双边协定，全面掌握境外危险性有害生物发生危害规律和检疫鉴定资料，实现对进口应施检疫物品中生物物种进行快速鉴定，确保快速通关。要严格进行引种审批、风险评估和后续监管。有审批权限的单位要加强对出口国树种和有害生物的调研，总结各种疫情的分布规律，在审批前要对引进种子、苗木等进行科学分析和专家评估。种子、苗木等引进后，要加强对原木加工、引种栽培单位的后续监管，同时，对经营进境种子、苗木的公司、加工企业等进行登记，对加工、存放进境原木的场所及周边开展定期普查，确保有害生物传入风险降低到最低限度。严格实行隔离试种制度，加快我国特别是口岸地区的隔离试种苗圃建设，并把苗圃管理纳入公益性管理体系。加强周边森林的监测调查，做到及时发现并除治。特别是林产品的外运检疫必须特别加强和严格。

2. 分类施策，积极开展无公害防治

（1）陆路口岸林业有害生物防治。我国陆路口岸一般均和边贸集散地联系在一起，既有大宗货物的进出，也有边境居民或商人随身携带的货物，前者以木材和木制品为主，后者以水果等小件物品为主。针对这些特点，边境森防部门一是要加强对入境后的大宗货物实施检疫，建立货物入境的检疫后延申报制度，即货物入关后应及时向所在地森防部门提出国内植物检疫，换发国内植物检疫证。在主要林产品进口区建立检疫除害处理场所。二是加强宣传，说服教育入境居民不要携带鲜活植物及其产品入境。三是加强监测，陆路口岸除深圳、珠海等少数几个口岸外，大多数地处我国边远地区，植被丰富，外来林业有害生物一旦进入，则很容易定植传播，应在口岸主要集散地周围建立固定的监测网点。四是建立完善的应急体系，及时扑灭传入的外来林业有害生物。

(2)海(水)路口岸林业有害生物防治。海(水)路口岸货物流量大，码头滞留时间长，必须针对进境林产品建立完善的货物入境通报制度、检疫衔接制度和检疫除害处理责任制度。积极推广应用先进适用的检疫检验和除害处理技术，对进境林产品开展快速的检疫检验，准确有效地判定进境材料是否携带疫情，对携带疫情的进境种质材料，按规定开展隔离观察和除害处理。

(3)航空口岸林业有害生物防治。航空口岸林产品的输入一般批量较少，主要以鲜活的水果和少量的木制包装材料为主，在口岸区滞留时间比较短。对旅客携带的水果等林产品，加强现场检疫检验，确认无疫后发放旅客携带林产品检疫合格证，通关放行；如果确认或怀疑其林产品携带危险性有害生物活体，则按规定开展进一步的检验确认或除害处理。木制包装的货物必须有输出国的除害处理证明，并作入境前的进一步检验确认。

3. 加强协调配合，实现部门间信息共享

要加强国内农业、林业植物检疫机构与口岸检疫机构的协调配合，实现部门间信息共享，逐步提高现场检疫、快速诊断和除害处理水平。同时，加强与海关的联系，使进境原木等经检疫合格或处理合格后予以通关。加强与出口国检疫部门的合作与交流，及时全面地掌握当地有害生物发生分布及危害情况，修订、补充双边检疫协定。国家林业有害生物检疫主管部门应定期联合外检部门对向我国输出林产品的国家发出检疫要求公告。

4. 加强科技攻关和宣传培训，提高应急防控能力

要加强检疫检验和除害处理技术研究，探索开发有效、快速、低成本、环保型的检疫处理技术。组织开展检疫鉴定技术研究，收集、积累鉴定技术方面的科技资料，建立有害生物信息库，为开展快速诊断提供基础。加强信息素监测等监测技术研究，提高监测水平。进一步强化宣传培训工作，使全社会关注植物检疫工作，逐步提高木材进口和经营单位植物检疫和防疫意识，营造良好的检疫氛围。

四、城市林业生物灾害防治

随着都市化进程的快速发展，城市生态环境建设呈现出良好、迅猛的发展势头，城市森林面积不断增加，在为人类创造优美舒适的生产生活环境的同时，也为提高和改善城市环境质量创造了重要的物质条件。

(一)城市森林现状

城市森林是指广义的、包括各种绿地在内的由乔木、灌木和草坪组成的城市植物群落，植物种类多，而且具有明显的地域性。城市植物群落包括名木古树、露地花卉、草坪、散生乔灌木、行道树、斑块状绿化区、景观植物群落、公路绿化区等。从全国城市森林绿化发展情况来看，仍然属于不发达水平。目前，我国城市平均绿化覆盖率仅为21%，人均拥有公共绿地面积3.5平方米，远远落后于联合国要求的力争世界城市人均绿地面积60平方米，国际标准要求达到的50%的城市绿化覆盖率。我国规划到21世纪中期70%城市的森林覆盖率达到45%以上。

(二)城市林业有害生物发生现状

由名木古树、露地花卉、草坪、散生乔灌木、行道树、斑块状绿化区、景观植物群落、公路绿化区等构建的城市森林生态系统具有明显的远自然性和反自然性，城市林业生物灾害发生普遍，危害严重。

食叶类害虫。此类害虫主要有鳞翅目的袋蛾、刺蛾、大蚕蛾、尺蛾、螟蛾、枯叶蛾、舟蛾、美国白蛾、国槐尺蛾、凤蝶类，鞘翅目的叶甲，膜翅目的叶蜂等。

刺吸式害虫及螨类。刺吸式害虫是城市植物害虫中较大的一个类群。此类害虫主要有蚜虫类、介壳虫类、粉虱类、木虱类、叶蝉类、蝽类、蓟马类、叶螨类等。

蛀食类害虫。此类害虫主要有鳞翅目的木蠹蛾科、透翅蛾科，鞘翅目的天牛科、小蠹科、吉丁甲科、象甲科，膜翅目的树蜂科，等翅目的白蚁等。

地下类害虫。此类害虫种类繁多，主要有直翅目的蝼蛄、蟋蟀，鳞翅目的地老虎，鞘翅目的蛴螬、金针虫，双翅目的种蝇等。

草坪病害。草坪草病害主要由真菌、细菌、病毒、类病毒、植原体、线虫等引起。

城市林木病害。在林木的生长发育过程中，因外界条件不适宜或遭受有害生物的侵染，使林木在生理上、组织上、形态上发生一系列反常的病理变化，在形态上表现出变色、畸形、叶斑、萎蔫、腐烂、枯死等不正常现象。从而使城市森林减少或失去经济、观赏价值。

城市林业有害生物发生特点：一是除城市森林公园外，大多数植株不能形成完整的、有机的抗御林业有害生物系统，基本属于“单兵”作战，城市森林生长所处的环境空间相对恶劣(空气污染、灯光污染、路面硬化等)，严重影响了植株长势，削弱了植株对林业有害生物的抗性。二是城市人流、物流极度频繁，有害生物随木材、木材制品及各种种质材料极易远距离传播。三是过分追求城市绿化“新、奇、异”，大量引进外来(地)植物，也造成了本土有害生物对外来植株的侵害。四是有些城市过分追求大草坪，影响了森林生态的形成，增加了防控林业有害生物的难度。五是城市林业有害生物防治涉及林业、农业、园林、城建、公路等部门，协作防治机制尚未建立，防治漏洞大，不能做到联防联治，防治效果不理想。六是城市森林尚未建立完整的监测体系，有害生物防治很难做到“治早、治小”。七是林业有害生物防治没有纳入城市绿化规划，缺乏灾害应急计划和方案，基本是林业有害生物发生后突击应付，事倍功半。八是城市林业有害生物的危害往往较为分散，不会集中连片发生，容易给人造成错觉，导致人们对城市林业有害生物防治的认识不足。九是在城市绿化进程中，野外已生长多年或几十年的大树移植进城，因其生长势已开始衰退，加之生长环境的变化，使其抵抗林业有害生物的能力大幅降低，形成了新的危害源。十是城市林业生物灾害防治用药难，作业难。

城市林业有害生物的发生不但会使大量的城市植物死亡，影响城市林业建设，影响到城市森林生态安全，也时常引发公共事件，如白蚁可毁坏居民的木质家具，蛾类的幼虫可能引起居民皮肤病，天牛、腐朽病引起大树倒伏砸伤行人和车辆等。

（三）城市林业有害生物防治工作存在的问题

（1）检疫监管漏洞大。城市是一个人流、物流高度发达的地域，交通十分便利，外来有害生物的传入几率高，对植物及其产品的检疫监管任务同时由出入境检验检疫局和农林部门分别按职能承担，但目前存在内外检的衔接不够、信息不畅通，农林两家对职能的争执，电力、通讯等大中型涉木企业的不配合等问题，都使城市林业有害生物的检疫监管存在很大的漏洞，为林业有害生物的传播蔓延带来了很大的隐患。

（2）监测不到位。目前在国内的大多数城市，未建立有效的城市林业有害生物监测网络，不能及时有效地发现林业有害生物，不能及时有效地预测城市林业有害生物发生趋势，使城市林业有害生物的防治工作处于被动救灾的境地。

（3）防治技术相对落后。城市因其林业有害生物发生的特点和城市环境要求，决定了其防治必须采取生物防治，并且往往是小片单株施药，其人力和防治成本的投入是城郊、山野、田间林业有害生物防治同程度的几倍乃至几十倍。

（4）缺乏应急处置能力。全国大中城市基本上没有建立城区林业有害生物突发事件应急处置的有效机制，缺乏必要的应急设备和药剂储备，无法及时扑灭突发林业有害生物灾害。尤其对检疫性和危险性有害生物灾害，一旦传入无法及时扑灭，就有可能向城市周边的大面积森林迅速蔓延，后果严重。

（5）管理协调机制不健全。城市林业有害生物防治涉及林业、农业、城建、公路、园林等多个部门，各部门各自为战，缺乏城市林业有害生物防治的协调机制，林业部门主抓城郊山区的林业有害生物防治，对市区林业有害生物防治涉及较少或无权干预对城市林业有害生物的蔓延扩散带来了很大的隐患。

（四）城市林业生物灾害防治思路和策略

1. 城市林业生物灾害防治的基本原则

（1）生态优先，以人为本。城市森林是城市经济社会可持续发展的重要物质基础和生态安全保障。针对目前生态环境严峻、社会对生态需求高涨的形势，城市林业必须坚持生态优先的原则，实施以生态建设为主的林业发展战略，大力构筑以生态公益林为主体的城市森林生态屏障，同时，城市林业有害生物防控体系的建设必须牢牢把握住城市林业的发展脉搏和主旋律，坚持以确保生态安全为主要建设目的，同时在建设过程中要充分认识到城市人口密集，对环境质量要求较高，避免新的生物入侵和在防治过程中造成的大气、水、土壤污染。

（2）统筹规划，城乡一体。随着我国城镇化建设的加快，城市的规模不断扩大，对周边地区的影响也越来越大。要更好地发挥城市森林生态系统的整体功能，城市林业建设必须实现城乡一体规划，城乡森林系统的均衡与合理布局，努力做到城市与乡村在生态的优势互补、良性互动和协调发展，才能有效地发挥城市林业在国民经济建设中的作用。作为城市林业建设的重要组成部分，城市林业有害生物防控体系建设也应充分考虑到城市林业的特殊性，同样必须做到统筹考虑，城乡一体，才能有效地维护城市林业的生态安全。

(3)政府主导，公众参与。城市林业有害生物防治在很大程度上是一项社会公益事业，加快城市林业有害生物防控能力建设意义重大、任务艰巨，是一项复杂的系统工程。要积极发挥政府在城市林业有害生物防控能力建设中的主导作用，按照城市社会经济发展总体规划要求，把城市林业有害生物防治体系建设纳入到城市林业建设总体规划，协调好林业有害生物防控机构与其他部门的关系，加强宣传教育，增强全民生态意识，充分调动全社会参与城市林业有害生物防控体系建设的积极性，坚持把部门"防虫"转变为全社会"防虫"，使公众都来关心、重视和支持城市林业有害生物防治工作。建立综合防治指导中心，充分利用媒体，面向社会，加强对城市森林保护的宣传，让群众认识到城市森林和城市林业有害生物防治对城市的发展和生存的重要性。

2. 科学规划和完善城市林业生物灾害防治体系

基于国家生态建设、生态安全、生态文明的"三生态"林业建设思想和城市林业有害生物自身的特点，以及各类城市的特性，城市林业有害生物防治体系建设核心应是：分类施策，综合考虑，确立目标，达到和谐。

在进行城市林业建设时，必须针对城市林业生态体系的特殊性，分类规划，分类施策。城市林业可分为城市周边山地森林、城市防护林、城区大型林地、小区绿化林地、行道树、风景树(古树名木)、草坪等片、带、网相连接的生态保障林业体系，要使城市林业真正做到城市林业有害生物的可持续控制，必须从城市林业建设规划设计抓起，城市林业建设规划设计除应充分考虑景观效果、生态效果外，还应注意植物的选用及配置必须符合生态学原理和植物的生物学特性，根据分类规划、分类施策的原则同期做好城市林业有害防治体系建设规划。在制定城市林业建设规划时必须本着促进城市森林健康的原则，从有利于城市林业有害生物防治的角度，合理搭配物种，充分发挥城市林业绿地独特的生态群落中各种有利因素，坚持走城市林业有害生物可持续防控道路。

从城市的自然生境条件、环境质量状况、生态敏感区的分布、城市化程度、社会文化需求等方面考虑，城市林业有害防控体系建设主要建设任务：一是加强和完善城市林业有害生物防控体系基础设施建设，进一步提高我国城市林业有害生物监测预警、检疫御灾、防治减灾和应急控灾能力，为防灾减灾提供强有力的物质保障和技术支撑；二是减少林业有害生物对城市名树古木和城市森林生态系统的侵袭危害；三是开展城市林业有害生物综合治理，科学有效地整合各类资源，实现城市林业有害生物灾害的可持续控制，推动城市林业又好又快向前发展。

(1)加强监测预警工作。完善城市林业有害生物预测预报部门的基础设施，重点加强城市森林、城郊、重点防范区位(名木古树)、街道(乡)监测预报点的基础设施和能力建设，建立以城市林业有害生物预测预报中心为龙头、以城市监测点为基础的测报网络，对城市森林生态系统进行连续的、实时的监测，通过数据积累和分析，建立比较完备的、接近自然条件下的城市林业有害生物生态模型，对城市林业有害生物未来的发生发展情况做出精确的预报。实现城市林业有害生物监测数据的立体采集、网络传输、自动处理、智能预报和科学决策。

(2)突出检疫御灾的作用。完善城市林业有害生物检疫基础设施，加强检疫隔离试种苗圃、检疫检查站、区域性检疫除害设施和检疫执法专用车等功能性设施的建设，从引种、隔离试种、检疫检验、除害处理等环节入手，有效防范危险性有害生物的异地传播。完善城市林业有害生物检疫鉴定、风险评估制度，把城市林业有害生物诊断建设纳入全国林业有害生物远程诊断网络体系，提高对危险性林业有害生物疫情的封锁能力，防止疫情扩散蔓延；建立与农业、质检、园林、建设、交通等部门相连接的信息系统，实现信息资源共享。

(3)加快城市防治减灾和应急救灾的基础设施建设。根据我国城市林业有害生物的发生特点，重点配置现代化机动喷药机械设施和单株植物注射设备，满足灾情除治的需要，增强有效遏制城市林业有害生物灾情的综合除治能力。通过已经建立的、比较完备的、接近有害生物在自然条件下的生态模型，建立人工干扰模型，尽量发挥城市森林生态系统自身修复作用恢复健康。

3. 积极开展城市林业生物灾害防治研究

城市林业有害生物的防治在我国起步较晚，防控工作如何开展还需做大量的基础性研究。

(1)城市森林物种选择的研究。市区由于污染严重，受人为干扰大，林业有害生物发生种类多，对树种的选择是一个关键因素，应开发利用地带性物种，尤其是乡土植物，并且有节制地引进外域特色植物，以扩大物种多样性，提高城市森林的自我抗性。

(2)林业有害生物与生境间相互作用关系的研究。分析城市植物群落的组成结构及土壤、光照等生态因子对植物群落结构与功能的影响，对城市树种及土壤开展广泛调查与分析，结合物候观测以及气象等资料，分析城市林业有害生物的生存环境；由于城市绿地被人为地分成了许多斑块以及小区域内树种较多，如何对城市林业有害生物防治进行合理分类也是生境研究的一个重要方面。

(3)林业有害生物空间分布特性的研究。包括对树木特征及其与林业有害生物的关系、城市园林绿化的植物配置和树种选择对防控林业有害生物的作用、城市林业有害生物与其他类型有害生物的关系(如医学、农业、园林等)，搞好城市林业有害生物种类普查，开展成灾种类的发生规律、防治策略，城市绿化苗木培育、抗性的选择，古树名木保护、加强乡土植物资源保护和利用，以及城市绿地调查等方面的研究。

4. 大力推进城市林业生物灾害综合防治措施

(1)营林措施。在树种选择上做到适地适树，这是保证城市森林健康生长及提高抗性的前提。在树种的选择上应以植被分布规律为理论基础，以乡土树种为重点，以适应本地城市生态环境为原则。

(2)合理配置植物品种。城市绿化植物配置应依据生态学规律，设计人员在进行植物配置时不仅要注重城市森林的美学观赏功能，还应符合生态学原理及生物多样性原则，致力于建立与天然植物群落相似，富有地方特色及符合美学原理的稳定的人工植物群落。在这种植物群落中，城市林业有害生物成为城市森林生态系统的有机组成部分，受自然天敌等因素的制约，不易暴发成灾。植物配置应注意利用植物间相生、相克等生物学特性，尽量建设块状城市森林，增加森林自控能力，合理利用植物间相生、相克的关系，遵循生物共生、循环、竞争的原理，科学设计，合理搭配，有计划地配置和选育各类不同科、属的乔木、灌木、藤本及草本，安排在一个群落中，以生态调控的方法实现城市林业有害生物的可持续控制，利用植物本身的特点和优势，切断有害生物源的传播途径。充分利用植物的相生促进作用，消除或降低植物间相克抑制作用和自毒作用。利用植物之间的相生、相克的原理，科学安排植物的配置，相互促进生长，共享天敌，是城市林业有害生物防控可持续控制中的重要方法。

(3)药物防治。在必须对林业有害生物进行药物治理时，应尽量选用只对靶标生物起作用的药物，或尽量选择只对靶标生物有作用的施药方式，原则上只选用无公害农药。这样的药物治理方式对非靶标生物和环境扰动小，有利于施药后生态系统快速恢复健康。

(4)生物防治。生物防治方法具有不污染环境、不伤害天敌、对人类安全、控制作用比较持久等优点。应注意城市天敌资源保护与利用，科学使用微生物农药，提高生物防治的效果。

(5)信息素的应用。利用信息素控制害虫，是一种安全、有效的方法，在城市林业有害生物的持续控制中有着广泛的应用前景。

第10章主要研究人员

第一节：赵宇翔、胡学兵、崔永三、陈小平、吴　俊、郑　华
周茂建、李　娟

第二节：曲　涛、尤德康、刘玲玲、张三亮、于海英、邱立新
崔振强、梅丽娟、董晓波、柴守权

第三节：李计顺、郭文辉、朱振平、申富勇、赫传杰、谭宏利
王昭成

第11章

实施防治工程战略

林业生物灾害防治是一项重要的社会公益性事业，涉及面广、专业性强、技术含量高、工作难度大，如何广泛调动社会各方面力量参与到该项工作中来，使防治工作由部门行为转变成社会行为？怎样充分运用现有科研成果提高防治质量和效率？如何科学投入和管理防治资金，实现投资效益最大化，有效地控制灾害蔓延，减少灾害损失，更好地保护森林资源和发挥森林的三大效益？已成为林业生物灾害防治工作亟待解决的重大课题。实践证明，实施林业生物灾害防治工程是解决这些问题的有效途径，也是林业生物灾害防治工作全面贯彻落实科学发展观，更好地适应现代林业发展的客观要求。

第一节　林业生物灾害防治工程实践

林业生物灾害防治工程是由国家林业主管部门或省级林业主管部门，在一定的资源条件约束下，应用工程项目管理的办法，采取综合措施，对一些发生普遍、危害严重或具有潜在危险性的林业有害生物组织开展的较大规模的治理项目，或为提高灾害防治能力而组织开展的防治基础设施建设项目。林业生物灾害防治工程由两大类构成：一类是为提高防治能力而开展的林业生物灾害防治基础设施建设工程，一类是为控制灾害蔓延、减少灾害损失而开展的林业生物灾害治理工程。两类工程构成实现持续控灾目标的有机整体，缺一不可。基础设施建设工程是开展治理工程的基础，并通过治理工程体现其作用；治理工程是实现持续控灾目标的有效途径，也是发挥基础设施建设工程作用的重要平台。

一、防治基础设施建设工程及其主要成效

防治基础设施建设工程是为国家、省、市、县四级防治检疫站配置监测预警、检疫御灾和防治减灾设施设备，改善工作条件，提高防治能力而开展的建设项目。针对我国林业生物灾害防治基础设施薄弱、防治能力低下的问题，从1999年开始，国家启动和实施了森防国债项目，全面加强国家、省、市、县各级防治检疫机构的监测、检疫和防

治基础设施设备建设，使我国林业生物灾害防治能力有了显著提高。

（一）启动实施的基础设施建设项目

近10年来，国家林业局分6批共启动实施了160个林业有害生物防治基础设施建设项目。项目总投资16.37亿元，其中：中央基建投资11.64亿元，地方配套投资4.73亿元。具体为：

1999~2000年，启动实施了4项基础设施建设一期工程。分别为：国家级森林病虫鼠害中心测报点、松材线虫病防治体系、主要食叶害虫防治体系、林木蛀干害虫防治体系。项目批复总投资1.15亿元，其中：中央投资0.81亿元，地方配套0.34亿元。

2001~2002年，续建了9项基础设施建设工程和2个白僵菌制剂改扩建项目。分别为：森林病虫鼠害防治测报网络体系、天牛虫害防治体系、非天牛钻蛀性害虫防治体系、松毛虫害虫防治体系、美国白蛾害虫防治体系、松材线虫病工程治理区、松材线虫病重点监控区、杨树食叶害虫防治体系和森林鼠害防治体系等建设一期工程；与续建工程同时批复的2个项目为广西和福建白僵菌厂改扩建项目。项目批复总投资2.47亿元，其中：中央投资1.74亿元，地方配套0.73亿元。

2003~2004年，启动实施了9项基础设施建设二期工程，分别为：杨树食叶害虫防治体系、森林鼠害防治体系、松毛虫防治体系、松蠹虫防治体系、松材线虫病防治体系、美国白蛾防治体系、杨树天牛防治体系、松象虫防治体系、松蚧虫防治体系等建设工程。项目批复总投资2.41亿元，其中：中央投资1.99亿元，地方配套0.42亿元。

以上防治基础设施建设工程是以主要林业有害生物的分布为依据，同时兼顾该有害生物种类可能危害的省份，确定工程建设范围所包含的省（自治区、直辖市）。第一期工程的建设内容主要是"三室一库"建设，即建设林业有害生物防治实验室、标本室、档案室和药剂药械库。续建和第二期工程的建设内容按照监测预警、检疫御灾和防治减灾三大体系进行布局和安排，主要建设内容为：国家预测预报中心、国家级中心测报点、省级预测预报中心、地级和县级测报站，国家和省级检疫检验中心实验室、地县级检疫实验室、检疫检查站、检疫除害设施以及药剂药械库、防治器械等设施建设和设备购置。

2004~2006年，分两次批复检疫隔离试种苗圃建设项目24个。其中，2004年批复14个，包括：国家级1个以及北京、甘肃、海南、黑龙江、江西、江苏、四川、山东、上海、内蒙古（2个）、湖北和浙江；2006年批复10个，包括：贵州、湖南、广西、重庆、天津、青海、吉林、新疆、安徽和河北。项目批复总投资0.78亿元，全部为中央投资。

2005年，启动实施林业有害生物预防体系建设项目（预防工程）36个。建设单位有31个省（自治区、直辖市），龙江森工、大兴安岭林业公司、内蒙古森工集团、新疆生产建设兵团和青岛市等。项目批复总投资4.44亿元，其中：中央投资3.20亿元，地方配套1.24亿元。

2006年，批复了10个检疫隔离试种苗圃项目、4个天敌繁育场和2个生物制剂厂。批复总投资0.26亿元，其中：中央投资0.09亿元，地方配套0.17亿元。

2007年，启动实施了60个林业生物灾害基础设施建设工程。建设单位除少数项目为省(自治区、直辖市)林业有害生物防治检疫站(局)外，大多数项目以地(市)级林业生物灾害防治机构为项目建设单位。项目批复总投资4.86亿元，其中：中央投资3.03亿元，地方配套1.83亿元。

(二)项目建设情况

林业生物灾害防治工程项目启动实施后，项目区各级政府和项目建设单位分别成立了防治工程领导小组，制定了各种规章制度，按照《林业固定资产投资建设项目管理办法》的规定，认真执行招标、监理、监督和检查验收有关规定，严格资金管理，实行专户存储，专款专用，保证了项目的正常运行，取得了预期效果。

经过几年的建设，除部分检疫隔离试种苗圃项目还在建设之中外，其余项目已全部建设完成。通过项目的实施，我国林业生物灾害监测预警、检疫御灾和防治减灾三大体系框架基本形成。其中：监测预警体系完成了国家林业有害生物监测预报中心、国家级中心测报点、省级监测预报中心、地级测报站和县级测报站的建设任务；检疫御灾体系完成了检疫隔离试种苗圃、省级检疫评估中心、地级检疫实验室、地级检疫除害设施、县级检疫实验室、县级检疫除害设施和检疫检查站的建设任务；防治减灾体系完成了轻型飞机购置、简易机场修建、地县级药剂药械库建设，以及生物制剂厂和天敌繁育场建设等任务。

据初步统计，所有项目共完成土建工程17.8万平方米，购买计算机、显微镜、解剖镜、防治器械等仪器设备7.9万台套。

(三)项目取得的主要成效

在项目建设单位的努力下，林业生物灾害防治基础设施建设各工程进展顺利，取得了显著成效。

一是促进了防治标准站建设。1997年第三次(杭州)全国森林病虫害防治工作会议提出，到2003年全国要完成1 000个防治检疫标准站的建设目标。1999年启动实施的森防国债项目，有力地促进了标准站建设活动的开展。按照国家林业局《关于开展森林病虫害防治检疫标准站建设的通知》规定的建设标准及要求，国债项目以各级防治检疫站为依托，以林业生物灾害防治能力建设为重点，购置了大批计算机、传真机、复印机、数码照相(摄像)机、显微镜、解剖镜、取样器、切片机、超净工作台、GPS、黑光灯、机动喷雾器等设施设备，配置了摩托车、检疫车、施药车等野外交通工具。2000～2003年，国家林业局分4批共批准1 559个森防机构为标准站建设达标单位，超额完成了预期目标，全国标准站率达到51.3%。通过标准站建设极大地改善了项目区林业生物灾害防治机构的办公条件，提高了监测、检疫和测报工作水平，更重要的是提高了防治行业的社会地位，增强了从业者的自信心和使命感，促进了防治事业的全面发展。

二是完成了国家级中心测报点的布设。林业生物灾害的发生发展遵循严格的生物学、生态学规律，认识和掌握这些自然规律，对于做好林业生物灾害防治工作至关重要。为全面加强测报工作，国家林业局做出了在全国建设1 000个国家级中心测报点的工作部署。按照国家级中心测报点的建设要求，1999～2005年，以全国主要测报对象发生区所在的县级林业生物灾害防治机构或林场为依托，分3期完成了1 000个国家级中心测报点的建设任务。国家级中心测报点由地方配套资金负责办公室、实验室和标本室等土建任务，国债资金主要用于购置计算机、打印机、传真机、GPS 定位仪、望远镜、显微镜、解剖镜等监测设备。此外，国家每年还下拨每点 2 万元专项运行经费用于监测工作补助。在资金和项目支持下，国家级中心测报点各项业务工作得以顺利开展，及时向国家预测预报中心提供所承担的主测对象的监测数据，适时向当地政府、林业主管部门和社会发布当地林业生物灾害预警信息。国家预测预报中心对各点上报数据进行汇总分析后，适时发布全国林业有害生物发生趋势预报，为各级政府、林业主管部门防治决策提供了科学依据。

三是建成了全国林业生物灾害防治信息网络系统。通过实施防治基础设施建设项目，国家林业局开发并启用了林业生物灾害防治检疫软件和应用系统，各级林业生物灾害防治机构配置了计算机和信息传输设备，初步建成了国家、省、市、县四级森防信息网络，在全国实现了监测、检疫和防治等信息的网上传输。利用信息网络，实现了植物检疫证书的微机管理和网络传输，极大地提高了检疫工作效率，也为开展远程诊断创造了条件；利用信息网络，开通了“中国森防信息网”，及时发布有关林业及林业生物灾害防治的政策信息、工作动态和科技知识，有力地促进了林业生物灾害防治工作。

四是搭建了新技术应用平台。长期以来，林业被认为是“经营粗放”的行业，林业生物灾害防治更被看作是“查查虫”、“喷喷药”的简单职业，似乎毫无技术含量可言。实施林业有害生物基础设施建设项目，为各地配置了大量先进的设备，进一步促进了先进技术在林业生物灾害防治工作中的应用，使其更加适应现代科学技术飞速发展的形势。除在工作中大量应用计算机网络系统外，GPS、GIS 已在林业有害生物监测防治中广泛应用；在一些重点地区，还配置了远程监控设施，不仅可以实时准确地监测辖区内林业有害生物的发生动态，而且节省人力物力，极大地提高了监测工作效率。遥感等现代技术的广泛应用，为增加防治工作的科技含量、提高防治工作效率奠定了重要基础。

五是增强了应急防控能力。利用国债资金建成了一批生物制剂厂和天敌繁育场，这些新厂(场)的建设，大大提高了生物制剂和天敌生产能力，不仅为应急防控储备了优质高效的杀虫、杀菌制剂或天敌产品，也为促进生物防治和无公害防治提供了重要的物资保障，同时，为减少环境污染，维护和增加森林生态系统的生物多样性，提高系统自身抵御林业生物灾害的能力发挥了积极作用。一些基层防治机构，配备了防治作业车、车载喷雾器等机动喷药器械，执行野外防治任务的能力有了一定提高，使防治质量、效率有了较大提升。特别是购置了少量防治轻型直升机，在解决部分地区防治作业难题的同时，也为林业生物灾害防治机动能力提升探索了新路。

二、主要林业生物灾害治理工程及其主要成效

林业生物灾害治理工程是指为压缩林业有害生物发生面积，降低危害程度，减少灾害损失，而运用工程管理的模式，采取营林、生物、物理、化学等综合防治措施，对主要林业有害生物实施有组织、大规模治理的防治项目。为迅速遏制我国林业生物灾害严重发生的势头，从 1998 年开始，国家林业局启动和实施了主要林业生物灾害治理工程。经过几年的工程实践，取得了明显的治理效果和宝贵的工程治理经验。

(一)实施的主要林业生物灾害治理工程项目

我国实施林业生物灾害治理工程的历史较短，基本上可划分为 3 个阶段：1998 ~ 2000 年为林业生物灾害治理工程试点阶段，2000 ~ 2003 年为林业生物灾害治理工程全面实施阶段(一期工程)，2003 ~ 2004 年为治理工程调整实施阶段(二期工程)。

1. 试点阶段启动的工程

1997 年 5 月 13 日，经国务院批准、林业部下发了《关于进一步加强森林病虫害防治工作的决定》，《决定》正式提出“凡重大的或危险性森林病虫害，由国家统一组织编制防治规划，划定治理区，实行工程治理。地方各级政府要根据森林病虫害的发生情况，确定本地区的治理对象，实行重点防治”。

为了贯彻落实《决定》精神，1998 年经财政部、林业部批准，在全国启动实施了3 个国家级主要林业有害生物治理工程试点项目，分别是辽西松毛虫持续控灾治理工程试点项目、内蒙古光肩星天牛治理工程试点项目和广东省松材线虫病治理工程试点项目。在为期 3 年的工程试点项目实施中，共投入工程资金 13 682. 32 万元，其中：国家财政投入 1 500 万元，国债资金 297 万元，地方各级财政 4 460. 1 万元，群众自筹资金7 425. 22 万元。辽西松毛虫持续控灾工程试点项目 3 年投资 2 747. 38 万元，内蒙古光肩星天牛治理工程试点项目 3 年共投入资金 3 929. 94 万元，广东省松材线虫病治理工程试点项目 3 年共投资5 736万元。经过 3 年试点项目的实施，各工程区治理对象的发生面积有了大幅度下降，危害程度有了明显缓减，而且积累了许多宝贵的工程治理经验，为其后在全国范围内开展的治理工程提供了有益和重要的借鉴。

2. 全面实施阶段启动的工程

在试点项目取得成功经验的基础上，从 2000 年起，国家林业局决定进一步扩大工程治理种类和规模，在全国启动和实施了松材线虫病、红脂大小蠹、杨树天牛、美国白蛾、松毛虫和森林鼠(兔)害 6 个国家级工程治理项目。

(1)松材线虫病治理工程。2000 年治理范围涉及安徽、江苏、浙江、山东、湖北 5 省的 158 个县(区、市)，治理面积 5. 87 万公顷，投资 1 000 万元；2001 年治理范围涉及安徽、江苏、浙江、山东、湖北、广西、福建 7 省(自治区)的 57 个县(区、市)，治理面积 7. 87 万公顷，投资 1 000 万元；2002 年治理范围涉及安徽、江苏、浙江、山东、湖北、上海、广西、福建、重庆、广东 10 省(自治区)的 91 个县(区、市)，治理面积 4. 47 万公顷，投资1 280万元。

(2)红脂大小蠹治理工程。2000 年治理范围涉及山西、河北、河南 3 省的 169 个县(区、市)，治理面积 15. 27 万公顷，投资 500 万元；2001 年治理范围涉及山西、河北、河南 3 省的 29 个县(区、市)，治理面积 14. 37 万公顷，投资 500 万元；2002 年治理范围涉及北京、山西、河北、河南、陕西 5 省(直辖市)的 51 个县(区、市)，治理面积 22. 27 万公顷，投资 470 万元。

(3)杨树天牛治理工程。2000 年治理范围涉及陕西、甘肃、宁夏、青海、黑龙江 5 省(自治区、直辖市)的 85 个县(区、市)，治理面积 12 万公顷，投资 550 万元；2001 年治理范围涉及陕西、甘肃、宁夏、青海、黑龙江 5 省(自治区)的 45 个县(区、市)，治理面积10.67万公顷，投资550万元；2002年治理范围涉及陕西、甘肃、宁夏、青海、黑龙江5省(自治区)的45个县(区、市)，治理面积9万公顷，投资570万元。

(4)美国白蛾治理工程。2000年治理范围涉及北京、天津、河北3省(直辖市)的67个县(区、市)，治理面积3.53万公顷，投资400万元；2001年治理范围涉及北京、天津、河北3省(直辖市)的25个县(区、市)，治理面积5.27万公顷，投资400万元；2002年治理范围涉及北京、天津、河北3省(直辖市)的67个县(区、市)，治理面积1.87万公顷，投资400万元。

(5)松毛虫治理工程。2000年治理范围涉及湖南、广西、云南、贵州、江西、四川、重庆、辽宁8省(自治区、直辖市)的106个县(区、市)，治理面积43.93万公顷，投资800万元；2001年治理范围涉及湖南、广西、云南、贵州、江西、四川、重庆、辽宁、福建9省(自治区、直辖市)的69个县(区、市)，治理面积95.07万公顷，投资800万元；2002年治理范围涉及湖南、广西、云南、贵州、江西、四川、重庆、辽宁、福建9省(自治区、直辖市)的69个县(区、市)，治理面积35.6万公顷，投资910万元。

(6)森林鼠(兔)害治理工程。2000年治理范围涉及新疆、内蒙古、吉林3省(自治区)的64个县(区、市)，治理面积15.27万公顷，投资350万元；2001年治理范围涉及新疆、内蒙古、吉林3省(自治区)的31个县(区、市)，治理面积20.53万公顷，投资350万元；2002年治理范围涉及新疆、内蒙古、吉林3省(自治区)的33个县(区、市)，治理面积17.6万公顷，投资350万元。

3. 调整实施阶段启动的工程

2003年，在美国白蛾、松毛虫等治理工程取得了较为理想的治理效果，而松纵坑切梢小蠹、萧氏松茎象等新的有害生物种类严重发生的形势下，国家林业局调整了全国治理工程布局，对原6个国家级治理工程进行了系统整合，整合后的6个国家级治理工程为：松材线虫病、红脂大小蠹、森林鼠害、杨树病虫害(包括美国白蛾)、松纵坑切梢小蠹和萧氏松茎象治理工程。其中：

(1)松材线虫病治理工程。2003年治理范围涉及安徽、江苏、浙江、广东、山东、湖北、上海、广西、重庆、福建10省(自治区、直辖市)的59个县(区、市)，治理面积7.87万公顷，投资1 800万元。2004年治理范围涉及安徽、江苏、浙江、广东、山东、湖北、上海、广西、重庆、福建、江西、湖南12省(自治区、直辖市)的61个县(区、市)，治理面积6.67万公顷，投资1 800万元。

(2)红脂大小蠹治理工程。2003年治理范围涉及山西、河北、河南、陕西、北京5省(直辖市)30个县，治理面积12万公顷，投资700万元；2004年治理范围涉及山西、河北、河南、陕西、北京5省(直辖市)82个县，治理面积12.82万公顷，投资550万元。

(3)杨树病虫害治理工程。2003年治理范围涉及陕西、甘肃、宁夏、青海、黑龙江、北京、天津、河北、辽宁、吉林、山东、河南、江苏、安徽、新疆15省(自治区、直辖市)的72个县，治理面积68.05万公顷，投资1 200万元；2004年治理范围涉及陕西、甘肃、宁夏、青海、黑龙江、北京、天津、河北、辽宁、吉林、山东、河南、江苏、安徽、新疆15省(自治区、直辖市)的69个县，治理面积48.6万公顷，投资1 300万元。

(4)松纵坑切梢小蠹工程。2003年治理范围涉及云南、四川2省共10个县(区)，治理面积24万公顷，投资230万元；2004年治理范围涉及云南、四川2省共10个县(区)，治理面积5.03万公顷，投资230万元。

(5)萧氏松茎象治理工程。2003年治理范围涉及江西、广西、湖南、湖北和贵州5省(自治区)的21县(市、区)，治理面积4.26万公顷，投资500万元；2004年治理范围涉及江西、广西、湖南、湖北和贵州5省(自治区)的20县(市、区)，治理面积3.18万公顷，投资500万元。

(6)森林鼠(兔)害治理工程。2003年治理范围涉及新疆、内蒙古、新疆生产建设兵团、龙江森工、内蒙古森工和大兴安岭林业集团6省(自治区、兵团、集团、公司)的29个县或县级单位，治理面积24.53万公顷，投资550万元；2004年治理范围涉及新疆、内蒙古、龙江森工、内蒙古森工和大兴安岭林业集团5省(自治区、集团、公司)的25个县或县级单位，治理面积16.6万公顷，投资550万元。

在国家级工程治理项目的带动下，各省(自治区、直辖市)根据各自的具体情况，启动和实施了省(自治区、直辖市)级治理工程项目，这些又为国家级治理工程的开展起到了重要的基础和推动作用。据统计，全国有23个省(自治区、直辖市)实施了省级林业生物灾害治理工程项目，有的还实施了地(市)级治理工程项目。治理对象主要包括杨树食叶(蛀干)害虫、松毛虫、森林鼠害、松叶蜂、日本松干蚧、尺蠖类及经济林病虫害等。

(二)治理工程取得的成效

实施林业生物灾害治理工程，使全国主要林业生物灾害的发生面积有了大幅度压缩，危害程度明显下降，灾害扩散蔓延和严重危害的势头得到了有效缓解。至2004年主要林业生物灾害治理工程项目全部结束时，各项工程基本实现了预期目标，我国主要林业有害生物成灾率由1999年的7‰降到了5‰。

松材线虫病治理工程，根除了45个松材线虫病县级疫点，2001～2005年全国连续4年实现病死树和发生面积“双下降”。

美国白蛾治理工程，天津、河北的发生面积由3.79万公顷下降到0.67万公顷，基本扑灭了9个县级疫区疫情，累计拔除了1 922个村级疫点，天津宝坻县疫区距北京的最近距离曾向后退缩了10千米，治理区内美国白蛾的发生面积大幅度减少，危害程度明显减轻，有虫株率控制在了0.01%以下，北京及天津的蓟县、河北的廊坊、沧州等地区未发现疫情。

红脂大小蠹治理工程，探索并成功地应用以引诱剂为主的综合防治技术，实现了对红脂大小蠹的有效控制，取得了明显治理成效，发生面积由52.67万公顷下降到13.73万公顷，降幅达74%，由虫害导致树木死亡的现象基本杜绝。

杨树天牛治理工程，完成治理面积27.1万公顷(含重复治理)，其中：清理虫害木1 339.15万株，修枝、截干更新等措施治理4.16万公顷，伐根嫁接毛白杨54.14万株，生物措施控制1.33万公顷，药剂防治12.6万公顷、101.56万株，人工物理防治8.79

万公顷，人工剪除天牛虫瘿 8 217 万个，捕捉天牛成虫 8 413.05 万头。发生面积由工程实施前的 18.06 万公顷下降到 9.64 万公顷，平均被害株率由 44.4% 下降到 15.6%，平均虫口密度由 10.9 头/株下降到 4.6 头/株。

松毛虫治理工程，发生面积、成灾面积明显下降，危害程度显著减轻，其中发生面积平均下降 30% 以上，成灾面积平均下降 75% 以上；工程区内监测覆盖率、测报准确率、总体防治率和防治效果、无公害防治率和无公害防治效果、营林措施及其控制效果、有虫株率、平均虫口密度等均达到了工程规定的指标要求。

森林鼠害治理工程，探索出经济适用的 9 项鼠(兔)害成熟治理模式，工程区内鼠害危害程度、平均鼠口密度、被害枯死株率等明显下降。

杨树病虫害治理工程，对枝干害虫实行以营林措施为主，清理虫害木、伐根嫁接、多树种配置及绿色威雷等药剂防治措施，取得了明显控灾效果；对食叶害虫以生物防治、仿生制剂等无公害措施为主，使治理区被害株率和虫口密度明显下降。

松纵坑切梢小蠹工程，以营林技术措施为基础，以虫情监测为依据，以生物和化学防治为主导，以降低虫口密度和危害程度为目标，利用干转梢、梢转干特别是梢转梢的有利时机，通过划分危害区，由外向内，由轻至重，实行先防治后清理，清理与营林措施相结合的综合治理措施，全面实现了减灾目标，治理区受害程度明显下降。

萧氏松茎象治理工程，探索出了包括营林措施(铲除树蔸周围杂草和灌林、清理枯死木、种植驱避植物)、人工物理防治(人工捕杀成虫、幼虫和蛹)、生物防治(白僵菌防治)、性诱剂诱杀成虫、化学防治(毒绳法、涂干、喷干)等防治技术措施，有虫株率、枯死率均达到了设计的指标要求。

在取得显著控灾减灾效果的同时，各工程区根据具体情况，还探索和积累了许多实用性强、效果显著的防治新技术。

三、防治工程的主要经验

实践证明，通过防治工程形式开展防治基础设施建设、实施主要林业生物灾害治理，是提高防治成效、推进林业生物灾害防治事业发展的有效手段。林业生物灾害防治工程具有以下主要经验和作用：

(1) 政府主导促进了林业生物灾害防治由部门行为向政府和社会行为的转变。把防治工作转化为政府行为，是实施林业生物灾害防治工程最突出的经验。政府主导，有利于各项防治政策、制度、任务和责任等的落实，有利于合理配置资源，指挥、协调、调动社会各方面力量，全力投身到林业生物灾害防治工作中来，形成各负其责、齐抓共管、群防群治的防治工作新局面。

(2) 稳定的资金投入为林业生物灾害防治提供了可靠的资金保障。为保证林业生物灾害防治工程的顺利开展，国家设立了专门的基本建设资金和林业生物灾害工程治理经费，并且将防治工程经费纳入国家公共财政预算支出体系。国家投入的基本建设资金主要用于监测、检疫和防治设备的配置，地方基本建设资金主要负责相关的土建和维护。对于主要林业生物灾害开展的治理工程实行以国家投入为主、地方政府按比例配套、森林经营者投入为辅的投入机制，使主要林业有害生物防治的资金投入有了明确的投资主体和较为充足的资金来源，确保了防治工作的顺利开展。

(3) 防治工程构建的良好管理平台极大地提高了防治工作效率。林业生物灾害防治工程参与单位多、涉及部门广、投入人力多、应用的技术也复杂多样。为使防治工程有序健康地向前推进，各级工程管理部门通过严格的项目管理办法，充分发挥决策、计划、组织、协调、控制和评价等职能，合理利用人、财、物等各种资源，保证了防治工程在时间进度、投资效益和建设质量方面实现优化组合，从而极大地提高了防治工程效率。同时，也为项目参与者构建起了学习技术、积累经验、发挥才能、施展身手的平台，有利于防治专业人才和管理人才的培养锻炼。

(4) 先进技术的应用极大地提高了防治工作的科技含量。配置先进的设施设备在全面提升林业生物灾害防治能力的同时，也使林业生物灾害防治工程的科技含量和应用先进实用技术的水平有了显著提高。在主要林业生物灾害治理工程中注重科研成果的转化和组装配套，强化适用防治技术的推广，在全面提高防治质量和效率的同时，也使防治更加科学、规范。

第二节　林业生物灾害防治工程项目管理

林业生物灾害防治工程管理就是对工程启动、实施和结束不同阶段的各种活动进行决策、计划、组织、协调、控制和评价的行为总和。管理的目的就是要合理规范建设行为，严格控制建设进度，有效提高资金使用效率，切实保证建设质量，促进林业生物灾害防治步入可持续控灾的良性发展轨道。林业生物灾害防治工程涉及自然、经济、科技和社会等各个方面，是一项复杂的系统工程，特别是在防治主体日趋多元化、经贸活动日益频繁、技术发展日新月异的变革时代，防治工程将更趋复杂化。只有加强管理，才能调动各种积极因素，为防治工程成功实施提供切实保障。

林业生物灾害防治工程也被称为林业生物灾害防治项目或林业生物灾害防治工程项目，但是，这并不意味着工程和项目的含义完全相同。工程一般指某些涉及广、需要各方面通力合作的工作，特别是需要用较大而复杂的设备来进行的基本建设项目。项目一般泛指工程、学术等方面某一具有特定内容的工作，是一系列独特的、复杂的并相互关联的活动，这些活动有着一个明确的目标或目的，并且必须在特定的时间、预算内，依据规范完成。工程一般注重的是专业性和技术性，而项目一般强调的是管理过程。通常在建设主体、建设范围、资金来源和建设目标都明确的情况下，工程和项目可以是等同的。林业生物灾害防治工程往往都是通过一个或几个林业生物灾害防治项目来实施的，因此，人们在涉及林业生物灾害防治工程管理的相关内容时，更多会使用林业生物灾害防治项目或工程项目来表述。

一、实行工程项目管理的必要性

林业生物灾害防治工程项目管理是我国林业生物灾害防治领域一种先进的防治管理模式，它对于保障林业生物灾害防治工程顺利实施，从而实现持续控灾目标具有十分重要的作用。加强林业生物灾害防治项目管理，就是要运用决策、计划、组织、协调、控制和评价等管理职能，在有限的人力、物力和财力资源的约束条件下，用最经济有效的措施，在最短的时间内完成预定的工作任务，保证工程的进度、成本和质量目标的优化实现。加强林业生物灾害防治项目管理不仅是控制生物灾害的客观需要，也是建设节能型社会对林业生物灾害防治工作的必然要求，做好项目管理工作具有重要的现实意义。

一是实行工程项目管理是提高决策科学性的要求。决策是计划的重要依据之一，是决策者对有关项目实施的重大问题所做出的选择和决定。林业生物灾害防治项目在启动、实施和结束的不同阶段，有很多重大问题需要决策者进行决策。如项目启动阶段将会面临项目的选择、项目选择后需要投入多少资金等重大问题，在项目的实施阶段将会面临计划能否顺利完成、资金能否到位、如何协调各种关系等重大问题。决策的正确与否，对项目的顺利实施和结果具有决定性作用。决策失误是最大的失误，往往造成无法挽回的损失。项目管理是实现决策科学化的有效途径：在启动阶段，通过认真详细的可行性研究和评估，可减少决策的盲目性，避免决策失误；在实施阶段，通过加强管理，能够保证项目按计划要求顺利实施，并取得预期效果。

二是实行工程项目管理是提高投资效益的要求。严格规章制度，提高资金使用效率，是项目管理的一个显著特征。在项目启动阶段，建设单位根据项目建设内容，在可行性研究报告和初步设计中，分别对项目投资计划进行详细的估算和概算；在工程实施和结束阶段，项目建设单位按照国家关于项目资金使用的有关规定，通过计划、协调和控制等管理职能，保持成本计划与分配计划的一致性，将投资规模严格控制在资金计划之内。

三是实行工程项目管理是提高工作效率的要求。林业生物灾害防治工程项目涉及到众多的项目当事人和项目关系人，包括林业主管部门、林业有害生物防治机构、森林所有者、社会化防治服务机构、规划设计单位、防治设备供应商以及政府主管部门和社会公众等，各部门职责不同，作用不一，项目实施过程中承担的任务也不一样，只有通过项目管理，才能有效地沟通和协调各方面的利害关系，充分调动各方面力量，提高工作效率，确保工程项目的顺利实施。同时，林业生物灾害防治项目的建设期限一般为3年左右，需要分阶段实施，每一阶段都有其阶段性目标，这些目标构成了项目的目标体系，其中，有些目标是可以做定量分析的，而有些目标则不能做定量分析。在项目实施过程中，人们往往只注重定量目标，而忽视定性目标。只有通过项目管理，协调各种关系，才能够有效地兼顾这些目标，确保目标体系的实现。

二、工程项目管理的基本原则

为保证林业生物灾害防治工程项目能够顺利实施并取得预期效果，项目管理应遵循以下原则：

1. 实现项目目标的原则

每个林业生物灾害防治项目都有自身的建设目标，因此，项目管理人员在项目管理过程中，必须以实现项目目标为工作的首要目标，一切管理行为和措施都应该有利于达到这个目标而不能偏离实现目标的轨道，否则会因偏离目标而损害项目建设甚至造成项目建设的失败。

2. 协调一致的原则

林业生物灾害防治项目涉及众多的部门、组织和个人。特别是生物制剂厂、天敌繁育场等项目的建设，必须经过环境保护部门的评估和认可，方能开工建设；应用轻型飞机开展林业生物灾害防治，必须要有民航部门的飞行许可。总之，林业生物灾害防治项目涉及部门多，而且涉及到从政府到个人、从政策到技术、从基建到搬迁、从生产到生活等社会经济生活的方方面面。要在坚持协调一致原则基础上，努力协调好以下 3 个方面的关系。

(1)管理队伍内部的协调。对于国家级林业生物灾害防治项目，国家林业局、国家林业局森林病虫害防治总站和各省(自治区、直辖市)林业有害生物防治检疫站(局)共同构成项目的管理队伍，各部门应当分工负责，职责明确，但分工不分家，要互通信息，互相支持，协调行动，为实现项目目标而共同努力。

(2)管理队伍与项目建设单位的协调。林业生物灾害防治项目因级别不同，需要有不同的项目建设单位。绝大多数的林业生物灾害防治项目需要众多的地、县级林业有害生物防治检疫站承担完成，甚至在一些项目上还会是厂矿、企事业单位、森林所有者个人或社会化防治服务组织。因此，管理人员要有高度的责任感和使命感，经常深入项目建设第一线，认真调查研究，全力做好管理工作。

(3)项目管理机构与其他部门的协调。项目管理部门要主动地与其他相关部门加强联系与沟通，向他们介绍林业生物灾害防治工作的进展情况，争取得到他们的理解和支持，使项目建设得以顺利进行。

3. 因时因地制宜、分类指导的原则

每一个林业生物灾害防治项目，不管它是基础设施建设项目，还是生物灾害治理工程，都是由建设单位根据当地林业生物灾害防治存在的问题、现有工作条件和防治发展要求提出来，并且围绕项目既定目标来实施的。因此，项目管理应当遵循因时因地制宜、分类指导的原则，才能保证项目的各项工作顺利运行并且取得预期结果。切忌不加考虑、不加分析地生搬硬套某一固定模式，若是如此，就会欲速而不达，只能起到相反的作用，非但不能起到提高防治能力，控制生物灾害的作用，反而会劳民伤财，甚至因延误时机导致灾害的进一步扩大。

4. 严肃性与灵活性相结合的原则

在林业生物灾害防治项目实施的任何一个阶段，任何行动、任何措施的施行，无一例外地涉及到项目建设的成本、质量、进度和项目目标等问题。因此，项目管理工作必须要有严肃性，要建立健全各种规章制度，并严格执行，做到有章可循、有章必循。但是，在林业生物灾害防治项目实施期限内，受社会、经济、科技和自然等外部因素的影响，将会发生一系列的变化。面对这种变化了的环境条件，项目管理者切不可一成不变地恪守成规，而应该充分发挥主观能动性，沉着应对，在不违背项目宗旨，不违反国家法律规定，不损害国家、集体、人民利益的前提下，坚持严肃性与灵活性相结合的原则，通过灵活管理，适应新情况，采取新对策，解决新问题，保证防治项目的顺利完成。

三、工程项目管理的发展趋势

林业生物灾害防治工程项目管理的发展趋势就是实行现代化管理。所谓项目管理现代化，就是使林业生物灾害防治项目适应现代林业发展和社会经济发展新形势，依照林业生物灾害防治和项目自身内在的客观规律，开拓创新，与时俱进，运用现代化的科学管理手段和方法，对防治项目实行有效的管理。项目管理现代化涉及面广、内容丰富，主要包括以下几方面。

（1）管理思想现代化。管理思想现代化是管理现代化的灵魂，是所有现代化管理内容中最重要的一条。一方面，管理者要坚持科学发展观，深刻领会“生态建设、生态安全和生态文明”的精神实质，充分认识林业生物灾害防治在现代林业发展中的基础保障作用，用现代林业理论武装头脑，增强责任感和使命感；另一方面，管理思想现代化的核心就是将系统论、信息论、控制论、行为科学等现代管理思想和理论运用到项目管理之中，从而体现最新的管理思想。此外，在从事管理过程中，管理者应当牢固树立法制观念、市场观念、服务观念、竞争观念和环保观念等，以指导工程项目顺利进行。

（2）管理组织高效化。随着项目参与单位的多元化，项目规模不断扩大，项目的任务种类日趋繁多，专业化分工愈加精细，技术要求也在不断提高，投资者对项目在质量、工期、投资效益等方面的要求也越来越高。因此，项目的组织管理已成为决定项目成败的关键。传统的以经验为主的管理方法已不适应现代项目管理的要求，项目管理者只有具有了丰富的现代组织管理知识和管理经验，才能从容应对各种复杂的局面。项目组织机构的设置，要在能够满足实现项目目标的基础上，坚持管理层次少、部门设置合理和组织成员职权分明的原则，以观念、制度和方法的创新为动力，明确职能和目标，密切合作，并积极协调各层次、各部门之间及其同外部环境之间的关系，提高管理组织的工作效率。

（3）管理方法科学化。要结合林业生物灾害防治工程的基本工作流程和技术特点，建立一套适合林业生物灾害防治工程正常运行要求的科学管理方法，如在工程项目的启动阶段，要及时地编制和发布《项目可行性研究编制指南》，使项目建设单位能够尽快地了解和掌握国家对于项目建设的基本要求，明确项目建设内容，从而在尽可能短的时间内保质保量地完成可研编制工作；在项目结束阶段，要尽快发布《项目检查验收的有关要求》，使项目建设单位能够按要求准备检查验收材料，配合上级主管部门圆满完成项目的检查验收工作。要重视积累成功的管理经验，更要注重经验和现代管理方法的结合。积极推广应用现代化的管理方法，如决策技术、数学分析方法、统筹法、模糊数学、线性规划等，用以解决项目不同阶段出现的各种复杂问题。

（4）管理手段数字化。林业生物灾害防治工程任务量大，涉及的技术种类复杂多样，必须充分利用现代化的管理技术，才能保证工程各项任务完成的质量符合预定要求。如要验证测报员的调查数据是否来自预期的样地，只要检查 GPS 信息就可做出准确的判断。为适应管理高效率的需要，需要配置现代化的技术装置，如电子计算机的应用以及管理通讯装置、多媒体、网络技术、GPS、GIS 等。把电子计算机应用于管理，可以节省人力，并使管理更为精确。

（5）管理人员专业化。林业生物灾害防治工程不仅需要有一批业务熟练、技术精湛的监测、检疫和测报管理人员外，还需要有计划、采购、设备维护、财务等方面的管理人员参与，这是由于防治工程技术要求高、质量要求严、经济核算要求准确无误、计划要求周密详细，施工管理、质量管理、机构设备管理、财务管理等专业管理逐渐发展成为独立的学科，并采用了现代科学管理方法，这就需要有一套专业化程度高的组织提供全套专业化咨询和管理服务，要求各项专业管理人员要精业务、懂专业、通管理，成为各项专业管理的内行。

（6）管理方式民主化。林业生物灾害防治工程参与单位多、参加的人数多，不同单位、不同人员在面对“一件事情如何做”的问题时，会产生不同的观点和看法，其中，不乏有一些真知灼见。因此，防治工程管理只靠少数人做肯定是不行的，只有在项目经理统一指挥下，各个部门的管理人员认真征求工程参与者意见，集思广益，充分发挥广大职工的积极性和创造性，才能寻找到解决问题的最佳方案，收到事半功倍的效果。

管理现代化的上述 6 个方面，密切联系，相互促进，缺一不可。只有在管理工作的思想、组织、方法、技术、人员和方式的各个方面共同达到现代化要求的条件下，才能真正实现项目管理工作的现代化。

四、工程项目管理的主要任务

林业生物灾害防治工程项目管理的总任务是：在科学决策的基础上，对项目实施的一切活动进行全方位、全过程的管理，使其在一定的资源约束条件下，达到进度、质量和成本目标的优化实现。项目管理的具体任务就是为达到既定目标而运用各种制度、程序、方法和手段，对项目所有活动进行决策、计划、组织、协调、控制和评价，充分有效地配置和利用各种资源，以较少的投入获得较高的效益，保证项目顺利完成。

林业生物灾害防治项目管理的任务，广义地讲就是指项目启动、项目实施和项目结束 3 个阶段的主要管理任务。项目启动阶段的主要管理任务是组织人力、物力和财力编制项目可行性研究，做好可行性研究的评估，完成项目申报，为项目上马奠定良好的基础；项目实施阶段的主要管理任务是建立健全各种组织，建立和完善各种规章制度，保证项目各项工作顺利开展；项目结束阶段的主要管理任务是做好竣工验收和效益评估。

（一）项目申报

项目申报是项目启动阶段的主要内容，申报的成功与否关系到项目能否上马，并且对项目的实施过程和实施结果都会产生长远的影响。加强对项目申报工作的管理，使项目建设单位少走弯路，提高申报工作的效率，是项目管理者重要的任务。项目申报管理包括对申报内容、申报程序和申报条件等 3 方面的管理。

1. 申报内容

项目申报内容包括项目建议书、项目可行性研究和项目初步设计的申报3 项内容。

（1）项目建议书。项目建议书是投资在 3 000 万元（含 3 000 万元）以上的大中型项目，需要由建设单位编制。除极少数特定项目以外，林业生物灾害防治项目的投资规模一般都在 3 000 万元以下，所以，林业生物灾害防治项目建设单位一般都不用编制项目建议书。

(2)项目可行性研究。项目可行性研究是项目申报的核心内容，也是投资决策、项目设计、项目实施和项目评估的重要依据。项目可行性研究应着重回答3个方面的问题，即：项目投资的必要性、技术可行性和经济合理性。

为了使项目可行性研究符合国家林业局的审批要求，在每年年初项目申报工作开始之前，国家林业局编制本年度的《林业生物灾害防治项目可行性研究编制指南》，对可行性研究编制单位、建设单位、申报文件、相关单位的许可、承诺或者证明材料和项目建设思路、建设原则和建设内容设置等方面提出要求，力求使可行性研究在符合国家林业生物灾害防治总体部署的前提下，能够充分反映建设单位当地林业生物灾害防治工作的实际需要。

项目可行性研究的主要内容包括：总论、项目背景及建设必要性、建设条件分析、项目建设的依据、项目布局与资源条件分析、建设方案与内容、环境保护、建设期限与实施计划、组织机构与项目管理、投资估算与资金筹措、效益分析与评价、项目建设保障措施、结论与建议、必要的附件、附表和附图等。

(3)项目初步设计。项目初步设计是在项目可行性研究批准后，项目建设单位根据已批准的可行性研究组织编制的规范性文件。其目的在于为项目实施阶段制定年度工程计划、安排投资内容和投资额度、检查实施进度和质量、落实组织管理、分析评价项目建设效益提供依据。

从某种程度上讲，项目初步设计是项目可行性研究在技术层面上的细化。因此，项目初步设计确定的建设内容和建设标准不得超过已批准的可行性研究的范围，应当列明各单项工程或单位工程的建设内容、建设标准、主要材料和设备选择等，其主要内容应包括设计说明、图纸、主要设备材料用量表和投资概算等，并达到国家规定的深度要求。

2. 申报程序

按程序申报项目，是保证项目申报工作有效性的基本要求。否则，可能会因为越级申报等原因延误项目正常立项，从而给项目实施带来一系列严重后果。

对于国家林业局直属单位，项目可行性研究直接报国家林业局审批。可行性研究一经审批通过，立项工作即告完成。接下来，项目建设单位应按照国家林业局的可行性研究批文要求，组织编制项目初步设计(实施方案)。初步设计完成后，还必须经国家林业局审批通过后，项目方可进入组织实施阶段。

对于省(自治区、直辖市、计划单列市)、市、县级项目建设单位申报的项目(地方项目)，项目可行性研究必须先由建设单位组织召开专家论证会，论证后的项目可行性研究经所在省(自治区、直辖市、计划单列市)省级林业主管部门审核同意后上报国家林业局。项目可行性研究经国家林业局批复后，项目建设单位应按照可研批文要求，组织编制项目初步设计(实施方案)。初步设计由所在省(自治区、直辖市、计划单列市)省级林业主管部门审批，报国家林业局备案。

3. 申报条件

项目建设单位申报的可行性研究和初步设计，在形式和内容上，必须满足一定的要求，国家林业局才会接受项目申请，项目的批准立项才有了前提条件。

在申报的形式上，要求项目可行性研究必须由具有相应工程资质的机构编制，由低级别工程资质的机构编制的可行性研究不予受理。申报时，可行性研究必须附有林业主管部门正式出具的红头文件，地方发改委或财政厅（局）出具的配套资金承诺函。涉及土地使用权益的项目，必须附有建设单位与相关单位的土地使用协议。对于生物制剂厂和一些特定区域的林业生物灾害治理项目，必须附有环境保护部门出具的环境评估报告。初步设计则必须委托具有相应工程设计资质的机构编制。一些以单纯购置设施设备为主要内容的基础设施建设项目可以不编制项目初步设计，而由建设单位在可行性研究的基础上直接编制项目实施方案。

在申报的内容上，要求项目可行性研究必须达到一定的深度，即：能充分反应项目可行性研究成果，内容齐全，结论明确，数据准确，论据充分，满足国家林业局编制项目可行性研究和初步设计的要求；选用的主要设备规格、技术参数能够满足预定的要求；对重点项目及项目中的重大技术和经济方案，应进行 2 个以上（含 2 个）方案的比选；应附有评估、决策（审批）项目所必需的合同、协议、意向书、有关批准文件等。初步设计则应根据批准的可行性研究进行编制，应明确工程规模、建设目的、投资效益、设计原则和标准，深化设计方案，提出设计中存在的问题、注意事项及有关建议。其深度应能控制工程投资，满足土地征（占）用要求，满足编制施工图设计、主要设备定货、招标及施工准备的要求，满足环保和资源综合利用的要求。

（二）组织管理

林业生物灾害防治工程的组织管理就是要建立适合防治工程特点、具有一定层次的组织结构，对组织的所有成员进行合理的分工和分配适当的工作量，使每个成员清楚自己的职权和职责，并且能够与组织的其他成员积极协调配合，为实现工程目标共同有序地开展工作。组织管理是工程实施阶段的一项主要管理任务，其目的就是要充分调动每个成员的工作积极性，最大限度地发挥防治工程组织的职能作用，提高林业生物灾害防治工程效率。

1. 建立防治工程组织的依据

防治工程组织的建立，主要依据两方面：一是林业生物灾害防治工程的特点，二是组织本身的精简高效化要求。

林业生物灾害防治作为一项公益事业，具有社会性较强、专业化要求较高的特点。这一特点要求林业生物灾害防治工程组织首先必须要有政府部门的参与，以利于充分协调、调动各方面力量积极参与灾害防治工作，促进灾害防治由部门行为转变为政府行为和社会行为；其次，防治工程组织必须要有业务能力强、技术水平高的专业人员参与，以及时解决工程实施进程中出现的各种技术问题。

按照现代管理组织理论，项目的组织结构应在能够满足实现项目目标的前提下，以较少的层次、一定量的职能部门和明确成员职权为基本要素来进行构建，部门之间和部门内各成员之间主要通过现代信息技术进行沟通联系。

2. 防治工程组织的构成

林业生物灾害防治工程应按照三层组织结构模式来建立自身的防治工程组织：防治

工程领导小组、防治工程管理组和防治工程作业组。

防治工程领导小组，由政府、林业主管部门和林业生物灾害防治机构的领导组成，政府主要(管)领导任组长。主要职能是利用政府的公众号召力，加强宣传，提高全民防治意识，为防治工作营造良好的社会氛围，充分调动社会力量参与防治工程，促进林业生物灾害防治由部门行为转化为政府行为；充分发挥行政领导的组织、协调和指挥等作用，特别是加强与政府其他部门的协调与沟通，解决工程实施中出现的重大问题，负责筹措工程资金，监督检查防治责任制的落实，为工程有序实施打下坚实的基础。

防治工程管理组，由林业主管部门、林业生物灾害防治机构和各建设单位领导组成，全面负责工程实施。主要职能是依据工程初步设计(实施方案)，从人员、资金、设备和技术等方面计划、组织、协调、控制和监督工程各项工作落实情况，发现问题及时提出解决方案，若有困难无法解决，则及时报告项目领导小组。该组成员要求相对比较高，不仅要了解和掌握国家关于林业生物灾害防治的有关政策，而且要根据其承担的职责，具有一定的组织管理能力和较高的综合素质。

防治工程作业组，由社会化的防治服务组织组成，但是，在当前我国尚未建立社会化防治服务体系的现实条件下，防治工程作业组由来自林业生物灾害防治机构的业务人员组成，或者是由林业生物灾害防治机构人员与林农等共同组成，主要职能是执行生产防治任务。对于以林农为主的防治作业，在执行防治任务之前，必须经过专门的技术培训，防止安全等事故发生。

(三)制度管理

建立健全规章制度，使防治工程的各项工作有章可循，是促进防治工程有序开展，充分利用有限人力、物力和财力等资源，提高防治工程效率的重要保障。实施林业生物灾害防治工程需要建立的规章制度包括防治责任制度、资金使用和管理制度、招投标制度、监督检查制度等。

防治责任制度，就是要把工程任务逐条逐级分解，落实到人，层层签订责任状，使参与工程的各部门及所有人员都明确责任，奖优罚劣，充分调动工程参与者的积极性。对因玩忽职守、擅自变更建设内容、挤占挪用工程资金等影响工程建设进度或质量的，要严肃追究主管领导和直接责任人的责任。

资金使用和管理制度，就是要求项目建设单位管好用好项目资金，严格实行专户存储，专款专用，严禁挤占、挪用和截流。

建立招投标制度，就是要求建设单位对防治工程需要的各种药剂、药械等重要仪器设备的采购，以及防治作业任务的发放，应当按照《中华人民共和国招标投标法》的规定进行招投标。

监督检查制度，就是要求各级管理组织对防治工程进行督导检查，发现问题及时处理，并将处理意见上报上级主管部门。

(四)竣工验收和效益评价

竣工验收和效益评价标志着项目实施阶段的终结，是项目进入到结束阶段的主要管理任务。它是由上级林业主管部门按照批复的项目可行性研究、评估报告和初步设计等对项目完成的内容、数量、质量及效果进行验收，同时对项目可能产生的效益进行评价。验收后由验收小组写出项目竣工验收报告，报告经批准后，表示该项目的建设任务已完成，可颁发项目竣工验收证书。

1. 竣工验收及管理

林业生物灾害防治工程项目竣工验收是由国家林业局、项目建设单位和项目验收委员会，以批准的项目可行性研究、初步设计、施工图设计、投资计划文件、项目施工验收规范、竣工财务决算及审计报告以及主管部门有关的审批、修改和调整文件为依据，按照一定的程序和手续，在项目建成并试生产合格后，对工程项目的总体进行检验和认证、综合评价和鉴定的活动。竣工验收管理的主要任务就是要明确竣工验收的条件，做好竣工验收的各项准备，按照规定的程序组织开展竣工验收工作。

(1)竣工验收的条件。工程竣工后，建设单位申请上级主管部门组织竣工验收，必须符合以下条件：

按照批文要求完成了规定的各项建设内容。基础设施建设项目应当能够满足使用及功能的发挥；

所有技术文件分类立卷，会计档案、技术档案和各种施工管理资料完整齐全，一般要求项目建设单位提供 1 本大事记、1 本图片集、1 套录像带和 1 个数据库；

具有专门技术要求的各单项工程或单位工程已经相关部门予以认定，如土建工程质量由建设工程质量监督机构备案；涉及环境保护、劳动安全卫生及消防设施的建设内容与主体工程同时建成并经相关部门审查合格；工程结算和竣工财务决算应委托具有相应资质的中介机构或审计机构进行造价审查或财务审计。

竣工验收总结报告应规范、完整、真实，装订成册。

(2)竣工验收的内容。林业生物灾害防治工程竣工验收的内容主要包括以下几方面：

项目完成情况，如建设地点、建设内容、建设标准、建设质量等是否符合批准的项目可行性研究或初步设计；

资金到位及使用情况，包括中央资金、地方配套资金是否按时足额到位，资金的使用和管理是否符合《会计法》、《基本建设财务管理规定》等要求，是否按项目单独建账，单独核算；

项目变更情况，即项目在建设中是否存在变更建设地点、建设内容等现象，是否按规定程序办理报批手续；

法律法规执行情况，如对于涉及环境保护内容的项目，是否按规定提交了环境评估报告；

竣工财务决算情况，是否按要求编制了竣工财务决算，并通过了审核；

档案资料情况，主要是建设项目批准文件、设计文件、竣工文件、监理、质检文件及各项技术文件是否齐全准确，是否按规定立卷。

2. 效益评价(环境、质量、效益)

效益评价就是对林业生物灾害防治工程项目建设完成后可能产生的生态、社会和经济效益做出全面的评价，使林业主管部门在定性和定量方面进一步了解项目具有的重要价值，敦促业务部门和相关部门珍惜项目建设成果，促进项目的各种效益达到最大程度的发挥。

（1）生态效益评价。大多数林业生物灾害防治工程都是以控制林业生物灾害扩散蔓延、减少灾害损失、保护森林资源为主要目的的。这些防治工程的价值主要体现在维护和增加了森林生态系统固碳放氧、涵养水源、保持水土、净化空气、防风固沙、生物多样性保护及减少水旱灾害等生态效益之中。目前，我国对森林生态效益的评价还主要是以定性分析为主，随着科学技术的不断发展和对森林生态系统规律的进一步认识，人类对森林生态效益的评价将会达到定量的水平。

（2）社会效益评价。实施林业生物灾害防治工程，能够有效遏制林业有害生物严重发生的势头，防止林木蓄积和木材质量下降，提高人类赖以生存的生态环境质量，对于满足人民物质生活需求，解决国内木材及其制品短缺，保障人民群众正常的生产生活秩序和生活质量具有重要意义。目前，我国对社会效益的评价也限于定性分析。

（3）经济效益评价。通过实施林业生物灾害防治工程，能够有效地压缩林业生物灾害发生面积，减少灾害损失，进一步优化林分结构，增加林木蓄积量，提高木材产量和质量，挽回由灾害造成的经济损失。对于经济林种可有效降低林业有害生物对林产品的侵蚀，减轻林农损失，保护林农尽快地脱贫致富奔小康。对经济效益的评价应建立在定量分析的基础上。

第三节 防治基础设施建设工程的实施

防治基础设施建设工程是林业生物灾害防治工程的重要组成部分，它通过为国家、省、市、县四级防治检疫机构配置监测预警、检疫御灾和防治减灾设施设备，健全和完善全国林业生物灾害防治体系，提高对林业生物灾害的防治能力，为防治林业生物灾害提供坚实的物质保障。

一、实施防治基础设施建设工程的必要性

造成我国林业生物灾害严重发生的原因，除全球气候变暖和局部气候异常，以及因人工纯林多林分抵御灾害能力低下等因素之外，基础设施薄弱、防治生产力布局不合理、基层防治能力弱，也是造成灾害持续发生、难以有效治理的重要原因。因此，实施林业生物灾害防治基础设施建设工程，全面提升我国林业生物灾害治防治能力非常必要。

实施防治基础设施建设工程是改善我国防治基础薄弱的迫切需要。虽然经过多年的基础设施建设，我国多数林业生物灾害防治机构的防治基础设施有了一定程度的改善，防治能力有了较大的提高，但由于过去“家底”薄，我国防治总体水平仍很薄弱，许多地方连最基本的防治能力都达不到，灾害根本得不到有效救治。主要表现在：防治设备落后，机械化程度低。全国95%以上的县级森防站没有配备专门的防治作业车，而且现有防治器械以人工背负式的居多，几乎占到所有防治器械的90%以上，车载设备不

足 5%，适合山地和大面积防治需要的林用轻型防治飞机仅有 3 架，防治作业主要依靠人工背药上山喷洒，防治效率和质量难以提高。防治设备严重不足，并且陈旧老化严重。全国县级森防站防治设备更加缺乏，现有设备仅为实际需求的 40%，且缺乏高射程防治机具，不能满足高大林木灾害防治的需要；由于设备更新慢、完好率低，部分地区目前仍然沿老式喷雾器从事防治作业。多数地方应急物资储备几近空白，应对突发林业生物灾害能力非常低。交通工具严重短缺，影响了防治工作的正常开展。经济欠发达地区的县级森防站，普遍没有交通工具；经济发达地区的县级森防站，有交通工具的也不到 20%。

实施防治基础设施建设工程是调整优化我国防治生产力布局的当务之急。我国林业生物灾害防治基础设施在总量不足的同时也存在布局不合理的问题。突出表现在 3 个方面：在设备配置上，依然部分地存在"重除治轻预防"的问题，导致承担预防功能的监测、检疫和预防性防治措施的设施设备相对少而落后，预防为主的防治方针得不到真正落实。在设备购置上，存在"重数量轻质量"的问题。在设备投放上，普遍存在"重上轻下、头重脚轻"的问题，基层防治设施多数仍然处于严重匮乏状态。这些问题的产生都与当前防治基础设施投资总量偏少而需求总量较大的矛盾有着密切的关系，因此，亟待加大防治基础设施资金投入力度，要按照统筹兼顾、突出薄弱环节、优先加强基层建设的原则，调整防治生产力布局。要在全面提高基层林业生物灾害防治能力的基础上，加强信息传输设施建设，保证政令、信息通畅；强化重点区位预防体系建设，严防危险性林业有害生物传入，确保重点区域生态安全；加强航空防治、遥感监测等现代化设施建设，不断提高现代化高新技术的应用水平，最大限度地发挥林业生物灾害防治工作为现代林业建设保驾护航的作用。

实施防治基础设施建设工程是适应现代科技发展提高工作效率的必然选择。林业生物灾害的发生是森林生态系统中林分、有害生物、气候、立地条件，甚至包括人类活动等因子综合作用的结果，因此，必须按照系统观点来制定林业生物灾害防治对策。要把林业生物灾害防治贯穿到选种、育苗、造林、抚育、采伐和利用等林业生产的各个环节之中，通过营林性防治措施促进森林健康，提高系统对生物灾害的抗御能力。就林业生物灾害防治本身来看，要提高防治效率，就必须注重现代新技术的应用，如"3S"技术、远程监控、远程诊断，特别是网络技术不仅保证了监测、检疫和防治信息的上下传输通畅，而且为制定防治决策，适时开展生产防治，取得预期防治效果发挥着重要作用。不管是营造健康森林，还是各种新技术的应用，如果没有相关的设施设备予以支撑，根本不可能付诸实践。

二、防治基础设施建设工程的分类与建设原则

（一）工程项目基本类型

林业生物灾害防治由监测、检疫和防治等主要工作环节组成，不同的工作环节具有不同的功能，执行不同的任务，使用的设施设备也不同。这种功能、任务及设施设备的不同，构成了不同的基础设施建设项目种类。基础设施建设，就是以项目种类为基础，按照功能设施相统一的原则，经济合理地配置所需的设施设备。

在项目管理活动中，如果直接以项目种类作为项目管理对象，由于项目种类繁多，将极大地增加管理工作难度和管理工作量。为了使项目申报、项目检查验收等各种项目管理活动能够方便快捷、规范有序地开展，需要把不同种类的项目按照一定的标准进行类型划分。我国林业生物灾害防治基础设施建设工程分为3种基本类型，即监测预警基础设施建设工程、检疫御灾基础设施建设工程和防治减灾基础设施建设工程。

项目的基本类型是为了方便管理，对项目种类进行的科学归类；项目种类是项目基本类型之下，开展基础设施建设的具体建设内容，即项目建设内容是针对项目种类来配置的。

作为一种投资行为，基础设施建设工程以配置设施设备等硬件物质为主要内容，结果比较直观，具体的操作过程相对较为简单。但是，为了保证基础设施建设工程真正落到实处，在项目实施及其管理活动中，除了应明确项目的基本类型、种类等概念外，对项目涉及到的其他一些事项也应该具有较为清醒的理解，方能在宏观上全面认识基础设施建设工程。一是明确基础设施建设工程的依托单位。每个基础设施建设工程都必须明确其依托单位，因为项目需要组织人力进行建设，建设完成后需要相应的人员管理和使用，以便最大限度地发挥项目的预期作用。大部分基础设施建设工程的依托单位是国家、省、市、县(少数工程到乡镇)林业生物灾害防治机构，少数基础设施建设工程的依托单位可以是其他单位，如生物制剂厂就是依托现有的相关农药生产厂，通过国家适当的资金扶持和技术指导，生产各种专用的林业生物制剂。二是明确基础设施建设工程的建设范围。三是明确基础设施建设工程的种类名称。基础设施建设工程主要是通过项目方式来实施。项目的名称，原则上应该体现项目的建设范围和项目类型，如“国家级中心测报点”、“地级检疫除害设施”。四是明确基础设施建设工程的建设规模。指基础设施建设工程的投资规模，主要依据建设标准来确定。其目的在于保证项目建设技术可行、经济合理，使主管部门的管理活动和建设单位的建设活动有章可循。

(二)工程建设原则

为科学、经济和合理地实施基础设施建设工程，保证工程建设质量，防治基础设施建设工程应当遵循以下基本原则：

(1) 坚持功能设施的统一性原则。国家、省、市、县四级林业有害生物灾害防治机构，各自具有不同的功能，只有配置与其功能相匹配的设施设备，才能保证它们的功能达到充分有效的发挥。

(2) 坚持整体推进、突出重点的原则。应按照《全国林业有害生物防治建设规划》开展基础设施建设，促进全国林业生物灾害防治体系总体布局的整体推进。同时，针对防治工作存在的突出问题，进行重点建设，解决基层防治能力低下、突发灾害的应急救灾能力不足等问题。

(3) 坚持资源共享、不重复建设的原则。在自主配备优质高效、先进实用设施设备的同时，充分利用林业自身及农业、气象、国土资源等部门已有的相关设施设备，特别是防火、科研站点和重点实验室等方面的已有设施设备，强化部门合作与资源共享，避免重复建设。

(4) 坚持高标准建设、长期使用的原则。对于防治作业车、车载喷雾器等生产性设施设备，在满足使用功能的基础上，要按照优质、实用等标准进行配置，设备至少应当满足生产单位 10 年的使用需要。

为了全面高效、经济有序地实施林业生物灾害防治基础设施建设工程，必须依据林业生物灾害防治的客观规律，把需要建设的基础设施建设工程进行科学划分，在明确工程项目类型及种类的基础上，针对不同种类项目的功能，配置符合项目功能要求、经济适用的设施设备。

三、项目建设内容

项目建设内容是基础设施建设工程的最本质性问题，包括如何配置设施设备和如何发挥设施设备的作用两个方面。根据目前我国林业生物灾害监测预警、检疫御灾、防治减灾三大体系建设现状，结合未来工作发展要求，近一时期应开展以下基础设施建设项目。

（一）监测预警基础设施建设

监测预警是通过调查、了解林业有害生物发生信息，并根据这些信息和林业有害生物发展规律，结合对各种因子的综合分析，对有害生物发生期、发生量、危害程度和种群变化趋势做出短、中、长期趋势预报的完整过程。科学准确地预报，对于科学制定防治决策、指导生产单位适时开展防治、提高防治效率具有重要意义。

1. 功能类型

监测预警基础设施建设工程是由具有林业生物灾害的信息采集、信息传输、信息处理和趋势预报 4 种功能的不同项目种类所组成，每种项目分别执行与其功能相对应的任务。在我国现有林业生物灾害防治的工作机制条件下，除国家、省、市、县四级防治检疫站承担相应监测预警任务以外，相当一部分的林业生物灾害野外信息采集任务要依靠乡(镇)一级的护林员来承担。因此，监测预警基础设施的建设，应当按照国家、省、市、县、乡五级合理确定各级应建设的项目种类，在明确项目种类的前提下，根据项目功能配置设施设备。通过监测预警项目的建设，逐步建立以国家预测预报中心为龙头，以国家级中心测报点和县级测报站为骨干，以乡级监测点为辅助，以省级测报中心和地级测报站为枢纽的国家、省、市、县、乡五级监测预警网络体系。

2. 项目种类

从构建国家、省、市、县、乡五级监测预警网络体系的目标出发，监测预警基础设施建设项目的主要种类包括国家预测预报中心、国家级中心测报点，省级预测预报中心，地(市)级测报站，县级测报站和乡镇监测点。

(1)国家林业有害生物预测预报中心。其主要职能包括对监测预警网络体系的管理、林业有害生物信息的采集和处理，并根据信息处理结果发布主要林业有害生物的中、长期趋势预报。建设内容是与其职能相匹配的设施设备，包括计算机、相关信息处理软件、复印机、传真机、打印机等。

(2)国家级林业有害生物中心测报点。其主要职能是对所辖区域的主要林业有害生物测报对象开展系统调查、观察和记载，并按要求及时向国家(省)林业有害生物预测预报中心上报林业有害生物发生危害的基本信息。建设内容包括交通工具、放大镜、望远镜、调查取样工具、野外采集记录仪等。

(3)省级林业有害生物预测预报中心。其主要职能是负责所在省(自治区、直辖市)监测预警网络体系的管理，林业有害生物信息的采集、处理，根据信息处理结果发布全省主要林业生物灾害的中、长期趋势预报。建设内容包括计算机、相关信息处理软件、复印机、打印机等。

(4)地级林业有害生物测报站。负责本辖区林业生物灾害测报信息的核查、处理，及时向上级报告林业生物灾害发生危害的基本信息，发布辖区内林业生物灾害的短期趋势预报。建设内容包括交通工具、计算机、野外采集记录仪等。

(5)县级林业有害生物测报站。负责本辖区各乡镇监测点林业生物灾害信息的核查、处理，及时向上级报告林业生物灾害发生危害的基本信息，发布辖区内林业生物灾害的短期趋势预报。建设内容包括交通工具、计算机、野外采集记录仪、调查取样工具等。

(6)乡镇林业有害生物监测点。以小班为单位，调查了解林业有害生物发生危害的基本信息，发现灾情及时上报。建设内容为交通工具、调查取样工具等。

除上述构成监测预警网络体系的各种项目以外，为了适应现代科学技术发展的要求，提高监测预警工作的科技含量，国家可以实施以推广某项新技术为主要目的的技术支撑型监测预警项目，如省级监测点、航天航空遥感设备、区域性远程监控设施等。

（二）检疫御灾基础设施建设

检疫御灾是指通过加强检疫管理、严格采取各种检疫措施，防止危险性林业有害生物传播扩散，达到防御林业生物灾害目标的防治活动的统称。其中，检疫管理包括检疫员的审批管理、检疫名单的确定、疫区和保护区的划分，以及检疫审批手续的办理等；检疫措施包括产地检疫和调运检疫，还有围绕执行检疫而开展的风险评估、检疫检验技术研究等前期性工作，以及隔离试种、除害处理等后续工作。检疫御灾基础设施建设工程就是为保证检疫工作正常开展而有针对性地为其设置项目种类并配置与项目功能相匹配的设施设备。

1. 功能类型

检疫御灾基础设施建设工程主要由具有风险评估、检疫检验、检疫执法和除害处理4种功能的不同项目种类所组成。其中，与风险评估和检疫检验功能相对应的任务主要由国家和省级防治检疫机构承担和执行，而与检疫执法和除害处理功能相对应的任务则由地、县级防治检疫机构承担和执行。风险评估是指对境外或异地的危险性林业有害生物种类在其未发生的某一区域传入、定居和传播的可能性以及由此产生的生物学、经济学潜在影响进行评估，并根据评估结果提出对各种危险性因素的控制对策。检疫检验是利用适当的检疫技术，经过分析、检测来判断木材、种苗等种质材料是否含带危险性有害生物活体，并提出相应的处理对策。检疫执法包括产地检疫、调运检疫和对有关经营单位(如涉木企业、苗木集散地等)的检疫监管。除害处理是按照一定的技术规程，对检疫执法过程中截获的含有危险性有害生物活体的种质材料进行销毁或杀灭活体的措施。通过检疫御灾基础设施的建设，建立起国家、省、市、县四级检疫信息网络系统和国内外林业有害生物检疫信息数据库，构建全国林业有害生物远程诊断网络，从引种、隔离试种、检疫检验、除害处理、检疫执法等环节有效防范危险性有害生物的异地传播，提高对危险性林业有害生物疫情的封锁能力，防止疫情扩散蔓延；建立与国内农业、质检、建设、交通等部门及国际，特别是亚太地区国家相关信息网络对接的外来林业有害生物信息系统，实现信息资源共享。

2. 项目种类

根据国家、省、市、县四级防治检疫机构在检疫御灾中具有的功能和承担的任务，检疫御灾基础设施建设主要包括国家林业有害生物检疫鉴定风险评估中心、省级林业有害生物检疫鉴定中心、检疫隔离试种苗圃、地级检疫实验室、县级检疫室、县级检疫检查站、检疫除害处理设施和涉木企业监管系统等。

(1)国家林业有害生物检疫鉴定风险评估中心。其主要职能是广泛收集国内外各种危险性林业有害生物的生物学、生态学等基本信息，按照检疫评估理论对各种危险性林业有害生物在国内，尤其是适生范围内的危险性进行风险评估，并根据评估结果提出检疫对策；通过远程诊断系统，对全国各地报送鉴定的危险性有害生物种类进行远程诊断，明确危险性有害生物的种类，提出生产上应采取的检疫对策。建设内容包括计算机系统、双目三筒显微镜、检疫交通工具等。

(2)省级林业有害生物检疫鉴定中心。其主要职能是根据国家林业有害生物检疫鉴定风险评估中心的风险评估结果，筛选和划定有可能传入本省的危险性林业有害生物种类，提出本省应采取的检疫对策；利用远程诊断系统对各市、县报送鉴定的危险性有害生物种类进行远程诊断，并报请国家林业有害生物检疫鉴定风险评估中心进一步予以确认。建设内容包括计算机系统、双目三筒显微镜、检疫交通工具等。

(3)检疫隔离试种苗圃。其主要职能是对从境外引种的种苗、球果、花卉等种质性繁殖材料，按一定规程开展隔离试种，并根据隔离试种观察和检验结果，判断引种材料是否含有危险性有害生物活体，提出相应的除害处理或者分散种植措施。建设内容包括检疫检验室、除害处理室、温室和各种检疫检验设备等。

(4)地级检疫实验室。其主要职能是制作检疫性林业有害生物标本，研究和探索可能传入当地的危险性有害生物种类的新型适用的检疫检验方法和除害处理技术，为检疫部门执行各项检疫任务提供技术支撑；通过远程诊断系统传递基层检疫机构和上级检疫机构的检疫诊断信息。建设内容包括显微镜、高压灭菌锅、超净工作台等实验设备，灭菌炉、帐幕、微波仪、喷药机具、土壤灭菌炉等除害设备，计算机、双目三筒显微镜等远程诊断设备及检疫交通工具等。

(5)县级检疫室。其主要职能是制作检疫性林业有害生物标本，开展检疫检验，对于自身难以鉴定的危险性有害生物种类，通过远程诊断系统及时传输上报至上级检疫机构请求鉴定。建设内容包括标本柜、标本盒、标本制作设备、计算机、双目三筒显微镜等。

(6)县级检疫检查站。其主要职能是对省际、地区之间调运的木材、种苗、花卉等种质材料核查检疫情况，对漏检等违规行为及时予以纠正，并组织进行复检，以判断是否含有危险性有害生物活体。建设内容包括检疫交通工具、取样器等。

(7)检疫除害处理设施。实现对检疫截获的含有有害生物活体的木材、种苗等种质材料进行除害处理。建设内容包括防漏检查仪、毒品库、防毒面具、大型帐幕、气泵、天平、磅秤、消防器材、机动喷雾机或全封闭自动喷药装置、水泵、水槽等。

(8)涉木企业监管系统。完成对涉木企业进行全程监控，检查与核实木材加工企业、苗木经营企业的种质材料进出情况与申报情况是否一致，对企业进出的种质材料开展检疫，分析判断种质材料中是否含有危险性有害生物活体，对具有有害生物活体的种质材料提出处理对策。建设内容包括计算机、视频监控设备等。

（三）防治减灾基础设施建设

防治减灾是围绕减少灾害损失的目的而实施的一系列防治活动，主要包括对可能产生的林业生物灾害的预防和对已有灾害的除治两方面工作。

1. 功能类型

防治减灾基础设施建设工程主要由具有物资储备、灾害预防、常规防治和应急救灾4种功能的不同种类所组成，每种项目执行与其功能相对应的防治任务。物资储备是开展林业生物灾害防治的重要前提，它为防治机构执行防治任务提供所需的药剂药械。灾害预防是针对可能产生的林业生物灾害采取的以生物防治为主的各种预防性措施。常规防治是对发生频率高、发生范围相对固定的常发性林业生物灾害采取的治理活动。应急救灾是对突发性林业生物灾害的紧急处置。通过防治减灾基础设施的建设，建立以国家防治指挥中心为龙头的国家、省、市、县上下贯通的应急信息体系，以及以基层防治设施为基础框架的物资供应充足、防治技术先进、灾害响应快捷迅速的全国林业生物灾害防治减灾体系。

2. 项目种类

从构建全国林业生物灾害防治减灾体系的目标出发，防治减灾基础设施工程的主要种类包括国家防治指挥中心、国家航空防治基地、省级防治指挥中心、省生物制剂厂、省天敌繁育场、地(市)级药剂药械库和县级常规防治设施等。

(1)国家防治指挥中心。其主要职能是根据全国林业生物灾害的趋势预报，统筹全国林业生物灾害防治工作，并对重大林业生物灾害的防治给予技术指导，协调指挥突发性林业生物灾害的应急救灾工作。建设内容包括计算机、网络系统、防治指挥车(含通讯工具等配套设施)。

(2)国家航空防治基地。其主要职能是为满足大面积林业生物灾害防治的需要，或为满足偏远地区林业生物灾害防治的需要，及时出动一定数量的防治专用飞机开展防治作业。建设内容包括防治轻型飞机、飞机场、通讯、交通工具及各种地勤设施设备等。

(3)省级防治指挥中心。其主要职能是根据全省林业生物灾害的趋势预报，统筹全省林业生物灾害防治工作，并对重大林业生物灾害的防治给予技术指导；协调指挥本省突发性林业生物灾害的应急救灾工作；向国家防治指挥中心及时上报各种防治信息。建设内容包括计算机、网络系统、防治指挥车(含通讯工具等配套设施)。

(4)省生物制剂厂。其主要职能是生产活性高、数量能够满足本省林业生物灾害防治需要的真菌、细菌、病毒等各种林业生物制剂。建设内容包括发酵罐、离心机、搅拌机、灭菌消毒锅、粉碎机、干燥箱、制冷机、隔离消毒器、封口机、封箱机、酸碱度计、分析天平、冷藏设备、包装器皿等。

(5)省天敌繁育场。其主要职能是针对本省的主要林业生物灾害种类，生产能够满足本省防治需要的各种天敌制品。建设内容包括繁蜂箱、生化培养箱、高速匀浆机、自动控温控湿仪、排风扇、空调、冷藏设备、玻璃器皿等。

(6)地(市)级药剂药械库。其主要职能是储藏药剂药械，以满足辖区内林业生物灾害防治的需要。建设内容包括喷雾(粉、烟)器、打孔注射器、各种药剂、防治作业车、温湿控制仪、干燥剂等。

(7)县级常规防治设施。其主要职能是对辖区内可能发生的林业生物灾害开展预防，对已经发生危害的林业生物灾害进行治理，建设的重点是增强林业生物灾情的综合防治能力。建设内容包括机动喷药器械、车载打药机、车载药罐、干部取样器、杀虫灯、背负式机动喷雾器、担架式喷雾机、机动打孔机、喷烟机、高压水泵、输水管、手持风向风速仪、通风干湿表、常规防治实验室用具等。

第四节　林业生物灾害治理工程的实施

林业生物灾害治理工程是林业生物灾害防治工程的重要组成部分，是直接控制林业生物灾害的一条重要途径。它是以国家或省(自治区、直辖市)级林业主管部门为主体，在一定时期和范围内，组织有关建设单位，充分利用各种人力、物力和财力资源，采取综合技术手段和工程项目管理的方式，对发生普遍、危害严重或重大危险性林业有害生物种(类)实行预防和除治，将林业有害生物引起的灾害损失降至最低水平的一种林业生物灾害防治管理方式和治理手段。

一、实施林业生物灾害治理工程的必要性

在深入贯彻科学发展观，走林业可持续发展道路的新形势下，应用工程治理方式开展林业生物灾害防治，无论从防治工作本身，还是从防治工作对林业发展的影响，甚至从社会角度来考察林业生物灾害防治，都显示出它不仅遵从自然规律，而且符合经济规律和社会规律。因此，实施林业生物灾害治理工程是十分必要的。

实施林业生物灾害治理工程是迅速遏制我国林业生物灾害严重发生局面，保护森林资源和国土生态安全的需要。我国林业有害生物有 8 000 多种，经常造成严重危害的有近 300 种，而且，随着全球经济一体化和我国经济的发展，国际和地区间贸易往来日趋频繁，加大了外来危险性林业有害生物传播扩散的几率，对我国森林资源也构成了重大威胁。实施林业生物灾害治理工程，对发生普遍、危害严重和危险性较大的有害生物，由国家或省组织开展集中综合治理，有利于尽快遏制林业生物灾害严重发生的势头和降低危险性林业有害生物传播风险，有效保护森林资源，维护我国国土的生态安全。

实施林业生物灾害治理工程是提高我国森林健康水平，实现林业可持续控灾的需要。我国属少林国家，森林资源相对较为缺乏。通过开展植树造林和实施林业生态建设

工程等活动，我国的森林面积迅速增长，但随之也带来了人工纯林面积过大、稳定性差、抗逆性弱等问题，造成林业生物灾害频繁发生。我国林业生物灾害严重发生的主要原因是森林生态系统过于脆弱。实施林业生物灾害治理工程，采取以营林措施和无公害防治为主的综合治理措施，可以逐步改善我国森林生态系统健康状况，促使防治工作向持续控灾方向发展，实现由被动救灾向主动控灾和自然控制的转变。

实施林业生物灾害治理工程是适应林业发展新形势的需要。我国现有的林业生物灾害防治管理体制，基本上以业务部门为管理主体，主要的任务就是控制林业生物灾害，目的是减少灾害损失。这种管理模式虽曾发挥了重要的作用，但随着社会主义市场经济体制的日益深入和完善，特别是在林业产权制度改革的新形势下，已经不适应或不完全适应新形势的发展需要。林业生物灾害防治是一项特征极为明显的社会公益事业，需要全社会的共同参与。实施林业生物灾害治理工程，防治的政府行为加强，有利于协调调动社会各方面力量参与到防治工作中来，增强防治工作及各种防治资源的整体协调性，更好地发挥林业生物灾害防治工作为林业生态建设、社会主义新农村建设、林权制度改革等保驾护航的作用。

实施林业生物灾害治理工程是提高防治工作效率的需要。林业生物灾害防治是一项基础性的社会公益事业，涉及到社会的各行各业和千家万户，仅靠林业生物灾害防治部门很难完成这一艰巨的任务。实施治理工程，强化林业生物灾害防治的政府责任，有利于应用法律、行政和经济等调控手段，组织、动员和监督社会各方面力量积极投身防治工作，从财力、物力和部门协调等多方面给予防治工作以全方位支持。实施林业生物灾害治理工程，通过集成、组装配套应用最新科技成果，同时筛选适用防治技术，可以使更多的科研成果迅速转化为防治生产力，有利于提高防治工作的科技含量。实施林业生物灾害治理工程，通过引进先进严谨的工程管理模式管理林业生物灾害防治，有利于进一步提高防治管理水平，从而进一步提高林业有害生物防治工作效率。

二、实施林业生物灾害治理工程应遵循的基本原则

林业生物灾害治理工程应当遵循以下基本原则：

（1）坚持政府领导，社会广泛参与的原则。要适应现代林业发展的新形势要求，建立和健全政府领导、分工负责、分级联动、群防群治的防治机制，广泛动员社会力量参与治理工程，不断提高林业生物灾害防治水平。

（2）坚持科学防控，科技先导的原则。研究科学对策，采取科学措施，不断推进理论创新、制度创新和机制创新，促进科研、生产、管理密切结合，大力推广应用先进适用的新药械（剂）、新技术，提高治理工程的科技含量。

（3）坚持治理与保护相结合的原则。在力求林业生物灾害治理工程取得预期效果的同时，把保护、改善和恢复森林生态系统健康作为治理工程的根本出发点。大力提倡应用生态调控和生物防治开展林业生物灾害防治，注重发挥森林自身的调控作用。化学农药的使用应当采用无公害化方式，避免对环境造成污染，促进人与自然的和谐发展，实现林业生物灾害的可持续控制。

（4）坚持“按类划区，分区治理”的原则。根据林业生物灾害发生危害程度及传播

扩散等特点，将治理范围进行科学区划，对不同区域采取不同的治理对策，以提高防治效率。

三、亟待实施的林业生物灾害治理工程

根据历年林业生物灾害的发生防治情况，结合对未来我国林业生物灾害发生趋势分析，需将松材线虫病、美国白蛾、森林鼠(兔)害、杨树生物灾害、松杉柏生物灾害和林业有害植物6 种(类)发生面积大、危害严重、危险性高的林业生物灾害作为近期工程治理的对象，实施国家级林业生物灾害治理工程。

(一)松材线虫病治理工程

松材线虫病是世界上最具毁灭性的一种松树病害，被列为我国林业生物灾害之首。松材线虫由松褐天牛或人为携带进行传播，松树感病后，从侵入到死亡最快只需 40 天。由于松材线虫病在我国的适生范围广，并且具有传播速度快、感病松树死亡快、除治难度大等特点，对我国绝大部分松林资源的安全构成了重大威胁。2000 年，国家启动实施了苏、浙、皖、粤、鲁松材线虫病治理工程，国务院于 2002 年 4 月 12 日专门下发了《关于进一步加强松材线虫病预防和除治工作的通知》，要求采取有效措施，坚决控制松材线虫病的蔓延危害。在各级政府的坚强领导和大力支持下，经过工程区全体人员的共同努力，松材线虫病严重危害的局面有所减缓，黄山、西湖、千岛湖、九华山、太湖等著名风景名胜未出现疫情，但是，从目前整体情况看，疫情尚未从根本上得到有效控制，疫点仍在不断增加，发生范围还在不断扩大。

1. 发生危害现状

我国自 1982 年在南京中山陵的黑松上首次发现松材线虫病以来，经过 20 多年边治理、边扩散的过程，虽然积累了大量对松材线虫病传播、扩散、危害和除治规律的认识，并投入了大量的人力、物力和财力进行除治，由于该病具有传播快、除治难等特点，而且随着社会经济的快速发展，在经贸、通讯等社会活动中，该病随木材、电缆等人为携带传播几率增加，致使该病在我国总体上呈发生范围不断扩大、危害程度逐渐加重之势。据统计，截至 2007 年，我国因松材线虫病累计致死松树 5 亿多株，毁灭松林 30 多万公顷，造成经济损失上千亿元；发生范围由当初的 1 省 1 市扩展到目前的江苏、浙江、安徽、福建、江西、山东、湖北、湖南、广东、广西、重庆、四川、贵州、云南 14 个省(自治区、直辖市)的 185 个县级行政区，648 个乡镇，发生面积 7.07 万公顷，总体呈现由东部向西部、由发达地区向欠发达地区、由一般林区向重点林区的扩散蔓延之势，已严重威胁着黄山、张家界、庐山等一大批风景名胜区、重点生态区的生态以及我国南方 3 300 多万公顷松林资源的安全，形势极为严峻。

2. 治理目标

通过开展松材线虫病灾害治理工程，有计划地拔除新疫点、孤立疫点和生态区位重要的疫情发生区，严格封锁疫区，防止疫情扩散，逐步实现“控制、压缩、根除”的治理目标。阶段性目标为：到 2010 年，在控制现有松材线虫病疫点数量不增加的前提下，发生面积减少 5%；到 2020 年，在疫点总数量下降 30%(重点除治区下降 50%)的基础

上，全国松材线虫病发生区60%以上的发生面积病死树率控制在万分之三以下；到2030年，在疫点总数量下降60%（重点除治区下降70%）的基础上，全国松材线虫病发生区90%以上的发生面积病死树率控制在万分之三以下。

3. 工程布局

为了科学合理地布局松材线虫病治理工程，将全国松材线虫病的治理区域划分为预防区和除治区，其中，除治区为目前发生松材线虫病的安徽、江苏、浙江、广东、山东、湖北、广西、重庆、福建、江西、湖南、贵州、云南和四川14个省（自治区、直辖市），预防区为目前尚未发生松材线虫病但却是其适生区域的省（自治区、直辖市）。

4. 治理对策

认真贯彻“预防为主，科学防控，依法治理，促进健康”的方针，实行分类指导、分区施策、重点突破、整体推进；坚持法律、行政、经济和技术手段相结合，强化政府行为，依靠科技进步，多渠道加大资金投入，提高工程管理水平，保障监测、检疫和除治各项工作的顺利开展，坚决扭转我国松材线虫病严重发生的局面。

为切实控制松材线虫病的传播危害，有针对性地采取各种措施，在预防区和除治区布局的基础上，将除治区进一步划分疫区和疫情发生区，将预防区划分为重点预防区和一般预防区，分类施策，分区治理。

疫区：是指依照国务院《植物检疫条例》规定的程序，由省、自治区、直辖市人民政府划定并发布的县级松材线虫病发生区。对策是：

（1）严格控制疫区内寄主植物及其产品的外运，运出本区的松木及其制品，必须经国家林业局指定除害处理场所进行处理，并具备有效出境手续。

（2）清理病死树，按照先封后伐和依据疫木处理量决定采伐量的原则，通过专业队全面清理并及时进行除害处理，防止病害继续扩散蔓延。

（3）利用森林植物检疫检查站、木材检查站或流动巡查对疫木进行严格的检疫管理，根据就地利用的原则对疫木进行严格的除害处理后方可在疫区内使用。

（4）采取综合性营林措施，有计划地调整林分结构，从发病林分外围向内对现有纯林逐步进行改造。

（5）防治传播媒介，降低松褐天牛的虫口密度。

疫情发生区：是指松材线虫病新发生区或通过除治经严格检查确定病死树发生率控制在万分之三以下的松材线虫病发生区，以乡镇为管理单元。对策是：

（1）实行限期拔除疫点的制度，及时发现，及时除治，做到当年发现，当年完成除治任务，拔除疫点。

（2）加强疫木管理，依据疫木处理量决定采伐量的原则，进行疫木的采伐，在严密监管下实行疫木安全利用，防止无序流失，造成疫情向外扩散。

（3）采用生物、化学和物理除治相结合的方法防治松褐天牛。

（4）对基本拔除疫点继续进行巩固和监控，定点、定人、定时开展调查，发现病死树立即采样、处理，并组建专业队常年清理病死树。

（5）采用人工调查和诱捕方法进行疫情监测，加强疫点周边区域的监测调查。

一般预防区：是指有松材线虫寄主植物和传播媒介分布、自然环境条件适宜松材线虫病发生而目前未发现松材线虫病的所有地区。对策是：

(1)每年开展 2 次常规普查，采用人工踏查与天牛引诱剂相结合的办法，重点对发生区边缘地带、交通沿线、风景区、企业、仓库、驻军营房、城镇周围和大型建筑工地附近的松林进行调查。

(2)发现枯死松树要及时查明是否为松材线虫致死。

(3)严格检疫检查，加强对来自疫区或疫情发生区的松类植物及其产品的复检，严防疫情传入。

(4)采取抽针补阔、营造混交林等措施，提高松林抗性。

重点预防区：是指预防区内具有重要生态和经济保护价值，需要特别保护的世界遗产、国家级重点风景名胜区和有特殊意义的重点生态区域，如黄山等风景名胜区和长江三峡等重点生态区。对策是：

(1)建立严密的检疫防线，禁止一切寄主植物及其产品进入，在通往重点预防区的所有道口设立森林植物检疫检查站，严防死守，确保安全。

(2)在传播媒介成虫发生期不准载有寄主植物及其产品的交通工具过境。

(3)应用保护剂或驱避剂保护有重要价值的松树。

(4)全面加强监测普查工作，除常年人工巡查监测外，可采用诱捕器和地理信息系统、全球定位系统和遥感技术进行监测。

(5)调整和改善林分结构，有条件的地方要结合造林绿化工程建立生物控制带，用生物制剂或仿生农药防治食叶害虫，提高松林抗性。

(6)防治松褐天牛，压低媒介昆虫的种群基数。

(二)美国白蛾治理工程

美国白蛾是林木、果树、花卉及农作物的重要食叶害虫，被列为国际检疫对象。该种害虫 20 世纪 70 年代末期传入我国，距今已有近 30 年的历史，对农林业生产、城市园林绿化等造成严重危害，是我国发生最为严重的外来林业有害生物之一。该虫适生范围和寄主范围都很广，繁殖力强，传播途径多，蔓延快，暴发性强，危害性大，除治困难。

1. 发生危害现状

该虫 1979 年传入我国辽宁丹东后，迅速扩散蔓延，相继于 1982 年在山东省荣成发现，1984 年在陕西武功县发现，1995 年在天津市，现主要分布于北京、天津、河北、辽宁、山东、陕西等省(直辖市)，2006 年发生面积达 16.67 万公顷，已对首都生态安全构成了威胁，直接制约了城乡环境绿化和美化，给林业生产造成重大损失，对当地的经济、生态和人文景观影响极大。

因美国白蛾危害，被害寄主树种树势衰弱，易遭其他病虫害的侵袭，削弱了树木的抗寒、抗逆能力，连续受害可导致被害树死亡。该虫自然传播主要靠成虫飞翔和老熟幼虫爬行，成虫一次飞翔距离在 100 米以内，远距离传播主要是 5 龄以后幼虫和蛹随寄主植物、交通工具、包装材料等进行。

2. 治理目标

通过开展美国白蛾治理工程，全面压缩美国白蛾发生面积，降低危害程度，并通过治理工程探索和建立一套行之有效的美国白蛾监测、检疫和防治技术，为从根本上控制美国白蛾的发生危害提供技术保障。

3. 工程布局

为了切实控制美国白蛾危害，将美国白蛾治理工程范围划分为除治区、监控区和保护区 3 种类型区，其中，北京、天津、河北、辽宁、山东、陕西等已发生美国白蛾的省（直辖市）为除治区，除治区周边美国白蛾的适生区为监控区，监控区中的一些重要区位为保护区。

4. 治理对策

坚持“控制、压缩、扑灭”和“分区治理”的原则，实行地空结合、点面结合、专群结合。以监测和检疫为基础，严防美国白蛾的传播蔓延，以生物防治和仿生制剂防治为主导，综合运用营林措施和人工、物理等措施，压低虫口密度，减少被害株率。

除治区：在虫情调查和监测的基础上，实施以周氏啮小蜂、病毒和苏云金杆菌等生防措施和灭幼脲等仿生制剂为重点，辅以黑光灯诱杀、人工摘除网幕和挖蛹等多种措施，于美国白蛾第一代幼虫发生期，采用飞防和地面相结合的防治手段，由外向内全面实施防治，封锁和压缩疫情发生范围，压低虫口密度，减少被害株率。重点注意做好不同地区间的联防联治，避免产生防治死角，影响治理效果。

监控区：加强监测和检疫，通过定点监测和有计划设立检疫检查站，严防美国白蛾传入；一经发现要及时扑灭，治点保面，消除隐患。

保护区：在全面实施监控和检疫的基础上，结合营造多种树种混交林，增加营造银杏、常绿针叶树等抗性树种。对重点风景区要开展生物和仿生药剂的预防性防治。

（三）森林鼠（兔）害治理工程

随着我国新植林面积大幅度增加，森林鼠（兔）害问题日益凸显。由于森林鼠（兔）的猖獗危害，众多的林木植被遭到啃食，森林和草原被破坏，在许多地区，尤其在西部退耕还林工程区内，造成了严重的沙漠化、沙尘暴等生态后果。同时，森林害鼠还传播鼠疫、流行性出血热、钩端螺旋体病毒等 30 多种疾病，对人类健康构成极大威胁。

1. 发生危害现状

森林鼠害在我国广泛分布，危害木本植物的鼠种有 40 多种，主要有鼢鼠、䶄鼠、大沙鼠等。林业害鼠可盗食直播造林的种子，啃食 10 年生以下幼树，极大地影响林木正常的生长发育，甚至可以致死林木，严重时可引起大面积毁林现象的发生。按危害形式森林害鼠可以分为两类，一类为地下鼠，主要是指专门啃食植物根部的鼢鼠；另一类为地上鼠，包括䶄鼠、姬鼠、跳鼠、绒鼠、田鼠和野兔等，它们分布广泛，危害红松、樟子松、落叶松、云杉、杨树、胡杨、梭梭、杉木等。

森林鼠害在我国的发生范围涉及北京、河北、山西、内蒙古、辽宁、吉林、黑龙江、江西、河南、湖北、湖南、四川、重庆、贵州、云南、西藏、陕西、甘肃、宁夏、青海、新疆 21 个省(自治区、直辖市)以及内蒙古森工、龙江森工、大兴安岭森工、新疆生产建设兵团等。目前，全国每年害鼠发生面积在 80 万公顷，占我国林业有害生物发生总面积的 10% 左右，成为我国林业的主要灾害之一。

2. 治理目标

通过实施以生态调控为主的森林鼠(兔)害治理工程，恢复和建立有利于对鼠(兔)害自然调控的森林生态系统，丰富天敌种群，降低鼠口密度，控制鼠(兔)害严重发生的局面，并积累和建立一整套包括营林措施在内的森林鼠(兔)害防治技术。

3. 工程布局

根据各地森林鼠(兔)害的发生和危害情况，治理范围包括北京、河北、山西、内蒙古、辽宁、吉林、黑龙江、江西、河南、湖北、湖南、重庆、四川、贵州、云南、陕西、甘肃、青海、宁夏、西藏、新疆等 21 个省(自治区、直辖市)和内蒙古森工、大兴安岭森工、龙江森工、新疆生产建设兵团等。

4. 治理对策

坚持"按类划区，分类施策"的原则，在鼠(兔)害发生较轻且分散的地区，坚持保护环境的原则，加大生物防治比例，通过生物、生态和人工措施，把害鼠危害降至最低限度，同时要加强监测，防止鼠害发生面积的进一步扩大；在鼠(兔)害发生严重且集中连片地区，通过采取生物、生态和无公害化学防治措施，压低鼠口密度，使鼠害发生面积逐步减少。加强营造抗鼠或避鼠树种，提高林分对鼠害的抗御能力。

按危害程度将森林鼠(兔)害治理区域划分为 3 种类型：即轻度发生、中度发生和重度发生，其治理对策分别是：

轻度发生区(林木受害株率 3% ~10%)：以预防工作为主，重视天敌对害(兔)鼠的控制作用。保持良好的森林生态环境，实行封山育林、禁猎、禁捕，保护鼠(兔)类的天敌，减少人类对森林的干扰和破坏。在人工林内，堆积石头堆或枝柴、草堆，以利于害(兔)鼠天敌的栖息和繁衍；保留较大的阔叶树、悬挂招引杆或安放带有天然树洞的木段，招引鼬科动物。人工饲养和繁殖黄鼬、伶鼬、白鼬、苍鹰及蛇类等鼠(兔)类天敌进行防治。

中度发生区(林木受害株率 11% ~20%)：以保护生态环境为主，加大生物防治比例，通过各种人工、生物、生态防治措施，把危害降到最低限度。其中，地下鼢鼠区，在植苗造林时深坑深栽、挖掘防鼠阻隔沟，用地箭等物理器械进行人工机械捕打，应用多效抗旱拒避剂等进行防治；西北荒漠地区，用封育、营造混交林等营林措施进行以破坏害鼠生境为主的生态控制，用多功能防啃剂等进行防治，用物理机械进行人工捕杀；其他地区，在植苗造林时，用拒避剂浸蘸苗茎，用鼠用植物不育剂进行预防性防治，同时，辅之以封育、营造混交林等营林措施进行防治，或用鼠夹等物理机械进行人工捕杀。

重度发生区(林木受害株率 21% 以上)：以压低鼠口密度为主，采用化学、生态、生物等技术措施，进行全面防治，把危害程度降到最低限度。

(四)杨树病虫害治理工程

杨树是我国重要的造林树种之一，具有速生、丰产的特点，是普遍种植的大众化树种，在我国分布极为广泛，尤其在“三北”地区，杨树人工林面积达400多万公顷。由于一些地方在造林中没有坚持“适地适树”原则，加之杨树纯林比重过大，各种灾害性天气频发，导致杨树生物灾害逐年加重。

1. 发生危害现状

危害我国不同品系杨树的林业有害生物种类极其繁多，其中危害严重的食叶害虫主要包括杨小舟蛾、杨扇舟蛾、春尺蠖、杨毒蛾和舞毒蛾等，危害严重的蛀干害虫主要包括杨干象、光肩星天牛、黄斑星天牛、云斑天牛、桑天牛、青杨天牛、青杨脊虎天牛和白杨透翅蛾等，危害严重的杨树病害主要包括烂皮病、溃疡病等。杨树病虫害在我国主要分布在北京、天津、山西、内蒙古、吉林、黑龙江、福建、河南、湖南、湖北、江西、浙江、重庆、贵州、西藏、陕西、甘肃、新疆等省(自治区、直辖市)。

2. 治理目标

通过开展治理工程，逐步改变我国杨树纯林状况，增加抗性树种的栽植比重，全面降低杨树病虫害危害程度，并针对杨树主要有害生物和各自发生特点，探索和建立多套适用的防治技术，实现杨树病虫害的可持续控制。

3. 工程布局

工程范围：北京、天津、山西、内蒙古、吉林、黑龙江、福建、河南、湖南、湖北、江西、浙江、重庆、贵州、西藏、陕西、甘肃、新疆等省(自治区、直辖市)和新疆生产建设兵团等。

4. 治理对策

(1)杨树食叶害虫防治。要坚持以适地适树和抗性树种为主的营林措施为基础，以生物制剂、仿生农药和植物性杀虫剂为主导，协调运用人工、物理和化学的防治措施，降低虫口密度，压缩发生面积，切实控制其蔓延危害。对于轻度发生区，要加强害虫种群动态监测，保护天敌并发挥其控制作用。以自然调节为主，改善生态环境，提高自控能力。对中、重度发生区，要采取生物措施为主的综合治理措施，优先使用生物农药(如苏云金杆菌、白僵菌等)、病毒、仿生制剂压低虫口密度，然后通过增加天敌数量，达到生物调控害虫种群密度的作用；对大面积暴发、虫害特别严重的林分，要采取飞机防治、地面化学农药打孔注药等方式及时防治。通过工程防治把杨树食叶害虫控制在有虫不成灾的水平。

(2)杨树蛀干害虫防治。重灾区采取清理虫害木和药物防治等措施，降低虫口密度，积极开展多树种配置、伐根嫁接抗性树种等营林措施，提高林分抗性；对轻灾区以除治改造相结合为重点，降低虫口密度；对预防监控区重点实施监测和检疫，做到及时发现，迅速扑灭，并结合造林规划设计，调整树种、林种结构，营造多树种配置的混交林。针对杨树天牛的技术措施有：

物理措施。该方法主要包括人工捕杀成虫，砸击卵和初孵幼虫，刺杀天牛幼虫和封堵虫孔等多种措施。

化学措施。主要采用杀虫剂直接杀死天牛，措施包括虫孔注药、插毒签、药物熏蒸和堵涂毒膏（泥）等。

生物措施。主要是采用白僵菌、绿僵菌、苏云金杆菌（Bt）等生物制剂直接堵涂天牛排粪孔，保护和利用天敌等。

营林措施。主要包括修枝、清理虫害木、树干涂白、伐根嫁接、截干更新和萌芽更新、栽植诱饵树、营造混交林、推广抗性树种、动态更新等措施。

（五）松杉柏有害生物治理工程

松杉柏是我国重要的造林树种，也是我国重要用材林、特种用途林的主体树种，在森林生态系统中起着举足轻重的作用。城市公园和风景名胜区的大部分古树名木都是松杉柏树种。随着全球气候变暖、生态环境恶化以及全球贸易发展造成的有害生物传播，松杉柏林业生物灾害日益加重。

1. 发生危害现状

在我国，危害松杉柏的林业生物灾害种类较多，并且危害极为严重，主要分为松杉柏食叶害虫和松杉柏钻蛀性害虫两大类。其中，松杉柏食叶害虫主要有松毛虫和松叶蜂类，松杉柏钻蛀性害虫主要有松蠹虫、松介壳虫和松象虫。

食叶害虫：松毛虫是我国松林的历史性食叶害虫，在全国各地均有分布，具有分布范围广、发生面积大、危害损失重的特点。松叶蜂是危害针叶林的主要害虫，在我国分布广，种类多。蜀柏毒蛾是主要危害柏木、侧柏和圆柏的食叶害虫，主要以幼虫取食柏树针叶进行危害为主，影响林木正常生长，甚至可导致林木死亡。云南松毛虫是柳杉的一种猖獗性食叶害虫，严重影响柳杉的正常生长，甚至造成柳杉枯死。

钻蛀性害虫：小蠹虫在我国分布很广，对林木危害极为严重，目前我国危害严重的主要是纵坑切梢小蠹、红脂大小蠹和华山松大小蠹。红脂大小蠹是近年在我国山西、河北、河南、陕西暴发危害的重大外来入侵害虫，最高发生面积曾达到52.67万公顷，经治理目前已下降到13.73万公顷，其危害的寄生树种主要为油松、白皮松、华山松等，为我国造林绿化的主要树种，一旦蔓延、扩散，其潜在危害与损失不可估量。纵坑切梢小蠹是次期性害虫的先锋种类，重要的松树钻蛀性害虫，在松树干和新梢内营隐蔽生活，危害严重，该虫隐蔽性强，防治难度极大。危害马尾松、赤松、油松、黑松、樟子松、云南松、思茅松、高山松等树种，国内在东北、华东、西南等地发生危害，年发生面积达22.93万公顷。华山松大小蠹是危害华山松的先锋优势种，先危害健康树，由于其危害，导致次期性病虫发生，常常致使松林大面积死亡，主要分布于陕西、四川、重庆、湖北、甘肃、河南等省（直辖市）。松褐天牛是我国松树的重要蛀干害虫，主要以幼虫蛀害林木的韧皮部和木质部，致使树木衰弱、死亡。该虫还是我国松材线虫的主要传播媒介，是造成松材线虫病在我国传播扩散的重要因素之一，目前该虫主要分布于我国的河北、上海、江苏、浙江、安徽、江西、福建、山东、湖北、湖南、广东、广西、重庆、贵州、云南、四川、陕西、甘肃等地，对我国广大松林构成极大的潜在威胁。杉木白蚁在杉木种植区幼林地发生危害比较普遍，粗鞘双条杉天牛在有的地方可致杉树风折或枯死。

此外，日本松干蚧、松突圆蚧、湿地松粉蚧等松介壳虫在我国松林中发生也很严重。

2. 治理目标

通过采取封山育林、林分改造、清理虫源木和以生态调控为主的综合治理措施，逐步提高我国松杉柏林分的生态稳定性，增加抗性树种比例，全面压缩有害生物发生面积，降低危害程度，减轻危害损失，实现可持续控灾。

3. 工程布局

松杉柏食叶害虫工程防治对象主要包括松毛虫、蜀柏毒蛾、松叶蜂等，松杉柏钻蛀性害虫包括红脂大小蠹、松纵坑切梢小蠹、双条杉天牛、粗鞘双条杉天牛、松褐天牛、松象虫等，介壳虫类主要有松突圆蚧、湿地松粉蚧和日本松干蚧等。工程布局为北京、天津、河北、山西、内蒙古、辽宁、吉林、黑龙江、江苏、浙江、安徽、福建、江西、山东、河南、湖南、湖北、广东、广西、海南、重庆、四川、贵州、云南、陕西、甘肃、青海、新疆等省(自治区、直辖市)和内蒙古森工、龙江森工等发生区。

4. 治理对策

(1)松杉柏食叶害虫。在调查的基础上，综合考虑林分状况、林内植物多样性和个体数量、天敌及其控制害虫能力以及人为破坏轻重、发生特点诸因素，按相对集中的原则，将发生区划分为常发区、偶发区和保护区3种不同类型区。不同的发生类型区因其松林状况、地理气候环境、人为活动以及监测防治技术水平等因素有较大差异，制定防治措施要区别对待。要贯彻“预防为主，科学防控，依法治理，促进健康”的方针，坚持从生态学角度出发，以虫情监测为依据，以营林措施为基础，以生物防治为主导，集成、组装、配套使用先进科研成果和成功经验，在有效控制虫口密度的同时，保护和利用害虫天敌资源，提高林分质量，改善生态条件，逐步实现可持续控制。

原则上把常发区划为重点治理区，偶发区划为一般治理区，与发生区毗邻的未发生区划为监控区，治理对策分别是：

重点治理区，以林分改造和封山育林为基本的策略，加强监测预报，采取改造虫源地措施控制虫口密度，使其生态环境不断得到改善。对于重度、中度危害林区，采取喷施苏云金杆菌(Bt)、白僵菌、病毒制剂、阿维菌素、仿生药剂压低虫口密度，有限度地在小范围内使用触杀性的低毒化学药剂。对轻度危害、有一定自控能力的林分采用封山育林、施放白僵菌等生物药剂、招引益鸟等措施进行控制。

一般治理区，采取预防为主，重点除治的策略，注重虫情监测，严密监视虫源，控制虫口密度；实施封山育林，加大管护力度，培育混交林，保护利用天敌，提高林分自控能力。对偶发区大面积的治理主要采用施放白僵菌、招引益鸟、释放(招引)寄生蜂等预防性措施。发现虫源中心，及时用仿生制剂、病毒、Bt、阿维菌素等控制。

监控区，加强林木保护管理和合理经营利用，保持和完善森林生态环境，防止现有的生态环境受到破坏，加强监控，不轻易施用药剂防治。

(2)松杉柏钻蛀性害虫。松杉柏钻蛀性害虫治理工程划分为重点治理区、一般治理区和监控区，实行分类治理。

重点治理区，是指害虫的重度危害区，受害株率在 50% 以上或枯萎率达 10% 以上，其治理重点是在清理虫害木、补植补造的同时，合理采用化学防治压低虫口密度，适时开展生物防治，逐步使受害林分恢复生机。

一般治理区，是指害虫的中、轻度危害区，受害株率在 50% 以下或枯萎率在 2% ~ 10% 之间，其治理主要在适度清林的基础上，通过生物和化学防治，压低虫口密度。

监控区，是指与害虫发生区相连的未发生危害的外围区域，主要措施是加强虫情监测，强化营林措施，提高林分抗御能力，避免虫害发生。

松杉柏钻蛀性害虫防治的技术措施：

预防性措施。严禁调运虫害木，对虫害木及时进行药剂或剥皮处理，以防止扩散。积极保护和利用天敌，创造对其有利的森林生态条件。林内应严禁滥用化学农药，提倡无公害防治，以免大量杀伤天敌。建立原木采伐、运输、贮存工作程序，对采伐下来的原木实施科学管理，防止森林生态环境遭受破坏和有害生物传播蔓延。

营林措施。坚持适地适树，合理规划造林地，营造针阔混交林，加强抚育和经营管理，及时采伐成熟木。合理间伐，一次性间伐一般不超过 20%，两次间伐之间要间隔 8 年以上。保持良好的林分卫生环境，及时清除林内折倒木、衰弱木、虫害木和枯死木，伐根宜低并剥皮，采伐后的林分，梢头和枝丫要及时清理干净，运出林外销毁，采伐后的伐桩在春季虫蛹期之前全面剥皮。严防森林火灾、乱砍滥伐，保持林分良好的卫生环境。开展纯林改造，间种或带种栎类等阔叶树形成混交林结构。

除治措施。及时清理或处理虫源木，对于发现的虫害木要尽先列入采伐计划，采取卫生间伐或皆伐的措施进行清理。伐除要在幼虫期进行，伐下的虫害木要在成虫羽化前运到贮木场，进行剥皮或药物熏蒸处理。在冬季采伐作业时，选择小径新鲜原木或较粗梢头作为饵木，在林中地势较高、郁闭度较低处就地堆放，待春季成虫扬飞期招引成虫在其上产卵，害虫幼虫尚未化蛹之前，将饵木剥皮并回收利用。在成虫扬飞期之前在林中设置信息素诱捕器，诱捕器设置数量因种类、林分受害情况和经济条件而定。对一些高价林分如水源林、风景林以及零星轻度受害木可采取打孔机注药防治。在越冬后成虫扬飞盛期，可药剂涂抹或喷洒活立木枝干杀死成虫。对以成虫在寄主树干基部和枯落层下越冬的害虫，在早春可挖开根颈土层撒施药剂防治。

(3) 松介壳虫类(以松突圆蚧为例)。

松突圆蚧作为我国林业检疫性有害生物，其总体防治目标是有效地防范其扩散蔓延。在疫区，要进行严密封锁，采取综合措施，有效控制疫情、降低危害、压缩面积、拔除疫点，确保森林资源与国土生态安全；在非疫区，要强化检疫，严防疫情传入，定期开展监测调查，一旦发现疫情，要及时扑灭。

加强监测预警，疫情发生区应将行政区域内的松林列入监测范围，监测点应加密布设；未发生区尤其疫情发生毗邻区，要将松突圆蚧作为重点监测对象，合理布设监测点，做到及时发现及时根除。加强检疫封锁，禁止疫情发生区的松科植物调出，严格调运检疫、复检及疫木监管工作，防止疫情人为传播。加强营林管理，对中度发生以上的松树、濒死木和衰弱木进行块状采伐，原木剥皮就地利用，剩余物销毁；对轻度发生的松树进行适度修枝，所有修枝的枝条和剩余物销毁。实施林分改造，营造混交林，对现有纯松林逐步进行改造，从根本上消除大面积纯松林存在的隐患，稳步提高森林生态系统的自我抗病虫能力。加强天敌和生物制剂防治松突圆蚧研究，开展生物防治，提高科学防治水平。

（六）林业有害植物治理工程

我国外来有害植物具有入侵物种多、分布范围广、造成损失严重等特点。这些植物入侵后，快速繁殖、蔓延，大肆排挤本地植物，侵占宜林荒地，影响树木的生长和更新，影响栽培植物的生长，堵塞水渠，阻碍交通，对本地的生物多样性和农林业生产造成了巨大的损失。近年来，我国外来有害植物传播速度明显加快，亟待有效防治。

1. 发生危害现状

目前侵入我国的林业有害植物主要包括薇甘菊、金钟藤、紫茎泽兰、加拿大一枝黄花、飞机草等，严重成灾的主要有紫茎泽兰、薇甘菊等。紫茎泽兰原产于中美洲，从中缅、中越边境传入云南南部，现已广泛分布于云南、广西、贵州、四川、西藏的很多地区，并以每年10～30千米的速度向北和向东扩散。薇甘菊是世界上最严重的100种外来入侵物种之一，属多年生草本植物，借风力传播扩散其种子是薇甘菊广泛入侵的重要原因，其茎节和节间也都能生根形成新枝株，生长和扩散迅速。薇甘菊原产于中美洲，大约在1919年在香港发现，1984年在深圳发现，现广泛分布在珠江三角洲地区。

2. 治理目标

总结成熟的外来林业有害植物综合治理技术，不断提高生物防治、生态防治的效果，工程区内外来林业有害植物发生面积大幅度下降，新发疫点及时根除。

3. 工程布局

工程涉及云南、广东、广西、四川、重庆、贵州、内蒙古、湖北、湖南、江西等省（自治区、直辖市）。

4. 治理对策

按照“全面治理，逐步压缩，力争拔除，持续控制”的原则，加强监测调查，全面掌握林业有害植物的发生、发展和扩散动态，发现灾情要采取机械治理、生态防治、营林技术、生物防治和化学防治相结合的措施，迅速拔除有害植物，逐步恢复和重建合理群落结构。在有害植物发生较轻和未发生的地区，依法严格检疫，防止有害植物的传入；在有害植物发生较为严重的地区，进行全面的人工和机械清除，对清除后的有害植物及时定点销毁，或利用化学措施进行清除；在清除后的植被稀疏、裸露地块，采用混合草种建植多年生人工草地进行替代控制。

根据外来有害植物的传入途径、发生特点及危害方式采取如下治理对策：

化学防除。化学除草剂具有效果迅速，杀草谱广的特点。但在防除外来植物时，除草剂往往也杀灭了许多种本地植物，而且化学防除一般费用较高，在大面积山林及一些自身经济价值相对较低的生态环境如草原使用往往不经济、不现实，此外，对一些特殊环境如水库、湖泊，化学除草剂是限制使用的。另外对于许多种多年生外来杂草，大多数除草剂通常只杀灭地上部分，难以清除地下部分，所以需连续施用，防治效果难以持久。

人工及机械防除。人工及机械防除有害植物对环境安全，短时间内也可迅速杀灭一定范围内的外来植物。但当发生面积大时，需要相当多的劳动力，而且人工或机械防除后，如不妥善处理有害植物残株，这些残株依靠无性繁殖有可能成为新的传播来源。

生物防治。生物防治是指从外来有害植物的原产地引进食性专一的天敌将有害植物的种群密度控制在生态和经济危害水平之下。生物防治方法的基本原理是依据植物—天敌的生态平衡理论，在有害植物的传入地通过引入原产地的天敌因子重新建立有害植物—天敌之间的相互调节、相互制约机制，恢复和保持这种生态平衡。天敌一旦在新的生境下建立种群，就可能依靠自我繁殖、自我扩散，长期控制有害植物。因而生物防治具有控效持久、对环境安全、防治成本低廉的优点。但对于那些要求在短时期内彻底清除的有害植物，生物防治难以发挥良好的效果。因为从释放天敌到获得明显的控制效果一般需要几年甚至更长的时间。

由于上述各种方法单独应用都有其优缺点，而综合起来、协调运用，发挥各自的长处，形成一套综合治理体系将会极大地提高防治效果，达到高效、持久、安全、低成本的目的。根据国内外众多成功的事例，采用以生物防治为主，辅以化学、机械或人工方法的综合防治体系是解决外来有害植物的最为有效的方法。

第 11 章主要研究人员：

郭文辉、李计顺、朱振平、李有忠、谭宏利、赫传杰

第三篇 保障篇

第12章

组织保障

组织保障是林业生物灾害防治工作的基础保障，主要包括机构建设、人力资源和管理机制等。组织机构健全、人力资源充足、管理机制完善是对林业生物灾害防治工作组织保障内容的具体要求。机构建设和人力资源是做好组织保障工作的前提，管理机制是发挥组织保障作用的必要条件。因此，林业生物灾害防治工作的组织保障不仅要抓好组织机构建设和人力资源配置，更重要的是，在组织机构健全和人力资源配置合理的前提下，具有切实可行、运转高效的管理机制，只有把保障的前提和条件都抓好，才能真正做到保障有力。但总体上看，目前我国林业生物灾害防治的组织机构不健全、基层防治力量薄弱、管理机制不完善等问题比较突出，已成为制约林业生物灾害防治工作健康发展的主要因素之一。加强组织机构建设，突出人力资源培养，强化管理机制创新，注重行业文化塑造，是完善新时期林业生物灾害防治组织保障的重要内容，对促进林业有害生物防治各项战略任务的实施、进而实现预期的战略目标具有重要意义。

第一节　加强组织机构建设

林业生物灾害防治机构是依照国家有关法律设立的，专门负责林业生物灾害防治工作的组织部门。我国林业生物灾害防治机构的构建，要在科学分析林业生物灾害发生特点的基础上，充分考虑林业生物灾害防治工作的特点及其专业性、法制性、组织与管理跨度、集权与分权等关键要素，合理分解林业生物灾害防治工作任务，设计组合协调的组织结构框架。据此，我国林业生物灾害防治机构应确立一种纵向与横向相结合、行政与专业相结合的林业生物灾害防治管理机构。

一、建立健全重大林业生物灾害防治指挥机构

林业生物灾害防治工作往往是跨地区、跨部门的综合性防治任务，需要跨地区、跨部门的指挥和协调，应成立指挥机构负责林业生物灾害防治的组织管理、协调指挥等工作。林业生物灾害防治指挥机构分为两个层次：一是由政府牵头、有关部门参与的针对重大、危险性林业生物灾害防控而建立的指挥机构；二是由林业主管部门领导的、针对

本行政区内林业生物灾害防控而建立的指挥机构。

(一)国家防治指挥部

依据《中华人民共和国森林法》、《森林病虫害防治条例》、《植物检疫条例》等有关法律法规、国家林业局制定的《突发林业有害生物事件处置办法》和《重大外来林业有害生物灾害应急预案》等部门规章，结合林业生物灾害防治工作的实际需要，国务院林业主管部门应成立由主要领导或分管领导牵头、各有关司局组成的林业生物灾害防治指挥部，负责指挥、协调全国性重大林业生物灾害的防治，研究解决省级防治指挥机构请示的重大问题。

(二)省级防治指挥机构

各省、自治区、直辖市应根据有关规定成立省级林业生物灾害防治指挥机构，负责组织开展辖区内重大、危险性林业有害生物的防治，协调解决防治工作中的重大问题，保障防治所需的物资、资金和其他条件，并配合国务院林业主管部门做好全国性重大林业生物灾害的应急防控，组织实施应急处置的具体工作，并向国家防治指挥部报告防治进展情况。

二、建立健全林业生物灾害防治机构

国务院林业主管部门主管全国林业生物灾害防治工作，县级以上地方各级人民政府林业主管部门主管本行政区域内林业生物灾害防治工作，其所属的林业生物灾害防治机构负责林业生物灾害防治的具体组织工作。

(一)国家林业生物灾害防治机构

国家林业生物灾害防治机构，负责全国林业生物灾害防治管理工作。一是负责全国林业植物检疫工作，包括日常检疫工作、风险评估、标准规范起草与修订、溯源管理等，并对全国林业植物检疫行政执法进行监督；二是负责全国林业生物灾害监测预报工作，包括国家级中心测报点管理、发布趋势预报、林业生物灾害信息数据管理、监测标准规范的起草与修订等；三是负责全国林业生物灾害的防治工作，包括国家级工程管理、药剂药械管理、灾害损失评估、防治方案审核、防治效果评价、防治技术标准起草与修订等；四是负责组织开展林业生物灾害技术咨询、技术服务和研究推广工作；五是组织开展防治体系建设，制定防治规划，拟定防治法规，开展国际合作、宣传培训和学术交流。

(二)地方林业生物灾害防治机构

各省(自治区、直辖市)林业行政主管部门要按照有关规定，建立健全本行政区林业生物灾害防治机构。各市、县林业行政主管部门也要相应建立本辖区林业生物灾害防治机构。各级地方林业生物灾害防治机构负责本行政区林业植物检疫、林业生物灾害监测预报和防治工作，负责开展林业生物灾害风险分析、灾害损失评估、防治作业管理、技术咨询服务、研究推广、宣传培训等工作。

三、加强机构队伍建设

（一）明确机构性质和工作职能

林业生物灾害防治工作不仅专业性强，而且涉及行政执法，因此，林业生物灾害防治机构不仅要负责林业生物灾害管理，还要行使依法检疫、依法防治等行政执法权。各级地方政府要按照《森林病虫害防治条例》和《植物检疫条例》的有关规定，明确各级林业生物灾害防治机构的性质、职能和工作任务，在稳定现有编制的基础上，逐步增加人员编制，保证工作经费，为林业生物灾害防治机构高效开展防治工作提供条件。

（二）强化防治队伍建设

基层是林业生物灾害防治工作的主战场。要在继续加强国家、省、市、县林业生物灾害防治队伍建设的同时，重点加强基层防治队伍建设，迅速提高基层防治队伍防治林业生物灾害，特别是应对突发林业生物灾害的能力。在乡镇林业工作站、林场、苗圃、贮木场、车站、码头、货场等单位和乡村护林员中聘请兼职森保员、测报员、检疫员，协助林业生物灾害防治管理机构开展林业生物灾害调查、防治、检疫等业务工作。同时要积极引导、鼓励和支持不同所有制形式的经济组织组建防治专业公司、专业队、森林医院，从事林业生物灾害防治作业和技术咨询服务，作为基层防治队伍的补充和延伸。

（三）提升标准站建设水平

在1997年第三次全国森林病虫害防治工作会议上，林业部提出了在全国范围内建成1 000个标准站的建设目标，制定了标准站建设标准和检查验收办法。2000年标准站建设全面启动，经过4年的努力，到2003年共建设了1 559个标准站，极大地提高了防治管理水平和灾害处置能力。未来标准站的建设任务就是要继续深化和完善标准站建设，按照不同层级，分别制订标准站建设标准，并根据形势发展和林业生物灾害防治需要，及时修订和完善建设标准。标准站建设要以基层基础设施建设为重点，全面提升建设水平，同时要加强机构建设，强化站务管理，建立岗位规范，提高队伍素质，以不断适应新时期防治工作的需要。

（四）推动行业文化建设

行业文化包括精神文化、制度文化和物质文化。精神文化是从业者对防治行业在林业和社会经济发展中的核心价值观，是行业文化的核心内容；制度文化是体现行业价值观的行业规范；物质文化是展现行业形象的工作环境和形象标识。林业生物灾害防治行业文化建设，要以倡导行业精神，树立行业正气，培养团队意识为重点，促进行业理念形成，建立体现时代特征和创新要求的行业精神文化；要以加强职业道德教育、规范行业行为、推进行业廉政建设为内容，建立健全管理制度，加快制度文化建设；要以标准站建设为载体，提升行业综合实力为目标，改善办公环境，展现行业风采，增强行业发展活力，促进行业物质文化建设。通过开展行业文化建设，增强全行业从业人员的主人翁意识和使命感、责任感、荣誉感，推动林业生物灾害防治事业迈上新的台阶。

第二节　突出人力资源培养

人是生产力诸因素中最积极、最活跃的“第一资源因素”，是所有资源中最宝贵的资源。人力资源开发要围绕培养高素质人才、挖掘人的潜力、发挥人的主动性、调动人的积极性等要求来进行。根据林业生物灾害防治机构和从业人员现状，应从林业生物灾害防治人力管理、权力配置与事权界定、资源层级分类、结构和资源优化、教育培训、绩效考核、激励机制、学习型队伍建设等方面构建林业生物灾害防治人力资源开发与管理体系，建立一支政治合格、业务精通、技术过硬、作风优良、执法公正、纪律严明的专业队伍，以提高队伍整体素质，为林业生物灾害防治提供人力资源保障。

一、实行人力资源分层和分类管理

(一) 分层管理

人员分层管理是人力资源开发与管理的重要内容，有助于人力资源管理的简明、高效、规范，有助于自我激励及能力开发。根据林业生物灾害防治实际情况，结合当前人员分类管理制度的发展趋势，可参照公务员分类序列层级将林业生物灾害防治人力资源进行分层管理。在确定机构性质、职能、编制的基础上，按照资源层级分类，实行定岗、定编、定员，确定岗位职责和任职资格条件，把岗位任职资格条件作为岗位考核、晋职晋级和新人员录用的依据。

(二) 分类管理

1. 管理岗位人力资源的管理

管理人员是林业生物灾害防治事业的组织者，对其管理十分重要。首先，参照当前公务员任用有关规定并结合行业工作特点，规范各级管理岗位工作人员的任用程序；其次，实行管理岗位绩效考核，并将考核结果作为晋职、晋级或责任追究的依据；第三，对管理人员要实行监督机制，保证其廉洁奉公，遵纪守法，努力为林业生物灾害防治事业发展服务；第四，注重高级管理人员特质培养，这些人员应具有高瞻远瞩的战略眼光，具备高尚的道德伦理规范，富有创造性和创新精神，善于鼓舞和激励员工，具有良好的洞察力和分析能力等基本素质。

2. 专业岗位人力资源的管理

专业人员是林业生物灾害防治人力资源开发与管理的重点，加强专业人员管理、发挥专业人员作用并形成整体合力，是促进事业发展的关键。要针对我国目前各高等院校取消森保专业后，中、高级专业技术人员断档普遍、难以为继的严重局面，建立以基础知识扎实、专业素质较高为培训目标的新型培训机制，为灾害防治提供数量充足、符合要求的专业人才。要通过对专业人员的管理，使其牢固树立正确的人生观、价值观，培养责任意识和服务意识，努力钻研业务，不断提高专业水平和工作能力。要注重激发其主观能动性和积极性，将其中有能力、有志向、有发展前途、有奉献精神的专业人员，作为领导干部的后备力量进行培养，将其中专业能力强、爱岗敬业、乐于奉献的优秀人才作为专家型人才培养。

3. 其他岗位人力资源的管理

护林员、兼职测报员、兼职检疫员等其他岗位的人员也是林业生物灾害防治人力资源的重要组成部分。要加强岗位技能培训，使其能够胜任本职工作，成为本岗位的行家里手，并对其进行必要的林业生物灾害防治专业知识训练，使其不断提高业务素质和工作能力，对其中热爱林业生物灾害防治事业、责任心强、素质高的要进行重点培养，让其成为林业生物灾害防治的综合型人才。

（三）优化人力资源配置

要根据林业生物灾害防治发展战略、目标任务及内外环境，对林业生物灾害防治人员的供需状况进行预测，为林业生物灾害防治机构提供数量足、素质高、符合防治工作要求的人力资源，以保证林业生物灾害防治工作健康发展。在人员录用上，要参照《中华人民共和国公务员法》，制定林业生物灾害防治管理人员录用办法，并由林业生物灾害防治机构根据各级防治机构具体情况，向当地人事部门上报录用计划，统一考试，择优录用，确保新录用人员符合岗位要求。对不具备任职资格和不适合林业生物灾害管理工作的人员要予以调整，对有违纪违规、不能胜任岗位工作的，坚决予以辞退或开除，以纯洁队伍、维护形象。对各级防治机构工作人员的录用、调整和上岗情况，要报上一级防治机构备案。省级机构应在每年年底前将全省机构、人员变动情况报国家林业生物灾害防治机构。

二、建立教育培训体系

（一）加强专业岗位技术培训

加强岗位培训是提高林业生物灾害防治从业人员能力的重要途径。要注重岗位培训，按照“干什么，练什么，缺什么，补什么”的原则，强化专业技能训练，培养应用型与创新型相结合的人才。从业人员上岗前，必须参加专业培训，经考试合格方能上岗。要实行关键岗位考试考核与末位淘汰制度，对考评末位者实行离岗培训，对不适应工作需要、素质低、反映差的予以辞退。要有计划地把积极上进、业务能力强、技术水平高、作风过硬的青年业务骨干充实到关键岗位，使他们在工作中得到锻炼。要鼓励、支持业务人员学习深造和定向发展，特别是要选拔优秀人员进入后备人力资源储备库，作为领导干部和专家型人才进行重点培养。

（二）注重师资培养与培训考核

师资队伍建设是岗位培训的根本保证。师资队伍建设是教育培训的源头，教师水平的高低决定培训质量的好坏。在教师配备上，要本着“发挥专长、德才兼备”的原则，按照在编在岗的比例，选拔有事业心、有责任感的专家型人才担任教师。要实行教师进修制度和师资培训制度，确保其能将反映最新防治成果、先进适用的防治技术带给受训人员，为推广新型防治技术打下坚实基础。要落实教育培训的物质保障，保证教学效果，落实领导责任制，把培训任务作为考核领导的重要指标。要对培训过程和效果实行跟踪评价，将评价结果作为衡量培训效果好坏、教学质量高低、调整培训计划的依据，使培训工作成为推动林业生物灾害防治事业持续发展的重要手段。

第三节　管理机制创新

林业生物灾害防治机构负责林业生物灾害防治的具体组织工作，具有辅助决策、规划设计、组织实施、监督指导等职能，这些职能的行使是通过包括组织管理、计划管理、作业管理、技术管理、目标管理、档案管理、日常管理等一整套工作管理机制实现的。林业生物灾害防治管理要求必须对可能或已经发生的林业生物灾害，尽快做出是否防治的果断决策，并迅速组织有关资源予以实施，因此，管理机制能否适应新要求就显得格外重要。

一、林业生物灾害防治管理内涵

林业生物灾害防治管理是一个有效地组织协调可利用的一切资源，应对生物灾害事件的过程。其根本目的就是通过对林业生物灾害进行系统监测和分析，在灾害应急管理周期中科学地运用响应、准备、减灾和恢复等方面的措施，尽最大可能来实现保护森林资源的预期，并力争将经济财产损失和生态功能损失降到最低。

现代林业生物灾害防治管理，不仅包括应急管理，还包括对灾害源和加强灾害影响的管理，通过强化灾前预防管理、改进灾中应急管理、重视灾后修复管理，提高灾害管理的科学性。传统林业生物灾害管理侧重对灾害的应急反应管理，忽视灾害的前因后果，现代林业生物灾害管理则要求透过灾害的表现形式，寻找灾害根源及其本质，并分析它们之间的关系和对森林生态系统造成的危害，通过降低风险和加强灾前管理(缓冲管理)等预防措施，更好地进行灾害管理。简而言之，传统林业生物灾害管理重视救灾而忽视防灾，重视结果而忽视过程，现代林业生物灾害管理既注重救灾也强调防灾，既注重结果更强调过程。

二、林业生物灾害防治管理原则

林业生物灾害防治是指依据林业生物灾害发生发展规律、有关林业生物灾害的法律法规和其他有关规范性文件，对林业有害生物实施监测预报、检疫、预防和灾害治理等具体行为的总称。林业生物灾害防治是林业工作的保障环节和重要组成部分，贯穿于林业生产全过程，其管理涉及到法律、经济、技术、社会以及人与自然等诸多方面，是一项复杂的系统工程，因此，林业生物灾害防治管理应遵循系统化、法制化、社会化、科学化原则。

(一)系统化原则

林业生物灾害防治机构是林业系统中的一个子系统，具有决策、计划、组织、指挥、监督、调节等职能，其管理活动是林业生产活动中的重要内容。林业生物灾害防治管理包括植物检疫、监测预报、应急防治、灾后恢复等技术管理、组织管理和法制管理等内容。林业生物灾害防治管理系统具有林业系统的所有特征，要开展现代林业生物灾害防治活动，就必须运用系统科学技术和管理手段进行科学管理，实现林业生物灾害可持续控制。

就管理系统结构而言，任何管理系统的管理能级，都必须具有稳定的层次组织结构，才能构成管理系统的“场”和“势”，这种稳定的层次组织结构必须包括决策层、管理层、执行层和操作层。林业生物灾害防治管理系统是典型的灾害管理系统，其构成也应该包括上述层次组织结构，如图 12-1 所示。

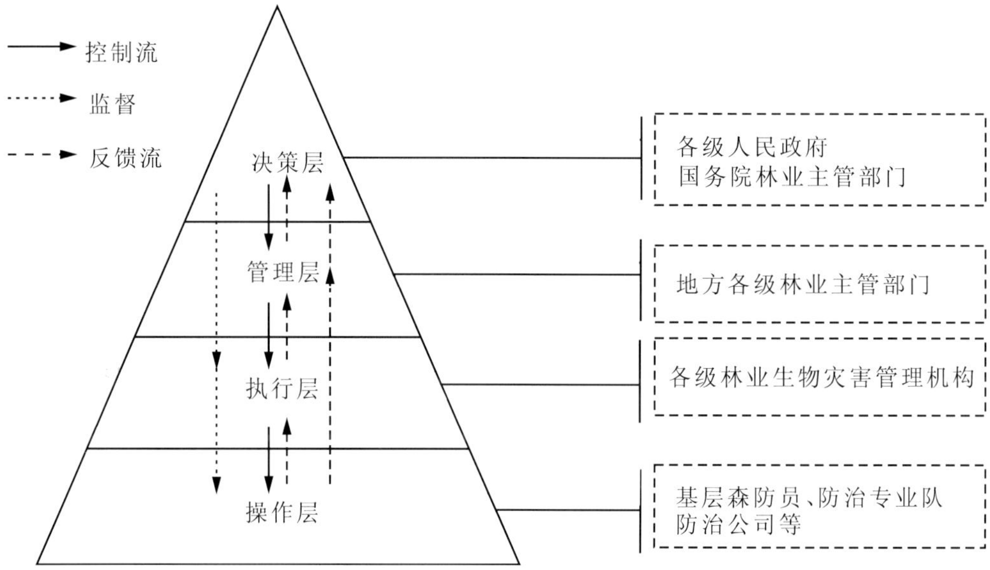

图 12-1 林业生物灾害防治管理系统结构图

构建结构层次清晰、系统分级合理，管理运行顺畅、操作协调有序的林业生物灾害防治管理系统，建立行政、专业、社会“三位一体”的中央、部门、地方环环相扣的新型林业生物灾害防治管理体制与运行机制，有利于推进林业生物灾害管理的现代化。在林业生物灾害防治管理系统中，各级政府及其林业主管部门或林业生物灾害管理系统居于核心地位，肩负着林业生物灾害防治宏观决策的重任，在林业生物灾害防治工作中发挥着关键作用，政府决策者是领导、指挥、协调、监督林业生物灾害防治工作的总指挥，林业生物灾害专业管理系统和社会管理系统是林业生物灾害防治管理系统的两翼。林业生物灾害专业管理系统是实现林业生物灾害科学管理的执行者，是协助行政管理系统制定决策、战略规划的参谋机构，是开展林业生物灾害防治行政执法和生物灾害监测预报的主体，是对防治作业系统实施培训、指导与监督管理的技术执行机构，肩负着决策助手和业务管理的双重责任。林业生物灾害社会管理系统由社区组织、群众团体、防治专业组织等组成，是林业生物灾害管理系统的操作层，承担着具体防治任务的实施。行政、专业、社会 3 个类型的管理系统相辅相成，共同构成了林业生物灾害管理系统的“一体两翼”，相互关联，功能互补，分工协作(图 12-2)。

(二)法制化原则

林业生物灾害防治工作是一项法制化很强的工作。《森林法》、《森林病虫害防治条例》、《植物检疫条例》等现行的林业生物灾害防治有关法律法规，作为林业生物灾害管理行为的法律依据，提供了一套适用面广、操作性强的法律手段，为林业生物灾害管理

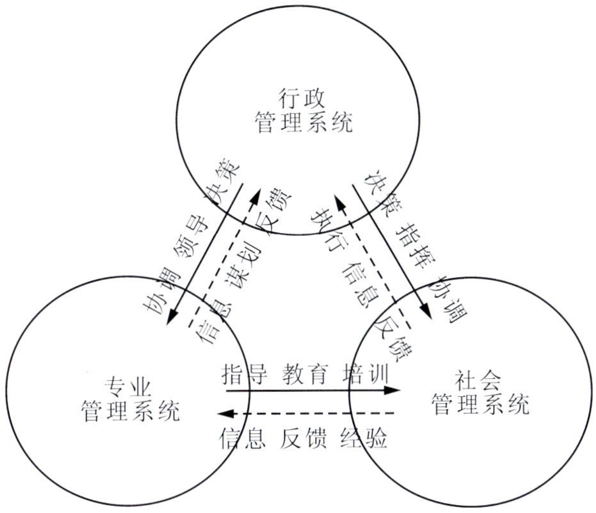

图 12-2 林业生物灾害管理系统功能图

法制化、规范化、制度化提供了法制保障，对防治计划、机构设置、防治准备、响应行动等给予了有力支持，对各社会主体在防治工作中的职能和责任以及所起的作用做出了明确规定，在全国范围内具有统一的效力。这保证了各级林业生物灾害防治机构能够获益于立法的充分支持，以利于防治机构的建立完善和工作的正常开展，也为规范社会防治行为和支持防治机构依法行政提供有力保障。林业有害生物防治工作必须遵循法制化原则，依法开展。

（三）社会化原则

人类社会中的任何一个子系统，都是社会这个大系统中不可分割的一部分，这些子系统之间的关系同生态系统内的各子系统之间的关系一样，都遵从一定的规律相互联结成一个复杂的有机整体。社会化就是各子系统必须遵从这些规律，并和谐地融入社会这个大系统，社会系统中各子系统不能人为打破这些联结而独立存在。

林业生物灾害管理系统作为社会大系统中的一个子系统，林业生物灾害管理活动必须遵从社会学规律，将林业生物灾害管理活动与其他社会活动联系起来，使林业生物灾害管理系统更好地融入社会这个大系统，并在这个系统中准确定位，充分发挥其系统功能，在生态文明建设和经济社会发展中起到应有的作用。

林业生物灾害管理社会化，首先，要求建立有效的社会动员机制，普及林业生物灾害防治知识，增强人们的林业生物灾害危机意识，只有让人们正确认识林业生物灾害的危害性和破坏性，才能使他们积极参与到防治工作中来，并正确把握和约束自己的行为，从而促进防治工作的开展。其次，要求政府发挥组织领导作用，调整好各方面利益关系，充分调动各方面积极性，动员全社会力量广泛参与，群防群治，形成整体合力。第三，要求加强林业生物灾害管理工作与社会的广泛沟通，以及时调整林业生物灾害管理政策，使之与经济社会发展、民众需求保持一致，更大限度地调动社会公众参与林业生物灾害防治工作的积极性。

（四）科学化原则

林业生物灾害防治，需充分尊重林业生物灾害自身的规律，在防治中严格按照社会规律、经济规律、自然规律制定科学的防治对策，开展科学防治。林业有害生物的有害性是相对于人类经济社会活动目的而言的，林业有害生物是森林生态系统中的一个元素，并依附于森林而存在。林业生物灾害的发生，并不是因为森林中存在有害生物，而是由于有害生物的生存环境发生变化，如气候变化、其他灾害引发次生灾害或人类活动造成森林健康状况恶化等，使林业有害生物有机会滋生蔓延，最终酿成灾害。林业生物灾害防治，就是要遵从林业有害生物发生发展的自然规律，抓住与林业生物灾害发生相关的诸多因素中的主要因素，利用林业有害生物与森林生态系统其他因子之间的关系，通过合理调控来达到防治林业生物灾害的目的，维护森林健康，保护生物多样性，实现人与自然的和谐。

三、创新管理机制

（一）转变管理方式

1. 实现由林业有害生物防治向林业生物灾害管理转变

林业有害生物防治的提法由森林病虫害防治演变而来，其侧重点还是放在有害生物的“治”上，关注的是技术手段，治理的是林业有害生物本身。林业生物灾害系统是由致灾因子、灾害载体、受灾体构成的，各因子之间相互作用构成了复杂的多元灾害系统。林业生物灾害管理涉及自然、社会、经济各个方面，是一项复杂的社会系统工程。因此，林业生物灾害防治工作，不能仅仅局限于林业有害生物的防治，还必须以灾害管理理论为指导，在众多复杂因素中，正确把握灾害链及致灾因子之间的因果关系，彻底摆脱“头疼医头，脚痛医脚”的被动局面，推进由林业有害生物防治向林业生物灾害管理的转变。

2. 实现由部门单一管理向综合管理转变

森林是公益性的社会公共产品，林业生物灾害事件不仅能造成森林资源损失，还会影响社会正常生产和生活秩序。林业生物灾害管理决策环境相对于常规决策环境来说，是一种非常态的社会情境，是各种不利情况、灾害对生态环境和经济发展的威胁以及其他不确定因素的高度积聚。在灾害发生的紧急情况下，需要政府在复杂的情况下和有限的时间内做出正确的决策，并进行广泛动员，调动各方面力量及时救治，将灾害所造成的损失降到最低程度，维护公共产品安全。

3. 实现由危机管理为主向风险管理为主的转变

危机管理针对减灾过程，主要适用于灾害临近或发生时的管理，风险管理则贯穿于抗灾、御灾、减灾及灾后恢复的全过程，是建立在灾害风险分析的基础上，利用定性和定量分析方法评估系统出现灾害的风险程度，可在系统缺乏现成的灾害数据情况下，对该系统出现灾害的可能性大小、灾害损失程度进行预估，决策部门可以此为依据进行决策，决定是否进行灾害救治，需要增加哪些安全措施防止灾害发生。林业生物灾害风险管理，重点要放在林业生物灾害管理计划的风险预测上，根据风险分析进行风险决策，预估决策方案在不同状况下实施的损益。然后对决策的实施进行跟踪分析，对可能出现的各种风险提出对策，使风险降到最低程度。在林业生物灾害防治管理机制的选择上，必须把以健康抗灾、检疫御灾和监测预警为主的风险管理放在重要位置，在政策导向、资金投入和工作摆布上给予加强，全面推进林业生物灾害防治由危机管理为主向以风险管理为主转变。

（二）明确管理责任

防灾减灾是国家公共安全的重要组成部分，是政府社会管理的一项重要职能。完善灾害管理体系，进一步落实管理责任、理顺管理程序，加强林业生物灾害各项应急机制建设，将“政府主导，属地管理，分级负责，地方为主”的灾害管理政策具体化。林业生物灾害防治的管理责任可从三个层次来确定：中央政府利用国家立法、财政政策等手段，加强对林业生物灾害的宏观管理，协调部门和区域之间的关系，整合灾害管理资源，最大限度地发挥资源优势；各级地方政府负责公众灾前教育、救灾物资和救灾资金筹备，开展灾时动员和救灾组织；林业生物灾害管理部门通过加强行业管理，积极做好检疫执法和灾害监测预警，开展风险分析，为政府决策提供依据。

（三）改进管理方法

1. 推动林业生物灾害防治市场化进程

林业生物灾害防治机构在推动林业生物灾害防治市场化进程中，要主动适应林业产权制度改革新形势的要求，不断深化林业生物灾害防治体制和机制改革，积极推进林业生物灾害防治管理机构的职能转变，强化行业管理、行政执法、监测预警、检疫检验、技术指导等职能，积极推进林业生物灾害防治社会化服务体系建设，引导、鼓励和支持不同所有制形式的组织和个人（专业公司、专业队、专业户、森林医院、树木医生）承担林业生物灾害防治和咨询服务业务，并建立林业生物灾害防治组织资质认证制度、施工设计制度、招投标制度、防治工程监理制度，鼓励保险业进入防治市场，规范对各种林业生物灾害防治组织的管理。

2. 坚持林业生物灾害防治目标管理

继续实行林业生物灾害防治目标管理。把“成灾率”纳入各级地方政府任期目标责任制，把“无公害防治率”和“种苗产地检疫率”等纳入各级林业主管部门的目标考核体系中，实行“双线任期目标责任制”。完善目标管理评价指标体系，制定管理办法和考核办法，定期对全国林业生物灾害防治目标管理进行检查考核，并将检查考核的结果在全国范围内进行通报，对林业生物灾害防治实行全面质量管理。按照森林健康的理念，适时将“森林健康率”纳入林业生物灾害防治目标考核指标体系，将林业有害生物成灾的“三要素”——灾害源、寄主和环境因子均列入林业生物灾害防治目标考核范畴，变“一降三提高”的林业生物灾害防治目标考核指标体系为“一降四提高”（即降低成灾率，提高测报准确率、无公害防治率、检疫合格率和森林健康率），使林业生物灾害防治目标考核指标体系更加科学完整，与营造林工作紧密结合，促进林业生物灾害治本措施的全面实施。

3. 建立有效的林业生物灾害防治的国际合作机制

随着全球贸易、旅游和交通的日益发展，外来有害生物的入侵已经成为影响经济社会发展的一个重要因素，因此，防范外来林业有害生物入侵就成为林业生物灾害防治管理的一项重要内容。要认真履行我国在有关国际组织和相关国际公约中的义务，建立以防范林业有害生物入侵为目的的林业生物灾害防治国际合作和信息交流机制，借助现代化的有害生物数据库和互联网络，充分了解和掌握国外林业有害生物信息资源，及时开展风险分析评估，为森林植物及其产品的进出境检疫提供依据，从源头控制外来林业有害生物的入侵。

4. 建立跨行业跨部门协调联动平台

林业生物灾害防治作为一项社会公益事业，需要社会各行各业的广泛参与。在生产实践中，往往表现为跨地区、跨行业、跨部门的工作，因此，加强林业生物灾害资源管理，要求各有关部门积极配合，形成协调有效的联动机制，构建防治资源共享平台，实现林业、农业、水利、建设、气象、地质、交通、铁路、民航、海关、卫生、质检、科技、公安、民政等部门的资源共享。建立“联防联治，群防群治”的协同御灾和联动机制，提高林业生物灾害预警能力、应急救灾能力和灾后救助能力。加强部门合作，建立内外检信息通报制度，推动产学研结合和学科交叉，开展林业生物灾害防治基础理论和新技术研究，不断提高林业生物灾害治理水平。

（四）完善管理制度

1. 实行林业生物灾害防治奖惩制度

建立奖励和重大责任事故追究制度。对林业生物灾害防治工作搞得好、连续多年未发生重大林业生物灾害的单位和在林业生物灾害防治工作中做出突出贡献的个人给予奖励；推行防治工作问责制，对在林业生物灾害监测、检疫、防治工作中因工作失职造成严重后果的，要追究有关人员的责任；建立林业生物灾情和重大责任事故有奖举报制度，鼓励公众关注和参与林业生物灾害防治工作，增加有害生物防治工作事故处理的透明度，广泛接受社会监督。

2. 严格林业植物检疫报检制度

检疫报检制度包括进境报检制度、过境报检制度、携带和邮寄报检制度以及出境报检制度。严格境外引种审批，从国外引进种子、苗木，引进单位应当向所在地的省、自治区、直辖市植物检疫机构提出申请，办理检疫审批手续。强化检疫要求书制度，省、自治区、直辖市间调运必须经过检疫的植物和植物产品的，调入单位必须事先征得所在地的省、自治区、直辖市植物检疫机构同意，并向调出单位提出检疫要求；调出单位必须根据该检疫要求向所在地的省、自治区、直辖市植物检疫机构申请检疫。加强检疫复检工作，对调入的植物和植物产品，调入单位所在地的省、自治区、直辖市的植物检疫机构应当查验检疫证书，必要时可以复检。

3. 建立健全林业有害生物调查制度

建立以全面普查、专项调查、监测调查为主要内容的林业有害生物调查制度。全面普查是为满足生产、科研、宏观决策的需要，在全国或全省范围内，按统一方法、步骤、内容和时间开展的一项基础性调查，以查清林业有害生物的种类、分布、危害程度等为主要内容，全国性普查一般每 10 年开展一次。专项调查是指在较大范围(全国或省)内，为了掌握某些种(类)林业有害生物分布和树种受害情况而进行的专门性调查。专项调查的目的是准确掌握调查对象的分布地点、发生数量、受害程度等信息，为有针对性地开展某项工作提供依据，专项调查根据需要不定期开展。监测调查是监测预报最基本的日常性调查，其目的是全面掌握林业有害生物发生危害的实时情况，为分析预测未来发生发展动态提供基础数据。根据调查内容和调查目的，监测调查通常又分为一般调查和系统调查，分别由专职、兼职测报员承担实施。通过监测调查进行生产性预报，为防治决策提供依据。

4. 落实林业有害生物监测调查报告制度

国务院林业主管部门和省、自治区、直辖市人民政府林业主管部门的林业生物灾害防治机构，应当综合分析各地测报数据，定期分别发布全国和本行政区域的林业生物灾害中、长期趋势预报，并提出防治方案。市、县林业生物灾害防治机构，应当综合分析基层单位测报数据，发布当地林业生物灾害中、短期预报，并提出防治方案。全民所有的森林和林木，由国有林业局、国营林场或者其他经营单位组织林业生物灾害情况调查。集体和个人所有的森林和林木，由乡镇林业工作站或者县林业生物灾害防治机构组织开展调查。各调查单位应当按照规定向上一级林业生物灾害防治机构报告调查情况，发现严重灾情的应当及时向当地人民政府或者林业主管部门报告。发生大面积暴发性或危险性林业生物灾害时，省、自治区、直辖市人民政府林业主管部门应当及时报告国务院林业主管部门。

5. 推行限期除治通知书制度

根据《森林病虫害防治条例》的有关规定，对用带有危险性病虫害的林木种苗进行育苗或者造林、发生森林病虫害不除治或者除治不力、隐瞒或者虚报森林病虫害情况造成林业有害生物蔓延成灾的单位或个人，应下达《限期除治通知书》责令其限期除治，被责令限期除治而不除治或除治不力的，林业主管部门或者其授权的单位可以代为除治，由被责令限期除治者承担全部防治费用。代为除治林业生物灾害的工作，不因被责令限期除治者申请复议或者起诉而停止执行。

第13章

法律保障

法律保障是林业生物灾害防治的基本保障。广义的法律是由立法机关或国家机关制定，国家政权保证执行的行为规则的总和，包括宪法、基本法律、行政法规和地方性法规等规范性文件。有关林业生物灾害防治法律、法规、规章是林业生物灾害防治法律的“形式渊源”，可称之为“林业生物灾害防治法律”。林业生物灾害防治法治建设的核心是依法管理，依法管理是林业生物灾害防治立法、执法、守法的总和，是林业法治的重要组成部分，是保障并促进林业生物灾害防治健康发展的必要手段和途径。

第一节　加强法治建设的重要性和必要性

林业生物灾害防治法律作为一种行为规范和行业管理的法律依据，在规范林业生物灾害防治具体行为，保护林业生物灾害防治参与者的合法权益，为林业生物灾害防治管理活动提供法律依据，规范执法者行为等方面发挥着积极的作用。

一、防治工作的地位决定了加强法治建设的重要性

（一）防治工作的地位需要法律加以确认

林业生物灾害防治是林业工作的重要组成部分，在推动生态建设、维护生态安全、促进生态文明中发挥着不可替代的作用，应赋予林业生物灾害防治在森林资源保护中的基础地位，在巩固植树造林成果中的首要地位，在推动生态建设中的重要地位。

林业生物灾害防治工作在“三生态”建设中发挥的重大作用，决定了它的重要地位。从林业生物灾害的属性看，林业生物灾害是一种自然灾害，其发生发展有其自身的规律，不以人的主观意志而转移，林业生物灾害同其他自然灾害一样，是国家灾害管理体系的重要组成部分。从灾害造成的后果看，林业生物灾害是融经济灾害、生态灾害和社会灾害于一体的综合性灾害，一旦发生就会对森林的三大功能效益产生严重的影响。从灾害形成的原因看，林业生物灾害既是自然灾害，在某种意义上说也是一种人为灾害。每一种林业有害生物都可以按照自身的生物学特性具有近距离自然扩散的能力，但其远距离传播主要是由人为活动造成的，如松材线虫病传播扩散主要是人为传播所致。从灾

害防治对策看，危险性林业有害生物的人为传播，需要通过依法开展检疫等强制手段加以控制，纠正有害生物防治中滥施化学药剂，以保护环境免遭破坏的制约措施，需要以法律的形式加以明确。总之，林业有害生物防治在生态建设、生态安全、生态文明中具有不可替代的地位，这需要用法律加以确认。

(二)防治工作的指导思想需要法律加以明确

森林属于公共物品，在国家可持续发展中具有不可替代的重要战略地位。林业有害生物是森林生态系统中的有机组成部分，要实现林业可持续发展，就应该遵从生态学和经济学的原理，对森林生态系统施加科学的干预，使林业有害生物的发生保持在允许范围内，以利于对其进行可持续控制。随着以生态建设为主的林业可持续发展道路的确立，林业工作重心发生了历史性的转移，林业生物灾害防治工作的任务更加艰巨。为推进新时期林业生物灾害防治工作，国家林业局在全国林业有害生物防治工作会议上明确了新的指导思想，并明确了“预防为主，科学防控，依法治理，促进健康”的防治方针。上述指导思想和工作方针，是指导新时期林业生物灾害防治工作基本准则的集中体现，必须通过国家法律法规把这一新的指导思想，包括森林健康理念和新的防治方针在相关的法律法规中予以明确，以规范并引导人们按着正确的指导思想和工作方针，开展林业生物灾害防治，实现新时期的战略目标。

二、防治工作的性质决定了加强法治建设的必要性

(一)林业生物灾害防治的社会公益性

森林发挥着调节气候、防风固沙、涵养水源、保持水土、净化空气、降低噪音、保护生物多样性等多种重要功能，林业生物灾害防治通过控制有害生物危害来达到保护森林资源和植树造林成果的目的，从而使森林资源的多种生态效能得以实现，因此具有显著的生态价值和社会价值。从保护的对象看，林业生物灾害防治肩负着保护森林资源、巩固造林成果的重要历史使命。但是，林业生物灾害防治在生态建设中的社会公益性并没有被全社会所认知，从而使这项工作的重要地位得不到充分体现，因此需要通过一定的法规条文将其显著的社会公益性予以明确。

(二)林业生物灾害防治的经济基础性

林业生物灾害防治具有典型的经济外部性，在保护林产品数量和质量、提高森林利用效益、保护植树造林积极性、促进农村经济发展、推动社会主义新农村建设等方面发挥着积极作用。从发挥的作用看，林业生物灾害防治可以有效减轻林果业生物灾害损失，促进林木生长，提高林产品质量，对农民增产增收、提高生活水平具有重要作用，尤其在国家重视发展木本粮油和经济能源林的新形势下，这种作用将会日趋明显。因此，从一定意义上讲，林业生物灾害防治工作也是一种重要的间接物质生产，具有促进经济增长的作用。林业生物灾害防治在林业产业发展中这一明显的经济基础性也应由法律予以确认。

(三)林业生物灾害防治的公共安全性

生态安全、生物安全、食品安全是国家公共安全的重要组成部分。林业生物灾害属

于自然灾害范畴，是国家公共危机管理的重要内容，在保护生态安全、生物安全和食品安全方面发挥着关键作用。我国是外来有害生物入侵危害最为严重的国家之一，以松材线虫病为代表的外来林业有害生物入侵已对我国林业生态建设、国土生态安全造成了直接威胁。因此，积极防范外来林业有害生物入侵已成为我国林业建设中一项十分紧迫的任务。从实现的途径看，这一防范工程需要通过监测预警、检疫封锁和疫情根除等工作环节来完成，而这些环节又都与法律法规的支撑密切相关，所以，林业生物灾害所具有的公共安全性同样应由法律予以肯定。

三、新形势下的防治主体需要通过法规加以明确

（一）责任主体需要法律予以明确

林业生物灾害防治管理体制是国家行政管理体系的重要组成部分，属于上层建筑范畴，林业生物灾害防治管理体制必须与国家经济体制、政治体制及其他相关体制相适应，并同时适应林业生物灾害防治工作自身发展的需要，才能保证和促进林业生物灾害防治的顺利发展，反之就会阻碍林业生物灾害防治的发展。这要求及时改革不相适应的管理体制和运行机制，并通过法治建设为其提供法律保障，明确各级政府、林业主管部门、林业生物灾害防治机构以及其他社会组织、公民在林业生物灾害防治工作中的权利与义务，以保障林业生物灾害防治工作顺利开展。

（二）投入主体需要法律予以明确

林业生物灾害防治的投入量主要取决于国家经济发展状况、林业有害生物危害程度和林业生物灾害防治的作用与效益。我国林业生物灾害防治投入主体包括政府、社会组织和个人等，投入形式包括资金、实物、技术、人力等。政府投入以资金投入为主，主要来源于中央政府投入和地方政府投入，包括预算内基本建设资金、财政专项资金和救灾经费，其投入量主要由林业生物灾害防治的性质、林业有害生物的危害程度和危害范围所决定。社会组织和个人投入也是林业生物灾害防治投入的主要渠道，包括实物、技术以及群众投工投劳等，其投入的积极性和主动性主要源于林业生物灾害防治活动所产生的经济效益和生态效益。当前，不论是政府投入还是社会组织和个人投入，其投入量都不稳定，随意性很大，难以满足并保证林业生物灾害防治的实际需要，最关键的原因就是法律条款中缺乏明确和稳定的投入主体，因此，需要通过相关法律条款的修订对这一问题给予解决。

第二节　加强法治建设的重要环节

自1989年国务院颁布实施《森林病虫害防治条例》以来，以《森林法》、《森林病虫害防治条例》和《植物检疫条例》为基本框架的林业生物灾害防治法律法规体系，为依法开展林业生物灾害防治工作提供了法律依据，极大地推进了我国林业生物灾害的依法防治进程，在有效保护我国森林资源、维护国土生态安全、促进林业发展中发挥了重要的保障作用。但是，随着社会主义市场经济体制的逐步建立和完善，现行法律法规中带有

计划经济色彩的部分条款，已严重不适应依法开展林业生物灾害防治工作的新要求，需要通过林业生物灾害防治法律法规的完善加以解决。

一、进一步完善法律法规

我国现行林业生物灾害防治法律法规体系是以“一法两例”为基本框架建立的，即《中华人民共和国森林法》、《森林病虫害防治条例》和《植物检疫条例》。这些法律法规及相关制度是在计划经济背景下产生的，难以适应社会主义市场经济发展和林业分类经营、林权制度改革新的执法环境需要，一些法律法规或规章制度，内容上有些过于原则，一些重要的法律概念界定不明确，许多法规语言或过于政策化，理解弹性大；或政治性、宣传性、修辞性过强，可操作性差，缺少有关“法律后果”、“法律责任”的规定，使得法律执行、法律实施存在一定难度。例如，在《森林病虫害防治条例》中虽然确立了“预防为主”的防治方针，但是没有可操作性的法律条款和技术规范，致使重培育轻保护、重防治轻预防的现象依然普遍存在。一些地方没有把防治工作真正纳入林业生产全过程管理，在育种时注重生长指标，忽视抗性选择；许多造林设计缺少预防措施，外来树种、大面积人工纯林还在不断出现；抚育管理滞后，造成树势衰弱，生物多样性差，有害生物危害严重。因此，新时期林业生物灾害防治工作对法律法规体系的建设提出了新的需求，需要从加快立法步伐、完善立法内容、提高法规适用性和可操作性等方面进行完善。

二、进一步加大执法力度

执法是法律实施的重要内容，是指国家行政机关、司法机关及其公职人员，依照法定职权和程序，贯彻实施法律的活动。法律的实施，主要是通过行政机关对社会所实施的组织和管理工作来进行的，即依法行政。但目前林业生物灾害防治执法工作仍主要依靠政策的实施来开展，尚未真正走上法制化轨道。

首先，由于公众对林业生物灾害防治参与不够，再加上林业生物灾害防治法律法规宣传还不够到位，致使整个社会的林业生物灾害防治法律意识不强，支持度不高，使林业生物灾害防治执法难度加大，执法成本增加。其次，在机构改革放权过程中，由于对生物灾害造成的危害性认识不够，对林业生物灾害防治，特别是有害生物的检疫监管上，存在“块放条不放、你放我不放”的问题，使林业生物灾害防治的行政执法受到条块矛盾的制约。如邮政业务中邮寄林木种质材料时很少自觉通知有关检疫机关实施检疫；运输单位为了扩增业务很少配合检疫；经济林、林果产品、花卉、药材、城市绿化林木的检疫存在部门交叉的问题，造成各自执法的局面，使防治执法工作失去自主性和中立性。第三，目前一些地方林业生物灾害防治执法还停留在初级管理水平上，执法素质不高，执法不严、违法违规行为检查力度不够的现象还很普遍，有的在行使自由裁量权时没有完全根据合理和公正的原则，随意性较大。这些现象的存在，很大程度上影响了林业生物灾害防治执法形象和检疫执法的有序推进，需要从执法工作的体制、机制和队伍建设等方面入手，不断提高执法能力和水平，做到严格执法、文明执法、公正执法。

三、进一步规范执法监督

由于林业生物灾害防治工作社会化程度不高，公众对林业生物灾害危害性和防治工作重要性缺乏关注和认同，导致公众漠视林业生物灾害防治的违法违规事件，直接影响了对林业生物灾害防治执法工作的有效的社会监督。从行业内部来讲，目前还没有建立起有效的林业生物灾害防治执法监督稽查机制，监督工作只是停留在日常管理和业务考核上，发现问题处理不力，对执法主体缺乏约束力，导致防治执法缺位、越位、错位现象严重。如产地检疫、调运检疫和引种审批等检疫行政执法工作只注重办理检疫证书，现场检疫、复检、行政处罚、检疫监管等环节工作滞后，没有全面履行法律法规赋予的职责。还有个别地方在防治执法工作中超越法律界限，重行政手段轻法治管理、重处罚轻教育、重权利轻义务，乱收费、乱罚款的现象时有发生。因此，必须规范检疫执法，扩大社会宣传，不断提高全社会林业生物灾害防治意识，以进一步加强防治执法工作的自我约束和社会监督。

第三节　加强法治建设的对策措施

立法是法律实施的前提与基础，加强林业生物灾害防治立法是推进行业法治建设的基础和首要环节。执法是法律实施的重要内容，是国家行政机关、司法机关及其公职人员，依照法定职权和程序，贯彻实施法律的活动。执法监督是保证权力正确行使、防止滥用的必要环节，权力得不到制约和监督，必然导致滥用和腐败。

一、健全法规制度

（一）加快完善行业法律法规

要针对林业生物灾害防治法治建设中存在的突出问题，加快对现有林业生物灾害防治法律法规的修订，并重视林业生物灾害防治法律法规体系的时代性、连续性和完整性，为执法提供适用、有力、操作性强的法律依据，从根本上遏制和减少不规范行为。通过林业生物灾害防治法律法规的修改完善，以法律形式明确各级政府、职能部门、社会组织在开展林业生物灾害防治中的责任和义务，确定依法治理灾害的法治原则，明确灾害管理的基本内容、原则以及对灾害管理的目的、范围、投入机制、重要制度与措施，确立林业生物灾害防治分层组织管理机构的地位、法律责任和运行机制，并通过对有关专业法规不适合条款的修订，建立健全重大林业生物灾害举报制度、重大林业生物灾害责任追究制度等，将“成灾率”纳入领导任期目标责任制，推行护林员承担林业生物灾害监测任务的责任制，将森林健康内容纳入林业生物灾害管理法规和其他涉林法律法规之中，强化林业生物灾害的预防和健康森林的培育。

（二）提高行业立法的社会参与度

拓宽立法渠道，组织有关人员开展林业生物灾害管理工作调研，让更多的法律、经济、管理、灾害、生态、气象等行业外人士参与进来，对有关问题进行系统研究，参与林业生物灾害防治法律法规的起草、修订以及各种规范、标准的制订、修订，实行立法工作者、执法工作者和专家学者三结合，并探索委托专家起草、跨部门联合起草法律法规的新途径，实现立法的民主化和科学化。同时，通过建立健全专家咨询论证制度、社会公众参与制度以及公开征求意见制度，多渠道、系统化地收集立法意见，让更多的公民参与到法规制度的评议中来。还要通过进一步完善公告制度，增强立法的透明度，以避免有关法律法规出现强化部门权力、规避责任义务、片面强调部门利益、忽视全局利益的现象，使林业生物灾害防治法律法规更加规范化、科学化、系统化。

（三）加大违法处罚的力度和刚性

在立法中应处理好执法权力与执法责任的关系，对行政执法责任做出规范性、约束性的规定，并对执法协助做出明确规定，对依法负有协助义务而拒绝协助或不积极协助的，应追究法律责任，促使其履行法定的协助义务。要加大对违反林业生物灾害防治法律法规行为制裁的力度，增强法律法规处罚条款的刚性。由于近年来经济发展水平和物价因素变化很大，现行的行政处罚内容有许多方面已很不适应，应增加“赔偿条款”，增加法律威慑力，可参照进出境植物检疫法，在国内植物检疫法中明确规定，对违反植物检疫法律法规引起重大疫情的，应比照刑法的有关规定追究刑事责任，对伪造、变造检疫单证、印章、标志、封识的，应依照刑法有关规定追究当事人的刑事责任，对违反检疫规定引起疫情传播，造成重大损失的应当依照责任大小，承担经济赔偿责任。

二、强化执法能力

执法是国家行政机关、司法机关及其公职人员，依照法定职权和程序，贯彻实施法律的活动。林业生物灾害防治执法问题的核心是解决好权力配置、保障、制约等机制的健全性和运用的合理性问题。要从体制、机制和队伍建设等方面入手，进一步加强和改善林业生物灾害防治行政执法工作，做到严格执法、文明执法、公正执法。

（一）改革执法体制

林业生物灾害防治执法体制，作为林业生物灾害防治管理行政体制的重要组成部分，其改革的原则和要求，必须与现行林业生物灾害防治管理行政体制改革的原则和要求相一致。从根本上说，无论是行政执法权的最终界定，还是行政执法体制改革的运作，都有赖于行政体制改革的推进。

1. 明确执法主体

林业生物灾害防治行政执法体制的改革目标，就是要按照合法、高效、公正、廉洁的原则，对行政执法行为进行规范和约束。

将林业生物灾害防治行政机构设置纳入林业生物灾害防治法律法规条文，对各级机关的地位、性质、工作任务、职责权限、上下左右关系、内部机构设置等做出具体规定，依法因事设立，依法以职授权，依法以权论责。

将行政执法活动与经济效益分开，执法的罚没财物收费一律到指定银行、指定财政专户上交，不能截留、私分。财政部门对行政执法机关的拨款要按正常活动经费据实核拨，不能按上交财政的比例另行划拨或给予任何形式的返回。只有将行政职权与经济效益严格区分开来，才能杜绝执法中因利益驱动所导致的乱收费、乱罚款、以罚代法等现象。

明确每个执法部门和执法人员的责任，同时把执法依据、执法程序对外公开。对于不执法、乱执法、社会评价差的执法机关和执法人员，要追究该机关负责人和直接责任人的责任。各级政府、林业行政主管部门要加强对行政执法工作的研究、协调和监督，避免行政工作与行政执法两张皮。

林业生物灾害防治行政执法专业性强，只有建立专业的执法机构，配置专业人员，才能进行高效执法。同时，林业生物灾害防治行政执法又涉及到社会诸多层面，需要面向社会服务。因此，林业生物灾害防治行政执法还要加强社会综合服务职能建设，除了依托现有行政服务中心开展窗口服务外，还要强化检疫服务职能，加强产地检疫，定期开展森林植物检疫对象普查，推广应用快速检疫检验技术，提高关卡检验速度和通关速度，主动为林业企业和林农服务，提高林产品安全水平和国际竞争力，促进林产品出口。

2. 规范执法程序

行政程序是正确行使权力的保障，各级执法机关及其工作人员要认真履行法律赋予的职责，既不能越权乱作为，又不能失职不作为，要养成按法定程序办事的习惯，做出行政决定要符合法定程序，执法行为要遵守法定程序。林业生物灾害防治执法涉及诸多因素，需要各级政府和相关部门的支持和配合。要通过深化行政执法体制改革，加快建立权责明确、行为规范、监督有效、保障有力的行政执法体制，其中最为关键的是要理顺政府执法部门之间的关系，解决行政执法中存在的交叉、重复和混乱问题。按照政府职能转变的要求，明确行政执法部门的职责、权限，特别是具体明确农业、林业、园林、进出境检疫等部门的管理权、处罚权、收费权、审批权、发证权等权限，尽可能减少和避免行政执法中扯皮、争利、推诿等现象，严格界定行政执法权限，加强民航、铁路、交通、邮政、工商等各相关部门的协作配合，处理好执法权与协助义务的关系。

3. 强化执法队伍建设

建立一支政治合格、业务精通、技术过硬、纪律严明、作风优良、执法公正的林业生物灾害防治执法队伍，是提高林业生物灾害防治执法水平的基本保证。各级林业生物灾害防治检疫机构要按照从严治政的要求，把加强执法队伍建设作为一项基础性工作来抓。加强对行政执法人员的职业道德教育，进一步强化执法为民的观念；加强行政执法人员的法律业务培训，增强依法行政、依法办事的能力；实行执法人员资格管理制度，不合格的一律不得上岗执法。积极建立和推行执法责任制和评议考核制，强化执法人员依法办事的责任，防止违规及推诿塞责。作为执法人员，在政治上必须有良好的思想品德，在业务上必须具有相应的专业知识和法律知识，能正确运用法律解决实际问题。任职时必须通过执法人员统一资格考试，严把入门关，并在工作中按照岗位责任制的要求实行严格的考核制和淘汰制。

(二)明确执法原则

林业生物灾害防治执法应坚持如下 3 个原则：一是行政法治原则。这可以防止行政权力扩张、滥用、越权、腐败等现象。二是公平合理原则。通过法律设定具体的行政权力范围和职能，就能改变传统的命令—服从的行政方式。三是效率原则。这是现代社会对行政执法提出的必然要求，林业生物灾害发生有其自身的规律，要本着积极预防的原则，防患于未然，否则一旦蔓延，执法的任务和费用必然增加。坚持执法三原则，既能保证执法活动迅速及时、准确高效，又能确保执法活动合理合法，实现效率和效益的统一，促进林业生物灾害防治工作稳定、协调、有序地发展。

（三）提高执法透明度

提高执法透明度和公开性是规范林业生物灾害防治执法行为的必然要求。要通过建立咨询机构，实施政府上网工程，充分利用报纸、电视、广播、网络等各种媒体，公开管理权限、办事依据、程序、标准和时限及各种制度规定，以提高执法透明度。同时，要积极推进重大疫情、灾情和有关重大问题的信息公开，落实公民知情权。还要建立有效的信息收集、交流机制和举报制度，并通过定期召开会议、举办讲座、发放宣传单、开展知识竞赛等形式，动员社会各界关注林业生物灾害防治工作，营造良好的行业执法环境。

三、完善监督体系

每一个执法主体都有自己的权力和相对独立的利益，也有不同的认知能力和水平，这就使其不可能具有完全统一的权力行使方式和程度，也不可能获得相同的执法效果。这种差异性要求对权力的行使保持统一性，以保证对权力行使进行控制，防止权力的懈怠和滥用。权力不受制约和监督，必然导致滥用和腐败。林业生物灾害防治行政管理机关对执法监督负有重大责任，必须按照依法行政的各项要求，建立监督机制，履行监督职责，切实做好行业执法监督工作。

（一）加强行业内部监督

避免执法者违法行为的关键在于健全监督机制，加大对执法者的监督，加强对执法者渎职的惩罚。一是健全行政决策监督和责任追究制度。这有利于防止在林业生物灾害防治工作中决策的随意性，减少决策失误。要完善群众参与、专家咨询和政府决策相结合的决策机制。要按照“谁决策，谁负责”的原则，建立并落实决策责任制度，对超越权限、违反程序决策造成重大损失的，要严肃追究决策者的责任。二是完善关于林业生物灾害防治执法、林业生物灾害防治的规章和规范性文件的备案审查制度。要按照《立法法》和《法规规章备案条例》的规定，进一步健全有关备案审查程序，加强备案审查工作，及时受理和处理公民、法人和其他组织提出的审查有关法规、规章和规范性文件的建议。三是加强层级监督。通过上级对下级执法行为的层级监督，有利于发挥监督的效力，实现领导和监督的统一，使监督工作力度加大，以取得切实的执法效果。

（二）推进行业外部监督

各级政府和林业生物灾害防治主管部门必须自觉接受人大的监督，按照法定形式向其报告工作，积极配合人大搞好法律法规实施情况的监督检查。自觉接受司法机关、政协、各民主党派和人民团体的监督，高度重视新闻舆论监督作用，排除各种干扰，不搞形式主义，不做表面文章，对带有普遍影响的案件要公开曝光，通过开展大讨论取得公众舆论监督的效果。同时，要积极宣传行业执法的典型，反映执法的薄弱环节，引起有关部门和社会的广泛关注，形成公众舆论压力。还要自觉接受广大人民群众的监督，采取信访、举报等多种途径，深入基层和一线，积极主动地听取人民群众的批评建议。

第14章 科技保障

林业生物灾害防治是一项技术性和专业性很强的工作，防治技术水平的提高，需要强有力的科技支撑。长期以来，我国林业生物灾害防治工作能够不断取得新的进步，科学技术发挥了不可替代的积极作用。但总体来看，目前我国林业生物灾害防治工作的科技水平较低，防治工作难以取得令人满意的效果，直接影响了防治工作在保护造林绿化成果、促进生态建设中的基础保障作用。只有高度重视林业生物灾害防治基础研究、应用研究和新技术开发，加大科技成果的转化和推广力度，强化产、学、研配合，健全防治的科技管理和运行机制，才能不断解决林业生物灾害防治工作中的难点和瓶颈问题，从根本上提高林业生物灾害防治水平，为实现防治工作的科学化、规范化和标准化提供坚实的基础和强有力的支撑。

第一节　林业生物灾害防治的科技需求

林业生物灾害防治是森林资源保护的重要内容。随着我国以生态建设为主的林业可持续发展道路的确立，林业生物灾害防治在森林资源保护中的基础作用愈显突出。但是，由于林业生物灾害防治工作涉及面广、专业性强、技术含量高、工作难度大，决定了科技支撑在林业生物灾害防治工作中占有重要地位，特别是在社会经济快速发展、对林业提出更高要求的新形势下，灾害防治对科技的需求表现得尤为强烈。

一、保护生态建设成果需要依靠科技进步和创新

随着我国经济社会进入工业化、城镇化、市场化、国际化发展的新阶段，国家林业局审时度势，适时提出了全面推进现代林业建设，拓展林业生态功能、经济功能和社会功能，构建森林生态体系、林业产业体系和森林文化体系的战略部署，林业发展步入快车道，全民义务植树和社会办林业蓬勃发展，造林面积迅速扩大，森林资源快速增长。但是，林业生物灾害的严重发生，不仅影响了森林质量和系统功能的发挥，也阻碍了生态建设和林业快速发展而且成为影响。特别是由于我国林业有害生物种类多，分布广，防治难度大，对防治技术的要求高，而现有技术水平明显落后于这种高要求，不能满足

有效控制灾害高发势头、适应资源快速增长对防治工作的需要。这就需要依靠科技进步和创新，解决防治技术上的关键问题，以助推实现有效保护森林资源的重要使命。

二、维护国家安全需要依靠科技进步和创新

生态安全、生物安全和食品安全是国家安全的重要组成部分。林业生物灾害的严重发生，不仅影响和破坏森林资源的正常增长，导致局部地区的生态恶化，严重威胁地区生态安全，由于我国地域辽阔，生物灾害种类多，各种灾害具有各自的发生发展规律，灾害防治的要求和应当采取的防治方法不同，这就极大地增加了防治工作的难度。外来林业有害生物的入侵，造成森林生态系统的生物多样性遭到破坏，严重威胁着我国的生物安全，防范外来有害生物的入侵需要以风险分析为基础，涉及到海关、农业、气象、交通、铁路、民航、工商等部门的协调配合，工作难度非常大。这就需要提高检疫技术含量，有效防止外来有害生物的入侵和扩散。长期以来，由于缺乏经济、有效的无公害防治技术，导致防治工作往往只注重短期防效，造成不合理地选择药剂种类和施用方式，在防治有害生物中，不仅污染环境，而且给以林为主的食品安全带来了隐患。大力推行以生态调控和生物防治为主的无公害防治措施，需要大量环境友好型、生态安全型新药剂、新药械、新技术的研发和应用，只有依靠科技进步和创新，才能满足国家生态安全、生物安全和食品安全对林业生物灾害防治工作的要求。

三、推动生态文明建设需要依靠科技进步和创新

我国有着丰富的森林文化遗产，黄山、张家界、庐山等一大批有着深厚文化底蕴的自然遗产地和大量名木古树是构成我国森林生态文化体系的核心与载体。但是，由于林业有害生物的严重发生和潜在的入侵威胁，致使我国千百年积淀起来的森林生态文化建设成果，特别是大量自然文化遗产面临着毁灭的危险。因此，有效地阻止林业有害生物特别是外来危险性林业有害生物侵入我国重要的风景名胜区和大量的自然遗产地，成为林业生物灾害防治面临的艰巨任务。由于大部分风景名胜区和自然遗产地位于山区和边远地区，这些地区的森林植被具有很大的特殊性，名木古树具有极高的保护价值，对防治技术和手段提出了更高的要求。这些地区的林业生物灾害防治，不仅需要借助机动性强的防治设施，也需要开发研究特殊的防治技术，对科技创新提出了特殊的要求。这些地区多为旅游胜地，人为活动频繁，既需要严格防控危险性有害生物的异地传入，又需要灾害发生后采取以生物防治为主的无公害防治措施。同时，新时期国家建设生态文明战略的提出，对人与自然和谐更加重视，需要应用林业生物灾害“绿色防治”技术，这些都对林业生物灾害防治科技创新提出了新的更高的要求，因此，只有依靠科技进步和创新，才能提高防治的技术水平，选择有针对性的防治措施，为推动生态文明建设发挥应有的作用。

四、提高防治工作绩效需要依靠科技进步和创新

林业生物灾害防治是一项庞大的系统工程，防治工作的任务重，难度大，专业性强，技术要求高。但目前防治的技术手段比较落后，工作质量和效率较低，难以适应发

展现代林业、建设生态文明、促进科学发展的新要求。林业生物灾害防治工作，必须尊重科学规律，按照科学规律办事，以科技为依托，以创新促发展，加强产、学、研结合，建立有效的合作和运行机制，集中力量攻克防治技术难关，加快成果转化，有计划、有组织、有步骤地推广应用，尽快突破制约和影响防治工作质量和效益的重大林业生物灾害防治、快速检疫检验及除害处理、远程监控诊断和信息传输等技术难点，提高防治工作技术含量，确保工作质量和效益。

第二节　林业生物灾害防治科技支撑的重点领域

林业生物灾害防治对科技支撑的需求是全方位的，然而，对于灾害防治涉及的各个方面不加选择地、平均使用力量来开展科技攻关，这种工作方法不仅不符合科学，也是经济水平和目前的研究力量所无法实现的。基于此，必须明确对林业生物灾害防治具有重要影响的重点领域，以便有计划、有目的地在这些领域内加大科学研究的力度。

一、重视林业生物灾害防治基础研究

（一）加强对主要林业生物灾害发生机制的研究

组织开展重大林业有害生物的生物学、生态学等基础学科的研究，寻找和发现重大林业生物灾害的发生规律，借以更好地指导防治工作实践，特别是为实现灾害防治“由治到防”的转变提供充足的理论依据。对林业有害生物生物学、生态学的研究，除了要精确地观测其发生期、发生量、天敌等基本情况外，更重要的是观察记载有害生物随各种环境因子变化而产生的种群变动情况，分析、研究灾害发生机制，为判断是否成灾提供依据，为生产上制定防治对策发挥作用。开展立地条件、寄主植物主要生理生化指标等与有害生物成灾关系的研究，为实施基于林业生物灾害防治的森林健康措施如营造混交林、合理抚育等提供依据。

（二）开展以促进森林健康为主线的防治技术研究

森林健康的实质就是森林具有较好的自我调节和保持系统稳定的功能，从而使系统能够有效抵御自然灾害，最大、最充分地持续发挥其经济、生态和社会效益。因此，要加强基于林业生物灾害防治的森林健康措施的研究：一是要注重合理营造混交林，按森林群落的生态学特性，坚持适地适树和抗性树种的原则，合理选择混交林的树种组成，并按照相应地域特点进行科学的造林设计，从源头提高林分生长势，增强对生物灾害的抵御能力。二是要重视抚育改造，对经济价值低或生物灾害严重的林分，通过清除受害木、补植抗性树种等措施，调整林分组成，减少有害生物基数，提高林分生产力。三是重视林分的生态调控，利用寄主与有害生物、寄主与天敌、寄主与生态环境、有害生物与天敌、有害生物与环境间复杂的相互依存、相互制约关系来实现对有害生物的控制与管理，将有害生物引起的损失控制在经济允许或生态容忍允许的水平，并使森林生态系统最大限度地协调发挥自身的多功能，维持平衡状态。

（三）加大对外来有害生物入侵机制的研究

外来有害生物入侵不仅能够造成巨大经济损失，而且对生物多样性和生态环境也能

造成严重破坏。在全球贸易、旅游和交通日益发达的当今世界，预防外来有害生物入侵已成为世界各国广泛关注的重大问题。要加大对外来有害生物入侵机制的研究力度，集中力量选择对预防外来有害生物入侵具有关键作用的问题开展研究，对于“什么样的物种更容易成为入侵种?”“对某一个特定的入侵种，什么样的群落更具有易感性?”等核心问题，力争尽快形成一个指导性的结论，借以更好地指导风险评估、对外检疫等实际工作。要广泛调查、收集外来有害生物入侵现状的基础数据，建立生物入侵数据库，探索生物入侵机制，明确对我国具有重大威胁性的有害生物种类，以及它们在我国最有可能生存和暴发的区域，从而极大地提高我国对生物入侵的预警能力。

二、强化林业生物灾害防治应用技术研究

林业生物灾害防治所包括的监测预警、检疫御灾、防治减灾等工作都需要较高的技术作支撑，各项工作必须在法律法规、技术标准、管理办法、工作制度等要求下有序开展，这就要求强化对林业生物灾害防治应用技术的研究。

(一)加强监测预警技术研究，提高防治决策水平

监测预报是林业生物灾害防治的基础性工作，承担着林业有害生物的调查、监测、预报等重要职责。林业有害生物种类繁多，分布广泛，各种有害生物的发生发展规律因其生物学、生态学特性的不同而不同，特别是由于我国地域辽阔，各地气候条件、地理状况以及寄主健康状况千变万化，又极大地增加了监测预报工作的难度。因此，要实现对林业有害生物发生期(包括发生始、盛、末期)、发生量(包括有虫株率、虫口密度，感病指数、感病株率，鼠害捕获率)、发生范围(包括发生面积、发生地点)、危害程度(轻度、中度、重度)等灾情信息的准确预报，就必须不断引进和应用先进技术手段和科学方法，才能做到调查准确、监测到位、预报及时，为科学决策和生产防治提供可靠依据。在风景名胜区、自然遗产地等重点地区，要加大应用遥感、远程监控设施，适时准确地监测辖区内林业有害生物的发生动态，提高监测工作效率，为预防和除治灾害提供依据。

(二)加强检疫御灾技术研究，防范有害生物扩散蔓延

林业植物检疫是由法定的植物检疫机构根据国家和地方政府颁布的植物检疫法律法规，对那些在国际间以及在国内各地间流通的应施检疫的林业植物及其产品，在原产地、流通过程中、到达新种植地或使用地点之后，依法所采取的旨在防止危险性林业有害生物及其他有害生物人为远距离传播和定植的一系列措施。林业植物检疫包括引种检疫、产地检疫、调运检疫和复检等，是防范外来林业生物入侵、防止和控制林业有害生物传播扩散，保护森林资源和国土生态安全，推动生态建设和经济社会协调发展的一项关键措施。林业植物检疫特别强调时效性，其检疫检验技术、除害处理技术等因危险性有害生物的种类、地域或场所不同而有很大差异，但检疫检验快速准确，除害处理及时有效是基本要求，要做到这些就必须有科技的强有力支撑。要研究开发实用有效的检疫检验设施，提高检疫检验水平，研发检疫除害设施，增强检疫除害能力，防止危险性林业有害生物的扩散蔓延。

(三)加强防治减灾技术研究，最大限度地降低灾害损失

林业生物灾害防治减灾是指在林业生物灾害即将发生或已经发生时所采取的旨在避免发生危害或降低危害损失的预防性措施或综合治理措施。不论是预防性措施还是综合治理措施都必须具有科学性、技术性，体现先进性、有效性，必须符合林业生物灾害防治“预防为主，科学防控，依法治理，促进健康”的基本要求，大力依靠科技进步与创新，尽快突破制约防治减灾取得理想效果的关键技术难点和技术“瓶颈”问题，加大成熟的科技成果和实用技术的推广应用，加大关键技术的科技攻关力度，加强林业生物灾害防治的标准体系建设，普及防治技术，规范防治行为，不断提高林业生物灾害防治的技术含量，努力提高技术和成果的转化水平。要加强与先进实用的防治技术相适应的新药剂药械的研发，加大对生物制剂厂和天敌繁育场的扶持，储备优质高效的杀虫、杀菌制剂或天敌产品，为促进无公害防治的推广使用提供充足的物资保障。加大防治减灾设施的研发力度，提高对林业生物灾害的除治能力，尤其是增加应对突发林业生物灾害的机动性应急除治能力，如高射程防治作业车、防治轻型飞机等。

第三节 完善林业生物灾害防治科研运行机制

科技支撑在林业生物灾害防治工作中具有极其重要的作用。新时期林业生物灾害防治的科技支撑工作要紧紧围绕提高林业生物灾害防治的科技含量，促进森林资源保护，为林业重点生态建设工程建设保驾护航为己任，精心谋划，完善机制，加强防治技术研究，切实推进防治科技成果向现实生产力的转化，推进林业生物灾害防治的科学化。

一、创新林业生物灾害防治技术研究体制机制

充分发挥教学、科研和生产单位各自的技术优势，调动和利用一切可以利用的力量，选择对林业生物灾害防治具有关键影响的难点问题，加大对林业生物灾害防治新技术的研究力度，及时把研究成果转化为现实生产力，为提高防治工作效率提供技术保障。

(一)进一步推进产、学、研结合

要充分发挥科研、教学单位的技术优势，促进科研、教学与生产单位的合作，创新科研机构、大专院校、生产企业、森防部门之间的合作机制，建立健全层次清晰、分工明确、运行高效、支撑有力的产、学、研相结合的研究、开发、推广于一体的运行模式，加大研究和开发力度。不断推广林业生物灾害防治的科技新成果，充分发挥科技在林业生物灾害防治中的巨大潜力，更好地使科技为林业生物灾害防治服务。

(二)建立防治工程技术中心

建立国家林业生物灾害防治工程技术中心，对生产防治上的重大疑难问题，提出解决办法和防治技术，解决生产防治中的重点和难点问题，针对新的重大林业生物灾害防治问题，组织国内外专家，由国家提供专项资金开展技术研究。工程技术中心要把分散的资源有机整合起来，形成整体合力，并充分利用公共服务平台，加强重大林业生物灾

害控制技术研究，重点研究松材线虫病、杨树天牛、美国白蛾、鼠(兔)害等重大林业生物灾害的检疫检验、监测预警和防治关键技术。开展气候变化对林业生物灾害发生影响和森林健康调控技术研究，为贯彻营林措施为主的预防策略提供依据。通过加强研究开发，力争在监测技术、检疫技术和防治技术等方面实现重大突破，促进林业生物灾害防治水平的提高。

(三)提高科研成果的成熟度和集成度

林业生物灾害防治新技术、新方法、新产品的组装配套和技术集成是林业科研工作的重要环节，对提高科技成果的转化和提高科技支撑力度具有重大意义，但这项工作仍是当前亟待解决的一个薄弱环节。要研究区域性重大林业生物灾害的综合治理技术，开发新型高效环保型药剂、药械，开展生物制剂、天敌以及施放技术研究。大力加强林业生物灾害防治新技术、新方法、新产品的组装配套后的试验示范和推广应用，在药剂使用上，重点开展灭虫弹施药、不孕剂、引诱剂、生物制剂等无公害应用技术的技术集成，在药械研发上，重点开展航空喷雾、静电喷雾、高射程施药等高效机具的综合示范，以保证科研工作的连续性和完整性，不断提高科研成果的成熟度和集成度。

(四)加强先进管理技术研究

广泛引入、推广、应用网络技术和其他现代高新技术，改进林业有害生物的监测手段，改变林业有害生物管理方式，实现林业有害生物管理网络化、数字化、精确化。要进一步重视“3S”技术的综合应用，建立基于 GIS 的完善的林业生物灾害信息管理系统，为编制林业生物灾害防治规划、计划，制定林业生物灾害防治方案，监督林业生物灾害防治行为，评价林业生物灾害防治绩效，全面提高林业生物灾害防治的管理水平提供技术保障。

二、抓好科技成果转化和推广应用

科技推广应以提高科技成果转化能力、重点工程科技支撑能力、科技推广持续发展能力和科技兴防能力为目标，加大科技推广力度，努力构建一个多层次、全方位、系统化、便捷、高效的科技推广服务体系，实现组织形式、运行机制和工作手段的创新，真正把提高防效、减轻损失、发挥效益转移到依靠科技进步和提高劳动者素质的轨道上来，推动林业生物灾害防治工作健康发展。

(一)创新推广机制，促进科技成果转化

紧紧围绕林业生物灾害防治对先进技术的迫切需要，建立健全先进的林业生物灾害防治技术推广工作的新机制，选择先进成熟的科技成果和实用技术进行优势集成和组装配套，并通过先进技术示范项目、成果洽谈会、成果推广会、技术培训等多种形式，加速新技术、新方法、新产品和新模式的推广应用，充分发挥科技成果在林业生物灾害防治工作中的示范、辐射和带动作用，使先进成熟的科技成果、实用的防治技术和集成的防治方法尽快转化为现实生产力。各级政府和林业主管部门要制定优惠政策，增加科技成果的作价金额，提供各项资金和税收等方面的优惠政策，鼓励科技人员和社会企业进行科技成果的转化，并对科技成果转化做出重要贡献的人员进行奖励。同时，制定相应

的实用技术推广政策和规定，建立实用技术推广网络，培育适应社会主义市场经济体制的林业生物灾害防治实用技术推广运行机制。

（二）认真遴选科技成果，科学制定推广计划

各级林业主管部门要紧紧围绕林业生物灾害防治中的调查监测、快速检疫、除害处理、天敌繁育与释放、防治手段等重大技术问题，遴选水平高、适用性强的科技成果和实用技术进行推广应用，全面提高林业生物灾害防治的科技含量。通过选择林业生物灾害防治成熟的先进经验和实用技术，以建立示范项目、技术培训等形式，进行系统集成与推广应用。根据全国林业生物灾害防治区域布局和重点工程规划，有针对性地制定科技支撑方案和科技推广计划，按照"有所为，有所不为"的要求，侧重于技术水平高、应用范围广、示范作用大、辐射带动强的重点科技成果的推广应用。科技成果和实用技术的系统集成与推广应用，是科技推广工作的重中之重，每年要筛选一定数量先进成熟配套的科技成果和实用技术服务于林业生物灾害防治工作，大力发展科技示范工程，确保实现林业生物灾害防治工程与科技推广同步。

（三）采取多种形式，加速科技成果推广应用

鼓励引导广大林业科技人员，从事技术推广、技术咨询和技术服务。鼓励民营企业参与新技术的推广、应用，加快实用技术的推广进程，促进林业生物灾害防治技术迅速提高。根据科技成果的特点和类型分别采取不同的方式进行推广。一是建立示范区，以科技成果为依托，以重点防治工程计划为载体，选择具有广泛应用价值的重点科技成果，在成果适用范围的重点区域建立示范样板。二是加强专项技术培训，由成果完成单位面向成果适宜地区的基层单位进行专项技术培训，提高基层技术人员的科技水平，并结合实际加以利用。三是促进技术信息交流，通过电视、广播、录像、报纸、书籍等传播形式，加快科技信息的交流，把科技推广由单一的技术推广拓展到产前、产中、产后服务等领域。四是充分调动各类科研机构、高等院校的积极性，大力开展科技推广工作，切实解决基层科技力量薄弱的问题。五是大力发展民营企业技术推广与服务组织，支持农村各类专业技术协会的发展，建立专业人员、农民、企业家等广泛参与的多元化森防科技推广队伍，实行推广行为社会化。

三、强化防治标准体系建设和技术监督

建立防治标准体系、加强技术监督，是确保林业生物灾害防治的质量和效益，提升防治技术水平的重大举措。标准是对国家法律法规在技术上的补充，有利于提高林业生物灾害防治工作效率，节约人力、物力、财力资源，有利于加快林业生物灾害防治技术成果的转化和推广应用，提高林业有害生物科学防控的水平。为确保防治质量和效益，必须强化林业生物灾害防治标准及质量监督工作。

（一）加强标准化体系建设

要加快构建林业生物灾害防治标准化体系。紧紧围绕林业生物灾害防治的工作重点和实际需求，组织科研机构、高等院校、企业及有关生产单位等各方面力量，加快行业标准的制订和修订步伐，研究制订符合林业生物灾害防治的标准和技术规程，以国家标

准和行业标准为主体，地方标准和企业标准为辅的标准化体系。建立健全包括各个专业在内的标准化委员会，充分发挥标准化委员会在组织林业生物灾害防治标准的研究和制订、修订，标准的实施及监督检查等方面的重要作用。

（二）全面推动标准实施

要采取有效措施，加大标准的执行和实施工作力度，全面实施林业生物灾害防治标准。在防治技术的选择上，有标准的按照标准进行操作，没有标准的按照规范性技术文件执行。在药剂、药械的选择上，尽可能选择有技术标准的产品用于防治。加强标准实施工作的监督检查，并与技术质量监督工作有机结合，促使各项工作真正做到按标准设计、按标准施工、按标准验收。

（三）加强质量监督工作

要全面加强质量检测和技术监督工作力度。通过定期检查和随时抽查相结合等措施，加大使用产品的质量监督力度，确保林业生物灾害防治的质量和效益。探索建立并完善防治工程的监理制度，实行规划设计、工程实施、监督检查相互制约的管理机制。

四、开展国际技术合作与交流

改革开放以来，为了学习林业发达国家的先进技术和管理经验，林业有害生物防治科技国际合作与交流活动日益活跃。渠道不断拓宽，先后与很多国家建立了友好的合作与交流关系。范围不断扩大，从单项科技合作到全面技术合作，已形成全方位、多学科的合作交流局面。层次不断提高，由民间、单位之间、组织之间已逐步发展到政府之间的合作。通过开展广泛深入的林业科技合作与交流，引进了一大批新技术和先进的管理经验，促进了人才培养，为解决我国林业生物灾害防治关键技术发挥了重要作用。

（一）继续加强林业有害生物防治国际合作

继续实施“走出去、请进来”战略，巩固和扩大与联合国粮农组织（FAO）、《生物多样性公约》（CBD）、世界自然保护联盟（IUCN）、国际植物保护组织（IPPC）等国际组织与机构的双边、多边科技合作与交流；积极主办、承办和参与国际林业有害生物防治重大学术会议和科技交流活动；积极推荐专家在国际相关学术组织和机构任职并支持他们参与有关活动；主动参与全球森林资源评估、国际植保公约、国际植物检疫标准制订等活动，提高履约能力，提升我国林业有害生物防治科技的国际地位和影响力。

（二）拓宽科技合作与交流的渠道和领域

进一步加强与国际知名林业科研机构、高校、大型企业之间在综合防治技术、监测调查技术、检疫除害技术等领域的合作研究，积极争取国际林业技术援助项目，抢占新的制高点。加大智力引进力度，在林业生态建设与保护、森林健康等领域，开展多渠道、多形式的国际合作，扩大合作规模，充分发挥国际合作成果的示范作用。积极开展对发展中国家的林业有害生物防治技术援助。积极选派技术专家前往朝鲜、南非等发展中国家执行有关林业有害生物防治方面的技术援助项目。通过技术引进输出、学习进修、技术培训、专业考察和技术援助咨询等国际合作活动，提高我国林业有害生物科技水平和国际知名度。

（三）学习借鉴国外先进的防治管理理念

重点应包括防治的运行机制，先进的管理制度，配套的法规政策，经费的筹措和投入方式，将其借鉴到我国的防治工作当中，特别是要学习国外灵活的森林经营和管护机制，先进的森林健康理念，现代化的森林生物灾害管理手段，先进的监测、检疫和防治模式与运作方式，向社会和公众高效的宣传方式等。通过引进、消化、吸收，促进我国林业生物灾害防治管理理念的进一步更新，推进防治体制、机制创新，不断提高我国林业生物灾害防治管理能力和水平，推动林业生物灾害防治工作实现战略转移，迈上新的台阶，为保护我国森林资源，促进现代林业又好又快发展，实现生态文明战略目标做出新的贡献。

第15章

投入保障

资金投入是林业生物灾害防治的重要保障。投入力度主要取决于国民经济发展水平、林业生物灾害发生状况以及防治活动所产生的效益。我国林业生物灾害防治投入主要来自政府和社会，包括资金、实物、技术等。政府投入以资金为主，来源于中央和地方财政，包括预算内基本建设资金、财政专项资金和救灾补助。社会投入包括实物、技术及群众投工投劳等，其投入的积极性和主动性主要源于林业生物灾害防治活动所产生的效益。投入效力主要看投入总量的满足度、结构的合理性、渠道的稳定度和使用的时效性。

第一节　林业生物灾害防治与公共财政

一、林业生物灾害防治的性质决定了公共财政扶持的必然性

林业是以广义的森林资源为经营对象，以森林资源保护、森林资源发展和森林资源利用为主要经营活动，以满足人类日益增长的生态、经济和社会需求为经营目标，是兼具生态功能和产业属性的重要社会公益事业。

公共财政是为满足社会公共需要而进行的政府收支活动模式，具有以下基本特征：一是着眼于满足社会公共需要，即对公共物品、公共服务提出的需要，如对国家安全、公共事业、基础设施、公益性建设等的需要。二是立足于非盈利性，公共财政以追求公共利益为己任，绝不是以盈利为目的。三是收支行为的规范性，公共财政的收支均来源或收益于社会全体成员，社会成员对公共财政的运作具有强烈的监督意识，要求政府财政收支必须规范。

在市场经济条件下，公共财政主要解决社会公共产品缺乏、经济外部性、竞争失灵、经济不稳定、分配不公平等问题。林业生物灾害防治的特殊地位和它的公益性、经济外部性，决定了政府对林业生物灾害防治的直接干预，而这种干预的体现和有效手段就是公共财政投入。

(一)公益林是公共财政的投入重点

公益林是以发挥生态功能为主的林种，它所产生的社会效益远大于其经营者的主体收益，甚至可以说，它所带来的收益基本上体现为社会效益，从经济学角度讲，这部分收益应当由受益者进行补偿，或者说，其经营成本应当由受益者来支付。公益林分为国家公益林和地方公益林，但不论是国家公益林还是地方公益林，其主导产出都是生态效益和社会效益，受益者是全社会。因此，公共财政理所当然要为公益林的经营成本提供资助，公益林的生物灾害防治投入自然应由公共财政负责。

(二)商品林也需要公共财政扶持

商品林是以取得经济效益为主要目的的林种，其经营活动在本质意义上而言应以实现效益最大化为宗旨，是一种市场行为，其投入主要由经营者承担，商品林的林业生物灾害防治自然也应由经营者支付，但基于以下 3 条原因，公共财政对它的扶持也是不能缺少的。一是现存商品林区域多在人力不及的边际地区或是被遗弃的不能提供期望收获的边际土地，在这样的土地上，进行商品林经营的结果无法达到社会平均利润，而且这些区域也往往是林业有害生物高发地区。二是林业有害生物本身具有扩散性和传播性，如果一种危险性林业有害生物发生在商品林中得不到有效控制，会对周边的森林资源产生威胁，一旦传出就会使其他森林资源遭受严重破坏。三是商品林虽以经济效益为主导产出，但同时也具有生态功能。因此，公共财政对商品林的林业生物灾害防治给予扶持也是十分必要的。

(三)扶持是国际社会的普遍经验

大多数发达国家坚持“谁所有，谁防治”的方针。除特大林业生物灾害的防治由中央政府和地方政府负责外，其余均由森林所有者按照市场经济规律自行组织防治，有关机构只负责信息咨询、技术指导与协调工作，防治作业和所需费用由森林所有者自行解决。如美国林业生物灾害防治经费主要由联邦政府、州政府财政和林权所有者三方投入。联邦政府管辖的森林，防治经费由联邦政府财政承担；各州管辖的森林，主要由州政府承担；私有林的防治经费主要由林地所有者承担。但根据有害生物的具体种类、发生情况、潜在威胁和国家治理要求，可由联邦政府给予一定补助。由于私有林的防治得到政府和社会的扶持，使防治工作得以顺利进行。这一普遍经验值得我国借鉴，从而完善以公共投入为主的林业生物灾害防治投入机制。

二、林业生物灾害防治投入需求分析

十一届三中全会以来，党中央、国务院高度重视林业生物灾害防治工作，各级财政加大了林业生物灾害防治投入力度，初步形成了政府主导、财政支持、群众投劳、社会捐助的投入格局，在一定程度上改善了林业生物灾害防治的资金短缺局面。但是投入总量不足、投入渠道不畅、投入结构不尽合理、投入时效难以保证的问题仍十分突出。据测算，未来 8 年内全国林业生物灾害防治资金需求约为 200 亿元，其中：中央投入 130 亿元，地方投入 70 亿元。

(1)基本建设投资。林业生物灾害防治基础设施建设共需投入 85 亿元(中央预算内基本建设投资60亿元，地方配套25亿元）。其中：监测预报体系建设投资18亿元，检疫御灾体系建设投资17亿元，应急防治体系建设投资40亿元，支撑保障体系建设投资10亿元。

（2）财政专项投资。林业生物灾害防治财政专项投资共需投资115亿元（中央财政70亿元，地方财政45亿元），包括林业生物灾害治理经费和专项运行经费。

第二节　林业生物灾害防治的投入政策

一、建立以公共财政投入为主的投入机制

林业生物灾害防治的社会公益性、经济外部性和公共安全性，决定了公共财政在林业生物灾害防治投入中的主体地位。公共财政支出的基本原则是以满足社会公共需要为目的来界定财政职能范围，并以此构建政府的财政收支体系。林业生物灾害防治的经济外部性，决定了林业生物灾害防治只有以社会为主体组织实施方能实现，也只有以社会为主体才能有效地协调社会成员各方面的利益，实现保护森林资源的目的。

（一）公共财政投入的指导思想

随着国家财政投资逐步从生产经营性领域退出，而逐步转向社会公益事业、公共基础设施建设和非盈利性的社会发展长远项目，这就为将生态建设的投入全部纳入公共财政体制创造了充分必要的政策条件，因此，保护和发展森林资源的资金将会有更加规范、稳定的渠道。作为担负着保护森林资源神圣使命的林业生物灾害防治工作，应根据林业生物灾害发生危害的特点，按照分类分级防治对资金的需求，在公共财政投资上，确立“分类、分级、突出重点、按需扶持”的投入原则。

分类，就是根据森林资源主导功能的不同，实行公益林和商品林生物灾害防治的分类投入。公益林包括防护林、特种用途林；商品林包括用材林、经济林和薪炭林（能源林）。公益林又分为国家公益林、省级公益林和一般公益林。

分级，就是将林业生物灾害防治任务，从责任主体和受益范围入手，按照事权、财权划分的原则，实行中央、地方和经营者之间的分级投入。

突出重点，就是根据林业有害生物危险性等级、森林资源分布特点和重点生态区域保护任务，实行资金重点扶持。

按需扶持，就是要按照全力保护森林资源、巩固植树造林成果的需要，只要国家财力允许，应力求公共财政对林业生物灾害防治的支持与林业生态建设的客观需要相适应。

（二）明确林业生物灾害防治责任主体

商品林的经营者，依法享有经营权、收益权和其他合法权益；公益林的经营者，有获得森林生态效益补偿的权利。不论是以提供森林资源所具有的保护生物多样性、涵养水源、防风固沙、净化空气、景观欣赏和游憩等产品和服务为目标的公益林，还是以提供木材、果实等林产品为主要目的的商品林，其经营者都是林业生物灾害防治的主体，

应承担并履行林业生物灾害防治的责任，包括组织人力、物力、财力。这就是“谁经营，谁防治”的林业生物灾害防治责任机制。

（三）确定林业生物灾害防治投入主体

从产品和服务的性质上看，商品林所提供的主要是私人物品，而生态公益林则主要提供公共物品或准公共物品。因此，商品林与公益林生物灾害防治的投入机制应该不同。公益林的受益者是国家或者说是全社会，商品林的受益者是经营者或所有者。林业生物灾害防治经费应该由受益者来支付，也就是说，公益林应由公共财政投入林业生物灾害防治经费，国家公益林由中央财政支付，省级公益林和一般公益林由地方财政支付。商品林应由经营者承担林业生物灾害防治经费。这就是“谁受益，谁投入”的林业生物灾害防治投入机制。由于林业有害生物具有扩散性和传播性，公共财政也应对发生在商品林中的重大、危险性林业有害生物的防治经费给予必要的补助。

（四）林业生物灾害防治的公共财政投入政策体系

根据“分类、分级、突出重点、按需扶持”的投入原则以及“谁受益，谁投入”的投入机制，建立以公共财政投入为主的林业生物灾害防治投入政策体系应从以下几方面着手。

1. 公共财政全额供给

对以生态效益和社会效益为主导产出的生态公益林，其林业生物灾害防治经费应全部由公共财政投入。公益林以保护和改善生态环境，保护生物多样性和国土生态安全等满足人类社会的生态需求为主体功能，主要提供“公益性服务”。根据其主导功能差异分为防护林和特种用途林；或根据重要性与受保护程度的不同分为重点公益林和一般公益林。林业生物灾害防治是通过控制有害生物危害来实现保护公益林资源不受破坏，从而保证其发挥生态效益和社会效益的一项公益事业，所以，公益林有害生物防治所需资金应全部纳入公共财政领域。重大危险性林业有害生物、重要森林资源、重点生态建设工程和重点生态区域保护的防治经费也应由公共财政全额支付，实行重点扶持。

2. 公共财政补助供给

对以经济效益为主导产出的商品林，应区别情况，由公共财政予以扶持。商品林以提供林特产品获得最大经济产出、满足人类社会的经济需求为主体功能，主要是提供进入市场流通的商品。商品林具有生产周期长、资金周转慢、投资风险大等特点，属于需要国家财政扶持的生产领域。由于林业有害生物具有扩散性和传播性以及防治活动兼具生态性和社会性，公共财政应该对发生在商品林中的重大、危险性林业有害生物的防治经费给予必要的补助。同时，林业生物灾害防治管理部门应对商品林的经营者提供必要的技术服务和支持。

3. 明确中央和地方财政的投入重点

按照事权、财权划分的原则，明确中央政府与地方政府之间的职责、权限、收支划分及其相互平衡关系，把财政职能在行政组织系统内予以科学配置。具体地讲，就是要明确哪些类型的森林或生物灾害的防治应进入中央财政体系，哪些应进入地方财政体系。

国家重点生态公益林、重点生态建设区、重点风景区、重大和危险性林业有害生物的防治由中央公共财政来提供。地方重点生态公益林、生态建设区、风景区、重大和危险性林业有害生物的防治由地方公共财政来提供。商品林中林业生物灾害防治应根据危害程度或危险等级区别对待，分别实行全额支付和补助，即危险的由财政全额支付，重大的由财政补助支付，一般的由经营者自付。

(五)明确生态公益林补偿资金中防治费用的份额

当前我国实行的森林生态效益补助制度是公共财政介入林业生态建设的重要体现，同时也是建立森林生态效益补偿机制的初级形式。相对于无偿使用森林生态效益来说，这是一个历史性的进步。随着林业分类经营的深入和公共财政能力的增强，应按照经营公益林的应得收益确定森林生态效益补偿标准，并逐步将全部公益林纳入补偿范围。

生态效益补偿可分为直接补助和间接补助。直接补助就是生态效益补偿资金，主要用于生态公益林的保护和管理；间接补助就是按照《森林法》规定，国家对公益林经营者的补偿，应包括造林、管护费用和抚育、管理费用，通过3个途径纳入财政投入。一是在天然林资源保护工程费中列支公益林造林费、管护费。二是在退耕还林工程中，国家对农民进行粮食、种苗和现金补助。三是在防沙治沙工程中列支的造林费、种苗费基本是补助公益林的。不论是直接补助还是间接补助，生态公益林补偿资金都应包括森林资源保护的费用，林业生物灾害防治费应在森林资源保护费中占有一定的份额。国家林业行政主管部门应进一步明确现行生态公益林补偿资金管护费用中林业生物灾害防治费所占的比例，以弥补防治经费的严重不足。

二、建立多元化社会投入机制

林业生物灾害防治既要体现政府的主导作用，明确林业主管部门的责任地位，发挥林业生物灾害防治机构的核心作用，又要广泛动员、吸引全社会参与，充分发挥行政村、城市社区、企事业单位和民间团体等组织及社团的作用。林业生物灾害防治涉及社会生活和经济建设各个方面，不仅需要全社会参与决策和监督，更需要全社会参与预防和治理，以体现林业生物灾害防治的公共性和社会性。从投入的角度讲，社会参与主要是物资、技术、人力和少量的资金投入。从参与的形式讲，主要是建立防治公司、树木医院、防治专业队、林用药剂药械开发推广等。

(一)增强公众投入意识

为了促进林业生物灾害防治事业的健康发展，应建立并完善社会投入机制，提高公众参与意识。第一，建立健全林业生物灾害意识教育机制。在教育对象上，依托社区、机关单位、工矿厂区、学校和社会团体，营造积极健康的社会氛围，着重加强对青少年和儿童的教育，培养他们的生态安全意识和林业生物灾害防治意识。第二，建立健全林业生物灾害防治激励机制。合理奖励有关林业生物灾害防治的善行善举，包括林业生物灾害防治的“以奖代补”，奖励公民对林业生物灾害灾情的举报行为和监督行为，通过奖励措施，不断提高社会参与林业生物灾害防治的程度。第三，建立健全约束危害生物安全行为制约机制。综合运用教育、法律、行政、舆论等手段，有效地引导人们的思想，规范人们的行为，加大对危险性林业有害生物的管理力度。在立法上，提高对造成危险性林业有害生物扩散的处罚标准；在执法上，加大对造成危险性林业有害生物扩散的处罚力度。第四，建立健全林业生物灾害防治的社会参与机制。改变多数人把林业生物灾害防治视为林业部门行为的认识和看法，积极发动民众共同参与林业生物灾害防治，大力发展林业生物灾害防治民间组织与专业防治团体，使民间防治组织成为推动公众参与林业生物灾害防治事业的中坚力量。

（二）推行多种形式的市场化运作方式

林业生物灾害防治机构要集中精力做好监测预报、检疫检验、组织防治、科研推广和技术服务等工作，把具体的防治行为落实到森林经营者身上，推行林业生物灾害防治社会化服务。大力开展承包防治、专业队防治、创办森林医院等试点。积极探索社会参与、市场化运作的林业生物灾害防治模式，引导和鼓励不同所有制形式的组织或个人成立防治公司、除治专业队、树木医院，或以专业户的形式开展防治和咨询服务，缓解基层防治技术力量、设施设备不足的问题。大力推广江西等省成立农民“三防”协会的做法，弥补林业生物灾害防治体系和能力建设上的缺位。对已经建立的防治公司、森林医院等防治组织给予一定的技术、设备和资金支持，为民办防治组织提供帮助。

林业生物灾害防治实行工程管理制、招投标制和工程监理制。林业生物灾害防治主管部门要加强对防治专业队伍的组织与管理，负责林业生物灾害的监测、防治作业规划设计、防治工程监督、施工质量检查和验收。林业生物灾害防治招投标工作可委托专业中介机构完成，林业生物灾害防治林间作业设计由防治公司制作，作为投标书的主体内容。

（三）引入林业生物灾害基本保险

集体林权制度改革后，林农将承担各种自然灾害的风险损失，但现阶段林农承担灾害风险的能力较为低下。要研究探索和建立国家扶持、市场运作的林业生物灾害保险制度，并力争将林农遭受生物灾害的损失纳入国家公共救助体系，提高林农应对林业生物灾害的能力。一是建立和完善林业生物灾害损失评估体系，为灾后理赔和救助提供科学依据；二是在充分研究、论证和试点的基础上，加大对林业保险的政策扶持力度，鼓励大保险公司开设林业生物灾害险；三是探索建立林业生物灾害保险理赔模式，简化理赔手续，缩短理赔时限，最大限度地减少林农损失，保护林农利益。

三、设立林业生物灾害防治应急储备资金

除投入总量、投入结构、投入渠道外，投入能否及时到位也是影响林业生物灾害防治成效的重要因素，必须引起高度重视。合理的投入结构和稳定的投入渠道是在一定投入水平下满足防治资金需求、保证资金使用效益的重要影响因素，而及时到位的投入是在一定投入结构和投入渠道下满足林业生物灾害防治需要，保证防治效率的决定性因素。足额的资金、合理的结构、稳定的渠道固然重要，但资金及时到位也非常关键，投入不能及时到位已成为继投入量不足、投入结构不合理、投入渠道不稳定之后影响林业

生物灾害防治的又一个突出问题。

我国林业生物灾害防治投入除地方财政不定量的投入外，主要依靠中央财政。中央投入主要包括中央预算内基本建设经费和中央财政专项经费。在通常情况下，中央财政投入都是在年末下达到账，而这时林业生物灾害防治活动基本结束，投入资金无法正常发挥作用，而用于实际防治所需的资金大多是拆借而来，这就使得当年的防治任务并没有以当年的防治资金作保障，造成了生产单位实施防治作业过程中一系列被动局面的产生。

解决资金滞后与防治急需矛盾的有效途径就是设立国家林业生物灾害防治应急储备资金。设立国家林业生物灾害防治应急储备资金，既可以满足应急救灾之需，又可以缓解到位滞后的压力，保证现有投入渠道下的投入量能切实发挥其应有的作用。

林业生物灾害防治应急储备资金总量，可根据我国林业生物灾害平均发生面积、防治任务和防治成本来确定，通常情况下按照中央财政70%、地方财政30%的比例分摊。应急储备资金可以用于各地垫付的计划内的林业生物灾害防治经费、投入的药剂和药械损耗等，也可以用于突发性林业生物灾害防治。专项储备资金的使用额度从当年财政投入中扣除并补足应急储备资金。

第三节　林业生物灾害防治资金管理

公共财政体制建立以后，各级政府将林业生物灾害防治公共性、基础性、行政性支出纳入了公共财政供给范围，林业生物灾害防治投入就有了大幅度增长，资金管理的任务也相应加重。

一、防治资金分类与管理

(一)防治资金分类

林业生物灾害防治经费按其用途可分为公共性、基础性、行政性等支出，按其性质又可分为预防补助费和救灾补助费。公共性支出包括公益林、重点生态区、风景区和危险性有害生物等防治支出，基础性支出包括林业有害生物普查、监测调查、预测预报等支出，行政性支出包括森林植物检疫、执法等支出。预防性经费主要用于植物检疫、林业有害生物调查和预测预报以及预防性防治，救灾性经费主要用于重大危险性林业有害生物的防治。

我国林业生物灾害防治投入主要依靠国家公共财政，用好用足国家资金是实现林业生物灾害防治健康发展的必然要求。加强资金管理首先要从事前控制入手，制定资金管理办法和内部控制制度，实施预算审核制度，加强资金使用行为的前期管理，编制合法、合理的预算，提高资金使用的综合效益。

(二)防治资金管理

在资金具体使用过程中，要对资金使用的合规性、合理性，产品的数量、价格、金额，审批和验收手续等进行审核，切实保证资金使用的及时性、安全性、合法性、效益性。一是建立健全内部资金监督检查机制，加强内部资金检查监督力度；二是充分发挥政府审计的职能作用，借助行业外部的力量来纠正行业内部的违规违纪问题；三是充分发挥社会中介机构的力量，借助社会力量进行监督检查，客观公正地反映资金使用情况；四是充分发挥群众监督和舆论监督的作用，要敢于让资金使用中出现的重大案件曝光。通过以上措施，形成政府审计、内部稽查、社会监督、群众举报和舆论监督等相结合的管理监督机制，最大限度地减少直至杜绝资金使用中违法违纪现象的发生。

二、调整经费投入结构

救灾资金和预防资金是林业生物灾害防治资金中最重要的投入结构之一。长期以来，国家下拨的防治经费都是以救灾款的方式下达的，基本没有预防经费。这种下拨方式极易导致出现“有灾有钱，无灾无钱”的现象。目前出台的中央财政补助经费计算方式，更是在客观上造成了哪里灾害发生面积大，哪里得到的钱就多，使“预防为主”几乎成为了一句空话，助长了一些地方“重治轻防”的错误倾向。有些地方甚至将林业生物灾害变成了“摇钱树”，在主观上不想真正地控制灾害，严重地影响了防治工作成效和资金使用效益。而一些防治工作做得好的地方，在防治上投入了大量的人力、物力和财力，基本实现了林业生物灾害的可持续控制，为林业生物灾害防治工作做出了重要贡献，却往往得不到防治工作经费的投入。这种做法不仅极大地挫伤了做好预防工作的积极性，也严重影响了监测数据的可靠性。因此，必须对防治投入结构进行调整。

(一) 增设预防补助费

应增设预防补助费。对预防工作开展好、无生物灾害发生或生物灾害发生少的地方，采取“以奖代补”的方式下拨防治补助费，即预防补助费，主要用于监测、检疫和预防性防治的补助；救灾补助费主要用于国家(重点)生态公益林生物灾害的治理补助，或者是突发性、暴发性、危险性林业生物灾害的除治补助。通过调整林业生物灾害防治补助经费分配方式，充分发挥资金的导向作用，全面促进各地做好预防工作。

(二) 加大对基层的投入力度

林业生物灾害预防和治理的“主战场”在基层林场和农村，但现有的防治体系还没有真正延伸到基层，基层的技术力量薄弱、防治设备不足、管理手段落后，预防和治理工作很难落到实处。因此，今后在林业生物灾害防治的投入政策上要不断加大对基层的投入力度。一是对基层测报员和防治组织给予经费补助。二是对基层基础设施建设给予重点支持。三是对基层防治服务网络的设施设备给予必要扶持。

三、加强检疫收费管理

植物检疫机构执行检疫任务可以收取检疫费。按照有关规定，植物检疫机构收取的检疫费需全额上缴地方财政，使用时需提出申请并由地方财政返还。检疫费只能用于宣传教育、业务培训、检疫工作补助、临时工工资、购置和维修检疫实验用品、通讯和仪器设备等森林植物检疫事业，不得挪作他用。从近几年的运行情况看，检疫费的使用普遍存在着“两难”现象：一是财政返还难。有些地方财政困难，检疫费不能返还或不能如数返还。二是森检使用难。即使财政能够返还，森检机构也不能全额使用，因为检疫费并不直接返还到森检机构。各级森林植物检疫机构要针对上述问题研究解决办法，积极争取财政支持，做到检疫费足额返还、合理使用，并制定严格的检疫费管理制度，切实加强检疫费管理，严防挤占挪用，为推动林业植物检疫事业健康发展，进而有效发挥其在林业生物灾害防治中的保障作用。

保障篇(第 12 章至第 15 章)主要研究人员：

常国彬、张国庆、高峻崇、特木钦、杨维宇、郑红旗
李文彬、高月明、张志林

参考文献

参考文献

Mahara J K Muthoo. 2004. 全球环境：森林与发展综述[J]. 世界林业研究，17(4)：1－9.
包世臣.1962. 郡县农政[M]. 北京：农业出版社.
包玉华，李冬雪.2006. 中俄森林保护若干法律制度的比较研究[J]. 世界林业研究，19(2)：68－73.
曹旭华.1992.《管子》论农业生产的发展[J]. 中国农史，(1)：8－17.
陈福今，唐铁汉. 2006. 公共危机管理[M]. 北京：人民出版社.
陈凤学，赵杰，耿海东. 2004. 森林病虫害灾害等级研究[J]. 中国森林病虫，23 (5)：4－7.
陈高，代力民，范竹华.2002. 森林生态系统健康及其评估监测[J]. 应用生态学报，13 (5)：605－610.
陈蓬. 2004. 加拿大森林经营及其启示[J]. 浙江林学院学报，21(4)：475－479.
陈锡文，邓楠.2004. 中国食品安全战略研究[M]. 北京：化学工业出版社.
陈小梅，王军.2007. 森林健康评价研究综述[J]. 广东林业科技，23(4)：61－65.
陈云明，梁一民，程积民.2002. 黄土高原林草植被建设的地带性特征[J]. 树种生态学报，26(3)：339－345.
陈高，邓红兵. 2005. 综合构成指数在森林生态系统健康评价中的应用[J]. 生态学报，(7)：1725－1733.
程小玲.2004. 对林业重点工程科技支撑几个问题的思考[J]. 四川林勘设计，(1)：36－39.
迟德富，严善春.2007. 关于外来植物的几点思考[J]. 世界林业研究，20(4)：12－18.
柴守权，尤德康，梅丽娟，等.2007. 我国突发林业有害生物事件应急体系建设中的问题探讨与对策[J]. 浙江林学院学报，24(5)：638－642.
柴守权，尤德康，郭文辉，等.2007. 试论突发林业有害生物事件应急机制的建设[J]. 中国森林病虫，26(6)：38－41.
丁一汇，任国玉，石广玉，等.2006. 气候变化国家评估报告：中国气候变化的历史和未来趋势[J]. 气候变化研究进展，2(1)：3－8.
丁天赞.2005. 突发公共卫生事件应急反应体系和运行机制的研究[D]. 济南：山东大学.
董振辉，于治军.2006. 森林病虫害管理信息系统的开发及应用[J]. 中国森林昆虫，(5)：36－38.
范俊秀. 2002. 国外森林保护先进思想和有益做法对我国森林病虫害防治工作之借鉴[J]. 山西林业，(2)：29.
范维澄.2005. 突发公共事件应急信息系统总体方案构思[J]. 信息化建设，(9)：11－14.
范维澄，袁宏永.2006. 我国应急平台建设现状分析及对策[J]. 信息化建设，(9)：14－17.
方桂明，徐亦军.2004. 论和谐林业[J]. 安徽农业，(7)：70－71.
方剑锋.2005. 植物检疫除害处理研究进展[J]. 植物保护，31(6)：17－21.
傅伯杰，刘国华，陈利顶，等.2001. 中国生态区划方案[J]. 生态学报，21(1)：1－6.
付贵，柴守权，郭文辉，等.2008. 2007 年我国突发林业有害生物事件应急管理工作回顾与展望[J]. 中国森林病虫，27(4)：36－39.
高长启，宋福强，宋丽文，等.2002. 森林病虫害可持续控制策略的探讨[J]. 吉林林业科技，31(5)：24－37.
高均凯.2004. 深入研究积极探索中国森林健康之路[J]. 绿色中国：理论版，24：14－16.
高均凯.2007. 澳大利亚的森林经营及其对我国的启示[J]. 世界林业研究，20(3)：56－60.

高均凯 . 2007. 森林健康基本理论及评价方法研究[D]. 北京林业大学博士学位论文 .
高志亮，李忠良 . 2004. 系统工程方法论[M]. 西安：西北工业大学出版社 .
谷建才，陆贵巧，白顺江，等 . 2006. 森林健康评价指标及应用研究[J]. 河北农业大学学报，29(2)：68 – 71.
谷建才 . 2006. 华北土石山区典型区域主要类型森林健康分析与评价[D]. 北京林业大学博士学位论文 .
顾晓军，田素芬 . 2002. 发挥联合作用优势实现害虫持续控制[J]. 中国农业科技导报，4(2)：60 – 65.
郭成思，郭丽敏，张丽娟，等 . 2006. ISO9000 国际质量管理体系对行政许可和植物检疫工作的认证及成效分析[J]. 植物检疫，(3)：187 – 188.
郭光智，杨广海，许霞，等 . 2005. 我国森林病虫害防治法制化的问题及对策[J]，山东农业大学学报：社会科学版，(2)：80 – 85.
郭光智 . 2004. 我国森林法实施的障碍因素及对策分析——以森林病虫害防治制度为例[D]. 中国农业大学硕士学位论文 .
郭静敏，融晓君 . 2001. 加强植物检疫法规建设，做好植物检疫工作[J]. 内蒙古农业科技，(4)：24 – 25.
甘敬，张振明 . 2006. 森林健康监测与评价研究[J]. 水土保持研究，(3)：177 – 180.
国家林业局发展计划与资金管理司 . 2006. 林业建设项目管理文件资料汇编[G].
国家林业局 . 2006. 林业统计年鉴[M]. 北京：中国林业出版社，
国家林业局森林病虫害防治总站 . 2002. 森林病虫害防治工作组织与管理[M]. 哈尔滨：东北林业大学出版社 .
国家林业局外来有害生物预防与管理赴美考察组 . 2003. 美国林业外来有害生物的预防与管理[J]. 中国森林病虫，22(5)：41 – 44.
国家统计局 . 2006. 中国统计年鉴[M/OL]. http：//www. stats. gov. cn/tjsj/ndsj/2006/indexch. htm.
国土资源部 . 2007. 2006 年中国国土资源公报[R].
韩鄂 . 1981. 四时纂要[M]：缪启愉选注 . 北京：农业出版社 .
韩雪梅，徐岩，张清芬，等 . 2002. 全球植物害虫分布状况统计及分析[J]. 植物检疫，16(4)：204 – 207.
郝燕湘 . 2000. 松材线虫病工程防治及对策[J]. 中国林业，(5)：14.
何传启 . 2007. 生态现代化——中国绿色发展之路[J]. 林业经济，(8)：8 – 14.
黄瑞纶，赵善欢，方中达 . 1962. 植物化学保护[M]. 北京：农业出版社 .
纪祥敏，王秀丽，林大辉 . 2006. 数字林业安全技术框架研究[J]. 福建电脑，(4)：64 – 64.
贾思勰 . 1998. 齐民要术[M]：缮启愉校释 . 北京：中国农业出版社 .
贾洪亮，金大刚，邱长玉 . 2006. 芬兰森林的可持续经营[J]. 江西林业科技，4：62 – 64.
贾治邦主编. 2008. 2007 年林业重大问题调查研究报告[M]. 北京：中国林业出版社.
贾治邦. 2008. 发展现代林业，建设生态文明，促进科学发展[N]. 中国绿色时报，12 – 16.
姜德文 . 2002. 生态工程建设监理[M]. 北京：中国标准出版社 .
姜春前，徐庆 . 2004. 世界森林可持续经营标准和指标发展的现状与趋势[J]. 世界林业研究，17(3)：1 – 5.
焦晓国，宣维健，盛承发 . 2006. 性信息素在害虫测报中的应用研究进展[J]. 植物保护，32(6)：9 – 13.
靳爱仙，田呈明，赵鹏 . 2006. 中国城市森林生物灾害的发生现状及控制展望[J]. 林业科学研究，(5)：653 – 659.
景彦勤，林文卫，邓鉴锋 . 2006. 德国近自然林业经营与管理模式——赴德国林业考察报告[J]. 广东林业科技，22(3)：113 – 116.
昝启杰，王勇军，王伯荪，等 . 2000. 外来杂草薇甘菊的分布及危害[J]. 生态学杂志，19(6)：58 – 61.
康凌翔 . 2007. 论我国政府公共危机管理能力[D]. 北京：首都经济贸易大学 .
柯菡 . 2007. 我国自然灾害管理与救助体系研究[D]. 武汉：武汉科技大学 .
邝番 . 1959. 便民图纂[M]：第十六卷 . 北京：农业出版社 .

雷加富. 2005. 中国森林资源[M]. 北京：中国林业出版社.
黎健. 2006. 美国的灾害应急管理及其对我国相关工作的启示[J]. 自然灾害学报，15(4)：33－38.
李爱青. 2001. 害虫综合治理：历史背景及当代发展[J]. 江西植保，24(3)：86－93.
李葆珍. 2004. 树立科学发展观，做好林业教育培训工作[J]. 北京林业干部管理学院学报，(2)：3－5.
李丽，陈建成，陈贵松. 2004. 现代林业发展五论[J]. 绿色中国，(10)：34－35.
李良厚. 2007. 森林植被构建的有关理论与技术研究[M]. 郑州：黄河水利出版社.
李明阳，徐海根. 2005. 生物入侵对物种及遗传资源影响的经济评估[J]. 南京林业大学学报：自然科学版，29(2)：98－102.
李秋明. 2005. 广东省林业人力资源的现状与开发对策研究[J]. 广东林业科技，(3)：87－90.
李时珍. 1975. 本草纲目[M]. 北京：人民卫生出版社.
李世东，张宏亮. 2006. 论和谐林业的几个基本问题[J]. 世界林业研究，19(5)：71－76.
李一农，李芳荣. 2006. 试谈国外引种检疫审批的规范性[J]. 植物检疫，(3)：175－177.
李永成，赵宇翔，周茂建，等. 2005. 加强疫木管理，遏制松材线虫病扩散蔓延[J]. 中国森林病虫，(1)：36－39.
李永成，赵宇翔. 2006. 关于我国松材线虫病治理工作若干问题思考[J]. 中国森林病虫，33(1)：96－101.
李育材主编. 2006. 实现新时期林业又快又好发展的蓝图——全国林业发展"十一五"和中长期规划汇编[M]. 北京：中国林业出版社.
李育材. 2007. 牢固树立生态文明观念，全面开创林业生物灾害防治工作新局面[N]. 中国绿色时报，11－29.
李振会，崔国发，徐兰江，等. 1996. 人工林地力衰退的防止对策[J]. 林业科技，21(4)：20－22.
李琪，陈立杰. 2003. 农业生态系统健康研究进展[J]. 中国生态农业学报，(2)：144－146.
李克荣. 2005. 我国应急体系建设中的问题探讨与对策[J]. 中国安全生产科学技术，(5)：52－55.
李保俊，袁艺，邹铭，等. 2004. 中国自然灾害应急管理研究进展与对策[J]. 自然灾害学报，13(3)：9－13.
李经中. 2003. 政府危机管理[M]，北京：中国城市出版社.
梁军，张星耀. 2005. 森林有害生物生态控制[J]. 林业科学，41(4)：168－176.
廖太林，李百胜，沈毅诚，等. 2001. 松材线虫病发生及其检验技术的研究进展[J]. 四川林业科技，22(3)：38－40.
林群，张守攻，江泽平，等. 2007. 森林生态系统管理研究概述[J]. 世界林业研究，20(2)：1－9.
刘波. 2000. 具有中国特色的灾害管理模式初探[J]. 国土资源科技管理，(1)：58－64.
刘逵九. 1959. 山西农家俚言浅解[M]. 中国农学遗产选集：甲类第三种粮食作物. 北京：农业出版社.
刘世骐. 2002. 森林衰退病研究现状及展望[J]. 中国森林病虫，21(1)：15－19.
刘树生. 2000. 害虫综合治理面临的机遇、挑战和对策[J]. 植物保护，26(4)：35－38.
刘艳. 2000. 我国突发公共卫生事件应急机制研究[D]. 上海：复旦大学.
刘建军，王文杰. 2002. 生态系统健康研究[J]. 环境科学研究，(1)：41－44.
刘斌，辛海强. 2007. 省级应急平台体系建设初探[J]. 地理信息世界，(1)：27－31.
陆海洲，王富章，王英杰，等. 2007. 铁路应急平台框架体系研究[J]. 中国铁路，(6)：41－44.
鲁明善. 1962. 农桑衣食辑要[M]：王毓瑚校注. 北京：农业出版社.
鲁绍伟，陈吉虎，余新晓，等. 2007. 北京市八达岭林场森林健康经营研究[J]. 水土保持通报，21(6)：127－131.
鲁绍伟，刘凤芹，余新晓，等. 2006. 北京市八达岭林场森林生态系统健康性评价[J]. 水土保持学报，20(3)：79－82.

陆元昌. 2003. 森林健康状态监测技术体系综述[J]. 世界林业研究, 16(1): 20-25.
吕慧. 2001. 新形势下如何做好本市植物检疫工作[D]. 中国植物保护学会. 上海市植物保护学会第七届年会论文集.
罗菊春. 2006. 抚育改造是森林生态系统经营的关键性措施[J]. 北京林业大学学报, (1): 124-127.
罗小锋, 雷海章. 2004. 制度创新: 我国自然灾害管理的新发展[J]. 生态经济, (8): 8-10.
罗永松, 黄烈燕, 孙江华. 2004. 萧氏松茎危害与松树松脂量关系研究初报[J]. 昆虫知识, 41(4): 364-367.
罗永松. 1997. 灌木层物种多样性与松毛虫发生相关关系的调查[J]. 森林病虫通讯, (2): 34-35.
马爱国. 2003. 论我国古代林业思想及政策中的和谐观[J]. 林业经济, (2): 52-53.
马爱国, 吴坚, 潘宏阳, 等. 2008. 中国林业有害生物概况[M]. 北京: 中国林业出版社.
马大华. 2002. 赴美国林业考察报告[J]. 山西林业科技, (1): 33-35.
孟平. 2005. 苹果耗水特征及水分胁迫诊断预报模型研究[M], 北京: 气象出版社.
孟庆繁. 2003. 森林植物群落多样性与虫害自然控制力的研究进展[J]. 世界林业研究, 16(6): 12-15.
缪勇, 刘家成. 2004. 浅谈害虫综合治理防治策略[J]. 安徽农学通报, 10(3): 30-31.
潘宏阳, 秦国夫, 柴树良. 1999. 试论森林有害生物可持续控制的系统管理[J]. 北京林业大学学报, 21(4): 119-123.
潘宏阳, 吴坚. 2000. 森林病虫害防治工作回顾与对策思考[J]. 森林病虫通讯, (1): 41-45.
齐多德, 徐舜, 马占琼, 等. 2007. 古浪县腾格里沙漠农田防护林有害生物发生及防治技术研究[J]. 甘肃林业科技, (1): 38-40.
全桂生, 涂克林. 2006. 林业有害生物防治"代执行"工作探讨[J]. 中国森林病虫, 25(6): 43-45.
全国农业技术推广服务中心. 2006. 农作物有害生物测报技术手册[M]. 北京: 中国农业出版社.
全国森防行业关键岗位人员赴美业务考察团. 2001. 赴美国森林病虫害防治技术考察报告[J]. 中国森林病虫, (1): 44-45.
任海, 彭少麟. 2001. 恢复生态学导论[M]. 北京: 科学出版社.
任立辉, 高莹, 张君. 2002. 从植物检疫执法检查结果浅谈加强植物检疫的管理[J]. 辽宁农业科学, (6): 34-35.
森林病虫害防治项目管理考察团. 2002. 赴德国森林病虫害防治项目管理考察报告[J]. 森林病虫通讯, (2): 43-46.
商务部. 2007. 中国对外贸易2007年春季形势报告[R].
邵青还. 2006. 林业和谐理论的进展及其持续发展战略初析[J]. 自然杂志, 23(1): 1-10.
沈秉成. 1960. 蚕桑辑要[M]: 郑辟疆校注. 北京: 农业出版社.
沈练着, 仲昴庭. 1960. 广蚕桑说辑补[M]: 郑辟疆, 郑宗元校注. 北京: 农业出版社.
石声汉校释. 1958. 齐民要术今释 [M]: 第三分册. 北京: 科学出版社.
石声汉. 1974. 氾胜之书今释[M]. 北京: 科学出版社.
鄂尔泰·奉敕. 1956. 授时通考卷[M]. 北京: 中华书局.
斯蒂芬·P·罗宾斯. 2006. 管理学[M]: 第七版. 北京: 中国人民大学出版社.
宋应星. 1976. 天工开物[M]. 广州: 广东人民出版社.
宋玉双, 黄北英. 2006. 论林业有害生物管理工作的标准化[J]. 防护林科技, 73(4): 52-55.
宋玉双, 黄北英. 2008. 中国林业有害生物防治技术的新进展[J]. 中国森林病虫, 27(6): 31-25.
苏建伟, 范伟民, 盛承发. 2000. 浅谈害虫成虫防治策略[J]. 植物保护, 26(3): 34-37.
苏敬等. 1957. 新修本草[M]. 上海: 上海卫生出版社.
孙惠杰, 李忠. 2005. 加拿大可持续森林经营现状[J]. 林业勘查设计, 136(4): 22-24.

孙思，王军．2007. 森林健康概念的探讨[J]. 山东林业科技，170(3)：109 －110.
孙永平．2001. 欧洲病虫害治理考察报告[J]. 辽宁林业科技，(1)：33－34.
谈家金，叶建仁．2003. 松材线虫病致病机理的研究进展[J]. 华中农业大学学报，22(6)：613－617.
汤坚．2005. 澳新两国森林病虫防治考察与启示[J]. 安徽林业，(2)：14－15.
唐守正，张会儒，王彦辉．2002. 德国森林资源和环境监测技术体系及其借鉴[J]. 世界林业研究，15(2)：63－70.
田明华，刘燕．2004. 我国森林认证体系的影响因素分析[J]. 绿色中国，18：20－24.
万国鼎．1957. 氾胜之书辑释[M]. 北京：中华书局．
王俊．2001. 试论森林病虫害的综合治理策略[J]. 浙江林业科技，21(4)：82－89.
王立忠．2001. 美国森林保护考察报告[J]. 山西林业，(1)：20－22.
王玲，聂林．2006. 森林健康与森林病虫害科学防控的浅析[J]. 江西植保，29(2)：83－85.
王树义．2004. 俄罗斯森林法若干基本理论问题研究[J]. 现代法学，26(6)：186－191.
王文烂，张文勤，刘伟平，等．2002. 福建省森林灾害防治投入机制构建[J]. 林业经济问题，(6)：348－350.
王绪高，李秀珍，贺红士，等．2005. 1987年大兴安岭特大火灾后北坡森林景观生态恢复评价[J]. 生态学报，25(11)：3098－3106.
王学兵．2006. 论中国和谐林业建设[J]. 现代农业科技，(11)：59－60.
王学江，田锡护，李文晋．2006. 植物检疫现状及对策[J]. 安徽农业科学，34(5)：94－102.
王彦辉，肖文发，张星耀．2007. 森林健康监测与评价的国内外现状和发展趋势[J]. 林业科学，43(7)：78－85.
王彦辉．1998. 德国等欧洲国家的森林受害及监测[M]. 中国林业科学研究院．面向21世纪的林业可持续发展全球战略下的林业科学技术．北京：中国农业科学技术出版社．
王艳春．2000. 关于改进行政执法的理性思考[D]. 辽宁师范大学硕士学位论文．
王莹，臧贵君．2005. 森林保护领域的前沿理念—森林健康[J]. 中国林副特产，(2)：67－68.
王桢．1956. 王桢农书[M]：王毓瑚校释．北京：农业出版社．
王震洪．2007. 基于植物多样性的生态系统恢复动力学原理[J]. 应用生态学报，(9)：43－49.
王学栋．2004. 论我国政府对自然灾害的应急管理[J]. 管理科学，18(3)：47－50，68.
王学栋，张玉平．2005. 自然灾害与政府应急管理：国外的经验及其借鉴[J]. 科技管理研究，(11)：149－151.
文丽萍，周大荣．2000. 国际植物保护科学协会简介[J]. 植物保护，26(1)：40－41.
吴坚．2004. 我国林业外来有害生物入侵现状及防控对策[J]. 科技导报，(4)：41－44.
吴坚，刘跃祥，闫峻，等. 2009. 日本松材线虫病发生与防治及对我国的启示[J]. 中国森林病虫，28(1)：42－45.
吴静平．2006. 从和谐林业理论探讨我国林业法律体系建设[J]. 现代农业科技，(12)：61－63.
吴怿．1963. 种艺必用[M]：胡道静校注．北京：农业出版社．
席海鹰．1984. 论精耕细作和封建地主制经济[J]. 中国农史，(1)：10－23.
夏保成．2006. 西方公共安全管理[M]. 北京：化学工业出版社．
夏纬瑛．1979.《周礼》书中有关农业条文的解释[M]. 北京：农业出版社．
肖风劲，欧阳华．2004. 森林生态系统健康评价指标与方法[J]. 林业资源管理，(1)：27－30.
肖文发，韩景军，马娟．2001. 美国国家森林健康监测与评价计划及对我国的启示[J]. 世界林业研究，14(3)：67－74.
肖育贵．2005. 澳大利亚辐射松森林健康考察报告[J]. 四川林业科技，26(6)：36－37.

徐光启 . 1979. 农政全书[M]：石声汉校注 . 上海：上海古籍出版社 .
徐汝梅 . 2003. 生物入侵数据集成、数量分析与预警 . 北京：科学出版社 .
许勤，赵萱，赵铁珍 . 2007. 现代林业：理论综述与实践进程[J]. 林业经济，(8)：19 – 24.
许传德 . 2005. 美国森林健康状况[J]. 绿色中国：理论版，(8)：58 – 60.
闫峻，刘俊昌，温亚利 . 2008. 论林业生物灾害的预防成本和风险管理[J]. 中国森林病虫，(2)：12 – 14.
闫峻 . 2008. 林业生物灾害管理的经济学分析与对策研究[D]. 北京林业大学博士论文 .
阎万英，梅汝鸿 . 1985. 吸取传统经验，走综合治理的道路[J]. 中国农史，(2)：42 – 48.
杨宝君，潘宏阳，汤坚，等 . 2003. 松材线虫病[M]. 北京：中国林业出版社 .
杨宝君，朱克恭，周元生 . 1995. 中国松材线虫病的流行与治理[M]. 北京：中国林业出版社 .
杨宝君 . 2002. 松材线虫病致病机理的研究进展[J]. 中国森林病虫，21(1)：27 – 31.
杨恩 . 2005. 灾害防治法律制度研究[D]. 西南政法大学硕士学位论文 .
杨丽 . 2002. 国际植物保护公约 IPPC[J]. 世界标准化与质量管理，(8)：37.
杨马陵，续新民 . 2004. 我国灾害现代管理模式的构想[J]. 灾害学，(12)：83 – 88.
杨沛 . 2002. 黄猄蚁史料及其用于柑橘害虫防治的研究[J]. 中国生物防治，(2)：28.
袁义才，陈军 . 2000. 项目管理手册[M]. 北京：中信出版社 .
杨胜果 . 2006. 森林公安人力资源开发与管理研究[D]. 北京师范大学硕士学位论文 .
杨卫 . 2007. 人力资源开发新趋势[J]. 攀登，26(2)：87 – 89.
杨震林 . 2007. 变化社会的治理思考[J]. 学术界，(4)：127 – 133.
杨佐忠 . 2004. 日本松材线虫病治理技术考察[J]. 四川林业科技，25(4)：28 – 31.
俞宗本 . 1963. 种树书[M]：康成懿校注 . 北京 . 农业出版社 .
张爱美 . 2007. 对我国森林资源管理体制改革的思考[J]. 林业资源管理，(4) ：10 – 13.
张国庆 . 1990. 从林业系统自组织探讨生态林业的设计[J]. 华东森林经理，4(3)：37 – 41.
张国庆 . 2001. 试论复合生态系统与按需育林[J]. 安徽林业科技，(2)：37 – 38.
张嘉宾，袁凤军 . 1999. 关于推进现代林业建设的总体思考[J]. 世界林业研究，12(6)：66 – 69.
张葵 . 2006. 恶性杂草——豚草[J]. 生物学通报，41(2)：25.
张兰英 . 2006. 生产社会化理论与社会主义观念创新[J]. 绍兴文理学院学报，26(4)：11 – 14.
张佩洁 . 2006. 关于推进现代林业建设的理性思考——辽宁省林业发展问题初探[J]. 辽宁林业科技，(5)：42 – 44.
张佩洁 . 2006. 浅议现代林业的和谐发展[J]. 辽宁林业科技，(6)：42 – 43.
张锐，张燚 . 2005. 战略生态管理：内涵、实质及主要内容[J]. 云南财贸学院学报，21(1)：14 – 19.
张润志，张大勇，叶万辉，等 . 2004. 农业外来生物入侵种研究现状与发展趋势[J]. 植物保护，30(3)：5 – 9.
张胜年，李敏，罗春燕，等 . 2006. 上海市公共卫生专业队伍现状分析研究[J]. 中国卫生资源，9(6)：261 – 262.
张小强 . 2005. 中美森林法比较及其对我国森林法修改的启示[J]. 世界林业研究，18(4)：64 – 69.
张晓霞 . 2004. 社区自然生态的管理[J]. 成都大学学报：社科版，(3)：27 – 28.
张晓霞 . 2005. 社区人际生态的管理[J]. 成都大学学报：社科版，(5)：47 – 48.
张星耀，骆有庆，叶建仁，等 . 2004. 国家林业新时期的森林生物灾害研究[J]. 中国森林病虫，(6)：8 – 12.
张星耀 . 2005. 新世纪初中国森林保护的研究方向和任务[J]. 森林与人类，(185)：44 – 48.
张星耀，等 . 2003. 中国重大森林生物灾害[M]. 北京：中国林业出版社 .
张学范 . 2005. 黄山市预防松材线虫病对策[J]. 中国森林病虫，(1) ：36 – 41.

张燕．2007．对新农村建设中农村人力资源开发的思考[J]．安徽农业科学，35(15)：4682－4683.
张要杰．2007．农村社区治理方式变迁刍议[J]．兰州学刊，(1)：101－110.
张煜星，胡培兴，何时珍．2005．美国的林业政策和制度[J]．世界林业研究，18(1)：65－67.
张真．1999．森林有害生物的可持续治理与有害生物生态管理[J]．北京林业大学学报，21(4)：116－118.
张真．2000．森林生态系统管理与森林有害生物管理[J]．世界林业研究，13(5)：13－18.
张志诚，牛海山，欧阳华．2005．"生态系统健康"内涵探讨[J]．资源科学，27 (1)：136－144.
张志诚，欧阳华．2004．典型胁迫的生态系统健康理论模型的研究[J]．宁夏大学学报：自然科学版，(3)：255－259.
张忠生，包玉华，付小东．2007．浅析我国建设项目环境影响评价法律制度[J]．科技信息，(7)：21.
章家恩，骆世明．2004．农村生态安全及其生态管理对策探讨[J]．生态学杂志，24(6)：59－62.
章家恩．2004．土壤生态健康与食物安全[J]．云南地理环境研究，16(4)：1－4.
赵杰，王瑞红，沈艳霞，等．2003．有害生物综合管理理论的发展及其展望[J]．中国森林病虫，22(4)：31－35.
赵良平，叶建仁，曹国江，等．2002．森林健康理论与病虫害可持续控制——对美国林业考察的思考[J]．南京林业大学学报：自然科学版，26(1)：5－9.
赵良平．2007．森林生态系统健康理论的形成与实践[J]．南京林业大学学报：自然科学版，(3)：1－7.
赵同海，高瑞桐．2004．重要林业蛀干害虫花曲柳窄吉丁研究现状[J]．中国造纸学报：增刊，359－362.
赵宇翔，冉东亚，宋玉双，等．2007．林业植物检疫标准化工作的现状、问题及对策[J]．中国森林病虫，(6)：42－44.
赵廷宁，丁国栋，马履一．2004．生态环境建设与管理[M]．北京：中国环境科学出版社．
郑大玮，张波．2000．农业灾害学[M]．北京：中国农业出版社．
中国可持续发展林业战略研究项目组．2003．中国可持续发展林业战略研究[M]：保障卷．北京：中国林业出版社．
中国可持续发展林业战略研究项目组．2003．中国可持续发展林业战略研究[M]：森林问题卷．北京：中国林业出版社．
中国可持续发展林业战略研究项目组．2003．中国可持续发展林业战略研究[M]：战略卷．北京：中国林业出版社．
中国可持续发展林业战略研究项目组．2003．中国可持续发展林业战略研究[M]：总论．北京：中国林业出版社．
中国农业科学院．1960．农史研究集刊[M]：第二册．北京：科学出版社．
中国农业科学院．1958．农业遗产研究集[M]．北京：中华书局．
钟祥财．1985．中国古代农业管理思想述论[J]．中国农史，(4)：1－10.
周启生．2004．数据挖掘技术在病虫害防治决策中的应用[J]．农业网络信息，(7)：8－10.
周生贤．2002．中国可持续发展林业战略研究调研报告(上)[M]．北京：中国林业出版社．
周生贤．2002．中国林业的历史性转变[M]．北京：中国林业出版社．
周秀明，宋蛰存．2006．信息技术在森林病虫害测报中的应用现状[J]．森林工程，22(4)：1－3.
周尧．1980．中国昆虫学史[M]．杨凌：昆虫分类学报社．
周尧．1957．中国早期昆虫学研究史[M]．北京：科学出版社．
周以良，乌弘奇，陈涛，等．1989．按植物群落生态学特性，加速恢复大兴安岭火烧迹地的森林[J]．东北林业大学学报，17(3)：1－10.
朱本明．1981．植物类菌质体病害[M]．上海：上海科学技术出版社．
朱建寰．2002．行政执法问题探讨[D]．武汉大学硕士学位论文．

祝列克.2005. 强化政府职责，提高科技含量，坚决遏制外来有害生物的危害[J]. 中国森林病虫，24(1)：27 - 30.

祝列克.2005. 要重视和防范外来有害生物的入侵危害[J]. 中国农业科技导报，15(2)：3 - 6.

Atkinson I A E, Cameron E K. 1993. Human influence on the terrestrial biota and biotic communities of New Zealand [J]. Trends. Ecol. Evol, 8: 447 - 451.

Brockerhoff E G, Jones D C , Kimberley M O, et al. 2006. Nationwide survey for invasive wood - boring and bark beetles (Coleoptera) using traps baited with pheromones and kairomones[J]. Forest Ecology and Management, 228: 234 - 240.

Brockerhoff E G, Bain J, Kimberley M, et al. 2006. Interception frequency of exotic bark and ambrosia beetles (Coleoptera: Scolytinae) and relationship with establishment in New Zealand and worldwide[J]. Can. J. For. Res. 36: 289 - 298.

Carter P C S. 1989. Risk assessment and pest detection surveys for exotic pests and diseases which threaten commercial forestry in New Zealand[J]. N. Z. J. For. Sci. 19: 353 - 374.

Cottam G, Curtis J T, Hale B W. 1953. Some sampling characteristics of a population of randomly dispersed individuals[J]. Ecology , 34: 741 - 757.

Cowell C M. 1993. Environmental gradients in secondary forests of the Georgia Piedmont[J]. J. Biogeogr. 20: 199 - 207.

Czabator F J. 1971. Fusiform rust of southern pines—a critical review[J]. USDA For. Serv. , Res. Pap. 65.

DeHayes D H, Schaberg P G, Hawley G J, et al. 1999. Acid rain impacts on calcium nutrition and forest health[J]. BioScience, 49(10): 789 - 800.

Demaynadier P G, Hunter M L. 1998. Effects of silvicultural edges on the distribution and abundance of amphibians in Maine[J]. Conserv. Biol. 12: 340 - 352.

Dinoor A, Esheed N. 1984. The role and importance of pathogens in natural plant communities[J]. Ann. Rev. Phytopathol. 22: 443 - 466.

Dobbs T T, Brodel C F. 2004. Cargo aircraft as a pathway for the entry of nonindigenous pests into South Florida[J]. Florida Entomol. 87: 65 - 78.

Dwyer G, Elkinton J S, Hajek A E. 1998. Spatial scale and the spread of a fungal pathogen of gypsy moth[J]. Am. Nat. 152: 485 - 494.

El - Sayed A M. 2005. The Pherobase[OL]: Database of Insect Pheromones and Semiochemicals. http: //www.pherobase. net.

Froelich R C, Snow G A. 1986. Predicting site hazard to fusiform rust. For[J]. Sci. 32: 21 - 35.

Gibbons A. 1992. Asian gypsy moth jumps ship to United States[J]. Science, 255: 526.

Gordh G, Headrick D H. 2001. A dictionary of entomology[M]. CAB International, UK: 1032.

Goyer R A, Lenhard G J, Strom B L. 2004. The influence of silhouette color and orientation on arrival and emergence of Ips pine engravers and their predators in loblolly pine[J]. For. Ecol. Manage. 191: 147 - 155.

Haack R A. 2001. Intercepted Scolytidae (Coleoptera) at U. S. ports of entry[J]: 1985 - 2000. Integr. Pest Manage. Rev. 6: 253 - 282.

Hedden R. L, Billings R F. 1979. Southern pine beetle, factors influencing the growth and decline of summer infestations in east Texas[J]. For. Sci. 25: 547 - 556.

Honnay O, Hermy M, Coppin P. 1999. Effects of area, age, and diversity of forest patches in Belgium on plant species richness and implications for conservation and reforestation[J]. Biol. Conserv, 87: 73 - 84.

Hooper R G, Krusac D L, Carlson D L. 1991. An increase in a population of red - cockaded woodpeckers[J]. Wildl.

Soc. Bull. 19: 277 – 286.

Joseph P, Kieth T, Schwanki J, et al. 1991. Restoring forest health in the Blue Mountains: a 10 – year strategic plan[J]. Foresters, 61(2): 3 – 12.

Klimaszewski J, Watt J C. 1997. Coleoptera: family group review and keys to identification[J]. Fauna N. Z. (37): 1 – 199.

Kolb T E, Wagner M R, Covington W W. 1994. Concepts of forest health: utilitarian and ecosystem perspectives[J] Journal of Forestry, 92: 10 – 15.

Kurtz W B, Alig R J, Mills T J. 1980. Retention and condition of agricultural conservation program conifer plantings [J]. J. For. 78: 273 – 276.

Landers J, Larry D, Van Lear, et al. 1995. The longleaf pine forests of the Southeast: requiem or renaissance [J]. J. For. 93(11): 39 – 44.

Liebhold A M, MacDonald W L, Bergdahl D, et al. 1995. Invasion by exotic forest pests: a threat to forest ecosystems[J]. For. Sci. Monogr. 30: 1 – 49.

Lih M P, Stephen F M. 1996. Relationship of host tree diameter to within – tree southern pine beetle(Coleoptera: Scolytidae)population dynamics[J]. Environ. Entomol. 25(4): 736 – 742.

McCullagh P, Nelder J A. 1983. Generalized linear models[M]: 1st ed. London: Chapman and Hall.

Myers J H, Simberloff D, Kuris A M, et al. 2000. Eradication revisited: dealing with exotic species[J]. Trends Ecol. Evol. 15: 316 – 320.

Nowak D J, Pasek J E, Sequeira R A, et al. 2001. Potential effect of Anoplophora glabripennis (Coleoptera: Cerambycidae) on urban trees in the United States[J]. J. Econ. Entomol. 94(1): 116 – 122.

Ohmart C P. 1982. Destructive insects of native and planted Pinus radiata in California, and their relevance to Australian forestry[J]. Aust. For. Res. 12: 151 – 161.

Ore G E, Taylor J F, Smith J. 1979. Tracing dispersion of southern pine beetles from felled brood trees with phosphorous – 32[J]. J. Georgia Entomol. Soc. 14: 83 – 87.

Paine T D, Raffa K F, Harrington T C. 1997. Interactions among scolytid bark beetles, their associated fungi, and live host conifers[J]. Annu. Rev. Entomol. 42: 179 – 206.

Paul A M. 2002. Managing for forest Health[J]. Journal of Forestry, 100 (7): 24 – 27.

Perttunen V. 1957. Reactions of two bark beetle species, Hylurgops palliates Gyll. and Hylastes ater Payk. (Col. , Scolytidae) to the terpene alpha – pinene[J]. Ann. Entomol. Fenn. 23: 101 – 110.

Petrice T R, Haack R A, Poland T M. 2004. Evaluation of three trap types and five lures for monitoring Hylurgus ligniperda (Coleoptera: Scolytidae) and other local scolytids in New York[J]. Great Lakes Entomol. 37: 1 – 9.

Pies T A, Ripple W J, Bradshaw G A. 1994. Dynamics and pattern of a managed coniferous forest landscape in Oregon [J]. Ecol. Appl. 4: 555 – 568.

Price T S, Dodgett C, Pye J M. , et al. 1991. A History of southern pine beetle outbreaks in the southeastern United States[J]. Southern Forest Insect Working Group.

Reeve J D, Strom B L. 2004. Statistical problems encountered in trapping studies of scolytids and associated insects [J]. J. Chem. Ecol. 30: 1575 – 1590.

Rudinsky J A. 1962. Ecology of Scolytidae[J]. Annu. Rev. Entomol. 7: 327 – 348.

Schroeder L M, LindelöW A. 1989. Attraction of scolytids and associated beetles by different absolute amounts and proportions of a – pinene and ethanol[J]. J. Chem. Ecol. 15: 807 – 817.

Turchin P, Thoeny W T. 1993. Quantifying dispersal of southern pine beetles with mark – recapture experiments and a diffusion model[J]. Ecol. Appl. 3(1): 187 – 198.

Wood D L. 1982. The role of pheromones, kairomones, and allomones in the host selection and colonization behaviour of bark beetles[J]. Annu. Rev. Entomol. 27: 411 – 446.

Work T T, McCullough D G, Cavey J F, et al. 2005. Arrival rate of nonindigenous insect species into the United States through foreign trade[J]. Biol. Invas. 7: 323 – 332.

附件

- 附件1　主要林业有害生物名录
- 附件2　林业有害生物普查技术方案
- 附件3　林业生物灾害调查表
- 附件4　国家级中心测报点名录
- 附件5　全国林业生物灾害防治药剂药械协作网企业名录
- 《中国林业生物灾害防治战略》专家论证委员会
- 《中国林业生物灾害防治战略》专家论证意见

附件 1　主要林业有害生物名录

1. 林业害虫

我国现有林业害虫 5000 多种，其中危害严重的害虫有 86 种：

（1）松阿扁叶蜂 *Acantholyda posticalis* Matsumura

（2）落叶松球蚜 *Adelges laricis* Vall.

（3）杨毛臀萤叶甲东方亚种 *Agelastica alni orientalis* Baly

（4）竹广肩小蜂 *Aiolomorphus rhopaloides* Walker

（5）铜绿丽金龟 *Anomala corpulenta* Motschulsky

（6）星天牛 *Anoplophora chinensis*（Forster）

（7）光肩星天牛 *Anoplophora glabripennis*（Motsch.）

（8）春尺蠖 *Apocheima cinerarius* Erschoff

（9）桑天牛 *Apriona germari*（Hope）

（10）核桃举肢蛾 *Atrijuglans hitauhei* Yang

（11）云斑白条天牛 *Batocera horsfieldi*（Hope）

（12）切梢小蠹 *Blastophagus* sp.

（13）椰心叶甲 *Brontispa longissima*（Gestro）

（14）枣实蝇 *Carpomyia vesuviana* Costa

（15）桃小食心虫 *Carposina niponensis* Walsingham

（16）黄脊竹蝗 *Ceracris kiangsu* Tsai

（17）杨二尾舟蛾 *Cerura menciana* Moore

（18）杨扇舟蛾 *Clostera anachoreta*（Fabricius）

（19）兴安落叶松鞘蛾 *Coleophora dahurica* Falkovitsh

（20）高山小毛虫 *Cosmotriche saxosimilis* Lajonquiére

（21）杨干象 *Cryptorrhynchus lapathi*（L.）

（22）黄连木尺蛾 *Culcula panterinaria*（Bremer et Grey）

（23）栗实象 *Curculio davidi* Fairmaire

（24）苹果蠹蛾 *Cydia pomonella* L.

（25）板栗剪枝象 *Cyllorhynchices cumulatus*（Voss）

（26）长足大竹象 *Cyrtotrachelus buqueti* Guer

（27）华山松大小蠹 *Dendroctonus armandi* Tsai et Li

（28）红脂大小蠹 *Dendroctonus valens* LeConte

（29）思茅松毛虫 *Dendrolimus kikuchii* Matsumura

（30）云南松毛虫 *Dendrolimus houi* Lajonquiére

（31）马尾松毛虫 *Dendrolimus punctatus* Walker

（32）文山松毛虫 *Dendrolimus punctatus wenshanensis* Tsai et Liu

（33）赤松毛虫 *Dendrolimus spectabilis* Butler

（34）落叶松毛虫 *Dendrolimus superans*（Butler）

（35）油松毛虫 *Dendrolimus tabulaeformis* Tsai et Liu

（36）桃蛀螟 *Dichocrocis punctiferalis* Guenée

（37）柽柳条叶甲 *Diorhabda elongata deserticola* Chen

（38）果梢斑螟 *Dioryctria pryeri* Ragonot
（39）松球果螟 *Dioryctria splendidella* Herrich – Schaeffer
（40）板栗瘿蜂 *Dryocosmus kuriphilus* Yasumatsu
（41）李始叶螨 *Eotetranychus pruni*（Oudem.）
（42）枣大球蚧 *Eulecanium gigantea*（Shinji）
（43）松突圆蚧 *Hemiberlesia pitysophila* Takagi
（44）双钩异翅长蠹 *Heterobostrychus aequalis*（Waterhouse）
（45）沙棘木蠹蛾 *Holcocerus hippophaecolus* Hua，Chou，Fang et Chen
（46）萧氏松茎象 *Hylobitelus xiaoi* Zhang
（47）美国白蛾 *Hyphantria cunea*（Drury）
（48）落叶松八齿小蠹 *Ips subelongatus* Motschulsky
（49）松瘿小卷蛾 *Laspeyresia zebeana*（Ratzeburg）
（50）桉树枝瘿姬小蜂 *Leptocybe invasa* Fisher et LaSalle
（51）杨白潜蛾 *Leucoptera susinella* Herrich – Schäffer
（52）舞毒蛾 *Lymantria dispar* Linnaeus
（53）黄褐天幕毛虫 *Malacosoma neustria testacea* Motschulsky
（54）栗山天牛 *Mallambyx raddei* Blessig
（55）日本松干蚧 *Matsucoccus matsumurae*（Kuwana）
（56）圆柏大痣小蜂 *Megastigmus sabinae* Xu et He
（57）杨小舟蛾 *Micromelalopha troglodyta*（Graeser）
（58）松褐天牛 *Monochamus alternatus* Hope
（59）云杉小墨天牛 *Monochamus sutor* Linnaeus
（60）刺槐尺蠖 *Napocheima robiniae* Chu
（61）黑翅土白蚁 *Odontotermes formosanus*（Shiraki）
（62）蔗扁蛾 *Opogona sacchari*（Bojer）
（63）黄古毒蛾 *Orgyia dubia*（Tauscher）
（64）灰斑古毒蛾 *Orgyia ericae* Germar
（65）白杨透翅蛾 *Paranthrene tabaniformis* Rottenberg
（66）橄榄片盾蚧 *Parlatoria oleae*（Colvee）
（67）侧柏毒蛾 *Parocneria furva* Leech
（68）蜀柏毒蛾 *Parocneria orienta* Chao
（69）糖槭蚧 *Parthenolecanium orientalis* Borchs.
（70）松黄星象 *Pissodes nitidus* Roel.
（71）华山松木蠹象 *Pissodes punctatus* Langor et Zhang
（72）落叶松叶蜂 *Pristiphora erichsonii*（Hartig）
（73）梨圆蚧 *Quadraspidiotus perniciosus*（Comstock）
（74）刺桐姬小蜂 *Quadrastichus erythrinae* Kim
（75）红棕象甲 *Rhynchophorus ferrugineus*（Olivier）
（76）青杨天牛 *Saperda populnea* L.
（77）双条杉天牛 *Semanotus bifasciatus*（Motschulsky）
（78）蓝目天蛾 *Smerinthus planus planus* Walker
（79）杨干透翅蛾 *Sphecia siningensis* Hsu
（80）杨毒蛾 *Stilpnotia candida* Staudinger

（81）栗透翅蛾 *Synanthedon castanevora* Yang et Wang

（82）大青叶蝉 *Tettigoniella viridis*(L.)

（83）纵坑切梢小蠹 *Tomicus piniperda* L.

（84）青杨脊虎天牛 *Xylotrechus rusticus* L.

（85）松线小卷蛾 *Zeiraphera grisecana*(Hübner)

（86）落叶松线小卷蛾 *Zeiraphera lariciana* Kawabe

2. 林业病原物

我国现有林业病害近3000种，其中造成严重危害的病原物有18种：

（1）冠瘿病菌 *Agrobacterium tumefaciens* （Smith et Townsend） Conn.

（2）落叶松枯梢病菌 *Botryosphaeria laricina* （Sawada） Shang

（3）松材线虫 *Bursaphelenchus xylophilus* （Steiner et Buhrer） Nickle

（4）油茶炭疽病菌 *Colletotrichum gloeosporioides* Penz.

（5）云杉锈病菌 *Chrysomyxa deformans*(Diet.) Jacz.

（6）松疱锈病菌 *Cronartium ribicola* J. C. Fischer ex Rabenhorst

（7）杨树烂皮病菌 *Cytospora chrysosperma*(Pers.) Fr.

（8）杨树溃疡病菌 *Dothiorella gregaria* Sacc.

（9）松针红斑病菌 *Dothistroma septospora* Hulbary

（10）云杉落针病菌 *Lophodermium piceae*(Fuckel) Höhnel

（11）杨树锈病菌 *Melampsora larici - populina* Kleb.

（12）杨树黑斑病菌 *Marssonina brunnea*(Ell. et Ev.) Magn.

（13）落叶松落叶病菌 *Mycosphaerella laricileptolepis* Ito et al.

（14）松赤枯病菌 *Pestalotiopsis funerea* Desm.

（15）猕猴桃细菌性溃疡病菌 *Pseudomonas syringae* pv. *actinidiae* Takikawa et al.

（16）杨树花叶病毒 Poplar Mosaic Virus （PopMV）

（17）草坪草褐斑病菌 *Rhizoctonia solani* Kühn

（18）松梢枯病菌 *Sphaeropsis sapinea* （Fr. ） Dyko et Sutton.

3. 林业有害植物

我国现有林业造成危害的有害植物约150种，其中危害严重的种类有37种：

（1）野苋菜 *Amaranthus retroflexus* L.

（2）油杉寄生 *Arceuthobium chinense* Lecomte

（3）黄花蒿 *Artemisia annua* L.

（4）无根藤 *Cassy tha filiforrmis* L.

（5）光梗蒺藜草 *Cenchrus calyculatus* Cavan

（6）大刺儿菜 *Cephalanoplos setosum* （Willd. ）

（7）藜 *Chenopoium album* L.

（8）菊叶香藜 *Chenopoium foetium* Chrad

（9）灰绿藜 *Chenopodium glaucum* L.

（10）菟丝子 *Cuscuta chinensis* Lamb.

（11）密花香薷 *Elsholtzia densa* Benth.

（12）紫茎泽兰 *Eupatorium adenophorum* Spreng.

（13）飞机草 *Eupatorium odoratum* L.

（14）葎草 *Humulus scandens* （Lour. ） Merr

(15) 白茅草 *Imperata cylindrica*(L.)
(16) 五爪金龙 *Ipomoea cairica*(L.)
(17) 宽叶独行菜 *Lepidium latifolium* L.
(18) 赖草 *Leymus secalinus* (Georgi)Tzvel.
(19) 冬葵 *Malva verticillate* L.
(20) 白香草木犀 *Melilotus alba* Medic ex Desr.
(21) 黄香草木犀 *Melilotus officinalis* (L.)Desr.
(22) 野薄荷 *Mentha haplocalyx* Briq.
(23) 金钟藤 *Merremia boisiana*(Gagnep.)
(24) 薇甘菊 *Mikania micrantha* H. B. K.
(25) 圆叶牵牛花 *Pharbitis purpurea*(L.) Voigt
(26) 车前草 *Plantago depessa* Willd.
(27) 碱茅 *Puccinellia distans* (L.)Parl
(28) 葛藤 *Pueraria lobata* (Willd.)
(29) 巴天酸模 *Rumex patientia* L.
(30) 狗尾草 *Setaria viridis*(L.)Beauv
(31) 加拿大一枝黄花 *Solidago canadensis* L.
(32) 大米草 *Spartina angelica* C. E. Hubb.
(33) 桑寄生 *Taxillus chinensis*(DC.)Danser
(34) 松寄生植物 *Taxillus* spp.
(35) 窄叶野豌豆 *Vicia angustitolia* L.
(36) 槲寄生 *Viscum coloratum*(Kom.)Nakai
(37) 苍耳 *Xanthium sibiricum* Patrin.

4. 林业害鼠(兔)

我国现有林业害鼠(兔)160 种，其中危害严重的有 12 种：
(1) 大林姬鼠 *Apodemus peninsulae* Thomas
(2) 棕背䶄 *Clethrionomys rufocanus* Sundevall
(3) 红背䶄 *Clethrionomys rutilus* Pallas
(4) 草兔 *Lepus capensis* Linnaeus
(5) 子午沙鼠 *Meriones umeridianus* Pallas
(6) 东方田鼠 *Microtus fortis* Buchner
(7) 高原鼢鼠 *Myospalax baileyi* Thomas
(8) 甘肃鼢鼠 *Myospalax cansus* Lyon
(9) 中华鼢鼠 *Myospalax fontanieri*(Milne – Edwards)
(10) 东北鼢鼠 *Myospalax psiluras* Milne – Edwards
(11) 达乌尔鼠兔 *Ochotona daurica* Pallas
(12) 大沙鼠 *Rhombomys opimus* Licht

5. 林业外来有害生物

5.1 1980 年前入侵的种类(16 种)

(1) 松疱锈病菌 *Cronartium ribicola* J. C. Fischer ex Rabenhorst
(2) 水葫芦 *Eichhornia crassipes* (Mart.)Solms.
(3) 苹果绵蚜 *Eriosoma lanigerum*(Hausmann)

(4) 紫茎泽兰 *Eupatorium adenophorum* Spreng.
(5) 飞机草 *Eupatorium odoratum* L.
(6) 落叶松枯梢病菌 *Botryosphaeria laricina* (Sawada) Shang
(7) 双钩异翅长蠹 *Heterobostrychus aequalis*(Waterhouse)
(8) 美国白蛾 *Hyphantria cunea*(Drury)
(9) 苹果蠹蛾 *Cydia pomonella* L.
(10) 松针褐斑病菌 *Lecanosticta acicola* (Thum.) Sydow
(11) 日本松干蚧 *Matsucoccus matsumurae*(Kuwana)
(12) 薇甘菊 *Mikania micrantha* H. B. K.
(13) 杨树花叶病毒 Poplar Mosaic Virus(PMV)
(14) 加拿大一枝黄花 *Solidago canadensis* L.
(15) 大米草 *Spartina angelica* C. E. Hubb.
(16) 温室白粉虱 *Trialeurodes vaporariorum* (Westwood)

5.2 1980 年后入侵的种类(18 种)

(1) 椰心叶甲 *Brontispa longissima* (Gestro)
(2) 松材线虫 *Bursaphelenchus xylophilus* (Steiner et Buhrer) Nickle
(3) 枣实蝇 *Carpomyia vesuviana* Costa
(4) 曲纹紫灰蝶 *Chilades pandava*(Horsfield)
(5) 红脂大小蠹 *Dendroctonus valens* LeConte
(6) 西花蓟马 *Frankliniella occidentalis*(Pergande)
(7) 松突圆蚧 *Hemiberlesia pitysophila* Takagi
(8) 桉树枝瘿姬小蜂 *Leptocybe invasa* Fisher et LaSalle
(9) 美洲斑潜蝇 *Liriomyza sativae* Blanchard
(10) 刺槐叶瘿蚊 *Obolodiplosis robiniae* (Haldemann)
(11) 水椰八角铁甲 *Octodonta nipae*(Maulik)
(12) 蔗扁蛾 *Opogona sacchari* (Bojer)
(13) 湿地松粉蚧 *Oracella acuta*(Lobdell)
(14) 刺桐姬小蜂 *Quadrastichus erythrinae* Kim
(15) 褐纹甘蔗象 *Rhabdoscelus lineaticollis*(Heller)
(16) 红棕象甲 *Rhynchophorus ferrugineus*(Oliver)
(17) 红火蚁 *Solenopsis invicta* Buren
(18) 茶藨子透翅蛾 *Synanthedon tipuliformis* Clerck

附件2 林业有害生物普查技术方案

为了指导全国林业有害生物普查工作，保障普查工作科学有序、经济高效的开展，全面、及时、准确地了解和掌握全国林业生物灾害基本信息，更好地为防治工作服务，制定本方案。

1. 普查范围和普查对象

1.1 普查范围

(1)全国的各种森林，包括防护林、用材林、经济林、薪炭林、特种用途林，以及城市园林植物等。

(2)种苗繁育基地、苗圃等。

(3)木材加工和交易场所，如贮木场、木材加工厂、木材市场、苗木集散地等。

1.2 普查对象

危害森林植物及其产品的病原微生物(线虫)、有害昆虫(螨)、有害植物、有害动物(鼠、兔)和天敌(鸟、寄生或捕食昆虫、昆虫病原)等。

2. 普查内容

2.1 有害生物的分布

以县级(包括相当于县级行政级别的林业局)行政区域为单位统计分布地点。发生区域大的(指发生地点超过所辖县级行政区域三分之一以上的乡镇)，统计县级名称；新发现或发生区域小的(指发生地点等于或小于所辖县级行政区域三分之一的乡镇)，统计乡镇级名称(报送汇总资料时，包括乡镇级名称及所隶属的县级名称)。有害生物分布地点的统计，必须注明所隶属的市、县。

2.2 有害生物发生面积统计

包括有害生物分布面积、发生危害面积和成灾面积。分布面积指林业有害生物在林内存在但没有达到发生统计标准的面积；发生危害面积指林业有害生物达到发生危害统计标准的面积；成灾面积指林业有害生物达到灾害统计标准的面积。危害经济林(果园)、苗圃、花圃、温室等种苗繁育基地的，以寄主植物的实际种植面积计算；危害其他林地的，以林业小班为单元计算发生面积。具体按《林业有害生物发生灾害标准》的规定进行发生程度分级和面积统计，其中发生面积按照轻、中、重3个等级分别进行统计。

2.3 危害木材的有害生物统计

统计危害木材的(包括原木、板材、方材、木质包装材料、垫脚木和人造板等)有害生物种类、危害数量(以立方米为单位)及危害程度，以及有害生物危害的贮木场、木材加工厂等的所在地名称及单位名称。

2.4 外来有害生物来源调查

了解并记录传入地、传入时间、传入的途径及方式等。同时应记录外来有害生物入侵对当地经济、生态、社会的影响等状况。

2.5　寄主植物

普查对象危害的植物种类(包括乔木、灌木、花卉等)，原则上要查到种。寄主植物种类大于20种的，按照不同科、属，至少列出主要的20种。

3. 普查的前期准备工作

3.1　前期准备工作

一是制订工作和技术方案。根据国家林业有害生物普查工作方案及技术方案的要求，结合本地实际，制订切实可行的当地《林业有害生物普查工作方案》和《林业有害生物普查技术方案》。二是开展普查培训。通过举办普查培训班和编制调查手册等方法，使普查队员更好地掌握普查对象发生危害规律和识别要领，包括分布、寄主、危害症状、鉴别特征、生活史(发病规律)及彩色图片等。三是制订详细的调查计划。设计合理的调查表格，制订详细的调查计划，保证普查队员按要求执行普查任务。四是制订质量检查办法。严格检查办法，保证普查质量。

3.2　确定普查重点

我国幅员辽阔，不同区域植被不同，树种各异，各地根据各自的森林资源情况来确定本地普查工作的重点。如东北天然林和天然次生林区，应把危害红松、落叶松、桦木、栎树、黄波罗等主要树种的有害生物作为普查重点；在西南天然林区和次生林区，应把危害云南松、华山松、思茅松、柚木等树种的有害生物作为普查重点；在华北天然次生林和农田防护林区，应把油松、侧柏、毛白杨、槐树和泡桐等树种作为普查重点；在华中、华南地区，应以马尾松、湿地松、杉木、毛竹、油茶和椰子等树种的有害生物作为普查重点；在"三北"防护林地区，应以杨、柳、榆、槐等造林树种的有害生物作为普查重点；对西北的荒漠林区，应以沙棘、柠条等灌木林的有害生物作为普查重点。

外来有害生物作为普查的重点，范围包括有害生物分布区及其毗邻地区，调查外来有害生物的扩散蔓延的情况、新疫点数量，对林木的危害程度等。

风景名胜区和重要生态区应当作为普查重点，调查有害生物种类、寄主、分布、发生危害面积等。

4. 普查方法

4.1　外业部分

4.1.1　外业调查

在有害生物发生盛期或表现症状期，以乡、镇(场)为基本调查单位，根据林分分布以及种苗繁育基地、贮木场、木材加工厂等的分布情况，确定踏查路线。重点区域及经过踏查发现有疫情的区域，要设立具有代表性的调查点或样方进行详查，并列出每个调查点或样方所在的位置以及所代表的面积。

踏查：按照设计的调查路线开展调查。当发现有危害症状或有害生物时，应开展详查。

详查：林地或种苗繁育基地每块标准地或样方调查株数为30～50株，其中人工林标准地或样方累计调查面积应不少于普查对象寄主植物受害面积的30%，天然林等应不少于0.2%；调查木材危害状况时，抽样率应不少于3%。需详细记录有害生物的种类、寄主、虫口密度和树木受害程度，采集相关标本及拍摄有害生物生物学或危害状的照片，将有关数据填入统计表。对不能确定的有害生物或寄主植物及时送交有关专家鉴定。

林木病害调查。林木病害的发生程度通常以百分率来表示，但对局部病害来讲，各植株之间感病程度往往差异较大，用植株感病百分率(被害株率)不能反映这种差别，因此，可用感病指数来表示，计算公式如下：

$$感病指数 = \frac{\sum(病级株树 \times 该级代表数值)}{总株树 \times 最高一级代表数值} \times 100$$

根据病原物危害部位的不同，以树干上部为界，将林木病害区分为叶部、枝梢、果实病害和干(根)部病害两部分分别进行调查。

叶部、枝梢、果实病害调查。每 100 ~ 1000 公顷设置 1 块样地，每块样地面积 0.2 公顷左右，样地内至少要有 100 株寄主植物，每块样地随机调查 30 株以上的寄主植物，在抽取的植株上，随机抽取一定数量的枝梢、叶片、果实进行检查，统计枝梢、叶片、果实的感病率和感病指数。

干(根)部病害调查。每 100 ~ 500 公顷设置 1 块样地，每块样地面积 0.2 公顷左右，样地内至少要有 100 株寄主植物，每块样地随机调查 30 株以上的寄主植物。统计健康、感病和死亡的植株数量，计算感病率和感病指数。

地下害鼠的调查。地下害鼠种类主要是鼢鼠，主要危害林木的根部，对苗木或新植林木常常形成毁灭性的危害。调查时间选择在春季土壤解冻后(3 ~ 5 月)或秋季鼢鼠储粮期(9 ~ 10 月)进行。调查方法有土丘系数法、切洞堵洞法等。

地上害鼠(兔)的调查。地上害鼠(兔)主要包括鼾鼠、田鼠、绒鼠、鼠兔等，这类害鼠(兔)主要是啃食树木的地茎部分，切断树木的表皮和韧皮部，使树木枯萎死亡。鼾鼠于 4 月或 9 月进行调查；田鼠(鼠兔)于 4 月下旬至 5 月下旬或 8 月下旬至 9 月下旬进行调查；绒鼠于 2 ~ 3 月或 7 ~ 8 月进行调查。一般采用百铗日法调查鼠口密度。

林业有害植物调查。每 100 ~ 1 000 公顷设置 1 块样地，每块样地面积 0.2 公顷左右，在样地内调查有害植物的种类。对于侵占林地的有害植物，计算侵占林地的面积和比例，对于攀缘类有害植物，调查对林木的危害情况。

4.1.2 调查取样技术和取样方法

调查样地一般是设在林班或小班内，最好不跨林班。房前屋后的树木调查以乡(镇)、区为单位。在实际工作中，可参照以下几种常用取样技术进行取样。

分级取样：分级取样也叫巢式取样，它是一种一级一级重复多次的随机取样。即从总体抽取样本，然后再从样本中取亚样本，依此类推，可以一直取样到达到目的为止。

双重取样：对那些不易观察或观察时物力、人力和财力消耗很大，损失也较大的病虫害，一般采取双重取样法。

典型取样：典型取样是一种人为地，在全部种群中主观选定一些有代表性个体的抽样方法。这种方法只有在对全群情况十分熟悉时才能应用，从而节省人力、物力。但一定要避免那些不良的主观因素。

分段取样：当有害生物的分布在总体中，某一部分与另一部分有明显的差异时，常采用分段取样方法来进行调查。

随机取样：随机取样是调查中最常用的方法，所谓随机取样绝不是什么随便取样，而是按照一定的规律进行的取样方法。

以上5种取样技术落实到最基本的抽样方法时，还是要遵循随机取样的原则。

有害生物调查中最常用的取样方法包括棋盘式、五点式、对角线式、平行线式、"Z"字式等5种基本的取样方法。取样方法主要取决于有害生物的空间分布型。

棋盘式：有害生物的分布为随机分布型或随机型核心分布时，常采用这种取样方法。在调查时一般要适当增加标准地块数，以利查清虫源基地，同时，为了减少由于增加样地块数而增加的工作量，可适当减少样地中的样本数量。

对角线式：对角线式取样一般分为单对角线和双对角线取样两种方式。当有害生物的分布型为均匀随机分布时一般采用这种方法，即抽取的标准地可以少一些，但每一个标准地上的样本要多一些。

五点式：总体面积较小，而且有害生物的分布型为均匀随机分布时，采用这种方法。如苗圃病虫的调查，一片种子林病虫的调查等常采用这种调查方法。

平行线式：当有害生物的分布型为核心分布而总体又有规律性地成行排列时，常采用这种方法。

"Z"字式：当有害生物的分布型为负二项分布时常采用这种方法。

4.2 内业整理和普查资料汇总

对外业调查的笔录、数据、照片等进行整理、归档；对采集的有害生物标本进行分类、鉴定。各地采集制作的典型症状标本、昆虫标本和图片整理后由市森防站统一保存；各林场、乡镇林业站要在认真汇总的基础上，完成林业有害生物普查技术报告和工作总结，填写有关汇总表。

4.3 标本鉴定

采集林业有害生物标本和拍摄林业有害生物的生态学照片，包括主要种类成套的生活史标本，对采集的有害生物标本进行分类，同时做好采集记录，标本记录由采集人员填写，主要有标本编号、采集时间、地点、寄主植物、采集人姓名等，标本编号由13位数组成，前6位是所在省、市、县的行政区编码(即身份证前6位)，第7~8位为采集地点所在乡镇名称前2个字的首位拼音字母，最后5位数是标本的流水编号，采集地点填到林业小班，寄主植物名称要求填写该植物的通用中文名，对同一采集人在同一时间、地点和寄主植物上采集的同一种类有害生物标本，不论数量多少，作为同一编号编排。

有害生物种类标本要求鉴定到科，若不能鉴定的，送专家组鉴定，专家组不能鉴定的，由省森防站送"国家林业局外来林业有害生物检验鉴定中心"鉴定。

5. 普查技术标准

林业有害生物调查发生危害及灾害采用《林业有害生物发生及成灾标准》(林业行业标准LY/T1681—2006)，见表F2-1和表F2-2。

表 F2-1 林业有害生物发生(危害)程度标准

序号	种 类	调查阶段	统计单位	发生(危害)程度		
				轻	中	重
1	落叶松毛虫	幼虫	条/株	20～40	41～70	71 以上
2	马尾松毛虫	幼虫	虫情级	2～3	4～6	7 以上
			条/株	5～13	14～30	31 以上
3	油松毛虫	虫	条/株	10～20	21～40	41 以上
4	蜀柏毒蛾	卵	粒/株	50～200	201～400	401 以上
		幼虫	条/株	5～15	16～30	31 以上
5	云南木蠹象	幼虫	有虫株率(%)	5～10	11～30	31 以上
6	红脂大小蠹*	幼虫、成虫	有虫株率(%)	2～6	7～12	13 以上
7	云南纵坑切梢小蠹	成虫	枝梢被害率(%)	10～20	21～50	51 以上
8	松纵坑切梢小蠹	成虫	枝梢被害率(%)	5～10	11～20	21 以上
9	萧氏松茎象(幼林)	幼虫	有虫株率(%)	5～10	11～30	31 以上
10	松褐天牛	幼虫	有虫株率(%)	5～10	11～24	25 以上
11	日本松干蚧	固定若虫	头/10cm^2	0.5～2	2.1～6.9	7 以上
12	松突圆蚧*	雌蚧	枝梢被害率(%)	5～10	11～30	31 以上
13	湿地松粉蚧	雌蚧	枝梢被害率(%)	10～19	20～49	50 以上
14	春尺蠖	蛹	头/株	1～3	4～6	7 以上
		幼虫	条/50 厘米标准枝	2～4	5～8	9 以上
15	杨毒蛾	幼虫	条/50 厘米标准枝	1～4	5～8	9 以上
16	柳毒蛾	幼虫	条/50 厘米标准枝	1～4	5～8	9 以上
17	杨小舟蛾	蛹	头/株	5～10	11～20	21 以上
		幼虫	条/50 厘米标准枝	2～5	6～10	11 以上
18	杨扇舟蛾	幼虫	条/50 厘米标准枝	7～10	11～15	16 以上
19	美国白蛾*	幼虫	有虫株率(%)	0.1～2	2.1～5	5.1 以上
20	黄褐天幕毛虫	卵	粒/株	50～100	101～200	201 以上
		幼虫	条/株	20～40	41～100	101 以上
21	光肩(黄斑)星天牛	幼虫	有虫株率(%)	5～9	10～20	21 以上
22	青杨天牛	虫瘿	个/米标准枝	0.2～0.3	0.4～0.6	0.7 以上
23	桑天牛	幼虫	条/株	0.5～1	1.1～1.9	2 以上
			有虫株率(%)	2～5	6～9	10 以上
24	杨干象*(幼林)	幼虫	有虫株率(%)	2～5	6～15	16 以上
25	白杨透翅蛾(幼林)	幼虫	有虫株率(%)	2～5	6～15	16 以上
26	青杨脊虎天牛*	幼虫	有虫株率(%)	1～4	5～10	11 以上
27	大袋蛾	虫袋	活虫/株	0.5～2	2.1～6	6.1 以上
		幼虫	条/百叶	3～7	8～15	16 以上
28	苹果蠹蛾*	幼虫	有虫株率(%)	2～3	4～5	6 以上
29	蔗扁蛾*	幼虫	有虫株率(%)	3～5	6～10	11 以上

（续）

序号	种　类	调查阶段	统计单位	发生(危害)程度		
				轻	中	重
30	黄脊竹蝗	跳蝻	头/平方米	2～5	6～20	21 以上
		跳蝻、成虫	头/株	5～15	16～30	31 以上
31	椰心叶甲*	幼虫、成虫	有虫株率(%)	3～5	6～10	11 以上
32	红棕象甲*	幼虫	有虫株率(%)	3～5	6～10	11 以上
33	刺桐姬小蜂*	幼虫	有虫株率(%)	1～4	5～10	11 以上
34	双钩异翅长蠹*	幼虫、成虫	有虫株率(%)	1～4	5～10	11 以上
35	枣大球蚧*		叶片受害率(%)	5～10	11～35	36 以上
36	沙棘木蠹蛾	幼虫	有虫株率(%)	10～30	31～70	71 以上
37	种实害虫		种实被害率(%)	5～9	10～19	20 以上
38	松针褐斑病		感病指数	5～20	21～40	41 以上
39	落叶松枯梢病*		感病指数	5～20	21～40	41 以上
40	松材线虫病*		感病株率(%)	1 以下	1.1～2.9	3 以上
41	松疱锈病*		感病株率(%)	3～5	6～10	11 以上
42	杨树溃疡病		感病株率(%)	5～10	11～20	21 以上
43	杨树烂皮病		感病株率(%)	5～10	11～20	21 以上
44	泡桐丛枝病		感病株率(%)	10～20	21～40	41 以上
45	猕猴桃细菌性溃疡病*		感病株率(%)	3～5	6～10	11 以上
46	冠瘿病*		感病株率(%)	3～5	6～10	11 以上
47	杨树花叶病*		感病株率(%)	3～5	6～10	11 以上
48	草坪草褐斑病*		感病株率(%)	3～5	6～10	11 以上
49	鼠 兔		受害株率(%)	3～10	11～20	21 以上
50	田 鼠		受害株率(%)	1～5	6～15	16 以上
51	鼢 鼠		受害株率(%)	5～15	16～24	25 以上
52	薇甘菊*(新发区)		盖度(%)	1～5	6～20	21 以上
	薇甘菊*(旧发区)		盖度(%)	10～30	31～59	61 以上
53	紫茎泽兰		盖度(%)	10～30	31～59	61 以上
54	飞机草		盖度(%)	20～30	31～59	61 以上
55	加拿大一枝黄花		盖度(%)	1～5	6～20	21 以上
56	金钟藤		盖度(%)	20～40	41～59	61 以上

注 1：表 1 中带有“*”号的为林业检疫性有害生物；

注 2：表 1 中所列的林业检疫性有害生物的发生(危害)程度标准不包括新发区(除非特别注明)，新发区的发生(危害)程度指标的界定按检疫规程的有关要求另行规定；

注 3：表 1 中除非特别注明，均为成林发生(危害)程度标准，幼林的发生(危害)程度的标准在此基础上相应降低 1/3；

注 4：幼林和成林的界定，各地可按不同的树种结合当地的实际情况进行划分；

注 5：表 1 中的统计单位有一个以上的指标时，根据不同的时期、不同的调查方法达到一个指标即可。

表 F2-2　林业有害生物成灾标准

序号	种类		成灾指标
1	林业检疫性有害生物		在未发生区新发现或已发生区的新造林地发生检疫性有害生物为成灾；在已发生区检疫性有害生物造成寄主植物死亡为成灾，未造成寄主植物死亡的按下列非检疫性有害生物2，3，4，6指标相应降低10个百分点界定成灾标准（达到检疫性有害生物成灾标准的整个小班面积均计入成灾面积）。
2	叶部病虫害	常绿	失叶率50%以上； 感病指数40以上； 死亡率3%以上。
		落叶	失叶率60%以上； 感病指数50以上； 死亡率3%以上。
3	枝干病虫害	一般	受害株率30%以上； 树木死亡率3%以上。
		小蠹虫类、萧氏松茎象	受害株率60%以上； 死亡率6%以上。
4	种实病虫害		种实受害率20%以上。
5	鼠、兔害		未成林造林地寄主死亡率15%以上； 成林死亡率3%以上； 成林受害株率30%以上。
6	有害植物		盖度60%以上； 树木死亡率3%以上。
7	其他非检疫性林业有害生物		死亡率6%以上。
8	发生在经济林和行道树、景观林的非检疫性林业有害生物		失叶率、感病指数、受害株率、种实害虫受害率、盖度分别按上述相应降低10个百分点；死亡率降低1个百分点（其中未成林造林地鼠、兔害寄主死亡率降低5个百分点）。

注：成灾指标有一个以上时，根据不同的时期、不同的调查方法达到一个指标即可

附件 3　林业生物灾害调查表

表 F3-1　踏查林分记录表

县(局)　　　　乡镇(林场)　　　　　　　　　　　　　　　　　单位：公顷

踏查林分							备注
编号	地点名称	踏查林地面积	森林类型及树种组成	林龄	有害生物种类	分布面积	

调查员：　　　　　　　　　　　　　　　　填报日期：　　年　　月　　日

表 F3-2　线路踏查株记录表

踏查编号____________　踏查林分面积______公顷

森林类型及树种组成____________　林龄______　调查有害生物名称____________

调查时发现其他有害生物名称及其危害情况简述________________________

调查情况记载(有害生物危害划"√")									
1	2	3	4	5	6	7	8	9	10
11	12	13	14	15	16	17	18	19	20
21	22	23	24	25	26	27	28	29	30
31	32	33	34	35	36	37	38	39	40
41	42	43	44	45	46	47	48	49	50
51	52	53	54	55	56	57	58	59	60
61	62	63	64	65	66	67	68	69	70
71	72	73	74	75	76	77	78	79	80
81	82	83	84	85	86	87	88	89	90
91	92	93	94	95	96	97	98	99	100
调查株数			受害株数			受害株率(%)			

调查时间：　　年　　月　　日　　　　　　　　　　　　调查人：

表 F3-3　森林病害标准地调查记录表

调查林分编号________　林班小班名称__________________________　森林病害名称________________

调查小班面积________公顷　林龄________　森林类型及树种组成__________　踏查所报发病株率(%)________

是否有其他有害生物同时发生及记述____

年度内是否采取了防治措施及记述____

病害等级	代表数值	记载(划“正”字)			小计
Ⅰ	0				
Ⅱ	1				
Ⅲ	2				
Ⅳ	3				
Ⅴ	4				
调查株数		发病株数	发病株率(%)	病情指数	

调查日期：　　年　　月　　日　　　　　　　　　　　　调查人：

表 F3-4　森林害虫标准地样株调查记录表

调查林分编号________________　　　　林班小班名称________________________

森林害虫名称及虫态________________　　　　调查小班面积________公顷

林龄________　森林类型及树种组成________________　　　　踏查所报有虫株率(%)________

调查时是否有其他有害生物同时发生及记述____

标准株号	害虫数量	标准株号	害虫数量	标准株号	害虫数量	标准株号	害虫数量
1		16		31		46	
2		17		32		47	
3		18		33		48	
4		19		34		49	
5		20		35		50	
6		21		36		51	
7		22		37		52	
8		23		38		53	
9		24		39		54	
10		25		40		55	
11		26		41		56	
12		27		42		57	
13		28		43		58	
14		29		44		59	
15		30		45		60	
调查株数		有虫株数		有虫株率(%)	有虫总数	平均虫口密度	

调查日期：　　年　　月　　日　　　　　　　　　　　　调查人：

表 F3-5　叶部森林害虫成灾情况标准地调查记录表

调查林分编号______________　林班小班名称______________　森林害虫名称______________

调查小班面积________公顷　林龄_______　森林类型及树种组成______________

踏查所报发病株率(%)_______　是否有其他有害生物同时发生及记述______________

年度内是否采取了防治措施及记述____

<table>
<tr><th colspan="2">受害等级</th><th colspan="2">代表数值</th><th colspan="3">记载(划“正”字)</th><th>小计</th></tr>
<tr><td colspan="2">健康</td><td colspan="2">0</td><td colspan="3"></td><td></td></tr>
<tr><td colspan="2">叶被食 1/4 以下</td><td colspan="2">1/4</td><td colspan="3"></td><td></td></tr>
<tr><td colspan="2">叶被食 2/4</td><td colspan="2">2/4</td><td colspan="3"></td><td></td></tr>
<tr><td colspan="2">叶被食 3/4</td><td colspan="2">3/4</td><td colspan="3"></td><td></td></tr>
<tr><td colspan="2">叶被食光</td><td colspan="2">1</td><td colspan="3"></td><td></td></tr>
<tr><td>调查株数</td><td></td><td>受害株数</td><td></td><td>受害株率(%)</td><td></td><td>平均失叶率(%)</td><td></td></tr>
</table>

调查日期：　　年　　月　　日　　　　　　　　　　　　调查人：

表 F3-6　森林鼠害标准地调查记录及捕获率表

调查林分编号______　林班小班名称________　害鼠名称________　调查小班面积________公顷

森林类型及树种组______　林龄______　坡向______　坡位______　坡度______

危害前铗日捕获率______

是否有其他危害及记录______________　是否采取过防治措施及记述________________________

<table>
<tr><th colspan="2">受害情况</th><th colspan="7">记载(划“正”字)</th><th>小计</th></tr>
<tr><td colspan="2">未受害株</td><td colspan="7"></td><td></td></tr>
<tr><td colspan="2">受害株</td><td colspan="7"></td><td></td></tr>
<tr><td colspan="2">调查株数</td><td colspan="2"></td><td colspan="2">受害株数</td><td colspan="2"></td><td>受害株率(%)</td><td></td></tr>
<tr><td rowspan="3">调查日期</td><td rowspan="3">百铗日</td><td rowspan="3">捕鼠数</td><td rowspan="3">捕获率(%)</td><td colspan="6">各鼠种所占比例</td></tr>
<tr><td colspan="2">棕背䶄</td><td colspan="2">红背䶄</td><td colspan="2"></td></tr>
<tr><td>数</td><td>%</td><td>数</td><td>%</td><td>数</td><td>%</td></tr>
<tr><td></td><td></td><td></td><td></td><td></td><td></td><td></td><td></td><td></td><td></td></tr>
</table>

调查日期：　　年　　月　　日　　　　　　　　　　　　调查人：

表 F3-7　森林害虫标准地样枝（样方）调查记录表

调查林分编号________　　林班小班名称________________　　森林害虫名称及虫态________________

调查小班面积________公顷　林龄________　森林类型及树种组成________　踏查所报有虫株率（%）________

调查时是否有其他有害生物同时发生及记述____

样株号	取样部位	样枝长度（样方面积、调查梢数）	害虫数量（被害梢数）	样株号	取样部位	样枝长度（样方面积、调查梢数）	害虫数量（被害梢数）
1				11			
2				12			
3				13			
4				14			
5				15			
6				16			
7				17			
8				18			
9				19			
10				20			
样枝总长度（样方总面积、调查梢数）			害虫数量合计（被害梢数）		平均虫口密度（梢被害率）		

调查日期：　　年　　月　　日　　　　　　　　　　　　　　　　　　调查人：

表 F3-8　标准地调查汇总表

县(局)：____________________　　　　　　　　　　　　　　　单位：公顷

调查林分编号	林班小班名称	有害生物名称	发育阶段	标准地状况			发生情况（面积）				成灾情况（面积）	调查日期（月、日）	调查表所在页码	备注
				森林类型及树种组成	林龄	虫口密度（平均失叶率）	未发生	轻	中	重				

汇总日期：　　年　　月　　日　　　　　　　　　　　　　　　　汇总人：

表 F3-9　踏查情况汇总表

县(局)：____________________________　　　　　　　　　　　　单位：公顷

有害生物种类	世代次	林分面积	调查面积	调查率（%）	调查时间	分布面积										实际成灾面积	发生地点（重复发生地下划横线）	备注
						合计	低虫低感面积	发生面积										
								计		轻		中		重				
								净面积	重复面积	净面积	重复面积	净面积	重复面积	净面积	重复面积			

上报日期：　　年　　月　　日　　　　　　　　　　　　　　　　填报人：

附件4 国家级中心测报点名录

地区	数量	测报点	测报对象	测报点	测报对象
北京市	11	朝阳区	春尺蠖、杨扇舟蛾	大兴区	光肩星天牛、美国白蛾
		门头沟区	杨扇舟蛾、杨树溃疡病	怀柔区	松毛虫、舞毒蛾
		房山区	松叶蜂、春尺蠖	平谷区	松毛虫、舞毒蛾
		通州区	美国白蛾、光肩星天牛	密云县	松毛虫、春尺蠖
		顺义区	春尺蠖、杨树溃疡病	延庆县	松叶蜂、杨小舟蛾
		昌平区	舞毒蛾、杨扇舟蛾		
天津市	9	汉沽区	美国白蛾、光肩星天牛	宝坻区	美国白蛾、杨扇舟蛾
		塘沽区	美国白蛾、光肩星天牛	宁河县	杨扇舟蛾、美国白蛾、光肩星天牛
		西青区	美国白蛾、光肩星天牛	静海县	光肩星天牛、美国白蛾
		津南区	光肩星天牛、美国白蛾	蓟县	松毛虫、美国白蛾、红脂大小蠹
		武清区	杨扇舟蛾、光肩星天牛、美国白蛾		
河北省	37	正定县	光肩星天牛、杨扇舟蛾	沽源县	鼠害、松毛虫
		平山县	松毛虫、红脂大小蠹	涿鹿县	松毛虫、经济林病虫
		赵县	光肩星天牛、杨扇舟蛾	赤城县	松毛虫、杨扇舟蛾
		辛集市	杨扇舟蛾、光肩星天牛	内丘县	红脂大小蠹、杨扇舟蛾
		乐亭县	美国白蛾、杨扇舟蛾	兴隆县	松毛虫、木橑尺蛾
		迁西县	松毛虫、木橑尺蛾	平泉县	松毛虫、杨干象
		玉田县	舞毒蛾、美国白蛾	围场县	松毛虫、分月扇舟蛾
		唐海县	美国白蛾、杨扇舟蛾	盐山县	杨扇舟蛾、光肩星天牛
		遵化市	松毛虫、舞毒蛾	河间市	光肩星天牛、杨扇舟蛾
		昌黎县	美国白蛾、松毛虫	廊坊市开发区	光肩星天牛、美国白蛾
		卢龙县	松毛虫、美国白蛾、春尺蠖	永清县	春尺蠖、光肩星天牛
		曲周县	光肩星天牛、杨扇舟蛾	大厂县	光肩星天牛、美国白蛾
		武安市	红脂大小蠹、双条杉天牛	承德县	鼠害、杨扇舟蛾
		邢台县	红脂大小蠹、杨扇舟蛾	故城县	光肩星天牛、杨扇舟蛾
		临城县	红脂大小蠹、杨扇舟蛾	景县	光肩星天牛、杨扇舟蛾
		涞水县	杨扇舟蛾、桑天牛	深州市	杨扇舟蛾、光肩星天牛
		易县	松毛虫、光肩星天牛	塞罕坝	松叶蜂、松毛虫
		涿州市	杨扇舟蛾、光肩星天牛	孟滦	松毛虫、鼠害
		宣化县	光肩星天牛、舞毒蛾		
山西省	34	太原市林场	红脂大小蠹、松毛虫、靖远松叶蜂	太谷县	春尺蠖、杨干透翅蛾、红脂大小蠹
		太原市晋源区	松毛虫、红脂大小蠹、靖远松叶蜂	闻喜县	光肩星天牛、双条杉天牛、双棘长蠹
		灵丘县	松毛虫、松叶蜂、舞毒蛾	稷山县	双棘长蠹、经济林病虫

（续）

地区	数量	测报点	测报对象	测报点	测报对象
山西省	34	左云县	中华鼢鼠、天幕毛虫、杨毒蛾	平陆县	光肩星天牛、锈色粒肩天牛、松扁叶蜂
		大同县	光肩星天牛、落叶松鞘蛾、中华鼢鼠	定襄县	光肩星天牛、红脂大小蠹、杨干透翅蛾
		盂县	松毛虫、红脂大小蠹、沙棘木蠹蛾	代县	光肩星天牛、松毛虫、松叶蜂
		屯留县	光肩星天牛、白杨透翅蛾	岢岚县	中华鼢鼠、沙棘木蠹蛾、红脂大小蠹
		黎城县	松毛虫、核桃举肢蛾、木橑尺蠖	襄汾县	桑天牛、光肩星天牛
		沁县	红脂大小蠹、松叶蜂、光肩星天牛	安泽县	红脂大小蠹、松毛虫、纵坑切梢小蠹
		沁源县	松叶蜂、红脂大小蠹	吉县	中华鼢鼠、双条杉天牛、光肩星天牛
		沁水县	红脂大小蠹、松毛虫	大宁县	中华鼢鼠、红脂大小蠹
		陵川县	红脂大小蠹、松毛虫	交城县	双条杉天牛、红脂大小蠹、经济林病虫
		泽州县	松毛虫、红脂大小蠹	临县	经济林病虫、红脂大小蠹
		应县	光肩星天牛、松叶蜂、白杨透翅蛾	黑茶林局南阳山林场	红脂大小蠹、落叶松鞘蛾、松叶蜂
		右玉县	中华鼢鼠、沙棘木蠹蛾、红脂大小蠹	关帝林局白虎岭林场	红脂大小蠹、松毛虫、松叶蜂
		晋中市榆次区	红脂大小蠹、杨干透翅蛾	吕梁林局交口林场	中华鼢鼠、红脂大小蠹、舞毒蛾
		昔阳县	红脂大小蠹、双条杉天牛	中条林局端氏林场	松毛虫、红脂大小蠹、纵坑切梢小蠹
内蒙古	40	土默特左旗	光肩星天牛、松毛虫、杨树烂皮病	红花尔基林业局	樟子松球果象、樟子松红斑病
		和林格尔县	中华鼢鼠、落叶松鞘蛾、舞毒蛾	陈巴尔虎旗	东北鼢鼠、松叶蜂
		包头市九原区	光肩星天牛、棕背䶄、杨二尾舟蛾	满洲里市	舞毒蛾、杨树烂皮病
		乌海市	光肩星天牛、大沙鼠	牙克石市	松毛虫、东北鼢鼠
		赤峰市松山区	光肩星天牛、松毛虫、杨干象	扎兰屯市	杨干象、松毛虫、舞毒蛾
		林西县	分月扇舟蛾、沙棘木蠹蛾、天幕毛虫	乌兰浩特市	青杨天牛、白杨透翅蛾
		克什克腾旗	松毛虫	科尔沁右翼前旗	松毛虫、天幕毛虫
		喀喇沁旗	松毛虫、二针松疱锈病	五岔沟林业局	落叶松鞘蛾、松毛虫、落叶松早落病
		宁城县	松毛虫、栗山天牛	太仆寺旗	春尺蠖、青杨天牛、杨毒蛾
		敖汉旗	松毛虫、沙棘木蠹蛾、青杨天牛	丰镇市	舞毒蛾、木蠹蛾
		科尔沁左翼后旗	松毛虫、草原鼢鼠	化德县	春尺蠖、木蠹蛾
		开鲁县	青杨天牛、白杨透翅蛾、杨树烂皮病	凉城县	松叶蜂、中华鼢鼠
		库伦旗	松毛虫	四子王旗	春尺蠖、木蠹蛾
		奈曼旗	松毛虫、青杨天牛	巴彦淖尔市临河区	光肩星天牛、大沙鼠
		扎鲁特旗	天幕毛虫	磴口县	光肩星天牛
		鄂尔多斯市东胜区	杨干透翅蛾、春尺蠖、沙棘木蠹蛾	乌拉特前旗	光肩星天牛、青杨天牛
		达拉特旗	光肩星天牛、青杨天牛、春尺蠖	乌拉特中旗	春尺蠖
		准格尔旗	中华鼢鼠、沙棘木蠹蛾	乌拉特后旗	大沙鼠、白杨透翅蛾

（续）

地区	数量	测报点	测报对象	测报点	测报对象
内蒙古	40	乌审旗	春尺蠖、杨毒蛾	阿拉善左旗	光肩星天牛、大沙鼠
		伊金霍洛旗	中华鼢鼠、杨毒蛾	额济纳旗	天幕毛虫、大沙鼠
辽宁省	38	康平县	松毛虫、杨干象、杨树烂皮病	大石桥市	美国白蛾、松毛虫
		新民市	杨干象、美国白蛾、青杨天牛	阜新县	松毛虫、白杨透翅蛾、杨树烂皮病
		千山旅游局	松毛虫、日本松干蚧	彰武县	松毛虫、杨干象、舞毒蛾
		台安县	美国白蛾、舞毒蛾、白杨透翅蛾	辽阳市弓长岭区	杨干象、舞毒蛾
		岫岩县	鼠害、美国白蛾、栗山天牛	辽阳县	美国白蛾、杨干象、日本松干蚧
		海城市	美国白蛾、松毛虫、舞毒蛾	灯塔市	杨干象、纵坑切梢小蠹、美国白蛾
		大伙房林场	日本松干蚧、松叶蜂	盘山县	杨干象、白杨透翅蛾、美国白蛾
		新宾县	日本松干蚧、鼠害	铁岭县	松毛虫、日本松干蚧、杨干象
		清原县	松毛虫、落叶松鞘蛾	西丰县	松毛虫、松叶蜂
		温道林场	日本松干蚧、松叶蜂	昌图县	松毛虫、杨干象、杨树溃疡病
		本溪县	日本松干蚧、美国白蛾、栗山天牛	朝阳县	杨干象、松毛虫、沙棘木蠹蛾
		桓仁县	栗山天牛、青杨虎天牛、日本松干蚧	建平县	松毛虫、杨干象、沙棘木蠹蛾
		宽甸县	美国白蛾、日本松干蚧、栗山天牛	喀喇沁左翼县	松毛虫、杨干象、天幕毛虫
		东港市	鼠害、美国白蛾、日本松干蚧	北票市	松毛虫、杨干象、天幕毛虫
		凤城市	美国白蛾、栗山天牛、日本松干蚧	凌源市	松毛虫、杨干象、沙棘木蠹蛾
		凌海市	杨干象、美国白蛾、杨树溃疡病	葫芦岛市连山区	松毛虫、光肩星天牛、杨干象
		北宁市	松毛虫、杨干象、杨树溃疡病	绥中县	松毛虫、青杨天牛、光肩星天牛
		医巫闾山	栗山天牛、松毛虫	建昌县	松毛虫、杨树烂皮病、栗山天牛
		盖州市	杨干象、美国白蛾、杨树烂皮病	兴城市	松毛虫、美国白蛾
大连市	6	甘井子区	美国白蛾、松毛虫、白杨透翅蛾	瓦房店市	松毛虫、美国白蛾、舞毒蛾
		旅顺口区	松毛虫、美国白蛾	普兰店市	美国白蛾、松毛虫
		金州区	美国白蛾、杨干象	庄河市	美国白蛾、松阿扁叶蜂、舞毒蛾
吉林省	33	长春市净月潭森林公园	松毛虫、纵坑切梢小蠹	前郭县	青杨天牛、分月扇舟蛾
		长春市双阳区	松毛虫、落叶松鞘蛾	长岭县	杨干象、杨小舟蛾
		蛟河市	栗山天牛、红背䶄、棕背䶄	乾安县	青杨天牛、分月扇舟蛾
		桦甸市	红背䶄、棕背䶄、落叶松落叶病	白城市洮北区	青杨天牛、杨毒蛾
		舒兰市	红背䶄、棕背䶄、落叶松鞘蛾	镇赉县	青杨天牛、杨扇舟蛾
		磐石市	松毛虫、落叶松落叶病	三岔子林业局	杨干象、柳蝙蛾
		伊通县	日本松干蚧、落叶松鞘蛾	松江河林业局	红背䶄、棕背䶄、落叶松落叶病
		双辽市	青杨天牛、白杨透翅蛾	露水河林业局	红背䶄、棕背䶄、纵坑切梢小蠹

（续）

地区	数量	测报点	测报对象	测报点	测报对象
吉林省	33	东辽县	松毛虫、落叶松鞘蛾	红石林业局	红背䶄、棕背䶄、红松疱锈病
		辉南县	栗山天牛、红背䶄、棕背䶄	敦化市	松毛虫、红背䶄、棕背䶄
		梅河口市	日本松干蚧、落叶松鞘蛾	龙井市	红背䶄、棕背䶄、落叶松枯梢病
		集安市	栗山天牛、花布灯蛾	和龙市	红背䶄、棕背䶄、落叶松枯梢病
		白山市八道江区	红背䶄、棕背䶄、松毛虫	敦化林业局	松毛虫、落叶松落叶病、红背䶄、棕背䶄
		抚松县	红背䶄、棕背䶄、纵坑切梢小蠹	黄泥河林业局	红背䶄、棕背䶄、落叶松落叶病
		靖宇县	松毛虫、落叶松鞘蛾	珲春林业局	红背䶄、棕背䶄、落叶松落叶病
		长白县	红背䶄、棕背䶄、云杉八齿小蠹	汪清林业局	红背䶄、棕背䶄、落叶松枯梢病
		临江市	松毛虫、落叶松鞘蛾		
黑龙江省	37	方正县	青杨天牛、松针红斑病	佳木斯郊区	松毛虫、松针红斑病
		宾县	红背䶄、棕背䶄	桦川县	落叶松鞘蛾、松针红斑病
		木兰县	杨干象、白杨透翅蛾	汤原管理局	松毛虫、红背䶄
		阿城市	杨干象、红背䶄、棕背䶄	富锦市	松毛虫、青杨天牛
		双城市	杨扇舟蛾、栗山天牛	勃利县	松毛虫、舞毒蛾
		尚志管理局	春尺蠖、松针红斑病	林口县	春尺蠖、栗山天牛、棕背䶄
		五常市	松毛虫、栗山天牛	海林市	松毛虫、栗山天牛
		依安县	青杨天牛、杨干象	爱辉区	舞毒蛾、天幕毛虫
		甘南县	松毛虫、天幕毛虫	孙吴县	松毛虫、天幕毛虫
		富裕县	青杨天牛、白杨透翅蛾	北安市	松毛虫、天幕毛虫
		讷河市	青杨天牛、白杨透翅蛾	五大连池市	青杨天牛、红背䶄
		密山市	春尺蠖、棕背䶄	绥化市北林区	青杨天牛、杨树溃疡病
		鹤岗红旗林场	松毛虫、落叶松鞘蛾	望奎县	杨扇舟蛾、杨干象
		萝北县	红背䶄、棕背䶄	青冈县	分月扇舟蛾、青杨天牛
		集贤县	分月扇舟蛾、红背䶄	庆安管理局	红背䶄、棕背䶄
		宝清县	红背䶄、棕背䶄	绥棱管理局	松毛虫、红背䶄
		大庆市大同区	青杨天牛、杨树烂皮病	安达市	青杨天牛、杨干象
		肇源县	分月扇舟蛾、杨毒蛾	呼玛县	天幕毛虫、棕背䶄
		铁力市	松毛虫、天幕毛虫		
上海市	7	闵行区	桑天牛、杨树舟蛾	松江区	松材线虫病、松褐天牛
		嘉定区	杨树舟蛾、桑天牛	青浦区	双条杉天牛、杨树舟蛾
		浦东新区	桑天牛、杨树舟蛾	崇明县	茶尺蠖、星天牛
		金山区	天牛类、冠瘿病、杨树溃疡病		
江苏省	31	滨海县	杨小舟蛾、桑天牛	灌南县	杨小舟蛾、杨扇舟蛾
		南京浦口区	松材线虫病、杨扇舟蛾	淮安市	杨小舟蛾、杨树溃疡病

（续）

地区	数量	测报点	测报对象	测报点	测报对象
江苏省	31	溧水县	松材线虫病、松毛虫	淮安市淮阴区	杨小舟蛾、杨扇舟蛾
		高淳县	松材线虫病、松毛虫	洪泽县	杨小舟蛾、杨扇舟蛾
		无锡滨湖区	松材线虫病、松毛虫	金湖县	杨小舟蛾、桑天牛
		宜兴市	松材线虫病、松毛虫	东台市	杨扇舟蛾、杨树溃疡病
		沛县	杨小舟蛾、杨树溃疡病	江都市	杨小舟蛾
		铜山县	杨小舟蛾、杨树溃疡病	宝应县	杨小舟蛾、杨扇舟蛾
		新沂市	杨小舟蛾、杨树溃疡病	仪征市	松材线虫病、杨扇舟蛾
		溧阳市	松材线虫病、松毛虫	镇江丹徒区	松材线虫病、松毛虫
		金坛市	松材线虫病、松毛虫	句容市	松材线虫病、松毛虫
		苏州吴中区	松材线虫病、松毛虫	泰兴市	杨小舟蛾、杨扇舟蛾
		吴江市	杨小舟蛾、杨扇舟蛾	姜堰市	杨小舟蛾、杨扇舟蛾
		如皋市	杨小舟蛾、杨扇舟蛾	宿豫县	杨小舟蛾、桑天牛
		海门市	杨小舟蛾、杨扇舟蛾	沭阳县	杨小舟蛾、杨树溃疡病
		东海县	杨小舟蛾、桑天牛		
浙江省	37	杭州市余杭区	松材线虫病、竹子病虫	金华市金东区	马尾松毛虫、花卉苗木病虫
		桐庐县	松材线虫病、日本松干蚧 、杨树病虫	武义县	板栗病虫、竹子病虫、马尾松毛虫
		淳安县	松材线虫病、马尾松毛虫	兰溪市	马尾松毛虫、日本松干蚧、花卉病虫
		千岛湖森林公园	松材线虫病、马尾松毛虫	义乌市	松材线虫病、马尾松毛虫
		建德市	日本松干蚧、松材线虫病、马尾松毛虫	永康市	马尾松毛虫、松材线虫病
		富阳市	松材线虫病、杨树病虫	衢州市柯城区	马尾松毛虫、花卉苗木病虫
		临安市	日本松干蚧、松材线虫病、山核桃病虫	衢州市衢江区	马尾松毛虫、竹子病虫、板栗病虫
		平阳县	马尾松毛虫、柳杉毛虫	常山县	马尾松毛虫、花卉苗木病虫
		文成县	板栗病虫、柳杉毛虫	龙游县	竹子病虫、马尾松毛虫
		瑞安市	马尾松毛虫、柳杉毛虫、竹子病虫	江山市	马尾松毛虫、板栗病虫
		乐清市	松材线虫病、马尾松毛虫	台州市黄岩区	松材线虫病、竹子病虫
		海盐县	松材线虫病、大袋蛾	三门县	松材线虫病、马尾松毛虫
		湖州市吴兴区	松材线虫病、竹子病虫	温岭市	松材线虫病、松褐天牛
		德清县	竹子病虫、松材线虫病	临海市	马尾松毛虫、松材线虫病
		安吉县	竹子病虫、板栗病虫	青田县	马尾松毛虫、柳杉毛虫
		绍兴市	日本松干蚧、松材线虫病	缙云县	马尾松毛虫、松材线虫病
		新昌县	马尾松毛虫、松材线虫病、板栗病虫	遂昌县	板栗病虫、竹子病虫
		诸暨市	日本松干蚧、松材线虫病	龙泉市	竹子病虫、马尾松毛虫
		嵊州市	马尾松毛虫、松材线虫病、花卉病虫		
宁波市	5	北仑区	松材线虫病	余姚市	松材线虫病、杨扇舟蛾
		象山县	松材线虫病	奉化市	松材线虫病

（续）

地区	数量	测报点	测报对象	测报点	测报对象
宁波市	5	宁海县	松材线虫病、柳杉毛虫		
安徽省	37	肥西县	桑天牛、杨小舟蛾	界首市	桑天牛、杨扇舟蛾
		南陵县	松材线虫病、毛竹枯梢病	宿州市埇桥区	桑天牛、杨树溃疡病
		五河县	桑天牛、杨扇舟蛾	砀山县	白杨透翅蛾、杨扇舟蛾
		淮南市潘集区	光肩星天牛、杨树溃疡病	巢湖市居巢区	松毛虫、桑天牛
		当涂县	松材线虫病、杨扇舟蛾	庐江县	松毛虫、杨扇舟蛾
		濉溪县	桑天牛、杨扇舟蛾	含山县	松毛虫、杨小舟蛾
		怀宁县	松材线虫病、桑天牛	六安市裕安区	松毛虫、光肩星天牛
		枞阳县	松毛虫、杨扇舟蛾	舒城县	松材线虫病、杨扇舟蛾
		潜山县	松毛虫、松材线虫病	霍山县	竹蝗、板栗疫病
		太湖县	松毛虫、杨小舟蛾	涡阳县	光肩星天牛、杨扇舟蛾
		岳西县	松毛虫、板栗疫病	利辛县	杨小舟蛾、光肩星天牛
		黄山市	松材线虫病、桑天牛	东至县	松毛虫、竹蝗
		黄山市黄山区	松毛虫、松材线虫病	石台县	松材线虫病、竹蝗
		歙县	松毛虫、松材线虫病	青阳县	松材线虫病、松毛虫
		滁州市	松材线虫病、光肩星天牛	宣城市宣州区	松材线虫病、松毛虫
		滁州市南谯区	松毛虫、桑天牛	广德县	松材线虫病、板栗疫病
		凤阳县	松毛虫、桑天牛	旌德县	松材线虫病、竹蝗
		明光市	杨扇舟蛾、杨树溃疡病	宁国市	松材线虫病、毛竹枯梢病
		阜阳市颍州区	白杨透翅蛾、杨小舟蛾		
福建省	36	永泰县	松毛虫、松突圆蚧、松材线虫病	漳浦县	松突圆蚧、毛竹枯梢病
		平潭县	松突圆蚧、松毛虫、松材线虫病	诏安县	松材线虫病、松突圆蚧
		福清市	松毛虫、松突圆蚧、松材线虫病	东山县	松材线虫病、松突圆蚧
		长乐市	松毛虫、松突圆蚧、松材线虫病	南靖县	松突圆蚧、竹蝗、毛竹枯梢病
		莆田市涵江区	松毛虫、松突圆蚧、毛竹枯梢病	南平市延平区	松毛虫、松材线虫病、毛竹枯梢病
		仙游县	松毛虫、松突圆蚧、毛竹枯梢病	浦城县	松材线虫病、日本松干蚧、板栗疫病
		三明市梅列区	松毛虫、松材线虫病	政和县	日本松干蚧、板栗疫病、松毛虫
		宁化县	竹蝗、松材线虫病、松毛虫	邵武市	竹蝗、板栗疫病、松毛虫
		大田县	松毛虫、松突圆蚧	武夷山市	松毛虫、松材线虫病、松突圆蚧
		尤溪县	松毛虫、松突圆蚧、松材线虫病	建瓯市	竹蝗、板栗疫病、松毛虫
		沙县	松毛虫、松材线虫病、竹蝗	龙岩市新罗区	松材线虫病、松突圆蚧、松毛虫
		将乐县	松毛虫、竹蝗、松材线虫病	永定县	松突圆蚧、毛竹枯梢病、竹蝗
		建宁县	松材线虫病、板栗疫病、松毛虫	武平县	松毛虫、松突圆蚧、竹蝗
		永安市	松毛虫、竹蝗、松材线虫病	连城县	松毛虫、松材线虫病、竹蝗

（续）

地区	数量	测报点	测报对象	测报点	测报对象
福建省	36	惠安县	松材线虫病、松突圆蚧	霞浦县	松突圆蚧、日本松干蚧、松毛虫
		安溪县	松毛虫、松突圆蚧	古田县	松突圆蚧、毛竹枯梢病、松毛虫
		南安市	松毛虫、松突圆蚧	福安市	日本松干蚧、毛竹枯梢病、松毛虫
		云霄县	松毛虫、松突圆蚧	福鼎市	日本松干蚧、毛竹枯梢病、松毛虫
厦门市	4	思明区	松毛虫、松材线虫病、松突圆蚧	集美区	松毛虫、松材线虫病、松突圆蚧
		湖里区	松毛虫、松材线虫病、松突圆蚧	同安区	松毛虫、松材线虫病、松突圆蚧
江西省	36	新建县	松毛虫、黄斑星天牛	石城县	竹蝗、松材线虫病、萧氏松茎象
		景德镇枫树山林场	萧氏松茎象、松材线虫病	南康市	松毛虫、松材线虫病、毛竹枯梢病
		浮梁县	松材线虫病、竹蝗	吉安县	松毛虫、萧氏松茎象、杨小舟蛾
		萍乡市安源区	竹蝗、萧氏松茎象	吉水县	松毛虫、杨小舟蛾
		芦溪县	萧氏松茎象、竹蝗	安福县	萧氏松茎象、竹蝗
		修水县	松毛虫、萧氏松茎象	宜春市袁州区	松毛虫、毛竹枯梢病、萧氏松茎象
		永修县	萧氏松茎象、板栗疫病	奉新县	萧氏松茎象、竹蝗
		星子县	松毛虫、竹蝗	宜丰县	竹蝗、萧氏松茎象
		彭泽县	松材线虫病、竹蝗	高安市	松毛虫、黄斑星天牛、杨扇舟蛾
		新余市渝水区	松毛虫、萧氏松茎象	抚州市临川区	松毛虫、松针褐斑病
		余江县	松毛虫、油茶炭疽病	南城县	松毛虫、松梢螟
		信丰县	松材线虫病、松毛虫	广昌县	松褐天牛、萧氏松茎象
		上犹县	萧氏松茎象、松材线虫病	上饶县	松毛虫、竹卵圆蝽
		龙南县	松突圆蚧、毛竹枯梢病	余干县	黄斑星天牛、杨扇舟蛾
		定南县	松材线虫病、松突圆蚧、萧氏松茎象	波阳县	松毛虫、桑天牛
		全南县	松材线虫病、松突圆蚧、萧氏松茎象	万年县	松毛虫、板栗疫病
		于都县	松毛虫、松材线虫病、萧氏松茎象	婺源县	松材线虫病、松毛虫
		会昌县	松毛虫、松材线虫病、萧氏松茎象	德兴市	松材线虫病、萧氏松茎象
山东省	38	柳埠林场	松毛虫、舞毒蛾	新泰市	日本松干蚧、板栗疫病、松材线虫病
		平阴县	光肩星天牛、杨毒蛾、木蠹蛾	文登市	松毛虫、美国白蛾、日本松干蚧
		商河县	春尺蠖、白杨透翅蛾	荣成市	美国白蛾、舞毒蛾、日本松干蚧
		章丘市	松毛虫、桑天牛	日照市东港区	松毛虫、日本松干蚧
		原山林场	松毛虫、纵坑切梢小蠹	五莲县	松毛虫、日本松干蚧
		滕州市	杨扇舟蛾、桑天牛	莒县	松毛虫、光肩星天牛、日本松干蚧

（续）

地区	数量	测报点	测报对象	测报点	测报对象
山东省	38	东营市东营区	美国白蛾、光肩星天牛、木蠹蛾	莱芜市	松毛虫、日本松干蚧
		烟台市牟平区	美国白蛾、松材线虫病、日本松干蚧	临沂市兰山区	杨扇舟蛾、杨小舟蛾
		长岛县	松毛虫、美国白蛾、松材线虫病	郯城县	光肩星天牛、白杨透翅蛾
		临朐县	松毛虫、舞毒蛾、日本松干蚧	苍山县	杨扇舟蛾、杨小舟蛾
		青州市	杨扇舟蛾、桑天牛	费县	松毛虫、纵坑切梢小蠹
		诸城市	光肩星天牛、桑天牛、日本松干蚧	临邑县	杨毒蛾、杨树溃疡病
		寿光机械化林场	美国白蛾、木蠹蛾	夏津县	杨扇舟蛾、杨小舟蛾、杨树溃疡病
		金乡县	春尺蠖、桑天牛	冠县	春尺蠖、桑天牛、杨干透翅蛾
		梁山县	杨扇舟蛾、白杨透翅蛾、杨树溃疡病	滨州市滨城区	杨扇舟蛾、春尺蠖
		曲阜市	杨小舟蛾、杨干透翅蛾、杨树烂皮病	无棣县	杨扇舟蛾、桑天牛
		兖州市	杨扇舟蛾、杨小舟蛾、光肩星天牛	菏泽市牡丹区	春尺蠖、光肩星天牛
		泰山林场	松毛虫、纵坑切梢小蠹、舞毒蛾	曹县	杨树溃疡病、杨树烂皮病
		宁阳县	光肩星天牛、杨毒蛾	郓城县	杨小舟蛾、春尺蠖、桑天牛
青岛市	5	崂山区	松材线虫病、松毛虫、美国白蛾	胶南市	赤松毛虫、松材线虫病
		胶州市	光肩星天牛、杨扇舟蛾、杨树溃疡病	莱西市	光肩星天牛、白杨透翅蛾、杨毒蛾
		平度市	松毛虫、光肩星天牛、杨扇小蛾		
河南省	38	中牟县	春尺蠖、杨小舟蛾	濮阳县	杨扇舟蛾、杨树溃疡病、春尺蠖
		新密市	柳毒蛾、杨扇舟蛾、光肩星天牛	禹州市	光肩星天牛、杨树溃疡病
		尉氏县	光肩星天牛、杨小舟蛾	长葛市	杨扇舟蛾、光肩星天牛
		开封县	春尺蠖、杨小舟蛾	郾城县	杨扇舟蛾、光肩星天牛
		兰考县	大袋蛾、杨扇舟蛾	卢氏县	松毛虫、美国白蛾、中华松鞘蚧
		新安县	舞毒蛾、桑天牛	灵宝市	松毛虫、美国白蛾、松扁叶蜂
		洛宁县	杨小舟蛾、黄斑星天牛	南召县	杨扇舟蛾、松纵坑切梢小蠹
		偃师市	杨扇舟蛾、桑天牛	淅川县	杨小舟蛾、松纵坑切梢小蠹
		鲁山县	杨扇舟蛾、杨小舟蛾	桐柏县	松毛虫、杨小舟蛾、板栗疫病
		舞钢市	杨小舟蛾、光肩星天牛	邓州市	杨小舟蛾、桑天牛、杨树溃疡病
		内黄县	春尺蠖、杨小舟蛾	商丘市睢阳区	大袋蛾、杨小舟蛾、杨扇舟蛾
		林州市	红脂大小蠹、杨树烂皮病	夏邑县	杨小舟蛾、光肩星天牛
		浚县	杨扇舟蛾、光肩星天牛	信阳市平桥区	松毛虫、杨树溃疡病、松材线虫病
		获嘉县	桑天牛、春尺蠖	罗山县	松毛虫、杨扇舟蛾、桑天牛
		辉县市	杨白潜蛾、红脂大小蠹	商城县	松毛虫、杨扇舟蛾
		修武县	桑天牛、红脂大小蠹	扶沟县	杨扇舟蛾、杨小舟蛾
		济源市	刺槐尺蠖、光肩星天牛、红脂大小蠹	鹿邑县	杨扇舟蛾、光肩星天牛
		沁阳市	杨小舟蛾、杨树溃疡病	西平县	杨扇舟蛾、杨树烂皮病

（续）

地区	数量	测报点	测报对象	测报点	测报对象
河南省	38	南乐县	春尺蠖、杨树溃疡病、白杨透翅蛾	确山县	松毛虫、杨树溃疡病
湖北省	36	武汉市新州区	松材线虫病、松毛虫、杨小舟蛾	公安县	桑天牛、竹蝗、杨树病害
		阳新县	松毛虫、杨扇舟蛾、桑天牛	江陵县	杨小舟蛾、分月扇舟蛾、云斑天牛
		十堰市郧县	松毛虫、银杏大蚕蛾、森林鼠害	石首市	杨小舟蛾、竹蝗、云斑天牛
		宜昌市猇亭区	松毛虫、杨扇舟蛾、松材线虫病	松滋市	松毛虫、分月扇舟蛾、桑天牛
		夷陵区	松毛虫、杨小舟蛾、松材线虫病	罗田县	松毛虫、板栗疫病、杨扇舟蛾
		远安县	松毛虫、杨扇舟蛾、萧氏松茎象	团风县	松毛虫、杨小舟蛾、桑天牛
		兴山县	杨小舟蛾、银杏大蚕蛾、松材线虫病	红安县	松毛虫、板栗疫病、杨小舟蛾
		宜都市	松毛虫、松材线虫病、云斑天牛	浠水县	松毛虫、杨扇舟蛾、松材线虫病
		当阳市	松毛虫、杨扇舟蛾、萧氏松茎象	英山县	松毛虫、板栗疫病、云斑天牛
		襄樊市宜城市	松毛虫、萧氏松茎象、云斑天牛	利川市	松毛虫、杨扇舟蛾、萧氏松茎象
		南漳县	松毛虫、杨扇舟蛾、萧氏松茎象	通山县	松毛虫、竹蝗、杨小舟蛾
		鄂州市华容区	松毛虫、桑天牛、松材线虫病	咸安区	松毛虫、竹蝗、桑天牛
		黄梅县	松毛虫、松材线虫病、分月扇舟蛾	嘉鱼县	桑天牛、杨小舟蛾、分月扇舟蛾
		京山县	松毛虫、杨小舟蛾、萧氏松茎象	崇阳县	竹蝗、松毛虫、竹节虫
		钟祥市	松毛虫、桑天牛、分月扇舟蛾	赤壁市	松毛虫、竹蝗、桑天牛
		孝昌县	松毛虫、桑天牛、杨扇舟蛾	随州市曾都区	松毛虫、杨小舟蛾、云斑天牛
		大悟县	松毛虫、板栗疫病、杨树病害	鹤峰县	松材线虫病、萧氏松茎象、银杏大蚕蛾
		荆州市洪湖市	桑天牛、杨小舟蛾、杨树病害	恩施市	松材线虫病、松毛虫、银杏大蚕蛾
湖南省	40	长沙县	松毛虫、松材线虫病、黄脊竹蝗	桃源县	竹蝗、松毛虫
		浏阳市	松毛虫、黄脊竹蝗、松材线虫病	张家界	松材线虫病、松毛虫
		攸县	松毛虫、黄脊竹蝗	慈利县	松毛虫、松材线虫病
		茶陵县	松毛虫、松材线虫病	桃江县	竹蝗、竹缕舟蛾
		醴陵市	松毛虫、油茶尺蠖	安化县	竹蝗、松毛虫
		湘乡市	松毛虫、黄脊竹蝗	桂阳县	松毛虫、松材线虫病
		韶山市	松毛虫、松材线虫病	宜章县	松材线虫病、湿地松粉蚧、松毛虫
		衡山县	松毛虫、黄脊竹蝗、松材线虫病	资兴市	萧氏松茎象、竹蝗、松毛虫
		祁东县	松毛虫、黄脊竹蝗	东安县	松毛虫、萧氏松茎象
		耒阳市	松毛虫、油茶尺蠖	宁远县	松毛虫、萧氏松茎象、松毛虫
		邵东县	松毛虫、黄脊竹蝗、萧氏松茎象	江华县	松材线虫病、松毛虫
		新邵县	松毛虫、黄脊竹蝗、萧氏松茎象	怀化市鹤城区	松毛虫、萧氏松茎象
		洞口县	松毛虫、黄脊竹蝗、萧氏松茎象	溆浦县	松毛虫、松茸毒蛾
		新宁县	松毛虫、松材线虫病、萧氏松茎象	通道县	松毛虫、松材线虫病
		岳阳县	松毛虫、黄脊竹蝗	洪江市	松毛虫、黄脊竹蝗

（续）

地区	数量	测报点	测报对象	测报点	测报对象
湖南省	40	华容县	桑天牛、杨扇舟蛾	双峰县	松毛虫、黄脊竹蝗
		平江县	松毛虫、黄脊竹蝗	新化县	松毛虫、黄脊竹蝗
		汨罗市	松毛虫、竹蝗	凤凰县	松毒蛾、松毛虫
		汉寿县	桑天牛、杨扇舟蛾、松材线虫病	古丈县	松毛虫、松茸毒蛾
		临澧县	松毛虫、桑天牛	龙山县	松材线虫病、松毛虫
广东省	40	广州市花都区	松材线虫病、椰心叶甲、松突圆蚧	惠州市惠城区	松材线虫病、松突圆蚧、松茸毒蛾
		增城市	松材线虫病、松毛虫、湿地松粉蚧	博罗县	松材线虫病、松毛虫、湿地松粉蚧
		从化市	松材线虫病、松毛虫、萧氏松茎象	惠东县	松材线虫病、松突圆蚧、松毛虫
		新丰县	松材线虫病、南方豆天蛾、湿地松粉蚧	龙门县	松材线虫病、竹蝗、松突圆蚧
		乐昌市	萧氏松茎象、松材线虫病、松毛虫	丰顺县	竹蝗、松毛虫、松材线虫病
		珠海市	湿地松粉蚧、椰心叶甲、松材线虫病	五华县	松毛虫、松突圆蚧、松材线虫病
		佛山市南海区	松突圆蚧、松材线虫病、棕榈科病害	兴宁市	松毛虫、松材线虫病、松突圆蚧
		佛山市高明区	松毛虫、松突圆蚧、松茸毒蛾	海丰县	松材线虫病、湿地松粉蚧、松突圆蚧
		台山市	湿地松粉蚧、松流脂病、松毛虫	陆河县	松突圆蚧、云南杂毛虫、松材线虫病
		鹤山市	松毛虫、湿地松粉蚧、松材线虫病	紫金县	松突圆蚧、松毛虫、松材线虫病
		廉江市	松毛虫、椰心叶甲、锈色棕榈象	连平县	松突圆蚧、松材线虫病、湿地松粉蚧
		雷州市	木麻黄星天牛、松材线虫病、椰心叶甲	和平县	松材线虫病、松毛虫、松突圆蚧
		电白县	湿地松粉蚧、松毛虫、松材线虫病	东源县	松材线虫病、松毛虫、松突圆蚧
		高州市	松毛虫、松突圆蚧、松材线虫病	阳东县	松毛虫、松材线虫病、松突圆蚧
		信宜市	湿地松粉蚧、松毛虫、松材线虫病	阳春市	松突圆蚧、松材线虫病、松流脂病
		广宁县	竹蝗、松突圆蚧、松材线虫病	英德市	松毛虫、萧氏松茎象、松材线虫病
		怀集县	松材线虫病、萧氏松茎象、松毛虫	潮安县	松毛虫、松材线虫病、松流脂病
		封开县	松毛虫、松材线虫病、萧氏松茎象	揭西县	松材线虫病、松突圆蚧、松毛虫
		德庆县	松毛虫、松突圆蚧、松材线虫病	郁南县	湿地松粉蚧、松突圆蚧、松材线虫病
		四会市	松突圆蚧、松材线虫病、松毛虫	罗定市	松毛虫、松叶蜂、松突圆蚧
深圳市	3	深圳市	松材线虫病、椰心叶甲、褐纹甘蔗象	龙岗区	松材线虫病、褐纹甘蔗象、椰心叶甲
		宝安区	松材线虫病、褐纹甘蔗象、椰心叶甲		

（续）

地区	数量	测报点	测报对象	测报点	测报对象
广西省	39	武鸣县	松毛虫、松材线虫病	桂平市	松材线虫病、松毛虫
		马山县	松毛虫、松材线虫病	玉林市福绵区	马尾松毛虫、湿地松粉蚧、松材线虫病
		宾阳县	松毛虫、松材线虫病	玉林市玉州区	马尾松毛虫、湿地松粉蚧、松材线虫病
		横　县	松毛虫、松材线虫病、湿地松粉蚧	容　县	松突圆蚧、马尾松毛虫、湿地松粉蚧
		柳江县	松毛虫、桉树病虫、松材线虫病	陆川县	湿地松粉蚧、马尾松毛虫
		柳城县	松毛虫、松材线虫病、桉树病虫	博白县	湿地松粉蚧、马尾松毛虫、桉树病虫
		融安县	黄脊竹蝗、油茶病虫	兴业县	马尾松毛虫、湿地松粉蚧、松材线虫病
		临桂县	松材线虫病、萧氏松茎象、松毛虫	北流市	松突圆蚧、马尾松毛虫、湿地松粉蚧
		灵川县	松材线虫病、松毛虫、萧氏松茎象	百色市右江区	松毛虫、松材线虫病
		全州县	萧氏松茎象、松毛虫、松材线虫病	田阳县	松毛虫、松材线虫病
		兴安县	黄脊竹蝗、萧氏松茎象、松毛虫	平果县	松毛虫、松材线虫病
		永福县	松材线虫病、松毛虫	贺州市八步区	松材线虫病、湿地松粉蚧、松毛虫
		荔浦县	松毛虫、萧氏松茎象、松材线虫病	昭平县	松毛虫、萧氏松茎象、黄脊竹蝗
		苍梧县	湿地松粉蚧、松尺蛾、松材线虫病	都安县	松毛虫、松茸毒蛾
		藤　县	松叶蜂、松毛虫、松材线虫病	宜州市	松毛虫、松材线虫病
		岑溪市	松毛虫、湿地松粉蚧、松材线虫病	象州县	松毛虫、桉树病虫
		上思县	松毛虫、桉树病虫	宁明县	松毛虫、松材线虫病
		浦北县	松毛虫、竹节虫、松材线虫病	自治区七坡林场	松毛虫、松材线虫病、经济林病虫
		灵山县	松毛虫、松材线虫病	派阳山林场	松毛虫、松材线虫病、经济林病虫
		平南县	松叶蜂、松毛虫		
海南省	10	五指山市	松毛虫、松材线虫病、湿地松粉蚧	屯昌县	松毛虫、椰心叶甲、松材线虫病
		海口市	椰心叶甲、锈色棕榈象、松毛虫	澄迈县	松毛虫、椰心叶甲
		琼海市	椰心叶甲、桉树青枯病、锈色棕榈象	白沙县	松突圆蚧、松材线虫病
		儋州市	松毛虫、松材线虫病、桉树青枯病	保亭县	松毛虫、松材线虫病、椰心叶甲
		文昌市	椰心叶甲、锈色棕榈象	琼中县	松毛虫、松材线虫病、萧氏松茎象
重庆市	24	彭水县	杨树病害虫、蜀柏毒蛾、粗鞘双条杉天牛	梁平县	松毛虫、竹毒蛾
		万州区	松材线虫病、松毛虫	城口县	银杏大蚕蛾、核桃炭疽病
		涪陵区	松材线虫病、蜀柏毒蛾、松毛虫	丰都县	蜀柏毒蛾、松材线虫病、松毛虫
		沙坪坝区	松毛虫、松材线虫病	武隆县	蜀柏毒蛾、粗鞘双条杉天牛、松毛虫

（续）

地区	数量	测报点	测报对象	测报点	测报对象
重庆市	24	缙云山	竹蝗、马松腮扁叶蜂	忠县	蜀柏毒蛾、鞭角华扁叶蜂、松材线虫病
		巴南区	松材线虫病、松毛虫	开县	松毛虫、纵坑切梢小蠹
		黔江区	松毛虫、板栗瘿蜂	云阳县	松毛虫、鞭角华扁叶蜂
		酉阳	分月扇舟蛾、杨叶锈病、杨黄卷叶螟	奉节县	松材线虫病、鞭角华扁叶蜂
		铜梁县	蜀柏毒蛾、松毛虫、竹蝗	巫山县	松材线虫病、蜀柏毒蛾
		大足县	竹蝗、马松腮扁叶蜂、松毛虫	江津市	松毛虫、松材线虫病、粗鞘双条杉天牛
		荣昌县	蜀柏毒蛾、杨扇舟蛾、松毛虫	永川市	竹蝗、马尾松扁叶蜂、松毛虫
		璧山县	竹蝗、松毛虫	南川市	松毛虫、松材线虫病
四川省	40	金堂县	蜀柏毒蛾、舞毒蛾、杨树烂皮病	理县	云杉落针病、松叶蜂
		都江堰市	舞毒蛾、天幕毛虫	南部县	蜀柏毒蛾、舞毒蛾、光肩星天牛
		彭州市	舞毒蛾、杨扇舟蛾、鼠害	阆中市	蜀柏毒蛾、舞毒蛾、光肩星天牛
		富顺县	松毛虫、蜀柏毒蛾	洪雅县	鼠害、蜀柏毒蛾、竹蝗
		攀枝花仁和区	纵坑切梢小蠹、松毛虫	宜宾县	松毛虫、舞毒蛾
		盐边县	纵坑切梢小蠹、松毛虫、松叶蜂	长宁县	竹蝗、毛竹枯梢病
		泸县	松毛虫、松材线虫病、双条杉天牛	邻水县	松毛虫、松叶蜂、蜀柏毒蛾
		古蔺县	蜀柏毒蛾、板栗疫病、松材线虫病	华莹市	松毛虫、松叶蜂、松材线虫病
		德阳市旌阳区	光肩星天牛、杨扇舟蛾	达县	松毛虫、蜀柏毒蛾、松材线虫病
		中江县	蜀柏毒蛾、舞毒蛾	汉源县	纵坑切梢小蠹、舞毒蛾
		广元朝天区	核桃长足象、华山松大小蠹、松毛虫	石棉县	纵坑切梢小蠹、松毛虫、板栗疫病
		三台县	蜀柏毒蛾、舞毒蛾、光肩星天牛	平昌县	蜀柏毒蛾、松叶蜂
		盐亭县	蜀柏毒蛾、舞毒蛾	南江县	蜀柏毒蛾、松毛虫
		梓潼县	蜀柏毒蛾、桑天牛	资阳市雁江区	蜀柏毒蛾、舞毒蛾、光肩星天牛
		旺苍县	蜀柏毒蛾、松毛虫	安岳县	蜀柏毒蛾、舞毒蛾
		广元元坝区	蜀柏毒蛾、松毛虫、松材线虫病	茂县	鼠害、松叶蜂、经济林病虫
		遂宁安居区	蜀柏毒蛾、舞毒蛾、光肩星天牛	邛崃县	舞毒蛾、蜀柏毒蛾
		威远县	松毛虫、蜀柏毒蛾、松叶蜂	泸定县	纵坑切梢小蠹、云杉病害
		犍为县	蜀柏毒蛾、松毛虫	西昌市	松毛虫、纵坑切梢小蠹、松叶蜂
		乐山市中区	松毛虫、松材线虫病	德昌县	纵坑切梢小蠹、松毛虫、松叶蜂
贵州省	35	贵阳花溪区	松毛虫、松褐天牛、舞毒蛾	兴义市	松毛虫、松褐天牛
		贵阳乌当区	松毒蛾、松毛虫、舞毒蛾	兴仁县	萧氏松茎象、松褐天牛
		开阳县	松毛虫、松褐天牛、松材线虫病	册亨县	鼠害、松褐天牛
		清镇市	松毛虫、松褐天牛	黔西县	松毛虫、纵坑切梢小蠹、松褐天牛

（续）

地区	数量	测报点	测报对象	测报点	测报对象
贵州省	35	六盘水六枝特区	松叶蜂、松褐天牛	金沙县	松毛虫、松材线虫病
		盘县	纵坑切梢小蠹、松毛虫、木蠹象	纳雍县	鼠害
		遵义市红花岗区	松褐天牛、银杏大蚕蛾、松材线虫病	威宁县	木蠹象、纵坑切梢小蠹、松叶蜂
		道真县	松毛虫、双条杉天牛、松毒蛾	赫章县	舞毒蛾、松毛虫、纵坑切梢小蠹
		湄潭县	松毛虫、松叶蜂、松材线虫病	锦屏县	松毛虫、萧氏松茎象、鼠害
		赤水市	竹子病虫	台江县	萧氏松茎象、舞毒蛾
		仁怀市	松毛虫、松毒蛾	黎平县	松毛虫、萧氏松茎象
		安顺市西秀区	松毛虫、松褐天牛、萧氏松茎象	从江县	松毛虫、萧氏松茎象
		镇宁县	松毛虫、松褐天牛、油桐枯萎病	麻江县	松毛虫、萧氏松茎象
		紫云县	松毛虫、松褐天牛、纵坑切梢小蠹	都匀市	松毛虫、萧氏松茎象
		铜仁市	萧氏松茎象、天牛	瓮安县	松毛虫、银杏大蚕蛾
		玉屏县	萧氏松茎象、板栗疫病	罗甸县	松褐天牛、松毒蛾
		思南县	萧氏松茎象、杨毒蛾、杨树天牛	龙里县	松毒蛾、萧氏松茎象、松毛虫
		印江县	萧氏松茎象、杨毒蛾		
云南省	35	宜良县	纵坑切梢小蠹、板栗疫病	文山县	纵坑切梢小蠹、经济林病害
		石林县	松毛虫、纵坑切梢小蠹	富宁县	松材线虫病、松毛虫
		曲靖市麒麟区	纵坑切梢小蠹、木蠹象	思茅市翠云区	松毛虫、纵坑切梢小蠹
		陆良县	纵坑切梢小蠹、松毛虫	普洱县	纵坑切梢小蠹、松毛虫
		沾益县	纵坑切梢小蠹、鼠害	景东县	松毛虫、纵坑切梢小蠹
		江川县	经济林病害、松材线虫病	景洪市	松材线虫病、松毛虫
		通海县	纵坑切梢小蠹、鼠害	大理市	中华姬鼠、松叶蜂
		新平县	纵坑切梢小蠹、鼠害	祥云县	纵坑切梢小蠹、松叶蜂
		保山市隆阳区	松毛虫、木蠹象	潞西市	松毛虫、经济林病害
		龙陵县	木蠹象、鼠害	玉龙县	木蠹象、高山姬鼠
		巧家县	松疱锈病、纵坑切梢小蠹	永胜县	松毛虫、松叶蜂
		绥江县	鼠害、经济林病害	华坪县	松材线虫病、松褐天牛
		双柏县	纵坑切梢小蠹、松叶蜂	兰坪县	纵坑切梢小蠹、松树病害
		永仁县	松毛虫、板栗疫病	香格里拉县	松毛虫、高山小毛虫
		禄丰县	纵坑切梢小蠹、松毛虫	德钦县	高山小毛虫、纵坑切梢小蠹
		个旧市	纵坑切梢小蠹、木蠹象	永德县	松毛虫、松叶蜂
		弥勒县	松毛虫、纵坑切梢小蠹	双江县	木蠹象、松毛虫
		河口县	纵坑切梢小蠹、经济林病害		
西藏区	3	拉萨市	云杉球蚜、光肩星天牛	林芝地区	栗黄枯叶蛾、苹果绵蚜
		昌都地区	栗黄枯叶蛾、苹果绵蚜		
陕西省	35	蓝田县	松叶蜂、松毛虫	宜川县	红脂大小蠹、松毛虫
		周至县	杨小舟蛾、杨扇舟蛾	南郑县	松毛虫、华山松大小蠹

（续）

地区	数量	测报点	测报对象	测报点	测报对象
陕西省	35	户县	黄斑星天牛、光肩星天牛	城固县	舞毒蛾、松毛虫
		铜川市耀州区	黄斑星天牛、光肩星天牛	西乡县	松毛虫、松叶蜂
		宜君县	鼢鼠、杨扇舟蛾	镇巴县	板栗疫病、鼢鼠
		宝鸡市陈仓区	黄斑星天牛、光肩星天牛	佛坪县	鼢鼠、华山松大小蠹
		岐山县	松叶蜂、杨干透翅蛾	榆林市榆阳区	春尺蠖、木蠹蛾
		陇县	鼢鼠、杨树溃疡病	靖边县	春尺蠖、舞毒蛾
		杨凌区	美国白蛾、杨树溃疡病	定边县	光肩星天牛、黄斑星天牛、春尺蠖
		三原县	杨干透翅蛾、白杨透翅蛾	绥德县	春尺蠖、鼢鼠
		旬邑县	松毛虫、鼢鼠	安康市汉滨区	松毛虫、华山松大小蠹
		兴平市	美国白蛾、杨小舟蛾	岚皋县	板栗疫病、华山松大小蠹
		华县	黄斑星天牛、光肩星天牛	平利县	松毛虫、鼢鼠
		澄城县	鼢鼠、杨扇舟蛾	商洛市商州区	松叶蜂、华山松大小蠹
		韩城市	红脂大小蠹、松毛虫	洛南县	松叶蜂、松毛虫
		华阴市	白杨透翅蛾、华山松大小蠹	丹凤县	鼢鼠、杨扇舟蛾
		安塞县	鼢鼠、春尺蠖	镇安县	板栗疫病、华山松大小蠹
		吴旗县	木蠹蛾、春尺蠖		
甘肃省	35	兰州城关区	杨树星天牛、双条杉天牛、春尺蠖	敦煌市	春尺蠖、天幕毛虫、苹果蠹蛾
		榆中县	杨树星天牛、中华鼢鼠	庆阳市西峰区	杨树星天牛、舞毒蛾、中华鼢鼠
		正宁县	黄斑星天牛、刺槐尺蠖	定西市安定区	杨树星天牛、舞毒蛾、中华鼢鼠
		永昌县	杨树星天牛、春尺蠖、大沙鼠	陇西县	杨树星天牛、中华鼢鼠
		靖远县	杨树星天牛、中华鼢鼠、甘伪小眼夜蛾	武都县	杨树星天牛、中华鼢鼠、松落针病
		景泰县	杨树星天牛、松叶蜂、云杉阿扁叶蜂	临夏县	杨树星天牛、中华鼢鼠、沙枣尺蠖
		天水市秦城区	杨树星天牛、中华鼢鼠、刺槐尺蠖	永靖县	杨树星天牛、甘肃线小卷蛾
		天水市北道区	杨树星天牛、刺槐尺蠖、松落针病	合作市	云杉大小蠹、中华鼢鼠、落叶松红瘿球蚜
		武威市凉州区	杨树星天牛、舞毒蛾、沙枣尺蠖	舟曲县	杨树星天牛、云杉叶锈病、落叶松球蚜
		民勤县	杨树星天牛、大沙鼠、沙枣尺蠖	迭部县	杨树星天牛、纵坑切梢小蠹、云杉叶锈病
		天祝县	春尺蠖、中华鼢鼠、杨毒蛾	白龙江洮河林业局	中华鼢鼠、松落针病、云杉叶锈病
		张掖市甘州区	杨树星天牛、舞毒蛾、沙枣尺蠖	白龙江舟曲林业局	中华鼢鼠、云杉叶锈病、云杉落针病
		高台县	杨树星天牛、春尺蠖、杨树腐烂病	兴隆山管理局	中华鼢鼠、云杉大小蠹、杨树蛀干害虫
		平凉市崆峒区	杨树星天牛、中华鼢鼠	莲花山管理局	中华鼢鼠、落叶松球蚜
		灵台县	杨树星天牛、中华鼢鼠	祁连山管理局	中华鼢鼠、云杉大小蠹、云杉叶锈病

（续）

地区	数量	测报点	测报对象	测报点	测报对象
甘肃省	35	华亭县	杨树星天牛、崇信短肛棒蜷	小陇山党川林场	松叶蜂、中华鼢鼠、落叶松球蚜
		酒泉市肃州区	杨树星天牛、春尺蠖、苹果蠹蛾	小陇山麻沿林场	松叶蜂、中华鼢鼠、落叶松球蚜
		安西县	春尺蠖、青杨天牛、云杉大小蠹		
青海省	29	海晏县	高原鼢鼠、明亮长脚金龟子	共和县	黄斑星天牛、杨干透翅蛾
		西宁市城北区	黄斑星天牛、高原鼢鼠	同德县	云杉锈病、高原鼢鼠
		大通县	高原鼢鼠、云杉梢斑螟	贵德县	杨干透翅蛾、杨树烂皮病
		湟中县	黄斑星天牛、高原鼢鼠	兴海县	锈斑楔天牛、高原鼢鼠
		湟源县	桦尺蠖、锈斑楔天牛	贵南县	高原鼢鼠、柳毒蛾
		平安县	黄斑星天牛、榆黄黑蛱蝶	玉树县	鼠兔、杨干透翅蛾
		民和县	春尺蠖、黄斑星天牛	格尔木市	杨干透翅蛾、灰斑古毒蛾
		乐都县	春尺蠖、黄斑星天牛	德令哈市	杨二尾舟蛾、灰斑古毒蛾
		互助县	高原鼢鼠、黄斑星天牛、高山毛顶蛾	乌兰县	杨二尾舟蛾、灰斑古毒蛾
		化隆县	杨毒蛾、春尺蠖、榆黄黑蛱蝶	都兰县	杨二尾舟蛾、锈斑楔天牛
		循化县	春尺蠖、黄斑星天牛	孟达保护区	松梢螟、云杉八齿小蠹
		门源县	油杉寄生害、高山毛顶蛾	麦秀林场	云杉八齿小蠹、侧柏毒蛾
		祁连县	圆柏大痣小蜂、油杉寄生害	玛可河林业局	油杉寄生害、云杉大小蠹
		同仁县	侧柏毒蛾、云杉八齿小蠹	省干旱造林站	鼠兔、杨柳小卷蛾
		尖扎县	侧柏毒蛾、横坑切梢小蠹		
宁夏区	16	永宁县	光肩星天牛、东方田鼠、葡萄白粉病	同心县	黄斑星天牛、鼢鼠、春尺蠖
		贺兰县	光肩星天牛、东方田鼠、春尺蠖	青铜峡市	光肩星天牛、杨干透翅蛾、杨二尾舟蛾
		石嘴山市大武口区	木蠹蛾、槐尺蠖、光肩星天牛	白芨滩保护区	光肩星天牛、春尺蠖、白杨透翅蛾
		平罗县	光肩星天牛、木蠹蛾、杨毒蛾	固原市原州区	鼢鼠、黄斑星天牛、松叶蜂
		吴忠市利通区	光肩星天牛、春尺蠖、木蠹蛾	海原县	鼢鼠、松叶蜂、木蠹蛾
		中卫市辖区	光肩星天牛、白杨透翅蛾、杨树烂皮病	隆德县	黄斑星天牛、鼢鼠、松叶蜂
		中宁县	光肩星天牛、白杨透翅蛾、木蠹蛾	彭阳县	鼢鼠、木蠹蛾、黄斑星天牛
		盐池县	春尺蠖、木蠹蛾、光肩星天牛	六盘山林管局	松叶蜂、鼢鼠、落叶松枯梢病
新疆区	33	天山西部局	鼠害、云杉病害	叶城县	春尺蠖、黄斑星天牛
		乌鲁木齐县	青杨天牛、春尺蠖、黄斑星天牛	岳普湖县	经济林病虫、沙枣跳甲
		吐鲁番市	鼠害、春尺蠖、黄斑星天牛	于田县	春尺蠖、黄斑星天牛
		鄯善县	春尺蠖、黄斑星天牛	和田县	春尺蠖、核桃腐烂病
		哈密市	天幕毛虫、春尺蠖	墨玉县	春尺蠖、核桃腐烂病
		昌吉市	春尺蠖、杨树烂皮病	策勒县	鼠害、春尺蠖
		阜康市	鼠害、春尺蠖	伊宁县	鼠害、黄斑星天牛、杨树烂皮病
		吉木萨尔县	鼠害、春尺蠖、杨树烂皮病	察布查尔县	青杨天牛、黄斑星天牛、杨树烂皮病

（续）

地区	数量	测报点	测报对象	测报点	测报对象
新疆区	33	博尔塔拉自治州	鼠害、分月扇舟蛾、春尺蠖	巩留县	鼠害、杨树烂皮病
		精河县	鼠害、春尺蠖、杨毒蛾	塔城市	鼠害、山杨楔天牛
		库尔勒市	春尺蠖、黄斑星天牛、白杨透翅蛾	乌苏市	春尺蠖、鼠害、杨树烂皮病
		轮台县	鼠害、春尺蠖、黄斑星天牛	沙湾县	鼠害、杨毒蛾、杨蓝叶甲
		博湖县	春尺蠖、黄斑星天牛、白杨透翅蛾	哈巴河县	青杨脊虎天牛、舞毒蛾、桦尺蠖
		温宿县	白杨透翅蛾、春尺蠖	阿尔泰山林业局	鼠害、松毛虫
		库车县	黄斑星天牛、春尺蠖	福海县	鼠害、杨树烂皮病
		喀什市	春尺蠖、黄斑星天牛	石河子市	春尺蠖、鼠害、黄斑星天牛
		莎车县	鼠害、春尺蠖		
黑龙江森工	11	朗乡林业局	棕背䶄、红背䶄、松疱锈病、红松松梢象甲	苇河林业局	杨干象、松毛虫、棕背䶄、红背䶄
		南岔林业局	红松松梢象甲、松毛虫、棕背䶄、红背䶄	亚布力林业局	棕背䶄、红背䶄、银杏大蚕蛾、落叶松鞘蛾
		大海林林业局	松针红斑病、东北鼠兔、红松球果螟	兴隆林业局	棕背䶄、红背䶄、松毛虫、红松溃疡病
		柴河林业局	松毛虫、落叶松八齿小蠹、棕背䶄、红背䶄	鹤北林业局	松毛虫、棕背䶄、红背䶄、松梢螟
		东京城林业局	棕背䶄、红背䶄、松毛虫、落叶松枯梢病	带岭林业实验局	松毛虫、棕背䶄、红背䶄、落叶松枯梢病
		绥阳林业局	松毛虫、棕背䶄、红背䶄、落松球果花蝇		
大兴安岭	8	松岭林业局	松毛虫、天幕毛虫、舞毒蛾	阿木尔林业局	棕背䶄、松针红斑病
		新林林业局	松毛虫、落叶松鞘蛾、天幕毛虫	十八站林业局	松毛虫、天幕毛虫
		呼中林业局	棕背䶄、落叶松鞘蛾	韩家园林业局	松毛虫、天幕毛虫、舞毒蛾
		塔河林业局	棕背䶄、松针红斑病	加格达奇林业局	松毛虫、棕背䶄、舞毒蛾
内蒙古森工	4	绰尔林业局	松毛虫、落叶松鞘蛾	克一河林业局	落叶松鞘蛾、鼠害
		乌尔其汉林业局	落叶松鞘蛾、松毛虫、鼠害	根河林业局	松毛虫、鼠害、舞毒蛾
新疆兵团	5	农七师123团	鼠害、春尺蠖	十三师黄田农场	鼠害、春尺蠖
		农六师奇台农场	鼠害、春尺蠖	农一师9团	杨二尾舟蛾、春尺蠖
		农八师森防站	杨干象、春尺蠖		

附件5　全国林业生物灾害防治药剂药械协作网企业名录

- 佳多科工贸有限责任公司(入网药械企业)
- 武汉天惠生物工程有限公司(入网药剂企业)
- 山西北方惠丰机电有限公司
- 四川国光农化有限公司
- 沈阳爱威科技发展股份有限公司(入网药剂企业)
- 广东林科院“松材线虫持续控制技术研究团队”
- 北京中捷四方科贸有限公司
- 浙江丽水市绿谷生物药业有限公司(入网药剂企业)
- 佳木斯兴宇生物技术开发有限公司(入网药剂企业)
- 江西天人生态工业(入网药剂企业)
- 甘肃武山农药厂(入网药剂企业)
- 吉林省延边天泰生物工程科贸有限公司(入网药剂企业)
- 通化农药化工有限公司(入网药剂企业)
- 包头市黄河林木保护制剂厂(入网药剂企业)
- 甘肃省武山县农药厂(入网药剂企业)
- 广东省梅州市风华喷雾喷灌机械设备有限公司(入网药械企业)
- 湖北荆州顺迪杀虫器械厂(入网药械企业)
- 北京丰茂植保机械有限公司(入网药械企业)
- 郑州欧丽电子集团股份有限公司(入网药械企业)
- 深圳隆瑞科技发展公司(入网药械企业)
- 南通市广益机电有限公司(入网药械企业)
- 山东华盛中天机械集团有限公司(入网药械企业)
- 重庆中邦药业有限责任公司(入网药剂企业)
- 辽宁微科生物工程有限公司(入网药剂企业)
- 上海莘城科技有限公司(入网药剂企业)
- 吉林延边天保生物制剂有限公司(入网药剂企业)
- 阳泉润博精细化工有限公司
- 乐斯公司(入网药剂企业)
- 赤峰市帅旗农药有限责任公司(入网药剂企业)
- 通化绿地农药化学有限公司(入网药剂企业)
- 河北威远生物化工股份有限公司(入网药剂企业)
- 福建省浦城绿安生物农药有限公司(入网药剂企业)
- 沈阳东大迪克生物药业股份有限公司(入网药剂企业)
- 赤峰中农大生化科技有限公司(入网药剂企业)
- 湖北康欣农用摇曳有限公司(入网药剂企业)
- 黑龙江平山林业制药厂(入网药剂企业)
- 郑州沙隆达伟新药也有限公司(入网药剂企业)
- 安阳林药厂(入网药剂企业)

《中国林业生物灾害防治战略》专家论证委员会

姓　名	单　　位	职称/职务	签　　名
李文华	中国科学院	中国工程院院士、研究员、中国生态学会名誉理事长	
蒋有绪	中国林业科学院	中国科学院院士、研究员、中国林业科学研究院首席科学家	
尹伟伦	北京林业大学	中国工程院院士、教授、北京林业大学校长	
吴　坚	国家林业局造林司	研究员、总工	
姬兰柱	中国科学院沈阳应用生态研究所	研究员、党委书记	
孙江华	中国科学院动物所	研究员、所长助理	
李智勇	中国林业科学研究院林业科技信息研究所	研究员、所长	
张星耀	中国林业科学研究院森林生态环境与保护研究所	研究员、处长	
杨忠岐	中国林业科学研究院森林生态环境与保护研究所	研究员	
骆有庆	北京林业大学	教授、院长	
叶建仁	南京林业大学	教授、院长	
潘小娟	中国政法大学	教授	
汤　坚	安徽省林业厅	教授级高工、总工	
王培新	陕西省森防站	教授级高工、站长	

《中国林业生物灾害防治战略》专家论证意见

2009 年 2 月 4 日，国家林业局邀请科研、教学、生产单位的专家在北京召开了《中国林业生物灾害防治战略》（以下简称《战略》）论证会。会议听取了《战略》研究组的汇报，经过认真讨论，形成以下论证意见。

一、《战略》系统地总结了我国林业生物灾害防治现状和存在的问题，明确了新时期林业生物灾害防治工作的战略思想、方针、目标、任务和途径，符合科学发展观的思想和现代林业建设的需要。

二、《战略》研究提出了森林健康的评价指标，探索了以森林健康理念为指导的林业生物灾害防治对策和措施。提出了市场准入、招投标、工程监理、灾害保险、有害生物调查等方面的具体措施。

三、《战略》针对我国林业生物灾害防治工作特点，提出了“分级管理，因害施策；分类管理，因林施策；分区管理，因地施策”的防治策略。

四、《战略》总结了我国林业生物灾害防治的成功经验，提出了以松材线虫病、美国白蛾、森林鼠（兔）害、杨树病虫害和林业有害植物等生物灾害为对象的重点工程防治带动战略，重点突出。

五、《战略》针对我国林业生物灾害防治存在的突出问题，提出了科技、法律、组织和投入等促进林业生物灾害防治工作发展的保障措施，切实可行。

专家一致认为，《战略》资料丰富、翔实，是我国林业生物灾害防治领域理论与实践、宏观与微观、国内与国外相结合的重大研究成果，具有鲜明的科学性、创新性、实践性，对全国林业生物灾害防治工作具有重要指导意义。

论证委员会主任
2009年2月4日